普通高等学校基础课程类应用型规划教材

高等数学学习指导

杨硕　汪彩云　李霞　编著

U0291216

北京邮电大学出版社

·北京·

内 容 简 介

本书是普通高等学校基础课程类应用型规划教材《高等数学(上、下)》(北京邮电大学世纪学院数理教研室编著)之配套指导书,突出了高等数学课程的特色及应用型高校的教学特点,总结归纳了《高等数学(上、下)》教材的知识体系,充分考虑到学生的学习状况和接受程度,将典型的解题方法采用流程图的方式一一展示给读者,新颖独特,清晰明了,简洁直观,通俗易懂.

本书共十二章,包括函数、极限与连续、导数与微分、微分中值定理与导数的应用、不定积分、定积分、微分方程、空间解析几何与向量代数、多元函数的微分法及其应用、重积分、曲线积分和曲面积分、无穷级数,每章主要有知识结构、解题方法流程图、典型例题、教材习题选解等内容.

本书结构严谨、逻辑清晰,文字流畅、叙述详尽,是学生和自学者学习的好帮手,可供普通高等学校和独立学院工科各专业的学生选作参考书.

图书在版编目(CIP)数据

高等数学学习指导/杨硕,汪彩云,李霞编著 . --北京:北京邮电大学出版社,2010.9(2023.7重印)
ISBN 978-7-5635-2405-1

Ⅰ.①高…　Ⅱ.①杨…②汪…③李…　Ⅲ.①高等数学—高等学校—教学参考资料　Ⅳ.①O13

中国版本图书馆 CIP 数据核字(2010)第 174795 号

书　　　名:高等数学学习指导
作　　　者:杨硕　汪彩云　李霞
责任编辑:王丹丹　赵旭
出版发行:北京邮电大学出版社
社　　　址:北京市海淀区西土城路 10 号(邮编:100876)
发 行 部:电话:010-62282185　传真:010-62283578
E-mail:publish@bupt.edu.cn
经　　　销:各地新华书店
印　　　刷:北京虎彩文化传播有限公司
开　　　本:787 mm×960 mm　1/16
印　　　张:20.75
字　　　数:449 千字
版　　　次:2010 年 9 月第 1 版　2023 年 7 月第 10 次印刷

ISBN 978-7-5635-2405-1　　　　　　　　　　　　　　　　　　　　定　价:42.00 元
· 如有印装质量问题,请与北京邮电大学出版社发行部联系 ·

前　　言

　　高等数学是理工科专业一门非常重要的基础课程,它具有学时多、学习周期长、学分高、难度大、理论性强、抽象等特点,可以说它是一门让一些学生如虎添翼,又让一些学生垂头丧气的课程,是一门让教师和学生又爱又恨的课程.教师们也在不断思考,不断探索,既要将沿袭千百年的基本数学知识和技能传授给学生,又不能固守成规,一成不变;既要坚守传统数学的严谨,又要兼顾日新月异的变革与创新,还要面对当今信息社会和知识经济的挑战和冲击,这都是作为数学工作者和教育工作者必须面对和思考问题,尤其是在高等教育由精英教育逐渐向大众教育转变的过程中,对于培养应用型人才培养模式的探讨就显得尤为重要.

　　作为以培养应用型、创新型人才为主要目标的工科院校,我们也在进行着各种尝试.2009年8月和2010年1月,我们分别出版了普通高等学校基础课程类应用型规划教材《高等数学(上,下)》,本书是与之配套的指导书.它突出了高等数学课程的特色及应用型高校的教学特点,总结归纳了《高等数学(上,下)》教材的知识体系,对典型例题的选力求典型多样,着重于基本概念和基本方法的训练,难度上层次分明,尤其注意解题方法的总结,强调对学生的思维能力、自学能力、实际应用能力和创新意识的培养.充分考虑到学生的学习状况和接受程度,本书将每个章节中典型的解题方法采用流程图的方式一一展示给读者,新颖独特,清晰明了,简洁直观,通俗易懂,对于帮助学生掌握必要的解题方法能起到事半功倍的效果.

　　本书共十二章,包括:函数、极限与连续、导数与微分、微分中值定理与导数的应用、不定积分、定积分、微分方程、空间解析几何与向量代数、多元函数微分学、重积分、曲线积分和曲面积分、无穷级数.每章主要有知识结构、解题方法流程图、典型例题、教材习题选解等内容.直观、形象的图表总结,准确、精炼的要点提取,重点题型的分析解答,以及习题选解,突出了教材中的重点和难点,便于读者快速复习,高效掌握,形成稳固的知识体系,为解题能力和数学思维水平的提高打下坚实的基础.

　　本书在编写过程中,非常注意博采众家之长,参考了诸多相关的同类辅导书和学习指导,也融会了编者多年的教学经验.北京邮电大学出版社从立项、编审到出版都给与了热情的支持和帮助,在此表示深深的谢意!也感谢数理教研室其他老师的帮助!

　　由于编者水平有限,加之时间比较仓促,不足之处,在所难免,恳请广大专家、同行和读者多提宝贵意见,以便在今后的教学实践中不断地完善和提高.

作　者

目　　录

第1章 函 数

本章介绍函数的概念,函数的表示法,函数的性质及初等函数.

1.1 知识结构

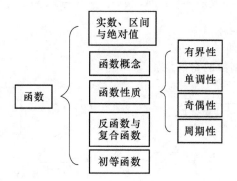

1.2 典型例题

例 1.1 设 $f(x) = \dfrac{2x}{1-x}$,求 $f[f(x)]$,$f\{f[f(x)]\}$.

解 因为 $f(x) = \dfrac{2x}{1-x}$,将其中的 x 换为 $f(x) = \dfrac{2x}{1-x}$,得 $f[f(x)] = \dfrac{4x}{1-3x}$;将

$f(x) = \dfrac{2x}{1-x}$ 中的 x 换为 $f[f(x)] = \dfrac{4x}{1-3x}$,得 $f\{f[f(x)]\} = \dfrac{8x}{1-7x}$.

例 1.2 求下列函数的定义域：

(1) $y = \dfrac{\ln(x+4)}{\sqrt{x^2-4}}$；

(2) $y = \dfrac{\arccos\dfrac{2x-1}{7}}{\sqrt{x^2-x-6}}$.

解 (1) 函数要有意义，需满足 $\begin{cases} x+4>0 \\ x^2-4>0 \end{cases} \Rightarrow \begin{cases} x>-4 \\ x<-2 \text{ 或 } x>2 \end{cases}$，函数的定义域为：$(-4,-2)\bigcup(2,+\infty)$.

(2) 函数要有意义，需满足 $\begin{cases} -1\leqslant\dfrac{2x-1}{7}\leqslant1 \\ x^2-x-6>0 \end{cases} \Rightarrow \begin{cases} -3\leqslant x\leqslant4 \\ x<-2 \text{ 或 } x>3 \end{cases}$，函数的定义域为：$[-3,-2)\bigcup(3,4]$.

例 1.3 设 $f(x)$ 的定义域为 $D=[0,1]$，求下列函数的定义域：

(1) $f(x^2)$；　　　(2) $f(\ln x)$；　　　(3) $f(\arctan x)$；　　　(4) $f(\cos x)$.

分析 由 $f(u)$ 的定义域为 $D=[0,1]$，令 $0\leqslant u=u(x)\leqslant1$，得到 x 的变化范围即可.

解 (1) 由 $0\leqslant x^2\leqslant1\Rightarrow-1\leqslant x\leqslant1$，函数 $f(x^2)$ 的定义域为 $[-1,1]$.

(2) 由 $0\leqslant\ln x\leqslant1\Rightarrow1\leqslant x\leqslant e$，函数 $f(\ln x)$ 的定义域为 $[1,e]$.

(3) 由 $0\leqslant\arctan x\leqslant1\Rightarrow0\leqslant x\leqslant\tan 1$，函数 $f(\arctan x)$ 的定义域为 $[0,\tan 1]$.

(4) 由 $0\leqslant\cos x\leqslant1\Rightarrow2k\pi-\dfrac{\pi}{2}\leqslant x\leqslant2k\pi+\dfrac{\pi}{2},k\in\mathbf{Z}$，函数 $f(\cos x)$ 的定义域为 $\left[2k\pi-\dfrac{\pi}{2},2k\pi+\dfrac{\pi}{2}\right]$.

例 1.4 判断下列函数的奇偶性：

(1) $f(x)=\ln\left(\sqrt{x^2+1}-x\right)$；

(2) $f(x)=\begin{cases} -x^2+x, & x>0 \\ 0, & x=0 \\ x^2+x, & x<0 \end{cases}$.

解 (1) $f(-x)=\ln\left(\sqrt{x^2+1}+x\right)=\ln\dfrac{1}{\sqrt{x^2+1}-x}=-\ln\left(\sqrt{x^2+1}-x\right)=-f(x)$，函数为奇函数.

(2) $f(-x)=\begin{cases} -x^2-x, & -x>0 \\ 0, & x=0 \\ x^2-x, & -x<0 \end{cases}=\begin{cases} x^2-x, & x>0 \\ 0, & x=0 \\ -x^2-x, & x<0 \end{cases}=-f(x)$，函数为奇函数.

例 1.5 求函数 $f(x)=\cos^4 x-\sin^4 x$ 的周期.

解 $f(x)=\cos^4 x-\sin^4 x=(\cos^2 x+\sin^2 x)(\cos^2 x-\sin^2 x)=\cos^2 x-\sin^2 x=\cos 2x$，所以函数 $f(x)=\cos^4 x-\sin^4 x$ 的周期为 π.

例 1.6 求反函数：

(1) $y=\ln\dfrac{x+5}{x-5}$；

(2) $y=-\sqrt{1-x^2}\,(0\leqslant x\leqslant1)$.

解 （1）由 $y=\ln\dfrac{x+5}{x-5}\Rightarrow x=\dfrac{5(\mathrm{e}^y+1)}{\mathrm{e}^y-1}$，反函数为 $y=\dfrac{5(\mathrm{e}^x+1)}{\mathrm{e}^x-1},x\neq 0$．

（2）由 $y=-\sqrt{1-x^2}\,(0\leqslant x\leqslant 1)\Rightarrow x=\sqrt{1-y^2}$，反函数为 $y=\sqrt{1-x^2}\,,-1\leqslant x\leqslant 0$．

1.3 教材习题选解

习题 1.1

2. 利用绝对值的定义证明：对任意实数 a,b 有 $|ab|=|a|\,|b|$，并用数学归纳法证明：对任意 n 个实数 $a_1,a_2,\cdots,a_n$ 有 $|a_1a_2\cdots a_n|=|a_1|\,|a_2|\cdots|a_n|$．

证明 任意实数 a,b，若 $a\geqslant 0,b\geqslant 0$，则 $ab\geqslant 0$，$|ab|=ab$，$|a|\,|b|=ab$；若 $a\geqslant 0,b<0$，则 $ab\leqslant 0$，$|ab|=-ab$，$|a|\,|b|=a\cdot(-b)=-ab$；若 $a<0,b\geqslant 0$，则 $ab\leqslant 0$，$|ab|=-ab$，$|a|\,|b|=(-a)\cdot b=-ab$；若 $a<0,b<0$，则 $ab>0$，$|ab|=ab$，$|a|\,|b|=(-a)\cdot(-b)=ab$．无论何种情况，均有 $|ab|=|a|\,|b|$．

由以上的证明知：$|a_1a_2|=|a_1|\,|a_2|$，设 $|a_1a_2\cdots a_n|=|a_1|\,|a_2|\cdots|a_n|$，记 $b_n=a_1a_2\cdots a_n$，则 $|a_1a_2\cdots a_na_{n+1}|=|b_na_{n+1}|=|b_n|\,|a_{n+1}|=|a_1|\,|a_2|\cdots|a_n|\,|a_{n+1}|$，由数学归纳法知，对任意 n 个实数 $a_1,a_2,\cdots,a_n$ 有 $|a_1a_2\cdots a_n|=|a_1|\,|a_2|\cdots|a_n|$．

4. 解不等式(3) $1\leqslant|x|\leqslant 3$；   (4) $|x-1|\leqslant|5-x|$．

解 （3）去绝对值得 $\begin{cases} x\leqslant -1 \text{ 或 } x\geqslant 1 \\ -3\leqslant x\leqslant 3 \end{cases}$，即 $-3\leqslant x\leqslant -1$ 或 $1\leqslant x\leqslant 3$．

（4）不等式变形为 $|x-1|-|5-x|\leqslant 0$，以分点 $1,5$ 分类讨论：

① 当 $x\leqslant 1$ 时，变形为 $-(x-1)-(5-x)\leqslant 0$，得恒成立不等式 $-4\leqslant 0$；

② 当 $1<x\leqslant 5$ 时，变形为 $x-1-(5-x)\leqslant 0$ 得 $x\leqslant 3$；

③ 当 $x>5$ 时，变形为 $(x-1)-(x-5)\leqslant 0$ 得矛盾不等式 $4\leqslant 0$．

综上所述，不等式的解为 $x\leqslant 3$．

习题 1.2

3. 判断函数 $f(x)$ 与 $g(x)$ 是否相同，并说明理由：

(2) $f(x)=\sqrt{1-x}\,\sqrt{2+x}$， $g(x)=\sqrt{(1-x)(2+x)}$；

(4) $f(x)=\sqrt{2}\sin x$， $g(x)=\sqrt{1-\cos 2x}$．

解 （2）$f(x)$ 的定义域：$[-2,1]$．

对应关系：$f(x)=\sqrt{1-x}\cdot\sqrt{2+x}=\sqrt{(1-x)(2+x)}$．

$g(x)$ 的定义域：$[-2,1]$，对应关系 $g(x)=\sqrt{(1-x)(2+x)}$，从而 $f(x)$ 与 $g(x)$ 相同．

（4）$f(x)$ 的定义域：**R**. 对应关系：$f(x)=\sqrt{2}\sin x$．

$g(x)$ 的定义域：**R**. 对应关系：$g(x)=\sqrt{1-\cos 2x}=\sqrt{2}\,|\sin x|\neq\sqrt{2}\sin x$.

从而 $f(x)$ 与 $g(x)$ 不相同.

7. 梯形如图 1.1 所示，当一垂直于 x 轴的直线从左向右扫过该梯形时，若直线的垂足为 x，试将扫过的面积 S 表示为 x 的函数.

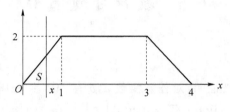

图 1.1

解 当 $x<0$ 时，直线未扫过梯形，$S=0$；

当 $0\leqslant x\leqslant 1$ 时，$S=\dfrac{1}{2}\cdot x\cdot 2x=x^2$；

当 $1<x\leqslant 3$ 时，$S=1+(x-1)\times 2=2x-1$；

当 $3<x\leqslant 4$ 时，$S=\dfrac{1}{2}\times(2+4)\times 2-\dfrac{1}{2}\cdot(4-x)\cdot 2\cdot(4-x)=-10+8x-x^2$；

当 $x>4$ 时，直线扫过整个梯形，$S=6$.

综上所述可得面积 S 的函数表示式

$$S=\begin{cases}0, & x<0 \\ x^2, & 0\leqslant x\leqslant 1 \\ 2x-1, & 1<x\leqslant 3 \\ -10+8x-x^2, & 3<x\leqslant 4 \\ 6, & x>4\end{cases}$$

习题 1.3

1. 下列函数在指定区间内是否有界？若有界，给出它的一个上界与一个下界.

(1) $y=\arctan x(-\infty,+\infty)$；   (3) $y=-x^2-2x[-3,3]$.

解 (1) 根据正切函数的定义知，$\tan y=x$，当 $x\in(-\infty,+\infty)$，$y\in\left(-\dfrac{\pi}{2},\dfrac{\pi}{2}\right)$，所以 $\dfrac{\pi}{2}$ 为一个上界，$-\dfrac{\pi}{2}$ 为一个下界.

(3) 一元二次函数 $y=-x^2-2x=-(x+1)^2+1$，因为在 $[-3,3]$ 上，$y_{\max}=y(-1)=1$，$y_{\min}=y(3)=-15$，所以在 $[-3,3]$ 上，可取 $y(-1)=1$ 为上界，$y(3)=-15$ 为下界.

3. 判断下列函数的奇偶性：(2) $y=\dfrac{|x|}{x}$；   (4) $y=x\dfrac{a^x-1}{a^x+1}$；   (5) $y=\operatorname{sgn} x$.

解 (2) $f(-x)=\dfrac{|-x|}{-x}=-f(x)$，所以函数 $f(x)$ 为奇函数.

(4) $f(-x)=-x\dfrac{a^{-x}-1}{a^{-x}+1}=x\dfrac{a^x-1}{a^x+1}=f(x)$，所以函数 $f(x)$ 为偶函数.

(5) $f(x)=\mathrm{sgn}\,x=\begin{cases}1, & x>0\\0, & x=0, f(-x)=-f(x),\text{奇函数}.\\-1, & x<0\end{cases}$

5. 证明：定义在对称于原点集合上的任意函数必可表为偶函数与奇函数之和.

证明 设函数 $f(x)$ 在对称区间 $(-L,L)$ 上有定义，令

$$F(x)=\frac{f(x)-f(-x)}{2}, \quad G(x)=\frac{f(-x)+f(x)}{2}$$

由定义可知 $F(x)$ 为奇函数，$G(x)$ 为偶函数，且 $f(x)=F(x)+G(x)$，即得证.

习题 1.4

3. 证明：$\cos(\arcsin x)=\sqrt{1-x^2}$.

证明 设 $y=\arcsin x, x\in[-1,1]$，则 $x=\sin y, y\in\left[-\dfrac{\pi}{2},\dfrac{\pi}{2}\right]$，所以 $\cos(\arcsin x)=\cos y$ $=\sqrt{1-\sin^2 y}=\sqrt{1-x^2}$.

5. 设 $y=f(u)$ 的定义域为 $0<u\leqslant 1$，求下列函数的定义域：

(1) $f(\mathrm{e}^x)$；　　　　　　　(2) $f\left(\dfrac{1}{x}\right)$.

解 (1) 由题意 $0<\mathrm{e}^x\leqslant 1$，即得 $x\leqslant 0$.

(2) 由题意 $0<\dfrac{1}{x}\leqslant 1$，即得 $\begin{cases}x>0\\x\geqslant 1\end{cases}$，亦即 $x\geqslant 1$.

6. 设 $f(x)=\begin{cases}x, & x\geqslant 0\\0, & x<0\end{cases}$，$g(x)=x^2+x+1$，求 $f[g(x)]$ 及 $g[f(x)]$.

解 由于 $g(x)=x^2+x+1>0$，$f[g(x)]=x^2+x+1$；当 $x\geqslant 0$ 时，$g[f(x)]=x^2+x+1$，当 $x<0$ 时，$g[f(x)]=1$，故 $g[f(x)]=\begin{cases}x^2+x+1, & x\geqslant 0\\1, & x<0\end{cases}$.

习题 1.5

4. 证明下列等式：

(1) $\mathrm{sh}\,2x=2\mathrm{sh}\,x\mathrm{ch}\,x$；　　　　(3) 双曲余弦函数的反函数为 $y=\ln(x+\sqrt{x^2-1})$.

证明 (1) 由于 $\mathrm{sh}\,2x=\dfrac{\mathrm{e}^{2x}-\mathrm{e}^{-2x}}{2}$，又 $2\mathrm{sh}\,x\mathrm{ch}\,x=2\cdot\dfrac{\mathrm{e}^x-\mathrm{e}^{-x}}{2}\cdot\dfrac{\mathrm{e}^x+\mathrm{e}^{-x}}{2}=\dfrac{\mathrm{e}^{2x}-\mathrm{e}^{-2x}}{2}$，

所以 $\mathrm{sh}\,2x=2\mathrm{sh}\,x\mathrm{ch}\,x$.

(3) 由 $y=\mathrm{ch}\,x=\dfrac{\mathrm{e}^x+\mathrm{e}^{-x}}{2}\Rightarrow(\mathrm{e}^x)^2-2y\mathrm{e}^x+1=0\Rightarrow\mathrm{e}^x=y\pm\sqrt{y^2-1}\Rightarrow x=\ln(y\pm$ $\sqrt{y^2-1})$,多值函数,取单值分支:$x=\ln(y+\sqrt{y^2-1})$,交换 x,y,即得 $y=\ln(x+$ $\sqrt{x^2-1})$,由此可知双曲余弦函数的反函数为 $y=\ln(x+\sqrt{x^2-1})$.

综合练习题

一、单项选择题

1. 设 $f(x)=\dfrac{x-1}{x}$,$x\neq0,1$,则 $f\left[\dfrac{1}{f(x)}\right]=$(C).

(A) $1-x$ (B) $\dfrac{1}{1-x}$ (C) $\dfrac{1}{x}$ (D) x

解 $\dfrac{1}{f(x)}=\dfrac{x}{x-1}$,$f\left[\dfrac{1}{f(x)}\right]=\dfrac{\dfrac{x}{x-1}-1}{\dfrac{x}{x-1}}=\dfrac{\dfrac{1}{x-1}}{\dfrac{x}{x-1}}=\dfrac{1}{x}$.

2. 设 $f(x)=\begin{cases}x^2, & x\leqslant0\\ x^2+x, & x>0\end{cases}$,则(D).

(A) $f(-x)=\begin{cases}-x^2, & x\leqslant0\\ -(x^2+x), & x>0\end{cases}$ (B) $f(-x)=\begin{cases}-(x^2+x), & x<0\\ -x^2, & x\geqslant0\end{cases}$

(C) $f(-x)=\begin{cases}x^2, & x\leqslant0\\ x^2-x, & x>0\end{cases}$ (D) $f(-x)=\begin{cases}x^2-x, & x<0\\ x^2, & x\geqslant0\end{cases}$

解 当 $x\geqslant0$ 时,$-x\leqslant0$,$f(-x)=(-x)^2=x^2$;当 $x<0$ 时,$-x>0$,$f(-x)=$ $(-x)^2+(-x)=x^2-x$;所以

$$f(-x)=\begin{cases}x^2, & x\geqslant0\\ x^2-x, & x<0\end{cases}$$

3. 设 $f(x)$ 是定义在 $(-\infty,+\infty)$ 上的奇函数,$F(x)=f\left(\dfrac{1}{a^x+1}-\dfrac{1}{2}\right)$,其中 $a>0,a\neq1$,则 $F(x)$ 是(B).

(A) 偶函数   (B) 奇函数

(C) 非奇非偶函数   (D) 奇偶性与 a 有关

解 $f(x)$ 是奇函数,$f(-x)=-f(x)$,则

$$F(-x)=f\left(\dfrac{1}{a^{-x}+1}-\dfrac{1}{2}\right)=f\left(\dfrac{a^x}{a^x+1}-\dfrac{1}{2}\right)=f\left(1-\dfrac{1}{a^x+1}-\dfrac{1}{2}\right)=-f\left(\dfrac{1}{a^x+1}-\dfrac{1}{2}\right)=-F(x)$$

4. $f(x)=|x\sin x|\mathrm{e}^{\cos x}$ $(-\infty<x<+\infty)$ 是(D).

(A) 有界函数   (B) 单调函数   (C) 周期函数   (D) 偶函数

解 令 $x=n\pi+\dfrac{\pi}{2}$,$n\in R$,则 $f(x)=\left|\left(n\pi+\dfrac{\pi}{2}\right)\sin\left(n\pi+\dfrac{\pi}{2}\right)\right|\mathrm{e}^{\cos\left(n\pi+\frac{\pi}{2}\right)}=\left|n\pi+\dfrac{\pi}{2}\right|$,

n 可任意大,无界;又 $f(0)=0$,$f\left(\dfrac{\pi}{2}\right)=\dfrac{\pi}{2}$,$f(\pi)=0$,不单调;显然此函数也是非周期函数.由此可以排除答案(A)、(C)、(B);由绝对值和余弦函数的奇偶性可知 $f(-x)=|-x\sin(-x)|\,\mathrm{e}^{\cos(-x)}=f(x)$,从而选(D).

5. 设函数 $f(x)$ 在 $(-\infty,+\infty)$ 内有定义,则下列函数中,为偶函数的是(B).

(A) $y=|f(x)|$ (B) $y=f(x^2)$

(C) $y=-f(-x)$ (D) $y=f^2(x)$

解 若令函数 $f(x)=\begin{cases} x, & x\geqslant 0 \\ 0, & x<0 \end{cases}$,则显然(A)、(C)、(D)不满足偶函数的定义,只由 $f[(-x)^2]=f(x^2)$ 可知为偶函数.

二、填空题

1. 函数 $y=\sqrt{\dfrac{x^2-3x+2}{x-3}}$ 的定义域为 $[1,2]\cup(3,+\infty)$.

解 要使得根号有意义,则 $\dfrac{x^2-3x+2}{x-3}\geqslant 0$,即

$$\begin{cases} x^2-3x+2\geqslant 0 \\ x-3>0 \end{cases} \tag{1}$$

或

$$\begin{cases} x^2-3x+2\leqslant 0 \\ x-3<0 \end{cases} \tag{2}$$

解不等式组(1)得 $x>3$,解不等式组(2)得 $1\leqslant x\leqslant 2$,从而所求定义域为 $[1,2]\cup(3,+\infty)$.

2. 设 $f(x)=1+[x]$,其中 $[x]$ 表示不超过 x 的最大整数,则 $f(12)+f(-12)-2f(0.99)=$ 0 .

解 由函数 $f(x)$ 的定义可知,$f(12)+f(-12)-2f(0.99)=13-11-2=0$.

3. 周期函数 $y=3\cos^2\dfrac{\pi x}{2}$ 的周期为   2 .

解 由三角函数公式 $\cos^2 x=\dfrac{1+\cos 2x}{2}$ 有 $y=3\cos^2\dfrac{\pi x}{2}=\dfrac{3}{2}(1+\cos\pi x)$,周期 $T=\dfrac{2\pi}{\pi}=2$.

4. 函数 $y=\dfrac{1-2x}{3+5x}$ 的反函数为 $y=\dfrac{1-3x}{5x+2}$, $\left(x\neq-\dfrac{2}{5}\right)$.

解 原函数 $y=\dfrac{1-2x}{3+5x}=-\dfrac{2}{5}\cdot\dfrac{5x-\dfrac{5}{2}}{3+5x}=-\dfrac{2}{5}+\dfrac{11}{5}\cdot\dfrac{1}{5x+3}$,由此可知 $y\neq-\dfrac{2}{5}$,又

原函数 $y=\dfrac{1-2x}{3+5x}$ 反解得 $x=\dfrac{1-3y}{5y+2}$,即得反函数 $y=\dfrac{1-3x}{5x+2}\left(x\neq-\dfrac{2}{5}\right)$.

5. 设 $f\left(x+\dfrac{1}{x}\right)=x^2+\dfrac{1}{x^2}$，则 $f(x)=$ <u>　x^2-2　</u>.

解 由于 $x^2+\dfrac{1}{x^2}=\left(x+\dfrac{1}{x}\right)^2-2$，设 $t=x+\dfrac{1}{x}$，则原函数可表示为 $f(t)=t^2-2$，将 t 变为 x，即得 $f(x)=x^2-2$.

三、计算题与证明题

1. 设 $f(x)=\mathrm{e}^{x^2}$，$f[\varphi(x)]=1-x$，且 $\varphi(x)\geqslant 0$，求 $\varphi(x)$ 及其定义域.

解 由于 $f(x)=\mathrm{e}^{x^2}$，$f[\varphi(x)]=1-x$，即 $\mathrm{e}^{\varphi^2(x)}=1-x$，$\varphi^2(x)=\ln(1-x)$. $\varphi(x)\geqslant 0$，从而 $\varphi(x)=\sqrt{\ln(1-x)}$，$1-x\geqslant 1$，即 $x\leqslant 0$.

2. 设函数 $f(x)$ 的定义域为 $[0,1]$，求函数 $f(x+a)+f(x-a)$ 的定义域.

解 由于函数 $f(x)$ 的定义域为 $[0,1]$，则必须满足：

$$\begin{cases} 0\leqslant x+a\leqslant 1 \\ 0\leqslant x-a\leqslant 1 \end{cases}$$

由此解得

$$\begin{cases} -a\leqslant x\leqslant 1-a \\ a\leqslant x\leqslant 1+a \end{cases}$$

这显然和 a 的取值有关，当 $a\geqslant 0$ 且 $1-a\geqslant a$，即 $a\leqslant\dfrac{1}{2}$ 时，函数 $f(x+a)+f(x-a)$ 的定义域为 $[a,1-a]$；当 $a\geqslant 0$ 且 $1-a<a$，即 $a>\dfrac{1}{2}$ 时，函数 $f(x+a)+f(x-a)$ 的定义域为空集 $\varnothing$；当 $a<0$ 且 $1+a\geqslant -a$，即 $a\geqslant-\dfrac{1}{2}$ 时，函数 $f(x+a)+f(x-a)$ 的定义域为 $[-a, 1+a]$；当 $a<0$ 且 $1+a<-a$，即 $a<-\dfrac{1}{2}$ 时，函数 $f(x+a)+f(x-a)$ 的定义域为空集 $\varnothing$. 综上可知，函数 $f(x+a)+f(x-a)$ 的定义域为

$$\begin{cases} [a,1-a], & 0\leqslant a\leqslant\dfrac{1}{2} \\[2mm] [-a,1+a], & -\dfrac{1}{2}\leqslant a<0 \\[2mm] \varnothing, & a<-\dfrac{1}{2}\ \text{或}\ a>\dfrac{1}{2} \end{cases}$$

3. 设 $f(x)=\begin{cases} \varphi(x), & x<0 \\ 1, & x=0 \\ x^2-2x, & x>0 \end{cases}$，求 $\varphi(x)$ 使 $f(x)$ 为偶函数，并作出 $y=f(x)$ 的图形.

解 当 $x<0$ 时，$-x>0$，相应的表示式为 $(-x)^2-2(-x)=x^2+2x$. 又 $f(x)$ 为偶函数，即 $f(-x)=f(x)$，从而 $\varphi(x)=x^2+2x$. 图形如图 1.2 所示.

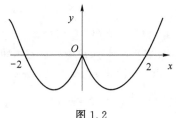

图 1.2

4. 已知 $af(x)+bf\left(\dfrac{1}{x}\right)=\dfrac{c}{x}$，$|a|\neq|b|$，证明 $f(x)$ 为奇函数.

证明　对任意的 x 都有方程　　　$af(x)+bf\left(\dfrac{1}{x}\right)=\dfrac{c}{x}$ 　　　　　　　(1)

则有 $$af\left(\dfrac{1}{x}\right)+bf(x)=cx \tag{2}$$

联合(1)、(2)构成的方程组得

$$f(x)=\frac{1}{a^2-b^2}\left(\frac{ac}{x}-bcx\right)$$

$$f(-x)=\frac{1}{a^2-b^2}\left[\frac{ac}{-x}-bc(-x)\right]=-f(x)$$

即证得 $f(x)$ 为奇函数.

5. 已知 $f(x+y)+f(x-y)=2f(x)f(y)$ 对一切实数 x,y 都成立，且 $f(0)\neq0$，证明 $f(x)$ 为偶函数.

证明　由于函数方程 $f(x+y)+f(x-y)=2f(x)f(y)$ 对一切实数 x,y 都成立，令 $y=x$，有

$$f(2x)+f(0)=2f(x)f(x) \tag{1}$$

令 $y=-x$ 有

$$f(0)+f(2x)=2f(x)f(-x) \tag{2}$$

两式相减有 $f(x)[f(x)-f(-x)]=0$，即有 $f(x)=0$ 或 $f(x)=f(-x)$，两种情况都说明 $f(x)$ 为偶函数.

6. 设函数 $y=f(x)$ 在 $(-\infty,+\infty)$ 内有定义，且 $y=f(x)$ 的图形关于直线 $x=a$ 对称，也关于直线 $x=b$ 对称 $(a<b)$，证明 $f(x)$ 为周期函数，并求其周期.

证明　由于函数 $y=f(x)$ 的图形关于直线 $x=a$ 对称，于是 $\forall x\in\mathbf{R}$，有 $f(a-x)=f(a+x)$. 同理有 $f(b-x)=f(b+x)$，由此

$$f[x+2(b-a)]=f(b+x+b-2a)=f(b-x-b+2a)=f(2a-x)$$
$$=f(a+a-x)=f(a-a+x)=f(x)$$

这表明 $f(x)$ 是以 $2(b-a)$ 为周期的周期函数，并且周期为 $2(b-a)$.

7. 设对一切实数 x，有 $2f(x)+f(1-x)=x^2$，求 $f(x)$.

解 由于对一切实数 x，有
$$2f(x)+f(1-x)=x^2 \tag{1}$$
令 $x=1-t$ 代入式(1)，有 $2f(1-t)+f(t)=(1-t)^2$，将 t 替换成 x，即有
$$2f(1-x)+f(x)=(1-x)^2 \tag{2}$$
联立(1)、(2)，即可解得 $f(x)=\dfrac{1}{3}(x^2+2x-1)$。

8. 设 $f(x)=\begin{cases}x^2, & x\geqslant 1 \\ \sqrt{x}, & x<1\end{cases}$，$g(x)=\begin{cases}\mathrm{e}^x, & x\geqslant 0 \\ x+1, & x<0\end{cases}$，求 $f[g(x)]$。

解 由题意可知 $f[g(x)]=\begin{cases}g^2(x), & g(x)\geqslant 1 \\ \sqrt{g(x)}, & g(x)<1\end{cases}$，要使得 $g(x)\geqslant 1$，只需 $x\geqslant 0$，这时 $g(x)=\mathrm{e}^x$，从而有 $f[g(x)]=g^2(x)=\mathrm{e}^{2x}$；要使得 $g(x)<1$，只需 $x<0$，这时 $g(x)=x+1$，从而有 $f[g(x)]=\sqrt{g(x)}=\sqrt{x+1}$，且 $x+1\geqslant 0$，即 $x\geqslant-1$。综上：$f[g(x)]=\begin{cases}\mathrm{e}^{2x}, & x\geqslant 0 \\ \sqrt{x+1}, & -1\leqslant x<0\end{cases}$。

9. 求 $y=\sqrt[3]{x+\sqrt{1+x^2}}+\sqrt[3]{x-\sqrt{1+x^2}}$ 的反函数。

解 设 $a=\sqrt[3]{x+\sqrt{1+x^2}}$，$b=\sqrt[3]{x-\sqrt{1+x^2}}$，则有 $ab=-1$，$a+b=y$，且 a,b 为一元二次方程 $t^2-y\cdot t-1=0$ 的两个根，由求根公式有 $t=\dfrac{y\pm\sqrt{y^2+4}}{2}$，从而有等式
$$x+\sqrt{1+x^2}=\frac{(y+\sqrt{y^2+4})^3}{8},\quad x-\sqrt{1+x^2}=\frac{(y-\sqrt{y^2+4})^3}{8}$$
相加即得
$$x=\frac{1}{2}\left[\frac{(y+\sqrt{y^2+4})^3}{8}+\frac{(y-\sqrt{y^2+4})^3}{8}\right]=\frac{1}{2}(y^3+3y)$$
字母互换即得 $y=\dfrac{1}{2}(x^3+3x)$。

10. 求 $f(x)=\begin{cases}2x+1, & -2\leqslant x<0 \\ 2^x, & 0\leqslant x<1 \\ x^2+1, & 1\leqslant x<2\end{cases}$，的反函数，并作图。

解 当 $-2\leqslant x<0$ 时，$-3\leqslant f(x)<1$，$x=\dfrac{y-1}{2}$；当 $0\leqslant x<1$ 时，$1\leqslant f(x)<2$，$x=\log_2 y$；当 $1\leqslant x<2$ 时，$2\leqslant f(x)<5$，$x=\sqrt{y-1}$。

综上所得反函数为
$$y=\begin{cases}\dfrac{x}{2}-\dfrac{1}{2}, & -3\leqslant x<1 \\ \log_2 x, & 1\leqslant x<2 \\ \sqrt{x-1}, & 2\leqslant x<5\end{cases}$$

图形如图 1.3 所示.

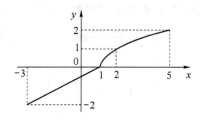

图 1.3

11. 已知水渠的横断面为等腰梯形,如图 1.4 所示.倾斜角为 $\varphi = 60°$. 当过水断面 $ABCD$ 的面积为 s_0,求周长 L 与水深 h 之间的函数关系.

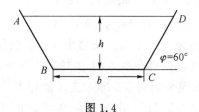

图 1.4

解 由题目可知 $s_0 = \dfrac{1}{2} h \left(2b + \dfrac{2\sqrt{3}}{3} h \right)$,又因为周长

$$L = 2b + \frac{2\sqrt{3}}{3} h + \frac{4\sqrt{3}}{3} h = 2b + 2\sqrt{3} h, \quad 2b = L - 2\sqrt{3} h$$

由此 $s_0 = \dfrac{1}{2} h \left(L - \dfrac{4\sqrt{3}}{3} h \right) = \dfrac{1}{2} Lh - \dfrac{2\sqrt{3}}{3} h^2$,所以 $L = \dfrac{2s_0}{h} + \dfrac{4\sqrt{3}}{3} h$.

12. 一列火车以初速度 v_0、匀加速度 a 出站.当速度达到 v_1 后,火车以匀速前进.从开始经过时间 T 后,火车又以匀减速运动进站,加速度为 $-2a$,直至停止.试写出火车速度 v 与时间 t 的函数关系.

解 由题目知火车首先作匀加速直线运动,运动时间 $t_1 = \dfrac{v_1 - v_0}{a}$,随后火车作匀速直线运动,运动时间 $t_2 = T - t_1$,最后火车作匀减速直线运动,运动时间 $t_3 = \dfrac{0 - v_1}{-2a} = \dfrac{v_1}{2a}$,从而速度与时间的函数关系为

$$v = \begin{cases} v_0 + at, & 0 \leqslant t \leqslant \dfrac{v_1 - v_0}{a} \\ v_1, & \dfrac{v_1 - v_0}{a} \leqslant t \leqslant T \\ v_1 - 2at, & T < t \leqslant T + \dfrac{v_1}{2a} \end{cases}$$

13. 将直径为 R 的圆木锯成底与高分别为 y 与 x 的方木梁,已知方木梁的强度 E 与 yx^2 成正比,试将此方木梁的强度 E 表为 y 的函数,如图 1.5 所示.

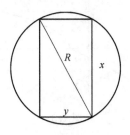

图 1.5

解 由于方木梁的强度 E 与 yx^2 成正比,设为 $E=kyx^2$,又由勾股定理可知 $x=\sqrt{R^2-y^2}$,代入即有 $E=ky(R^2-y^2)=kR^2y-ky^3$.

14. 每印刷一本杂志的成本为 1.22 元,每售出一本杂志仅能得 1.20 元的收入,但销售量超过 15 000 本时,可获得超过部分收入的 10% 的广告费收入,试写出销售量与所获得利润之间的函数关系.并求至少销售多少本杂志才能保本?

解 设所获利润为 y,销售量为 x,由题意可知当销量 $0 \leqslant x \leqslant 15\,000$ 时,利润 $y=-0.02x$,当销量 $x>15\,000$ 时,利润 $y=1.2x+(x-15\,000)\times1.2\times10\%-1.22x=0.1x-1\,800$. 即

$$y=\begin{cases} -0.02x, & 0 \leqslant x \leqslant 15\,000 \\ 0.1x-1\,800, & x>15\,000 \end{cases}$$

若要保住成本,即 $y=0,0.1x-1\,800=0 \Rightarrow x=18\,000$ 本.

第 2 章 极限与连续

2.1 知识结构

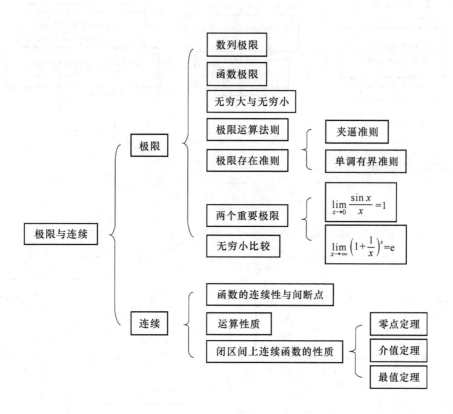

2.2 解题方法流程图

1. 求数列极限

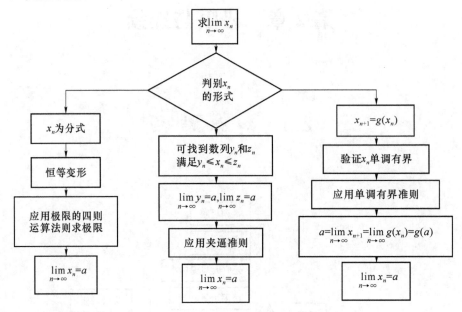

2. 求函数极限

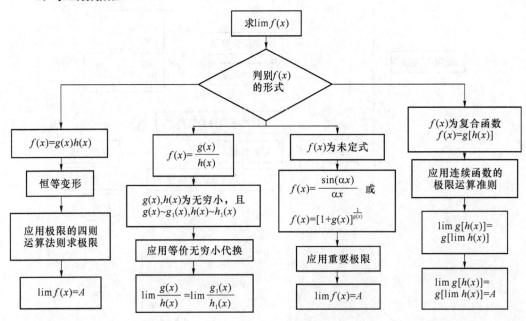

3. 典型例题

例 2.1 求极限：

(1) $\lim\limits_{n\to\infty}\dfrac{1}{n}\left(1+\sqrt[n]{2}+\sqrt[n]{3}+\cdots+\sqrt[n]{n}\right)$;

(2) $\lim\limits_{x\to2}\dfrac{x^2-4}{x^2-5x+6}$;

(3) $\lim\limits_{x\to0}\dfrac{x^2}{1-\sqrt{1+x^2}}$;

(4) $\lim\limits_{x\to\infty}\left(\dfrac{x-1}{x+1}\right)^x$;

(5) $\lim\limits_{x\to0}(1+2\sin x)^{\frac{1}{x}}$;

(6) $\lim\limits_{x\to0}\dfrac{e^{2x^2}-1}{1-\cos x}$;

(7) $\lim\limits_{x\to0}\dfrac{(\sqrt[3]{1+x}-1)\arctan x}{\sin x^2}$;

(8) $\lim\limits_{x\to0}\dfrac{\ln(1+x^3)}{\tan x-\sin x}$;

(9) $\lim\limits_{x\to0}\dfrac{\sqrt{1+x\sin x}-\sqrt{\cos x}}{x\tan x}$.

解 (1) 因为 $1\leqslant\sqrt[n]{k}\leqslant\sqrt[n]{n}$，$1\leqslant k\leqslant n$，所以 $\dfrac{1}{n}\sum\limits_{k=1}^{n}1\leqslant\dfrac{1}{n}\sum\limits_{k=1}^{n}\sqrt[n]{k}\leqslant\dfrac{1}{n}\sum\limits_{k=1}^{n}\sqrt[n]{n}$，即 $1\leqslant$

$\dfrac{1}{n}\sum\limits_{k=1}^{n}\sqrt[n]{k}\leqslant\sqrt[n]{n}$，又因为 $\lim\limits_{n\to\infty}\sqrt[n]{n}=1$，由夹逼准则，$\lim\limits_{n\to\infty}\dfrac{1}{n}\left(1+\sqrt[n]{2}+\sqrt[n]{3}+\cdots+\sqrt[n]{n}\right)=1$.

(2) $\lim\limits_{x\to2}\dfrac{x^2-4}{x^2-5x+6}=\lim\limits_{x\to2}\dfrac{(x-2)(x+2)}{(x-2)(x-3)}=\lim\limits_{x\to2}\dfrac{x+2}{x-3}=-4$.

(3) 分母有理化，得 $\lim\limits_{x\to0}\dfrac{x^2}{1-\sqrt{1+x^2}}=\lim\limits_{x\to0}\dfrac{(1+\sqrt{1+x^2})x^2}{1-(1+x^2)}=-\lim\limits_{x\to0}(1+\sqrt{1+x^2})=-2$.

(4) 利用重要极限，得 $\lim\limits_{x\to\infty}\left(\dfrac{x-1}{x+1}\right)^x=\lim\limits_{x\to\infty}\left(1-\dfrac{2}{x+1}\right)^x=\lim\limits_{x\to\infty}\left(1-\dfrac{2}{x+1}\right)^{-\frac{x+1}{2}\cdot\left(-\frac{2}{x+1}\right)x}=e^{-2}$.

(5) 利用重要极限，得 $\lim\limits_{x\to0}(1+2\sin x)^{\frac{1}{x}}=\lim\limits_{x\to0}(1+2\sin x)^{\frac{1}{2\sin x}\cdot\frac{2\sin x}{x}}=e^2$.

(6) 因为当 $x\to0$ 时，$e^{2x^2}-1\sim2x^2$，$1-\cos x\sim\dfrac{1}{2}x^2$，所以利用无穷小代换，得

$$\lim\limits_{x\to0}\dfrac{e^{2x^2}-1}{1-\cos x}=\lim\limits_{x\to0}\dfrac{2x^2}{\dfrac{1}{2}x^2}=4$$

(7) 因为当 $x\to0$ 时，$\sqrt[3]{1+x}-1\sim\dfrac{1}{3}x$，$\arctan x\sim x$，$\sin x^2\sim x^2$，所以利用无穷小代

换，得 $\lim\limits_{x\to0}\dfrac{(\sqrt[3]{1+x}-1)\arctan x}{\sin x^2}=\lim\limits_{x\to0}\dfrac{\dfrac{1}{3}x\cdot x}{x^2}=\dfrac{1}{3}$.

(8) 因为当 $x\to0$ 时，$\ln(1+x^3)\sim x^3$，所以利用无穷小代换，得：

$$\lim\limits_{x\to0}\dfrac{\ln(1+x^3)}{\tan x-\sin x}=\lim\limits_{x\to0}\dfrac{x^3}{\tan x-\sin x}=\lim\limits_{x\to0}\dfrac{x^3\cos x}{\sin x(1-\cos x)}=\lim\limits_{x\to0}\dfrac{x^3\cos x}{x\cdot\dfrac{1}{2}x^2}=2$$

（9）分子有理化，得：

$$\lim_{x\to 0}\frac{\sqrt{1+x\sin x}-\sqrt{\cos x}}{x\tan x}=\lim_{x\to 0}\frac{(1+x\sin x)-\cos x}{x^2(\sqrt{1+x\sin x}+\sqrt{\cos x})}$$

$$=\lim_{x\to 0}\frac{(1-\cos x)+x\sin x}{2x^2}=\lim_{x\to 0}\frac{1-\cos x}{2x^2}+\lim_{x\to 0}\frac{\sin x}{2x}$$

$$=\lim_{x\to 0}\frac{\frac{1}{2}x^2}{2x^2}+\lim_{x\to 0}\frac{\sin x}{2x}=\frac{3}{4}$$

例 2.2 设函数 $f(x)=\begin{cases}\dfrac{a(1-\cos x)}{x^2}, & x<0\\ 1, & x=0\\ \ln(b+x^2), & x>0\end{cases}$ 在点 $x=0$ 连续，求 a,b.

解 函数 $f(x)$ 在点 $x=0$ 连续，则 $\lim\limits_{x\to 0^+}f(x)=\lim\limits_{x\to 0^-}f(x)=f(0)$，所以 $1=$

$\lim\limits_{x\to 0^-}\dfrac{a(1-\cos x)}{x^2}=\lim\limits_{x\to 0^-}\dfrac{a\cdot\frac{1}{2}x^2}{x^2}=\dfrac{a}{2}\Rightarrow a=2,1=\lim\limits_{x\to 0^+}\ln(b+x^2)=\ln b\Rightarrow b=\mathrm{e}$.

例 2.3 求函数的间断点，并判断类型：

（1）$y=\dfrac{1}{(x+3)^3}$； (2) $y=\dfrac{\arctan x}{x}$.

解 （1）当 $x\to-3$ 时，$y=\dfrac{1}{(x+3)^3}\to\infty$，所以 $x=-3$ 为函数的间断点，且为第二类（无穷）间断点.

（2）函数 $y=\dfrac{\arctan x}{x}$ 在 $x=0$ 时无定义，所以 $x=0$ 为函数的间断点，又 $\lim\limits_{x\to 0^+}\dfrac{\arctan x}{x}=$

$\lim\limits_{x\to 0^-}\dfrac{\arctan x}{x}=1$，故 $x=0$ 为函数的第一类（可去）间断点.

例 2.4 已知当 $x\to 0$ 时，无穷小量 $\alpha=\sin^3 x$ 与 $\beta=\sqrt[3]{1+ax^3}-1$ 等价，求 a 的值.

解 由已知，$1=\lim\limits_{x\to 0}\dfrac{\sqrt[3]{1+ax^3}-1}{\sin^3 x}=\lim\limits_{x\to 0}\dfrac{\frac{1}{3}ax^3}{x^3}=\dfrac{a}{3}\Rightarrow a=3$.

例 2.5 证明方程 $\sin x+x+1=0$ 在开区间 $\left(-\dfrac{\pi}{2},\dfrac{\pi}{2}\right)$ 内至少有一个根.

证明 设 $f(x)=\sin x+x+1,x\in\left[-\dfrac{\pi}{2},\dfrac{\pi}{2}\right]$，则 $f(x)$ 在 $\left[-\dfrac{\pi}{2},\dfrac{\pi}{2}\right]$ 上连续，又

$f\left(-\dfrac{\pi}{2}\right)=\sin\left(-\dfrac{\pi}{2}\right)-\dfrac{\pi}{2}+1=-\dfrac{\pi}{2}<0,f\left(\dfrac{\pi}{2}\right)=\sin\left(\dfrac{\pi}{2}\right)-\dfrac{\pi}{2}+1=2-\dfrac{\pi}{2}>0$，由零点定理，存在 $\xi\in\left(-\dfrac{\pi}{2},\dfrac{\pi}{2}\right)$，使得 $f(\xi)=0$.

2.3 教材习题选解

习题 2.1

1. 用定义证明下列极限：(1)$\lim\limits_{n\to\infty}(-1)^n\dfrac{1}{\sqrt{n}}=0$；   (3)$\lim\limits_{n\to\infty}a^n=0$，其中 $0<a<1$.

解 （1）分析：对任意正整数 ε，要使 $\left|(-1)^n\dfrac{1}{\sqrt{n}}-0\right|=\dfrac{1}{\sqrt{n}}<\varepsilon$，只要 $n>\dfrac{1}{\varepsilon^2}$ 即可，对于任意正整数 $N=\left[\dfrac{1}{\varepsilon^2}\right]+1$，则当 $n>N$ 时，便有 $n>N>\dfrac{1}{\varepsilon^2}$，从而 $n>\dfrac{1}{\varepsilon^2}$. 即

$$\left|(-1)^n\dfrac{1}{\sqrt{n}}\right|=\dfrac{1}{\sqrt{n}}<\varepsilon$$

故 $\lim\limits_{n\to\infty}(-1)^n\dfrac{1}{\sqrt{n}}=0$

（3）分析：对任意正数要使 $|a^n-0|=a^n<\varepsilon$，由于 $0<a<1$，只要 $n>\log_a\varepsilon$ 即可，取 n 为大于 $(\log_a\varepsilon)+1$ 的正整数即可，对任意正数 ε，取 $N=[\log_a\varepsilon]+1$，则当 $n>N$ 时，有 $|a^n-0|=a^n<\varepsilon$，即 $\lim\limits_{n\to\infty}a^n=0$.

2. 用定义证明：$\lim\limits_{n\to\infty}x_n=0$ 的充分必要条件是 $\lim\limits_{n\to\infty}|x_n|=0$.

证明 充分性：由于 $\lim\limits_{n\to\infty}|x_n|=0$ 时，对任意正数 ε，存在 N，则当 $n>N$ 时，有 $||x_n|-0|<\varepsilon$，即 $||x_n|-0|=|x_n|=|x_n-0|<\varepsilon$，即有 $\lim\limits_{n\to\infty}x_n=0$.

必要性：当 $\lim\limits_{n\to\infty}x_n=0$ 时，对任意正数 ε，存在 N，则当 $n>N$ 时，有 $|x_n-0|<\varepsilon$，即 $|x_n-0|=|x_n|=||x_n|-0|<\varepsilon$，即有 $\lim\limits_{n\to\infty}|x_n|=0$.

习题 2.2

1. 用定义证明下列极限：(2)$\lim\limits_{x\to3}\dfrac{9-x^2}{x-3}=-6$；   (4)$\lim\limits_{x\to\infty}\dfrac{2+x^2}{2x^2-1}=\dfrac{1}{2}$.

解 （2）对任意正数 ε，要使 $\left|\dfrac{9-x^2}{x-3}-(-6)\right|=\left|\dfrac{(3-x)^2}{x-3}\right|=|x-3|<\varepsilon$，只要取 $0<|x-3|<\varepsilon$ 即可，因此，取正数 $\delta=\varepsilon$，当 $0<|x-3|<\delta$ 时，则有

$$\left|\dfrac{9-x^2}{x-3}-(-6)\right|=\left|\dfrac{(3-x)^2}{x-3}\right|=|x-3|<\varepsilon$$

即 $\lim\limits_{x\to3}\dfrac{9-x^2}{x-3}=-6$.

（4）对任意正数 ε，要使得 $\left|\dfrac{2+x^2}{2x^2-1}-\dfrac{1}{2}\right|=\dfrac{5}{2}\left|\dfrac{1}{2x^2-1}\right|<\dfrac{5}{2}\dfrac{1}{|2x^2|-1}<\varepsilon$，只要

$|x| > \sqrt{\dfrac{5}{4\varepsilon} + \dfrac{1}{2}}$ 即可,因此,可取 $X = \sqrt{\dfrac{5}{4\varepsilon} + \dfrac{1}{2}}$,当 $|x| > X$ 时,便有 $\left| \dfrac{2+x^2}{2x^2-1} - \dfrac{1}{2} \right| < \varepsilon$,即

$\lim\limits_{x \to \infty} \dfrac{2+x^2}{2x^2-1} = \dfrac{1}{2}$.

2. 讨论下列函数

(2)$f(x) = \dfrac{|x|}{x}$,在 $x=0$ 处. 在给定点处的极限是否存在? 若存在,求其极限.

解 (2) 极限不存在. 当 $x < 0$ 时,$f(x) = \dfrac{-x}{x} = -1$,从而 $\lim\limits_{x \to 0^-} f(x) = -1$;当 $x > 0$ 时,$f(x) = \dfrac{x}{x} = 1$,从而 $\lim\limits_{x \to 0^+} f(x) = 1$. 所以 $\lim\limits_{x \to 0^-} f(x) \neq \lim\limits_{x \to 0^+} f(x)$,即在 $x = 0$ 处不存在极限.

3. 证明:$\lim\limits_{x \to \infty} f(x) = A$ 的充分必要条件是 $\lim\limits_{x \to +\infty} f(x) = \lim\limits_{x \to -\infty} f(x) = A$.

证明 必要性:由 $\lim\limits_{x \to \infty} f(x) = A$ 有对任意 $\varepsilon > 0$,存在正数 X,当 $|x| > X$ 时,恒有 $|f(x) - A| < \varepsilon$;对 $|x| > X$ 分开来就有 $x > X$ 或 $x < -X$,即有对任意 $\varepsilon > 0$,存在正数 X,当 $x > X$ 时,恒有 $|f(x) - A| < \varepsilon$,即有 $\lim\limits_{x \to +\infty} f(x) = A$;对任意 $\varepsilon > 0$,存在正数 X,当 $x < -X$ 时,恒有 $|f(x) - A| < \varepsilon$,即有 $\lim\limits_{x \to -\infty} f(x) = A$,即证.

充分性:设 $\lim\limits_{x \to +\infty} f(x) = \lim\limits_{x \to -\infty} f(x) = A$,由 $\lim\limits_{x \to +\infty} f(x) = A$,对任意 $\varepsilon > 0$,存在正数 X_1,当 $x > X_1$ 时,有 $|f(x) - A| < \varepsilon$;由 $\lim\limits_{x \to -\infty} f(x) = A$,对上述任意 $\varepsilon > 0$,存在正数 X_2,当 $x < -X_2$ 时,有 $|f(x) - A| < \varepsilon$;取 $X = \max(X_1, X_2)$,对上述任意给定的正数 ε,当 $|x| > X$ 时,总有 $|f(x) - A| < \varepsilon$,故 $\lim\limits_{x \to \infty} f(x) = A$.

习题 2.3

1. 证明两个无穷大的乘积为无穷大.

证明 设 $\lim\limits_{x \to x_0} \dfrac{1}{\alpha(x)} = \infty$,$\lim\limits_{x \to x_0} \dfrac{1}{\beta(x)} = \infty$,则由定理 2.3.2,$\lim\limits_{x \to x_0} \alpha(x) = 0$,$\lim\limits_{x \to x_0} \beta(x) = 0$,对任意给定的 $\varepsilon > 0$,存在 $\delta_1 > 0$,当 $0 < |x - x_0| < \delta_1$ 时,有 $|\alpha(x)| < \sqrt{\varepsilon}$,并存在 $\delta_2 > 0$,当 $0 < |x - x_0| < \delta_2$,有 $|\beta(x)| < \sqrt{\varepsilon}$,取 $\delta = \min(\delta_1, \delta_2)$,当 $0 < |x - x_0| < \delta$ 时,有 $|\alpha(x)\beta(x)| = |\alpha(x)||\beta(x)| < \sqrt{\varepsilon}\sqrt{\varepsilon} = \varepsilon$,$\lim\limits_{x \to x_0} \alpha(x)\beta(x) = 0$. 又由定理 2.3.2 即有 $\lim\limits_{x \to x_0} \dfrac{1}{\alpha(x)\beta(x)} = \infty$,即得证.

4. 用定义证明:(2)当 $x \to 0$ 时,$f(x) = \dfrac{x-1}{x^2}$ 为无穷大.

证明 (2) 由于 $\lim\limits_{x \to 0} \dfrac{1}{f(x)} = \lim\limits_{x \to 0} \left(\dfrac{x^2}{x-1} \right) = \lim\limits_{x \to 0} \left(x + 1 + \dfrac{1}{x-1} \right) = 0$,所以 $\dfrac{1}{f(x)}$ 为无穷小,

由定理 2.3.2，$f(x)$ 为无穷大.

5. 利用定理 2.3.1 证明：有极限变量与无穷小的乘积为无穷小.

证明 令 $x \to x_0$ 时，$\alpha(x)$ 极限存在，$\beta(x)$ 无穷小，即 $\lim\limits_{x \to x_0} \alpha(x)$ 存在，$\lim\limits_{x \to x_0} \beta(x) = 0$，则由极限的性质可知 $|\alpha(x)|$ 有界，不妨设界为 A，从而 $0 \leqslant |\alpha(x)\beta(x)| \leqslant A|\beta(x)|$，同时取极限并利用夹逼定理有 $\lim\limits_{x \to x_0} \alpha(x)\beta(x) = 0$，得证.

7. 设在某个变化过程中，$\alpha(x), \beta(x)$ 均为无穷小，且 $\lim \dfrac{\beta(x)}{\alpha(x)} = 1$，证明 $\dfrac{\beta(x) - \alpha(x)}{\alpha(x)}$ 为无穷小.

证明 由 $\dfrac{\beta(x) - \alpha(x)}{\alpha(x)} = \dfrac{\beta(x)}{\alpha(x)} - 1$，又 $\lim \dfrac{\beta(x)}{\alpha(x)} = 1$，从而

$$\lim \frac{\beta(x) - \alpha(x)}{\alpha(x)} = \lim \frac{\beta(x)}{\alpha(x)} - 1 = 0$$

习题 2.4

1. 求下列数列的极限：$(2) \lim\limits_{n \to \infty} \dfrac{\sqrt[3]{n} - 3\sqrt{2n-1}}{\sqrt{n} + 1}$；　$(3) \lim\limits_{n \to \infty} \sqrt{n} \left(\sqrt{2n+1} - \sqrt{2n-3} \right)$.

解 (2) 令 $n = t^6$，$\lim\limits_{n \to \infty} \dfrac{\sqrt[3]{n} - 3\sqrt{2n-1}}{\sqrt{n} + 1} = \lim\limits_{t \to \infty} \dfrac{t^2 - 3\sqrt{2t^6 - 1}}{t^3 + 1} = \lim\limits_{t \to \infty} \dfrac{\dfrac{1}{t} - 3\sqrt{2 - \dfrac{1}{t^6}}}{1 + \dfrac{1}{t^3}} = -3\sqrt{2}$；

(3) $\lim\limits_{n \to \infty} \sqrt{n} \left(\sqrt{2n+1} - \sqrt{2n-3} \right) = \lim\limits_{n \to \infty} \dfrac{4\sqrt{n}}{\sqrt{2n+1} + \sqrt{2n-3}} = \lim\limits_{n \to \infty} \dfrac{4}{\sqrt{2 + \dfrac{1}{n}} + \sqrt{2 - \dfrac{3}{n}}} = \sqrt{2}$.

2. 求下列函数的极限：

$(2) \lim\limits_{h \to 0} \dfrac{(x+h)^2 - x^2}{h}$；　　　　　$(3) \lim\limits_{x \to \infty} \dfrac{(x^2+3)\sin x}{2x^3 + x^2 - 5}$；

$(7) \lim\limits_{x \to 1} \dfrac{\sqrt{x^2+3} - 2}{\sqrt{x^2+8} - 3}$；　　　　$(8) \lim\limits_{x \to 1} \dfrac{x^2 - 1}{x^2 - 2x + c}$，其中 c 为常数.

解 (2) $\lim\limits_{h \to 0} \dfrac{(x+h)^2 - x^2}{h} = \lim\limits_{h \to 0} \dfrac{x^2 + h^2 + 2hx - x^2}{h} = 2x$.

(3) $\lim\limits_{x \to \infty} \dfrac{(x^2+3)\sin x}{2x^3 + x^2 - 5} = \lim\limits_{x \to \infty} \dfrac{x^2 \sin x + 3\sin x}{2x^3 + x^2 - 5} = \lim\limits_{x \to \infty} \dfrac{\dfrac{\sin x}{x} + \dfrac{3\sin x}{x^3}}{2 + \dfrac{1}{x} - \dfrac{5}{x^3}} = 0$.

(7) $\lim\limits_{x \to 1} \dfrac{\sqrt{x^2+3} - 2}{\sqrt{x^2+8} - 3} = \lim\limits_{x \to 1} \dfrac{(x^2-1)(\sqrt{x^2+8} + 3)}{(x^2-1)(\sqrt{x^2+3} + 2)} = \dfrac{3}{2}$.

(8) 当 $c=1$ 时, $\lim\limits_{x\to 1}\dfrac{(x-1)(x+1)}{(x-1)(x-1)}=+\infty$; 当 $c\neq 1$ 时, $\lim\limits_{x\to 1}\dfrac{x^2-1}{x^2-2x+c}=\lim\limits_{x\to 1}\dfrac{1-1}{1-2+c}=0$.

4. 已知 $\lim\limits_{x\to\infty}\left(\dfrac{x^2+x-2}{x+1}-ax-b\right)=0$, 求常数 a,b.

解 由于 $\lim\limits_{x\to\infty}\left(\dfrac{x^2+x-2}{x+1}-ax-b\right)=\lim\limits_{x\to\infty}\dfrac{(1-a)x^2+(1-a-b)x-2-b}{x+1}$, 要使

$\lim\limits_{x\to\infty}\left(\dfrac{x^2+x-2}{x+1}-ax-b\right)=0,a=1,b=0$.

5. 设 (1) $f(x)=\sqrt{x}$; (3) $f(x)=\sqrt[3]{x}$, 分别求 $\lim\limits_{\Delta x\to 0}\dfrac{f(x+\Delta x)-f(x)}{\Delta x}$.

解 (1) $\lim\limits_{\Delta x\to 0}\dfrac{f(x+\Delta x)-f(x)}{\Delta x}=\lim\limits_{\Delta x\to 0}\dfrac{\sqrt{x+\Delta x}-\sqrt{x}}{\Delta x}=\dfrac{1}{2\sqrt{x}}$.

(3) $\lim\limits_{\Delta x\to 0}\dfrac{f(x+\Delta x)-f(x)}{\Delta x}=\lim\limits_{\Delta x\to 0}\dfrac{\sqrt[3]{x+\Delta x}-\sqrt[3]{x}}{\Delta x}=\dfrac{1}{3\sqrt[3]{x^2}}$.

6. 设 $f(x)=\dfrac{|x|}{x}$, $\varphi(x)=\begin{cases}x-2, & x<2 \\ 0, & x\geq 2\end{cases}$, 求 $\lim\limits_{x\to 2}f[\varphi(x)]$.

解 当 $x\geq 2$ 时, $f[\varphi(x)]$ 无定义, 当 $x<2$ 时, $f[\varphi(x)]=\dfrac{|\varphi(x)|}{\varphi(x)}=\dfrac{|x-2|}{x-2}=-1$,

从而, $\lim\limits_{x\to 2^-}f[\varphi(x)]=-1$, $\lim\limits_{x\to 2^+}f[\varphi(x)]$ 不存在.

习题 2.5

1. 求下列极限:

(3) $\lim\limits_{x\to 0}\dfrac{1-\sqrt{\cos x}}{x^2}$; (4) $\lim\limits_{n\to\infty}n^3\sin\dfrac{x}{n^3}$ $(x\neq 0)$; (6) $\lim\limits_{x\to 0}\dfrac{\cos 3x-\cos 2x}{\tan^2 x}$.

解 (3) $\lim\limits_{x\to 0}\dfrac{1-\sqrt{\cos x}}{x^2}=\lim\limits_{x\to 0}\dfrac{1-\cos x}{x^2(1+\sqrt{\cos x})}=\lim\limits_{x\to 0}\dfrac{2\sin^2\dfrac{x}{2}}{4\left(\dfrac{x}{2}\right)^2(1+\sqrt{\cos x})}=\dfrac{1}{4}$.

(4) $\lim\limits_{n\to\infty}n^3\sin\dfrac{x}{n^3}=\lim\limits_{n\to\infty}\dfrac{\sin\left(\dfrac{x}{n^3}\right)}{\dfrac{x}{n^3}}\cdot x=1\cdot x=x$.

(6) $\lim\limits_{x\to 0}\dfrac{\cos 3x-\cos 2x}{\tan^2 x}=\lim\limits_{x\to 0}\dfrac{-2\sin\dfrac{5x}{2}\sin\dfrac{x}{2}}{\tan^2 x}=\lim\limits_{x\to 0}\dfrac{\sin\dfrac{5x}{2}}{\dfrac{5x}{2}}\cdot\dfrac{\sin\dfrac{x}{2}}{\dfrac{x}{2}}\cdot\dfrac{x^2}{\sin^2 x}\cdot$

$\dfrac{-5\cos^2 x}{2}=-\dfrac{5}{2}$.

2. 求下列极限：

(2) $\lim\limits_{x\to 0}(1-2x)^{\frac{1}{x}}$；   (3) $\lim\limits_{x\to\infty}\left(\dfrac{x-2}{x+3}\right)^{x}$；

(5) $\lim\limits_{x\to\infty}\left(1+\dfrac{1}{x}+\dfrac{2}{x^2}\right)^{\frac{3x^2}{x^2+2x}}$；   (6) $\lim\limits_{x\to 0}(1-\sin x)^{2\csc x}$.

解　(2) $\lim\limits_{x\to 0}(1-2x)^{\frac{1}{x}}=\lim\limits_{x\to 0}[1+(-2x)]^{\frac{1}{-2x}\cdot(-2)}=\mathrm{e}^{-2}$.

(3) $\lim\limits_{x\to\infty}\left(\dfrac{x-2}{x+3}\right)^{x}=\lim\limits_{x\to\infty}\left(1+\dfrac{-5}{x+3}\right)^{\frac{x+3}{-5}\cdot\frac{-5x}{x+3}}=\mathrm{e}^{-5}$.

(5) $\lim\limits_{x\to\infty}\left(1+\dfrac{1}{x}+\dfrac{2}{x^2}\right)^{\frac{3x^2}{x^2+2x}}=\lim\limits_{x\to\infty}\left(1+\dfrac{2+x}{x^2}\right)^{\frac{x^2}{2+x}\cdot\frac{3}{x}}=\mathrm{e}^{0}=1$.

(6) $\lim\limits_{x\to 0}(1-\sin x)^{2\csc x}=\lim\limits_{x\to 0}[(1-\sin x)^{\frac{1}{-\sin x}}]^{-2}=\mathrm{e}^{-2}$.

4. 利用夹逼定理求下列极限：(2) $\lim\limits_{n\to\infty}\left(\dfrac{1}{\sqrt{n^2+1}}+\dfrac{1}{\sqrt{n^2+2}}\cdots+\dfrac{1}{\sqrt{n^2+n}}\right)$.

解　(2) 由于 $\dfrac{n}{\sqrt{n^2+n}}<\dfrac{1}{\sqrt{n^2+1}}+\dfrac{1}{\sqrt{n^2+2}}+\cdots+\dfrac{1}{\sqrt{n^2+n}}<\dfrac{n}{\sqrt{n^2+1}}$，且 $\lim\limits_{n\to\infty}\dfrac{n}{\sqrt{n^2+n}}=$

$\lim\limits_{n\to\infty}\dfrac{n}{\sqrt{n^2+1}}=1$，由夹逼定理得，$\lim\limits_{n\to\infty}\dfrac{1}{\sqrt{n^2+1}}+\dfrac{1}{\sqrt{n^2+2}}+\cdots+\dfrac{1}{\sqrt{n^2+n}}=1$.

5. 设 $x_1=\sqrt{2}$，$x_2=\sqrt{2+\sqrt{2}}$，$x_3=\sqrt{2+\sqrt{2+\sqrt{2}}}$，$\cdots$，$x_{n+1}=\sqrt{2+x_n}$，证明数列 $\{x_n\}$ 收敛，并求 $\lim\limits_{n\to\infty}x_n$.

解　由题 $x=\sqrt{2}$，$x_2=\sqrt{2+\sqrt{2}}$，$\cdots$，$x_{n+1}=\sqrt{2+x_n}$，显然数列 $\{x_n\}$ 是单调增加. $x_1=$ $\sqrt{2}<2$，假设 $x_k<2$，则 $x_{k+1}=\sqrt{2+x_k}<2$，从而 $\{x_n\}$ 有界.

由单调有界定理可知数列 $\{x_n\}$ 收敛，$\lim\limits_{n\to\infty}x_n$ 存在. 设 $\lim\limits_{n\to\infty}x_n=a$，则 $\lim\limits_{n\to\infty}x_n=$ $\lim\limits_{n\to\infty}\sqrt{2+x_{n-1}}$，$a=\sqrt{a+2}$，$a=2$ 或 $a=-1$(舍去)，所以 $\lim\limits_{n\to\infty}x_n=2$.

习题 2.6

4. 当 $x\to 0$ 时，确定下列函数对 x 无穷小的阶数：(2) $\dfrac{x^2(x+1)}{1+\sqrt{x}}$；   (4) $1-\cos^2 x$.

解　(2) 由于 $\lim\limits_{x\to 0}\dfrac{x^2(x+1)}{x^2(1+\sqrt{x})}=\lim\limits_{x\to 0}\dfrac{(x+1)}{(1+\sqrt{x})}=1$，所以 $\dfrac{x^2(x+1)}{1+\sqrt{x}}$ 是对 x 的二阶无穷小.

(4) 由于 $\lim\limits_{x\to 0}\dfrac{1-\cos^2 x}{x^2}=1$，$1-\cos^2 x$ 是对 x 的二阶无穷小.

5. 用等价无穷小代换的方法求下列极限：

(2) $\lim\limits_{x\to 0}\dfrac{\sin x^m}{\sin^n x}$（$m,n$ 为正整数）；   (4) $\lim\limits_{x\to 0}\dfrac{1-\cos x}{x(\sqrt{1+x}-1)}$；

(6) $\lim\limits_{x\to 0}\dfrac{1}{x}\left(\dfrac{1}{\sin x}-\dfrac{1}{\tan x}\right)$.

解 (2) $\lim\limits_{x\to 0}\dfrac{\sin x^m}{\sin^n x}=\lim\limits_{x\to 0}\dfrac{x^m}{x^n}=\begin{cases}1,&m=n\\0,&m>n.\\\infty,&m<n\end{cases}$

(4) $\lim\limits_{x\to 0}\dfrac{1-\cos x}{x(\sqrt{1+x}-1)}=\lim\limits_{x\to 0}\dfrac{\frac{1}{2}x^2(\sqrt{1+x}+1)}{x(1+x-1)}=\lim\limits_{x\to 0}\dfrac{\sqrt{1+x}+1}{2}=1.$

(6) $\lim\limits_{x\to 0}\dfrac{1}{x}\left(\dfrac{1}{\sin x}-\dfrac{1}{\tan x}\right)=\lim\limits_{x\to 0}\dfrac{1}{x}\dfrac{1}{\sin x}(1-\cos x)=\lim\limits_{x\to 0}\dfrac{1}{x}\cdot\dfrac{1}{x}\cdot\dfrac{1}{2}\cdot x^2=\dfrac{1}{2}.$

习题 2.7

3. 证明 若 $f(x)$ 在 x_0 处连续,则 $|f(x)|$ 在 x_0 处也连续. 反之,若 $f(x)$ 在 x_0 处不连续,问 $|f(x)|$ 在 x_0 处是否也不连续? 举例说明.

证明 $f(x)$ 在 x_0 处连续,则对任意 $\varepsilon>0$,存在 $\delta>0$,当 $|x-x_0|<\delta$ 时,$|f(x)-f(x_0)|<\varepsilon$,由 $||f(x)|-|f(x_0)||\leqslant|f(x)-f(x_0)|$,知 $||f(x)|-|f(x_0)||<\varepsilon$,所以 $|f(x)|$ 在 x_0 处也连续. 反之则不然,如:$f(x)=\begin{cases}\dfrac{\sin x}{x},&x\neq 0\\-1,&x=0\end{cases}$,$f(x)$ 在 $x=0$ 处不连续,但是 $|f(x)|$ 在 0 点处连续.

4. 求下列函数的间断点,并判断间断点的类型. 如果是可去间断点,则补充或改变函数值的定义,使函数在该点连续.

(2) $y=\begin{cases}2x+1,&x\geqslant 1\\1-3x,&x<1\end{cases}$；   (4) $y=\dfrac{1}{(x-1)^2}$；   (6) $y=\dfrac{1}{1+\mathrm{e}^{\frac{1}{x}}}$.

解 (2) $y=\begin{cases}2x+1,&x\geqslant 1\\1-3x,&x<1\end{cases}$,$\lim\limits_{x\to 1^-}y=\lim\limits_{x\to 1^-}(1-3x)=-2$,$\lim\limits_{x\to 1^+}y=3$,所以函数 y 在 $x=1$ 处间断,左右极限不相等,$x=1$ 为跳跃间断点.

(4) $y=\dfrac{1}{(x-1)^2}$ 函数在 $x=1$ 处无定义,$\lim\limits_{x\to 1}y=\lim\limits_{x\to 1}\dfrac{1}{(x-1)^2}=\infty$,所以 $x=1$ 为第二类间断点.

(6) $y=\dfrac{1}{1+\mathrm{e}^{\frac{1}{x}}}$,当 $x\to 0^+$,$y\to 0$,当 $x\to 0^-$,$y\to 1$,$x=0$ 为第一类跳跃间断点.

6. 设 $f(x)=\begin{cases}(1+ax)^{\frac{2}{x}},&x<0\\3,&x\geqslant 0\end{cases}$ 在 $(-\infty,+\infty)$ 上连续,求常数 a 的值.

解 $f(x)$ 在 $(-\infty,+\infty)$ 上连续，$\lim\limits_{x\to 0^+} f(x)=3$，$\lim\limits_{x\to 0^-} f(x)=\lim\limits_{x\to 0^-}(1+ax)^{\frac{2}{x}}=\lim\limits_{x\to 0^-}(1+ax)^{\frac{1}{ax}\cdot 2a}=\mathrm{e}^{2a}$，所以 $\mathrm{e}^{2a}=3$，则 $a=\dfrac{1}{2}\ln 3$.

8. 设 $f(x)$ 在区间 $[0,1]$ 上连续，且 $0<f(x)<1$，证明：在 $(0,1)$ 内至少存在一点 ξ，使得 $f(\xi)=\xi$.

证明 设 $F(x)=f(x)-x$，则 $F(x)$ 在 $[0,1]$ 上连续，由 $0<f(x)<1$，所以 $F(0)>0$，$F(1)<0$，由零点定理，至少存在一点 ξ 使得 $F(\xi)=0$，即 $f(\xi)=\xi$.

10. 设 $f(x)$ 在区间 $[a,b]$ 上连续，$x_1,x_2,\cdots,x_n$ 是 $[a,b]$ 上的 n 个点，证明：在 (a,b) 内至少存在一点 ξ，使得 $f(\xi)=\dfrac{f(x_1)+f(x_2)+\cdots+f(x_n)}{n}$.

证明 不妨设 $a<x_1\leqslant x_2\leqslant \cdots \leqslant x_n<b$，此时设 $x_1\neq x_n$，当 $x_1=x_n$ 结论显然成立. 由于 $f(x)$ 在区间 $[a,b]$ 上连续，从而在闭区间 $[a,b]$ 上有最大值最小值：$m\leqslant f(x)\leqslant M$，从而有 $m\leqslant \dfrac{f(x_1)+f(x_2)+\cdots+f(x_n)}{n}\leqslant M$，由连续函数的介值定理，存在 $\xi\in(a,b)$，使得 $f(\xi)=\dfrac{f(x_1)+f(x_2)+\cdots+f(x_n)}{n}$，即得证.

综合练习题

一、单项选择题

1. 下列极限不存在的是(B).

(A) $\dfrac{3}{2},\dfrac{2}{3},\dfrac{5}{4},\dfrac{4}{5},\cdots$

(B) $x_n=\begin{cases}\dfrac{n}{1+n}, & n=1,3,5,\cdots \\ \dfrac{n}{1-n}, & n=2,4,6,\cdots\end{cases}$

(C) $x_n=\begin{cases}1+\dfrac{1}{n}, & n=1,3,5,\cdots \\ (-1)^n, & n=2,4,6,\cdots\end{cases}$

(D) $x_n=\begin{cases}1, & n<10^6 \\ \dfrac{1}{n}, & n>10^6\end{cases}$

解 (A) $x_n=\dfrac{n+(-1)^n}{n}$，$n=2,3,\cdots$，所以 $\lim\limits_{n\to\infty}x_n=1$.

(B) $x_n=\begin{cases}\dfrac{n}{1+n}, & n=1,3,5,\cdots,n=2k+1 \\ \dfrac{n}{1-n}, & n=2,4,6,\cdots,n=2k\end{cases}$，奇数项极限 1，偶数项极限 -1，所以极限不存在.

(C) $x_n=\begin{cases}1+\dfrac{1}{n}, & n=1,3,5,\cdots,n=2k+1 \\ (-1)^n, & n=2,4,6,\cdots,n=2k\end{cases}$，奇数项极限 1，偶数项极限也是 1，所以极限存在.

(D) 当 $n \to \infty$，$x_n \to 0$，所以极限存在.

2. 任意给定 $M > 0$，总存在着 $X > 0$，当 $x < -X$ 时，$f(x) < -M$，则(A).

(A) $\lim\limits_{x \to -\infty} f(x) = -\infty$ (B) $\lim\limits_{x \to \infty} f(x) = -\infty$

(C) $\lim\limits_{x \to -\infty} f(x) = \infty$ (D) $\lim\limits_{x \to +\infty} f(x) = \infty$

解 显见这是 $\lim\limits_{x \to -\infty} f(x) = -\infty$ 的定义式，所以答案为(A).

3. 设数列 $\{x_n\}$ 与 $\{y_n\}$ 满足 $\lim\limits_{n \to \infty} x_n y_n = 0$，则下列结论正确的是(D).

(A) 若 $\{x_n\}$ 发散，则 $\{y_n\}$ 必发散

(B) 若 $\{x_n\}$ 无界，则 $\{y_n\}$ 必有界

(C) 若 $\{x_n\}$ 有界，则 $\{y_n\}$ 必为无穷小

(D) 若 $\left\{\dfrac{1}{x_n}\right\}$ 为无穷小，则 $\{y_n\}$ 必为无穷小

解 (A) 令 $x_n = n$，$y_n = \dfrac{1}{n^2}$，满足 $\lim\limits_{n \to \infty} x_n y_n = 0$，但是 $\{y_n\}$ 收敛.

(B) 令 $x_n = \begin{cases} n, & n = 2k-1 \\ 0, & n = 2k \end{cases}$，$y_n = \begin{cases} 0, & n = 2k-1 \\ n, & n = 2k \end{cases}$，则满足 $\lim\limits_{n \to \infty} x_n y_n = 0$，但是 $\{y_n\}$ 无界.

(C) 令 $x_n = \dfrac{1}{n^2}$，$y_n = n$，则满足 $\lim\limits_{n \to \infty} x_n y_n = 0$，但是 $\{y_n\}$ 不是无穷小.

4. 设 $x_n \leqslant a \leqslant y_n$，且 $\lim\limits_{n \to \infty}(y_n - x_n) = 0$，则 $\{x_n\}$ 与 $\{y_n\}$(A).

(A) 都收敛于 a (B) 都收敛，但不一定都收敛于 a

(C) 可能收敛，也可能发散   (D) 都发散

解 因为 $x_n \leqslant a \leqslant y_n$，所以 $a - x_n \leqslant y_n - x_n$，$y_n - a \leqslant y_n - x_n$，$\forall \varepsilon > 0$，因 $\lim\limits_{n \to \infty}(y_n - x_n) = 0$，所以存在正整数 N，当 $n > N$ 时，有 $|y_n - x_n| = y_n - x_n < \varepsilon$，而此时，有 $|x_n - a| = a - x_n \leqslant y_n - x_n < \varepsilon$，以及 $|y_n - a| = y_n - a \leqslant y_n - x_n < \varepsilon$，故 $\lim\limits_{n \to \infty} x_n = \lim\limits_{n \to \infty} y_n = a$，答案为(A).

5. 下列极限正确的是(D).

(A) $\lim\limits_{x \to \infty}\left(1 - \dfrac{1}{x}\right)^{x+5} = \mathrm{e}$ (B) $\lim\limits_{x \to \infty}\left(1 - \dfrac{3}{x}\right)^x = \mathrm{e}$

(C) $\lim\limits_{x \to 0}\left(1 + \dfrac{1}{x}\right)^x = \mathrm{e}$ (D) $\lim\limits_{x \to 0}(1+x)^{1+\frac{1}{x}} = \mathrm{e}$

解 (A) $\lim\limits_{x \to \infty}\left(1 - \dfrac{1}{x}\right)^{x+5} = \lim\limits_{x \to \infty}\left(1 - \dfrac{1}{x}\right)^{(-x) \cdot \left(\frac{x+5}{-x}\right)} = \mathrm{e}^{\lim\limits_{x \to \infty}\frac{x+5}{-x}} = \dfrac{1}{\mathrm{e}}$.

(B) $\lim\limits_{x \to \infty}\left(1 - \dfrac{3}{x}\right)^x = \lim\limits_{x \to \infty}\left(1 - \dfrac{3}{x}\right)^{-\frac{x}{3} \cdot (-3)} = \mathrm{e}^{-3}$.

(C) $\lim\limits_{x \to 0}\left(1 + \dfrac{1}{x}\right)^x = \exp\left[\lim\limits_{x \to 0} x \ln\left(1 + \dfrac{1}{x}\right)\right] = \exp\left[\lim\limits_{t \to \infty}\dfrac{\ln(1+t)}{t}\right] = \exp\left[\lim\limits_{t \to \infty}\dfrac{1}{1+t}\right] = \mathrm{e}^0 = 1$.

(D) $\lim\limits_{x \to 0}(1+x)^{1+\frac{1}{x}} = \lim\limits_{x \to 0}(1+x) \cdot (1+x)^{\frac{1}{x}} = 1 \cdot \mathrm{e} = \mathrm{e}$.

6. 已知 $\lim\limits_{n\to\infty}\left(\dfrac{1}{n^k}+\dfrac{2}{n^k}+\cdots+\dfrac{n}{n^k}\right)=0$，则 k 的取值范围是（A）.

(A) $k>2$ 　　　　(B) $k=2$ 　　　　(C) $k<2$ 　　　　(D) $k>1$

解　$\dfrac{1}{n^k}+\dfrac{2}{n^k}+\cdots+\dfrac{n}{n^k}=\dfrac{\frac{n^2+n}{2}}{n^k}=\dfrac{n^2+n}{2n^k}$，当 $k>2$ 时，$\lim\limits_{n\to\infty}\left(\dfrac{1}{n^k}+\dfrac{2}{n^k}+\cdots+\dfrac{n}{n^k}\right)=0$.

7. $\lim\limits_{x\to\infty}x\sin\dfrac{1}{x}=$（C）.

(A) ∞ 　　　　(B) 0 　　　　(C) 1 　　　　(D) 不存在

解　$x\to\infty$ 时，$\dfrac{1}{x}\to 0$，$\lim\limits_{x\to\infty}x\sin\dfrac{1}{x}=\lim\limits_{x\to\infty}\dfrac{\sin\frac{1}{x}}{\frac{1}{x}}=1$.

8. 当 $x\to 0^+$ 时，下列无穷小中是对于 x 的三阶无穷小为（B）.

(A) $\sqrt[3]{x^2}-\sqrt{x}$ 　(B) $\sqrt{1+x^3}-1$ 　(C) x^3+x^2 　(D) $\sqrt[3]{\tan x}$

解　(A) 由 $\lim\limits_{x\to 0^+}\dfrac{\sqrt[3]{x^2}-\sqrt{x}}{\sqrt{x}}=\lim\limits_{x\to 0^+}(x^{\frac{1}{6}}-1)=-1$，知 $\sqrt[3]{x^2}-\sqrt{x}$ 与 $\sqrt{x}$ 同阶.

(B) 由 $\lim\limits_{x\to 0^+}\dfrac{\sqrt{1+x^3}-1}{x^3}=\lim\limits_{x\to 0^+}\dfrac{\frac{1}{2}x^3}{x^3}=\dfrac{1}{2}$，知 $\sqrt{1+x^3}-1$ 与 x^3 同阶.

(C) 由 $\lim\limits_{x\to 0^+}\dfrac{x^3+x^2}{x^2}=\lim\limits_{x\to 0^+}(x+1)=1$，知 x^3+x^2 与 x^2 同阶.

(D) 由 $\lim\limits_{x\to 0^+}\dfrac{\sqrt[3]{\tan x}}{\sqrt[3]{x}}=1$，知 $\sqrt[3]{\tan x}$ 与 $\sqrt[3]{x}$ 同阶.

9. 当 $x\to 0$ 时，$1-\cos x^2$ 与 $x\tan x$ 相比较是（C）无穷小量.

(A) 同阶 　　　　(B) 低阶 　　　　(C) 高阶 　　　　(D) 等价

解　$\lim\limits_{x\to 0}\dfrac{1-\cos x^2}{x\tan x}=\lim\limits_{x\to 0}\dfrac{\frac{1}{2}x^4}{x\tan x}=\lim\limits_{x\to 0}\dfrac{\frac{1}{2}x^3}{\tan x}=0$，高阶无穷小量，答案为（C）.

10. 函数 $y=1+\dfrac{\arctan x}{x}$ 的间断点及其类型为（B）.

(A) $x=0$，无穷间断点 　　　　(B) $x=0$，可去间断点

(C) $x=0$，跳跃间断点 　　　　(D) $x=1$，可去间断点

解　函数 $y=1+\dfrac{\arctan x}{x}$ 在 $x=0$ 没有定义，故 $x=0$ 是其间断点，而 $\lim\limits_{x\to 0^+}\left(1+\dfrac{\arctan x}{x}\right)=2$，

$\lim\limits_{x\to 0^-}\left(1+\dfrac{\arctan x}{x}\right)=2$，$x=0$ 是可去间断点；答案为（B）.

11. 设 $f(x)=\begin{cases}3x-1, & x<1\\1, & x=1\\3-x, & x>1\end{cases}$，则 $x=1$ 是 $f(x)$ 的(A).

(A) 可去间断点　　　　　　　　(B) 跳跃间断点

(C) 无穷间断点　　　　　　　　(D) 连续点

解　$\lim\limits_{x\to1^-}(3x-1)=2$，$\lim\limits_{x\to1^+}(3-x)=2$，当 $x=1$ 时，$f(1)=1$，$x=1$ 为可去间断点，答案为(A).

12. 函数 $f(x)$ 与 $g(x)$ 在 $(-\infty,+\infty)$ 上连续，且 $f(x)<g(x)$，则必有(A).

(A) $\lim\limits_{x\to x_0}f(x)<\lim\limits_{x\to x_0}g(x)$　　　　　(B) $\lim\limits_{x\to\infty}f(x)<\lim\limits_{x\to\infty}g(x)$

(C) $\lim\limits_{x\to x_0}f(x)\leqslant\lim\limits_{x\to x_0}g(x)$　　　　　(D) $\lim\limits_{x\to\infty}f(x)\leqslant\lim\limits_{x\to\infty}g(x)$

解　因为函数 $f(x)$ 与 $g(x)$ 在 $(-\infty,+\infty)$ 上连续，$\forall x_0\in(-\infty,+\infty)$，有 $\lim\limits_{x\to x_0}f(x)=f(x_0)$，$\lim\limits_{x\to x_0}g(x)=g(x_0)$，又 $f(x_0)<g(x_0)$，所以 $\lim\limits_{x\to x_0}f(x)<\lim\limits_{x\to x_0}g(x)$，即(A)正确.且由此可知(C)不正确.下面举反例说明(B)、(D)不成立，设 $f(x)=2^x<g(x)=2^x+1$，$\lim\limits_{x\to+\infty}f(x)=\lim\limits_{x\to+\infty}2^x=+\infty$，$\lim\limits_{x\to+\infty}g(x)=\lim\limits_{x\to+\infty}(2^x+1)=+\infty$，极限不存在，不可比，所以(B)、(D)不成立.

13. 函数 $f(x)=\dfrac{x^2-1}{x-1}\mathrm{e}^{\frac{1}{x-1}}$，则 $x=1$ 是 $f(x)$ 的(C).

(A) 跳跃间断点　　　　　　　　(B) 可去间断点

(C) 第二类间断点　　　　　　　(D) 连续点

解　$\lim\limits_{x\to1^-}f(x)=\lim\limits_{x\to1^-}(x+1)\mathrm{e}^{\frac{1}{x-1}}=0$，$\lim\limits_{x\to1^+}f(x)=\lim\limits_{x\to1^+}(x+1)\mathrm{e}^{\frac{1}{x-1}}=+\infty$，第二类间断点，答案为(C).

14. 设 $f(x)$ 和 $g(x)$ 在 $(-\infty,+\infty)$ 上有定义，$f(x)$ 为连续函数，且 $f(x)\neq0$，$g(x)$ 有间断点，则(D).

(A) $g[f(x)]$ 必有间断点　　　　(B) $[g(x)]^2$ 必有间断点

(C) $f[g(x)]$ 必有间断点　　　　(D) $\dfrac{g(x)}{f(x)}$ 必有间断点

解　设在 $(-\infty,+\infty)$ 上，$f(x)=1$，$g(x)$ 的间断点是 0，则(A)选项错误；$g(x)=\begin{cases}1, & x\geqslant0\\-1, & x<0\end{cases}$，则(B)选项错误；$f(x)$ 为连续函数，则(C)选项错误；答案为(D).

15. 方程 $x^4-x-1=0$ 至少有一个根的区间为(C).

(A) $\left(0,\dfrac{1}{2}\right)$　　　(B) $\left(\dfrac{1}{2},1\right)$　　　(C) $(1,2)$　　　(D) $(2,3)$

解　令 $f(x)=x^4-x-1$，$f(0)=-1$，$f\left(\dfrac{1}{2}\right)=-\dfrac{23}{16}$，$f(1)=-1$，$f(2)=13$，$f(3)=77$，

则在 $(1,2)$ 区间上至少有一个根使得 $f(x)=0$，答案为(C).

二、填空题

1. 设 $f(x)=\ln x$，则 $\displaystyle\lim_{\Delta x\to 0}\frac{f(x+\Delta x)-f(x)}{\Delta x}=$ ___ $\dfrac{1}{x}$ ___ .

解 由导数定义 $\displaystyle\lim_{\Delta x\to 0}\frac{f(x+\Delta x)-f(x)}{\Delta x}=f'(x)=\frac{1}{x}$.

2. 已知 $\displaystyle\lim_{x\to 2}\frac{x^2+ax+b}{x^2-x-2}=2$，则 $a=$ ___ 2 ___ ，$b=$ ___ -8 ___ .

解 因为 $\displaystyle\lim_{x\to 2}\frac{x^2+ax+b}{x^2-x-2}=2\neq 0$，而 $\displaystyle\lim_{x\to 2}(x^2-x-2)=0$，故 $\displaystyle\lim_{x\to 2}(x^2+ax+b)=0$，即

$2a+b+4=0$，又由洛必达法则，$2=\displaystyle\lim_{x\to 2}\frac{x^2+ax+b}{x^2-x-2}=\lim_{x\to 2}\frac{2x+a}{2x-1}=\frac{4+a}{3}\Rightarrow a=2$，故 $b=-8$.

3. 若 $\displaystyle\lim_{x\to\infty}\left(1+\frac{5}{x}\right)^{-kx}=e^{-10}$，则 $k=$ ___ 2 ___ .

解 $\displaystyle\lim_{x\to\infty}\left(1+\frac{5}{x}\right)^{-kx}=\lim_{x\to\infty}\left(1+\frac{5}{x}\right)^{\frac{x}{5}\cdot(-5k)}=e^{-5k}=e^{-10}\Rightarrow k=2$.

4. 已知当 $x\to 0$ 时无穷小量 $(1-\cos x)$ 与 $a\sin^2\dfrac{x}{2}$ 等价，则 $a=$ ___ 2 ___ .

解 $\displaystyle\lim_{x\to 0}\frac{(1-\cos x)}{a\sin^2\frac{x}{2}}=\lim_{x\to 0}\frac{2\cdot\left(\frac{x}{2}\right)^2}{a\sin^2\frac{x}{2}}=\frac{2}{a}=1\Rightarrow a=2$.

5. 当 $x\to 0$ 时，若 $\sqrt{1+ax^2}-1$ 与 x^2 是等价无穷小，则 $a=$ ___ 2 ___ .

解 $\displaystyle\lim_{x\to 0}\frac{\sqrt{1+ax^2}-1}{x^2}=\lim_{x\to 0}\frac{\frac{1}{2}ax^2}{x^2}=\frac{a}{2}=1,a=2$.

6. 设 $f(x)=\begin{cases}\dfrac{3\sin(x-1)}{x-1}, & x<1\\ e^{2ax}-e^{ax}+1, & x\geq 1\end{cases}$，在 $(-\infty,+\infty)$ 上连续，则 $a=$ ___ $\ln 2$ ___ .

解 $\displaystyle\lim_{x\to 1^+}f(x)=f(1)=e^{2a}-e^a+1$；$\displaystyle\lim_{x\to 1^-}f(x)=\lim_{x\to 1^-}\frac{3\sin(x-1)}{x-1}=3$；使 $f(x)$ 在 $(-\infty,+\infty)$ 上连续，即 $e^{2a}-e^a+1=3$，$e^a=-1$(舍)，$e^a=2$，$a=\ln 2$.

7. 设函数 $f(x)=\dfrac{x^2-x}{|x|(x^2-1)}$，则 $x=0$ 是 $f(x)$ 的第 ___ 一 ___ 类间断点中的 ___ 跳跃 ___ 间断点；$x=1$ 是 $f(x)$ 的第 ___ 一 ___ 类间断点中的 ___ 可去 ___ 间断点.

解 $\displaystyle\lim_{x\to 0}f(x)=\lim_{x\to 0}\frac{x^2-x}{|x|(x^2-1)}=\lim_{x\to 0}\frac{x(x-1)}{|x|(x+1)(x-1)}=\lim_{x\to 0}\frac{x}{|x|(x+1)}$，

$\displaystyle\lim_{x\to 0^+}\frac{x}{|x|(x+1)}=1$，$\displaystyle\lim_{x\to 0^-}\frac{x}{|x|(x+1)}=-1$，所以 $x=0$ 是 $f(x)$ 的第一类间断点中的跳跃

间断点；$\lim\limits_{x\to 1^+}\dfrac{x}{|x|(x+1)}=\dfrac{1}{2}$，$\lim\limits_{x\to 1^-}\dfrac{x}{|x|(x+1)}=\dfrac{1}{2}$，所以 $x=1$ 是 $f(x)$ 的第一类间断点中的可去间断点.

8. 函数 $f(x)=\dfrac{1}{\sqrt{x^2-5x+6}}$ 的连续区间是 ___$(-\infty,2)\bigcup(3,+\infty)$___.

解 $f(x)=\dfrac{1}{\sqrt{x^2-5x+6}}=\dfrac{1}{\sqrt{(x-2)(x-3)}}$，$(x-2)(x-3)>0$，则 $x>3$ 或 $x<2$，所以函数 $f(x)=\dfrac{1}{\sqrt{x^2-5x+6}}$ 的连续区间是 $(-\infty,2)\bigcup(3,+\infty)$.

9. 设 $f(x)=\begin{cases}2x,&x<1\\a,&x\geqslant 1\end{cases}$，$g(x)=\begin{cases}b,&x<0\\x+3,&x\geqslant 0\end{cases}$，若 $f(x)+g(x)$ 在 $(-\infty,+\infty)$ 上连续，则 $a=$ __2__，$b=$ __3__.

解
$$f(x)+g(x)=\begin{cases}2x+b,&x<0\\2x+x+3,&0\leqslant x<1\\a+x+3,&x\geqslant 1\end{cases}$$

$$\lim\limits_{x\to 0^-}[f(x)+g(x)]=b=\lim\limits_{x\to 0^+}[f(x)+g(x)]=f(0)+g(0)=3$$
$$\lim\limits_{x\to 1^-}[f(x)+g(x)]=\lim\limits_{x\to 1^+}[f(x)+g(x)]=a+4=f(1)+g(1)=6$$

所以 $a=2,b=3$.

三、计算题与证明题

1. 求下列极限：

(1) $\lim\limits_{n\to\infty}\left(\sqrt{n^2+n}-n\right)$；

(2) $\lim\limits_{x\to\infty}\dfrac{(2x-1)^{19}(3x+2)^{21}}{(4x-3)^{40}}$；

(3) $\lim\limits_{x\to 0}\dfrac{\tan 3x-\sin 2x}{x}$；

(4) $\lim\limits_{x\to\infty}x\sin\dfrac{2x}{x^2+1}$；

(5) $\lim\limits_{x\to 0}\dfrac{\ln(1-x)}{\sin(\sin x)}$；

(6) $\lim\limits_{x\to 0}\left(\dfrac{x^2+1}{x^2-1}\right)^{x^2}$；

(7) $\lim\limits_{x\to 0}(1+x^2)^{\frac{1}{1-\cos x}}$；

(8) $\lim\limits_{x\to 0}\left[\dfrac{\ln\left(\cos^2 x+\sqrt{1-x^4}\right)}{e^{\sin x}+5x}+\dfrac{x^2+x}{\sqrt{x+1}}\arctan\dfrac{1}{x^2}\right]$；

(9) $\lim\limits_{x\to\infty}\left(\sin\dfrac{1}{x}+\cos\dfrac{1}{x}\right)^x$；

(10) $\lim\limits_{x\to 0}\left(\dfrac{a^x+b^x+c^x}{3}\right)^{\frac{1}{x}}(a>0,b>0,c>0)$.

解 (1) 分子有理化：

$$\lim\limits_{n\to\infty}\left(\sqrt{n^2+n}-n\right)=\lim\limits_{n\to\infty}\dfrac{n}{\sqrt{n^2+n}+n}=\lim\limits_{n\to\infty}\dfrac{1}{\sqrt{1+\dfrac{1}{n}}+1}=\dfrac{1}{2}$$

(2) $\lim\limits_{x\to\infty}\dfrac{(2x-1)^{19}(3x+2)^{21}}{(4x-3)^{40}}=\lim\limits_{x\to\infty}\dfrac{(2x-1)^{19}(3x+2)^{21}}{(4x-3)^{19}(4x-3)^{21}}=\left(\dfrac{1}{2}\right)^{19}\left(\dfrac{3}{4}\right)^{21}=\dfrac{3^{21}}{2^{61}}$

（3）由极限的运算法则和重要极限，有

$$\lim_{x\to 0}\frac{\tan 3x-\sin 2x}{x}=\lim_{x\to 0}\left[\frac{\tan 3x}{3x}\cdot 3-\frac{\sin 2x}{2x}\cdot 2\right]=3\lim_{x\to 0}\frac{\tan 3x}{3x}-2\cdot\lim_{x\to 0}\frac{\sin 2x}{2x}$$
$$=3-2=1$$

（4）因为当 $x\to\infty$ 时：

$$\frac{2x}{x^2+1}\to 0,\ \frac{\sin\dfrac{2x}{x^2+1}}{\dfrac{2x}{x^2+1}}\to 1,\ \frac{2x^2}{x^2+1}\to 2$$

所以　　　$$\lim_{x\to\infty}x\sin\frac{2x}{x^2+1}=\lim_{x\to\infty}\frac{\sin\dfrac{2x}{x^2+1}}{\dfrac{2x}{x^2+1}}\cdot\frac{2x}{x^2+1}\cdot x=\lim_{x\to\infty}\frac{\sin\dfrac{2x}{x^2+1}}{\dfrac{2x}{x^2+1}}\cdot\frac{2x^2}{x^2+1}=2$$

（5）由等价无穷小代换，得：

$$\lim_{x\to 0}\frac{\ln(1-x)}{\sin(\sin x)}=\lim_{x\to 0}\frac{-x}{\sin x}=-1$$

（6）$\displaystyle\lim_{x\to\infty}\left(\frac{x^2+1}{x^2-1}\right)^{x^2}=\lim_{x\to\infty}\left(1+\frac{2}{x^2-1}\right)^{x^2}=\lim_{x\to\infty}\left(1+\frac{2}{x^2-1}\right)^{\frac{x^2-1}{2}\cdot\frac{2}{x^2-1}\cdot x^2}=\mathrm{e}^2.$

（7）$\displaystyle\lim_{x\to 0}(1+x^2)^{\frac{1}{1-\cos x}}=\lim_{x\to 0}(1+x^2)^{\frac{1}{x^2}\cdot x^2\cdot\frac{1}{1-\cos x}}=\lim_{x\to 0}(1+x^2)^{\frac{1}{x^2}\cdot\frac{x^2}{1-\cos x}}=\mathrm{e}^2.$

（8）$\displaystyle\lim_{x\to 0}\left[\frac{\ln(\cos^2 x+\sqrt{1-x^4})}{\mathrm{e}^{\sin x}+5x}+\frac{x^2+x}{\sqrt{x+1}}\arctan\frac{1}{x^2}\right]=\ln 2+0=\ln 2.$

（9）$\displaystyle\lim_{x\to\infty}\left(\sin\frac{1}{x}+\cos\frac{1}{x}\right)^x=\lim_{x\to\infty}\left(\sin\frac{1}{x}+\cos\frac{1}{x}\right)^{2\cdot\frac{x}{2}}=\lim_{x\to\infty}\left(1+\sin\frac{2}{x}\right)^{\frac{x}{2}}=\mathrm{e}.$

（10）由对数恒等式及等价无穷小代换，

$$\lim_{x\to 0}\left(\frac{a^x+b^x+c^x}{3}\right)^{\frac{1}{x}}=\exp\left[\lim_{x\to 0}\frac{1}{x}\ln\left(\frac{a^x+b^x+c^x}{3}\right)\right]$$
$$=\exp\left[\lim_{x\to 0}\frac{1}{x}\ln\left(1+\frac{a^x+b^x+c^x-3}{x}\right)\right]$$
$$=\exp\left[\lim_{x\to 0}\frac{1}{x}\cdot\frac{a^x+b^x+c^x-3}{3}\right]$$
$$=\exp\left[\frac{1}{3}\lim_{x\to 0}\left(\frac{a^x-1}{x}+\frac{b^x-1}{x}+\frac{c^x-1}{x}\right)\right]$$
$$=\exp\left[\frac{1}{3}(\ln a+\ln b+\ln c)\right]$$
$$=\sqrt[3]{abc}.$$

2. 用夹逼定理求下列极限：

（1）$\displaystyle\lim_{n\to\infty}\left(\frac{1}{2}\cdot\frac{3}{4}\cdot\cdots\cdot\frac{2n-1}{2n}\right)$;　　　　（2）$\displaystyle\lim_{n\to\infty}\left(\frac{1}{n^2+n+1}+\frac{2}{n^2+n+2}+\cdots+\frac{n}{n^2+2n}\right)$.

解 (1) $\dfrac{1}{2}\cdot\dfrac{2}{4}\cdot\dfrac{4}{6}\cdot\cdots\cdot\dfrac{2n-2}{2n}=\dfrac{1}{2n}<\dfrac{1}{2}\cdot\dfrac{3}{4}\cdot\cdots\cdot\dfrac{2n-1}{2n}<\dfrac{2}{3}\cdot\dfrac{4}{5}\cdot\cdots\cdot\dfrac{2n}{2n+1}$

$$\left(\dfrac{1}{2}\cdot\dfrac{3}{4}\cdot\cdots\cdot\dfrac{2n-1}{2n}\right)^2<\left(\dfrac{1}{2}\cdot\dfrac{3}{4}\cdot\cdots\cdot\dfrac{2n-1}{2n}\right)\left(\dfrac{2}{3}\cdot\dfrac{4}{5}\cdot\cdots\cdot\dfrac{2n}{2n+1}\right)=\dfrac{1}{2n+1}$$

$$\dfrac{1}{2}\cdot\dfrac{3}{4}\cdot\cdots\cdot\dfrac{2n-1}{2n}<\sqrt{\dfrac{1}{2n+1}}$$

因为 $\lim\limits_{n\to\infty}\dfrac{1}{2n}=0,\lim\limits_{n\to\infty}\sqrt{\dfrac{1}{2n+1}}=0$，由夹逼准则得：

$$\lim_{n\to\infty}\left(\dfrac{1}{2}\cdot\dfrac{3}{4}\cdot\cdots\cdot\dfrac{2n-1}{2n}\right)=0$$

(2) 因为 $\dfrac{\frac{n(n+1)}{2}}{n^2+2n}<\dfrac{1}{n^2+n+1}+\dfrac{2}{n^2+n+2}+\cdots+\dfrac{n}{n^2+2n}<\dfrac{\frac{n(n+1)}{2}}{n^2+n+1}$

$$\lim_{n\to\infty}\dfrac{\frac{n(n+1)}{2}}{n^2+2n}=\dfrac{1}{2},\lim_{n\to\infty}\dfrac{\frac{n(n+1)}{2}}{n^2+n+1}=\dfrac{1}{2}$$

由夹逼准则得：

$$\lim_{n\to\infty}\left(\dfrac{1}{n^2+n+1}+\dfrac{2}{n^2+n+2}+\cdots+\dfrac{n}{n^2+2n}\right)=\dfrac{1}{2}$$

3. 用单调有界收敛定理证明下面数列收敛并求其极限：

(1) $x_1=1,x_2=2,\cdots,x_{n+2}=\dfrac{x_n+x_{n+1}}{2},\cdots$;

(2) $x_1=1,x_2=\sqrt{3},\cdots,x_{n+1}=\sqrt{x_n+2},\cdots$.

证明 (1) 由题目有递推式

$$x_{n+2}-x_{n+1}=\dfrac{x_n+x_{n+1}}{2}-x_{n+1}=-\dfrac{1}{2}(x_{n+1}-x_n)$$

从而得到数列 $\{x_n-x_{n-1}\}$ 的通项公式

$$x_{n+1}-x_n=\left(-\dfrac{1}{2}\right)^{n-1}(x_2-x_1)$$

从而有

$$x_n=x_1+(x_2-x_1)+(x_3-x_2)+\cdots+(x_n-x_{n-1})=x_1+(x_2-x_1)\sum_{k=0}^{n-2}\left(-\dfrac{1}{2}\right)^k$$

故 $\lim\limits_{n\to\infty}x_n=\dfrac{x_1+2x_2}{3}=\dfrac{5}{3}$.

(2) 首先有 $0<x_1=1<2$，设 $0<x_k<2$，则 $x_{k+1}=\sqrt{x_k+2}<\sqrt{4}=2$，由数学归纳法可知 $\{x_n\}$ 有界．又 $x_{n+1}-x_n=\sqrt{x_n+2}-\sqrt{x_{n-1}+2}=\dfrac{x_n-x_{n-1}}{\sqrt{x_n+2}+\sqrt{x_{n-1}+2}}$，可知 $x_{n+1}-x_n$ 与 x_n-x_{n-1} 同号，又由于 $x_2-x_1>0$，所以 $x_{n+1}-x_n>0$，即 $\{x_n\}$ 单调增加且有上界，因此收敛．设极限为 A，对等式 $x_{n+1}=\sqrt{x_n+2}$ 两端求极限，得到方程 $A=\sqrt{A+2}$，解此方程，

得到 $A=2$，因此 $\lim\limits_{n\to\infty}x_n=2$.

4. 讨论下列函数的连续性，若有间断点，指出间断点的类型.

(1) $f(x)=\lim\limits_{n\to\infty}\dfrac{\ln(e^n+x^n)}{n}$;   (2) $f(x)=\lim\limits_{n\to\infty}\dfrac{1+x}{1+x^{2n}}$.

解 （1）当 $|x|<e$ 时，$\lim\limits_{n\to\infty}\left(\dfrac{x}{e}\right)^n=0$，则 $f(x)=\lim\limits_{n\to\infty}\dfrac{\ln e^n\left[1+\left(\dfrac{x}{e}\right)^n\right]}{n}=$

$\lim\limits_{n\to\infty}\left\{1+\dfrac{\ln\left[1+\left(\dfrac{x}{e}\right)^n\right]}{n}\right\}=1$；当 $x>e$ 时，$\lim\limits_{n\to\infty}\left(\dfrac{e}{x}\right)^n=0$，则 $f(x)=\lim\limits_{n\to\infty}\dfrac{\ln x^n\left[1+\left(\dfrac{e}{x}\right)^n\right]}{n}=$

$\lim\limits_{n\to\infty}\left\{\ln x+\dfrac{\ln\left[1+\left(\dfrac{e}{x}\right)^n\right]}{n}\right\}=\ln x$；当 $x=e$ 时，$f(e)=\lim\limits_{n\to\infty}\dfrac{\ln(e^n+e^n)}{n}=\lim\limits_{n\to\infty}\dfrac{\ln 2e^n}{n}=$

$\lim\limits_{n\to\infty}\dfrac{\ln 2+\ln e^n}{n}=1$，所以

$$f(x)=\begin{cases}1, & -e<x\leqslant e\\ \ln x, & x>e\end{cases}$$

当 $-e<x<e$ 时，$f(x)=1$ 连续；当 $x>e$ 时，$f(x)=\ln x$ 连续；当 $x=e$ 时，$\lim\limits_{x\to e^-}f(x)=$

$\lim\limits_{x\to e^-}1=1$，$\lim\limits_{x\to e^+}f(x)=\lim\limits_{x\to e^+}\ln x=1$，且 $f(e)=1$，即

$$\lim\limits_{x\to e^-}f(x)=\lim\limits_{x\to e^+}f(x)=f(e)=1$$

所以 $f(x)$ 在 $x=e$ 处连续. 综上，$f(x)$ 在定义域 $(-e,+\infty)$ 上都是连续的，没有间断点.

（2）当 $|x|<1$ 时，$\lim\limits_{n\to\infty}x^{2n}=0$，所以 $f(x)=\lim\limits_{n\to\infty}\dfrac{1+x}{1+x^{2n}}=\dfrac{1+x}{1+0}=x+1$；当 $|x|>1$ 时，

$\lim\limits_{n\to\infty}x^{2n}=+\infty$，所以 $f(x)=\lim\limits_{n\to\infty}\dfrac{1+x}{1+x^{2n}}=0$；当 $x=1$ 时，$f(1)=\lim\limits_{n\to\infty}\dfrac{1+1}{1+1^{2n}}=\lim\limits_{n\to\infty}\dfrac{1+1}{1+1}=1$；当

$x=-1$ 时，$f(-1)=\lim\limits_{n\to\infty}\dfrac{1-1}{1+(-1)^{2n}}=0$，所以

$$f(x)=\begin{cases}0, & x\leqslant-1\\ x+1, & -1<x<1\\ 1, & x=1\\ 0, & x>1\end{cases}$$

当 $x<-1$ 时，$f(x)=0$ 连续；当 $-1<x<1$ 时，$f(x)=x+1$ 连续；当 $x>1$ 时，$f(x)=0$ 连续；对于 $x=-1$，$\lim\limits_{x\to-1^-}f(x)=\lim\limits_{x\to-1^-}0=0$，$\lim\limits_{x\to-1^+}f(x)=\lim\limits_{x\to-1^+}(x+1)=0$，且 $f(-1)=0$，即

$\lim\limits_{x\to-1^-}f(x)=\lim\limits_{x\to-1^+}f(x)=f(-1)=0$，所以 $f(x)$ 在 $x=-1$ 处连续；对于 $x=1$，

$\lim\limits_{x\to1^-}f(x)=\lim\limits_{x\to1^-}(x+1)=2$，$\lim\limits_{x\to1^+}f(x)=\lim\limits_{x\to1^+}0=0$，即 $\lim\limits_{x\to1^-}f(x)\neq\lim\limits_{x\to1^+}f(x)$，所以 $f(x)$ 在

$x=1$ 处不连续. 综上，$f(x)$ 在区间 $(-\infty,1)$ 和 $(1,+\infty)$ 上都连续，间断点为 $x=1$，且为

第一类跳跃间断点.

5. 设 $f(x)$ 对任意实数 x 满足等式 $f(2x)=f(x)$,且 $f(x)$ 在 $x=0$ 处连续,证明 $f(x)$ 必为常数.

证明 对任意的 $x_0\in(0,\infty)$,由等式 $f(2x)=f(x)$ 得到 $f(x_0)=f\left(\dfrac{1}{2^n}\cdot x_0\right)$,由于 $\lim\limits_{n\to\infty}f\left(\dfrac{1}{2^n}\cdot x_0\right)=\lim\limits_{t\to0}f(t\cdot x_0)=f(0)$,由此即得 $f(x)\equiv f(0)$,即 $f(x)$ 必为常数.

6. 若 $f(x)$ 在 $(-\infty,+\infty)$ 内连续,且 $\lim\limits_{x\to\infty}f(x)$ 存在,证明 $f(x)$ 在 $(-\infty,+\infty)$ 内有界.

证明 因为 $\lim\limits_{x\to\infty}f(x)=A$,则对 $\varepsilon=1$,存在 $X>0$,当 $|x|>X$ 时,$|f(x)-A|<1$,即 $A-1<f(x)<A+1$,可知 $f(x)$ 在 $|x|>X$ 上有界,即存在 $M_1>0$,使当 $|x|>X$ 时,$|f(x)|<M_1$;又 $f(x)$ 在 $(-\infty,+\infty)$ 内连续,则在闭区间 $[-X,X]$ 上也连续,则 $f(x)$ 在 $[-X,X]$ 上有界,即存在 $M_2>0$,使 $x\in[-X,X]$ 时,$|f(x)|<M_2$,取 $M=\max\{M_1,M_2\}$,则对任意的 $x\in(-\infty,+\infty)$ 有 $|f(x)|<M$. 证毕.

7. 证明:方程 $x^5-3x=1$ 至少有一个正根介于 1 与 2 之间.

证明 令 $f(x)=x^5-3x-1$,则 $f(x)$ 在 $[1,2]$ 上连续,当 $x=1$ 时,$f(1)=1-3-1=-3<0$;当 $x=2$ 时,$f(2)=32-6-1=25>0$;由零点定理知,至少有一个正根介于 1 与 2 之间,使得 $f(x)=0$.

8. 设 $f(x)$ 在 $[0,2a]$ 上连续,且 $f(0)=f(2a)$,证明:至少存在一点 $\xi\in[0,a]$,使得 $f(\xi)=f(\xi+a)$.

证明 当 $f(0)=f(a)$ 时,由 $f(0)=f(2a)$ 得 $f(a)=f(2a)$,即 $\xi=0$ 或 $\xi=a$ 都满足
$$f(\xi)=f(\xi+a)$$
当 $f(0)\neq f(a)$ 时,设 $g(x)=f(x)-f(x+a)$,由 $f(x)$ 在 $[0,2a]$ 上连续,则 $g(x)$ 在 $[0,a]$ 上连续. 当 $x=0$ 时,$g(0)=f(0)-f(a)$;当 $x=a$ 时,$g(a)=f(a)-f(2a)$,又因为 $f(0)=f(2a)$,所以 $g(0)$ 与 $g(a)$ 异号,由零点定理知至少存在一点 $\xi\in(0,a)$,使得 $g(\xi)=0$ 即 $f(\xi)=f(\xi+a)$.

综合以上两种情况知至少存在一点 $\xi\in[0,a]$,使得 $f(\xi)=f(\xi+a)$.

9. 设 $f(x)$ 在 $[a,b]$ 上连续,且 $a<f(x)<b$,证明:至少存在一点 $\xi\in(a,b)$,使得 $f(\xi)=\xi$.

证明 设 $g(x)=f(x)-x$,则函数 $g(x)$ 在 $[a,b]$ 上连续,因为 $a<f(x)<b$,当 $x=a$ 时,$f(a)-a>0$;当 $x=b$ 时,$f(b)-b<0$,所以由零点定理知,至少存在一点 $\xi\in(a,b)$,使得 $g(\xi)=0$,即 $f(\xi)=\xi$.

第 3 章　导数与微分

　　微分学是高等数学的重要组成部分,本章主要介绍两个重要概念:导数与微分. 导数反映了函数相对于自变量的变化快慢程度,即变化率的问题,微分则刻画了自变量发生微小改变,函数变化的近似值. 本章的重点是导数与微分的概念,要熟记求导公式,熟练掌握各种求导方法.

3.1　知 识 结 构

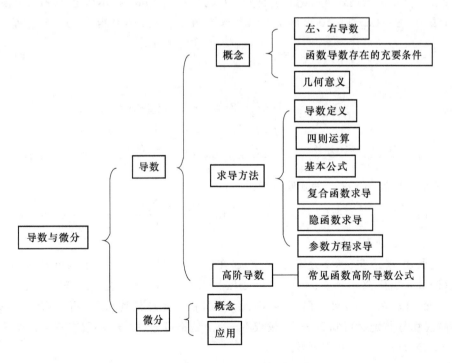

3.2 典型例题

例 3.1 设 $f(x)$ 在 x_0 处可导,求 $\lim\limits_{x\to 0}\dfrac{f(x_0+x)-f(x_0-3x)}{x}$.

分析 所求极限与 $f'(x_0)$ 的定义(增量比的极限)式子很相似,则由 $f'(x_0)$ 的定义即可求解.

解 $\lim\limits_{x\to 0}\dfrac{f(x_0+x)-f(x_0-3x)}{x}=\lim\limits_{x\to 0}\dfrac{[f(x_0+x)-f(x_0)]+[f(x_0)-f(x_0-3x)]}{x}$

$$=\lim_{x\to 0}\frac{f(x_0+x)-f(x_0)}{x}+3\lim_{x\to 0}\frac{f(x_0-3x)-f(x_0)}{-3x}$$

$$=f'(x_0)+3f'(x_0)=4f'(x_0)$$

例 3.2 设 $f(x)$ 的一阶导数在 $x=a$ 处连续且 $\lim\limits_{x\to 0}\dfrac{f'(x+a)}{x}=1$,求 $f''(a)$.

解 因为 $\lim\limits_{x\to 0}\dfrac{f'(x+a)}{x}=1$,所以 $\lim\limits_{x\to 0}f'(x+a)=0$,又 $f'(x)$ 在 $x=a$ 处连续,故

$f'(a)=0$. 又因为 $\lim\limits_{x\to 0}\dfrac{f'(x+a)-f'(a)}{(x+a)-a}=\lim\limits_{x\to 0}\dfrac{f'(x+a)}{x}=1$,所以 $f''(a)=1$.

例 3.3 讨论函数 $f(x)=x|x(x-1)|$ 的可导性.

分析 $f(x)$ 的表达式含有绝对值符号,应先去掉绝对值符号,本质上 $f(x)$ 为分段函数.

解法 1 由 $x(x-1)\geqslant 0$ 可得 $x\geqslant 1$ 或 $x\leqslant 0$. 由 $x(x-1)<0$ 得 $0<x<1$. 于是

$$f(x)=\begin{cases}x^3-x^2, & x\geqslant 1\ \text{或}\ x\leqslant 0\\ x^2-x^3, & 0<x<1\end{cases}$$

可求得

$$f'(x)=\begin{cases}3x^2-2x, & x>1\ \text{或}\ x<0\\ 2x-3x^2, & 0<x<1\end{cases}$$

因为 $\lim\limits_{x\to 0^+}\dfrac{f(x)-f(0)}{x-0}=\lim\limits_{x\to 0^+}\dfrac{x^2-x^3}{x}=0$, $\lim\limits_{x\to 0^-}\dfrac{f(x)-f(0)}{x-0}=\lim\limits_{x\to 0^-}\dfrac{x^3-x^2}{x}=0$

所以 $f'(0)=0$,即 $f(x)$ 在 $x=0$ 处可导. 而

$$\lim\limits_{x\to 1^+}\dfrac{f(x)-f(1)}{x-1}=\lim\limits_{x\to 1^+}\dfrac{x^3-x^2}{x-1}=1,\ \lim\limits_{x\to 1^-}\dfrac{f(x)-f(1)}{x-1}=\lim\limits_{x\to 1^-}\dfrac{x^2-x^3}{x-1}=-1$$

则 $f(x)$ 在 $x=1$ 处不可导.

综上所述 $f(x)$ 在 $x=1$ 处不可导,$f(x)$ 在 $(-\infty,1)\bigcup(1,+\infty)$ 上均可导.

解法 2 由于 $f(x)=x|x(x-1)|=x|x|\cdot|x-1|$,由导数定义可知,$|x|$ 在 $x=0$ 处不可导,而 $x|x|$ 在 $x=0$ 处一阶可导,因此,$x|x|$ 在任意点处均可导,再只需考查 $|x-1|$ 的可导性. 由导数定义可知,$|x-1|$ 仅仅在 $x=1$ 处不可导,故 $f(x)$ 仅在 $x=1$ 处不可导,在 $(-\infty,1)\bigcup(1,+\infty)$ 上均可导.

例 3.4 设函数 $f(x)=\begin{cases} \mathrm{e}^{x^2}, & x\leqslant 1 \\ ax+b, & x>1 \end{cases}$ ，若要 $f(x)$ 为可导函数，应如何选择 a,b?

解 显然当 $x>1$ 及 $x<1$ 时，$f(x)$可导，故要使 $f(x)$ 为可导函数，只需使其在 $x=1$ 处可导. 由可导与连续的关系，应该首先选择 a,b，使其在 $x=1$ 连续. 因

$$f(1)=\mathrm{e}, f(1^-)=\mathrm{e}, f(1^+)=a+b$$

故当 $a+b=\mathrm{e}$ 即 $b=\mathrm{e}-a$ 时，$f(x)$在 $x=1$ 连续. 又

$$f'_-(1)=\lim_{x\to 1^-}\frac{f(x)-f(1)}{x-1}=\lim_{x\to 1^-}\frac{\mathrm{e}^{x^2}-\mathrm{e}}{x-1}=\mathrm{e}\lim_{x\to 1^-}\frac{\mathrm{e}^{x^2-1}-1}{x-1}=\mathrm{e}\lim_{x\to 1^-}\frac{x^2-1}{x-1}=2\mathrm{e}$$

$$f'_+(1)=\lim_{x\to 1^+}\frac{f(x)-f(1)}{x-1}=\lim_{x\to 1^+}\frac{ax+b-\mathrm{e}}{x-1}=\lim_{x\to 1^+}\frac{ax+(\mathrm{e}-a)-\mathrm{e}}{x-1}=a$$

因此当 $a=2\mathrm{e},b=-\mathrm{e}$ 时，$f'(1)$存在，从而 $f(x)$ 为可导函数.

例 3.5 设 $f(x)=\sin x,\varphi(x)=x^2$. 求 $f[\varphi'(x)],f'[\varphi(x)],\{f[\varphi(x)]\}'$.

分析 三个函数中都有导数记号，其中 $f[\varphi'(x)]$ 表示函数 $\varphi(x)$ 对 x 求导，求得 $\varphi'(x)$后再与 f 复合；$f'[\varphi(x)]$ 表示函数 f 对 $\varphi(x)$ 求导，即 $f(u)$ 对 u 求导，而 $u=\varphi(x)$；$\{f[\varphi(x)]\}'$表示复合函数 $f[\varphi(x)]$ 关于自变量 x 求导.

解 $f'(x)=\cos x,\varphi'(x)=2x$. 则 $f[\varphi'(x)]=f(2x)=\sin 2x$，$f'[\varphi(x)]=\cos x^2$，以及 $\{f[\varphi(x)]\}'=f'[\varphi(x)]\cdot\varphi'(x)=2x\cos x^2$.

例 3.6 设 $y=\sin^2\left(\dfrac{1-\ln x}{x}\right)$，求 $\dfrac{\mathrm{d}y}{\mathrm{d}x}$.

分析 本题可直接由复合函数求导法求导，也可利用微分形式不变性先求出微分再求.

解法 1 直接由复合函数求导法则，令 $u=\sin v,v=\dfrac{1-\ln x}{x}$，则

$$\frac{\mathrm{d}y}{\mathrm{d}x}=\frac{\mathrm{d}y}{\mathrm{d}u}\cdot\frac{\mathrm{d}u}{\mathrm{d}v}\cdot\frac{\mathrm{d}v}{\mathrm{d}x}=2u\cdot\cos v\cdot\frac{\ln x-2}{x^2}=\frac{\ln x-2}{x^2}\cdot\sin 2\left(\frac{1-\ln x}{x}\right)$$

解法 2 利用一阶微分的形式不变性

$$\mathrm{d}y=\mathrm{d}\sin^2\left(\frac{1-\ln x}{x}\right)=2\sin\left(\frac{1-\ln x}{x}\right)\mathrm{d}\sin\left(\frac{1-\ln x}{x}\right)$$

$$=2\sin\left(\frac{1-\ln x}{x}\right)\cos\left(\frac{1-\ln x}{x}\right)\mathrm{d}\left(\frac{1-\ln x}{x}\right)$$

$$=\frac{\ln x-2}{x^2}\cdot\sin 2\left(\frac{1-\ln x}{x}\right)\mathrm{d}x$$

故

$$\frac{\mathrm{d}y}{\mathrm{d}x}=\frac{\ln x-2}{x^2}\cdot\sin 2\left(\frac{1-\ln x}{x}\right)$$

例 3.7 设 $y=\sin^2 x$，求 $y^{(100)}(0)$.

分析 求函数的高阶导数一般先求一阶导数，再求二阶，三阶，…，找出 n 阶导数的规律，然后用数学归纳法加以证明. 或者是通过恒等变形或者变量代换，将要求高阶导数的函数转换成一些高阶导数公式已知的函数或者是一些容易求高阶导数的形式. 用这种方

法要求记住课本中所给出的一些常见函数的高阶导数公式.

解法 1 $y=\sin^2 x=\dfrac{1}{2}-\dfrac{1}{2}\cos 2x$,则 $y'=\sin 2x$,$y''=2\cos 2x$,$y^{(3)}=-2^2\cdot\sin 2x$,$y^{(4)}=-2^3\cdot\cos 2x$,$y^{(5)}=2^4\cdot\sin 2x$,$\cdots$,$y^{(100)}=-2^{99}\cdot\cos 2x$,故 $y^{(100)}(0)=-2^{99}$.

解法 2 利用公式 $(\sin kx)^{(n)}=k^n\cdot\sin\left(kx+\dfrac{k\pi}{2}\right)$. 由 $y'=2\sin x\cos x=\sin 2x$,得

$$y^{(100)}(x)=2^{99}\cdot\sin\left(2x+\dfrac{99\pi}{2}\right)$$

故 $y^{(100)}(0)=-2^{99}$.

例 3.8 设函数 $y=y(x)$ 由方程 $\mathrm{e}^{x+y}+\cos(xy)=0$ 确定,求 $\dfrac{\mathrm{d}y}{\mathrm{d}x}$.

分析 由方程 $F(x,y)=0$ 确定的隐函数的求导通常有两种方法,一是只需将方程中的 y 看做中间变量,在 $F(x,y)=0$ 两边同时对 x 求导,然后将 y' 解出即可;二是利用微分形式不变性,方程两边对变量求微分,解出 $\mathrm{d}y$,则 $\mathrm{d}x$ 前的函数即为所求.

解法 1 在方程两边同时对 x 求导,有 $\mathrm{e}^{x+y}(1+y')-\sin(xy)(y+xy')=0$,所以

$$y'=\frac{y\sin(xy)-\mathrm{e}^{x+y}}{\mathrm{e}^{x+y}-x\sin(xy)}$$

解法 2 在方程 $\mathrm{e}^{x+y}+\cos(xy)=0$ 两边求微分,得 $\mathrm{de}^{x+y}+\mathrm{d}\cos(xy)=0$,即

$$\mathrm{e}^{x+y}(\mathrm{d}x+\mathrm{d}y)-\sin(xy)(x\mathrm{d}y+y\mathrm{d}x)=0$$

从而

$$\mathrm{d}y=\frac{y\sin(xy)-\mathrm{e}^{x+y}}{\mathrm{e}^{x+y}-x\sin(xy)}\mathrm{d}x$$

所以

$$y'=\frac{y\sin(xy)-\mathrm{e}^{x+y}}{\mathrm{e}^{x+y}-x\sin(xy)}$$

例 3.9 设函数 $y=f(x)$ 由方程 $y=1+x\mathrm{e}^{xy}$ 所确定. 求 $y'|_{x=0}$,$y''|_{x=0}$.

分析 将 $x=0$ 代入方程 $y=1+x\mathrm{e}^{xy}$,得 $y=1$. 先求 $y'|_{x=0}$,下面用两种解法求 $y'|_{x=0}$.

解法 1 对方程两边关于 x 求导,可得 $y'=\mathrm{e}^{xy}+x\cdot\mathrm{e}^{xy}\cdot(y+xy')$. 将 $x=0$,$y=1$ 代入前式中可求得 $y'|_{x=0}=1$.

解法 2 对方程两边关于 x 微分得 $\mathrm{d}y=x\mathrm{de}^{xy}+\mathrm{e}^{xy}\mathrm{d}x$,即

$$\mathrm{d}y=x^2\mathrm{e}^{xy}\mathrm{d}y+xy\mathrm{e}^{xy}\mathrm{d}x+\mathrm{e}^{xy}\mathrm{d}x$$

化简得

$$\frac{\mathrm{d}y}{\mathrm{d}x}=\frac{\mathrm{e}^{xy}(1+xy)}{1-x^2\mathrm{e}^{xy}}$$

将 $x=0$,$y=1$ 代入上式中求得 $y'|_{x=0}=1$.

下面求 y''. 对等式 $y'=\mathrm{e}^{xy}+x\cdot\mathrm{e}^{xy}\cdot(y+xy')$ 两边关于 x 求导,得

$$y''=\mathrm{e}^{xy}(y+xy')+\mathrm{e}^{xy}(y+xy')+x\mathrm{e}^{xy}(y+xy')^2+x\mathrm{e}^{xy}(y'+y'+xy'')$$

将 $x=0$,$y=1$,$y'|_{x=0}=1$ 代入上式解得 $y''|_{x=0}=2$.

注意 求 y'' 时,也可将等式 $y'=\dfrac{\mathrm{e}^{xy}(1+xy)}{1-x^2\mathrm{e}^{xy}}$ 两边对 x 求导求得,或利用对数求导法. 请

读者自行完成这两种方法,并比较一下孰优孰劣.

例 3.10 求函数 $y=\left(\dfrac{x}{1+x}\right)^x$ 的导数 $\dfrac{\mathrm{d}y}{\mathrm{d}x}$.

分析 所给函数为幂指函数,无求导公式可套用.求导方法一般有两种:对数求导法和利用恒等式 $x=\mathrm{e}^{\ln x}$,$(x>0)$,将幂指函数化为指数函数.

解法 1 对数求导法.

对等式 $y=\left(\dfrac{x}{1+x}\right)^x$ 两边取自然对数得 $\ln y=x[\ln x-\ln(1+x)]$,两边对 x 求导得

$$\frac{1}{y}\cdot y'=[\ln x-\ln(1+x)]+x\left(\frac{1}{x}-\frac{1}{1+x}\right)$$

解得

$$y'=\left(\frac{x}{1+x}\right)^x\cdot\left(\ln\frac{x}{1+x}+\frac{1}{1+x}\right)$$

解法 2 利用恒等式 $x=\mathrm{e}^{\ln x}$,且 $x>0$,则

$$y=\left(\frac{x}{1+x}\right)^x=\mathrm{e}^{\ln\left(\frac{x}{1+x}\right)^x}=\mathrm{e}^{x\cdot[\ln x-\ln(1+x)]}$$

于是 $\quad y'=\mathrm{e}^{x\cdot[\ln x-\ln(1+x)]}\cdot\{x\cdot[\ln x-\ln(1+x)]\}'=\left(\dfrac{x}{1+x}\right)^x\cdot\left(\ln\dfrac{x}{1+x}+\dfrac{1}{1+x}\right)$

注意,一般的可导幂指函数 $y=u(x)^{v(x)}$ 均可采用上述两种方法求导.

例 3.11 求函数 $y=\dfrac{\sqrt{x+2}\cdot(3-x)^4}{(1+x)^5}$ 的导数.

分析 该题属于求多个函数的乘积或幂的导数,用对数求导法较好.

解法 1 两端先取绝对值,再取对数得

$$\ln|y|=\frac{1}{2}\ln(x+2)+4\ln|3-x|-5\ln|x+1|$$

两边对 x 求导,得

$$\frac{1}{y}\cdot y'=\frac{1}{2(x+2)}-\frac{4}{3-x}-\frac{5}{x+1}$$

所以

$$y'=\frac{\sqrt{x+2}\cdot(3-x)^4}{(1+x)^5}\cdot\left[\frac{1}{2(x+2)}-\frac{4}{3-x}-\frac{5}{x+1}\right]$$

解法 2 $y=\dfrac{\sqrt{x+2}\cdot(3-x)^4}{(1+x)^5}=(x+2)^{\frac{1}{2}}\cdot(3-x)^4(1+x)^{-5}$

$$y'=\frac{1}{2}(x+2)^{-\frac{1}{2}}\cdot(3-x)^4(1+x)^{-5}-4(x+2)^{\frac{1}{2}}\cdot$$

$$(3-x)^3(1+x)^{-5}-5(x+2)^{\frac{1}{2}}\cdot(3-x)^4(1+x)^{-6}$$

$$=\frac{\sqrt{x+2}\cdot(3-x)^4}{(1+x)^5}\cdot\left[\frac{1}{2(x+2)}-\frac{4}{3-x}-\frac{5}{x+1}\right]$$

例 3.12 设 $\begin{cases}x=1+t^2\\y=\cos t\end{cases}$,求 $\dfrac{\mathrm{d}^2y}{\mathrm{d}x^2}$.

分析　这是要求由参数方程确定函数的二阶导数,需要先求一阶导数.

解　$\dfrac{\mathrm{d}y}{\mathrm{d}x}=\dfrac{\frac{\mathrm{d}y}{\mathrm{d}t}}{\frac{\mathrm{d}x}{\mathrm{d}t}}=\dfrac{-\sin t}{2t}$,$\dfrac{\mathrm{d}^2 y}{\mathrm{d}x^2}=\dfrac{\mathrm{d}}{\mathrm{d}x}\left(\dfrac{-\sin t}{2t}\right)=\dfrac{\mathrm{d}}{\mathrm{d}t}\left(\dfrac{-\sin t}{2t}\right)\cdot\dfrac{\mathrm{d}t}{\mathrm{d}x}=\dfrac{\sin t-t\cos t}{4t^3}$

例 3.13　求解曲线 $y=\ln x$ 上与直线 $x+y=1$ 垂直的切线方程.

分析　求切线方程,需先求斜率即求一阶导数,利用两直线(不平行坐标轴)垂直的关系:斜率互为负倒数.

解　直线 $x+y=1$ 的斜率为 $k_1=-1$,由 $y'=(\ln x)'=\dfrac{1}{x}$ 得 $k_2=\dfrac{1}{x}$,由 $k_1\cdot k_2=-1$ 得 $x=1$,从而切点为 $(1,0)$,于是所求切线方程为 $y-0=1\cdot(x-1)$,即 $y=x-1$ 为所求.

例 3.14　现有一深为 18 cm,顶部直径为 12 cm 的正圆锥漏斗,内盛满水,下接一直径为 10 cm 的圆柱形水桶,水由漏斗进入水桶.试问当漏斗中水深为 12 cm 且其水面下降速度为 1 cm/min 时,圆柱形水桶中水面上升的速度为多少?(其中 cm 表示厘米,min 表示分钟.)

分析　设在 t 时刻漏斗水平面的高度为 $h(t)$,单位为 cm,水桶水平面的高度为 $H(t)$,单位为 cm.关键在于建立 $h(t)$ 与 $H(t)$ 之间的函数关系,然后用导数的物理意义即可求解.而由题设可知如下等量关系:在任何时刻 t,漏斗中的水量与水桶中的水量之和等于原来漏斗中的水量,据此问题不难求解.

解　设在时刻 t 时漏斗中的水量与水桶中水量分别为 V_1、V_2,则

$$V_1=\frac{1}{3}\pi\cdot r^2(t)\cdot h(t)=\frac{1}{3}\pi\cdot\left[\frac{1}{3}h(t)\right]^2\cdot h(t)=\frac{\pi}{3^3}\cdot h^3(t),V_2=\pi\cdot 5^2\cdot H(t)$$

由于在任何时刻,V_1+V_2 均应等于开始时漏斗中的水量,即 $V=\dfrac{1}{3}\pi\cdot 6^2\times 18=6^3\pi$,即 $\dfrac{\pi}{3^3}\cdot h^3(t)+\pi\cdot 5^2\cdot H(t)=6^3\pi$,解得 $H(t)=\dfrac{1}{25}\left[6^3-\dfrac{1}{3^3}\cdot h^3(t)\right]$.对该等式两边关于 t 求导得

$$H'(t)=-\frac{1}{25}\times\frac{1}{3^2}\cdot h^2(t)\cdot h'(t)$$

将 $h(t)=12$ cm,$h'(t)=-1$ cm/min 代入上式,则求得水桶中水平面上升的速度为

$$v=-\frac{1}{25}\times\frac{1}{3^2}\times 12^2\times(-1)=\frac{16}{25}\ \text{cm/min}$$

3.3　教材习题选解

习题 3.1

2. 用导数的定义证明:$(e^x)'=e^x$.

解 $(e^x)' = \lim\limits_{\Delta x \to 0} \dfrac{e^{x+\Delta x} - e^x}{\Delta x} = \lim\limits_{\Delta x \to 0} e^x \dfrac{e^{\Delta x} - 1}{\Delta x} = \lim\limits_{\Delta x \to 0} e^x \dfrac{\Delta x}{\Delta x} = e^x.$

5. 讨论下列函数在 $x=0$ 处的连续性与可导性：$(2)\ y = \begin{cases} x^2 \sin \dfrac{1}{x}, & x \neq 0 \\ 0, & x = 0 \end{cases}.$

解 $(2)\ \lim\limits_{x \to 0} f(x) = \lim\limits_{x \to 0} x^2 \sin \dfrac{1}{x} = 0 = f(0)$，故函数在 $x=0$ 处连续；又

$$f'_-(0) = \lim_{x \to 0^-} \frac{f(x) - f(0)}{x - 0} = \lim_{x \to 0^-} \frac{x^2 \sin \dfrac{1}{x} - 0}{x} = \lim_{x \to 0^-} x \sin \frac{1}{x} = 0$$

$$f'_+(0) = \lim_{x \to 0^+} \frac{f(x) - f(0)}{x - 0} = \lim_{x \to 0^+} \frac{x^2 \sin \dfrac{1}{x} - 0}{x} = \lim_{x \to 0^+} x \sin \frac{1}{x} = 0$$

因为 $f'_-(0) = f'_+(0)$，故函数在 $x=0$ 处可导.

6. 设函数 $f(x) = \begin{cases} x^2, & x \leq 1 \\ ax + b, & x > 1 \end{cases}$，为了使函数 $f(x)$ 在 $x=1$ 处连续且可导，a、b 应取什么值？

解 要使 $f(x)$ 在 $x=1$ 处连续，则 $\lim\limits_{x \to 1^-} f(x) = \lim\limits_{x \to 1^+} f(x) = f(1) = 1$，可以得到 $a+b=1$；要使 $f(x)$ 在 $x=1$ 处可导，则 $f'_-(1) = f'_+(1)$，而

$$f'_-(1) = \lim_{x \to 1^-} \frac{f(x) - f(1)}{x - 1} = \lim_{x \to 1^-} \frac{x^2 - 1}{x - 1} = 2$$

$$f'_+(1) = \lim_{x \to 1^+} \frac{f(x) - f(1)}{x - 1} = \lim_{x \to 1^+} \frac{ax + b - 1}{x - 1} = \lim_{x \to 1^+} \frac{a(x-1) + a + b - 1}{x - 1} = a$$

故 $a=2, b=-1$.

7. 设函数 $f(x) = \begin{cases} e^x, & x \geq 0 \\ x+1, & x < 0 \end{cases}$，求 $f'(x)$.

解 当 $x>0$ 时，$f'(x) = e^x$，当 $x<0$ 时，$f'(x) = 1$.

$$f'_-(0) = \lim_{x \to 0^-} \frac{f(x) - f(0)}{x - 0} = \lim_{x \to 0^-} \frac{x + 1 - 1}{x} = 1$$

$$f'_+(0) = \lim_{x \to 0^+} \frac{f(x) - f(0)}{x - 0} = \lim_{x \to 0^+} \frac{e^x - 1}{x} = \lim_{x \to 0^+} \frac{x}{x} = 1$$

因为 $f'_-(0) = f'_+(0)$，所以 $f(x)$ 在 $x=0$ 处可导，且 $f'(x) = \begin{cases} e^x, & x \geq 0 \\ 1, & x < 0 \end{cases}.$

8. 设函数 $f(x)$ 在 x_0 处可导，又设 $f'(x_0) = A$，用 A 表示出下列各极限值：

$(1)\ \lim\limits_{\Delta x \to 0} \dfrac{f(x_0 - \Delta x) - f(x_0)}{\Delta x}$；$\qquad\qquad (3)\lim\limits_{h \to 0} \dfrac{f(x_0 + ah) - f(x_0 - \beta h)}{h}.$

解 $(1)\ \lim\limits_{\Delta x \to 0} \dfrac{f(x_0 - \Delta x) - f(x_0)}{\Delta x} = -\lim\limits_{\Delta x \to 0} \dfrac{f[x_0 + (-\Delta x)] - f(x_0)}{-\Delta x} = -A.$

(3) $\lim\limits_{h\to 0}\dfrac{f(x_0+\alpha h)-f(x_0-\beta h)}{h}=\lim\limits_{h\to 0}\dfrac{f(x_0+\alpha h)-f(x_0)-[f(x_0-\beta h)-f(x_0)]}{h}$

$$=\lim\limits_{h\to 0}\alpha\dfrac{f(x_0+\alpha h)-f(x_0)}{\alpha h}+\lim\limits_{h\to 0}\beta\dfrac{f(x_0-\beta h)-f(x_0)}{-\beta h}$$

$$=\alpha A+\beta A=(\alpha+\beta)A.$$

10. 证明：可导的偶函数的导数是奇函数．

解 由导数定义知

$$f'(x)=\lim\limits_{h\to 0}\dfrac{f(x+h)-f(x)}{h}$$

将上式 x 换成 $-x$，有

$$f'(-x)=\lim\limits_{h\to 0}\dfrac{f(-x+h)-f(-x)}{h}=\lim\limits_{h\to 0}\dfrac{f(x-h)-f(x)}{h}=-f'(x)$$

可证得可导的偶函数的导数是奇函数．

11. 证明：双曲线 $xy=a^2$ 上任一点处的切线与两坐标轴构成的直角三角形的面积都等于 $2a^2$．

解 设 (x_0,y_0) 为双曲线 $xy=a^2$ 上任意一点，则该点切线斜率 $k=\left(\dfrac{a^2}{x}\right)'\bigg|_{x=x_0}=-\dfrac{a^2}{x_0^2}$，

故切线方程为 $y-y_0=-\dfrac{a^2}{x_0^2}(x-x_0)$ 或 $\dfrac{x}{2x_0}+\dfrac{y}{2y_0}=1$，由此所构成的三角形的面积为

$$A=\dfrac{1}{2}|2x_0||2y_0|=2a^2$$

习题 3.2

6. 求下列函数在给定点处的导数：

(1) $\rho=\varphi\sin\varphi+\dfrac{1}{2}\cos\varphi$，求 $\dfrac{\mathrm{d}\rho}{\mathrm{d}\varphi}\bigg|_{\varphi=\frac{\pi}{4}}$；

(2) 已知 $\varphi(x)$ 在点 $x=0$ 点连续，设 $f(x)=x\varphi(x)$，求 $f'(0)$．

解 (1) $\dfrac{\mathrm{d}\rho}{\mathrm{d}\varphi}\bigg|_{\varphi=\frac{\pi}{4}}=\sin\dfrac{\pi}{4}+\dfrac{\pi}{4}\cos\dfrac{\pi}{4}-\dfrac{1}{2}\sin\dfrac{\pi}{4}=\dfrac{\sqrt{2}}{8}\pi+\dfrac{\sqrt{2}}{4}$．

(2) 显然 $f(0)=0$，因 $\varphi(x)$ 在点 $x=0$ 处连续，所以 $\lim\limits_{x\to 0}\varphi(x)=\varphi(0)$，且

$$f'(0)=\lim\limits_{x\to 0}\dfrac{f(x)-f(0)}{x-0}=\lim\limits_{x\to 0}\dfrac{x\varphi(x)-0}{x-0}=\lim\limits_{x\to 0}\varphi(x)=\varphi(0)$$

7. 求证下列求导公式：

(1) $(\cot x)'=-\csc^2 x$； (3) $(\mathrm{ch}\,x)'=\mathrm{sh}\,x$．

证明 (1) $(\cot x)'=\left(\dfrac{\cos x}{\sin x}\right)'=\dfrac{-\sin x\sin x-\cos x\cos x}{\sin^2 x}=-\dfrac{1}{\sin^2 x}=-\csc^2 x$．

(3) $(\mathrm{ch}\,x)'=\left(\dfrac{\mathrm{e}^x+\mathrm{e}^{-x}}{2}\right)'=\dfrac{\mathrm{e}^x-\mathrm{e}^{-x}}{2}=\mathrm{sh}\,x$．

8. 求下列函数的导数：

(2) $y=\dfrac{\csc x}{1+x^2}$；　　　　　　　　　(4) $y=\dfrac{x+\tan x}{4^x}$.

解　(2) $y'=\dfrac{(\csc x)'(1+x^2)-\csc x(1+x^2)'}{(1+x^2)^2}=\dfrac{(-\csc x\cot x)(1+x^2)-2x\csc x}{(1+x^2)^2}$

$\qquad\quad =\dfrac{-\csc x\cot x-x^2\csc x\cot x-2x\csc x}{(1+x^2)^2}$

(4) $y'=\dfrac{(x+\tan x)'4^x-(x+\tan x)(4^x)'}{(4^x)^2}=\dfrac{(1+\sec^2 x)4^x-4^x\ln 4(x+\tan x)}{16^x}$

$\qquad\quad =\dfrac{1+\sec^2 x-\ln 4(x+\tan x)}{4^x}$

9. 用反函数求导法则，求证公式：$(\arctan x)'=\dfrac{1}{1+x^2}$.

解　令 $y=\arctan x$，则 $x=\tan y$，$(\arctan x)'=\dfrac{1}{(\tan y)'}=\dfrac{1}{\sec^2 y}=\dfrac{1}{1+\tan^2 y}=$

$\dfrac{1}{1+x^2}$.

11. 求下列含复合函数的导数：

(2) $y=\ln(\sec x+\tan x)$；　　　　　(6) $y=\arctan\dfrac{4\sin x}{3+5\cos x}$；

(8) $y=x\arcsin\sqrt{x}$；　　　　　　　(10) $y=x\sqrt{a^2-x^2}+a^2\arcsin\dfrac{x}{a}$.

解　(2) $y'=\dfrac{(\sec x+\tan x)'}{\sec x+\tan x}=\dfrac{\sec x\tan x+\sec^2 x}{\sec x+\tan x}=\sec x$

(6) $y'=\dfrac{\dfrac{4\cos x(3+5\cos x)-4\sin x(-5\sin x)}{(3+5\cos x)^2}}{1+\left(\dfrac{4\sin x}{3+5\cos x}\right)^2}=\dfrac{4(5+3\cos x)}{(5+3\cos x)^2}=\dfrac{4}{5+3\cos x}$

(8) $y'=\arcsin\sqrt{x}+\dfrac{x}{\sqrt{1-x}}\dfrac{1}{2\sqrt{x}}=\arcsin\sqrt{x}+\dfrac{\sqrt{x}}{2\sqrt{1-x}}$

(10) $y'=\sqrt{a^2-x^2}+x\dfrac{-2x}{2\sqrt{a^2-x^2}}+\dfrac{a}{\sqrt{1-\dfrac{x^2}{a^2}}}=2\sqrt{a^2-x^2}$

12. 求下列含复合函数的导数：

(1) $y=\sin^2(5x)$；　　　　(3) $y=\left(\arcsin\dfrac{x}{2}\right)^2$；　　　　(5) $y=\mathrm{e}^{\arctan\sqrt{x}}$；

(7) $y=\arcsin\sqrt{\dfrac{1-x}{1+x}}$；　　(9) $y=\ln(x+\sqrt{a^2+x^2})$；　　(11) $y=x^{\sin 2x}$.

解　(1) $\qquad\qquad y'=2\cdot\sin(5x)\cdot\cos(5x)\cdot 5=5\sin(10x)$

(3)
$$y' = 2\arcsin\frac{\pi}{2} \cdot \frac{\frac{1}{2}}{\sqrt{1-\frac{x^2}{4}}} = \frac{2\arcsin\frac{\pi}{2}}{\sqrt{4-x^2}}$$

(5)
$$y' = e^{\arctan\sqrt{x}} \cdot \frac{1}{1+x} \cdot \frac{1}{2\sqrt{x}} = \frac{e^{\arctan\sqrt{x}}}{2\sqrt{x}(1+x)}$$

(7)
$$y' = \frac{1}{\sqrt{1-\frac{1-x}{1+x}}} \cdot \left(\sqrt{\frac{1-x}{1+x}}\right)' = \frac{1}{\sqrt{1-\frac{1-x}{1+x}}} \cdot \frac{1}{2\sqrt{\frac{1-x}{1+x}}} \cdot \frac{-(1+x)-(1-x)}{(1+x)^2}$$

$$= \frac{\sqrt{1+x}}{\sqrt{2x}} \cdot \frac{-2}{(1+x)^2} \cdot \frac{\sqrt{1+x}}{2\sqrt{1-x}} = \frac{-1}{(1+x)\sqrt{2x(1-x)}}$$

(9)
$$y' = \frac{1+\frac{2x}{2\sqrt{a^2+x^2}}}{x+\sqrt{a^2+x^2}} = \frac{\sqrt{a^2+x^2}+x}{(x+\sqrt{a^2+x^2})\sqrt{a^2+x^2}} = \frac{1}{\sqrt{a^2+x^2}}$$

(11)
$$y' = (e^{\sin 2x\ln x})' = x^{\sin 2x}\left(2\cos 2x \cdot \ln x + \frac{1}{x} \cdot \sin 2x\right)$$

习题 3.3

1. 求下列函数的二阶导数：

(4) $y = e^{-x}\sin x$;　　　(8) $y = (1+x^2)\arctan x$;　　　(10) $y = \ln\left(x+\sqrt{1+x^2}\right)$.

解　(4)　　　$y' = -e^{-x}\sin x + e^{-x}\cos x = e^{-x}(\cos x - \sin x)$

$$y'' = -e^{-x}(\cos x - \sin x) + e^{-x}(-\sin x - \cos x) = -2e^{-x}\cos x$$

(8)　　　$y' = 2x \cdot \arctan x + (1+x^2) \cdot \dfrac{1}{1+x^2} = 2x \cdot \arctan x + 1$

$$y'' = 2\arctan x + 2x \cdot \frac{1}{1+x^2} = 2\arctan x + \frac{2x}{1+x^2}$$

(10)　　　$y' = \dfrac{1}{x+\sqrt{1+x^2}} \cdot \left(1+\dfrac{2x}{2\sqrt{1+x^2}}\right) = \dfrac{1}{\sqrt{1+x^2}}$

$$y'' = -\frac{1}{\left(\sqrt{1+x^2}\right)^2} \cdot \frac{2x}{2\sqrt{1+x^2}} = \frac{-x}{(1+x^2)^{\frac{3}{2}}}$$

2. (2) 设 $f(x) = xe^{x^2}$，求 $f''(1)$.

解　(2) $f'(x) = e^{x^2} + 2x^2 \cdot e^{x^2}$，$f''(x) = 2x \cdot e^{x^2} + 4x \cdot e^{x^2} + 4x^3 e^{x^2} = 6x \cdot e^{x^2} + 4x^3 \cdot e^{x^2}$，所以 $f''(1) = 6\times e + 4\times e = 10e$.

4. 求下列函数的 n 阶导数：

(1) $y = x^n + 2x^{n-1}$;　　　(3) $y = \sin^2 x$;　　　(5) $y = \ln(1-x)$.

解　(1) 因为 $(x^n)^{(n)} = n!$，$(x^{n-1})^{(n)} = 0$，所以 $y^{(n)} = n! + 0 = n!$.

(3) $y'=2\sin x \cdot \cos x=\sin 2x,\cdots,y^{(n)}=2^{n-1}\sin\left[2x+\dfrac{(n-1)\pi}{2}\right]$

(5) $y'=-\dfrac{1}{1-x},y''=-\dfrac{1}{(1-x)^2},\cdots,y^{(n)}=-\dfrac{(n-1)!}{(1-x)^n}$

5. 逐次求导后，找出规律写出 $y^{(n)}$:(2) $y=x\ln x$;　　　　(4) $y=\sqrt{1+x}$.

解　(2) $y=x\ln x,y'=\ln x+1,y''=\dfrac{1}{x},y'''=-\dfrac{1}{x^2},\cdots,y^{(n)}=\dfrac{(-1)^n \cdot (n-2)!}{x^{n-1}}$,且

$n\geqslant 2$

(4) $y=\sqrt{1+x},y'=\dfrac{1}{2\sqrt{1+x}},y''=\dfrac{-1}{4(1+x)^{\frac{3}{2}}},\cdots,y^{(n)}=\dfrac{(-1)^{n-1} \cdot 1 \cdot 3\cdots(2n-3)}{2^n}(1+x)^{\frac{1}{2}-n}$

6. 设 $\varphi(x),\psi(x)$ 为关于 x 的可导函数，且 $\varphi^2+\psi^2\neq 0$，求 $\dfrac{\mathrm{d}y}{\mathrm{d}x}$.

(1) $y=\varphi(x^2)+\psi(\mathrm{e}^x)$;　　　　　　　　(3) $y=\varphi(\cot 2x)$.

解　(1) $\dfrac{\mathrm{d}y}{\mathrm{d}x}=2x \cdot \varphi'(x^2)+\mathrm{e}^x \cdot \varphi'(\mathrm{e}^x)$.

(3) $\dfrac{\mathrm{d}y}{\mathrm{d}x}=\varphi'(\cot 2x) \cdot (\cot 2x)'=\varphi'(\cot 2x) \cdot [-\csc^2(2x)] \cdot 2=-2\csc^2(2x)$
$\varphi'(\cot 2x)$.

7. 设 $f(x)$ 二阶可导，$y=f(\ln x)$，求 y''.

解　　　　　$y'=f'(\ln x) \cdot \dfrac{1}{x},y''=f''(\ln x) \cdot \dfrac{1}{x^2}+f'(\ln x) \cdot \left(-\dfrac{1}{x^2}\right)$

$$=\dfrac{1}{x^2}[f''(\ln x)-f'(\ln x)]$$

8. 用莱布尼茨高阶导数公式求下列各题:(2) $y=x^2\sin 2x$,求 $y^{(50)}$.

解　(2) $y^{(50)}=C_{50}^0 x^2 \cdot (\sin 2x)^{(50)}+C_{50}^1(x^2)' \cdot (\sin 2x)^{(49)}+C_{50}^2(x^2)'' \cdot (\sin 2x)^{(48)}$

$$=-2^{50}x^2\sin 2x+2^{50} \cdot 50x \cdot \cos 2x+1\,225 \cdot 2^{49} \cdot \sin 2x$$

$$=2^{50}\left(-x^2\sin 2x+50x\cos 2x+\dfrac{1\,225}{2}\sin 2x\right)$$

习题 3.4

1. 求由下列方程确定的隐函数的导数 $\dfrac{\mathrm{d}y}{\mathrm{d}x}$:

(2) $y=1-x\mathrm{e}^y$;　　　　　　　　　　(4) $\arctan\dfrac{y}{x}=\ln\sqrt{x^2+y^2}$.

解　(2) $y=1-x\mathrm{e}^y$,两边对 x 求导,得: $\dfrac{\mathrm{d}y}{\mathrm{d}x}=-\mathrm{e}^y-x\mathrm{e}^y \cdot \dfrac{\mathrm{d}y}{\mathrm{d}x}\Rightarrow\dfrac{\mathrm{d}y}{\mathrm{d}x}=\dfrac{-\mathrm{e}^y}{1+x\mathrm{e}^y}$.

(4) 两边对 x 求导,得: $\dfrac{1}{1+\dfrac{y^2}{x^2}} \cdot \dfrac{y'x-y}{x^2}=\dfrac{1}{\sqrt{x^2+y^2}} \cdot \dfrac{1}{2\sqrt{x^2+y^2}} \cdot (2x+2yy')$,整理

得 $xy'-y=x+yy'$，从而得：$y'=\dfrac{x+y}{x-y}$.

2. 求隐函数在指定点的导数 $\dfrac{\mathrm{d}y}{\mathrm{d}x}\Big|_{(x_0,y_0)}$：

（2）$ye^x+\ln y-1=0$，问当 $y=1$ 时，$x=x_0$ 为何值，能使点 $(x_0,1)$ 位于隐函数曲线上，并求出 $y'(x_0)$ 及曲线在该点的切线方程.

解 （2）将 $y=1$ 代入方程 $ye^x+\ln y-1=0$ 得 $1\cdot e^x+\ln 1-1=0$，即 $e^x=1$，解得 $x=0$，方程 $ye^x+\ln y-1=0$ 两边对 x 求导得 $y'e^x+ye^x+\dfrac{1}{y}y'=0$，将解 $x=0,y=1$ 代入上面方程得 $y'(0)+1+y'(0)=0$，从而可得 $y'(0)=-\dfrac{1}{2}$，所以曲线在点 $(0,1)$ 处的切线方程为 $y-1=-\dfrac{1}{2}(x-0)$，即 $y=-\dfrac{1}{2}x+1$.

3. 求下列方程所确定隐函数的二阶导数 $\dfrac{\mathrm{d}^2y}{\mathrm{d}x^2}$：（2）$y=\tan(x+y)$.

解 （2）$y=\tan(x+y)$，$y'=\sec^2(x+y)\cdot(1+y')\Rightarrow y'=\dfrac{\sec^2(x+y)}{1-\sec^2(x+y)}$

$$y''=-2\csc^2(x+y)\cot^3(x+y)$$

4. 利用对数求导法，求下列各函数的导数 $y'(x)$：

（1）$y=\left(\dfrac{x}{1+x}\right)^x$；   （3）$y=\dfrac{\sqrt[3]{x+1}(2-x)^4}{x^2(x-1)^3}$.

解 （1）$y=\left(\dfrac{x}{1+x}\right)^x$，$\ln y=x\cdot\ln\dfrac{x}{1+x}$

所以 $\dfrac{1}{y}\cdot y'=\ln\dfrac{x}{1+x}+x\cdot\dfrac{x+1}{x}\cdot\dfrac{1+x-x}{(1+x)^2}=\ln\dfrac{x}{1+x}+\dfrac{1}{x+1}$

$$y'=\left(\dfrac{x}{1+x}\right)^x\left(\ln\dfrac{x}{1+x}+\dfrac{1}{x+1}\right)$$

（3）$y=\dfrac{\sqrt[3]{x+1}(2-x)^4}{x^2(x-1)^3}$，$\ln y=\dfrac{1}{3}\ln(x+1)+4\ln(2-x)-2\ln x-3\ln(x-1)$，所以

$$y'=\dfrac{\sqrt[3]{x+1}(2-x)^4}{x^2(x-1)^3}\left(\dfrac{1}{3x+3}-\dfrac{4}{2-x}-\dfrac{2}{x}-\dfrac{3}{x-1}\right)$$

5. 求下列参数方程所确定的函数的导数：

（2）$\begin{cases}x=\ln(1+t^2)\\ y=t-\arctan t\end{cases}$，求 $\dfrac{\mathrm{d}y}{\mathrm{d}x},\dfrac{\mathrm{d}^2y}{\mathrm{d}x^2}$；   （3）$\begin{cases}x=f'(t)\\ y=tf'(t)-f(t)\end{cases}$，求 $\dfrac{\mathrm{d}y}{\mathrm{d}x},\dfrac{\mathrm{d}^2y}{\mathrm{d}x^2}$.

解 （2）$\dfrac{\mathrm{d}y}{\mathrm{d}x}=\dfrac{\dfrac{\mathrm{d}y}{\mathrm{d}t}}{\dfrac{\mathrm{d}x}{\mathrm{d}t}}=\dfrac{1-\dfrac{1}{1+t^2}}{\dfrac{2t}{1+t^2}}=\dfrac{t}{2}$，$\dfrac{\mathrm{d}^2y}{\mathrm{d}x^2}=\dfrac{\mathrm{d}}{\mathrm{d}x}\left(\dfrac{\mathrm{d}y}{\mathrm{d}x}\right)=\dfrac{\dfrac{\mathrm{d}}{\mathrm{d}t}\left(\dfrac{\mathrm{d}y}{\mathrm{d}x}\right)}{\dfrac{\mathrm{d}x}{\mathrm{d}t}}=\dfrac{\dfrac{1}{2}}{\dfrac{2t}{1+t^2}}=\dfrac{1+t^2}{4t}$

(3) $\dfrac{\mathrm{d}y}{\mathrm{d}x}=\dfrac{f'(t)+t\cdot f''(t)-f'(t)}{f''(t)}=t,\dfrac{\mathrm{d}^2 y}{\mathrm{d}x^2}=\dfrac{\mathrm{d}}{\mathrm{d}t}\left(\dfrac{\mathrm{d}y}{\mathrm{d}x}\right)\cdot\dfrac{\mathrm{d}t}{\mathrm{d}x}=\dfrac{1}{f''(t)}$

7. 设有参数方程为 $\begin{cases}x=2\mathrm{e}^t,\\ y=\mathrm{e}^{-t},\end{cases}$ 求 $\dfrac{\mathrm{d}x}{\mathrm{d}y},\dfrac{\mathrm{d}^2 x}{\mathrm{d}y^2}.$

解 $\dfrac{\mathrm{d}x}{\mathrm{d}y}=\dfrac{\dfrac{\mathrm{d}x}{\mathrm{d}t}}{\dfrac{\mathrm{d}y}{\mathrm{d}t}}=\dfrac{2\mathrm{e}^t}{-\mathrm{e}^{-t}}=-2\mathrm{e}^{2t},\dfrac{\mathrm{d}^2 x}{\mathrm{d}y^2}=\dfrac{\mathrm{d}}{\mathrm{d}y}\left(\dfrac{\mathrm{d}x}{\mathrm{d}y}\right)=\dfrac{\dfrac{\mathrm{d}}{\mathrm{d}t}\left(\dfrac{\mathrm{d}x}{\mathrm{d}y}\right)}{\dfrac{\mathrm{d}y}{\mathrm{d}t}}=\dfrac{-4\mathrm{e}^{2t}}{-\mathrm{e}^{-t}}=4\mathrm{e}^{3t}$

习题 3.5

2. 用记号:"$\Rightarrow$"表示可导出;"$\Leftrightarrow$"可互相导出;"$\not\Rightarrow$"不能导出,表示下列三个命题之间的关系:

① $f(x)$在点 x 处连续; ② $f(x)$在点 x 处可导; ③ $f(x)$在点 x 处可微.

解 ②或③$\Rightarrow$①,②$\Leftrightarrow$③,①$\not\Rightarrow$②或③.

4. 求下列函数的微分:

(2) $y=x^2\sin 2x$; (4) $y=\ln(\sin a^x)$; (6) $y=\arcsin\sqrt{1-x^2}.$

解 (2) $y=x^2\sin 2x,y'=2x\sin 2x+2x^2\cos 2x,$所以 $\mathrm{d}y=2x\sin 2x\mathrm{d}x+2x^2\cos 2x\mathrm{d}x.$

(4) $y=\ln(\sin a^x)$, $y'=\dfrac{\cos a^x\cdot a^x\ln a}{\sin a^x}$,所以 $\mathrm{d}y=\dfrac{a^x\ln a\cos a^x}{\sin a^x}\mathrm{d}x.$

(6) $y=\arcsin\sqrt{1-x^2},y'=\dfrac{\dfrac{-2x}{2\sqrt{1-x^2}}}{\sqrt{1-1+x^2}}=\dfrac{\dfrac{-x}{\sqrt{1-x^2}}}{\sqrt{x^2}}=\dfrac{-x}{|x|\sqrt{1-x^2}}$, $\mathrm{d}y=\dfrac{-x}{|x|\sqrt{1-x^2}}\mathrm{d}x.$

5. 求下列函数在指定点的微分:(2) $y=\dfrac{1}{x}+2\sqrt{x}+x^3,x=1$ 且 $\Delta x=0.1.$

解 (2) $y=\dfrac{1}{x}+2\sqrt{x}+x^3$, $y'=-\dfrac{1}{x^2}+\dfrac{1}{\sqrt{x}}+3x^2,\mathrm{d}y=(-1+1+3)\cdot 0.1=0.3.$

6. 用商的微分运算法则,计算 $\mathrm{d}y$:(2) $y=\dfrac{\sqrt{x^2+1}-1}{\sqrt{x^2+1}+1}.$

解 (2) $\mathrm{d}y=\dfrac{\left[\mathrm{d}\left(\sqrt{x^2+1}-1\right)\right]\cdot\left(\sqrt{x^2+1}+1\right)-\left(\sqrt{x^2+1}-1\right)\cdot\mathrm{d}\left(\sqrt{x^2+1}+1\right)}{\left(\sqrt{x^2+1}+1\right)^2}$

$=\dfrac{\dfrac{x}{\sqrt{x^2+1}}\cdot\left(\sqrt{x^2+1}+1\right)\mathrm{d}x-\left(\sqrt{x^2+1}-1\right)\cdot\dfrac{x}{\sqrt{x^2+1}}\mathrm{d}x}{\left(\sqrt{x^2+1}+1\right)^2}$

$=\dfrac{2x}{\sqrt{x^2+1}\left(\sqrt{x^2+1}+1\right)^2}\mathrm{d}x$

9*. (1) 试用导数 $\dfrac{\mathrm{d}y}{\mathrm{d}x}$ 等于微分之商（比）及有关微分运算法则求解下题：设有参数方程 $\begin{cases} x=3\mathrm{e}^{-t} \\ y=2\mathrm{e}^{t} \end{cases}$，求 $\dfrac{\mathrm{d}x}{\mathrm{d}y}, \dfrac{\mathrm{d}^2 x}{\mathrm{d}y^2}$.

（2）设方程 $xy=\mathrm{e}^{x+y}$ 确定函数 $y=y(x)$，试先在方程两边求微分，再求出微分之商 $\dfrac{\mathrm{d}y}{\mathrm{d}x}$ 的方法，求出导数 $y'(x)$.

解　（1）$\dfrac{\mathrm{d}x}{\mathrm{d}y}=\dfrac{-3\mathrm{e}^{-t}}{2\mathrm{e}^{t}}=-\dfrac{3}{2}\mathrm{e}^{-2t}$，$\dfrac{\mathrm{d}^2 x}{\mathrm{d}y^2}=\dfrac{\mathrm{d}}{\mathrm{d}y}\left(\dfrac{\mathrm{d}x}{\mathrm{d}y}\right)=\dfrac{\mathrm{d}}{\mathrm{d}t}\left(\dfrac{\mathrm{d}x}{\mathrm{d}y}\right)\dfrac{\mathrm{d}t}{\mathrm{d}y}=\dfrac{3}{2}\mathrm{e}^{-3t}$.

（2）$xy=\mathrm{e}^{x+y}$，两边求微分，得 $y\mathrm{d}x+x\mathrm{d}y=\mathrm{e}^{x+y}(\mathrm{d}x+\mathrm{d}y)\Rightarrow\dfrac{\mathrm{d}y}{\mathrm{d}x}=\dfrac{\mathrm{e}^{x+y}-y}{x-\mathrm{e}^{x+y}}$.

11. 求下列各式近似值：(2) $\sqrt[3]{1.02}$.

解　（2）令 $f(x)=\sqrt[3]{x}$，则 $f'(x)=\dfrac{1}{3\sqrt[3]{x^2}}$，$x_0=1,\Delta x=0.02$，由 $f(x)\approx f(x_0)+f'(x_0)(x-x_0)$ 得

$$\sqrt[3]{1.02}=\sqrt[3]{1+0.02}\approx\sqrt[3]{1}+\dfrac{1}{3\sqrt[3]{1^2}}\times 0.02=1+\dfrac{1}{3}\times 0.02\approx 1.007$$

12. 水管壁的正截面是一个圆环，它的内半径为 R_0，壁厚为 h（外半径减去内半径），利用微分计算该圆环面积的近似值.

解　设水管正截面圆的半径为 R，截面圆的面积为 $A(R)=\pi R^2$，且 $A'(R)=2\pi R$，当 $\Delta R=h$ 时，圆环面积为 $\Delta A\approx A'(R_0)\cdot\Delta R=2\pi R_0 h$.

综合练习题

一、单项选择题

1. 函数在 x_0 连续是函数在 x_0 的左、右导数存在且相等的（B）.

(A) 充分条件 　　　　　　　　　(B) 必要条件

(C) 充分且必要条件 　　　　　　(D) 既非充分也非必要条件

解　当函数在 x_0 连续时，函数在 x_0 不一定可导，不能得出在 x_0 的左、右导数存在且相等，反之若函数在 x_0 的左、右导数都存在且相等，则函数在 x_0 可导，必然连续，所以选（B）.

2. 设函数 $f(x)$ 在 $x=x_0$ 处可导，则由 $\lim\limits_{x\to 0}\dfrac{x}{f(x_0-2x)-f(x_0)}=\dfrac{1}{4}$，有 $f'(x_0)=$（D）.

(A) 4 　　　　(B) -4 　　　　(C) 2 　　　　(D) -2

解　由 $\lim\limits_{x\to 0}\dfrac{x}{f(x_0-2x)-f(x_0)}=\dfrac{1}{4}$，得到 $\lim\limits_{x\to 0}\dfrac{f(x_0-2x)-f(x_0)}{-2x}=-2$.

3. 设函数 $f(x)=\begin{cases}\dfrac{x}{1+e^{\frac{1}{x}}}, & x\neq0 \\ 0, & x=0\end{cases}$，则 $f(x)$ 在 $x=0$ 处 (D).

(A) 左导数不存在   (B) 右导数不存在

(C) $f'(0)=1$ (D) 不可导

解
$$\lim_{x\to0^+}\frac{f(x)-f(0)}{x-0}=\lim_{x\to0^+}\frac{\dfrac{x}{1+e^{\frac{1}{x}}}-0}{x-0}=\lim_{x\to0^+}\frac{1}{1+e^{\frac{1}{x}}}=0$$

$$\lim_{x\to0^-}\frac{f(x)-f(0)}{x-0}=\lim_{x\to0^-}\frac{\dfrac{x}{1+e^{\frac{1}{x}}}-0}{x-0}=\lim_{x\to0^-}\frac{1}{1+e^{\frac{1}{x}}}=1$$

$f(x)$ 在 $x=0$ 左右导数存在,不相等.

4. 若 $f(u)$ 可导,且 $y=f(\ln^2 x)$,则 $y'=$(C).

(A) $f'(\ln^2 x)$ (B) $2\ln x f'(\ln^2 x)$

(C) $\dfrac{2\ln x}{x}f'(\ln^2 x)$ (D) $\dfrac{1}{x}f'(\ln^2 x)$

解 $y'=f'(\ln^2 x)\cdot 2\ln x\cdot\dfrac{1}{x}$,所以选(C).

5. 设 $f(x)=x(x-1)(x-2)\cdots(x-100)$,则 $f'(0)=$(A).

(A) $100!$ (B) 0   (C) 100   (D) -100

解
$$f'(0)=\lim_{x\to0}\frac{x(x-1)(x-2)\cdots(x-100)-0}{x-0}$$
$$=\lim_{x\to0}(x-1)(x-2)\cdots(x-100)=100!$$

二、填空题

1. 设函数 $f(x)=\begin{cases}\dfrac{2}{x^2+1}, & x\leqslant1 \\ ax+b, & x>1\end{cases}$,在点 $x=1$ 处可导,则 a 与 b 分别等于 $-1,2$.

解   函数 $f(x)$ 在点 $x=1$ 处可导必连续则有: $\lim\limits_{x\to1^-}f(x)=\lim\limits_{x\to1^+}f(x)=f(1)$,即
$$a+b=1 \hspace{4cm} ①$$
且满足 $f'_-(1)=f'_+(1)$,即:
$$\lim_{x\to1^-}\frac{\dfrac{2}{x^2+1}-1}{x-1}=\lim_{x\to1^+}\frac{ax+b-1}{x-1} \hspace{2cm} ②$$
联合式①、式②,可解得: $a=-1,b=2$.

2. 已知 $\dfrac{d}{dx}\left[f\left(\dfrac{1}{x^2}\right)\right]=\dfrac{1}{x}$,则 $f'\left(\dfrac{1}{2}\right)=$ -1 .

解 由 $\dfrac{\mathrm{d}}{\mathrm{d}x}\Big[f\Big(\dfrac{1}{x^2}\Big)\Big]=\dfrac{1}{x}$，即 $f'\Big(\dfrac{1}{x^2}\Big)\cdot\dfrac{-2}{x^3}=\dfrac{1}{x}$，可知 $f'\Big(\dfrac{1}{x^2}\Big)=-\dfrac{x^2}{2}$，所以 $f'(x)=-\dfrac{1}{2x}$，代入数值，有 $f'\Big(\dfrac{1}{2}\Big)=-1$.

3. 曲线 $y=\mathrm{e}^{1-x^2}$ 的平行于直线 $y=2x$ 的切线方程为 ___$2x-y+3=0$___.

解 由 $y'=-2x\cdot\mathrm{e}^{1-x^2}=2$，所以 $x=-1$，相应的 $y=1$，从而切线方程为 $y-1=2(x+1)$，即 $2x-y+3=0$.

4. 已知 $f'(x)=\dfrac{2x}{\sqrt{1-x^2}}$，则 $\dfrac{\mathrm{d}}{\mathrm{d}x}\big[f\big(\sqrt{1-x^2}\,\big)\big]=$ ___$\dfrac{-2x}{|x|}$___.

解 $\dfrac{\mathrm{d}}{\mathrm{d}x}\big[f\big(\sqrt{1-x^2}\,\big)\big]=f'\big(\sqrt{1-x^2}\,\big)\dfrac{-x}{\sqrt{1-x^2}}=\dfrac{2\sqrt{1-x^2}}{|x|}\cdot\dfrac{-x}{\sqrt{1-x^2}}=\dfrac{-2x}{|x|}$

5. 设 $f(x)=\sin\dfrac{x}{2}+\cos 2x$，则 $f^{(27)}(\pi)=$ ___0___.

解
$$\Big(\sin\dfrac{x}{2}\Big)^{(27)}=\Big(\dfrac{1}{2}\Big)^{27}\sin\Big(\dfrac{x}{2}+\dfrac{27\pi}{2}\Big)$$
$$(\cos 2x)^{(27)}=2^{27}\cos\Big(2x+\dfrac{27\pi}{2}\Big)$$
$$f^{(27)}(\pi)=\Big[\Big(\sin\dfrac{x}{2}\Big)^{(27)}+(\cos 2x)^{(27)}\Big]\Big|_{x=\pi}$$
$$=\Big(\dfrac{1}{2}\Big)^{27}\sin\Big(\dfrac{\pi}{2}+\dfrac{27\pi}{2}\Big)+2^{27}\cos\Big(2\pi+\dfrac{27\pi}{2}\Big)=0+0=0$$

三、计算题与证明题

1. 若 $S(1)=1,S'(1)=2,S''(1)=3,S'''(1)=4$，求 $\lim\limits_{x\to 1}\dfrac{S(x)+S'(x)+S''(x)-6}{x-1}$.

解 由导数定义和极限运算法则，有
$$\lim\limits_{x\to 1}\dfrac{S(x)+S'(x)+S''(x)-6}{x-1}$$
$$=\lim\limits_{x\to 1}\Big[\dfrac{S(x)-S(1)}{x-1}+\dfrac{S'(x)-S'(1)}{x-1}+\dfrac{S''(x)-S''(1)}{x-1}\Big]$$
$$=\lim\limits_{x\to 1}\dfrac{S(x)-S(1)}{x-1}+\lim\limits_{x\to 1}\dfrac{S'(x)-S'(1)}{x-1}+\lim\limits_{x\to 1}\dfrac{S''(x)-S''(1)}{x-1}$$
$$=S'(1)+S''(1)+S'''(1)$$
$$=2+3+4=9$$

2. 设 $f(u)$ 在 $u=t$ 可导，求 $\lim\limits_{n\to\infty}n\Big[f\Big(t+\dfrac{1}{na}\Big)-f\Big(t-\dfrac{1}{na}\Big)\Big]$，$a\neq 0$ 且为常数.

解 $\lim\limits_{n\to\infty}n\Big[f\Big(t+\dfrac{1}{na}\Big)-f\Big(t-\dfrac{1}{na}\Big)\Big]=\dfrac{1}{a}\lim\limits_{n\to\infty}\dfrac{\big[f\big(t+\frac{1}{na}\big)-f(t)\big]-\big[f\big(t-\frac{1}{na}\big)-f(t)\big]}{\dfrac{1}{na}}$

$$= \frac{1}{a}[f'(t) + f'(t)] = \frac{2}{a}f'(t)$$

3. 设函数 $f(x) = \begin{cases} \dfrac{x^2}{1-e^x}, & x \neq 0 \\ 0, & x=0 \end{cases}$,(1) $f(x)$在 $x=0$ 是否连续? (2) $f(x)$在 $x=0$ 是否可导? 若可导,求 $f'(x)$;(3) $f(x)$在 $x=0$ 处二阶导数是否存在?

解 (1) 因为 $\lim\limits_{x\to 0}\dfrac{x^2}{1-e^x} = \lim\limits_{x\to 0}\dfrac{2x}{-e^x} = 0 = f(0)$,$f(x)$在 $x=0$ 连续.

(2) 因为 $f'(0) = \lim\limits_{x\to 0}\dfrac{f(x)-f(0)}{x-0} = \lim\limits_{x\to 0}\dfrac{\dfrac{x^2}{1-e^x}-0}{x} = \lim\limits_{x\to 0}\dfrac{x}{1-e^x} = -1$,$f(x)$在 $x=0$ 可导,当 $x \neq 0$ 时,$f'(x) = \dfrac{2x \cdot (1-e^x) - x^2 \cdot (-e^x)}{(1-e^x)^2} = \dfrac{x^2 e^x - 2x e^x + 2x}{(1-e^x)^2}$,所以

$$f'(x) = \begin{cases} \dfrac{x^2 e^x - 2x e^x + 2x}{(1-e^x)^2}, & x \neq 0 \\ -1, & x = 0 \end{cases}$$

(3) $\qquad f''(0) = \lim\limits_{x\to 0}\dfrac{f'(x)-f'(0)}{x-0} = \lim\limits_{x\to 0}\dfrac{\dfrac{x^2 e^x - 2x e^x + 2x}{(1-e^x)^2} - (-1)}{x}$

$$= \lim\limits_{x\to 0}\left[\dfrac{x e^x - 2e^x + 2}{(1-e^x)^2} + \dfrac{1}{x}\right] = \infty$$

所以 $f(x)$在 $x=0$ 处二阶导数不存在.

4. $y = x^{x^a} + x^{a^x}$ 求 y'($a > 0, x > 0$).

解 $\qquad y' = (x^{x^a})' + (x^{a^x})' = (e^{x^a \ln x})' + (e^{a^x \ln x})'$

$$= e^{x^a \ln x}\left(ax^{a-1}\ln x + x^a \cdot \dfrac{1}{x}\right) + e^{a^x \ln x}\left(a^x \ln a \cdot \ln x + a^x \cdot \dfrac{1}{x}\right)$$

$$= x^{x^a} x^{a-1}(a\ln x + 1) + x^{a^x} a^x\left(\ln a \cdot \ln x + \dfrac{1}{x}\right)$$

5. 已知 $y = f(u)$,$u = \dfrac{3x-2}{3x+2}$,且 $f'(x) = \arctan x^2$,求 $\dfrac{dy}{dx}\Big|_{x=0}$.

解 $\dfrac{dy}{dx} = \dfrac{dy}{du} \cdot \dfrac{du}{dx} = f'(u) \cdot u'(x) = \dfrac{12}{(3x+2)^2}\arctan\left(\dfrac{3x-2}{3x+2}\right)^2$,$\dfrac{dy}{dx}\Big|_{x=0} = \dfrac{3\pi}{4}$.

6. (1) $y = \sin^3(xe^x)$,求 dy; $\qquad$ (2) $y = \sin[f(x^2)]$,$f(u)$有二阶导数,求 $\dfrac{d^2 y}{dx^2}$.

解 (1) $dy = [\sin^3(xe^x)]' dx = 3(x+1)e^x \sin^2(xe^x)\cos(xe^x)dx$.

(2) $y' = \cos[f(x^2)] \cdot f'(x^2) \cdot 2x$

$$\dfrac{d^2 y}{dx^2} = -\sin[f(x^2)] \cdot [f'(x^2)]^2 \cdot 4x^2 + \cos[f(x^2)] \cdot$$

$$f''(x^2) \cdot 2x \cdot 2x + \cos[f(x^2)] \cdot f'(x^2) \cdot 2$$

$$= 2f'(x^2)\cos[f(x^2)] + 4x^2 f''(x^2)\cos[f(x^2)] - 4x^2[f'(x^2)]^2\sin[f(x^2)].$$

7. $y = \dfrac{1}{x^2-2x-3}$，求 $y^{(n)}$.

解 $y = \dfrac{1}{x^2-2x-3} = \dfrac{1}{4}\left(\dfrac{1}{x-3} - \dfrac{1}{x+1}\right)$，$y' = \dfrac{1}{4}\left(\dfrac{1}{x-3} - \dfrac{1}{x+1}\right)' = -\dfrac{1}{4}\left[\dfrac{1}{(x-3)^2} - \dfrac{1}{(x+1)^2}\right]$

$$y'' = \dfrac{1}{4}\left[-\dfrac{1}{(x-3)^2} + \dfrac{1}{(x+1)^2}\right]' = \dfrac{2!}{4}\left[\dfrac{1}{(x-3)^3} - \dfrac{1}{(x+1)^3}\right]$$

$$y''' = \dfrac{1}{2}\left[\dfrac{1}{(x-3)^3} - \dfrac{1}{(x+1)^3}\right]' = -\dfrac{3!}{4}\left[\dfrac{1}{(x-3)^4} - \dfrac{1}{(x+1)^4}\right]$$

$$\vdots$$

$$y^{(n)} = \dfrac{n!}{4}(-1)^{n-1}\left[-\dfrac{1}{(x-3)^{n+1}} + \dfrac{1}{(x+1)^{n+1}}\right]$$

8. $\begin{cases} x = a\left(\ln\tan\dfrac{t}{2} + \cos t\right) \\ y = a\sin t \end{cases}$ $(a>0, 0<t<\pi)$，求 $\dfrac{\mathrm{d}y}{\mathrm{d}x}$，并证明在上述曲线上任一点的

切线与 x 轴的交点到切点的距离恒为常数.

解 $\dfrac{\mathrm{d}y}{\mathrm{d}x} = \dfrac{\dfrac{\mathrm{d}y}{\mathrm{d}t}}{\dfrac{\mathrm{d}x}{\mathrm{d}t}} = \dfrac{a\cos t}{a\left(\dfrac{1}{\tan\dfrac{t}{2}} \cdot \sec^2\dfrac{t}{2} \cdot \dfrac{1}{2} - \sin t\right)} = \dfrac{\cos t}{\csc t - \sin t} = \tan t$

曲线上任一点的切线为：$y - a\sin t = \tan t \cdot \left[x - a\left(\ln\tan\dfrac{t}{2} + \cos t\right)\right]$，令 $y=0$，得

$x = a\ln\tan\dfrac{t}{2}$，则所求距离为

$$d = \sqrt{\left[a\left(\ln\tan\dfrac{t}{2} + \cos t\right) - a\ln\tan\dfrac{t}{2}\right]^2 + (a\sin t)^2}$$

$$= \sqrt{(a\cos t)^2 + (a\sin t)^2} = a$$

为一个常数.

9. 设星形曲线 $x^{\frac{2}{3}} + y^{\frac{2}{3}} = a^{\frac{2}{3}}$ $(a>0)$，令 $x = a\cos^3\theta$，求出 $y = \varphi(\theta)$ 使满足曲线方程，并证明该曲线的切线介于坐标轴之间部分的长度为一个常量.

解 先求 $y = \varphi(\theta)$. 将 $x = a\cos^3\theta$ 代入方程 $x^{\frac{2}{3}} + y^{\frac{2}{3}} = a^{\frac{2}{3}}$，得 $(a\cos^3\theta)^{\frac{2}{3}} + y^{\frac{2}{3}} = a^{\frac{2}{3}}$，即

$$y^{\frac{2}{3}} = a^{\frac{2}{3}} - a^{\frac{2}{3}}\cos^2\theta = a^{\frac{2}{3}}(1 - \cos^2\theta) = a^{\frac{2}{3}}\sin^2\theta$$

所以 $y = (a^{\frac{2}{3}}\sin^2\theta)^{\frac{3}{2}} = a\sin^3\theta$.

再证明曲线的切线介于坐标轴之间部分的长度为一个常量.

由上面求解结果可知星形线的参数方程为 $\begin{cases} x = a\cos^3\theta \\ y = a\sin^3\theta \end{cases}$，星形线上点 (x, y)（对应参数

为 $\theta)$ 处切线斜率为

$$k=\frac{\mathrm{d}y}{\mathrm{d}x}=\frac{\dfrac{\mathrm{d}y}{\mathrm{d}\theta}}{\dfrac{\mathrm{d}x}{\mathrm{d}\theta}}=\frac{a\cdot 3\sin^2\theta\cdot\cos\theta}{a\cdot 3\cos^2\theta\cdot(-\sin\theta)}=-\frac{\sin\theta}{\cos\theta}=-\tan\theta$$

从而点 (x,y) 处的切线方程为 $Y-y=-\tan\theta(X-x)$，此切线在两个坐标轴上的截距分别为 $X=y\cot\theta+x,Y=x\tan\theta+y$，设此切线介于坐标轴之间部分的长度为 l，则

$$
\begin{aligned}
l^2 &=X^2+Y^2=(y\cot\theta+x)^2+(x\tan\theta+y)^2\\
&=y^2\cot^2\theta+2xy\cot\theta+x^2+x^2\tan^2\theta+2xy\tan\theta+y^2\\
&=y^2(\cot^2\theta+1)+2xy(\cot\theta+\tan\theta)+x^2(\tan^2\theta+1)\\
&=y^2\csc^2\theta+2xy\,\frac{1}{\sin\theta\cos\theta}+x^2\sec^2\theta\\
&=(a\sin^3\theta)^2\csc^2\theta+2(a\cos^3\theta)(a\sin^3\theta)\frac{1}{\sin\theta\cos\theta}+(a\cos^3\theta)^2\sec^2\theta\\
&=a^2(\sin^4\theta+2\sin^2\theta\cos^2\theta+\cos^4\theta)=a^2(\sin^2\theta+\cos^2\theta)^2=a^2
\end{aligned}
$$

即 $l=a$，故曲线的切线介于坐标轴之间部分的长度为常量 a.

10. 设 $f(x)$ 可导，$F(x)=f(x)(1+|\sin x|)$，证明：$f(0)=0$ 是 $F(x)$ 在 $x=0$ 处可导的充分必要条件.

证明 因为 $f(x)$ 可导，所以 $f'(0)$ 存在，且 $\lim\limits_{x\to 0}\dfrac{f(x)-f(0)}{x-0}=f'(0)$，先证充分性. 设 $f(0)=0$，则 $F(0)=0$，因此

$$
\begin{aligned}
F'(0)&=\lim_{x\to 0}\frac{F(x)-F(0)}{x-0}=\lim_{x\to 0}\frac{f(x)(1+|\sin x|)-0}{x-0}=\lim_{x\to 0}\frac{f(x)-f(0)}{x-0}\cdot(1+|\sin x|)\\
&=f'(0)\cdot(1+0)=f'(0),\ \text{即}\ F(x)\ \text{在}\ x=0\ \text{处可导}.
\end{aligned}
$$

再证必要性. 设 $F(x)$ 在 $x=0$ 可导，则

$$
\begin{aligned}
F'(0)&=\lim_{x\to 0}\frac{F(x)-F(0)}{x-0}=\lim_{x\to 0}\frac{f(x)(1+|\sin x|)-f(0)(1+|\sin 0|)}{x-0}\\
&=\lim_{x\to 0}\frac{f(x)(1+|\sin x|)-f(0)}{x}\\
&=\lim_{x\to 0}\frac{[f(x)-f(0)](1+|\sin x|)+f(0)|\sin x|}{x}\\
&=\lim_{x\to 0}\left[\frac{f(x)-f(0)}{x-0}\cdot(1+|\sin x|)+f(0)\cdot\frac{|\sin x|}{x}\right]\text{上式存在，又}\lim_{x\to 0}
\end{aligned}
$$

$\dfrac{f(x)-f(0)}{x-0}\cdot(1+|\sin x|)=f'(0)\cdot(1+0)=f'(0)$，所以 $\lim\limits_{x\to 0}f(0)\cdot\dfrac{|\sin x|}{x}$ 一定存在，

又 $\lim\limits_{x\to 0}\dfrac{|\sin x|}{x}$ 不存在，只有 $f(0)=0$，才有 $\lim\limits_{x\to 0}f(0)\cdot\dfrac{|\sin x|}{x}$ 存在，因此，$f(0)=0$.

11. 已知 $\dfrac{\mathrm{d}x}{\mathrm{d}y}=\dfrac{1}{y'}$，证明：$\dfrac{\mathrm{d}^3x}{\mathrm{d}y^3}=\dfrac{3(y'')^2-y'y'''}{(y')^5}$.

证明 $\dfrac{\mathrm{d}^2x}{\mathrm{d}y^2}=\dfrac{\mathrm{d}}{\mathrm{d}y}\left(\dfrac{\mathrm{d}x}{\mathrm{d}y}\right)=\dfrac{\mathrm{d}}{\mathrm{d}x}\left(\dfrac{\mathrm{d}x}{\mathrm{d}y}\right)\cdot\dfrac{\mathrm{d}x}{\mathrm{d}y}=\dfrac{\mathrm{d}}{\mathrm{d}x}\left(\dfrac{1}{y'}\right)\cdot\dfrac{\mathrm{d}x}{\mathrm{d}y}=\dfrac{-y''}{(y')^2}\cdot\dfrac{1}{y'}=\dfrac{-y''}{(y')^3}$

$$\dfrac{\mathrm{d}^3x}{\mathrm{d}y^3}=\dfrac{\mathrm{d}}{\mathrm{d}y}\left(\dfrac{\mathrm{d}^2x}{\mathrm{d}y^2}\right)=\dfrac{\mathrm{d}}{\mathrm{d}x}\left(\dfrac{\mathrm{d}^2x}{\mathrm{d}y^2}\right)\cdot\dfrac{\mathrm{d}x}{\mathrm{d}y}=\dfrac{\mathrm{d}}{\mathrm{d}x}\left[\dfrac{-y''}{(y')^3}\right]\cdot\dfrac{\mathrm{d}x}{\mathrm{d}y}$$

$$=\dfrac{-y'''\cdot(y')^3-(-y'')\cdot3(y')^2y''}{(y')^6}\cdot\dfrac{1}{y'}=\dfrac{3(y'')^2-y'y'''}{(y')^5}$$

12. 已知 $\mathrm{e}^{xy}=a^xb^y(a,b>0$ 且不等于 $1)$，确定隐函数 $y=y(x)$，证明：$y=y(x)$ 满足方程 $(y-\ln a)y''-2(y')^2=0$.

证明 方程 $\mathrm{e}^{xy}=a^xb^y$ 两边对 x 求导，得

$$\mathrm{e}^{xy}(y+xy')=(a^x\ln a)\cdot b^y+a^x\cdot b^y\ln b\cdot y'$$

解得

$$y'=\dfrac{a^xb^y\ln a-y\mathrm{e}^{xy}}{x\mathrm{e}^{xy}-a^xb^y\ln b}=\dfrac{\mathrm{e}^{xy}\ln a-y\mathrm{e}^{xy}}{x\mathrm{e}^{xy}-\mathrm{e}^{xy}\ln b}=\dfrac{\ln a-y}{x-\ln b}$$

因此

$$y''=(y')'=\dfrac{-y'\cdot(x-\ln b)-(\ln a-y)\cdot1}{(x-\ln b)^2}=\dfrac{-y'}{(x-\ln b)}-\dfrac{(\ln a-y)}{(x-\ln b)^2}$$

$$=\dfrac{-y'}{(x-\ln b)}-\dfrac{y'(x-\ln b)}{(x-\ln b)^2}=\dfrac{-2y'}{(x-\ln b)}=-2y'\cdot\dfrac{y'}{(\ln a-y)}$$

所以

$$(y-\ln a)y''-2(y')^2=0$$

13. 设 $f(x)$ 可导，且满足：(1) 对任意 x_1,x_2 有 $f(x_1+x_2)=f(x_1)f(x_2)$；(2) $f(x)=1+xg(x)$；(3) $\lim\limits_{x\to0}g(x)=1$.

证明：$y=f(x)$ 满足方程 $y'=y$.

证明 由 (1) 对任意 x_1,x_2 有 $f(x_1+x_2)=f(x_1)f(x_2)$，因此，对任意 x，有

$$f(x+\Delta x)=f(x)f(\Delta x)$$

$$f'(x)=\lim_{\Delta x\to0}\dfrac{f(x+\Delta x)-f(x)}{\Delta x}=\lim_{\Delta x\to0}\dfrac{f(x)f(\Delta x)-f(x)}{\Delta x}=\lim_{\Delta x\to0}\dfrac{f(x)[f(\Delta x)-1]}{\Delta x}$$

$$=\lim_{\Delta x\to0}\dfrac{f(x)[1+\Delta xg(\Delta x)-1]}{\Delta x}\quad[\text{由条件}(2),f(\Delta x)=1+\Delta xg(\Delta x)]$$

$$=\lim_{\Delta x\to0}f(x)g(\Delta x)=f(x)\lim_{\Delta x\to0}g(\Delta x)=f(x)\quad[\text{由条件}(3),\lim_{\Delta x\to0}g(\Delta x)=1]$$

故 $y=f(x)$ 满足方程 $y'=y$.

14. 设曲线 $y=x^n(n$ 为正整数$)$ 上点 $(1,1)$ 处的切线交 x 轴于点 $(\xi_n,0)$，证明 $\lim\limits_{n\to\infty}y(\xi_n)=\dfrac{1}{\mathrm{e}}$.

证明 曲线 $y=x^n$ 在点 $(1,1)$ 处的切线斜率 $k=\dfrac{\mathrm{d}y}{\mathrm{d}x}\Big|_{x=1}=nx^{n-1}\Big|_{x=1}=n$，点 $(1,1)$ 处

的切线方程为 $y-1=n(x-1)$，切线与 x 轴的交点的横坐标为 $\xi_n=1-\dfrac{1}{n}$，所以

$$y(\xi_n)=\left(1-\frac{1}{n}\right)^n$$

因此 $\lim\limits_{n\to\infty}y(\xi_n)=\lim\limits_{n\to\infty}\left(1-\dfrac{1}{n}\right)^n=\lim\limits_{n\to\infty}\left[\left(1+\dfrac{1}{-n}\right)^{-n}\right]^{-1}=\mathrm{e}^{-1}=\dfrac{1}{\mathrm{e}}.$

15. 设函数 $y=y(x)$ 是定义在 $[-1,1]$ 上的二阶可导函数，且满足方程：

$$(1-x^2)\frac{\mathrm{d}^2y}{\mathrm{d}x^2}-x\frac{\mathrm{d}y}{\mathrm{d}x}+a^2y=0$$

若作变量替换 $x=\sin t,y=y(x)=y(\sin t)=\tilde{y}(t)$，证明：$\tilde{y}(t)$ 满足方程：$\dfrac{\mathrm{d}^2\tilde{y}}{\mathrm{d}t^2}+a^2\tilde{y}=0.$

证明 由题意 $y=y(x)$ 的参数方程为

$$\begin{cases}x=\sin t\\ y=\tilde{y}(t)\end{cases},\frac{\mathrm{d}y}{\mathrm{d}x}=\frac{\dfrac{\mathrm{d}y}{\mathrm{d}t}}{\dfrac{\mathrm{d}x}{\mathrm{d}t}}=\frac{\dfrac{\mathrm{d}\tilde{y}}{\mathrm{d}t}}{\cos t}$$

$$\frac{\mathrm{d}^2y}{\mathrm{d}x^2}=\frac{\mathrm{d}}{\mathrm{d}x}\left(\frac{\mathrm{d}y}{\mathrm{d}x}\right)=\frac{\mathrm{d}}{\mathrm{d}t}\left(\frac{\mathrm{d}y}{\mathrm{d}x}\right)\cdot\frac{\mathrm{d}t}{\mathrm{d}x}=\frac{\mathrm{d}}{\mathrm{d}t}\left(\frac{\dfrac{\mathrm{d}\tilde{y}}{\mathrm{d}t}}{\cos t}\right)\cdot\frac{1}{\dfrac{\mathrm{d}x}{\mathrm{d}t}}$$

$$=\frac{\dfrac{\mathrm{d}^2\tilde{y}}{\mathrm{d}t^2}\cdot\cos t-\dfrac{\mathrm{d}\tilde{y}}{\mathrm{d}t}\cdot(-\sin t)}{\cos^2 t}\cdot\frac{1}{\cos t}=\frac{1}{\cos^2 t}\frac{\mathrm{d}^2\tilde{y}}{\mathrm{d}t^2}+\frac{\sin t}{\cos^3 t}\frac{\mathrm{d}\tilde{y}}{\mathrm{d}t}$$

将 $\dfrac{\mathrm{d}y}{\mathrm{d}x}=\dfrac{1}{\cos t}\dfrac{\mathrm{d}\tilde{y}}{\mathrm{d}t},\dfrac{\mathrm{d}^2y}{\mathrm{d}x^2}=\dfrac{1}{\cos^2 t}\dfrac{\mathrm{d}^2\tilde{y}}{\mathrm{d}t^2}+\dfrac{\sin t}{\cos^3 t}\dfrac{\mathrm{d}\tilde{y}}{\mathrm{d}t}$，及 $x=\sin t,y=\tilde{y}(t)$ 代入方程 $(1-x^2)\dfrac{\mathrm{d}^2y}{\mathrm{d}x^2}-$

$x\dfrac{\mathrm{d}y}{\mathrm{d}x}+a^2y=0$，得

$$(1-\sin^2 t)\left(\frac{1}{\cos^2 t}\frac{\mathrm{d}^2\tilde{y}}{\mathrm{d}t^2}+\frac{\sin t}{\cos^3 t}\frac{\mathrm{d}\tilde{y}}{\mathrm{d}t}\right)-\sin t\left(\frac{1}{\cos t}\frac{\mathrm{d}\tilde{y}}{\mathrm{d}t}\right)+a^2\tilde{y}=0$$

即

$$\cos^2 t\left(\frac{1}{\cos^2 t}\frac{\mathrm{d}^2\tilde{y}}{\mathrm{d}t^2}+\frac{\sin t}{\cos^3 t}\frac{\mathrm{d}\tilde{y}}{\mathrm{d}t}\right)-\sin t\left(\frac{1}{\cos t}\frac{\mathrm{d}\tilde{y}}{\mathrm{d}t}\right)+a^2\tilde{y}=0$$

化简整理，得

$$\frac{\mathrm{d}^2\tilde{y}}{\mathrm{d}t^2}+\frac{\sin t}{\cos t}\frac{\mathrm{d}\tilde{y}}{\mathrm{d}t}-\frac{\sin t}{\cos t}\frac{\mathrm{d}\tilde{y}}{\mathrm{d}t}+a^2\tilde{y}=0$$

从而有 $\dfrac{\mathrm{d}^2\tilde{y}}{\mathrm{d}t^2}+a^2\tilde{y}=0.$

第4章 微分中值定理与导数的应用

微分中值定理是应用导数研究函数性质的重要工具,是微分学的重要组成部分,借助它可以研究函数在某个区间上的整体性质.

4.1 知 识 结 构

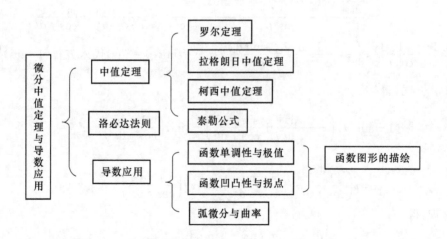

4.2 解题方法流程图

1. 利用洛必达法则求极限

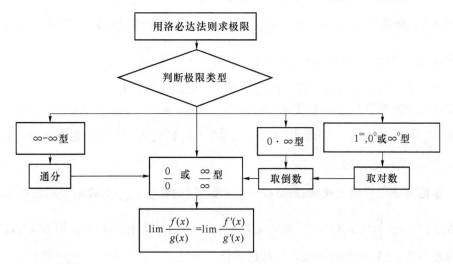

2. 求函数极值

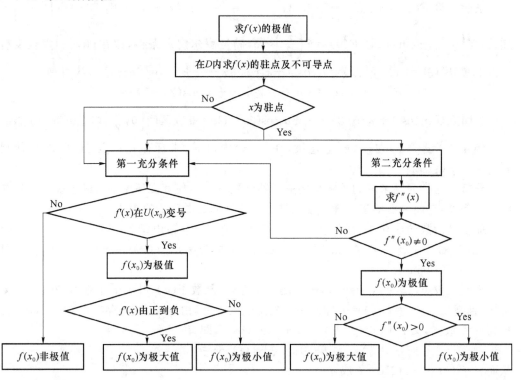

4.3 典型例题

1. 证明方程根的存在性和中值 ξ 的存在性

例 4.1 证明方程 $a_1\cos x + a_2\cos 3x + \cdots + a_n\cos(2n-1)x = 0$ 在区间 $\left(0, \dfrac{\pi}{2}\right)$ 内至少有一个根，其中实系数 $a_1, a_2, \cdots, a_n$ 满足 $a_1 - \dfrac{a_2}{3} + \cdots + (-1)^{n-1}\dfrac{a_n}{2n-1} = 0$.

分析 证明方程根的存在性可以考虑用零点定理或罗尔定理.

若本题考虑用零点定理，则要证明函数 $f(x) = a_1\cos x + a_2\cos 3x + \cdots + a_n\cos(2n-1)x$ 在区间 $\left(0, \dfrac{\pi}{2}\right)$ 内至少有一个零点，要在 $\left[0, \dfrac{\pi}{2}\right]$ 内找到两点 $x_1 < x_2$，使其满足 $f(x_1) \cdot f(x_2) < 0$，这有一定困难.

若本题考虑用罗尔定理，则是要找一个函数 $F(x)$ 在 $\left[0, \dfrac{\pi}{2}\right]$ 上满足罗尔定理条件，则必存在 $\xi \in \left(0, \dfrac{\pi}{2}\right)$，使 $F'(\xi) = 0$. 如果又有 $F'(x) = f(x)$，则有 $f(\xi) = 0$，即 ξ 为方程的根. 根据题设条件，这样的辅助函数是容易找到的.

证明 设 $F(x) = a_1\sin x + \dfrac{a_2}{3}\sin 3x + \cdots + \dfrac{a_n}{2n-1}\sin(2n-1)x$，则 $F(x)$ 在 $\left[0, \dfrac{\pi}{2}\right]$ 上连续，在 $\left(0, \dfrac{\pi}{2}\right)$ 内可导，且 $F(0) = F\left(\dfrac{\pi}{2}\right) = 0$，满足罗尔定理条件，故在 $\left(0, \dfrac{\pi}{2}\right)$ 内至少有一点 ξ，使 $F'(\xi) = 0$，又 $F'(x) = a_1\cos x + a_2\cos 3x + \cdots + a_n\cos(2n-1)x$，从而有
$$F'(\xi) = a_1\cos \xi + a_2\cos 3\xi + \cdots + a_n\cos(2n-1)\xi = 0$$

说明方程 $a_1\cos x + a_2\cos 3x + \cdots + a_n\cos(2n-1)x = 0$ 在区间 $\left(0, \dfrac{\pi}{2}\right)$ 内至少有一个根.

例 4.2 设 $f(x)$ 在 $[0, \pi]$ 上连续，在 $(0, \pi)$ 内可导，求证存在一点 $\xi \in (0, \pi)$，使得 $f'(\xi) = -f(\xi)\cot\xi$.

分析 这类问题求解的关键是构造辅助函数 $F(x)$，使其在所给的区间上能满足罗尔定理的条件，进而再由罗尔定理的结论推导所要证明的关于 ξ 的等式.

而辅助函数的建立，往往要从问题的结论分析起，本题由结论 $f'(\xi) = -f(\xi)\cot\xi$ 知，ξ 在 $(0, \pi)$ 内应满足 $f'(\xi)\sin\xi + f(\xi)\cos\xi = 0$，即应满足 $[f(x)\sin x]'|_{x=\xi} = 0$，从而可设 $F(x) = f(x)\sin x$.

证明 设 $F(x) = f(x)\sin x$，则由题设条件知，函数 $F(x)$ 在 $[0, \pi]$ 上连续，在 $(0, \pi)$ 内可导，且满足 $F(0) = F(\pi) = 0$，即满足罗尔定理的条件，由罗尔定理，存在点 $\xi \in (0, \pi)$，使 $F'(\xi) = 0$ 成立，又 $F'(x) = f'(x)\sin x + f(x)\cos x$，即有
$$f'(\xi)\sin\xi + f(\xi)\cos\xi = 0$$
从而有 $f'(\xi) = -f(\xi)\cot\xi$ 成立.

例 4.3 证明：对 $[a,b]$ 上的可微函数 $f(x)$，存在点 $\xi \in (a,b)$，满足

$$\frac{1}{b-a}\begin{vmatrix} b^n & a^n \\ f(a) & f(b) \end{vmatrix} = \xi^{n-1}[nf(\xi) + \xi f'(\xi)] \quad (n \geqslant 1)$$

分析 这类问题求解的关键是构造辅助函数 $F(x)$，而构造辅助函数的依据是观察等式中某部分是否可看作某函数的增量，本题要证明的结论形式可改写成

$$\frac{b^n f(b) - a^n f(a)}{b-a} = [x^n f(x)]'|_{x=\xi}$$

故可设辅助函数 $F(x) = x^n f(x)$.

证明 设 $F(x) = x^n f(x)$，因为 $f(x)$ 在 $[a,b]$ 上可微，故 $F(x)$ 在 $[a,b]$ 上可微，从而 $F(x)$ 在 $[a,b]$ 上满足拉格朗日中值定理的条件，由拉格朗日中值定理知，存在一点 $\xi \in (a,b)$，使

$$\frac{F(b)-F(a)}{b-a} = \frac{b^n f(b) - a^n f(a)}{b-a} = \frac{1}{b-a}\begin{vmatrix} b^n & a^n \\ f(a) & f(b) \end{vmatrix}$$

$$= F'(\xi) = n\xi^{n-1}f(\xi) + \xi^n f'(\xi) = \xi^{n-1}[nf(\xi) + \xi f'(\xi)] \quad (n \geqslant 1)$$

即 $\dfrac{1}{b-a}\begin{vmatrix} b^n & a^n \\ f(a) & f(b) \end{vmatrix} = \xi^{n-1}[nf(\xi) + \xi f'(\xi)]$ $(n \geqslant 1)$ 成立.

例 4.4 设 $a > 0$，$f(x)$ 在 $[a,b]$ 上可微，求证：存在 $\xi \in (a,b)$，使

$$af(b) - bf(a) = (a-b)[f(\xi) - \xi f'(\xi)]$$

分析 此题的关键还是构造辅助函数，本题要证明的结论形式可改写成

$$\frac{\dfrac{f(b)}{b} - \dfrac{f(a)}{a}}{\dfrac{1}{b} - \dfrac{1}{a}} = f(\xi) - \xi f'(\xi)$$

由此判断需用柯西中值定理，且可选 $F(x) = \dfrac{f(x)}{x}$，$g(x) = \dfrac{1}{x}$.

证明 设 $F(x) = \dfrac{f(x)}{x}$，$g(x) = \dfrac{1}{x}$，因为 $f(x)$ 在 $[a,b]$ 上可微，则 $F(x)$，$g(x)$ 在 $[a,b]$ $(a>0)$ 上连续，在 (a,b) 内可导，且 $g'(x) = -\dfrac{1}{x^2} \neq 0$，$x \in (a,b)$ $(a>0)$，即满足柯西中值定理的条件，由柯西中值定理，存在一点 $\xi \in (a,b)$，使 $\dfrac{F(b)-F(a)}{g(b)-g(a)} = \dfrac{F'(\xi)}{g'(\xi)}$ 成立，即

$$\frac{\dfrac{f(b)}{b} - \dfrac{f(a)}{a}}{\dfrac{1}{b} - \dfrac{1}{a}} = f(\xi) - \xi f'(\xi)$$

从而有 $af(b) - bf(a) = (a-b)[f(\xi) - \xi f'(\xi)]$ 成立.

例 4.5 设函数 $f(x)$ 在区间 $[-1,1]$ 上具有三阶连续导数，且 $f(-1)=0$，$f(1)=1$，$f'(0)=0$.

证明:在开区间$(-1,1)$内至少存在一点ξ,使$f'''(\xi)=3$.

证明　$f(x)$在$x=0$点处的二阶泰勒公式为

$$f(x)=f(0)+f'(0)x+\frac{f''(0)}{2!}x^2+\frac{f'''(\xi)}{3!}x^3 \quad (x\text{ 介于 }0\text{ 与 }x\text{ 之间})$$

将$x=-1$和$x=1$分别代入上式,并注意到$f'(0)=0$,得

$$f(-1)=f(0)+\frac{f''(0)}{2!}-\frac{1}{6}f'''(\xi_1) \quad (\xi_1\text{ 介于 }-1\text{ 与 }0\text{ 之间}) \qquad ①$$

$$f(1)=f(0)+\frac{f''(0)}{2!}+\frac{1}{6}f'''(\xi_2) \quad (\xi_2\text{ 介于 }0\text{ 与 }1\text{ 之间}) \qquad ②$$

式②一式①,并注意到$f(-1)=0,f(1)=1$,得$f'''(\xi_1)+f'''(\xi_2)=6$.由$f'''(x)$的连续性可知,$\exists\xi\in(-1,1)$使$f'''(\xi)=3$.

2.利用中值定理证明等式

例 4.6　证明:当$x\geqslant1$时,$2\arctan x+\arcsin\dfrac{2x}{1+x^2}$为一常数,并求此常数.

分析　要证$f(x)=2\arctan x+\arcsin\dfrac{2x}{1+x^2}$恒为常数,可由拉格朗日中值定理的推论得到:若当$x\geqslant1$时,$f'(x)\equiv0$,则当$x\geqslant1$时,$f(x)$恒为常数.

证明　设$f(x)=2\arctan x+\arcsin\dfrac{2x}{1+x^2},x\geqslant1$.则

$$f'(x)=\frac{2}{1+x^2}+\frac{1}{\sqrt{1-\left(\frac{2x}{1+x^2}\right)^2}}\cdot\frac{2(1+x^2)-4x^2}{(1+x^2)^2}=\frac{2}{1+x^2}+\frac{1+x^2}{x^2-1}\cdot\frac{2(1-x^2)}{(1+x^2)^2}=0$$

由此可知,$f(x)\equiv C,\forall x\geqslant1$,即$f(x)$恒为一常数.再令$x=0$,得$C=f(0)=0$.

例 4.7　试证:若函数$f(x)$在$(-\infty,+\infty)$内满足关系式$f'(x)=f(x)$,且$f(0)=1$,则$f(x)=e^x$.

分析　要证$f(x)=e^x$,只需证$f(x)-e^x=0$,或$\dfrac{f(x)}{e^x}=1$.

若令$F(x)=f(x)-e^x$,则$F'(x)=f'(x)-e^x=f(x)-e^x$,无法得到结论.

若令$F(x)=\dfrac{f(x)}{e^x}$,则由$F'(x)=\dfrac{f'(x)e^x-f(x)e^x}{e^{2x}}=\dfrac{f'(x)-f(x)}{e^x}=0$,以及拉格朗日中值定理的推论可得到结论.

证明　设$F(x)=\dfrac{f(x)}{e^x}$,则$F'(x)=\dfrac{f'(x)e^x-f(x)e^x}{e^{2x}}=\dfrac{f'(x)-f(x)}{e^x}=0$,由拉格朗日中值定理的推论知,$F(x)=C(C\text{ 为常数})$.又$F(0)=\dfrac{f(0)}{e^0}=1$,故$\dfrac{f(x)}{e^x}=1$,即$f(x)=e^x$成立.

3.证明不等式

常用证明不等式的方法有:利用拉格朗日中值定理、利用泰勒展开式、利用单调性、利

用函数图形的凹凸性、利用求函数的最大值与最小值来证明等. 可根据所要证明的不等式的特征选择适当的方法证明.

例 4.8 设 $b>a>e$, 证明: $a^b>b^a$.

证明 设 $f(x)=x\ln a-a\ln x$, 显然 $f(x)$ 在 $[a,x]$ 上满足拉格朗日中值定理条件 $(x>a>e)$, 故至少存在一点 $\xi\in(a,x)$, 使 $\dfrac{f(x)-f(a)}{x-a}=f'(\xi)=\ln a-\dfrac{a}{\xi}>0$, 即 $f(x)>f(a)$ 成立. 特别地, 令 $x=b$, 则当 $b>a>e$ 时也有 $f(b)>f(a)=0$, 即 $b\ln a-a\ln b>0$, 从而有 $a^b>b^a$.

例 4.9 证明不等式: $e^x-(1+x)>1-\cos x(x>0)$.

证明 设 $f(x)=e^x-(1+x)-1+\cos x$, 且 $x\geq0$, 则有 $f(0)=0$.

当 $x>0$ 时, $f'(x)=e^x-1-\sin x$, 显然 $f'(0)=0$ 且 $f'(x)$ 还可导.

当 $x>0$ 时, $f''(x)=e^x-\cos x>0$, 所以 $f'(x)$ 单调递增, 有 $f'(x)>f'(0)=0$, 从而也有 $f(x)$ 单调递增, 故当 $x>0$ 时, $f(x)>f(0)=0$, 即 $e^x-(1+x)-1+\cos x>0$, 从而有不等式 $e^x-(1+x)>1-\cos x$, 且 $x>0$ 成立.

4. 利用洛必达法则求极限

例 4.10 计算 $\lim\limits_{x\to0^+}\dfrac{1-e^{2\sqrt{x}}}{\sqrt{x}}$.

解 令 $t=\sqrt{x}$, 则 $\lim\limits_{x\to0^+}\dfrac{1-e^{2\sqrt{x}}}{\sqrt{x}}=\lim\limits_{t\to0^+}\dfrac{1-e^{2t}}{t}=\lim\limits_{t\to0^+}(-2e^{2t})=-2$

例 4.11 计算 $\lim\limits_{x\to0}\dfrac{x-\sin x}{x^2\sin x}$.

解 $\lim\limits_{x\to0}\dfrac{x-\sin x}{x^2\sin x}=\lim\limits_{x\to0}\dfrac{x-\sin x}{x^3}=\lim\limits_{x\to0}\dfrac{1-\cos x}{3x^2}=\lim\limits_{x\to0}\dfrac{\sin x}{6x}=\dfrac{1}{6}$.

说明 为了减少求导计算量, 在用洛必达法则之前, 可先作代换使之简化.

5. 函数的单调性与极值、凹凸性与拐点

例 4.12 设 $y=\dfrac{x^4+4}{x^2}$, 求:

(1) 函数的增减区间和极值;

(2) 函数图像的凹凸区间及拐点;

(3) 渐近线.

解 (1) $y'=2x-\dfrac{8}{x^3}=\dfrac{2}{x^3}(x^2+2)(x+\sqrt{2})(x-\sqrt{2})$, 令 $y'=0$, 得驻点 $x_1=-\sqrt{2}$, $x_2=\sqrt{2}$.

当 $x<-\sqrt{2}$ 时, $y'<0$, 所以 y 在 $(-\infty,-\sqrt{2})$ 内递减; 当 $-\sqrt{2}<x<0$ 时, $y'>0$, 所以 y 在 $(-\sqrt{2},0)$ 内递增; 当 $0<x<\sqrt{2}$ 时, $y'<0$, 所以 y 在 $(0,\sqrt{2})$ 内递减; 当 $x>\sqrt{2}$ 时, $y'>0$, 所以 y 在 $(\sqrt{2},+\sqrt{\infty})$ 内递增.

所以函数的单调递增区间为 $(-\sqrt{2},0),(\sqrt{2},+\infty)$，单调递减区间为 $(-\infty,-\sqrt{2})$，$(0,\sqrt{2})$，且在 $x_1=-\sqrt{2}$ 和 $x_2=\sqrt{2}$ 处都取得极小值，极小值为 $y(\pm\sqrt{2})=4$.

(2) 因 $y''=2+\dfrac{24}{x^4}>0(x\neq0)$，故曲线在 $(-\infty,0)$ 和 $(0,+\infty)$ 上都是上凹的，曲线无拐点.

(3) 由于 $\lim\limits_{x\to\pm\infty}y=\infty$，故曲线无水平渐近线；由 $\lim\limits_{x\to0}y=+\infty$，知 $x=0$ 是曲线的铅直渐近线；又由于 $\lim\limits_{x\to\infty}\dfrac{y}{x}=\infty$，故曲线无斜渐近线.

例 4.13 设 $y=x^3+ax^2+bx+c$，试确定 a,b,c 的值，使 $(1,-1)$ 为曲线的拐点，且在 $x=0$ 处 y 有极大值 1.

解 因为 y 是二阶可微函数，所以拐点处二阶导数为零，极值点处一阶导数为零：

$$y'=3x^2+2ax+b, \quad y''=6x+2a$$
$$y'(0)=b=0, \quad y''(1)=6+2a=0$$

得 $\qquad\qquad\qquad\qquad\qquad a=-3$

又 $\qquad\qquad\qquad\qquad\qquad y(0)=c=1$

所以 $a=-3,b=0,c=1$. 在 $x=0$ 处，$y'(0)=0,y''(0)=-6<0$，故 $y(0)=1$ 为极大值.

当 $x<1,y''<0$；当 $x>1,y''>0$，故 $(1,-1)$ 为曲线的拐点.

例 4.14 讨论方程 $xe^{-x}=a(a>0)$ 有几个实根.

解 令 $f(x)=xe^{-x}-a$，则 $f'(x)=e^{-x}(1-x)$，得驻点 $x=1$.

当 $x>1$ 时，$f'(x)<0$；当 $x<1$ 时，$f'(x)>0$，所以 $x=1$ 为极大值点，$f(1)=\dfrac{1}{e}-a$ 是 $f(x)$ 的极大值也是最大值.

下面分几种情形讨论：

(1) $a>\dfrac{1}{e}$ 时，$f(1)<0$，$f(x)$ 恒小于 0，则 $f(x)$ 无零点，方程 $xe^{-x}=a$ 无实根.

(2) $a=\dfrac{1}{e}$ 时，$f(1)=0$，方程 $xe^{-x}=a$ 有唯一实根.

(3) $a<\dfrac{1}{e}$ 时，$f(1)>0$，在 $(-\infty,1)$ 上，$\lim\limits_{x\to-\infty}f(x)=-\infty$，$f'(x)>0$，所以 $f(x)$ 单调增；在 $(1,+\infty)$ 上，$\lim\limits_{x\to+\infty}f(x)=-a$，$f'(x)<0$，所以 $f(x)$ 单调减. 故方程 $xe^{-x}=a$ 有两个实根.

6. 最值问题

例 4.15 要制造一个正圆柱形的封闭油罐，其容积为 V，问怎样设计可使其用料最省？

解 设油罐高 h，底面圆的半径为 r，表面积为 S，则 $S=2\pi r^2+2\pi rh$，由 $V=\pi r^2 h$，得 $h=\dfrac{V}{\pi r^2}$，代入 S，得 $S=2\pi r^2+\dfrac{2V}{r}$.

求导得 $\dfrac{\mathrm{d}S}{\mathrm{d}r}=4\pi r-\dfrac{2V}{r^2}$，令 $\dfrac{\mathrm{d}S}{\mathrm{d}r}=0$，得唯一驻点 $r=\sqrt[3]{\dfrac{V}{2\pi}}$，这时 $h=\dfrac{V}{\pi}\sqrt[3]{\dfrac{4\pi^2}{V^2}}=2\sqrt[3]{\dfrac{V}{2\pi}}=2r$，

说明当 $r:h=1:2$ 时，用料最省（这是由于问题本身最小值是存在的）.

4.4 教材习题选解

习题 4.1

1. 验证罗尔定理对函数 $f(x)=\sin x$ 在区间 $[0,\pi]$ 上的正确性.

解 函数 $f(x)=\sin x$ 在 $[0,\pi]$ 上连续，在 $(0,\pi)$ 内可导，且 $f(0)=f(\pi)=0$，由罗尔定理，存在 $\xi\in(0,\pi)$，使得 $f'(\xi)=\cos\xi=0\Rightarrow\xi=\dfrac{\pi}{2}\in(0,\pi)$，说明罗尔定理正确.

3. 设函数 $f(x)=(x-1)(x-2)(x-3)$，试用罗尔定理说明方程 $f'(x)=0$ 有几个实根，并指出这些根所在的区间，最后证明存在 $\xi\in(1,3)$，使得 $f''(\xi)=0$.

解 函数 $f(x)=(x-1)(x-2)(x-3)$ 在 $[1,2]$ 上连续，在 $(1,2)$ 内可导，且 $f(1)=f(2)=0$，由罗尔定理，存在 $\xi_1\in(1,2)$，使得 $f'(\xi_1)=0$，同理，函数 $f(x)$ 在 $[2,3]$ 上连续，在 $(2,3)$ 内可导，且 $f(2)=f(3)=0$，由罗尔定理，存在 $\xi_2\in(2,3)$，使得 $f'(\xi_2)=0$. 所以，$f'(x)=0$ 有两个根 ξ_1,ξ_2，分别在区间 $(1,2)$ 和 $(2,3)$ 内，又在区间 $[\xi_1,\xi_2]$ 上，函数 $f'(x)$ 满足罗尔定理，得：存在 $\xi\in(\xi_1,\xi_2)\subseteq(1,3)$，使得 $f''(\xi)=0$.

5. 设 $f(x)$ 在闭区间 $[0,a]$ 上连续，在开区间 $(0,a)$ 内可导，$f(a)=0$，证明方程 $\cos x\cdot f(x)+\sin x\cdot f'(x)=0$，在区间 $(0,a)$ 内至少有一个实根.

证明 设 $F(x)=\sin x\cdot f(x)$，则 $F(x)$ 在 $[0,a]$ 上连续，在 $(0,a)$ 内可导，且 $F(0)=0$，又因为 $f(a)=0$，$F(a)=\sin a\cdot f(a)=0$，由罗尔定理，存在 $\xi\in(0,a)$，使得 $F'(\xi)=0$，即 $\cos\xi\cdot f(\xi)+\sin\xi\cdot f'(\xi)=0$.

7. 设函数 $f(x)=px^2+qx+r$，将 $f(x)$ 在区间 $[a,b]$ 上应用拉格朗日中值定理，求出相应的中值 ξ，并说明该 ξ 的值在区间 (a,b) 内有什么几何特征？

解 函数 $f(x)=px^2+qx+r$ 在 $[a,b]$ 上连续，在 (a,b) 内可导，由拉格朗日中值定理，存在 $\xi\in(a,b)$，使得 $f'(\xi)=2p\xi+q=\dfrac{(pb^2+qb+r)-(pa^2+qa+r)}{b-a}\Rightarrow 2p\xi+q=\dfrac{p(b^2-a^2)+q(b-a)}{b-a}=p(b+a)+q\Rightarrow\xi=\dfrac{b+a}{2}$，函数 $f(x)=px^2+qx+r$ 在区间 $[a,b]$ 上应用拉格朗日中值定理，得到的中值 ξ 在区间 (a,b) 的中点处.

8. 利用拉格朗日中值定理证明下列不等式：

(1) $na^{n-1}(b-a)<b^n-a^n<nb^{n-1}(b-a)(n>1,0<a<b)$.

证明 设 $f(x)=x^n,n>1,x\in(a,b)$，易见函数 $f(x)$ 在区间 $[a,b]$ 上连续，在 (a,b)

内可导,由拉格朗日中值定理,存在 $\xi \in (a,b)$,使得 $f'(\xi)=n\xi^{n-1}=\dfrac{b^n-a^n}{b-a}$,即 $b^n-a^n=n\xi^{n-1}(b-a)$,因为 $a<\xi<b \Rightarrow a^{n-1}<\xi^{n-1}<b^{n-1}$,故 $na^{n-1}(b-a)<b^n-a^n<nb^{n-1}(b-a)$.

(3) 当 $x>1$ 时,$e^x>e \cdot x$.

证明 设 $f(t)=e^t$,则函数 $f(t)$ 在区间 $[1,x]$ 上连续,在 $(1,x)$ 内可导,由拉格朗日中值定理,存在 $\xi \in (1,x)$,使得 $f'(\xi)=e^\xi=\dfrac{e^x-e}{x-1} \Rightarrow \dfrac{e^x-e}{x-1}=e^\xi>e \Rightarrow e^x-e>e(x-1)$,即 $e^x>e \cdot x, x>1$.

10. 证明若函数 $f(x)$ 在 $(-\infty,+\infty)$ 内满足关系式 $f'(x)=f(x)$,则 $\dfrac{f(x)}{e^x}$ 在 $(-\infty,+\infty)$ 恒为常数.

证明 令 $F(x)=\dfrac{f(x)}{e^x}, x \in (-\infty,+\infty)$,则

$$F'(x)=\frac{f'(x) \cdot e^x-f(x) \cdot e^x}{e^{2x}}=\frac{f'(x)-f(x)}{e^x}=0 \Rightarrow F(x)=\frac{f(x)}{e^x}=C, x \in (-\infty,+\infty)$$

12. 设 $a \cdot b>0$,证明等式:

$$a \cdot \arctan b-b \cdot \arctan a=\left(\arctan \xi-\frac{\xi}{1+\xi^2}\right)(a-b), \xi \in (a,b) \text{ 或 } (b,a)$$

证明 令 $f(x)=\dfrac{\arctan x}{x}, g(x)=\dfrac{1}{x}$,则在 $[a,b]$(或 $[b,a]$)上满足柯西中值定理的条件,由柯西中值定理,存在 $\xi \in (a,b)$ 或 (b,a),有

$$\frac{\dfrac{\arctan b}{b}-\dfrac{\arctan a}{a}}{\dfrac{1}{b}-\dfrac{1}{a}}=\frac{\dfrac{\xi}{1+\xi^2}-\arctan \xi}{-\dfrac{1}{\xi^2}} \Rightarrow \frac{a \cdot \arctan b-b \cdot \arctan a}{a-b}=\arctan \xi-$$

$$\frac{\xi}{1+\xi^2} \Rightarrow a \cdot \arctan b-b \cdot \arctan a=\left(\arctan \xi-\frac{\xi}{1+\xi^2}\right)(a-b), \xi \in (a,b) \text{ 或 } (b,a).$$

13. 设 $f(x)$ 在 $[a,b]$ 上为正值且为可导函数,证明存在 $\xi \in (a,b)$,使得

$$\ln \frac{f(b)}{f(a)}=\frac{f'(\xi)}{f(\xi)} \cdot (b-a)$$

证明 设 $F(x)=\ln f(x), x \in [a,b]$,则 $F(x)$ 在 $[a,b]$ 上连续,在 (a,b) 内可导,由拉格朗日中值定理,存在 $\xi \in (a,b)$,使得 $F(b)-F(a)=F'(\xi)(b-a)$,即

$$\ln f(b)-\ln f(a)=\frac{f'(\xi)}{f(\xi)}(b-a) \Rightarrow \ln \frac{f(b)}{f(a)}=\frac{f'(\xi)}{f(\xi)} \cdot (b-a)$$

习题 4.2

1. 用洛必达法则求下列 $\dfrac{0}{0}$ 型未定式的极限:

(4) $\lim\limits_{x \to 0} \dfrac{e^x-e^{-x}-2x}{x-\sin x}$; (5) $\lim\limits_{x \to 0} \dfrac{\ln(1+x^2)}{\sec x-\cos x}$; (6) $\lim\limits_{x \to 0} \dfrac{e^{\sin x}-e^x}{\sin x-x}$.

解　(4) $\lim\limits_{x\to 0}\dfrac{e^{x}-e^{-x}-2x}{x-\sin x}=\lim\limits_{x\to 0}\dfrac{e^{x}+e^{-x}-2}{1-\cos x}=\lim\limits_{x\to 0}\dfrac{e^{x}-e^{-x}}{\sin x}=\lim\limits_{x\to 0}\dfrac{e^{x}+e^{-x}}{\cos x}=2.$

(5) $\lim\limits_{x\to 0}\dfrac{\ln(1+x^{2})}{\sec x-\cos x}=\lim\limits_{x\to 0}\dfrac{x^{2}}{\dfrac{1}{\cos x}-\cos x}=\lim\limits_{x\to 0}\dfrac{x^{2}\cos x}{1-\cos^{2}x}=\lim\limits_{x\to 0}\dfrac{x^{2}\cos x}{\sin^{2}x}=1.$

(6) $\lim\limits_{x\to 0}\dfrac{e^{\sin x}-e^{x}}{\sin x-x}=\lim\limits_{x\to 0}\dfrac{e^{x}(e^{\sin x-x}-1)}{\sin x-x}=\lim\limits_{x\to 0}\dfrac{e^{\sin x-x}-1}{\sin x-x}=\lim\limits_{x\to 0}\dfrac{e^{\sin x-x}(\cos x-1)}{\cos x-1}=1.$

3. 验证极限 $\lim\limits_{x\to 0}\dfrac{x^{2}\cos\dfrac{1}{x}}{\sin x}$ 存在，但不能用洛必达法则算出其结果.

解　$\lim\limits_{x\to 0}\dfrac{x^{2}\cos\dfrac{1}{x}}{\sin x}=\lim\limits_{x\to 0}\dfrac{x}{\sin x}\cdot x\cdot\cos\dfrac{1}{x}$，当 $x\to 0$ 时，$\dfrac{x}{\sin x}\to 1,x$ 为无穷小，$\left|\cos\dfrac{1}{x}\right|\leqslant 1$

有界，所以 $\lim\limits_{x\to 0}\dfrac{x}{\sin x}\cdot x\cdot\cos\dfrac{1}{x}=0.$ 如果使用洛必达法则，有

$$\lim\limits_{x\to 0}\dfrac{x^{2}\cos\dfrac{1}{x}}{\sin x}=\lim\limits_{x\to 0}\dfrac{2x\cdot\cos\dfrac{1}{x}+x^{2}\cdot\left(-\sin\dfrac{1}{x}\right)\cdot\left(-\dfrac{1}{x^{2}}\right)}{\cos x}=\lim\limits_{x\to 0}\dfrac{2x\cdot\cos\dfrac{1}{x}+\sin\dfrac{1}{x}}{\cos x}$$

$$=\lim\limits_{x\to 0}\left(2x\cdot\cos\dfrac{1}{x}+\sin\dfrac{1}{x}\right)$$

极限不存在.

4. 用洛必达法则求下列 $\dfrac{\infty}{\infty}$ 型的极限：(3) $\lim\limits_{x\to 0^{+}}\dfrac{\ln x}{e^{\frac{1}{x}}}.$

解　(3) $\lim\limits_{x\to 0^{+}}\dfrac{\ln x}{e^{\frac{1}{x}}}=\lim\limits_{x\to 0^{+}}\dfrac{\dfrac{1}{x}}{e^{\frac{1}{x}}\cdot\left(-\dfrac{1}{x^{2}}\right)}=-\lim\limits_{x\to 0^{+}}\dfrac{x}{e^{\frac{1}{x}}}$，令 $\dfrac{1}{x}=t$，得：

$$\lim\limits_{x\to 0^{+}}\dfrac{\ln x}{e^{\frac{1}{x}}}=\lim\limits_{t\to +\infty}\dfrac{1}{te^{t}}=0.$$

5. 能否用洛必达法则求极限：$\lim\limits_{x\to +\infty}\dfrac{x-\sin x}{x+\sin x}$，若不能，改用其他方法求出.

解　这是 $\dfrac{\infty}{\infty}$ 型极限，若用洛必达法则，有 $\lim\limits_{x\to +\infty}\dfrac{x-\sin x}{x+\sin x}=\lim\limits_{x\to +\infty}\dfrac{1-\cos x}{1+\cos x}$，取 $x_{k}=2k\pi$，

$k\in\mathbf{Z}$，则 $\dfrac{1-\cos x_{k}}{1+\cos x_{k}}=0$，取 $y_{k}=2k\pi+\dfrac{\pi}{2},k\in\mathbf{Z}$，则 $\dfrac{1-\cos y_{k}}{1+\cos y_{k}}=1$，因此 $\lim\limits_{x\to +\infty}\dfrac{1-\cos x}{1+\cos x}$ 不存

在，所以不能用洛必达法则. 可以如下求极限：

$$\lim\limits_{x\to +\infty}\dfrac{x-\sin x}{x+\sin x}=\lim\limits_{x\to +\infty}\dfrac{1-\dfrac{\sin x}{x}}{1+\dfrac{\sin x}{x}}，当 x\to +\infty 时，\dfrac{1}{x}\to 0^{+}，|\sin x|\leqslant 1 有界，\lim\limits_{x\to +\infty}\dfrac{\sin x}{x}=0，$$

所以 $\lim\limits_{x\to +\infty}\dfrac{x-\sin x}{x+\sin x}=1.$

6. 求下列未定式的极限:(2) $\lim\limits_{x\to\infty}\left[x\cdot(e^{\frac{1}{x}}-1)\right]$; (4) $\lim\limits_{x\to1^{+}}\left[\ln x\cdot\ln(x-1)\right]$.

解 (2) 令 $t=\dfrac{1}{x}$,$\lim\limits_{x\to\infty}\left[x\cdot(e^{\frac{1}{x}}-1)\right]=\lim\limits_{t\to0}\dfrac{e^{t}-1}{t}=\lim\limits_{t\to0}\dfrac{e^{t}}{1}=1.$

(4) 令 $t=x-1$,$\lim\limits_{x\to1^{+}}\left[\ln x\cdot\ln(x-1)\right]=\lim\limits_{t\to0^{+}}\ln(1+t)\cdot\ln t=\lim\limits_{t\to0^{+}}t\cdot\ln t=\lim\limits_{t\to0^{+}}\dfrac{\ln t}{\dfrac{1}{t}}=$

$\lim\limits_{t\to0^{+}}\dfrac{\dfrac{1}{t}}{-\dfrac{1}{t^{2}}}=-\lim\limits_{t\to0^{+}}t=0.$

7. 求下列未定式的极限:(1) $\lim\limits_{x\to1}\left(\dfrac{2}{x^{2}-1}-\dfrac{1}{x-1}\right)$; (3) $\lim\limits_{x\to\infty}\left(x^{2}-\cot^{2}\dfrac{1}{x}\right)$.

解 (1) $\lim\limits_{x\to1}\left(\dfrac{2}{x^{2}-1}-\dfrac{1}{x-1}\right)=\lim\limits_{x\to1}\dfrac{2-(x+1)}{x^{2}-1}=\lim\limits_{x\to1}\dfrac{1-x}{x^{2}-1}=\lim\limits_{x\to1}\dfrac{-1}{x+1}=-\dfrac{1}{2}.$

(3) 令 $t=\dfrac{1}{x}$,则

$$\lim\limits_{x\to\infty}\left(x^{2}-\cot^{2}\dfrac{1}{x}\right)=\lim\limits_{t\to0}\left(\dfrac{1}{t^{2}}-\cot^{2}t\right)=\lim\limits_{t\to0}\dfrac{\sin^{2}t-t^{2}\cos^{2}t}{t^{2}\sin^{2}t}=\lim\limits_{t\to0}\dfrac{\sin^{2}t-t^{2}\cos^{2}t}{t^{4}}$$

$$=\lim\limits_{t\to0}\dfrac{2\sin t\cdot\cos t-2t\cdot\cos^{2}t-t^{2}\cdot2\cos t\cdot(-\sin t)}{4t^{3}}$$

$$=\lim\limits_{t\to0}\dfrac{(t^{2}+1)\sin 2t-2t\cos^{2}t}{4t^{3}}$$

$$=\lim\limits_{t\to0}\dfrac{2t\cdot\sin 2t+(t^{2}+1)\cdot\cos 2t\cdot2-2\cos^{2}t-2t\cdot2\cos t\cdot(-\sin t)}{12t^{2}}$$

$$=\lim\limits_{t\to0}\dfrac{2t\sin 2t+(t^{2}+1)\cos 2t-\cos^{2}t}{6t^{2}}$$

$$=\lim\limits_{t\to0}\dfrac{3\sin 2t+6t\cdot\cos 2t-2(t^{2}+1)\sin 2t}{12t}$$

$$=\lim\limits_{t\to0}\dfrac{12\cos 2t-16t\sin 2t-4(t^{2}+1)\cos 2t}{12}=\dfrac{2}{3}$$

8. 求下列未定式的极限:(2) $\lim\limits_{x\to\infty}\left(\dfrac{2x}{2x-1}\right)^{x}$; (4) $\lim\limits_{x\to0^{+}}(\cot x)^{\sin x}$.

解 (2) 设 $y=\left(\dfrac{2x}{2x-1}\right)^{x}$,则

$$\ln y=x\ln\left(\dfrac{2x}{2x-1}\right)$$

$$\lim\limits_{x\to\infty}\ln y=\lim\limits_{x\to\infty}\left[x\ln\left(\dfrac{2x}{2x-1}\right)\right]=\lim\limits_{x\to\infty}\dfrac{\ln(2x)-\ln(2x-1)}{\dfrac{1}{x}}=\lim\limits_{x\to\infty}\dfrac{\dfrac{2}{2x}-\dfrac{2}{2x-1}}{-\dfrac{1}{x^{2}}}=\lim\limits_{x\to\infty}\dfrac{x}{2x-1}=\dfrac{1}{2}$$

所以 $\lim\limits_{x\to\infty}\left(\dfrac{2x}{2x-1}\right)^x=\sqrt{\mathrm{e}}$.

（4）设 $y=(\cot x)^{\sin x}$，则

$$\ln y=\sin x\cdot\ln(\cot x)$$

$$\lim_{x\to0^+}\ln y=\lim_{x\to0^+}\big[\sin x\cdot\ln(\cot x)\big]$$

$$=\lim_{x\to0^+}\{x\cdot[\ln(\cos x)-\ln(\sin x)]\}$$

$$=\lim_{x\to0^+}\frac{\ln(\cos x)-\ln(\sin x)}{\dfrac{1}{x}}=\lim_{x\to0^+}\frac{\dfrac{-\sin x}{\cos x}-\dfrac{\cos x}{\sin x}}{-\dfrac{1}{x^2}}$$

$$=\lim_{x\to0^+}\frac{x^2}{\sin x\cos x}=\lim_{x\to0^+}\frac{x}{\sin x}\cdot\frac{x}{\cos x}=0$$

所以 $\lim\limits_{x\to0^+}(\cot x)^{\sin x}=\mathrm{e}^0=1$.

习题 4.3

1. 设函数 $f(x)=\sqrt[3]{1+x}$，求 $f(x)$ 在区间 $(-1,1)$ 内的一阶麦克劳林公式，并证明不等式：$(1+x)^{\frac{1}{3}}\leqslant1+\dfrac{1}{3}x,|x|<1$.

解 $f(x)=\sqrt[3]{1+x}$，$f'(x)=\dfrac{1}{3}(1+x)^{-\frac{2}{3}}$，$f''(x)=-\dfrac{2}{9}(1+x)^{-\frac{5}{3}}$，$f(0)=1$，$f'(0)=\dfrac{1}{3}$，

$f''(0)=-\dfrac{2}{9}$，函数 $f(x)$ 的一阶麦克劳林公式为：$f(x)=\sqrt[3]{1+x}=1+\dfrac{1}{3}x-\dfrac{\dfrac{2}{9}(1+\xi)^{-\frac{5}{3}}}{2!}x^2$，

ξ 在 0 与 x 之间，$x\in(-1,1)$，因为余项 $-\dfrac{1}{9}(1+\xi)^{-\frac{5}{3}}x^2\leqslant0$，故 $(1+x)^{\frac{1}{3}}\leqslant1+\dfrac{1}{3}x,|x|<1$.

3. 求出函数 $f(x)=\mathrm{e}^{\sin x}$ 的具有皮亚诺余项二阶的麦克劳林公式.

解 因为 $f(x)=\mathrm{e}^{\sin x}$，$f'(x)=\mathrm{e}^{\sin x}\cdot\cos x$，$f''(x)=\mathrm{e}^{\sin x}\cdot(\cos^2x-\sin x)$，所以 $f(0)=1$，$f'(0)=1$，$f''(0)=1$，函数 $f(x)$ 的具有皮亚诺余项二阶的麦克劳林公式为 $f(x)=\mathrm{e}^{\sin x}=1+x+\dfrac{x^2}{2!}+o(x^2)$.

5. 由 2(1) 题的结果：

（1）写出函数 $f(x)=\cos x$ 的 $2m+1$ 阶麦克劳林公式；

（2）写出 $f(x)=\cos x$ 的二次与四次近似多项式；

（3）用 $f(x)=\cos x$ 的二次近似多项式，计算 $\cos9°$ 的近似值，并估计其误差.

解 （1）$\cos x=1-\dfrac{x^2}{2!}+\dfrac{x^4}{4!}-\cdots+(-1)^m\dfrac{x^{2m}}{(2m)!}+\dfrac{\cos\big[\xi+(m+1)\pi\big]}{(2m+2)!}x^{2m+2}$，

$x\in(-\infty,+\infty)$，ξ 在 0 与 x 之间.

(2) $f(x)=\cos x$ 的二次近似多项式

$$\cos x\approx 1-\frac{x^2}{2!}$$

四次近似多项式

$$\cos x\approx 1-\frac{x^2}{2!}+\frac{x^4}{4!}$$

(3) $\cos 9°\approx 1-\frac{1}{2!}\left(\frac{\pi}{20}\right)^2\approx 0.987\,7$，误差为 $|R_3|\leqslant\frac{1}{4!}\left(\frac{\pi}{20}\right)^4<\frac{1}{5^4\cdot 4!}$.

习题 4.4

2. 求下列各函数的单调区间：

(1) $y=2x^3-6x^2-18x-7$；　　　　　(3) $y=x^2\mathrm{e}^{-x}$ $(x\geqslant 0)$.

解　(1) $y'=6x^2-12x-18=6(x+1)(x-3)=0\Rightarrow$ 驻点：$x=-1$，$x=3$，当 $x\in(-\infty,-1]$ 时，$y'\geqslant 0$，函数单调增加，当 $x\in[-1,3]$ 时，$y'\leqslant 0$，函数单调减少，当 $x\in[3,+\infty)$ 时，$y'\geqslant 0$，函数单调增加.

(3) $y'=2x\mathrm{e}^{-x}+x^2\mathrm{e}^{-x}\cdot(-1)=x(2-x)\mathrm{e}^{-x}$，当 $x\in[0,2]$ 时，$y'\geqslant 0$，函数单调增加，当 $x\in[2,+\infty)$ 时，$y'\leqslant 0$，函数单调减少.

3. 用函数单调性判定法证明不等式：

(1) $1+\dfrac{x}{2}\geqslant\sqrt{1+x}$　$(x\geqslant 0)$；　　　　(3) $1+x\ln(x+\sqrt{1+x^2})>\sqrt{1+x^2}$　$(x>0)$.

证明　(1) 设 $f(x)=1+\dfrac{x}{2}-\sqrt{1+x}$，且 $x\geqslant 0$，则 $f'(x)=\dfrac{1}{2\sqrt{1+x}}(\sqrt{1+x}-1)$，当 $x\geqslant 0$ 时，$\sqrt{1+x}\geqslant 1$，$f'(x)\geqslant 0$，函数 $f(x)$ 单调增加，所以 $f(x)\geqslant f(0)=0$，故 $1+\dfrac{x}{2}-\sqrt{1+x}\geqslant 0$，即 $1+\dfrac{x}{2}\geqslant\sqrt{1+x}$，且 $x\geqslant 0$.

(3) 设 $f(x)=1+x\ln(x+\sqrt{1+x^2})-\sqrt{1+x^2}$，且 $x>0$，则 $f'(x)=\ln(x+\sqrt{1+x^2})$，当 $x\geqslant 0$ 时，$f'(x)>0$，函数 $f(x)$ 单调增加，所以 $f(x)>f(0)=0$，故 $1+x\ln(x+\sqrt{1+x^2})-\sqrt{1+x^2}>0$，即 $1+x\ln(x+\sqrt{1+x^2})>\sqrt{1+x^2}$，且 $x>0$.

4. 用零点定理结合单调性证明下列方程在区间 $(-\infty,+\infty)$ 内，只有一个实根：

(1) $\mathrm{e}^x=-3x$.

证明　(1) 设 $f(x)=\mathrm{e}^x+3x$，则 $f(-1)=\mathrm{e}^{-1}-3<0$，$f(1)=\mathrm{e}+3>0$，由零点定理，存在 $\xi\in(-1,1)\subset(-\infty,+\infty)$，使得 $f(\xi)=0$，又 $f'(x)=\mathrm{e}^x+3>0$，$x\in(-\infty,+\infty)$，所以 $f(x)$ 在 $(-\infty,+\infty)$ 内单调增加，所以方程 $\mathrm{e}^x+3x=0$ 的根不可能有两个.

5. 求下列函数的极值：

(2) $y=2x^3-6x^2-18x+7$；　　　　(4) $y=2-(x-1)^{\frac{2}{3}}$.

解 (2) $y'=6x^2-12x-18=6(x+1)(x-3)=0\Rightarrow x=-1,x=3$,当 $x\leqslant-1$ 时，$y'\geqslant0$,函数单调增加，当 $-1\leqslant x\leqslant3$ 时，$y'\leqslant0$,函数单调减少，当 $x\geqslant3$ 时，函数单调增加，所以 $x=-1$ 为函数的极大值点，$x=3$ 为函数的极小值点，$f(-1)=17$ 为极大值. $f(3)=-47$ 为极小值.

(4) $y'=-\dfrac{2}{3\sqrt[3]{x-1}}$,当 $x=1$ 时，y' 不存在，当 $x<1$ 时，$y'>0$,函数单调增加，当 $x>1$ 时，$y'<0$,函数单调减少，所以 $x=1$ 为函数的极大值点，$f(1)=2$ 为极大值.

6. 求 a 的值，使函数 $f(x)=a\sin x+\dfrac{1}{3}\sin 3x$ 在 $x=\dfrac{\pi}{3}$ 处取得极值，并求出该极值，指出是极大还是极小.

解 $f(x)=a\sin x+\dfrac{1}{3}\sin 3x,f'(x)=a\cos x+\cos 3x$,且 $-\infty<x<+\infty$,函数 $f(x)$ 在 $x=\dfrac{\pi}{3}$ 处取得极值，则 $x=\dfrac{\pi}{3}$ 必为 $f(x)$ 的驻点，所以 $f'\left(\dfrac{\pi}{3}\right)=0$,即 $a\cos\dfrac{\pi}{3}+\cos\pi=0\Rightarrow a=2$,所以 $f(x)=2\sin x+\dfrac{1}{3}\sin 3x,f'(x)=2\cos x+\cos 3x,f''(x)=-2\sin x-3\sin 3x$,因为 $f''\left(\dfrac{\pi}{3}\right)=-\sqrt{3}<0$,所以 $x=\dfrac{\pi}{3}$ 为函数 $f(x)$ 的极大值点，$f\left(\dfrac{\pi}{3}\right)=\sqrt{3}$ 为极大值.

7. 求下列函数的最大、最小值：(2) $y=x^4-8x^2+2(-1\leqslant x\leqslant3)$.

解 (2) 由 $y'=4x^3-16x=4x(x^2-4)=0$,得到驻点为 $x=-2,x=0,x=2$,没有不可导点，其中 $x=-2$ 不在区间 $[-1,3]$ 上，不必考虑. 比较其他驻点和区间 $[-1,3]$ 的端点处的函数值的大小：$f(-1)=-5,f(0)=2,f(2)=-14,f(3)=11$. 得到函数 $y=x^4-8x^2+2$ 在区间 $[-1,3]$ 上的最大值为 $f(3)=11$,最小值为 $f(2)=-14$.

9. 证明当 $x<0$ 时，$x^2-\dfrac{54}{x}\geqslant27$.

证明 设 $f(x)=x^2-\dfrac{54}{x}$,且 $x<0$. 由 $f'(x)=2x+\dfrac{54}{x^2}=\dfrac{2}{x^2}(x^3+27)=0$,得驻点 $x=-3$,当 $x\leqslant-3$ 时，$f'(x)\leqslant0$,函数单调减少，当 $-3\leqslant x<0$ 时，$f'(x)\geqslant0$,函数单调增加，所以 $x=-3$ 为函数 $f(x)$ 的极小值点，又 $\lim\limits_{x\to0^-}f(x)=+\infty$,所以 $x=-3$ 为函数在 $(-\infty,0)$ 上的最小值点，故当 $x<0$ 时，$f(x)\geqslant f(-3)=(-3)^2-\dfrac{54}{-3}=27$,即 $x^2-\dfrac{54}{x}\geqslant27$.

10. 设有正方形纸板每边长为 $2a$,在四角各剪去一个相等的小正方形，做成一个无盖纸盒，问剪去的小正方形边长等于多少时，纸盒的容积最大？

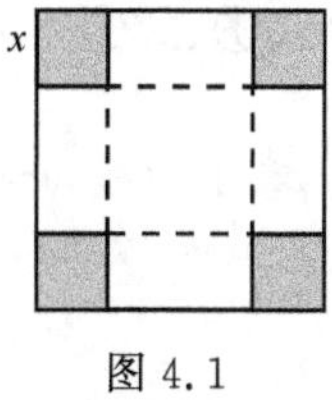

解 设剪去的小正方形的边长为 x(图 4.1)，则纸盒的容积为：

$$V(x)=(2a-2x)^2x=4x^3-8ax^2+4a^2x$$

图 4.1

由 $V'(x)=12x^2-16ax+4a^2=0$，得驻点 $x=\dfrac{a}{3}$ 或 $x=a$（不合题意，舍去），因为 $V''(x)=24x-16a$，$V''\left(\dfrac{a}{3}\right)=-8a<0$，所以 $V\left(\dfrac{a}{3}\right)=\dfrac{16}{27}a^3$ 为函数 $V(x)$ 的最大值，剪去的小正方形边长为 $\dfrac{a}{3}$ 时，纸盒的容积最大.

12. 设在一个半径为 R 的球内，作一个内接于球的圆柱体，问当圆柱体积最大时，该圆柱体的高为多少？

解 设圆柱的底面半径为 r，高为 h，如图 4.2 所示，则 $r^2=R^2-\dfrac{h^2}{4}$，圆柱的体积为 $V=\pi r^2h=\pi\left(R^2-\dfrac{h^2}{4}\right)h=-\dfrac{\pi}{4}h^3+\pi R^2h$，由 $\dfrac{\mathrm{d}V}{\mathrm{d}h}=-\dfrac{3\pi}{4}h^2+\pi R^2=0$，得 $h=\dfrac{2\sqrt{3}}{3}R$，所以当 $h=\dfrac{2\sqrt{3}}{3}R$ 时，圆柱体积最大.

图 4.2

习题 4.5

3. 求下列函数曲线的凹凸区间及拐点：

(1) $y=x^3-5x^2+3x+5$；　　　　(3) $y=\ln(x^2+1)$.

解 (1) $y'=3x^2-10x+3$，由 $y''=6x-10=0$，得 $x=\dfrac{5}{3}$，当 $x\leqslant\dfrac{5}{3}$ 时，$f''(x)\leqslant0$，曲线为凸的，当 $x\geqslant\dfrac{5}{3}$ 时，$f''(x)\geqslant0$，曲线为凹的，所以曲线的拐点为 $\left(\dfrac{5}{3},\dfrac{20}{27}\right)$.

(3) $y'=\dfrac{2x}{x^2+1}$，由 $y''=\dfrac{2(1-x^2)}{(x^2+1)^2}=0$，得 $x=\pm1$，当 $x\leqslant-1$ 时，$f''(x)\leqslant0$，曲线为凸的，当 $-1\leqslant x\leqslant1$ 时，$f''(x)\geqslant0$，曲线为凹的，当 $x\geqslant1$ 时，$f''(x)\leqslant0$，曲线为凸的，$x=\pm1$ 时，$y=\ln2$，所以曲线的拐点为 $(-1,\ln 2)$ 和 $(1,\ln 2)$.

4. 问 a 及 b 为何值时，点 $(1,3)$ 为曲线 $y=ax^3+bx^2$ 的拐点？

解 曲线 $y=ax^3+bx^2$，点 $(1,3)$ 在曲线上，则
$$a+b=3 \qquad\qquad\qquad ①$$
$y'=3ax^2+2bx$，$y''=6ax+2b$，点 $(1,3)$ 为曲线的拐点，则有
$$6a+2b=0 \qquad\qquad\qquad ②$$
由式①、式②得 $a=-\dfrac{3}{2}$，$b=\dfrac{9}{2}$.

5. 求出曲线 $y=\dfrac{2x^2+1}{x(x+1)}$ 的水平或铅直渐近线.

解 因为 $\lim\limits_{x\to\infty}\dfrac{2x^2+1}{x(x+1)}=\lim\limits_{x\to\infty}\dfrac{2+\dfrac{1}{x^2}}{1+\dfrac{1}{x}}=2$，所以曲线有水平渐近线 $y=2$，又 $\lim\limits_{x\to0}\dfrac{2x^2+1}{x(x+1)}=\infty$

及 $\lim\limits_{x\to-1}\dfrac{2x^2+1}{x(x+1)}=\infty$，所以曲线有铅直渐近线 $x=0$ 和 $x=-1$．

6. 设 $y=\dfrac{x}{1+x^2}$，考察该函数的奇、偶性，渐近线，并求出一、二阶导数，列表写出相关区间上的单调性、凹凸性、拐点、极值点，最后画出曲线图形．

解 $y=f(x)=\dfrac{x}{1+x^2}$，则 $f(-x)=-\dfrac{x}{1+x^2}=-f(x)$，函数为奇函数，只考虑区间

$[0,+\infty)$ 上的情形．因为 $\lim\limits_{x\to\infty}\dfrac{x}{1+x^2}=\lim\limits_{x\to\infty}\dfrac{\dfrac{1}{x}}{\dfrac{1}{x^2}+1}=0$，所以曲线有水平渐近线 $y=0$，由

$f'(x)=\dfrac{1-x^2}{(1+x^2)^2}=0$，得 $x=\pm1$，由 $f''(x)=\dfrac{2x(x^2-3)}{(1+x^2)^3}=0$，得 $x=0$ 和 $x=\pm\sqrt{3}$．

列表：

x	0	$(0,1)$	1	$(1,\sqrt{3})$	$\sqrt{3}$	$(\sqrt{3},+\infty)$
y'	+	+	0	−	−	−
y''	0	−	−	−	0	+
y	拐点	↗	极大	↘	拐点	↘

作图（图 4.3）：

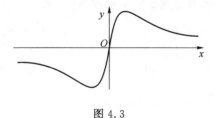

图 4.3

习题 4.6

1. 在极坐标下的曲线方程为 $r=r(\theta)$，设 $r(\theta)$ 有一阶连续导数，并有直角坐标与极坐标的关系式为 $x=r(\theta)\cos\theta,y=r(\theta)\sin\theta$．

（1）求出微分 $\mathrm{d}x$ 与 $\mathrm{d}y$；

（2）由弧微分公式 $(\mathrm{d}s)^2=(\mathrm{d}x)^2+(\mathrm{d}y)^2$，求证：$(\mathrm{d}s)^2=\{r^2(\theta)+[r'(\theta)]^2\}(\mathrm{d}\theta)^2$．

解 (1) 由 $x=r(\theta)\cos\theta$,求微分,得:$\mathrm{d}x=\cos\theta\mathrm{d}r-r\sin\theta\mathrm{d}\theta$,同理,由 $y=r(\theta)\sin\theta$,求微分,得 $\mathrm{d}y=\sin\theta\mathrm{d}r+r\cos\theta\mathrm{d}\theta$.

(2) 由 $(\mathrm{d}s)^2=(\mathrm{d}x)^2+(\mathrm{d}y)^2$,将(1)中得到的 $\mathrm{d}x$ 与 $\mathrm{d}y$ 代入,得:

$$(\mathrm{d}s)^2=(\cos\theta\mathrm{d}r-r\sin\theta\mathrm{d}\theta)^2+(\sin\theta\mathrm{d}r+r\cos\theta\mathrm{d}\theta)^2$$
$$=\cos^2\theta(\mathrm{d}r)^2-2r\sin\theta\cos\theta\mathrm{d}r\mathrm{d}\theta+r^2\sin^2\theta(\mathrm{d}\theta)^2+$$
$$\sin^2\theta(\mathrm{d}r)^2+2r\sin\theta\cos\theta\mathrm{d}r\mathrm{d}\theta+r^2\cos^2\theta(\mathrm{d}\theta)^2$$
$$=(\mathrm{d}r)^2+r^2(\mathrm{d}\theta)^2=(r'\mathrm{d}\theta)^2+r^2(\mathrm{d}\theta)^2=\{r^2(\theta)+[r'(\theta)]^2\}(\mathrm{d}\theta)^2$$

2. (1) 求双曲线 $y=\dfrac{4}{x}$ 在点(2,2)的曲率和曲率半径;

(2) 计算抛物线 $y=4x-x^2$ 在顶点处的曲率.

解 (1) $y=\dfrac{4}{x}$,$y'=-\dfrac{4}{x^2}$,$y''=\dfrac{8}{x^3}$,在点(2,2)处,$y'=-1$,$y''=1$,曲率为

$$k=\frac{|y''|}{[1+(y')^2]^{\frac{3}{2}}}=\frac{1}{2\sqrt{2}}=\frac{\sqrt{2}}{4}$$

曲率半径为:$\rho=\dfrac{1}{k}=2\sqrt{2}$.

(2) $y=4x-x^2$,$y'=4-2x$,$y''=-2$,由 $y'=4-2x=0\Rightarrow x=2$,当 $x\leqslant 2$ 时,$y'\geqslant 0$,函数单调增加,当 $x\geqslant 2$ 时,$y'\leqslant 0$,函数单调减少,所以 $x=2$ 为函数的极大值点,即点(2,4)为抛物线的顶点. 曲率为

$$k=\frac{|y''|}{[1+(y')^2]^{\frac{3}{2}}}=\frac{2}{1}=2$$

综合练习题

一、单项选择题

1. 下列函数在给定的区间上满足罗尔定理的是(A).

(A) $f(x)=\dfrac{2}{2x^2+1},x\in[-1,1]$　　　　(B) $f(x)=x\mathrm{e}^{-x},x\in[0,1]$

(C) $f(x)=\begin{cases}x+2, & x<5\\1, & x\geqslant 5\end{cases},x\in[0,5]$　　(D) $f(x)=|x|,x\in[0,1]$

解 考察罗尔定理的三个条件是否满足:

① 对于函数 $f(x)=\dfrac{2}{2x^2+1}$,在$[-1,1]$上连续,在$(-1,1)$内可导,且 $f(-1)=f(1)=\dfrac{2}{3}$,满足罗尔定理的三个条件.

② 对于函数 $f(x)=x\mathrm{e}^{-x}$,在$[0,1]$上连续,在$(0,1)$内可导,但 $f(0)=0$,$f(1)=\mathrm{e}^{-1}$,不满足罗尔定理的第三个条件.

③ 对于 $f(x)=\begin{cases}x+2, & x<5\\1, & x\geqslant 5\end{cases}$,因为 $\lim\limits_{x\to 5^-}f(x)=7$,$\lim\limits_{x\to 5^+}f(x)=1$,所以函数在 $x=5$ 处

不连续,不满足罗尔定理的第一个条件.

④ 对于 $f(x)=|x|,x\in[0,1],f(0)=0,f(1)=1$,不满足罗尔定理的第三个条件.

2. 设 $f(x)$ 在上 $[-1,1]$ 连续,在 $(-1,1)$ 内可导,且 $|f'(x)|\leqslant M,f(0)=0$,由拉格朗日中值定理,对任意 $x\in[-1,1]$,必有(C).

(A) $|f(x)|=M$ (B) $|f(x)|<M$

(C) $|f(x)|\leqslant M$ (D) $|f(x)|\geqslant M$

解 因为 $f(x)$ 在 $[-1,1]$ 上连续,在 $(-1,1)$ 内可导,$\forall x\in[-1,1]$,在 $[0,x]$〔或 $[x,0]$〕上,由拉格朗日中值定理,存在 $\xi\in(0,x)$〔或 $\xi\in(x,0)$〕,使得 $\dfrac{f(x)-f(0)}{x-0}=f'(\xi)$,即 $\dfrac{f(x)}{x}=f'(\xi)$,所以 $\dfrac{|f(x)|}{|x|}=|f'(\xi)|$,又 $\forall x\in[-1,1]$,$|x|\leqslant1$,所以 $|f(x)|\leqslant\dfrac{|f(x)|}{|x|}$,由已知,$|f'(x)|\leqslant M$,$|f(x)|\leqslant\dfrac{|f(x)|}{|x|}=|f'(\xi)|\leqslant M$.

3. 函数 $f(x)=2x+1$ 与 $g(x)=x^3+2x-3$ 在区间 $[1,4]$ 上满足柯西中值定理,则定理中的 $\xi=$(C).

(A) $\dfrac{3}{2}$ (B) $\sqrt{5}$ (C) $\sqrt{7}$ (D) $\pm\sqrt{7}$

解 函数 $f(x)=2x+1$ 与 $g(x)=x^3+2x-3$ 在区间 $[1,4]$ 上连续,在 $(1,4)$ 内可导,$g'(x)=3x^2+2\neq0,x\in(1,4)$,满足柯西中值定理的条件,$f(1)=3,f(4)=9,g(1)=0$,$g(4)=69,f'(x)=2$,由柯西中值定理,有 $\dfrac{f(4)-f(1)}{g(4)-g(1)}=\dfrac{f'(\xi)}{g'(\xi)}$,即 $\dfrac{9-3}{69-0}=\dfrac{2}{3\xi^2+2}$,$\xi=\sqrt{7}$.

4. 设 $x\to0$ 时,$e^{\tan x}-e^x$ 与 x^n 是同阶无穷小,则 n 为(D).

(A) 1   (B) 2   (C) 4   (D) 3

解 当 $x\to0$ 时,$e^{\tan x}-e^x$ 与 x^n 是同阶无穷小,则

$$C=\lim_{x\to0}\frac{e^{\tan x}-e^x}{x^n}=\lim_{x\to0}\frac{e^x(e^{\tan x-x}-1)}{x^n}=\lim_{x\to0}\frac{\tan x-x}{x^n}$$

$$=\lim_{x\to0}\frac{\sec^2 x-1}{nx^{n-1}}=\frac{1}{n}\lim_{x\to0}\frac{\tan^2 x}{x^{n-1}}=\frac{1}{n}\lim_{x\to0}\frac{x^2}{x^{n-1}}\Rightarrow n-1=2\Rightarrow n=3$$

5. 若 $f(x)=-f(-x)$,且在 $(0,+\infty)$ 内,$f'(x)>0,f''(x)>0$,则在 $(-\infty,0)$ 内有(B)成立.

(A) $f'(x)<0,f''(x)<0$ (B) $f'(x)>0,f''(x)<0$

(C) $f'(x)<0,f''(x)>0$ (D) $f'(x)>0,f''(x)>0$

解 $\forall x\in(-\infty,0)$,则 $-x\in(0,+\infty)$,由已知 $f'(-x)>0,f''(-x)>0$,所以 $f'(x)=[-f(-x)]'=-f'(-x)\cdot(-1)=f'(-x)>0$,$f''(x)=[f'(-x)]'=f''(-x)\cdot(-1)=-f''(-x)<0$.

二、填空题

1. 设 $f(x)=(x^2-1)(x^2-16)$,则 $f'(x)=0$ 的实根个数为 _____3_____.

解 $f(x)=(x^2-1)(x^2-16)=(x+1)(x-1)(x+4)(x-4)$，方程 $f(x)=0$ 有且仅有 4 个根：$x_1=-4,x_2=-1,x_3=1,x_4=4$. 在区间 $[-4,-1]$，$[-1,1]$，$[1,4]$ 上分别使用罗尔定理，得 $\xi_1\in(-4,-1)$，$\xi_2\in(-1,1)$，$\xi_3\in(1,4)$，使得 $f'(\xi_1)=f'(\xi_2)=f'(\xi_3)=0$.

2. 极限 $\lim\limits_{x\to 0^+}\left(\dfrac{\ln\sin 3x}{\ln\sin x}+\dfrac{x^2\sin\frac{1}{x}}{\sin x}\right)=\underline{\quad 1\quad}$.

解 $\lim\limits_{x\to 0^+}\dfrac{\ln\sin 3x}{\ln\sin x}=\lim\limits_{x\to 0^+}\dfrac{\frac{\cos 3x}{\sin 3x}\cdot 3}{\frac{\cos x}{\sin x}}=\lim\limits_{x\to 0^+}3\,\dfrac{\cos 3x}{\cos x}\cdot\dfrac{\sin x}{\sin 3x}=1$，极限存在. $\lim\limits_{x\to 0^+}\dfrac{x^2\sin\frac{1}{x}}{\sin x}=$

$\lim\limits_{x\to 0^+}\dfrac{x}{\sin x}\cdot x\cdot\sin\dfrac{1}{x}=1\cdot 0=0$，极限存在. $\lim\limits_{x\to 0^+}\left(\dfrac{\ln\sin 3x}{\ln\sin x}+\dfrac{x^2\sin\frac{1}{x}}{\sin x}\right)=1+0=1$.

3. 设当 $x\to 0$ 时，$f(x)=e^x-(ax^2+bx+1)$ 是比 x^2 高阶的无穷小，则 a 与 b 分别等于 $\underline{\quad a=\dfrac{1}{2},b=1\quad}$.

解
$$0=\lim\limits_{x\to 0}\dfrac{e^x-(ax^2+bx+1)}{x^2}=\lim\limits_{x\to 0}\dfrac{1+x+\dfrac{x^2}{2}+o(x^2)-ax^2-bx-1}{x^2}$$
$$=\lim\limits_{x\to 0}\dfrac{(1-b)x+\left(\dfrac{1}{2}-a\right)x^2+o(x^2)}{x^2}\Rightarrow\begin{cases}1-b=0\\\dfrac{1}{2}-a=0\end{cases}\Rightarrow\begin{cases}a=\dfrac{1}{2}\\b=1\end{cases}$$

4. 设函数 $f(x)$ 满足：任意 $x\in[0,1]$，有 $f''(x)>0$，则 $f'(0)$、$f'(1)$ 和 $f(1)-f(0)$ 的大小关系为 $\underline{\quad f'(0)<f(1)-f(0)<f'(1)\quad}$.

解 因为 $f''(x)>0$，$x\in[0,1]$，所以 $f(x)$ 满足拉格朗日中值定理，$\exists\delta\in(0,1)$，使 $f'(\delta)=\dfrac{f(1)-f(0)}{1-0}=f(1)-f(0)$，而 $f''(x)\geqslant 0$，$f'(x)$ 单调增加，所以 $f'(0)<f'(\delta)<f'(1)$，即 $f'(0)<f(1)-f(0)<f'(1)$.

5. 点 $(1,2)$ 是曲线 $y=(x-a)^3+b$ 的拐点，则 a 与 b 分别等于 $\underline{\quad a=1,b=2\quad}$.

解 $y'=3(x-a)^2$，$y''=6(x-a)$，因为点 $(1,2)$ 为拐点，在 $x=1$ 两侧 $y''(x)$ 异号，所以 $a=1$，$y=(x-1)^3+b$，又点 $(1,2)$ 在曲线上，故 $b=2$.

三、计算题与证明题

1. 计算下列极限：

(1) $\lim\limits_{x\to 1}x^{\frac{1}{1-x}}$；

(2) $\lim\limits_{x\to\frac{\pi}{2}}\dfrac{\sec x-\tan x}{\sin 3x}$；

(3) $\lim\limits_{x\to +\infty}\dfrac{\ln\left(1+\dfrac{1}{x}\right)}{\dfrac{\pi}{2}-\arctan x}$；

(4) $\lim\limits_{x\to 0}\left[\dfrac{1}{\ln(1+x)}-\dfrac{1}{x}\right]$.

解 (1) $\lim\limits_{x\to 1}x^{\frac{1}{1-x}}=\mathrm{e}^{\lim\limits_{x\to 1}\left(\frac{1}{1-x}\ln x\right)}=\mathrm{e}^{\lim\limits_{x\to 1}\frac{\ln x}{1-x}}=\mathrm{e}^{\lim\limits_{x\to 1}\frac{\frac{1}{x}}{(-1)}}=\mathrm{e}^{-1}.$

(2) $\lim\limits_{x\to\frac{\pi}{2}}\dfrac{\sec x-\tan x}{\sin 3x}=\lim\limits_{x\to\frac{\pi}{2}}\dfrac{1-\sin x}{\cos x\cdot\sin 3x}=\lim\limits_{x\to\frac{\pi}{2}}\dfrac{\sin x-1}{\cos x}=\lim\limits_{x\to\frac{\pi}{2}}\dfrac{\cos x}{-\sin x}=0.$

(3) $\lim\limits_{x\to+\infty}\dfrac{\ln\left(1+\dfrac{1}{x}\right)}{\dfrac{\pi}{2}-\arctan x}=\lim\limits_{x\to+\infty}\dfrac{\dfrac{1}{1+\dfrac{1}{x}}\cdot\left(-\dfrac{1}{x^2}\right)}{-\dfrac{1}{1+x^2}}=\lim\limits_{x\to+\infty}\dfrac{1+x^2}{x^2+x}=1.$

(4) $\lim\limits_{x\to 0}\left[\dfrac{1}{\ln(1+x)}-\dfrac{1}{x}\right]=\lim\limits_{x\to 0}\dfrac{x-\ln(1+x)}{x\ln(1+x)}=\lim\limits_{x\to 0}\dfrac{x-\ln(1+x)}{x^2}=\lim\limits_{x\to 0}\dfrac{1-\dfrac{1}{1+x}}{2x}=$

$\lim\limits_{x\to 0}\dfrac{1}{2(1+x)}=\dfrac{1}{2}.$

2. 设当 $x\to 0$ 时，ax^n 与 $[\ln(1-x^3)]+x^3$ 为等价无穷小，求 a 与 n 的值.

解 $1=\lim\limits_{x\to 0}\dfrac{\ln(1-x^3)+x^3}{ax^n}=\lim\limits_{x\to 0}\dfrac{\dfrac{-3x^2}{1-x^3}+3x^2}{a\cdot nx^{n-1}}=\lim\limits_{x\to 0}\dfrac{3}{na}\cdot\dfrac{x^5}{(x^3-1)x^{n-1}}\Rightarrow n-1=5\Rightarrow n=$

$6,-na=3\Rightarrow a=-\dfrac{3}{n}=-\dfrac{1}{2}.$

3. 求函数 $y=x^{\frac{1}{x}}$ 的增减区间与极值.

解 函数定义域为 $x\in(0,+\infty)$，由 $y'=(x^{\frac{1}{x}})'=(\mathrm{e}^{\frac{1}{x}\ln x})'=\mathrm{e}^{\frac{\ln x}{x}}\cdot\dfrac{\dfrac{1}{x}\cdot x-\ln x}{x^2}=$

$x^{\frac{1}{x}}\dfrac{1-\ln x}{x^2}=0\Rightarrow x=\mathrm{e}$，当 $x\in(0,\mathrm{e}]$ 时，$y'>0$，函数单调增加，当 $x\in[\mathrm{e},+\infty)$ 时，$y'<0$，函数单调减少，$x=\mathrm{e}$，为极大值点，极大值 $f(\mathrm{e})=\mathrm{e}^{\frac{1}{\mathrm{e}}}.$

4. 试确定一个六次多项式，已知这曲线与 x 轴切于原点，且 $M_1(-1,1)$ 与 $M_2(1,1)$ 为拐点，并且它在拐点 M_1 及 M_2 处有水平切线.

解 设 $f(x)=a_0+a_1x+a_2x^2+a_3x^3+a_4x^4+a_5x^5+a_6x^6$. 已知曲线过原点，则 $a_0=0$ 且过 M_1、M_2 点，则

$$\begin{cases}-a_1+a_2-a_3+a_4-a_5+a_6=1 & \text{①}\\ a_1+a_2+a_3+a_4+a_5+a_6=1 & \text{②}\end{cases}$$

曲线与 x 轴切与原点，则 $f'(0)=0\Rightarrow a_1=0$；在 M_1,M_2 处有水平切线，则 $f'(-1)=f'(1)=0$，所以

$$\begin{cases}-2a_2+3a_3-4a_4+5a_5-6a_6=0 & \text{③}\\ 2a_2+3a_3+4a_4+5a_5+6a_6=0 & \text{④}\end{cases}$$

又 M_1、M_2 为拐点,所以 $f''(-1)=f''(1)=0$:

$$\begin{cases} 2a_2-6a_3+12a_4-20a_5+30a_6=0 & ⑤ \\ 2a_2+6a_3+12a_4+20a_5+30a_6=0 & ⑥ \end{cases}$$

由①、②、③、④、⑤、⑥得:$a_2=3,a_3=0,a_4=-3,a_5=0,a_6=1$,所以六次多项式 $f(x)=x^6-3x^4+3x^2$.

5. 求曲线 $y=-\ln\dfrac{1}{x^2+1}$ 的凹凸区间及拐点.

解
$$y=-\ln\frac{1}{x^2+1}=\ln(x^2+1),\quad y'=\frac{2x}{x^2+1}$$

$$y''=\frac{2(x^2+1)-2x\cdot 2x}{(x^2+1)^2}=\frac{2(1-x^2)}{(x^2+1)^2}=0\Rightarrow x=\pm 1$$

$x\in(-\infty,-1]$ 时,$y''<0$,曲线为凸的,$x\in[-1,1]$ 时,$y''>0$,曲线为凹的,$x\in[1,+\infty)$ 时,$y''<0$,曲线为凸的,当 $x=\pm 1$ 时,$y=\ln 2$,所以拐点为 $(-1,\ln 2)$,$(1,\ln 2)$.

6. 设曲线由参数方程:$x=t^2$,$y=3t+t^2$ 给定,求该曲线的拐点.

解
$$\frac{dy}{dx}=\frac{3+2t}{2t},\quad \frac{d^2y}{dx^2}=\left(\frac{3+2t}{2t}\right)'\cdot\frac{dt}{dx}=\frac{2\cdot 2t-2(3+2t)}{(2t)^2}\cdot\frac{1}{2t}=-\frac{3}{4t^3}$$

当 $t=0$ 时,$\dfrac{d^2y}{dx^2}$ 不存在,但 $t<0$ 时,$\dfrac{d^2y}{dx^2}>0$,$t>0$ 时,$\dfrac{d^2y}{dx^2}<0$,$t=0$ 时,$x=y=0$,所以点 $(0,0)$ 为曲线的拐点.

7. 讨论函数 $f(x)=\begin{cases}\left[\dfrac{(1+x)^{\frac{1}{x}}}{e}\right]^{\frac{1}{x}}, & x>0 \\[3mm] \dfrac{1}{\sqrt{e}}, & x\leqslant 0\end{cases}$ 在点 $x=0$ 的连续性.

解 当 $x>0$ 时:

$$\ln f(x)=\frac{1}{x}\ln\frac{(1+x)^{\frac{1}{x}}}{e}=\frac{1}{x}\left[\ln(1+x)^{\frac{1}{x}}-1\right]=\frac{\ln(1+x)-x}{x^2}$$

$$\lim_{x\to 0^+}\ln f(x)=\lim_{x\to 0^+}\frac{\ln(1+x)-x}{x^2}=\lim_{x\to 0^+}\frac{\frac{1}{1+x}-1}{2x}=\lim_{x\to 0^+}\frac{-1}{2(1+x)}=-\frac{1}{2}$$

$$\lim_{x\to 0^+}f(x)=\frac{1}{\sqrt{e}}=\lim_{x\to 0^-}f(x)$$

所以函数 $f(x)$ 在点 $x=0$ 连续.

8. 设函数 $f(x)$ 在 $[a,b]$ 上连续,在 (a,b) 内可导,

(1) 问函数 $F(x)=[f(x)-f(a)](b-x)$ 是否满足罗尔定理的条件?

(2) 求证:存在一点 $\xi_1\in(a,b)$,使 $f'(\xi_1)=\dfrac{f(\xi_1)-f(a)}{b-\xi_1}$ 成立;

(3) 存在 $\xi_2\in(a,\xi_1)$,使等式 $f'(\xi_1)(b-\xi_1)=f'(\xi_2)(\xi_1-a)$ 成立.

解 （1）$f(x)$在$[a,b]$上连续，在(a,b)内可导，所以函数$F(x)=[f(x)-f(a)](b-x)$在$[a,b]$上连续，在(a,b)内可导：

$$F(a)=[f(a)-f(a)](b-a)=0,\ F(b)=[f(b)-f(a)]\cdot(b-b)=0$$

所以函数$F(x)$满足罗尔定理的条件.

（2）由（1）知，$F(x)$满足罗尔定理的条件，所以$\exists\,\xi_1\in(a,b)$，使$F'(\xi)=0$，即

$$f'(\xi_1)\cdot(b-\xi_1)+[f(\xi_1)-f(a)]\cdot(-1)=0\Rightarrow f'(\xi_1)=\frac{f(\xi_1)-f(a)}{b-\xi_1}$$

（3）$f(x)$在$[a,b]$上连续，在(a,b)内可导，则在区间$[a,\xi_1]$上连续，在(a,ξ_1)内可导，由拉格朗日中值定理，$\exists\,\xi_2\in(a,\xi_1)$，使得

$$f(\xi_1)-f(a)=f'(\xi_2)(\xi_1-a)$$

又由（2）知，$f(\xi_1)-f(a)=f'(\xi_1)\cdot(b-\xi_1)$，故 $f'(\xi_1)(b-\xi_1)=f'(\xi_2)(\xi_1-a)$.

9. 设$a_0+\dfrac{a_1}{2}+\cdots+\dfrac{a_n}{n+1}=0$，证明多项式$g(x)=a_0+a_1x+\cdots+a_nx^n$在$(0,1)$内至少有一个零点.

证明 设$f(x)=a_0x+\dfrac{a_1}{2}x^2+\dfrac{a_2}{3}x^3+\cdots+\dfrac{a_n}{n+1}x^{n+1}$，则 $f(x)$在$[0,1]$上连续，在$(0,1)$内可导，且$f(0)=0,\ f(1)=a_0+\dfrac{a_1}{2}+\dfrac{a_2}{3}+\cdots+\dfrac{a_n}{n+1}=0$，由罗尔定理，$\exists\,\xi\in(0,1)$，使$f'(\xi)=0$，即 $f'(\xi)=a_0+a_1\xi+a_2\xi^2+\cdots+a_n\xi^n=0$，这就是多项式$g(x)=a_0+a_1x+\cdots+a_nx^n$在$(0,1)$内至少有一个零点.

10. 设$0<a<b$，函数$f(x)$在$[a,b]$上连续，在(a,b)内可导，证明至少存在一点$\xi\in(a,b)$，使 $2\xi[f(b)-f(a)]=(b-a)(b+a)f'(\xi)$.

证明 设$g(x)=x^2$，显然$g(x)$在$[a,b]$上连续，在(a,b)内可导，且$g'(x)\neq0,x\in(a,b)$，则由柯西中值定理，存在$\xi\in(a,b)$，使

$$\frac{f(b)-f(a)}{b^2-a^2}=\frac{f'(\xi)}{2\xi}$$

即$2\xi[f(b)-f(a)]=(b-a)(b+a)f'(\xi)$.

11. 证明不等式：

$$\frac{a^{\frac{1}{n+1}}}{(n+1)^2}<\frac{a^{\frac{1}{n}}-a^{\frac{1}{n+1}}}{\ln a}<\frac{a^{\frac{1}{n}}}{n^2}\quad(a>1,n\geq1)$$

证明 设$f(x)=a^{\frac{1}{x}}$，则 $f(x)$在$[n,n+1]$上连续，在$(n,n+1)$内可导，由拉格朗日中值定理，存在$\xi\in(n,n+1)$，使

$$f'(\xi)=\frac{a^{\frac{1}{n+1}}-a^{\frac{1}{n}}}{n+1-n}=a^{\frac{1}{n+1}}-a^{\frac{1}{n}}$$

即

$$a^{\frac{1}{\xi}}\ln a\cdot\left(-\frac{1}{\xi^2}\right)=a^{\frac{1}{n+1}}-a^{\frac{1}{n}}\Rightarrow\frac{a^{\frac{1}{\xi}}}{\xi^2}=\frac{a^{\frac{1}{n}}-a^{\frac{1}{n+1}}}{\ln a}$$

又 $n<\xi<n+1$,所以

$$\frac{a^{\frac{1}{n+1}}}{(n+1)^2}<\frac{a^{\frac{1}{\xi}}}{\xi^2}<\frac{a^{\frac{1}{n}}}{n^2}$$

故

$$\frac{a^{\frac{1}{n+1}}}{(n+1)^2}<\frac{a^{\frac{1}{n}}-a^{\frac{1}{n+1}}}{\ln a}<\frac{a^{\frac{1}{n}}}{n^2}$$

12. 设 $f(x)$ 在 $[a,b]$ 上,$f''(x)>0$,证明:函数 $F(x)=\dfrac{f(x)-f(a)}{x-a}$ 在 $[a,b]$ 上单调增加.

证明 $f(t)$ 在 $[a,x]$ 上连续,在 (a,x) 内可导,由拉格朗日中值定理,存在 $\xi\in(a,x)$,使得 $f(x)-f(a)=f'(\xi)(x-a)$,所以

$$F'(x)=\frac{f'(x)(x-a)-[f(x)-f(a)]}{(x-a)^2}=\frac{f'(x)-f'(\xi)}{x-a}$$

又 $f''(x)>0$,所以 $f'(x)$ 单调增加. 因为 $\xi<x$,所以 $f'(\xi)<f'(x)$,故 $f'(x)-f'(\xi)>0$,而 $x>a$,所以 $F'(x)>0$,故函数 $F(x)$ 在 $[a,b]$ 上单调增加.

13. 证明下列不等式:

(1) 当 $x>1$ 时,$\dfrac{\ln(1+x)}{\ln x}>\dfrac{x}{1+x}$;   (2) 当 $x>0$ 时,$\sin x>x-\dfrac{x^3}{6}$;

(3) 当 $a>0,b>0$,且 $n\geqslant 2$ 时,$\sqrt[n]{a}+\sqrt[n]{b}>\sqrt[n]{a+b}$.

证明 (1) 设 $f(x)=x\ln x,x>1$,$f'(x)=\ln x+1>0,x>1$,所以函数 $f(x)$ 单调增加,所以 $(1+x)\ln(1+x)>x\ln x$,即

$$\frac{\ln(1+x)}{\ln x}>\frac{x}{1+x}$$

(2) 设 $f(x)=\sin x-x+\dfrac{x^3}{6},x>0$,则 $f(0)=0$,$f'(x)=\cos x-1+\dfrac{x^2}{2}$,$f'(0)=0$,$f''(x)=-\sin x+x$,又 $f''(0)=0,f'''(x)=1-\cos x\geqslant 0,f''(x)$ 单调增加,当 $x>0$ 时,$f''(x)>f''(0)=0,f'(x)$ 单调增加,$f'(x)>f'(0)=0,f(x)$ 单调增加,所以 $f(x)>f(0)=0$,且 $x>0$,即 $\sin x>x-\dfrac{x^3}{6}$.

(3) 令 $f(x)=\sqrt[n]{x}+\sqrt[n]{a}-\sqrt[n]{x+a}$,且 $x>0$,则

$$f(0)=0$$

$$f'(x)=\frac{1}{n}x^{\frac{1}{n}-1}-\frac{1}{n}(x+a)^{\frac{1}{n}-1}=\frac{1}{n}\left[x^{\frac{1}{n}-1}-(x+a)^{\frac{1}{n}-1}\right]=\frac{1}{n}\left[\frac{1}{\sqrt[n]{x^{n-1}}}-\frac{1}{\sqrt[n]{(x+a)^{n-1}}}\right]$$

由 $x+a>x\Rightarrow\sqrt[n]{(x+a)^{n-1}}>\sqrt[n]{x^{n-1}}\Rightarrow\dfrac{1}{\sqrt[n]{x^{n-1}}}>\dfrac{1}{\sqrt[n]{(x+a)^{n-1}}}$

所以 $f'(x)>0,f(x)$ 单调增加,$x\in[0,+\infty),b>0$ 时,$f(b)>f(0)=0$,即 $\sqrt[n]{a}+\sqrt[n]{b}>\sqrt[n]{a+b}$.

14. 设函数 $f(x)$ 满足:$3f(x)-f\left(\dfrac{1}{x}\right)=\dfrac{1}{x}(x\neq 0)$,证明:$f(x)$ 在 $x=-\sqrt{3}$ 及 $\sqrt{3}$ 分别达

到极大值和极小值.

解
$$3f(x)-f\left(\frac{1}{x}\right)=\frac{1}{x} \qquad\qquad ①$$

$$3f\left(\frac{1}{x}\right)-f(x)=x \qquad\qquad ②$$

由于式①、式②,得
$$f(x)=\frac{1}{8}\left(x+\frac{3}{x}\right),x\neq0\Rightarrow f'(x)=\frac{1}{8}\left(1-\frac{3}{x^2}\right)$$

令 $f'(x)=0$,得 $x=\pm\sqrt{3}$,又 $f''(x)=\frac{3}{4}\cdot\frac{1}{x^3}$,$f''(-\sqrt{3})<0$,所以 $f(x)$ 在 $-\sqrt{3}$ 处达到极大值;
$f''(\sqrt{3})>0$,$f(x)$ 在 $\sqrt{3}$ 处达到极小值.

15. 已知函数 $y=f(x)$ 对一切 x 满足:$xf''(x)+3x[f'(x)]^2=1-\mathrm{e}^{-x}$,若 $f(x)$ 在某一点 $x_0\neq0$ 处有极值,证明:$f(x_0)$ 必是极小值.

证明 函数 $f(x)$ 在 $x_0(x_0\neq0)$ 处有极值,则 $f'(x_0)=0$,由已知:
$$x_0\cdot f''(x_0)=1-\mathrm{e}^{-x_0}\Rightarrow f''(x_0)=\frac{1-\mathrm{e}^{-x_0}}{x_0}=\frac{\mathrm{e}^{x_0}-1}{x_0\,\mathrm{e}^{x_0}}$$

若 $x_0<0$,则 $\mathrm{e}^{x_0}<1\Rightarrow f''(x_0)>0$;若 $x_0>0$,则 $\mathrm{e}^{x_0}>1\Rightarrow f''(x_0)>0$,所以任意 $x_0(x_0\neq0)$,均有 $f''(x_0)>0$,故 $f(x_0)$ 必是极小值.

16. 设函数 $f(x)=nx(1-x)^n$(n 为自然数),又 $M(n)$ 是该函数在 $[0,1]$ 上的最大值,证明:$\lim\limits_{n\to\infty}M(n)=\frac{1}{\mathrm{e}}$.

证明 当 $x\in(0,1)$ 时:
$$f'(x)=n(1-x)^n+nx\cdot n(1-x)^{n-1}\cdot(-1)=n(1-x)^n-n^2x(1-x)^{n-1}$$

$$=n(1-x)^{n-1}(1-x-nx)=n(1-x)^{n-1}[1-(n+1)x]=0\Rightarrow x=\frac{1}{n+1}$$

当 $x<\frac{1}{n+1}$ 时,$f'(x)>0$,当 $x>\frac{1}{n+1}$ 时,$f'(x)<0$,所以 $x=\frac{1}{n+1}$ 为极大值点,且唯一,故也是最大值点.

$$\lim_{n\to\infty}M(n)=\lim_{n\to\infty}f\left(\frac{1}{n+1}\right)=\lim_{n\to\infty}n\left(\frac{1}{n+1}\right)\cdot\left(1-\frac{1}{n+1}\right)^n$$

$$=\lim_{n\to\infty}\frac{n}{n+1}\left[\left(1-\frac{1}{n+1}\right)^{-(n+1)}\right]^{-\frac{n}{n+1}}=\mathrm{e}^{-1}$$

17. 在数 $1,\sqrt{2},\sqrt[3]{3},\sqrt[4]{4},\cdots,\sqrt[n]{n},\cdots$ 中求出最大的一个数.

解 令 $f(x)=x^{\frac{1}{x}}$,$x>0$,则
$$f'(x)=(\mathrm{e}^{\frac{1}{x}\ln x})'=\mathrm{e}^{\frac{\ln x}{x}}\frac{(1-\ln x)}{x^2}=x^{\frac{1}{x}}\cdot\frac{(1-\ln x)}{x^2}=0\Rightarrow x=\mathrm{e}$$

而 $2<\mathrm{e}<3$,因为 $\sqrt[2]{2}\approx1.414$,$\sqrt[3]{3}\approx1.442$,所以 $1,\sqrt{2},\sqrt[3]{3},\sqrt[4]{4},\cdots,\sqrt[n]{n},\cdots$ 中最大的是 $\sqrt[3]{3}$.

18. 在椭圆 $x^2 + \dfrac{y^2}{4} = 1$ 上，位于第一象限内的曲线的哪一点引切线，才能使由此切线与两坐标轴所构成的三角形面积最小？

解 如图 4.4 所示，设所求点为 $M(x,y)$，且 $x > 0, y > 0$，则 $x^2 + \dfrac{y^2}{4} = 1$，设 (X,Y) 为切线上任意一点，由 $x^2 + \dfrac{y^2}{4} = 1 \Rightarrow \dfrac{\mathrm{d}y}{\mathrm{d}x} = -\dfrac{4x}{y}$，所以切线方程为 $Y - y = -\dfrac{4x}{y}(X - x)$，即 $4xX + yY = 4$，切线与 x 轴、y 轴的交点分别为 $P\left(\dfrac{1}{x}, 0\right)$、$Q\left(0, \dfrac{4}{y}\right)$，所以 $\triangle OPQ$ 的面积为：

$$S = \frac{1}{2} \cdot \frac{1}{x} \cdot \frac{4}{y} = \frac{2}{xy}$$

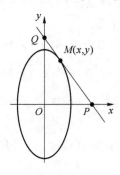

图 4.4

由

$$x^2 + \frac{y^2}{4} = 1 \Rightarrow y = 2\sqrt{1 - x^2}, \quad S = \frac{1}{x\sqrt{1 - x^2}}$$

$$\frac{\mathrm{d}S}{\mathrm{d}x} = -\frac{\sqrt{1 - x^2} + x \cdot \dfrac{(-2x)}{2\sqrt{1 - x^2}}}{x^2(1 - x^2)} = \frac{2x^2 - 1}{x^2(1 - x^2)^{\frac{3}{2}}} = 0 \Rightarrow x = \frac{\sqrt{2}}{2}$$

故所求点为 $\left(\dfrac{\sqrt{2}}{2}, 2\right)$ 时，三角形面积最小.

第5章 不定积分

> 一元函数积分学包括两个重要的基本概念,即不定积分与定积分.本章先从微分法的逆运算引出不定积分的概念,讨论它的性质与求不定积分的方法.而在第6章将专门讲述定积分的基本内容.

5.1 知 识 结 构

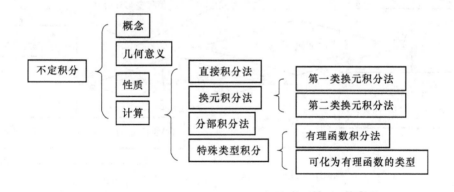

5.2 解题方法流程图

计算不定积分的关键在于寻找原函数,主要应用直接积分、换元积分和分部积分三种方法;解题关键是对于被积函数特征的分析从而选择合适的积分方法.直接积分法是通过

恒等变形把被积函数分解成基本积分表中可以求解的形式. 换元法包括第一类换元积分法和第二类换元积分法两种：第一类换元积分法（凑微分法）是通过换元公式 $\int g[\varphi(x)]\varphi'(x)\mathrm{d}x = \int g(u)\mathrm{d}u\Big|_{u=\varphi(x)} = F[\varphi(x)]+C$ 进行求解，此种方法灵活多变，要求对常见求导关系非常熟悉，同时此法也非常重要，必须要求熟练掌握；第二类换元积分法通过 $\int f(x)\mathrm{d}x = \left[\int f[\psi(t)]\psi'(t)\mathrm{d}t\right]_{t=\psi^{-1}(x)} = \Phi[\psi^{-1}(x)]+C$ ，其中 $t=\psi^{-1}(x)$ 是 $x=\psi(t)$ 的反函数，此种方法多使用根式代换和三角代换，主要目的是为了去除被积函数中的无理式. 分部积分法公式为 $\int uv'\mathrm{d}x = uv - \int u'v\mathrm{d}x$ 或 $\int u\mathrm{d}v = uv - \int v\mathrm{d}u$. 分部积分法主要适用于被积函数可以看成是两个不同类型函数的乘积，从而把 $f(x)$ 分解成 $u(x)\cdot v'(x)$ 的形式，利用公式进行计算. 对于有理函数可以通过分解成多项式和几个部分分式之和的形式进行求解，而其他特殊类型，包括三角函数有理式，还有指数函数有理式可以通过变量代换化成有理函数的积分从而求解.

一般不定积分求解流程图：

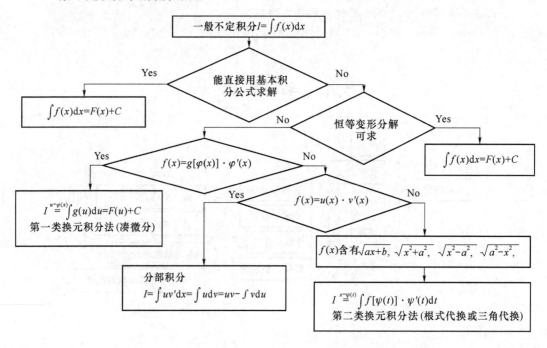

特殊类型不定积分的求解流程图：

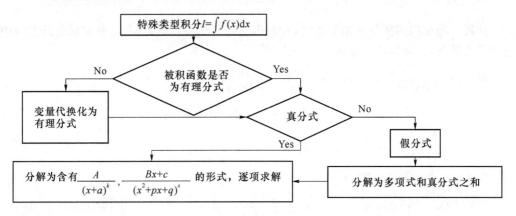

5.3 典型例题

例 5.1 求不定积分：(1) $\int (\sqrt{x}+1)(\sqrt{x^3}-1)\mathrm{d}x$；   (2) $\int \left(x+\dfrac{1}{\sqrt{x}}\right)^2 \mathrm{d}x$.

分析 利用幂函数的积分公式求积分时，应当先将被积函数中幂函数写成负指数幂或分数指数幂的形式.

解 (1)
$$\int (\sqrt{x}+1)(\sqrt{x^3}-1)\mathrm{d}x = \int \left(x^2+x^{\frac{3}{2}}-x^{\frac{1}{2}}-1\right)\mathrm{d}x$$
$$= \frac{1}{3}x^3 + \frac{2}{5}x^{\frac{5}{2}} - \frac{2}{3}x^{\frac{3}{2}} - x + C$$

(2)
$$\int \left(x+\frac{1}{\sqrt{x}}\right)^2 \mathrm{d}x = \int \left(x^2+2x^{\frac{1}{2}}+x^{-1}\right)\mathrm{d}x = \frac{1}{3}x^3 + \frac{4}{3}x^{\frac{3}{2}} + \ln|x| + C$$

例 5.2 求不定积分：(1) $\int \dfrac{x^4}{1+x^2}\mathrm{d}x$；   (2) $\int \dfrac{1}{x^2(1+x^2)}\mathrm{d}x$.

分析 根据被积函数分子、分母的特点，利用常用的恒等变形，例如：分解因式、直接拆项、"加零"拆项、指数公式和三角公式等，将被积函数分解成几项之和即可求解.

解 (1) $\int \dfrac{x^4}{1+x^2}\mathrm{d}x = \int \dfrac{x^4-1+1}{1+x^2}\mathrm{d}x = \int (x^2-1)\mathrm{d}x + \int \dfrac{1}{1+x^2}\mathrm{d}x$

$$= \frac{1}{3}x^3 - x + \arctan x + C$$

(2) $\int \dfrac{1}{x^2(1+x^2)}\mathrm{d}x = \int \dfrac{(1+x^2)-x^2}{x^2(1+x^2)}\mathrm{d}x$

$$= \int \frac{1}{x^2}\mathrm{d}x - \int \frac{1}{1+x^2}\mathrm{d}x = -\frac{1}{x} - \arctan x + C$$

例 5.3　求不定积分：(1) $\displaystyle\int \frac{\cos 2x}{\cos x - \sin x}\mathrm{d}x$；　　　　　　　(2) $\displaystyle\int \cot^2 x\mathrm{d}x$.

分析　当被积函数是三角函数时,常利用一些三角恒等式,将其向基本积分公式表中有的形式转化,这需要牢记基本积分公式表.

解　(1) $\displaystyle\int \frac{\cos 2x}{\cos x - \sin x}\mathrm{d}x = \int \frac{\cos^2 x - \sin^2 x}{\cos x - \sin x}\mathrm{d}x$

$$= \int (\cos x + \sin x)\mathrm{d}x = \sin x - \cos x + C$$

(2) $\displaystyle\int \cot^2 x\mathrm{d}x = \int (\csc^2 x - 1)\mathrm{d}x = -\cot x - x + C$

例 5.4　求下列不定积分.

(1) $\displaystyle\int (7x - 9)^{99}\mathrm{d}x$；　　　　(2) $\displaystyle\int \frac{1}{\sqrt{x}(1+x)}\mathrm{d}x$；　　　　(3) $\displaystyle\int \frac{1}{x}\sin(\ln x)\mathrm{d}x$；

(4) $\displaystyle\int \frac{1}{x^2}\cos\left(\frac{1}{x}\right)\mathrm{d}x$；　　　(5) $\displaystyle\int \frac{1}{\cos^2 x\,\sqrt{1-\tan^2 x}}\mathrm{d}x$；

(6) $\displaystyle\int \frac{x + (\arctan x)^{\frac{3}{2}}}{1+x^2}\mathrm{d}x$.

分析　这些积分都没有现成的公式可套用,需要用第一类换元积分法.

解　(1) $\displaystyle\int (7x - 9)^{99}\mathrm{d}x = \frac{1}{7}\int (7x - 9)^{99}\,\mathrm{d}(7x - 9) = \frac{1}{700}(7x - 9)^{100} + C$

(2) $\displaystyle\int \frac{1}{\sqrt{x}(1+x)}\mathrm{d}x = 2\int \frac{1}{1+(\sqrt{x})^2}\mathrm{d}\sqrt{x} = 2\arctan\sqrt{x} + C$

(3) $\displaystyle\int \frac{1}{x}\sin(\ln x)\mathrm{d}x = \int \sin(\ln x)\mathrm{d}(\ln x) = -\cos(\ln x) + C$

(4) $\displaystyle\int \frac{1}{x^2}\cos\left(\frac{1}{x}\right)\mathrm{d}x = -\int \cos\left(\frac{1}{x}\right)\mathrm{d}\left(\frac{1}{x}\right) = -\sin\left(\frac{1}{x}\right) + C$

(5) $\displaystyle\int \frac{1}{\cos^2 x\,\sqrt{1-\tan^2 x}}\mathrm{d}x = \int \frac{1}{\sqrt{1-\tan^2 x}}\mathrm{d}(\tan x) = \arcsin(\tan x) + C$

(6) $\displaystyle\int \frac{x + (\arctan x)^{\frac{3}{2}}}{1+x^2}\mathrm{d}x = \int \frac{x}{1+x^2}\mathrm{d}x + \int \frac{(\arctan x)^{\frac{3}{2}}}{1+x^2}\mathrm{d}x$

$$= \frac{1}{2}\int \frac{1}{1+x^2}\mathrm{d}(1+x^2) + \int (\arctan x)^{\frac{3}{2}}\,\mathrm{d}(\arctan x)$$

$$= \frac{1}{2}\ln(1+x^2) + \frac{2}{5}(\arctan x)^{\frac{5}{2}} + C$$

注意　用第一类换元积分法(凑微分法)求不定积分,一般并无规律可循,主要依靠经验的积累.而任何一个微分运算公式都可以作为凑微分的运算途径.因此需要牢记基本积分公式,这样凑微分才会有目标.

例5.5 求不定积分：(1) $\int \cos^3 x \mathrm{d}x$；　　　(2) $\int \sin^4 x \mathrm{d}x$；　　　(3) $\int \sin^3 x \cos^4 x \mathrm{d}x$.

分析　在运用第一类换元法求以三角函数为被积函数的积分时，主要思路就是利用三角恒等式把被积函数化为熟知的积分，通常会用到同角的三角恒等式、倍角、半角公式、积化和差公式等.

解　(1) 被积函数是奇次幂，从被积函数中分离出 $\cos x$，并与 $\mathrm{d}x$ 凑成微分 $\mathrm{d}(\sin x)$，再利用三角恒等式 $\sin^2 x + \cos^2 x = 1$，然后即可积分：

$$\int \cos^3 x \mathrm{d}x = \int \cos^2 x \mathrm{d}(\sin x) = \int (1 - \sin^2 x) \mathrm{d}(\sin x) = \sin x - \frac{1}{3}\sin^3 x + C$$

(2) 被积函数是偶次幂，则利用三角恒等式 $\sin^2 x = \dfrac{1 - \cos 2x}{2}$，降低被积函数的幂次：

$$\int \sin^4 x \mathrm{d}x = \frac{1}{4}\int (1 - \cos 2x)^2 \mathrm{d}x = \frac{1}{4}\int \left(\frac{3}{2} - 2\cos 2x + \frac{1}{2}\cos 4x\right)\mathrm{d}x$$

$$= \frac{3}{8}x - \frac{1}{4}\sin 2x + \frac{1}{32}\sin 4x + C$$

(3) 因为 $\sin^3 x \mathrm{d}x = -\sin^2 x \mathrm{d}(\cos x)$，所以

$$\int \sin^3 x \cos^4 x \mathrm{d}x = -\int \sin^2 x \cos^4 x \mathrm{d}(\cos x) = -\int (1 - \cos^2 x)\cos^4 x \mathrm{d}(\cos x)$$

$$= -\frac{1}{5}\cos^5 x + \frac{1}{7}\cos^7 x + C$$

例5.6 求不定积分：(1) $\displaystyle\int \frac{1}{\mathrm{e}^x + \mathrm{e}^{-x}}\mathrm{d}x$；　　　　(2) $\displaystyle\int \frac{1}{1 + \mathrm{e}^x}\mathrm{d}x$.

分析　可充分利用凑微分公式 $\mathrm{e}^x \mathrm{d}x = \mathrm{d}(\mathrm{e}^x)$；或者换元，令 $u = \mathrm{e}^x$.

解　(1)　$\displaystyle\int \frac{1}{\mathrm{e}^x + \mathrm{e}^{-x}}\mathrm{d}x = \int \frac{\mathrm{e}^x}{\mathrm{e}^{2x} + 1}\mathrm{d}x = \int \frac{1}{\mathrm{e}^{2x} + 1}\mathrm{d}(\mathrm{e}^x) = \arctan \mathrm{e}^x + C$

(2) **解法1**　$\displaystyle\int \frac{1}{1 + \mathrm{e}^x}\mathrm{d}x = \int \frac{\mathrm{e}^x + 1 - \mathrm{e}^x}{\mathrm{e}^x + 1}\mathrm{d}x = \int \left(1 - \frac{\mathrm{e}^x}{\mathrm{e}^x + 1}\right)\mathrm{d}x$

$$= x - \int \frac{1}{\mathrm{e}^x + 1}\mathrm{d}(\mathrm{e}^x + 1) = x - \ln(1 + \mathrm{e}^x) + C$$

解法2　$\displaystyle\int \frac{1}{1 + \mathrm{e}^x}\mathrm{d}x = \int \frac{\mathrm{e}^{-x}}{\mathrm{e}^{-x} + 1}\mathrm{d}x = -\int \frac{1}{\mathrm{e}^{-x} + 1}\mathrm{d}(\mathrm{e}^{-x} + 1) = -\ln(\mathrm{e}^{-x} + 1) + C$

解法3　令 $u = \mathrm{e}^x$，$\mathrm{e}^x \mathrm{d}x = \mathrm{d}u$，则有

$$\int \frac{1}{1 + \mathrm{e}^x}\mathrm{d}x = \int \frac{1}{1 + u} \cdot \frac{1}{u}\mathrm{d}u = \int \left(\frac{1}{u} - \frac{1}{1 + u}\right)\mathrm{d}u$$

$$= \ln\left|\frac{u}{u + 1}\right| + C = \ln\left(\frac{\mathrm{e}^x}{1 + \mathrm{e}^x}\right) + C = -\ln(\mathrm{e}^{-x} + 1) + C$$

注意　在计算不定积分时，用不同的方法计算的结果形式可能不一样，但本质相同. 验证积分结果是否正确，只要对结果求导数，若其导数等于被积函数则积分的结果是正确的.

例 5.7 求 $\displaystyle\int \frac{\mathrm{d}x}{1+\sqrt[3]{x+2}}$.

分析 被积函数含有无理式,一般先设法去掉,这是第二类换元法最常用的手段之一.

解 令 $\sqrt[3]{x+2}=u$,得 $x=u^3-2$,$\mathrm{d}x=3u^2\,\mathrm{d}u$,代入得

$$\int \frac{\mathrm{d}x}{1+\sqrt[3]{x+2}}=\int \frac{3u^2}{1+u}\mathrm{d}u=3\int \frac{u^2-1+1}{1+u}\mathrm{d}u$$

$$=3\int \left(u-1+\frac{1}{1+u}\right)\mathrm{d}u=3\left(\frac{u^2}{2}-u+\ln|1+u|\right)+C$$

$$=\frac{3}{2}\sqrt[3]{(x+2)^2}-3\sqrt[3]{x+2}+3\ln|1+\sqrt[3]{x+2}|+C$$

例 5.8 求 $\displaystyle\int \frac{1}{\sqrt[4]{x}+\sqrt{x}}\mathrm{d}x$.

分析 被积函数中有开不同次的根式,为了同时去掉根号,选取根指数的最小公倍数.

解 令 $\sqrt[4]{x}=u$,得 $x=u^4$,$\mathrm{d}x=4u^3\,\mathrm{d}u$,代入得

$$\int \frac{1}{\sqrt[4]{x}+\sqrt{x}}\mathrm{d}x=\int \frac{4u^2}{1+u}\mathrm{d}u=4\int \frac{u^2-1+1}{1+u}\mathrm{d}u=4\int \left(u-1+\frac{1}{1+u}\right)\mathrm{d}u$$

$$=2u^2-4u+4\ln|1+u|+C=2\sqrt{x}-4\sqrt[4]{x}+4\ln|1+\sqrt[4]{x}|+C$$

例 5.9 计算(1) $\displaystyle\int \frac{\mathrm{d}x}{\sqrt{4+x^2}}$; \qquad\qquad (2) $\displaystyle\int x^2\sqrt{4-x^2}\,\mathrm{d}x$.

分析 被积函数中含有形如 $\sqrt{a^2+x^2}$,$\sqrt{a^2-x^2}$,$\sqrt{x^2-a^2}$ 的根式,可分别用三角代换 $x=a\tan t$,$x=a\sin t$,$x=a\sec t$ 消去根式.

解 (1) 令 $x=2\tan t$,$-\dfrac{\pi}{2}\leqslant t\leqslant\dfrac{\pi}{2}$,则 $\sqrt{4+x^2}=2\sec t$,$\mathrm{d}x=2\sec^2 t\mathrm{d}t$,因此有

$$\int \frac{\mathrm{d}x}{\sqrt{4+x^2}}=\int \frac{1}{2\sec t}2\sec^2 t\mathrm{d}t=\int \sec t\mathrm{d}t=\ln|\sec t+\tan t|+C$$

$$=\ln\left|\frac{\sqrt{4+x^2}}{2}+\frac{x}{2}\right|+C=\ln|x+\sqrt{x^2+4}|+C_1$$

其中 $C_1=C-\ln 2$.

(2) 设 $\sqrt{4-x^2}=2\cos t$,且 $0<t<\dfrac{\pi}{2}$,$\mathrm{d}x=2\cos t\mathrm{d}t$,则

$$\int x^2\sqrt{4-x^2}\,\mathrm{d}x=\int 4\sin^2 2t\mathrm{d}t=2\int(1-\cos 4t)\mathrm{d}t=2t-\frac{1}{2}\sin 4t+C$$

$$=2\arcsin\frac{x}{2}-\frac{x}{2}\sqrt{4-x^2}\left(1-\frac{1}{2}x^2\right)+C$$

注意 1 对于三角代换,在结果化为原积分变量的函数时,常常借助于直角三角形.

注意 2 在不定积分计算中,为了简便起见,一般遇到平方根时总取算术根,而省略负平方根情况的讨论.对三角代换,只要把角限制在 $0 \sim \dfrac{\pi}{2}$,则不论什么三角函数都取正值,避免了正负号的讨论.

例 5.10 求 $\displaystyle\int \frac{1}{(1+x^2)^2}\mathrm{d}x$.

分析 虽然被积函数中没有根式,但不能分解因式,而且分母中含有平方和,因此可以考虑利用三角代换,将原积分转换为三角函数的积分.

解 设 $x = \tan t, \mathrm{d}x = \sec^2 t \mathrm{d}t, (1+x^2)^2 = \sec^4 t$,则

$$\int \frac{1}{(1+x^2)^2}\mathrm{d}x = \int \frac{\sec^2 t}{\sec^4 t}\mathrm{d}t = \int \cos^2 t \ \mathrm{d}t = \frac{1}{2}\int (1+\cos 2t)\mathrm{d}t$$

$$= \frac{1}{2}t + \frac{1}{4}\sin 2t + C = \frac{1}{2}\arctan x + \frac{x}{2(1+x^2)} + C$$

例 5.11 求 (1) $\displaystyle\int x^2 \mathrm{e}^x \mathrm{d}x$; (2) $\displaystyle\int x\ln x \mathrm{d}x$; (3) $\displaystyle\int x\arctan x \mathrm{d}x$.

分析 上述积分中的被积函数是反三角函数、对数函数、幂函数、指数函数、三角函数中的某两类函数的乘积,适合用分部积分法.

解 (1) $\displaystyle\int x^2 \mathrm{e}^x \mathrm{d}x = \int x^2 \mathrm{d}\mathrm{e}^x = x^2 \mathrm{e}^x - \int \mathrm{e}^x \mathrm{d}x^2 = x^2 \mathrm{e}^x - 2\int x\mathrm{e}^x \mathrm{d}x$

$$= x^2 \mathrm{e}^x - 2\left(x\mathrm{e}^x - \int \mathrm{e}^x \mathrm{d}x\right) = x^2 \mathrm{e}^x - 2x\mathrm{e}^x + 2\mathrm{e}^x + C$$

(2) $\displaystyle\int x\ln x \mathrm{d}x = \frac{1}{2}\int \ln x \mathrm{d}x^2 = \frac{1}{2}\left[x^2 \ln x - \int x^2 \mathrm{d}\ln x\right] = \frac{1}{2}\left[x^2 \ln x - \int x\mathrm{d}x\right]$

$$= \frac{1}{2}\left[x^2 \ln x - \frac{1}{2}x^2\right] + C = \frac{1}{2}x^2 \ln x - \frac{1}{4}x^2 + C$$

(3) $\displaystyle\int x\arctan x \mathrm{d}x = \frac{1}{2}\int \arctan x \mathrm{d}x^2 = \frac{1}{2}\left[x^2 \arctan x - \int x^2 \mathrm{d}\arctan x\right]$

$$= \frac{1}{2}\left[x^2 \arctan x - \int \frac{x^2}{1+x^2}\mathrm{d}x\right] = \frac{1}{2}\left[x^2 \arctan x - \int \left(1 - \frac{1}{1+x^2}\right)\mathrm{d}x\right]$$

$$= \frac{1}{2}\left[x^2 \arctan x - x + \arctan x\right] + C$$

注意 在用分部积分法求 $\displaystyle\int f(x)\mathrm{d}x$ 时,关键是将被积表达式 $f(x)\mathrm{d}x$ 适当分成 u 和 $\mathrm{d}v$ 两部分.根据分部积分公式 $\displaystyle\int u\mathrm{d}v = uv - \int v\mathrm{d}u$,只有当等式右端的 $v\mathrm{d}u$ 比左端的 $u\mathrm{d}v$ 更容易积出时才有意义,即选取 u 和 $\mathrm{d}v$ 要注意如下原则:(1) v 要容易求;(2) $v\mathrm{d}u$ 要比 $u\mathrm{d}v$ 容易积出.

例 5.12 求 $\displaystyle\int \mathrm{e}^x \sin x \mathrm{d}x$.

分析 上述积分中的被积函数是三角函数和指数函数的乘积,可利用分部积分法的

循环形式解出.

解 $\displaystyle\int e^x \sin x \, dx = \int \sin x \, de^x = e^x \sin x - \int e^x \, d\sin x = e^x \sin x - \int e^x \cos x \, dx$

$\displaystyle\qquad = e^x \sin x - \int \cos x \, de^x = e^x \sin x - \left(e^x \cos x - \int e^x \, d\cos x \right)$

$\displaystyle\qquad = e^x \sin x - e^x \cos x - \int e^x \sin x \, dx$

因此得 $\displaystyle 2\int e^x \sin x \, dx = e^x (\sin x - \cos x) + 2C$

即 $\displaystyle\int e^x \sin x \, dx = \frac{1}{2} e^x (\sin x - \cos x) + C$

例 5.13 求 (1) $\displaystyle\int \frac{x+3}{x^2-5x+6} \, dx$；$\qquad\qquad$ (2) $\displaystyle\int \frac{x-2}{x^2+2x+3} \, dx$；

(3) $\displaystyle\int \frac{1}{(1+2x)(1+x^2)} \, dx$.

分析 计算有理函数的积分可分为两步进行,第一步:用待定系数法或赋值法将有理分式化为部分分式之和;第二步:对各部分分式分别进行积分.

解 (1) 因为 $\displaystyle\frac{x+3}{x^2-5x+6} = \frac{x+3}{(x-2)(x-3)} = \frac{-5}{x-2} + \frac{6}{x-3}$

所以 $\displaystyle\int \frac{x+3}{x^2-5x+6} \, dx = \int \left(\frac{-5}{x-2} + \frac{6}{x-3} \right) dx = -5\int \frac{1}{x-2} \, dx + 6\int \frac{1}{x-3} \, dx$

$\displaystyle\qquad = -5\ln|x-2| + 6\ln|x-3| + C$

(2) 由于分母已为二次质因式,分子可写为 $x-2 = \frac{1}{2}(2x+2) - 3$,因此

$\displaystyle\int \frac{x-2}{x^2+2x+3} \, dx = \int \frac{\frac{1}{2}(2x+2)-3}{x^2+2x+3} \, dx = \frac{1}{2}\int \frac{2x+2}{x^2+2x+3} \, dx - 3\int \frac{dx}{x^2+2x+3}$

$\displaystyle\qquad = \frac{1}{2}\int \frac{d(x^2+2x+3)}{x^2+2x+3} - \int \frac{3d(x+1)}{(x+1)^2+(\sqrt{2})^2}$

$\displaystyle\qquad = \frac{1}{2}\ln(x^2+2x+3) - \frac{3}{\sqrt{2}}\arctan \frac{x+1}{\sqrt{2}} + C$

(3) 根据分解式,计算得

$$\frac{1}{(1+2x)(1+x^2)} = \frac{\frac{4}{5}}{1+2x} + \frac{-\frac{2}{5}x + \frac{1}{5}}{1+x^2}$$

因此 $\displaystyle\int \frac{1}{(1+2x)(1+x^2)} \, dx = \frac{2}{5}\int \frac{2}{1+2x} \, dx - \frac{1}{5}\int \frac{2x}{1+x^2} \, dx + \frac{1}{5}\int \frac{1}{1+x^2} \, dx$

$\displaystyle\qquad = \frac{2}{5}\int \frac{1}{1+2x} \, d(1+2x) - \frac{1}{5}\int \frac{1}{1+x^2} \, d(1+x^2) + \frac{1}{5}\int \frac{1}{1+x^2} \, dx$

$\displaystyle\qquad = \frac{2}{5}\ln|1+2x| - \frac{1}{5}\ln(1+x^2) + \frac{1}{5}\arctan x + C$

5.4 教材习题选解

习题5.1

1. 求下列不定积分：

(5) $\int \dfrac{1}{1+\cos 2x}\mathrm{d}x$； (7) $\int \dfrac{\sin 2x}{\cos x}\mathrm{d}x$； (9) $\int \dfrac{\sqrt{1-x^2}}{\sqrt{1-2x^2+x^4}}\mathrm{d}x$；

(11) $\int \dfrac{1-\cos^2 x}{\sin^2 2x}\mathrm{d}x$； (13) $\int \dfrac{\mathrm{e}^x(1-\mathrm{e}^x)}{\mathrm{e}^{-x}(\mathrm{e}^x-\mathrm{e}^{2x})}\mathrm{d}x$； (15) $\int \dfrac{1-x^2}{1-x^4}\mathrm{d}x$；

(17) $\int \dfrac{\cot x}{\sin 2x}\mathrm{d}x$； (19) $\int \dfrac{1-\cos 2x}{1-\cos^2 2x}\mathrm{d}x$.

解 (5) $\int \dfrac{1}{1+\cos 2x}\mathrm{d}x = \dfrac{1}{2}\int \sec^2 x\mathrm{d}x = \dfrac{1}{2}\tan x + C$

(7) $\int \dfrac{\sin 2x}{\cos x}\mathrm{d}x = 2\int \sin x\mathrm{d}x = -2\cos x + C$

(9) $\int \dfrac{\sqrt{1-x^2}}{\sqrt{1-2x^2+x^4}}\mathrm{d}x = \int \dfrac{1}{\sqrt{1-x^2}}\mathrm{d}x = \arcsin x + C$

(11) $\int \dfrac{1-\cos^2 x}{\sin^2 2x}\mathrm{d}x = \dfrac{1}{4}\int \sec^2 x\mathrm{d}x = \dfrac{1}{4}\tan x + C$

(13) $\int \dfrac{\mathrm{e}^x(1-\mathrm{e}^x)}{\mathrm{e}^{-x}(\mathrm{e}^x-\mathrm{e}^{2x})}\mathrm{d}x = \int \mathrm{e}^x\mathrm{d}x = \mathrm{e}^x + C$

(15) $\int \dfrac{1-x^2}{1-x^4}\mathrm{d}x = \int \dfrac{1}{1+x^2}\mathrm{d}x = \arctan x + C$

(17) $\int \dfrac{\cot x}{\sin 2x}\mathrm{d}x = \dfrac{1}{2}\int \csc^2 x\mathrm{d}x = -\dfrac{1}{2}\cot x + C$

(19) $\int \dfrac{1-\cos 2x}{1-\cos^2 2x}\mathrm{d}x = \int \dfrac{1}{1+\cos 2x}\mathrm{d}x = \dfrac{1}{2}\int \sec^2 x\mathrm{d}x = \dfrac{1}{2}\tan x + C$

2. 求下列不定积分

(6) $\int \dfrac{2x^2}{1+x^2}\mathrm{d}x$； (8) $\int (2^x-3^x)^2\mathrm{d}x$； (10) $\int \dfrac{\cos^2 x+\sin 2x\cos x+1}{\cos^2 x}\mathrm{d}x$；

(16) $\int \dfrac{\sin^3 x+\cos^3 x}{\sin^2 x\cos^2 x}\mathrm{d}x$； (18) $\int \dfrac{\cos^2 x+\sin^3 x}{1+\cos 2x}\mathrm{d}x$； (20) $\int \dfrac{1-x^2}{x^2+x^4}\mathrm{d}x$.

解 (6) $\int \dfrac{2x^2}{1+x^2}\mathrm{d}x = \int \left(2-\dfrac{2}{1+x^2}\right)\mathrm{d}x = 2x - 2\arctan x + C$

(8) $\int (2^x-3^x)^2\mathrm{d}x = \int (4^x - 2\cdot 6^x + 9^x)\mathrm{d}x = \dfrac{4^x}{\ln 4} - \dfrac{2\cdot 6^x}{\ln 6} + \dfrac{9^x}{\ln 9} + C$

(10) $\displaystyle\int\frac{\cos^2 x + \sin 2x\cos x + 1}{\cos^2 x}\mathrm{d}x = \int(1 + 2\sin x + \sec^2 x)\mathrm{d}x$

$$= x - 2\cos x + \tan x + C$$

(16) $\displaystyle\int\frac{\sin^3 x + \cos^3 x}{\sin^2 x\cos^2 x}\mathrm{d}x = \int(\tan x\sec x + \cot x\csc x)\mathrm{d}x = \sec x - \csc x + C$

(18) $\displaystyle\int\frac{\cos^2 x + \sin^3 x}{1 + \cos 2x}\mathrm{d}x = \frac{1}{2}\int\left[1 + \frac{\sin x(1 - \cos^2 x)}{\cos^2 x}\right]\mathrm{d}x$

$$= \frac{1}{2}\int(1 + \tan x\sec x - \sin x)\mathrm{d}x$$

$$= \frac{1}{2}(x + \sec x + \cos x) + C$$

(20) $\displaystyle\int\frac{1 - x^2}{x^2 + x^4}\mathrm{d}x = \int\left(\frac{1}{x^2} - \frac{2}{1 + x^2}\right)\mathrm{d}x = -\frac{1}{x} - 2\arctan x + C$

习题 5.2

1. 在括号内填上适当的项,以使等式成立:

(1) $(2x - 3)^{100}\mathrm{d}x = ($ $)(2x - 3)^{100}\mathrm{d}(2x - 3)$;

(3) $\dfrac{x^3\mathrm{d}x}{\sqrt[3]{1 + x^4}} = ($ $)\dfrac{\mathrm{d}(1 + x^4)}{\sqrt[3]{1 + x^4}}$;

(5) $\dfrac{(x + 1)\mathrm{d}x}{x^2 + 2x + 1} = ($ $)\dfrac{\mathrm{d}(x^2 + 2x + 1)}{x^2 + 2x + 1}$;

(7) $\dfrac{e^x - e^{-x}}{e^x + e^{-x}}\mathrm{d}x = ($ $)\mathrm{d}(e^x + e^{-x})$;

(9) $\dfrac{x\arcsin x}{\sqrt{1 - x^2}}\mathrm{d}x = ($ $)\mathrm{d}(\sqrt{1 - x^2})$.

解 (1) $(2x - 3)^{100}\mathrm{d}x = \dfrac{1}{2} \cdot (2x - 3)^{100} \cdot (2x - 3)'\mathrm{d}x = \dfrac{1}{2} \cdot (2x - 3)^{100}\mathrm{d}(2x - 3)$

(3) $\dfrac{x^3\mathrm{d}x}{\sqrt[3]{1 + x^4}} = \dfrac{1}{4} \cdot \dfrac{(1 + x^4)'\mathrm{d}x}{\sqrt[3]{1 + x^4}} = \dfrac{1}{4} \cdot \dfrac{\mathrm{d}(1 + x^4)}{\sqrt[3]{1 + x^4}}$

(5) $\dfrac{(x + 1)\mathrm{d}x}{x^2 + 2x + 1} = \dfrac{1}{2} \cdot \dfrac{(x^2 + 2x + 1)'\mathrm{d}x}{x^2 + 2x + 1} = \dfrac{1}{2} \cdot \dfrac{\mathrm{d}(x^2 + 2x + 1)}{x^2 + 2x + 1}$

(7) $\dfrac{e^x - e^{-x}}{e^x + e^{-x}}\mathrm{d}x = \dfrac{(e^x + e^{-x})'}{e^x + e^{-x}}\mathrm{d}x = \dfrac{1}{e^x + e^{-x}} \cdot \mathrm{d}(e^x + e^{-x})$

(9) $\dfrac{x\arcsin x}{\sqrt{1 - x^2}}\mathrm{d}x = -\arcsin x \cdot (\sqrt{1 - x^2})'\mathrm{d}x = -\arcsin x \cdot \mathrm{d}(\sqrt{1 - x^2})$

2. 求下列不定积分:

(2) $\displaystyle\int\frac{2\mathrm{d}x}{(1 + 5x)^3}$;   (4) $\displaystyle\int\frac{\mathrm{d}x}{5 - 7x}$;   (6) $\displaystyle\int e^{3x}\mathrm{d}x$;   (8) $\displaystyle\int\frac{\mathrm{d}x}{\cos^2(5x + 3)}$;

$(10)\int\dfrac{\mathrm{d}x}{\sqrt{9-4x^2}}$; $\quad(12)\int\dfrac{x\mathrm{d}x}{1+x^2}$; $\quad(14)\int\dfrac{x\mathrm{d}x}{\sqrt{4-x^4}}$; $\quad(16)\int\dfrac{\cot x}{\sqrt{\sin x}}\mathrm{d}x$;

$(18)\int\dfrac{\mathrm{d}x}{\cos^2 x\sqrt[3]{\tan x}}$; $\quad(20)\int\dfrac{\mathrm{d}x}{\arcsin x\sqrt{1-x^2}}$.

解 $(2)\displaystyle\int\dfrac{2\mathrm{d}x}{(1+5x)^3}=\dfrac{2}{5}\int(1+5x)^{-3}\,\mathrm{d}(1+5x)=-\dfrac{1}{5}(1+5x)^{-2}+C$

$(4)\displaystyle\int\dfrac{\mathrm{d}x}{5-7x}=-\dfrac{1}{7}\int(5-7x)^{-1}\,\mathrm{d}(5-7x)=-\dfrac{1}{7}\ln|5-7x|+C$

$(6)\displaystyle\int e^{3x}\,\mathrm{d}x=\dfrac{1}{3}\int e^{3x}\mathrm{d}(3x)=\dfrac{1}{3}e^{3x}+C$

$(8)\displaystyle\int\dfrac{\mathrm{d}x}{\cos^2(5x+3)}=\dfrac{1}{5}\int\sec^2(5x+3)\mathrm{d}(5x+3)=\dfrac{1}{5}\tan(5x+3)+C$

$(10)\displaystyle\int\dfrac{\mathrm{d}x}{\sqrt{9-4x^2}}=\dfrac{1}{2}\int\dfrac{1}{\sqrt{1-\left(\frac{2}{3}x\right)^2}}\mathrm{d}\left(\dfrac{2}{3}x\right)=\dfrac{1}{2}\arcsin\left(\dfrac{2}{3}x\right)+C$

$(12)\displaystyle\int\dfrac{x\mathrm{d}x}{1+x^2}=\dfrac{1}{2}\int\dfrac{1}{x^2+1}\mathrm{d}(x^2+1)=\dfrac{1}{2}\ln|x^2+1|+C$

$(14)\displaystyle\int\dfrac{x\mathrm{d}x}{\sqrt{4-x^4}}=\dfrac{1}{2}\int\dfrac{1}{\sqrt{1-\left(\frac{x^2}{2}\right)^2}}\mathrm{d}\left(\dfrac{x^2}{2}\right)=\dfrac{1}{2}\arcsin\left(\dfrac{x^2}{2}\right)+C$

$(16)\displaystyle\int\dfrac{\cot x}{\sqrt{\sin x}}\mathrm{d}x=\int\dfrac{\cos x}{\sin x\sqrt{\sin x}}\mathrm{d}x=\int(\sin x)^{-\frac{3}{2}}\,\mathrm{d}(\sin x)=-\dfrac{2}{\sqrt{\sin x}}+C$

$(18)\displaystyle\int\dfrac{\mathrm{d}x}{\cos^2 x\sqrt[3]{\tan x}}=\int(\tan x)^{-\frac{1}{3}}\,\mathrm{d}(\tan x)=\dfrac{3}{2}\sqrt[3]{\tan^2 x}+C$

$(20)\displaystyle\int\dfrac{\mathrm{d}x}{\arcsin x\sqrt{1-x^2}}=\int\dfrac{1}{\arcsin x}\mathrm{d}(\arcsin x)=\ln|\arcsin x|+C$

3. 求下列不定积分

$(1)\displaystyle\int\sin^2 x\mathrm{d}x$; $\qquad(3)\displaystyle\int\sin 3x\cos 5x\mathrm{d}x$; $\qquad(5)\displaystyle\int\cos x\cos 3x\mathrm{d}x$;

$(7)\displaystyle\int\sin^2 x\cos^2 x\mathrm{d}x$; $\qquad(9)\displaystyle\int\tan^4 x\mathrm{d}x$; $\qquad(11)\displaystyle\int\dfrac{(2-x)^2}{1-x^2}\mathrm{d}x$;

$(13)\displaystyle\int x\sqrt{2-3x}\,\mathrm{d}x$; $\qquad(15)\displaystyle\int\dfrac{\mathrm{d}x}{1+e^x}$; $\qquad(17)\displaystyle\int\dfrac{\cos^3 x}{\sin x}\mathrm{d}x$;

$(19)\displaystyle\int\dfrac{\mathrm{d}x}{\sin x\cos^3 x}$.

解 $(1)\displaystyle\int\sin^2 x\mathrm{d}x=\dfrac{1}{2}\int(1-\cos 2x)\mathrm{d}x=\dfrac{1}{2}x-\dfrac{1}{4}\sin 2x+C$

$(3)\displaystyle\int\sin 3x\cos 5x\mathrm{d}x=\dfrac{1}{2}\int(\sin 8x-\sin 2x)\mathrm{d}x=\dfrac{1}{4}\cos 2x-\dfrac{1}{16}\cos 8x+C$

(5) $\displaystyle\int \cos x\cos 3x\mathrm{d}x = \frac{1}{2}\int(\cos 4x + \cos 2x)\mathrm{d}x = \frac{1}{8}\sin 4x + \frac{1}{4}\sin 2x + C$

(7) $\displaystyle\int \sin^2 x\cos^2 x\mathrm{d}x = \frac{1}{4}\int\sin^2 2x\mathrm{d}x = \frac{1}{8}\int(1-\cos 4x)\mathrm{d}x = \frac{1}{8}x - \frac{1}{32}\sin 4x + C$

(9) $\displaystyle\int \tan^4 x\mathrm{d}x = \int(\sec^4 x - 2\sec^2 x + 1)\mathrm{d}x = \frac{1}{3}\tan^3 x - \tan x + x + C$

(11) $\displaystyle\int \frac{(2-x)^2}{1-x^2}\mathrm{d}x = \int\frac{4-4x+x^2}{1-x^2}\mathrm{d}x = \int\left(\frac{5}{1-x^2}-1\right)\mathrm{d}x + \int\frac{4x}{x^2-1}\mathrm{d}x$

$$= \frac{5}{2}\int\left(\frac{1}{1+x}+\frac{1}{1-x}\right)\mathrm{d}x + 2\int\frac{1}{x^2-1}\mathrm{d}(x^2-1) - x$$

$$= \frac{5}{2}\ln\left|\frac{1+x}{1-x}\right| + 2\ln|x^2-1| - x + C$$

(13) 对于 $\displaystyle\int x\ \sqrt{2-3x}\mathrm{d}x$，令 $\sqrt{2-3x}=t, x=\frac{1}{3}(2-t^2), \mathrm{d}x=-\frac{2}{3}t\mathrm{d}t$，则

$$\int x\ \sqrt{2-3x}\mathrm{d}x =-\frac{2}{9}\int(2-t^2)t^2\ \mathrm{d}t =-\frac{4}{27}t^3 + \frac{2}{45}t^5 + C$$

$$=-\frac{4}{27}(2-3x)^{\frac{3}{2}} + \frac{2}{45}(2-3x)^{\frac{5}{2}} + C$$

(15) 令 $\mathrm{e}^x+1=t, x=\ln(t-1), \mathrm{d}x=\frac{1}{t-1}\mathrm{d}t$，则

$$\int\frac{\mathrm{d}x}{1+\mathrm{e}^x} = \int\frac{1}{t(t-1)}\mathrm{d}t = \int\left(\frac{1}{t-1}-\frac{1}{t}\right)\mathrm{d}t = \ln\left|\frac{t-1}{t}\right| + C$$

$$= \ln\left|\frac{\mathrm{e}^x}{\mathrm{e}^x+1}\right| + C = x - \ln|\mathrm{e}^x+1| + C$$

(17) $\displaystyle\int\frac{\cos^3 x}{\sin x}\mathrm{d}x = \int\frac{1-\sin^2 x}{\sin x}\mathrm{d}(\sin x) = \ln|\sin x| - \frac{1}{2}\sin^2 x + C$

(19) $\displaystyle\int\frac{\mathrm{d}x}{\sin x\cos^3 x} = \int\frac{\cos x}{\sin x\cos^4 x}\mathrm{d}x = \int\frac{\sec^4 x}{\tan x}\mathrm{d}x = \int\frac{\tan^2 x+1}{\tan x}\mathrm{d}(\tan x)$

$$= \frac{1}{2}\tan^2 x + \ln|\tan x| + C$$

4. 用适当的代换求下列不定积分：

(2) $\displaystyle\int\frac{x^2\mathrm{d}x}{\sqrt{1-x^2}}$；　　　　(4) $\displaystyle\int\frac{\sqrt{x^2-1}}{x}\mathrm{d}x$；　　　　(6) $\displaystyle\int\frac{\mathrm{d}x}{x^2\ \sqrt{x^2-4}}$；

(8) $\displaystyle\int\frac{\sqrt{1-x^2}}{x^2}\mathrm{d}x$；　　　　(10) $\displaystyle\int\frac{\sqrt{(4-x^2)^3}}{x^6}\mathrm{d}x$.

解 （2）令 $x=\sin t, \mathrm{d}x=\cos t\mathrm{d}t$，则

$$\int\frac{x^2\mathrm{d}x}{\sqrt{1-x^2}} = \int\sin^2 t\ \mathrm{d}t = \frac{1}{2}\int(1-\cos 2t)\mathrm{d}t = \frac{1}{2}t - \frac{1}{4}\sin 2t + C$$

$$= \frac{1}{2}\arcsin x - \frac{1}{2}x\ \sqrt{1-x^2} + C$$

(4) 令 $x = \sec t, dx = \sec t \tan t dt$，则

$$\int \frac{\sqrt{x^2-1}}{x} dx = \int (\sec^2 t - 1) dt = \tan t - t + C = \sqrt{x^2-1} - \arccos\frac{1}{x} + C$$

(6) 令 $x = 2\sec t, dx = 2\sec t \tan t dt$，则

$$\int \frac{dx}{x^2\sqrt{x^2-4}} = \frac{1}{4}\int \cos t \, dt = \frac{1}{4}\sin t + C = \frac{\sqrt{x^2-4}}{4x} + C$$

(8) 令 $x = \sin t, dx = \cos t dt$，则

$$\int \frac{\sqrt{1-x^2}}{x^2} dx = \int (\csc^2 t - 1) dt = -\cot t - t + C = -\frac{\sqrt{1-x^2}}{x} - \arcsin x + C$$

(10) 令 $x = 2\sin t, dx = 2\cos t dt$，则

$$\int \frac{\sqrt{(4-x^2)^3}}{x^6} dt = \frac{1}{4}\int \frac{\cos^4 t}{\sin^6 t} dt = \frac{1}{4}\int \cot^4 t \csc^2 t \, dt = -\frac{1}{4}\int \cot^4 t \, d(\cot t)$$

$$= -\frac{1}{20}\cot^5 t + C = -\frac{1}{20}\left(\frac{\sqrt{4-x^2}}{x}\right)^5 + C$$

习题 5.3

计算下列不定积分：

(1) $\int x\sin 3x dx$； (3) $\int x e^{2x} dx$； (5) $\int x^3 \ln x dx$；

(7) $\int \arcsin x dx$； (9) $\int e^x \sin 2x dx$； (11) $\int \sin(\ln x) dx$；

(13) $\int x^3 e^{-x^2} dx$； (15) $\int \frac{\arctan x}{x^3} dx$； (17) $\int \arctan\sqrt{x} dx$；

(19) $\int \sin x \ln(\tan x) dx$.

解 (1) $\int x\sin 3x dx = -\frac{1}{3}\int x d(\cos 3x) = -\frac{1}{3}x\cos 3x + \frac{1}{3}\int \cos 3x dx$

$$= -\frac{1}{3}x\cos 3x + \frac{1}{9}\sin 3x + C$$

(3) $\int x e^{2x} dx = \frac{1}{2}\int x d(e^{2x}) = \frac{1}{2}x e^{2x} - \frac{1}{2}\int e^{2x} \, dx = \frac{1}{2}x e^{2x} - \frac{1}{4}e^{2x} + C$

(5) $\int x^3 \ln x dx = \frac{1}{4}\int \ln x d(x^4) = \frac{1}{4}x^4 \ln x - \frac{1}{4}\int x^3 \, dx = \frac{1}{4}x^4 \ln x - \frac{1}{16}x^4 + C$

(7) $\int \arcsin x dx = x\arcsin x - \int \frac{x}{\sqrt{1-x^2}} dx = x\arcsin x + \frac{1}{2}\int \frac{1}{\sqrt{1-x^2}} d(1-x^2)$

$$= x\arcsin x + \sqrt{1-x^2} + C$$

(9) $\displaystyle\int e^x \sin 2x\,dx = \int \sin 2x\,d(e^x) = e^x \sin 2x - 2\int e^x \cos 2x\,dx$

$$= e^x \sin 2x - 2\int \cos 2x\,d(e^x) = e^x \sin 2x - 2e^x \cos 2x - 4\int e^x \sin 2x\,dx$$

根据上述循环式可知，$\displaystyle\int e^x \sin 2x\,dx = \frac{1}{5}(e^x \sin 2x - 2e^x \cos 2x) + C$

(11) $\displaystyle\int \sin(\ln x)\,dx = x\sin(\ln x) - \int \cos(\ln x)\,dx$

$$= x\sin(\ln x) - x\cos(\ln x) - \int \sin(\ln x)\,dx$$

根据上述循环式可知 $\displaystyle\int \sin(\ln x)\,dx = \frac{1}{2}x\sin(\ln x) - \frac{1}{2}x\cos(\ln x) + C$

(13) $\displaystyle\int x^3 e^{-x^2}\,dx = -\frac{1}{2}\int x^2\,d(e^{-x^2}) = -\frac{1}{2}x^2 e^{-x^2} + \int x e^{-x^2}\,dx$

$$= -\frac{1}{2}x^2 e^{-x^2} - \frac{1}{2}\int e^{-x^2}\,d(-x^2) = -\frac{1}{2}x^2 e^{-x^2} - \frac{1}{2}e^{-x^2} + C$$

(15) $\displaystyle\int \frac{\arctan x}{x^3}\,dx = -\frac{1}{2}\int \arctan x\,d\left(\frac{1}{x^2}\right) = -\frac{\arctan x}{2x^2} + \frac{1}{2}\int \frac{1}{x^2(1+x^2)}\,dx$

$$= -\frac{\arctan x}{2x^2} + \frac{1}{2}\int \left(\frac{1}{x^2} - \frac{1}{1+x^2}\right)\,dx$$

$$= -\frac{\arctan x}{2x^2} - \frac{1}{2x} - \frac{1}{2}\arctan x + C$$

(17) $\displaystyle\int \arctan \sqrt{x}\,dx = x\arctan \sqrt{x} - \frac{1}{2}\int \frac{\sqrt{x}}{1+x}\,dx$，令 $x = t^2$，$dx = 2t\,dt$，则

$$\int \frac{\sqrt{x}}{1+x}\,dx = \int \frac{2t^2}{1+t^2}\,dt = 2\int \left(1 - \frac{1}{1+t^2}\right)\,dt = 2t - 2\arctan t + C$$

故 $$\int \arctan \sqrt{x}\,dx = x\arctan \sqrt{x} - \sqrt{x} + \arctan \sqrt{x} + C$$

(19) $\displaystyle\int \sin x\ln(\tan x)\,dx = -\int \ln(\tan x)\,d(\cos x)$

$$= -\cos x\ln(\tan x) + \int \csc x\,dx$$

$$= -\cos x\ln(\tan x) + \ln|\csc x - \cot x| + C$$

习题 5.4

1. 求下列不定积分

(1) $\displaystyle\int \frac{x^3}{x+1}\,dx$；

(3) $\displaystyle\int \frac{x+3}{x^3-x}\,dx$；

(5) $\displaystyle\int \frac{x+3}{x^3+3x^2+4x+2}\,dx$；

(7) $\displaystyle\int \frac{dx}{(x^2+1)(x^2+x)}$；

(9) $\displaystyle\int \frac{2x^2-3x-3}{(x-1)(x^2-2x+5)}\,dx$.

解 (1)
$$\int \frac{x^3}{x+1}dx = \int \left(x^2 - x + 1 - \frac{1}{1+x}\right)dx$$
$$= \frac{1}{3}x^3 - \frac{1}{2}x^2 + x - \ln|x+1| + C$$

(3)
$$\int \frac{x+3}{x^3-x}dx = \int \left(\frac{2}{x-1} + \frac{1}{x+1} - \frac{3}{x}\right)dx$$
$$= 2\ln|x-1| + \ln|x+1| - 3\ln|x| + C$$

(5) $\int \frac{x+3}{x^3+3x^2+4x+2}dx = \int \frac{x+3}{(x+1)(x^2+2x+2)}dx = \int \left(\frac{2}{x+1} - \frac{2x+1}{x^2+2x+2}\right)dx$
$$= 2\ln|x+1| - \int \frac{1}{x^2+2x+2}d(x^2+2x+2) +$$
$$\int \frac{1}{(x+1)^2+1}d(x+1)$$
$$= 2\ln|x+1| - \ln|x^2+2x+2| + \arctan(x+1) + C$$

(7) $\int \frac{dx}{(x^2+1)(x^2+x)} = \frac{1}{2}\int \left(\frac{2}{x} - \frac{1}{x+1} - \frac{x+1}{x^2+1}\right)dx$
$$= \ln|x| - \frac{1}{2}\ln|x+1| - \frac{1}{4}\int \frac{1}{x^2+1}d(x^2+1) - \frac{1}{2}\int \frac{1}{x^2+1}dx$$
$$= \ln|x| - \frac{1}{2}\ln|x+1| - \frac{1}{4}\ln|x^2+1| - \frac{1}{2}\arctan x + C$$

(9) $\int \frac{2x^2-3x-3}{(x-1)(x^2-2x+5)}dx$
$$= \int \left(\frac{-1}{x-1} + \frac{3x-2}{x^2-2x+5}\right)dx$$
$$= -\ln|x-1| + \frac{3}{2}\int \frac{1}{x^2-2x+5}d(x^2-2x+5) +$$
$$\frac{1}{2}\int \frac{1}{\left(\frac{x-1}{2}\right)^2+1}d\left(\frac{x-1}{2}\right)$$
$$= -\ln|x-1| + \frac{3}{2}\ln|x^2-2x+5| + \frac{1}{2}\arctan \frac{x-1}{2} + C$$

2. 求下列不定积分：

(2) $\int \frac{dx}{\sqrt{x} + 2\sqrt[4]{x}}$

(4) $\int \frac{\sqrt{2x+1}}{x}dx$；

(6) $\int \frac{dx}{1 + \sqrt[3]{3x+1}}$；

(8) $\int \sqrt{\frac{1-x}{1+x}} \frac{dx}{x}$；

(10) $\int \frac{dx}{x\sqrt[3]{1+x^2}}$.

解 (2) 令 $x = t^4$，$dx = 4t^3 dt$，则
$$\int \frac{1}{\sqrt{x} + 2\sqrt[4]{x}}dx = 4\int \frac{t^3}{t^2+2t}dt = 4\int \left(t - 2 + \frac{4}{t+2}\right)dt$$

$$= 2t^2 - 8t + 16\ln|t+2| + C = 2\sqrt{x} - 8\sqrt[4]{x} + 16\ln\left|2 + \sqrt[4]{x}\right| + C$$

(4) 令 $2x+1 = t^2, \mathrm{d}x = t\mathrm{d}t$，则

$$\int \frac{\sqrt{2x+1}}{x}\mathrm{d}x = 2\int \frac{t^2}{t^2-1}\mathrm{d}t = 2\int\left(1 + \frac{1}{t^2-1}\right)\mathrm{d}t = 2t + \ln\left|\frac{t-1}{t+1}\right| + C$$

$$= 2\sqrt{2x+1} + \ln\left|\frac{\sqrt{2x+1}-1}{\sqrt{2x+1}+1}\right| + C$$

(6) 令 $3x+1 = t^3, \mathrm{d}x = t^2\mathrm{d}t$，则

$$\int \frac{1}{1 + \sqrt[3]{3x+1}}\mathrm{d}x = \int \frac{t^2}{1+t}\mathrm{d}t = \int\left(t - 1 + \frac{1}{1+t}\right)\mathrm{d}t = \frac{1}{2}t^2 - t + \ln|1+t| + C$$

$$= \frac{1}{2}(3x+1)^{\frac{2}{3}} - \sqrt[3]{3x+1} + \ln\left|1 + \sqrt[3]{3x+1}\right| + C$$

(8) 令 $\sqrt{\dfrac{1-x}{1+x}} = t, x = \dfrac{1-t^2}{1+t^2}, \mathrm{d}x = \dfrac{-4t}{(1+t^2)^2}\mathrm{d}t$，则

$$\int \sqrt{\frac{1-x}{1+x}}\frac{\mathrm{d}x}{x} = -4\int \frac{t^2}{(1-t^2)(1+t^2)}\mathrm{d}t = -2\int\left(\frac{1}{1-t^2} - \frac{1}{1+t^2}\right)\mathrm{d}t$$

$$= 2\arctan t + \ln\left|\frac{1-t}{1+t}\right| + C$$

$$= 2\arctan\sqrt{\frac{1-x}{1+x}} + \ln\left|\frac{\sqrt{1+x} - \sqrt{1-x}}{\sqrt{1+x} + \sqrt{1-x}}\right| + C$$

(10) 因 $\displaystyle\int \frac{\mathrm{d}x}{x\sqrt[3]{1+x^2}} = \int \frac{x\mathrm{d}x}{x^2\sqrt[3]{1+x^2}} = \frac{1}{2}\int \frac{\mathrm{d}(x^2)}{x^2\sqrt[3]{1+x^2}}$，令 $\sqrt[3]{1+x^2} = t, x^2 = t^3 - 1$，

$\mathrm{d}(x^2) = 3t^2\mathrm{d}t$，则

$$\int \frac{\mathrm{d}x}{x\sqrt[3]{1+x^2}} = \frac{3}{2}\int \frac{t}{t^3-1}\mathrm{d}t = \frac{1}{2}\int\left(\frac{1}{t-1} - \frac{t-1}{t^2+t+1}\right)\mathrm{d}t$$

$$= \frac{1}{2}\ln|t-1| - \frac{1}{4}\int \frac{1}{t^2+t+1}\mathrm{d}(t^2+t+1) + \frac{\sqrt{3}}{2}\int \frac{1}{\left(\frac{2t+1}{\sqrt{3}}\right)^2 + 1}\mathrm{d}\left(\frac{2t+1}{\sqrt{3}}\right)$$

$$= \frac{1}{2}\ln|t-1| - \frac{1}{4}\ln|t^2+t+1| + \frac{\sqrt{3}}{2}\arctan\frac{2t+1}{\sqrt{3}} + C$$

$$= \frac{1}{2}\ln\left|\sqrt[3]{1+x^2} - 1\right| - \frac{1}{4}\ln\left|\sqrt[3]{(1+x^2)^2} + \sqrt[3]{1+x^2} + 1\right| +$$

$$\frac{\sqrt{3}}{2}\arctan\frac{2\sqrt[3]{1+x^2} + 1}{\sqrt{3}} + C$$

综合练习题

一、单项选择题

1. 下列等式中,正确的结果是(C)

(A) $\int f'(x)\mathrm{d}x = f(x)$ 　　　　　(B) $\int \mathrm{d}f(x) = f(x)$

(C) $\dfrac{\mathrm{d}}{\mathrm{d}x}\int f(x)\mathrm{d}x = f(x)$ 　　　　(D) $\mathrm{d}\int f(x)\mathrm{d}x = f(x)$

解 (A) $\int f'(x)\mathrm{d}x = f(x)+C$; 　　　(B) $\int \mathrm{d}f(x) = f(x)+C$;

(D) $\mathrm{d}\int f(x)\mathrm{d}x = f(x)\mathrm{d}x$.

2. $\int y\sqrt[3]{y^2}\,\mathrm{d}y = $ (D)

(A) $\dfrac{3}{7}y^{\frac{7}{3}}$ 　　(B) $\dfrac{3}{7}y^{\frac{5}{3}}+C$ 　　(C) $\dfrac{3}{5}y^{\frac{7}{3}}+C$ 　　(D) $\dfrac{3}{8}y^{\frac{8}{3}}+C$

解 $\int y\sqrt[3]{y^2}\,\mathrm{d}y = \int y^{\frac{5}{3}}\,\mathrm{d}y = \dfrac{3}{8}y^{\frac{8}{3}}+C.$

3. $\int 2\cos^2\dfrac{x}{2}\mathrm{d}x = $ (B)

(A) $1+\sin x + C$ 　　　　　(B) $x+\sin x + C$

(C) $-2\sin^2\dfrac{x}{2}+C$ 　　　　(D) $\sin x + C$

解 $\int 2\cos^2\dfrac{x}{2}\mathrm{d}x = \int(1+\cos x)\mathrm{d}x = x+\sin x + C.$

4. $\int \sqrt[3]{\dfrac{\sin^2\theta}{\cos^8\theta}}\,\mathrm{d}\theta = $ (C)

(A) $\dfrac{5}{3}\sqrt[5]{\tan^3\theta}+C$ 　　　　(B) $\dfrac{5}{3}\sqrt[3]{\tan^5\theta}+C$

(C) $\dfrac{3}{5}\sqrt[3]{\tan^5\theta}+C$ 　　　　(D) $\dfrac{2}{3}\sqrt[3]{\tan\theta}+C$

解 $\int \sqrt[3]{\dfrac{\sin^2\theta}{\cos^8\theta}}\,\mathrm{d}\theta = \int \sqrt[3]{\dfrac{\sin^2\theta}{\cos^2\theta}\cdot\sec^6\theta}\,\mathrm{d}\theta = \int \tan^{\frac{2}{3}}\theta\cdot\sec^2\theta\,\mathrm{d}\theta = \int \tan^{\frac{2}{3}}\theta\,\mathrm{d}(\tan\theta) =$

$\dfrac{3}{5}\tan^{\frac{5}{3}}\theta + C$

5. $\int \dfrac{\mathrm{d}x}{x\sqrt{x^2-4}} = $ (D)

(A) $\dfrac{1}{2}\arccos\dfrac{x}{2}+C$ 　　　　(B) $\arccos\dfrac{2}{x}+C$

(C) $\dfrac{1}{2}\arcsin\dfrac{1}{x}+C$ (D) $\dfrac{1}{2}\arccos\dfrac{2}{x}+C$

解 令 $x=2\sec t, \mathrm{d}x=2\sec t\tan t\mathrm{d}t$，则

$$\int\dfrac{\mathrm{d}x}{x\sqrt{x^2-4}}=\int\dfrac{2\sec t\tan t}{2\sec t\cdot 2\tan t}\mathrm{d}t=\dfrac{1}{2}\int\mathrm{d}t=\dfrac{t}{2}+C=\dfrac{1}{2}\arccos\dfrac{2}{x}+C$$

6. $\int x\cos(\ln x)\mathrm{d}x=$ (A)

(A) $\dfrac{x^2}{5}[2\cos(\ln x)+\sin(\ln x)]+C$ (B) $\dfrac{x^2}{5}[\cos(\ln x)+2\sin(\ln x)]+C$

(C) $\dfrac{2x^2}{5}[\cos(\ln x)+\sin(\ln x)]+C$ (D) $\dfrac{x}{5}[2\cos(\ln x)+\sin(\ln x)]+C$

解
$$\int x\cos(\ln x)\mathrm{d}x=\dfrac{1}{2}\int\cos(\ln x)\mathrm{d}(x^2)$$
$$=\dfrac{x^2}{2}\cos(\ln x)-\dfrac{1}{2}\int x^2\,\mathrm{d}[\cos(\ln x)]$$
$$=\dfrac{x^2}{2}\cos(\ln x)+\dfrac{1}{2}\int x\,\sin(\ln x)\mathrm{d}x$$
$$=\dfrac{x^2}{2}\cos(\ln x)+\dfrac{1}{4}\int\sin(\ln x)\mathrm{d}(x^2)$$
$$=\dfrac{x^2}{2}\cos(\ln x)+\dfrac{x^2}{4}\sin(\ln x)-\dfrac{1}{4}\int x\cos(\ln x)\mathrm{d}x$$

则根据循环式可知 $\int x\cos(\ln x)\mathrm{d}x=\dfrac{2x^2}{5}\cos(\ln x)+\dfrac{x^2}{5}\sin(\ln x)+C.$

二、填空题

1. $\int\dfrac{x^3\mathrm{d}x}{\sqrt{1-x^4}\left(\sqrt{1+x^2}-\sqrt{1-x^2}\right)}=$ $\underline{-\dfrac{1}{2}\sqrt{1-x^2}+\dfrac{1}{2}\sqrt{1+x^2}+C}$.

解 $\int\dfrac{x^3\mathrm{d}x}{\sqrt{1-x^4}\left(\sqrt{1+x^2}-\sqrt{1-x^2}\right)}=\int\dfrac{x\left(\sqrt{1+x^2}+\sqrt{1-x^2}\right)}{2\sqrt{1-x^4}}\mathrm{d}x$

$$=\dfrac{1}{2}\int\dfrac{x}{\sqrt{1-x^2}}\mathrm{d}x+\dfrac{1}{2}\int\dfrac{x}{\sqrt{1+x^2}}\mathrm{d}x=-\dfrac{1}{4}\int\dfrac{1}{\sqrt{1-x^2}}\mathrm{d}(1-x^2)+$$

$$\dfrac{1}{4}\int\dfrac{1}{\sqrt{1+x^2}}\mathrm{d}(1+x^2)=-\dfrac{\sqrt{1-x^2}}{2}+\dfrac{\sqrt{1+x^2}}{2}+C$$

2. $\int\dfrac{\mathrm{d}x}{(1-x)\sqrt{2-x}}=$ $\underline{\ln\left|\dfrac{\sqrt{2-x}+1}{\sqrt{2-x}-1}\right|+C}$.

解 令 $\sqrt{2-x}=t, x=2-t^2, \mathrm{d}x=-2t\mathrm{d}t$，则

$$\int\dfrac{\mathrm{d}x}{(1-x)\sqrt{2-x}}=\int\dfrac{-2}{t^2-1}\mathrm{d}t=\int\left(\dfrac{1}{t+1}-\dfrac{1}{t-1}\right)\mathrm{d}t$$

$$=\ln\left|\dfrac{t+1}{t-1}\right|+C=\ln\left|\dfrac{\sqrt{2-x}+1}{\sqrt{2-x}-1}\right|+C$$

3. $\int x^3 \mathrm{e}^{x^2}\,\mathrm{d}x = \underline{\quad \dfrac{1}{2}x^2\mathrm{e}^{x^2} - \dfrac{1}{2}\mathrm{e}^{x^2} + C \quad}$.

解　$\int x^3 \mathrm{e}^{x^2}\,\mathrm{d}x = \dfrac{1}{2}\int x^2\,\mathrm{d}(\mathrm{e}^{x^2}) = \dfrac{1}{2}x^2\mathrm{e}^{x^2} - \dfrac{1}{2}\int \mathrm{e}^{x^2}\,\mathrm{d}(x^2) = \dfrac{1}{2}x^2\mathrm{e}^{x^2} - \dfrac{1}{2}\mathrm{e}^{x^2} + C$

4. 设积分 $\int \sqrt{1+x^2}\,f(x)\,\mathrm{d}x = \ln x + C$，$\int \dfrac{\mathrm{d}x}{f(x)} = \underline{\quad \dfrac{1}{3}(1+x^2)^{\frac{3}{2}} + C \quad}$.

解　依题意可知 $\sqrt{1+x^2}\,f(x) = \dfrac{1}{x}$，则 $f(x) = \dfrac{1}{x\sqrt{1+x^2}}$，因此

$$\int \dfrac{\mathrm{d}x}{f(x)} = \int x\sqrt{1+x^2}\,\mathrm{d}x = \dfrac{1}{2}\int \sqrt{1+x^2}\,\mathrm{d}(1+x^2) = \dfrac{1}{3}(1+x^2)^{\frac{3}{2}} + C$$

5. 设 $f'(\ln x) = 1 + x$，则 $f(x) = \underline{\quad x + \mathrm{e}^x + C \quad}$.

解　因为 $\int \dfrac{f'(\ln x)}{x}\,\mathrm{d}x = \int f'(\ln x)\,\mathrm{d}(\ln x) = f(\ln x) + C_1$，而

$$\int \dfrac{f'(\ln x)}{x}\,\mathrm{d}x = \int \dfrac{1+x}{x}\,\mathrm{d}x = \ln x + x + C_2$$

则有 $f(\ln x) = \ln x + x + C$，其中 $C = C_2 - C_1$ 为任意常数，因此 $f(x) = x + \mathrm{e}^x + C$.

三、计算题与证明题

1. 求 $\int \dfrac{x^3}{\sqrt{1+x^2}}\,\mathrm{d}x$.

解　$\displaystyle\int \dfrac{x^3}{\sqrt{1+x^2}}\,\mathrm{d}x = \int \dfrac{x(1+x^2) - x}{\sqrt{1+x^2}}\,\mathrm{d}x = \int x\sqrt{1+x^2}\,\mathrm{d}x - \int \dfrac{x}{\sqrt{1+x^2}}\,\mathrm{d}x$

$$= \dfrac{1}{2}\int \sqrt{1+x^2}\,\mathrm{d}(1+x^2) - \dfrac{1}{2}\int \dfrac{1}{\sqrt{1+x^2}}\,\mathrm{d}(1+x^2)$$

$$= \dfrac{1}{3}(1+x^2)^{\frac{3}{2}} - \sqrt{1+x^2} + C$$

2. 求 $\int \dfrac{\ln(2-x)}{x^2}\,\mathrm{d}x$.

解　$\displaystyle\int \dfrac{\ln(2-x)}{x^2}\,\mathrm{d}x = \int \ln(2-x)\,\mathrm{d}\left(-\dfrac{1}{x}\right) = -\dfrac{1}{x}\ln(2-x) + \int \dfrac{1}{x(x-2)}\,\mathrm{d}x$

$$= -\dfrac{1}{x}\ln(2-x) + \dfrac{1}{2}\int \left(\dfrac{1}{x-2} - \dfrac{1}{x}\right)\mathrm{d}x$$

$$= -\dfrac{1}{x}\ln(2-x) + \dfrac{1}{2}\ln\left|\dfrac{x-2}{x}\right| + C$$

3. 求 $\int \dfrac{x\mathrm{e}^x}{\sqrt{\mathrm{e}^x - 1}}\,\mathrm{d}x$.

解　令 $\sqrt{\mathrm{e}^x - 1} = t$，$x = \ln(t^2 + 1)$，$\mathrm{d}x = \dfrac{2t}{t^2+1}\,\mathrm{d}t$，则

$$\int \frac{x\mathrm{e}^x}{\sqrt{\mathrm{e}^x-1}}\mathrm{d}x = 2\int \ln(t^2+1)\mathrm{d}t = 2t\ln(t^2+1) - 4\int \frac{t^2}{t^2+1}\mathrm{d}t$$

$$= 2t\ln(t^2+1) - 4\int\left(1 - \frac{1}{t^2+1}\right)\mathrm{d}t$$

$$= 2t\ln(t^2+1) - 4t + 4\arctan t + C$$

$$= 2x\sqrt{\mathrm{e}^x-1} - 4\sqrt{\mathrm{e}^x-1} + 4\arctan\sqrt{\mathrm{e}^x-1} + C$$

4. 求 $\int x\cos^2 x\mathrm{d}x$.

解 $\int x\cos^2 x\mathrm{d}x = \frac{1}{2}\int x(1+\cos 2x)\mathrm{d}x = \frac{x^2}{4} + \frac{1}{4}\int x\mathrm{d}(\sin 2x)$

$$= \frac{x^2}{4} + \frac{1}{4}x\sin 2x - \frac{1}{4}\int \sin 2x\mathrm{d}x = \frac{x^2}{4} + \frac{1}{4}x\sin 2x + \frac{1}{8}\cos 2x + C$$

5. 求 $\int \dfrac{x\cos^4 \dfrac{x}{2}}{\sin^3 x}\mathrm{d}x$.

解 $\int \dfrac{x\cos^4 \dfrac{x}{2}}{\sin^3 x}\mathrm{d}x = \dfrac{1}{8}\int \dfrac{x\cos^4 \dfrac{x}{2}}{\sin^3 \dfrac{x}{2}\cos^3 \dfrac{x}{2}}\mathrm{d}x$

$$= \frac{1}{8}\int x\sin^{-3}\frac{x}{2}\cos\frac{x}{2}\mathrm{d}x = -\frac{1}{8}\int x\mathrm{d}\left(\sin^{-2}\frac{x}{2}\right)$$

$$= -\frac{1}{8}x\csc^2\frac{x}{2} + \frac{1}{8}\int \csc^2\frac{x}{2}\mathrm{d}x = -\frac{1}{8}x\csc^2\frac{x}{2} - \frac{1}{4}\cot\frac{x}{2} + C$$

6. 求 $\int \dfrac{x^2}{1+x^2}\arctan x\mathrm{d}x$.

解 $\int \dfrac{x^2}{1+x^2}\arctan x\mathrm{d}x = \int \arctan x\mathrm{d}x - \int \dfrac{\arctan x}{1+x^2}\mathrm{d}x$

其中 $\int \arctan x\mathrm{d}x = x\arctan x - \int \dfrac{x}{1+x^2}\mathrm{d}x$ （分部积分法）

$$\int \frac{\arctan x}{1+x^2}\mathrm{d}x = \int \arctan x\mathrm{d}(\arctan x) \quad \text{（凑微分积分）}$$

所以 $\int \dfrac{x^2}{1+x^2}\arctan x\mathrm{d}x = x\arctan x - \dfrac{1}{2}\ln(1+x^2) - \dfrac{1}{2}(\arctan x)^2 + C$

7. 求 $\int \dfrac{\mathrm{d}x}{x^2\sqrt[3]{x+1}}$.

解 令 $\sqrt[3]{x+1} = t, x = t^3 - 1, \mathrm{d}x = 3t^2\mathrm{d}t$,则

$$\int \frac{\mathrm{d}x}{x^2 \sqrt[3]{x+1}} = \int \frac{3t^2}{(t^3-1)^2 t}\mathrm{d}t = \int \frac{3t}{(t-1)^2(t^2+t+1)^2}\mathrm{d}t \quad （运用比较系数法）$$

$$= -\frac{1}{3}\int \frac{1}{(t-1)}\mathrm{d}t + \frac{1}{3}\int \frac{1}{(t-1)^2}\mathrm{d}t + \frac{1}{3}\int \frac{t+1}{(t^2+t+1)}\mathrm{d}t - \int \frac{1}{(t^2+t+1)^2}\mathrm{d}t$$

$$= -\frac{1}{3}\ln|t-1| - \frac{1}{3(t-1)} + \frac{1}{6}\int \frac{1}{(t^2+t+1)}\mathrm{d}(t^2+t+1) +$$

$$\frac{1}{6}\int \frac{1}{(t^2+t+1)}\mathrm{d}t - \int \frac{1}{(t^2+t+1)^2}\mathrm{d}t$$

$$= -\frac{1}{3}\ln|t-1| - \frac{1}{3(t-1)} + \frac{1}{6}\ln(t^2+t+1) +$$

$$\frac{1}{6}\int \frac{1}{(t^2+t+1)}\mathrm{d}t - \int \frac{1}{(t^2+t+1)^2}\mathrm{d}t$$

其中
$$\int \frac{1}{(t^2+t+1)^2}\mathrm{d}t = \frac{2}{3}\left[\frac{t+\frac{1}{2}}{(t^2+t+1)} + \int \frac{1}{(t^2+t+1)}\mathrm{d}t\right]$$

$$\int \frac{1}{(t^2+t+1)}\mathrm{d}t = \frac{2}{\sqrt{3}}\int \frac{1}{\left[\frac{2}{\sqrt{3}}\left(t+\frac{1}{2}\right)\right]^2+1}\mathrm{d}\left[\frac{2}{\sqrt{3}}\left(t+\frac{1}{2}\right)\right]$$

$$= \frac{2}{\sqrt{3}}\arctan\left[\frac{2}{\sqrt{3}}\left(t+\frac{1}{2}\right)\right] + C_1$$

所以
$$\int \frac{\mathrm{d}x}{x^2 \sqrt[3]{x+1}} = -\frac{1}{3}\ln|t-1| - \frac{1}{3(t-1)} + \frac{1}{6}\ln(t^2+t+1) -$$

$$\frac{1}{\sqrt{3}}\arctan\left[\frac{2}{\sqrt{3}}\left(t+\frac{1}{2}\right)\right] - \frac{2t+1}{3(t^2+t+1)} + C$$

$$= -\frac{1}{3}\ln\left|\sqrt[3]{x+1}-1\right| - \frac{1}{3(\sqrt[3]{x+1}-1)} +$$

$$\frac{1}{6}\ln\left(\sqrt[3]{(x+1)^2} + \sqrt[3]{x+1} + 1\right) -$$

$$\frac{1}{\sqrt{3}}\arctan\frac{2\sqrt[3]{x+1}+1}{\sqrt{3}} - \frac{2\sqrt[3]{x+1}+1}{3(\sqrt[3]{(x+1)^2} + \sqrt[3]{x+1} + 1)} + C$$

8. 设 $\frac{\ln x}{x}$ 是 $f(x)$ 的一个原函数，求 $\int x^2 f'(x)\mathrm{d}x$.

解 依题意 $f(x) = \left(\frac{\ln x}{x}\right)' = \frac{1-\ln x}{x^2}$，$f'(x) = \left(\frac{1-\ln x}{x^2}\right)' = \frac{2\ln x - 3}{x^3}$，则

$$\int x^2 f'(x)\mathrm{d}x = \int \frac{2\ln x - 3}{x}\mathrm{d}x = 2\int \ln x\mathrm{d}(\ln x) - 3\ln x = \ln^2 x - 3\ln x + C$$

9. 求 $\int \dfrac{\mathrm{d}x}{1+x^4}$.

解 $\int \dfrac{\mathrm{d}x}{1+x^4} = \dfrac{1}{2}\int \dfrac{x^2+1}{1+x^4}\mathrm{d}x - \dfrac{1}{2}\int \dfrac{x^2-1}{1+x^4}\mathrm{d}x = \dfrac{1}{2}\int \dfrac{1+\dfrac{1}{x^2}}{\dfrac{1}{x^2}+x^2}\mathrm{d}x - \dfrac{1}{2}\int \dfrac{1-\dfrac{1}{x^2}}{\dfrac{1}{x^2}+x^2}\mathrm{d}x$

$\qquad = \dfrac{1}{2}\int \dfrac{1}{\left(x-\dfrac{1}{x}\right)^2+2}\mathrm{d}\left(x-\dfrac{1}{x}\right) - \dfrac{1}{2}\int \dfrac{1}{\left(x+\dfrac{1}{x}\right)^2-2}\mathrm{d}\left(x+\dfrac{1}{x}\right)$

$\qquad = \dfrac{1}{2}\cdot A - \dfrac{1}{2}B$

令 $u = x - \dfrac{1}{x}$, 则

$$A = \int \dfrac{1}{u^2+2}\mathrm{d}u = \dfrac{\sqrt{2}}{2}\arctan \dfrac{u}{\sqrt{2}} + C_1$$

令 $v = x + \dfrac{1}{x}$, 则

$$B = \int \dfrac{1}{v^2-2}\mathrm{d}v = \dfrac{\sqrt{2}}{4}\ln\left|\dfrac{v-\sqrt{2}}{v+\sqrt{2}}\right| + C_2$$

因此 $\qquad \int \dfrac{\mathrm{d}x}{1+x^4} = \dfrac{\sqrt{2}}{4}\arctan\left(\dfrac{x^2-1}{\sqrt{2}x}\right) - \dfrac{\sqrt{2}}{8}\ln\left|\dfrac{x^2-\sqrt{2}x+1}{x^2+\sqrt{2}x+1}\right| + C$

10. 设 $I = \int \dfrac{\mathrm{d}x}{1+x^2}$, 证明 $\int \dfrac{\mathrm{d}x}{(1+x^2)^2} = \dfrac{x}{2(1+x^2)} + \dfrac{1}{2}I$, 从而计算积分 $\int \dfrac{\mathrm{d}x}{(1+x^2)^2}$.

证明 $\int \dfrac{\mathrm{d}x}{(1+x^2)^2} = \int \dfrac{1+x^2-x^2}{(1+x^2)^2}\mathrm{d}x = \int \dfrac{\mathrm{d}x}{1+x^2} - \int \dfrac{x^2}{(1+x^2)^2}\mathrm{d}x$

$\qquad = I - \dfrac{1}{2}\int \dfrac{x}{(1+x^2)^2}\mathrm{d}(1+x^2) = I + \dfrac{1}{2}\int x\,\mathrm{d}\left(\dfrac{1}{1+x^2}\right)$

$\qquad = I + \dfrac{x}{2(1+x^2)} - \dfrac{1}{2}\int \dfrac{1}{1+x^2}\mathrm{d}x = \dfrac{x}{2(1+x^2)} + \dfrac{1}{2}I$

证毕, 则

$$\int \dfrac{\mathrm{d}x}{(1+x^2)^2} = \dfrac{x}{2(1+x^2)} + \dfrac{1}{2}\int \dfrac{\mathrm{d}x}{1+x^2} = \dfrac{x}{2(1+x^2)} + \dfrac{1}{2}\arctan x + C$$

第6章 定积分

  定积分与不定积分构成一元函数积分学的全貌,为了进一步运用数学分析的方法解决实际问题,定积分的思想、概念、理论和计算方法是不可缺少的数学基础. 本章的基本知识结构是从实际问题引入定积分概念,然后建立一整套理论和微积分基本公式,从而完成各种计算方法的建立,最后给出微小元素的思想及步骤.

6.1 知识结构

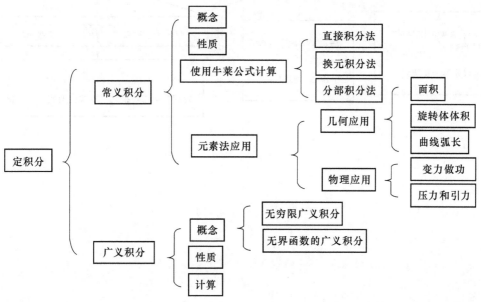

6.2 解题方法流程图

定积分的计算主要应用牛莱公式求解被积函数原函数的增量,所以解题关键在寻找正确的原函数.因此在第 5 章不定积分学习的各种求解原函数的方法,包括直接积分,换元积分和分部积分,都可以应用到定积分的求解中来,当然在使用过程中也要注意定积分和不定积分的不同之处.计算定积分的解题方法流程图如下.

常义定积分:

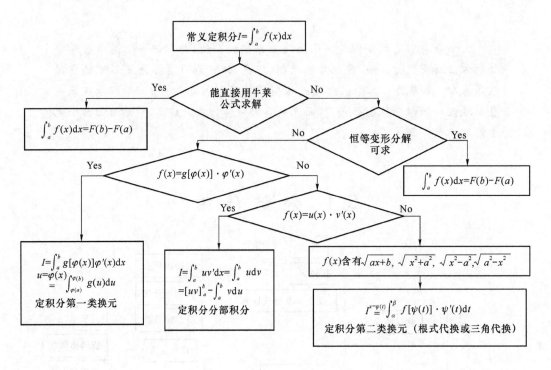

广义定积分：

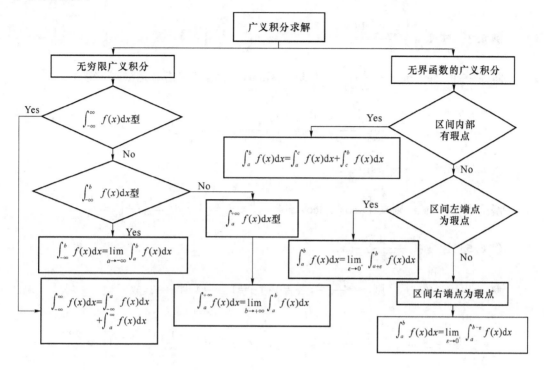

6.3 典型例题

例 6.1 $\displaystyle\int_{-2}^{-1}\frac{\mathrm{d}x}{x}$.

解 $\displaystyle\int_{-2}^{-1}\frac{1}{x}\mathrm{d}x = \Big[\ln|x|\,\Big]_{-2}^{-1} = \ln 1 - \ln 2 = -\ln 2$.

例 6.2 设 $f(x)$ 在 $[0,+\infty]$ 内连续且 $f(x)>0$，证明函数 $F(x)=\dfrac{\displaystyle\int_0^x tf(t)\mathrm{d}t}{\displaystyle\int_0^x f(t)\mathrm{d}t}$ 在

$(0,+\infty)$ 内为单调增加函数.

证明 $\dfrac{\mathrm{d}}{\mathrm{d}x}\displaystyle\int_0^x tf(t)\mathrm{d}t = xf(x)$，$\dfrac{\mathrm{d}}{\mathrm{d}x}\displaystyle\int_0^x f(t)\mathrm{d}t = f(x)$，故

$$F'(x) = \frac{xf(x)\displaystyle\int_0^x f(t)\mathrm{d}t - f(x)\displaystyle\int_0^x tf(t)\mathrm{d}t}{\left(\displaystyle\int_0^x f(t)\mathrm{d}t\right)^2} > 0$$

故 $F(x)$ 在 $(0,+\infty)$ 内为单调增加函数.

例 6.3 求 $\lim\limits_{x\to 0}\dfrac{\displaystyle\int_{\cos x}^{1}\mathrm{e}^{-t^2}\mathrm{d}t}{x^2}$.

解 $\dfrac{\mathrm{d}}{\mathrm{d}x}\displaystyle\int_{\cos x}^{1}\mathrm{e}^{-t^2}\mathrm{d}t=-\dfrac{\mathrm{d}}{\mathrm{d}x}\int_{1}^{\cos x}\mathrm{e}^{-t^2}\mathrm{d}t=\sin x\mathrm{e}^{-\cos^2 x}$,利用洛必达法则,得

$$\lim_{x\to 0}\frac{\displaystyle\int_{\cos x}^{1}\mathrm{e}^{-t^2}\mathrm{d}t}{x^2}=\lim_{x\to 0}\frac{\mathrm{e}^{-\cos^2 x}\sin x}{2x}=\frac{1}{2\mathrm{e}}$$

例 6.4 计算 $\displaystyle\int_{0}^{\frac{\pi}{2}}\cos^5 x\sin x\mathrm{d}x$.

解 设 $t=\cos x$,则 $-\displaystyle\int_{0}^{\frac{\pi}{2}}\cos^5 x\mathrm{d}\cos x=-\int_{1}^{0}t^5\mathrm{d}t=\int_{0}^{1}t^5\mathrm{d}t=\left[\frac{t^6}{6}\right]_{0}^{1}=\frac{1}{6}$.

例 6.5 计算 $\displaystyle\int_{0}^{4}\dfrac{x+2}{\sqrt{2x+1}}\mathrm{d}x$.

解 设 $t=\sqrt{2x+1}$,则 $x=\dfrac{t^2-1}{2}$, $x=0$ 时 $t=1$;$x=4$ 时 $t=3$,故

$$\int_{0}^{4}\frac{x+2}{\sqrt{2x+1}}\mathrm{d}x=\int_{1}^{3}\frac{\dfrac{t^2-1}{2}+2}{t}t\mathrm{d}t=\frac{1}{2}\int_{1}^{3}(t^2+3)\mathrm{d}t=\frac{1}{2}\left[\frac{t^3}{3}+3t\right]_{1}^{3}=\frac{22}{3}$$

例 6.6 若 $f(x)$ 在 $[0,1]$ 上连续,证明:

(1) $\displaystyle\int_{0}^{\frac{\pi}{2}}f(\sin x)\mathrm{d}x=\int_{0}^{\frac{\pi}{2}}f(\cos x)\mathrm{d}x$;

(2) $\displaystyle\int_{0}^{\pi}xf(\sin x)\mathrm{d}x=\frac{\pi}{2}\int_{0}^{\pi}f(\sin x)\mathrm{d}x$,由此计算 $\displaystyle\int_{0}^{\pi}\frac{x\sin x}{1+\cos^2 x}\mathrm{d}x$.

证明 (1) 设 $x=\dfrac{\pi}{2}-t$,则 $\mathrm{d}x=-\mathrm{d}t$,且当 $x=0$ 时,$t=\dfrac{\pi}{2}$;当 $x=\dfrac{\pi}{2}$ 时 $t=0$,故

$$\int_{0}^{\frac{\pi}{2}}f(\sin x)\mathrm{d}x=-\int_{\frac{\pi}{2}}^{0}f\left[\sin\left(\frac{\pi}{2}-t\right)\right]\mathrm{d}t=\int_{0}^{\frac{\pi}{2}}f(\cos t)\mathrm{d}t=\int_{0}^{\frac{\pi}{2}}f(\cos x)\mathrm{d}x$$

(2) 设 $x=\pi-t$,则

$$\int_{0}^{\pi}xf(\sin x)\mathrm{d}x=\int_{\pi}^{0}(\pi-t)f[\sin(\pi-t)]\mathrm{d}(-t)=\int_{0}^{\pi}\pi f(\sin t)\mathrm{d}t-\int_{0}^{\pi}tf(\sin t)\mathrm{d}t$$

所以 $\displaystyle\int_{0}^{\pi}xf(\sin x)\mathrm{d}x=\frac{\pi}{2}\int_{0}^{\pi}f(\sin x)\mathrm{d}x$,利用此公式可得

$$\int_{0}^{\pi}\frac{x\sin x}{1+\cos^2 x}\mathrm{d}x=\frac{\pi}{2}\int_{0}^{\pi}\frac{\sin x}{1+\cos^2 x}\mathrm{d}x$$

$$=-\frac{\pi}{2}\int_{0}^{\pi}\frac{1}{1+\cos^2 x}\mathrm{d}(\cos x)=-\frac{\pi}{2}\Big[\arctan(\cos x)\Big]_{0}^{\pi}=\frac{\pi^2}{4}$$

例 6.7 设函数 $f(x) = \begin{cases} x\mathrm{e}^{-x^2}, & x \geqslant 0 \\ \dfrac{1}{1+\cos x}, & -1 < x < 0 \end{cases}$,计算 $\displaystyle\int_1^4 f(x-2)\,\mathrm{d}x$.

解 设 $x-2=t$,则

$$\int_1^4 f(x-2)\,\mathrm{d}x = \int_{-1}^2 f(t)\,\mathrm{d}t = \int_{-1}^0 f(t)\,\mathrm{d}t + \int_0^2 f(t)\,\mathrm{d}t$$

$$= \int_{-1}^0 \frac{1}{1+\cos t}\,\mathrm{d}t + \int_0^2 t\mathrm{e}^{-t^2}\,\mathrm{d}t = \tan\frac{1}{2} - \frac{1}{2}\mathrm{e}^{-4} + \frac{1}{2}$$

例 6.8 $\displaystyle\int_0^{\frac{1}{2}} \arcsin x\,\mathrm{d}x$.

解 设 $u = \arcsin x, v = x$,则

$$\int_0^{\frac{1}{2}} \arcsin x\,\mathrm{d}x = \left[x\arcsin x \right]_0^{\frac{1}{2}} - \int_0^{\frac{1}{2}} x\,\frac{1}{\sqrt{1-x^2}}\,\mathrm{d}x$$

$$= \frac{1}{2}\arcsin\frac{1}{2} + \frac{1}{2}\int_0^{\frac{1}{2}} \frac{\mathrm{d}(1-x^2)}{\sqrt{1-x^2}} = \frac{\pi}{12} + \frac{\sqrt{3}}{2} - 1$$

例 6.9 计算 $\displaystyle\int_0^4 \mathrm{e}^{\sqrt{x}}\,\mathrm{d}x$.

解 设 $\sqrt{x} = t$,则

$$\int_0^4 \mathrm{e}^{\sqrt{x}}\,\mathrm{d}x = \int_0^2 \mathrm{e}^t\,\mathrm{d}(t^2) = 2\int_0^2 t\mathrm{e}^t\,\mathrm{d}t = 2\int_0^2 t\,\mathrm{d}(\mathrm{e}^t) = 2\left[t\mathrm{e}^t \right]_0^2 - 2\int_0^2 \mathrm{e}^t\,\mathrm{d}t$$

$$= 4\mathrm{e}^2 - 2(\mathrm{e}^2 - 1) = 2(\mathrm{e}^2 + 1)$$

例 6.10 计算广义积分 $\displaystyle\int_0^{+\infty} t\mathrm{e}^{-pt}\,\mathrm{d}t$（$p$ 是常数,且 $p > 0$）.

解 $\displaystyle\int_0^{+\infty} t\mathrm{e}^{-pt}\,\mathrm{d}t = \lim_{b\to+\infty}\int_0^b t\mathrm{e}^{-pt}\,\mathrm{d}t = \lim_{b\to+\infty}\left\{ \left[-\frac{t}{p}\mathrm{e}^{-pt} \right]_0^b + \frac{1}{p}\int_0^b \mathrm{e}^{-pt}\,\mathrm{d}t \right\}$

$$= \left[-\frac{t}{p}\mathrm{e}^{-pt} \right]_0^{+\infty} - \frac{1}{p^2}\left[\mathrm{e}^{-pt} \right]_0^{+\infty} = -\frac{1}{p}\lim_{t\to+\infty} t\mathrm{e}^{-pt} - 0 - \frac{1}{p^2}(0-1) = \frac{1}{p^2}$$

例 6.11 证明广义积分 $\displaystyle\int_a^b \frac{\mathrm{d}x}{(x-a)^q}$ 当 $q < 1$ 时收敛;当 $q \geqslant 1$ 时发散.

证明 当 $q = 1$ 时,$\displaystyle\int_a^b \frac{\mathrm{d}x}{x-a} = \left[\ln(x-a) \right]_a^b = +\infty$,发散.

当 $q \neq 1$ 时,$\displaystyle\int_a^b \frac{\mathrm{d}x}{(x-a)^q} = \left[\frac{(x-a)^{1-q}}{1-q} \right]_a^b = \begin{cases} \dfrac{(b-a)^{1-q}}{1-q}, & q < 1 \\ +\infty, & q > 1 \end{cases}$,命题得证.

例 6.12 计算抛物线 $y^2 = 2x$ 与直线 $y = x-4$ 所围成的图形面积.

解 (1)先画所围的图形简图：

解方程 $\begin{cases} y^2=2x \\ y=x-4 \end{cases}$，得交点$(2,-2)$和$(8,4)$，如图 6.1 所示.

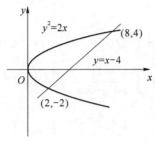

图 6.1

(2) 选择积分变量并确定积分区间：选取 x 为积分变量，则 $0 \leqslant x \leqslant 8$.

(3) 给出面积元素：

在 $0 \leqslant x \leqslant 2$ 上，$dA = [\sqrt{2x} - (-\sqrt{2x})]dx = 2\sqrt{2x}\,dx$；在 $2 \leqslant x \leqslant 8$ 上，$dA = [\sqrt{2x} - (x-4)]dx = (4+\sqrt{2x}-x)dx$.

(4) 列定积分表达式，并计算：

$$A = \int_0^2 2\sqrt{2x}\,dx + \int_2^8 [4 + \sqrt{2x} - x]dx$$

$$= \left[\frac{4\sqrt{2}}{3}x^{\frac{3}{2}}\right]_0^2 + \left[4x + \frac{2\sqrt{2}}{3}x^{\frac{3}{2}} - \frac{1}{2}x^2\right]_2^8 = 18$$

另解 若选取 y 为积分变量，则 $-2 \leqslant y \leqslant 4$，$dA = \left[(y+4) - \frac{1}{2}y^2\right]dy$，得

$$A = \int_{-2}^4 (y+4-\frac{1}{2}y^2)dy = \left[\frac{y^2}{2} + 4y - \frac{y^3}{6}\right]_{-2}^4 = 18$$

显然，解法二较简洁，这表明积分变量的选取有个合理性的问题.

例 6.13 求由曲线 $y = \frac{r}{h} \cdot x$ 及直线 $x = h(h>0)$ 和 x 轴所围成的三角形绕 x 轴旋转而生成的立体的体积，如图 6.2 所示.

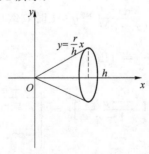

图 6.2

解 取 x 为积分变量,则 $x \in [0, h]$:

$$V = \int_0^h \pi \left(\frac{r}{h} x \right)^2 \mathrm{d}x = \frac{\pi \cdot r^2}{h^2} \int_0^h x^2 \, \mathrm{d}x = \frac{\pi}{3} r^2 h$$

6.4 教材习题选解

习题 6.1

2. 利用定积分的性质说明下列积分哪一个较大:

(1) $\int_0^1 x^3 \mathrm{d}x$ 还是 $\int_0^1 x^4 \mathrm{d}x$;   (3) $\int_0^1 \mathrm{e}^x \mathrm{d}x$ 还是 $\int_0^1 \mathrm{e}^{2x} \mathrm{d}x$.

解 (1) 当 $x \in [0,1]$,$x^3 \geqslant x^4$,则 $\int_0^1 x^3 \mathrm{d}x \geqslant \int_0^1 x^4 \mathrm{d}x$.

(3) 当 $x \in [0,1]$,$\mathrm{e}^x \leqslant \mathrm{e}^{2x}$,则 $\int_0^1 \mathrm{e}^x \mathrm{d}x \leqslant \int_0^1 \mathrm{e}^{2x} \mathrm{d}x$.

3. 利用定积分的性质估计下列各积分的值

(2) $\int_{\frac{\pi}{4}}^{\frac{5\pi}{4}} (1 + \sin^2 x) \mathrm{d}x$;   (4) $\int_0^2 \mathrm{e}^{x^2 - x} \mathrm{d}x$.

解 (2) 当 $x \in \left[\frac{\pi}{4}, \frac{5\pi}{4} \right]$,$1 \leqslant \sin^2 x + 1 \leqslant 2$,则 $1 \cdot \pi \leqslant \int_{\frac{\pi}{4}}^{\frac{5\pi}{4}} (\sin^2 x + 1) \mathrm{d}x \leqslant 2 \cdot \pi$.

(4) 当 $x \in [0,2]$,$-\frac{1}{4} \leqslant x^2 - x \leqslant 2$,则 $\mathrm{e}^{-\frac{1}{4}} \cdot 2 \leqslant \int_0^2 \mathrm{e}^{x^2 - x} \mathrm{d}x \leqslant \mathrm{e}^2 \cdot 2$.

习题 6.2

2. 试求函数 $y = \int_0^{z^2} \frac{\mathrm{d}t}{(1 + t^{100})^2}$ 在 $z = 1$ 处的导数.

解 因 $y' = \frac{\mathrm{d}}{\mathrm{d}z} \int_0^{z^2} \frac{\mathrm{d}t}{(1 + t^{100})^2} = \frac{2z}{(1 + z^{200})^2}$,则 $y'(1) = \frac{2}{4} = \frac{1}{2}$.

4. 设函数 $y = \int_{x^4}^{x^3} \frac{\mathrm{d}t}{\sqrt{1 + t^4}}$,求 $\frac{\mathrm{d}y}{\mathrm{d}x}$.

解
$$\frac{\mathrm{d}y}{\mathrm{d}x} = \frac{\mathrm{d}}{\mathrm{d}x} \int_{x^4}^{x^3} \frac{\mathrm{d}t}{\sqrt{1 + t^4}} = \frac{\mathrm{d}}{\mathrm{d}x} \int_0^{x^3} \frac{\mathrm{d}t}{\sqrt{1 + t^4}} - \frac{\mathrm{d}}{\mathrm{d}x} \int_0^{x^4} \frac{\mathrm{d}t}{\sqrt{1 + t^4}}$$
$$= \frac{3x^2}{\sqrt{1 + x^{12}}} - \frac{4x^3}{\sqrt{1 + x^{16}}}$$

6. 试求由 $\int_0^y \mathrm{e}^{t^3} \mathrm{d}t + \int_0^x \cos t^2 \mathrm{d}t = 0$ 所确定的隐函数对于 x 的导数 y'.

解 对方程两端分别关于 x 求导得
$$\frac{\mathrm{d}}{\mathrm{d}x} \int_0^y \mathrm{e}^{t^3} \mathrm{d}t + \frac{\mathrm{d}}{\mathrm{d}x} \int_0^x \cos t^2 \mathrm{d}t = 0$$

即 $e^{y^3} \cdot y' + \cos x^2 = 0$，因此 $y' = -\dfrac{\cos x^2}{e^{y^3}}$.

7. 求下列极限 (1) $\lim\limits_{x \to 0} \dfrac{\displaystyle\int_0^x \cos(1 - e^t)\,dt}{x}$；

$\qquad\qquad\qquad$ (3) $\lim\limits_{x \to +\infty} \dfrac{\left(\displaystyle\int_0^x e^{t^2}\,dt\right)^2}{\displaystyle\int_0^x e^{2t^2}\,dt}$.

解 此题目考察的是未定式极限的洛必达法则和变限积分求导相结合的方法：

(1) $\lim\limits_{x \to 0} \dfrac{\displaystyle\int_0^x \cos(1 - e^t)\,dt}{x} = \lim\limits_{x \to 0} \dfrac{\left(\displaystyle\int_0^x \cos(1 - e^t)\,dt\right)'}{x'} = \lim\limits_{x \to 0} \dfrac{\cos(1 - e^x)}{1} = 1$

(3) $\lim\limits_{x \to +\infty} \dfrac{\left(\displaystyle\int_0^x e^{t^2}\,dt\right)^2}{\displaystyle\int_0^x e^{2t^2}\,dt} = \lim\limits_{x \to +\infty} \dfrac{\left[\left(\displaystyle\int_0^x e^{t^2}\,dt\right)^2\right]'}{\left(\displaystyle\int_0^x e^{2t^2}\,dt\right)'} = \lim\limits_{x \to +\infty} \dfrac{2e^{x^2}\displaystyle\int_0^x e^{t^2}\,dt}{e^{2x^2}} = \lim\limits_{x \to +\infty} \dfrac{2\displaystyle\int_0^x e^{t^2}\,dt}{e^{x^2}}$

$\qquad\qquad = \lim\limits_{x \to +\infty} \dfrac{\left(2\displaystyle\int_0^x e^{t^2}\,dt\right)'}{(e^{x^2})'} = \lim\limits_{x \to +\infty} \dfrac{2e^{x^2}}{2xe^{x^2}} = 0$

8. 利用牛顿-莱布尼茨公式计算下列定积分.

(4) $\displaystyle\int_1^2 \left(x + \dfrac{1}{x}\right)^2 dx$；　　　　(8) $\displaystyle\int_3^{3\sqrt{3}} \dfrac{dx}{9 + x^2}$；　　　　(12) $\displaystyle\int_0^{\frac{\pi}{2}} \sin^3 x \cos x\,dx$；

(13) $\displaystyle\int_0^{\pi} (1 - \sin^3 x)\,dx$；　　　　(15) $\displaystyle\int_{-\pi}^{\pi} \sin^2 kx\,dx$，（其中 k 为正整数）；

(16) $\displaystyle\int_0^{\frac{\pi}{4}} x \arctan x\,dx$；　　　　(17) $f(x) = |x - 1|$，求 $\displaystyle\int_0^2 f(x)\,dx$.

解 (4) $\displaystyle\int_1^2 \left(x + \dfrac{1}{x}\right)^2 dx = \int_1^2 \left(x^2 + 2 + \dfrac{1}{x^2}\right)dx = \left[\dfrac{1}{3}x^3 + 2x - \dfrac{1}{x}\right]_1^2 = \dfrac{37}{6} - \dfrac{4}{3} = \dfrac{29}{6}$

(8) $\displaystyle\int_3^{3\sqrt{3}} \dfrac{dx}{9 + x^2} = \left[\dfrac{1}{3}\arctan\dfrac{x}{3}\right]_3^{3\sqrt{3}} = \dfrac{\pi}{9} - \dfrac{\pi}{12} = \dfrac{\pi}{36}$

(12) $\displaystyle\int_0^{\frac{\pi}{2}} \sin^3 x \cos x\,dx = \left[\dfrac{\sin^4 x}{4}\right]_0^{\frac{\pi}{2}} = \dfrac{1}{4}$

(13) $\displaystyle\int_0^{\pi} (1 - \sin^3 x)\,dx = \int_0^{\pi} dx - \int_0^{\pi} (1 - \cos^2 x)\sin x\,dx$

$\qquad\qquad = \left[x + \cos x - \dfrac{\cos^3 x}{3}\right]_0^{\pi} = \pi - \dfrac{4}{3}$

(15) $\displaystyle\int_{-\pi}^{\pi} \sin^2 kx\,dx = \dfrac{1}{2}\int_{-\pi}^{\pi} (1 - \cos 2kx)\,dx = \dfrac{1}{2}\left[x - \dfrac{1}{2k}\sin 2kt\right]_{-\pi}^{\pi} = \pi$

(16) $\displaystyle\int_0^{\frac{\pi}{4}} x \arctan x\,dx = \dfrac{1}{2}\left[x^2 \arctan x - x + \arctan x\right]_0^{\frac{\pi}{4}} = \left(\dfrac{\pi^2}{32} + \dfrac{1}{2}\right)\arctan\dfrac{\pi}{4} - \dfrac{\pi}{8}$

$(17) \int_0^2 f(x)\mathrm{d}x = \int_0^1 (1-x)\mathrm{d}x + \int_1^2 (x-1)\mathrm{d}x = \left[x - \frac{1}{2}x^2\right]_0^1 + \left[\frac{1}{2}x^2 - x\right]_1^2 = 1$

习题 6.3

1. 用第一换元法计算下列定积分：

$(1) \int_{-\frac{7}{4}}^0 \frac{\mathrm{d}x}{\sqrt[3]{1-4x}}$；　　$(3) \int_0^{\ln 2} \mathrm{e}^{-2x}\mathrm{d}x$；　　$(5) \int_{-\frac{\sqrt{2}}{4}}^{\frac{\sqrt{2}}{4}} \frac{(1+x^3)}{\sqrt{1-4x^2}}\mathrm{d}x$；　　$(7) \int_1^2 \frac{x\mathrm{d}x}{1+x^2}$；

$(9) \int_1^{\sqrt[4]{3}} \frac{x\mathrm{d}x}{\sqrt{4-x^4}}$；　　$(11) \int_1^{\mathrm{e}^4} \frac{\mathrm{d}x}{x\ \sqrt{\ln x}}$；　$(13) \int_{\frac{1}{2}}^1 \frac{\mathrm{d}x}{\arcsin x\ \sqrt{1-x^2}}$；

$(15) \int_0^1 \frac{\mathrm{d}x}{\mathrm{e}^x + \mathrm{e}^{-x}}$；　　$(17) \int_0^{\frac{\pi}{2}} \sin^2 x\mathrm{d}x$；　$(19) \int_1^3 \frac{\mathrm{d}x}{x+x^2}$.

解　$(1) \int_{-\frac{7}{4}}^0 \frac{\mathrm{d}x}{\sqrt[3]{1-4x}} = -\frac{1}{4}\int_{-\frac{7}{4}}^0 (1-4x)^{-\frac{1}{3}}\mathrm{d}(1-4x)$

$$\overset{u=1-4x}{=} -\frac{1}{4}\int_8^1 u^{-\frac{1}{3}}\mathrm{d}u = \left[-\frac{3}{8}u^{\frac{2}{3}}\right]_8^1 = \frac{9}{8}$$

$(3) \int_0^{\ln 2} \mathrm{e}^{-2x}\mathrm{d}x = -\frac{1}{2}\int_0^{\ln 2} \mathrm{e}^{-2x}\mathrm{d}(-2x) \overset{u=-2x}{=} -\frac{1}{2}\int_0^{-2\ln 2} \mathrm{e}^u\mathrm{d}u = \left[-\frac{1}{2}\mathrm{e}^u\right]_0^{-2\ln 2} = \frac{3}{8}$

$(5) \int_{-\frac{\sqrt{2}}{4}}^{\frac{\sqrt{2}}{4}} \frac{(1+x^3)\mathrm{d}x}{\sqrt{1-4x^2}} = \int_{-\frac{\sqrt{2}}{4}}^{\frac{\sqrt{2}}{4}} \frac{\mathrm{d}x}{\sqrt{1-4x^2}} + \int_{-\frac{\sqrt{2}}{4}}^{\frac{\sqrt{2}}{4}} \frac{x^3\,\mathrm{d}x}{\sqrt{1-4x^2}}$

$$= 2\int_0^{\frac{\sqrt{2}}{4}} \frac{\mathrm{d}x}{\sqrt{1-4x^2}} \overset{u=2x}{=} \int_0^{\frac{\sqrt{2}}{2}} \frac{1}{\sqrt{1-u^2}}\mathrm{d}u = \left[\arcsin u\right]_0^{\frac{\sqrt{2}}{2}} = \frac{\pi}{4}$$

$(7) \int_1^2 \frac{x\mathrm{d}x}{1+x^2} = \frac{1}{2}\int_1^2 \frac{1}{x^2+1}\mathrm{d}(x^2+1) \overset{u=x^2+1}{=} \frac{1}{2}\int_2^5 \frac{1}{u}\mathrm{d}u$

$$= \left[\frac{1}{2}\ln|u|\right]_2^5 = \frac{1}{2}(\ln 5 - \ln 2)$$

$(9) \int_1^{\sqrt[4]{3}} \frac{x\mathrm{d}x}{\sqrt{4-x^4}} = \frac{1}{2}\int_1^{\sqrt[4]{3}} \frac{1}{\sqrt{1-\left(\frac{x^2}{2}\right)^2}}\mathrm{d}\left(\frac{x^2}{2}\right) \overset{u=\frac{x^2}{2}}{=} \frac{1}{2}\int_{\frac{1}{2}}^{\frac{\sqrt{3}}{2}} \frac{1}{\sqrt{1-u^2}}\mathrm{d}u$

$$= \left[\frac{1}{2}\arcsin u\right]_{\frac{1}{2}}^{\frac{\sqrt{3}}{2}} = \frac{\pi}{12}$$

$(11) \int_1^{\mathrm{e}^4} \frac{\mathrm{d}x}{x\ \sqrt{\ln x}} = \int_1^{\mathrm{e}^4} (\ln x)^{-\frac{1}{2}}\mathrm{d}(\ln x) \overset{u=\ln x}{=} \int_0^4 u^{-\frac{1}{2}}\mathrm{d}u = \left[2u^{\frac{1}{2}}\right]_0^4 = 4$

$(13) \int_{\frac{1}{2}}^1 \frac{\mathrm{d}x}{\arcsin x\ \sqrt{1-x^2}} = \int_{\frac{1}{2}}^1 \frac{1}{\arcsin x}\mathrm{d}(\arcsin x) \overset{u=\arcsin x}{=} \int_{\frac{\pi}{6}}^{\frac{\pi}{2}} \frac{1}{u}\mathrm{d}u$

$$= \left[\ln|u|\right]_{\frac{\pi}{6}}^{\frac{\pi}{2}} = \ln 3$$

$(15)\ \displaystyle\int_0^1 \frac{\mathrm{d}x}{\mathrm{e}^x+\mathrm{e}^{-x}} \overset{u=\mathrm{e}^x}{=} \int_1^{\mathrm{e}} \frac{1}{u^2+1}\mathrm{d}u = \Big[\arctan u\Big]_1^{\mathrm{e}} = \arctan \mathrm{e} - \frac{\pi}{4}$

$(17)\ \displaystyle\int_0^{\frac{\pi}{2}} \sin^2 x\,\mathrm{d}x = \frac{1}{2}\int_0^{\frac{\pi}{2}}(1-\cos 2x)\,\mathrm{d}x \overset{u=2x}{=} \frac{1}{4}\int_0^{\pi}(1-\cos u)\,\mathrm{d}u$

$\qquad\qquad = \Big[\frac{1}{4}(u-\sin u)\Big]_0^{\pi} = \frac{\pi}{4}$

$(19)\ \displaystyle\int_1^3 \frac{\mathrm{d}x}{x+x^2} = \int_1^3\Big(\frac{1}{x}-\frac{1}{1+x}\Big)\mathrm{d}x = \Big[\ln\Big|\frac{x}{1+x}\Big|\,\Big]_1^3 = \ln\frac{3}{2}$

2. 用第二换元法计算下列定积分：

$(2)\ \displaystyle\int_0^1 \frac{\mathrm{d}x}{\sqrt{(x^2+1)^3}}$；$\qquad (4)\ \displaystyle\int_2^{2\sqrt{3}} \frac{\mathrm{d}x}{x^2\,\sqrt{x^2+4}}$；$\qquad (6)\ \displaystyle\int_0^4 \frac{x}{\sqrt{x}+1}\mathrm{d}x$；

$(8)\ \displaystyle\int_{-\frac{3}{5}}^1 \sqrt{\frac{1-x}{1+x}}\,\frac{\mathrm{d}x}{x}$；$\qquad (10)\ \displaystyle\int_1^2 \frac{x\,\mathrm{d}x}{\sqrt{1+x^4}}$.

解 $(2)\ \displaystyle\int_0^1 \frac{\mathrm{d}x}{\sqrt{(x^2+1)^3}} \overset{x=\tan t}{=} \int_0^{\frac{\pi}{4}}\cos t\,\mathrm{d}t = \Big[\sin t\Big]_0^{\frac{\pi}{4}} = \frac{\sqrt{2}}{2}$

$(4)\ \displaystyle\int_2^{2\sqrt{3}} \frac{\mathrm{d}x}{x^2\,\sqrt{x^2+4}} \overset{x=2\tan t}{=} \frac{1}{4}\int_{\frac{\pi}{4}}^{\frac{\pi}{3}}\frac{\cos t}{\sin^2 t}\mathrm{d}t = \Big[\frac{-1}{4\sin t}\Big]_{\frac{\pi}{4}}^{\frac{\pi}{3}} = \frac{3\sqrt{2}-2\sqrt{3}}{12}$

$(6)\ \displaystyle\int_0^4 \frac{x}{\sqrt{x}+1}\mathrm{d}x \overset{x=t^2}{=} \int_0^2 \frac{2t^3}{t+1}\mathrm{d}t = 2\int_0^2\Big(t^2-t+1-\frac{1}{t+1}\Big)\mathrm{d}t$

$\qquad\qquad = 2\Big[\frac{t^3}{3}-\frac{t^2}{2}+t-\ln|1+t|\,\Big]_0^2 = \frac{16}{3}-2\ln 3$

(8) 令 $\sqrt{\dfrac{1-x}{1+x}}=t, x=\dfrac{1-t^2}{1+t^2}, \mathrm{d}x = \dfrac{-4t}{(1+t^2)^2}\mathrm{d}t$，则

$\qquad \displaystyle\int_{-\frac{3}{5}}^1 \sqrt{\frac{1-x}{1+x}}\,\frac{\mathrm{d}x}{x} = -4\int_2^0 \frac{t^2}{(1-t^2)(1+t^2)}\mathrm{d}t = -2\int_2^0\Big(\frac{1}{1-t^2}-\frac{1}{1+t^2}\Big)\mathrm{d}t$

$\qquad\qquad = \Big[2\arctan t+\ln\Big|\frac{1-t}{1+t}\Big|\,\Big]_2^0 = \ln 3 - 2\arctan 2$

$(10)\ \displaystyle\int_1^2 \frac{x\,\mathrm{d}x}{\sqrt{1+x^4}} \overset{x=\sqrt{\tan t}}{=} \frac{1}{2}\int_{\frac{\pi}{4}}^{\arctan 4} \frac{\mathrm{d}(\tan t)}{\sqrt{1+\tan^2 t}} = \frac{1}{2}\int_{\frac{\pi}{4}}^{\arctan 4}\sec t\,\mathrm{d}t$

$\qquad\qquad = \frac{1}{2}\Big[\ln|\sec t+\tan t|\,\Big]_{\frac{\pi}{4}}^{\arctan 4} = \frac{1}{2}\ln\frac{4+\sqrt{17}}{1+\sqrt{2}}$

习题 6.4

用分部积分法求下列定积分：

$(1)\ \displaystyle\int_0^1 x\mathrm{e}^{-x}\mathrm{d}x$；$\qquad\qquad (3)\ \displaystyle\int_1^{\mathrm{e}} x\ln x\,\mathrm{d}x$；$\qquad\qquad (5)\ \displaystyle\int_{\frac{\pi}{4}}^{\frac{\pi}{3}} \frac{x\,\mathrm{d}x}{\sin^2 x}$；

$(7)\ \displaystyle\int_0^{\mathrm{e}-1} x\ln(x+1)\mathrm{d}x$；$\qquad (9)\ \displaystyle\int_0^{\frac{1}{2}} x\arcsin x\,\mathrm{d}x$.

解 (1) $\int_0^1 x\mathrm{e}^{-x}\mathrm{d}x = \int_0^1 x\mathrm{d}(-\mathrm{e}^{-x}) = \left[-x\mathrm{e}^{-x}\right]_0^1 + \int_0^1 \mathrm{e}^{-x}\mathrm{d}x$

$$= -\mathrm{e}^{-1} + \left[-\mathrm{e}^{-x}\right]_0^1 = 1 - 2\mathrm{e}^{-1}$$

(3) $\int_1^\mathrm{e} x\ln x\mathrm{d}x = \frac{1}{2}\int_1^\mathrm{e} \ln x\mathrm{d}(x^2) = \left[\frac{1}{2}x^2\ln x\right]_1^\mathrm{e} - \frac{1}{2}\int_1^\mathrm{e} x\mathrm{d}x$

$$= \frac{1}{2}\mathrm{e}^2 - \left[\frac{1}{4}x^2\right]_1^\mathrm{e} = \frac{\mathrm{e}^2+1}{4}$$

(5) $\int_{\frac{\pi}{4}}^{\frac{\pi}{3}} \frac{x\mathrm{d}x}{\sin^2 x} = \int_{\frac{\pi}{4}}^{\frac{\pi}{3}} x\mathrm{d}(-\cot x) = \left[-x\cot x\right]_{\frac{\pi}{4}}^{\frac{\pi}{3}} + \int_{\frac{\pi}{4}}^{\frac{\pi}{3}} \cot x\mathrm{d}x$

$$= \frac{\pi}{4} - \frac{\sqrt{3}\pi}{9} + \left[\ln|\sin x|\right]_{\frac{\pi}{4}}^{\frac{\pi}{3}} = \frac{9\pi - 4\sqrt{3}\pi}{36} + \ln\frac{\sqrt{6}}{2}$$

(7) $\int_0^{\mathrm{e}-1} x\ln(x+1)\mathrm{d}x = \int_0^{\mathrm{e}-1} \ln(x+1)\mathrm{d}\left(\frac{x^2}{2}\right)$

$$= \left[\frac{x^2\ln(x+1)}{2}\right]_0^{\mathrm{e}-1} - \frac{1}{2}\int_0^{\mathrm{e}-1}\left(x - 1 + \frac{1}{x+1}\right)\mathrm{d}x$$

$$= \frac{(\mathrm{e}-1)^2}{2} - \frac{1}{2}\left[\frac{x^2}{2} - x + \ln(x+1)\right]_0^{\mathrm{e}-1}$$

$$= \frac{1}{4}\left[(\mathrm{e}-1)^2 + 2(\mathrm{e}-1) - 2\right]$$

(9) $\int_0^{\frac{1}{2}} x\arcsin x\mathrm{d}x = \int_0^{\frac{1}{2}} \arcsin x\mathrm{d}\left(\frac{x^2}{2}\right) = \left[\frac{x^2\arcsin x}{2}\right]_0^{\frac{1}{2}} - \frac{1}{2}\int_0^{\frac{1}{2}} \frac{x^2}{\sqrt{1-x^2}}\mathrm{d}x$

其中 $\displaystyle\int_0^{\frac{1}{2}} \frac{x^2}{\sqrt{1-x^2}}\mathrm{d}x \overset{x=\sin t}{=\!=\!=} \int_0^{\frac{\pi}{6}} \sin^2 t\mathrm{d}t = \left[\frac{2t - \sin 2t}{4}\right]_0^{\frac{\pi}{6}} = \frac{\pi}{12} - \frac{\sqrt{3}}{8}$

因此 $\displaystyle\int_0^{\frac{1}{2}} x\arcsin x\mathrm{d}x = \frac{\pi}{48} - \frac{1}{2}\left(\frac{\pi}{12} - \frac{\sqrt{3}}{8}\right) = \frac{\sqrt{3}}{16} - \frac{\pi}{48}$

习题 6.5

1. 计算下列广义积分并判断它的敛散性：

(2) $\displaystyle\int_1^{+\infty} \frac{\mathrm{d}x}{\sqrt{x}}$；   (4) $\displaystyle\int_0^{+\infty} x\mathrm{e}^{-x^2}\mathrm{d}x$；   (6) $\displaystyle\int_\mathrm{e}^{+\infty} \frac{\ln x}{x}\mathrm{d}x$；

(8) $\displaystyle\int_{-\infty}^{+\infty} \frac{\mathrm{d}x}{1+x^2}$；   (10) $\displaystyle\int_1^{+\infty} \frac{\mathrm{d}x}{x^2(1+x)}$.

解 (2) $\displaystyle\int_1^{+\infty} \frac{\mathrm{d}x}{\sqrt{x}} = \left[2\sqrt{x}\right]_1^{+\infty} = +\infty$，发散.

(4) $\displaystyle\int_0^{+\infty} x\mathrm{e}^{-x^2}\mathrm{d}x = -\frac{1}{2}\int_0^{+\infty} \mathrm{e}^{-x^2}\mathrm{d}(-x^2) = \left[-\frac{1}{2}\mathrm{e}^{-x^2}\right]_0^{+\infty} = \frac{1}{2}$，收敛.

(6) $\int_e^{+\infty} \dfrac{\ln x}{x}\mathrm{d}x = \int_e^{+\infty} \ln x\,\mathrm{d}(\ln x) = \left[\dfrac{1}{2}\ln^2 x\right]_e^{+\infty} = +\infty$，发散.

(8) $\int_{-\infty}^{+\infty} \dfrac{\mathrm{d}x}{1+x^2} = \int_{-\infty}^0 \dfrac{\mathrm{d}x}{x^2+1} + \int_0^{+\infty} \dfrac{\mathrm{d}x}{x^2+1} = \left[\arctan x\right]_{-\infty}^0 + \left[\arctan x\right]_0^{+\infty} = \pi$，收敛.

(10) $\int_1^{+\infty} \dfrac{\mathrm{d}x}{x^2(1+x)} = \int_1^{+\infty} \left(\dfrac{1}{x^2} - \dfrac{1}{x} + \dfrac{1}{x+1}\right)\mathrm{d}x = \left[-\dfrac{1}{x} + \ln\left|\dfrac{x+1}{x}\right|\right]_1^{+\infty} = 1 - \ln 2$，

收敛.

2. 计算下列广义积分并判断它的敛散性：

(1) $\int_0^1 \dfrac{x\,\mathrm{d}x}{\sqrt{1-x^2}}$；　　　　(3) $\int_0^1 \dfrac{\mathrm{d}x}{\sqrt{1-x}}$；　　　　(5) $\int_1^e \dfrac{\mathrm{d}x}{x\,\sqrt{1-(\ln x)^2}}$；

(7) $\int_0^2 \dfrac{\mathrm{d}x}{(1-x)^2}$；　　　　(9) $\int_{-\frac{\pi}{4}}^{\frac{3\pi}{4}} \dfrac{\mathrm{d}x}{\cos^2 x}$.

解　（1）$\int_0^1 \dfrac{x\,\mathrm{d}x}{\sqrt{1-x^2}} = \lim_{\varepsilon\to 0^+}\int_0^{1-\varepsilon} \dfrac{x\,\mathrm{d}x}{\sqrt{1-x^2}} = -\dfrac{1}{2}\lim_{\varepsilon\to 0^+}\int_0^{1-\varepsilon} \dfrac{1}{\sqrt{1-x^2}}\mathrm{d}(1-x^2) =$

$-\lim_{\varepsilon\to 0^+}\left[\sqrt{1-x^2}\right]_0^{1-\varepsilon} = 1$，收敛.

（3）$\int_0^1 \dfrac{\mathrm{d}x}{\sqrt{1-x}} = \lim_{\varepsilon\to 0^+}\int_0^{1-\varepsilon} \dfrac{\mathrm{d}x}{\sqrt{1-x}} = -\lim_{\varepsilon\to 0^+}\left[2\sqrt{1-x}\right]_0^{1-\varepsilon} = 2$，收敛.

（5）$\int_1^e \dfrac{\mathrm{d}x}{x\,\sqrt{1-(\ln x)^2}} = \int_1^e \dfrac{1}{\sqrt{1-(\ln x)^2}}\mathrm{d}(\ln x) \overset{u=\ln x}{=\!=} \int_0^1 \dfrac{\mathrm{d}u}{\sqrt{1-u^2}} = \lim_{\varepsilon\to 0^+}\int_0^{1-\varepsilon} \dfrac{\mathrm{d}u}{\sqrt{1-u^2}} =$

$\lim_{\varepsilon\to 0^+}\left[\arcsin u\right]_0^{1-\varepsilon} = \dfrac{\pi}{2}$，收敛.

（7）$\int_0^2 \dfrac{\mathrm{d}x}{(1-x)^2} = \int_0^1 \dfrac{\mathrm{d}x}{(1-x)^2} + \int_1^2 \dfrac{\mathrm{d}x}{(1-x)^2}$，其中 $\int_0^1 \dfrac{\mathrm{d}x}{(1-x)^2} = \lim_{\varepsilon\to 0^+}\int_0^{1-\varepsilon} \dfrac{\mathrm{d}x}{(1-x)^2} =$

$\lim_{\varepsilon\to 0^+}\left[\dfrac{1}{1-x}\right]_0^{1-\varepsilon} = +\infty$，发散，因此 $\int_0^2 \dfrac{\mathrm{d}x}{(1-x)^2}$ 发散；

（9）$\int_{-\frac{\pi}{4}}^{\frac{3\pi}{4}} \dfrac{\mathrm{d}x}{\cos^2 x} = \int_{-\frac{\pi}{4}}^{\frac{\pi}{2}} \sec^2 x\,\mathrm{d}x + \int_{\frac{\pi}{2}}^{\frac{3\pi}{4}} \sec^2 x\,\mathrm{d}x$，其中 $\int_{-\frac{\pi}{4}}^{\frac{\pi}{2}} \sec^2 x\,\mathrm{d}x = \lim_{\varepsilon\to 0^+}\int_{-\frac{\pi}{4}}^{\frac{\pi}{2}-\varepsilon} \sec^2 x\,\mathrm{d}x =$

$\lim_{\varepsilon\to 0^+}\left[\tan x\right]_{-\frac{\pi}{4}}^{\frac{\pi}{2}-\varepsilon} = +\infty$，发散，因此 $\int_{-\frac{\pi}{4}}^{\frac{3\pi}{4}} \dfrac{\mathrm{d}x}{\cos^2 x}$ 发散.

4. 当 k 为何值时，积分 $\int_{-1}^1 \dfrac{\mathrm{e}^x\,\mathrm{d}x}{\sqrt[k]{(1-\mathrm{e}^x)^2}}$ 收敛？又何时发散？

解　当 $k\neq 2$ 时：

$\int_{-1}^1 \dfrac{\mathrm{e}^x\,\mathrm{d}x}{\sqrt[k]{(1-\mathrm{e}^x)^2}} = \int_{-1}^0 \dfrac{\mathrm{e}^x\,\mathrm{d}x}{\sqrt[k]{(1-\mathrm{e}^x)^2}} + \int_0^1 \dfrac{\mathrm{e}^x\,\mathrm{d}x}{\sqrt[k]{(1-\mathrm{e}^x)^2}} \overset{u=\mathrm{e}^x-1}{=\!=} \int_{\mathrm{e}^{-1}-1}^0 \dfrac{\mathrm{d}u}{\sqrt[k]{u^2}} + \int_0^{\mathrm{e}-1} \dfrac{\mathrm{d}u}{\sqrt[k]{u^2}}$

$= \lim_{\varepsilon\to 0^+}\int_{\mathrm{e}^{-1}-1}^{\varepsilon} \dfrac{\mathrm{d}u}{\sqrt[k]{u^2}} + \lim_{\varepsilon'\to 0^+}\int_{\varepsilon'}^{\mathrm{e}-1} \dfrac{\mathrm{d}u}{\sqrt[k]{u^2}}$

$= \lim_{\varepsilon\to 0^+}\left[\dfrac{k}{k-2}u^{1-\frac{2}{k}}\right]_{\mathrm{e}^{-1}-1}^{\varepsilon} + \lim_{\varepsilon'\to 0^+}\left[\dfrac{k}{k-2}u^{1-\frac{2}{k}}\right]_{\varepsilon'}^{\mathrm{e}-1}$

所以 $\displaystyle\int_{-1}^{1}\frac{\mathrm{e}^x\mathrm{d}x}{\sqrt[k]{(1-\mathrm{e}^x)^2}}$ 当 $k>2$ 或 $k<0$ 时收敛；当 $0<k<2$ 发散.

当 $k=2$ 时，$\displaystyle\int_{-1}^{1}\frac{\mathrm{e}^x\mathrm{d}x}{\sqrt[k]{(1-\mathrm{e}^x)^2}}\overset{u=\mathrm{e}^x-1}{=}\int_{\mathrm{e}^{-1}-1}^{0}\frac{\mathrm{d}u}{u}+\int_{0}^{\mathrm{e}-1}\frac{\mathrm{d}u}{u}$，其中 $\displaystyle\int_{0}^{\mathrm{e}-1}\frac{\mathrm{d}u}{u}=\lim_{\varepsilon'\to 0^+}\int_{\varepsilon'}^{\mathrm{e}-1}\frac{\mathrm{d}u}{u}=$

$\displaystyle\lim_{\varepsilon'\to 0^+}[\ln u]_{\varepsilon'}^{\mathrm{e}-1}=+\infty$ 为发散，因此 $\displaystyle\int_{-1}^{1}\frac{\mathrm{e}^x\mathrm{d}x}{\sqrt[k]{(1-\mathrm{e}^x)^2}}$ 发散.

习题 6.6

1. 求由下列曲线所围成的图形的面积：

(1) $y=x^2$，$y=2x+3$.

解 (1) $y=x^2$ 和 $y=2x+3$ 围成的平面图形如图 6.3 所示.

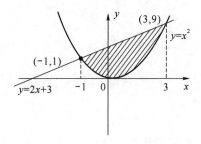

图 6.3

由 $\begin{cases}y=x^2\\ y=2x+3\end{cases}$，可知交点为 $(-1,1)$，$(3,9)$，所以图形面积为 $S=\displaystyle\int_{-1}^{3}(2x+3-x^2)\mathrm{d}x=$

$\left[x^2+3x-\dfrac{x^3}{3}\right]_{-1}^{3}=\dfrac{32}{3}$.

(3) $y=\ln x$，y 轴与直线 $y=\ln a$，$y=\ln b(b>a>0)$.

解 $y=\ln x$，y 轴与直线 $y=\ln a$，$y=\ln b(b>a>0)$ 围成的平面图形如图 6.4 所示，所以图形面积为

$$S=\int_{\ln a}^{\ln b}\mathrm{e}^y\mathrm{d}y=\left[\mathrm{e}^y\right]_{\ln a}^{\ln b}=b-a$$

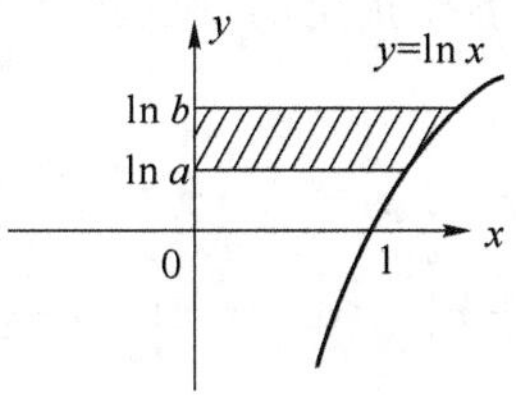

图 6.4

(5) $y^2=2x$ 及其在 $\left(\dfrac{1}{2},1\right)$ 处的法线.

解　如图 6.5 所示,$y^2=2x$ 在 $\left(\dfrac{1}{2},1\right)$ 处的法线为 $y=-x+\dfrac{3}{2}$,由

$$\begin{cases} y^2=2x \\ y=-x+\dfrac{3}{2} \end{cases}$$

可知交点为 $\left(\dfrac{9}{2},-3\right),\left(\dfrac{1}{2},1\right)$,所以图形面积为

$$S=\int_{-3}^{1}\left(\frac{3}{2}-y-\frac{y^2}{2}\right)\mathrm{d}y=\left[\frac{3}{2}y-\frac{y^2}{2}-\frac{y^3}{6}\right]_{-3}^{1}=\frac{16}{3}$$

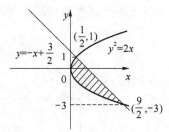

图 6.5

2. 求由各曲线所围成的图形的面积:(1) $r=2a\cos\theta$;　　　(3) $r=2a(2+\cos\theta)$.

解　(1)由极坐标确定的曲线围成图形面积为

$$S=\frac{1}{2}\int_{-\frac{\pi}{2}}^{\frac{\pi}{2}}(2a\cos\theta)^2\mathrm{d}\theta=4a^2\int_{0}^{\frac{\pi}{2}}\cos^2\theta\mathrm{d}\theta=2a^2\int_{0}^{\frac{\pi}{2}}(1+\cos2\theta)\mathrm{d}\theta$$

$$=a^2\left[2\theta+\sin2\theta\right]_{0}^{\frac{\pi}{2}}=\pi a^2$$

(3)由极坐标确定的曲线围成图形面积为

$$S=2a^2\int_{0}^{2\pi}(2+\cos\theta)^2\mathrm{d}\theta=a^2\int_{0}^{2\pi}(8+8\cos\theta+1+\cos2\theta)\mathrm{d}\theta$$

$$=a^2\left[9\theta+8\sin\theta+\frac{\sin2\theta}{2}\right]_{0}^{2\pi}=18\pi a^2$$

4. 求下列诸曲线所围成的图形按指定的轴旋转所得旋转体的体积.

(1) $y=x^2,x=y^2$,绕 x 轴.

解　如图 6.6 所示,记曲线分别为 $y_1=\sqrt{x},y_2=x^2$,交点为 $(0,0)(1,1)$,则旋转体体积

$$V=\pi\int_{0}^{1}y_1^2\mathrm{d}x-\pi\int_{0}^{1}y_2^2\mathrm{d}x=\pi\int_{0}^{1}(x-x^4)\mathrm{d}x=\frac{3}{10}\pi$$

(3) $xy=a(a>0),x=a,x=2a,y=0$,绕 x 轴.

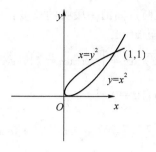

图 6.6

解 如图 6.7 所示,旋转体体积

$$V = \pi \int_a^{2a} y^2 \mathrm{d}x = \pi \int_a^{2a} \left(\frac{a}{x}\right)^2 \mathrm{d}x = \left[-\frac{a^2\pi}{x}\right]_a^{2a} = \frac{a\pi}{2}$$

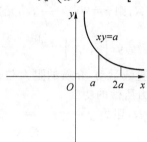

图 6.7

(5) $x^2 + (y-5)^2 = 16$,绕 x 轴.

解 如图 6.8 所示,对圆曲线 $x^2 + (y-5)^2 = 16$,圆心为 $(0,5)$,上下半支分别为 $y_1 = 5 + \sqrt{16-x^2}$, $y_2 = 5 - \sqrt{16-x^2}$,则旋转体体积

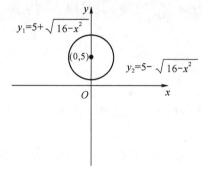

图 6.8

$$V = \pi \int_{-4}^{4} y_1^2 \mathrm{d}x - \pi \int_{-4}^{4} y_2^2 \mathrm{d}x = 40\pi \int_0^4 \sqrt{16-x^2} \mathrm{d}x \overset{x=4\sin t}{=\!=\!=} 640\pi \int_0^{\frac{\pi}{2}} \cos^2 t \mathrm{d}t$$

$$= \left[320\pi t + 160\pi \sin 2t\right]_0^{\frac{\pi}{2}} = 160\pi^2$$

5. 求下列已知曲线上指定两点间的一段弧的长度：

(2) $y = \ln \cos x$，自 $x = 0$ 至 $x = 1$.

解 曲线弧长 $= \displaystyle\int_0^1 \sqrt{1+(y')^2}\,\mathrm{d}x = \int_0^1 \sec x\,\mathrm{d}x = [\ln|\sec x + \tan x|\ ]_0^1 = \ln|\sec 1 + \tan 1|$.

(4) $x = \mathrm{e}^t \sin t, y = \mathrm{e}^t \cos t$，自 $t = 0$ 至 $t = \dfrac{\pi}{2}$.

解 曲线弧长 $= \displaystyle\int_0^{\frac{\pi}{2}} \sqrt{(x')^2+(y')^2}\,\mathrm{d}t = \sqrt{2}\int_0^{\frac{\pi}{2}} \mathrm{e}^t\,\mathrm{d}t = [\sqrt{2}\,\mathrm{e}^t]_0^{\frac{\pi}{2}} = \sqrt{2}(\mathrm{e}^{\frac{\pi}{2}}-1)$.

7. 两带电小球，中心距离为 r，各带电荷 q_1 和 q_2，由库仑定律，它们之间的推拒力 $F = k\dfrac{q_1 q_2}{r^2}$（$k$ 为常数）. 设当 $r = 50$ cm 时，$F = 20$ N，计算两球之间的距离由 $r = 75$ cm 变为 $r = 100$ cm 时 F 所做的功.

解 当 $r = 50$ cm 时，$F = 20$ N，则 $k = 20 \cdot \dfrac{50^2}{q_1 q_2}$，功元素为 $\mathrm{d}W = F\mathrm{d}r$，所求功为

$$W = \int_{75}^{100} k\frac{q_1 q_2}{r^2}\mathrm{d}r = \left[-\frac{1}{r}kq_1 q_2\right]_{75}^{100} = \left[-\frac{20 \cdot 50^2}{r}\right]_{75}^{100} = \frac{500}{3}\ \text{N}\cdot\text{cm} = \frac{5}{3}\text{J}$$

9. 一物体按规律 $x = ct^2$ 作直线运动，介质的阻力与速度的平方成正比，计算物体由 $x = 0$ 移至 $x = a$ 时，克服介质阻力所做的功.

解 由 $x = ct^2$，则 $v = x' = 2ct$，阻力 $f = -kv^2 = -4kc^2 t^2 = -4kcx$，功元素为 $\mathrm{d}W = -f(x)\mathrm{d}x$，所求功为

$$W = \int_0^a 4kcx\,\mathrm{d}x = [2kcx^2]_0^a = 2kca^2$$

12. 计算正弦电流 $i = I_{\mathrm{m}}\sin \omega t$ 在一个周期内的平均值.

解 一个周期长度为 $\dfrac{2\pi}{\omega}$，因此所求电流平均值为

$$\bar{i} = \frac{\omega}{2\pi}\int_0^{\frac{2\pi}{\omega}} i\,\mathrm{d}t = \frac{\omega}{2\pi}\int_0^{\frac{2\pi}{\omega}} I_{\mathrm{m}}\sin \omega t\,\mathrm{d}t = \left[-\frac{I_{\mathrm{m}}}{2\pi}\cos \omega t\right]_0^{\frac{2\pi}{\omega}} = 0$$

综合练习题

一、单项选择题

1. 设 $M = \displaystyle\int_{-\frac{\pi}{2}}^{\frac{\pi}{2}} \frac{\sin x}{1+x^2}\cos^4 x\mathrm{d}x, N = \int_{-\frac{\pi}{2}}^{\frac{\pi}{2}} (\sin^3 x + \cos^4 x)\mathrm{d}x, P = \int_{-\frac{\pi}{2}}^{\frac{\pi}{2}} (x^2\sin^3 x - \cos^4 x)\mathrm{d}x$，则有(D).

(A) $N<P<M$ (B) $M<P<N$ (C) $N<M<P$ (D) $P<M<N$

解 根据偶倍奇零原则：

$$M = \int_{-\frac{\pi}{2}}^{\frac{\pi}{2}} \frac{\sin x}{1+x^2}\cos^4 x\mathrm{d}x = 0$$

$$N = \int_{-\frac{\pi}{2}}^{\frac{\pi}{2}} (\sin^3 x + \cos^4 x)\mathrm{d}x = 2\int_0^{\frac{\pi}{2}} \cos^4 x\mathrm{d}x > 0$$

$$P = \int_{-\frac{\pi}{2}}^{\frac{\pi}{2}} (x^2 \sin^3 x - \cos^4 x) \mathrm{d}x = -2 \int_0^{\frac{\pi}{2}} \cos^4 x \mathrm{d}x < 0$$

2. $y = \int_1^{x^2} \dfrac{\sin t}{t} \mathrm{d}t (x > 1)$ 在 $x = \sqrt{\dfrac{\pi}{2}}$ 处的导数 $y'|_{x = \sqrt{\frac{\pi}{2}}} = $ (D) .

 (A) $\dfrac{2}{\sqrt{\pi}}$ (B) $\dfrac{2}{\pi}$ (C) $\sqrt{\dfrac{2}{\pi}}$ (D) $2\sqrt{\dfrac{2}{\pi}}$

解 $y' = \dfrac{\sin x^2}{x^2} \cdot (x^2)' = \dfrac{2\sin x^2}{x}$, 则 $y'|_{x = \sqrt{\frac{\pi}{2}}} = \dfrac{2\sin \dfrac{\pi}{2}}{\sqrt{\dfrac{\pi}{2}}} = 2\sqrt{\dfrac{2}{\pi}}$.

3. $\int_0^{\frac{\pi}{4}} \tan^3 \theta \mathrm{d}\theta = $ (B)

 (A) $1 - \ln \sqrt{2}$ (B) $\dfrac{1}{2}(1 - \ln 2)$ (C) $\dfrac{1}{2} - \ln 2$ (D) $1 - \ln 2$

解 $\displaystyle\int_0^{\frac{\pi}{4}} \tan^3 \theta \mathrm{d}\theta = \int_0^{\frac{\pi}{4}} \tan \theta \cdot \tan^2 \theta \mathrm{d}\theta = \int_0^{\frac{\pi}{4}} \tan \theta (\sec^2 \theta - 1) \mathrm{d}\theta$

$$= \int_0^{\frac{\pi}{4}} \tan \theta \mathrm{d}(\tan \theta) - \int_0^{\frac{\pi}{4}} \tan \theta \mathrm{d}\theta = \left[\frac{1}{2}(\tan^2 \theta) + \ln|\cos \theta| \right]_0^{\frac{\pi}{4}}$$

$$= \frac{1}{2} + \ln \frac{\sqrt{2}}{2} = \frac{1}{2} - \frac{1}{2}\ln 2$$

4. 设 $f(x)$ 为已知连续函数，$I = t\displaystyle\int_0^{\frac{s}{t}} f(tx) \mathrm{d}x$，其中 $s > 0, t > 0$，则 I 的值 (D).

 (A) 依赖于 s 和 t (B) 依赖于 s, t, x

 (C) 依赖于 t 和 x，不依赖于 s (D) 依赖于 s，不依赖于 t

解   对 $I = t\displaystyle\int_0^{\frac{s}{t}} f(tx) \mathrm{d}x$，令 $tx = u, \mathrm{d}x = \mathrm{d}\left(\dfrac{u}{t}\right) = \dfrac{1}{t}\mathrm{d}u$，则由定积分换元法可知

$$I = t\int_0^{\frac{s}{t}} f(tx) \mathrm{d}x = t\int_0^s f(u) \cdot \frac{1}{t} \mathrm{d}u = \int_0^s f(u) \mathrm{d}u$$

5. $\int_0^{\frac{\pi}{2}} \mathrm{e}^{2x} \sin x \mathrm{d}x = \dfrac{1}{5}(2\mathrm{e}^{\pi} + 1)$.

 (A) $\dfrac{1}{5}(\mathrm{e}^{\pi} - 2)$ (B) $\dfrac{1}{4}(\mathrm{e}^{\pi} - 2)$ (C) $\dfrac{1}{3}(\mathrm{e}^{\pi} - 1)$ (D) $\dfrac{2}{3}(\mathrm{e}^{\pi} - 1)$

解   由定积分分部积分公式：

$\displaystyle\int_0^{\frac{\pi}{2}} \mathrm{e}^{2x} \sin x \mathrm{d}x = \frac{1}{2}\int_0^{\frac{\pi}{2}} \sin x \mathrm{d}(\mathrm{e}^{2x}) = \left[\frac{1}{2}\mathrm{e}^{2x} \sin x \right]_0^{\frac{\pi}{2}} - \frac{1}{2}\int_0^{\frac{\pi}{2}} \mathrm{e}^{2x} \mathrm{d}(\sin x)$

$$= \frac{1}{2}\mathrm{e}^{\pi} - \frac{1}{4}\int_0^{\frac{\pi}{2}} \cos x \mathrm{d}(\mathrm{e}^{2x}) = \frac{1}{2}\mathrm{e}^{\pi} - \left[\frac{1}{4}\mathrm{e}^{2x} \cos x \right]_0^{\frac{\pi}{2}} + \frac{1}{4}\int_0^{\frac{\pi}{2}} \mathrm{e}^{2x} \mathrm{d}(\cos x)$$

$$= \frac{1}{2}\mathrm{e}^{\pi} + \frac{1}{4} - \frac{1}{4}\int_0^{\frac{\pi}{2}} \mathrm{e}^{2x} \sin x \mathrm{d}x, 则 \int_0^{\frac{\pi}{2}} \mathrm{e}^{2x} \sin x \mathrm{d}x = \frac{1}{5}(2\mathrm{e}^{\pi} + 1)$$

6. 下列广义积分收敛的是(C).

(A) $\int_e^{+\infty} \dfrac{\ln x}{x}\mathrm{d}x$ (B) $\int_e^{+\infty} \dfrac{\mathrm{d}x}{x\ln x}$ (C) $\int_e^{+\infty} \dfrac{\mathrm{d}x}{x\ln^2 x}$ (D) $\int_e^{+\infty} \dfrac{\mathrm{d}x}{x(\ln x)^{\frac{1}{2}}}$

解 $\int_e^{+\infty} \dfrac{\ln x}{x}\mathrm{d}x = \int_e^{+\infty} \ln x \,\mathrm{d}(\ln x) = \left[\dfrac{1}{2}\ln^2 x\right]_e^{+\infty} = +\infty$，发散.

$\int_e^{+\infty} \dfrac{\mathrm{d}x}{x\ln x} = \int_e^{+\infty} \dfrac{1}{\ln x}\mathrm{d}(\ln x) = [\ln|\ln x|]_e^{+\infty} = +\infty$，发散.

$\int_e^{+\infty} \dfrac{\mathrm{d}x}{x\ln^2 x} = \int_e^{+\infty} \dfrac{1}{\ln^2 x}\mathrm{d}(\ln x) = \left[-\dfrac{1}{\ln x}\right]_e^{+\infty} = 1$，收敛

$\int_e^{+\infty} \dfrac{\mathrm{d}x}{x(\ln x)^{\frac{1}{2}}} = \int_e^{+\infty} (\ln x)^{-\frac{1}{2}}\mathrm{d}(\ln x) = [2\sqrt{\ln x}]_e^{+\infty} = +\infty$，发散.

7. 下列广义积分发散的是(A).

(A) $\int_{-1}^1 \dfrac{\mathrm{d}x}{x^2}$ (B) $\int_{-1}^1 \dfrac{\mathrm{d}x}{\sqrt{1-x^2}}$ (C) $\int_0^{+\infty} x\mathrm{e}^{-x^2}\mathrm{d}x$ (D) $\int_2^{+\infty} \dfrac{\mathrm{d}x}{x\ln^3 x}$

解 $\int_{-1}^1 \dfrac{\mathrm{d}x}{x^2} = \int_{-1}^0 \dfrac{1}{x^2}\mathrm{d}x + \int_0^1 \dfrac{1}{x^2}\mathrm{d}x$，而

$$\int_0^1 \dfrac{1}{x^2}\mathrm{d}x = \lim_{\varepsilon\to 0^+}\int_\varepsilon^1 \dfrac{1}{x^2}\mathrm{d}x = \lim_{\varepsilon\to 0^+}\left[-\dfrac{1}{x}\right]_\varepsilon^1 = \lim_{\varepsilon\to 0^+}\left(\dfrac{1}{\varepsilon}-1\right) = +\infty$$

因此 $\int_{-1}^1 \dfrac{\mathrm{d}x}{x^2}$ 发散.

$$\int_{-1}^1 \dfrac{\mathrm{d}x}{\sqrt{1-x^2}} = \int_{-1}^0 \dfrac{1}{\sqrt{1-x^2}}\mathrm{d}x + \int_0^1 \dfrac{1}{\sqrt{1-x^2}}\mathrm{d}x$$

$$= \lim_{\varepsilon\to 0^+}\int_{-1+\varepsilon}^0 \dfrac{1}{\sqrt{1-x^2}}\mathrm{d}x + \lim_{\varepsilon'\to 0^+}\int_0^{1-\varepsilon'} \dfrac{1}{\sqrt{1-x^2}}\mathrm{d}x$$

$$= \lim_{\varepsilon\to 0^+}[\arcsin x]_{-1+\varepsilon}^0 + \lim_{\varepsilon'\to 0^+}[\arcsin x]_0^{1-\varepsilon'}$$

$$= 0 - \left(-\dfrac{\pi}{2}\right) + \dfrac{\pi}{2} - 0 = \pi$$

因此 $\int_{-1}^1 \dfrac{\mathrm{d}x}{\sqrt{1-x^2}}$ 收敛.

$$\int_0^{+\infty} x\mathrm{e}^{-x^2}\mathrm{d}x = -\dfrac{1}{2}\int_0^{+\infty} \mathrm{e}^{-x^2}\mathrm{d}(-x^2) = \left[-\dfrac{1}{2}\mathrm{e}^{-x^2}\right]_0^{+\infty} = \dfrac{1}{2}$$

因此 $\int_0^{+\infty} x\mathrm{e}^{-x^2}\mathrm{d}x$ 收敛.

$$\int_2^{+\infty} \dfrac{\mathrm{d}x}{x\ln^3 x} = \int_2^{+\infty} \dfrac{1}{\ln^3 x}\mathrm{d}(\ln x) = \left[-\dfrac{1}{2\ln^2 x}\right]_2^{+\infty} = \dfrac{1}{2\ln^2 2}$$

因此 $\int_2^{+\infty} \dfrac{\mathrm{d}x}{x\ln^3 x}$ 收敛.

8. 由 $y^2 = x^2 - x^4$ 所围成的平面图形的面积为(C).

(A) $\dfrac{1}{3}$ (B) $\dfrac{1}{2}$ (C) $\dfrac{4}{3}$ (D) $\dfrac{2}{3}$

解 $y^2 = x^2 - x^4 \Rightarrow y = \pm\sqrt{x^2 - x^4}$，由方程可知曲线关于 x 轴和 y 轴均对称，所以只需求出第一象限内面积即可. 令 $y = 0 \Rightarrow x = -1, 0, 1$，则由对称性可知：

$$S = 4\int_0^1 \sqrt{x^2 - x^4}\,\mathrm{d}x = 4\int_0^1 x\sqrt{1 - x^2}\,\mathrm{d}x = -2\int_0^1 (1 - x^2)^{\frac{1}{2}}\,\mathrm{d}(1 - x^2) = \frac{4}{3}$$

9. 由二曲线 $r = 3\cos\theta, r = 1 + \cos\theta$ 所围成的图形的公共部分的面积为(B).

(A) $\dfrac{2\pi}{3}$ (B) $\dfrac{5\pi}{4}$ (C) $\dfrac{4\pi}{5}$ (D) $\dfrac{4\pi}{3}$

解 图形关于 x 轴对称，令 $3\cos\theta = 1 + \cos\theta \Rightarrow \theta = \dfrac{\pi}{3}$，所以

$$S = 2(S_1 + S_2) = 2\left[\frac{1}{2}\int_0^{\frac{\pi}{3}} (1 + \cos\theta)^2\,\mathrm{d}\theta + \frac{1}{2}\int_{\frac{\pi}{3}}^{\frac{\pi}{2}} (3\cos\theta)^2\,\mathrm{d}\theta\right]$$

$$= \int_0^{\frac{\pi}{3}}\left(1 + 2\cos\theta + \frac{1 + \cos 2\theta}{2}\right)\mathrm{d}\theta + 9\int_{\frac{\pi}{3}}^{\frac{\pi}{2}} \frac{1 + \cos 2\theta}{2}\,\mathrm{d}\theta = \frac{5}{4}\pi$$

10. 由曲线 $xy = a(a > 0)$ 与直线 $x = a, x = 2a$ 及 x 轴所围成的图形绕 y 轴旋转所得旋转体的体积为(C).

(A) $3\pi a^2$ (B) πa^2 (C) $2\pi a^2$ (D) $\dfrac{3}{4}\pi a^2$

解 如图 6.9 所示，对曲线 $xy = a$，$x = a$ 时，$y = 1$；$x = 2a$ 时，$y = \dfrac{1}{2}$. 则旋转体体积

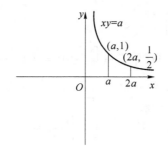

图 6.9

$$V = V_1 + V_2 = \left[\pi\int_{\frac{1}{2}}^1 \left(\frac{a}{y}\right)^2\,\mathrm{d}y - \frac{1}{2}\pi a^2\right] + \left[\frac{1}{2}\pi(2a)^2 - \frac{1}{2}\pi a^2\right] = 2\pi a^2$$

二、填空题

1. 质点以速度 $v = t\sin(t^2)$（单位为 m/s）作直线运动，则从 $t_1 = \sqrt{\dfrac{\pi}{2}}\,s$ 到 $t_2 = \sqrt{\pi}\,s$ 内

质点所经过的路程等于 $\dfrac{1}{2}$m .

解 $S = \displaystyle\int_{t_1}^{t_2} v\mathrm{d}t = \int_{t_1}^{t_2} t\sin(t^2)\mathrm{d}t = \dfrac{1}{2}\int_{t_1}^{t_2}\sin(t^2)\mathrm{d}(t^2) = \dfrac{1}{2}\big[-\cos(t^2)\big]_{t_1}^{t_2} = \dfrac{1}{2}.$

2. $\displaystyle\int_{-1}^{1}\big(x + \sqrt{1-x^2}\,\big)^2\mathrm{d}x = \underline{\quad 2 \quad}$.

解 根据偶倍奇零原则：

$$\int_{-1}^{1}\big(x + \sqrt{1-x^2}\,\big)^2\mathrm{d}x = \int_{-1}^{1}(x^2 + 2x\sqrt{1-x^2} + 1 - x^2)\mathrm{d}x$$
$$= \int_{-1}^{1} 1\mathrm{d}x + \int_{-1}^{1} 2x\sqrt{1-x^2}\,\mathrm{d}x = 2$$

3. $\displaystyle\lim_{x\to+\infty}\dfrac{\displaystyle\int_{0}^{x}\sqrt{1+t^4}\,\mathrm{d}t}{x^3} = \underline{\quad \dfrac{1}{3} \quad}$.

解 $\displaystyle\lim_{x\to+\infty}\dfrac{\displaystyle\int_{0}^{x}\sqrt{1+t^4}\,\mathrm{d}t}{x^3} = \lim_{x\to+\infty}\dfrac{\Big(\displaystyle\int_{0}^{x}\sqrt{1+t^4}\,\mathrm{d}t\Big)'}{(x^3)'} = \lim_{x\to+\infty}\dfrac{\sqrt{1+x^4}}{3x^2} = \dfrac{1}{3}$

4. 设 $f(x)$ 是连续函数，且 $f(x) = x + 2\displaystyle\int_{0}^{1} f(t)\mathrm{d}t$，则 $f(x) = \underline{\quad x-1 \quad}$.

解 可设 $f(x) = x + c, c$ 为待定常数，则由题设条件可知：$c = 2\displaystyle\int_{0}^{1}(t+c)\mathrm{d}t = \big[t^2 + 2ct\big]_0^1 = 1 + 2c$，因此 $c = -1$.

5. 设 $\displaystyle\lim_{x\to\infty}\Big(\dfrac{1+x}{x}\Big)^{ax} = \int_{-\infty}^{a} t\mathrm{e}^t\mathrm{d}t$，则常数 $a = \underline{\quad 2 \quad}$.

解 左式 $= \displaystyle\lim_{x\to\infty}\Big(1 + \dfrac{1}{x}\Big)^{x\cdot a} = \mathrm{e}^a$

右式 $= \displaystyle\int_{-\infty}^{a} t\mathrm{d}(\mathrm{e}^t) = \big[t\mathrm{e}^t\big]_{-\infty}^{a} - \int_{-\infty}^{a}\mathrm{e}^t\mathrm{d}t = (a\mathrm{e}^a - \lim_{t\to-\infty}t\mathrm{e}^t) - \big[\mathrm{e}^t\big]_{-\infty}^{a}$

$= (a\mathrm{e}^a - \displaystyle\lim_{t\to-\infty}t\mathrm{e}^t) - (\mathrm{e}^a - \lim_{t\to-\infty}\mathrm{e}^t)$

其中 $\displaystyle\lim_{t\to-\infty}t\mathrm{e}^t \overset{\infty\cdot 0}{=} \lim_{t\to-\infty}\dfrac{t}{\mathrm{e}^{-t}} \overset{\frac{\infty}{\infty}}{=} \lim_{t\to-\infty}\dfrac{(t)'}{(\mathrm{e}^{-t})'} = \lim_{t\to-\infty}\dfrac{1}{-\mathrm{e}^{-t}} = 0$

因此右式 $= (a-1)\mathrm{e}^a$，根据题意可知 $\mathrm{e}^a = (a-1)\mathrm{e}^a \Rightarrow a = 2$.

6. $\displaystyle\int_{\frac{2}{\pi}}^{\frac{6}{\pi}}\dfrac{\sin\frac{1}{x}}{x^2}\mathrm{d}x = \underline{\quad \dfrac{\sqrt{3}}{2} \quad}$.

解 $\displaystyle\int_{\frac{2}{\pi}}^{\frac{6}{\pi}}\dfrac{\sin\frac{1}{x}\mathrm{d}x}{x^2} = -\int_{\frac{2}{\pi}}^{\frac{6}{\pi}}\sin\frac{1}{x}\mathrm{d}\Big(\dfrac{1}{x}\Big) = \Big[\cos\dfrac{1}{x}\Big]_{\frac{2}{\pi}}^{\frac{6}{\pi}} = \cos\dfrac{\pi}{6} - \cos\dfrac{\pi}{2} = \dfrac{\sqrt{3}}{2}.$

7. $\displaystyle\int_{1}^{+\infty}\dfrac{\arctan x}{x^2}\mathrm{d}x = \underline{\quad \dfrac{\pi}{4} + \dfrac{1}{2}\ln 2 \quad}$.

解 $\displaystyle\int_1^{+\infty}\frac{\arctan x}{x^2}\mathrm{d}x=\int_1^{+\infty}\arctan x\,\mathrm{d}\left(-\frac{1}{x}\right)=\left[-\frac{1}{x}\arctan x\right]_1^{+\infty}-\int_1^{+\infty}\left(-\frac{1}{x}\right)\mathrm{d}(\arctan x)$

$$=\frac{\pi}{4}+\int_1^{+\infty}\frac{1}{x(1+x^2)}\mathrm{d}x=\frac{\pi}{4}+\int_1^{+\infty}\left(\frac{1}{x}-\frac{x}{1+x^2}\right)\mathrm{d}x$$

$$=\frac{\pi}{4}+\left[\ln\frac{x}{\sqrt{1+x^2}}\right]_1^{+\infty}=\frac{\pi}{4}+\ln 1-\ln\frac{1}{\sqrt 2}=\frac{\pi}{4}+\frac{1}{2}\ln 2.$$

8. $\displaystyle\int_1^e\frac{\mathrm{d}x}{x\sqrt{1-(\ln x)^2}}=\underline{\quad\dfrac{\pi}{2}\quad}.$

解 $\displaystyle\int_1^e\frac{\mathrm{d}x}{x\sqrt{1-(\ln x)^2}}=\int_1^e\frac{1}{\sqrt{1-\ln^2 x}}\mathrm{d}(\ln x)=\left[\arcsin(\ln x)\right]_1^e=\frac{\pi}{2}.$

9. 曲线 $\displaystyle y=\int_{-\frac{\pi}{2}}^x\sqrt{\cos x}\,\mathrm{d}x$ 的全长等于 $\underline{\quad 4\quad}.$

解 曲线弧长 $\displaystyle=\int_{-\frac{\pi}{2}}^{\frac{\pi}{2}}\sqrt{1+(y')^2}\,\mathrm{d}x=\int_{-\frac{\pi}{2}}^{\frac{\pi}{2}}\sqrt{1+\cos x}\,\mathrm{d}x=\sqrt 2\cdot\int_{-\frac{\pi}{2}}^{\frac{\pi}{2}}\cos\frac{x}{2}\mathrm{d}x=4.$

10. $\displaystyle\int_0^{\frac{\pi}{2}}\left(\int_{\frac{\pi}{2}}^x\frac{\sin t}{t}\mathrm{d}t\right)\mathrm{d}x=\underline{\quad-1\quad},$（设当 $t=0$ 时 $\dfrac{\sin t}{t}$ 的值为 1）.

解 设 $\displaystyle\int_{\frac{\pi}{2}}^x\frac{\sin t}{t}\mathrm{d}t=f(x)$，则原式可化为 $\displaystyle\int_0^{\frac{\pi}{2}}f(x)\mathrm{d}x$，且 $\displaystyle f'(x)=\frac{\sin x}{x}$，$f(0)=$

$\displaystyle\int_{\frac{\pi}{2}}^0\frac{\sin t}{t}\mathrm{d}t,f\left(\frac{\pi}{2}\right)=\int_{\frac{\pi}{2}}^{\frac{\pi}{2}}\frac{\sin t}{t}\mathrm{d}t=0$，根据分部积分公式可知：

$$\int_0^{\frac{\pi}{2}}\left(\int_{\frac{\pi}{2}}^x\frac{\sin t}{t}\mathrm{d}t\right)=\left[x\cdot f(x)\right]_0^{\frac{\pi}{2}}-\int_0^{\frac{\pi}{2}}x\mathrm{d}[f(x)]$$

$$=0-0-\int_0^{\frac{\pi}{2}}xf'(x)\mathrm{d}x=-\int_0^{\frac{\pi}{2}}\sin x\mathrm{d}x=-1$$

三、计算题与证明题

1. 求 $\displaystyle\int_0^1 x(1-x^4)^{\frac{3}{2}}\mathrm{d}x.$

解 令 $u=x^2,2x\mathrm{d}x=\mathrm{d}u$，则

$$\int_0^1 x(1-x^4)^{\frac{3}{2}}\mathrm{d}x=\frac{1}{2}\int_0^1(1-x^4)^{\frac{3}{2}}\mathrm{d}(x^2)=\frac{1}{2}\int_0^1(1-u^2)^{\frac{3}{2}}\mathrm{d}u$$

再令 $u=\sin t,\mathrm{d}u=\cos t\mathrm{d}t$，则

$$\int_0^1 x(1-x^4)^{\frac{3}{2}}\mathrm{d}x=\frac{1}{2}\int_0^1(1-u^2)^{\frac{3}{2}}\mathrm{d}u=\frac{1}{2}\int_0^{\frac{\pi}{2}}(1-\sin^2 t)^{\frac{3}{2}}\cdot\cos t\mathrm{d}t$$

$$=\frac{1}{2}\int_0^{\frac{\pi}{2}}\cos^4 t\mathrm{d}t=\frac{1}{8}\int_0^{\frac{\pi}{2}}\left(1+2\cos 2t+\frac{1+\cos 4t}{2}\right)\mathrm{d}t$$

$$=\frac{1}{8}\cdot\left[\frac{3}{2}t+\sin 2t+\frac{1}{8}\sin 4t\right]_0^{\frac{\pi}{2}}=\frac{3}{32}\pi$$

2. 求 $\displaystyle\int_0^1\frac{\ln(1+x)}{(2-x)^2}\mathrm{d}x.$

解 $\displaystyle\int_0^1 \frac{\ln(1+x)}{(2-x)^2}dx = \int_0^1 \ln(1+x)d\left(\frac{1}{2-x}\right) = \left[\frac{\ln(1+x)}{2-x}\right]_0^1 - \int_0^1 \frac{1}{(2-x)(1+x)}dx$

$$= \ln 2 - \frac{1}{3}\int_0^1 \left[\frac{1}{(2-x)} + \frac{1}{(1+x)}\right]dx$$

$$= \ln 2 - \frac{1}{3}\left[\ln\left|\frac{x+1}{x-2}\right|\right]_0^1 = \frac{1}{3}\ln 2$$

3. 设 $f(x) = \begin{cases} 1+x^2, & x < 0 \\ e^{-x}, & x \geqslant 0 \end{cases}$，求 $\displaystyle\int_1^3 f(x-2)dx$.

解 令 $t = x-2, dx = d(t+2) = dt$，则

$$\int_1^3 f(x-2)dx = \int_{-1}^1 f(t)dt = \int_{-1}^0 (t^2+1)dt + \int_0^1 e^{-t}dt$$

$$= \left[\frac{t^3}{3} + t\right]_{-1}^0 + \left[-e^{-t}\right]_0^1 = \frac{7}{3} - e^{-1}$$

4. 求 $\displaystyle\int_{-1}^1 (x+|x|+1)^2 dx$.

解 $\displaystyle\int_{-1}^1 (x+|x|+1)^2 dx = \int_{-1}^1 (x^2 + |x|^2 + 1 + 2x + 2|x| + 2x|x|)dx$

$$= \int_{-1}^1 (2x^2 + 2|x| + 1)dx$$

$$= 2\int_0^1 (2x^2 + 2x + 1)dx = 2\left[\frac{2x^3}{3} + x^2 + x\right]_0^1 = \frac{16}{3}$$

5. 求 $\displaystyle\int_0^\pi \sqrt{1-\sin x}\,dx$.

解 $\displaystyle\int_0^\pi \sqrt{1-\sin x}\,dx = \int_0^\pi \sqrt{\left(\sin\frac{\theta}{2} - \cos\frac{\theta}{2}\right)^2}\,d\theta = \int_0^\pi \left|\sin\frac{\theta}{2} - \cos\frac{\theta}{2}\right|d\theta$

$$= \int_0^{\frac{\pi}{2}} \left(\cos\frac{\theta}{2} - \sin\frac{\theta}{2}\right)d\theta + \int_{\frac{\pi}{2}}^\pi \left(\sin\frac{\theta}{2} - \cos\frac{\theta}{2}\right)d\theta = 4\sqrt{2} - 4$$

6. 求 $\displaystyle\int_0^{\frac{\pi}{4}} \frac{x}{1+\cos 2x}dx$.

解 $\displaystyle\int_0^{\frac{\pi}{4}} \frac{x}{1+\cos 2x}dx = \int_0^{\frac{\pi}{4}} \frac{x}{2\cos^2 x}dx = \frac{1}{2}\int_0^{\frac{\pi}{4}} x\sec^2 x\,dx = \frac{1}{2}\int_0^{\frac{\pi}{4}} x\,d(\tan x)$

$$= \frac{1}{2}\left[x \cdot \tan x\right]_0^{\frac{\pi}{4}} - \frac{1}{2}\int_0^{\frac{\pi}{4}} \tan x\,dx$$

$$= \frac{\pi}{8} + \frac{1}{2}\left[\ln|\cos x|\right]_0^{\frac{\pi}{4}} = \frac{\pi}{8} - \frac{1}{4}\ln 2$$

7. 设 $f(x) = \displaystyle\int_0^x \frac{\sin t}{\pi - t}dt$，计算 $\displaystyle\int_0^\pi f(x)dx$.

解 利用分部积分公式可知：

$$\int_0^\pi f(x)dx = \left[x \cdot f(x)\right]_0^\pi - \int_0^\pi x\,d[f(x)] = \pi f(\pi) - \int_0^\pi xf'(x)dx$$

而
$$f(x) = \int_0^x \frac{\sin t}{\pi - t} dt, f'(x) = \frac{\sin x}{\pi - x}$$

$$\int_0^\pi f(x) dx = \pi f(\pi) - \int_0^\pi \frac{x \sin x}{\pi - x} dx = \pi f(\pi) - \int_0^\pi \frac{(x - \pi)\sin x + \pi \sin x}{\pi - x} dx$$

$$= \pi f(\pi) + \int_0^\pi \sin x dx - \pi \int_0^\pi \frac{\sin x}{\pi - x} dx$$

而
$$f(x) = \int_0^x \frac{\sin t}{\pi - t} dt, f(\pi) = \int_0^\pi \frac{\sin t}{\pi - t} dt = \int_0^\pi \frac{\sin x}{\pi - x} dx$$

则
$$\int_0^\pi f(x) dx = \pi f(\pi) + \int_0^\pi \sin x dx - \pi f(\pi) = [-\cos x]_0^\pi = 2$$

8. 已知 $f(2) = \frac{1}{2}, f'(2) = 0$ 及 $\int_0^2 f(x) dx = 1$，求 $\int_0^1 x^2 f''(2x) dx$.

解 利用分部积分公式可知：

$$\int_0^1 x^2 f''(2x) dx = \frac{1}{2} \int_0^1 x^2 d[f'(2x)] = \frac{1}{2} [x^2 \cdot f'(2x)]_0^1 - \frac{1}{2} \int_0^1 f'(2x) d(x^2)$$

$$= \frac{1}{2} f'(2) - \frac{1}{2} \int_0^1 x d[f(2x)]$$

$$= \frac{1}{2} f'(2) - \frac{1}{2} [x \cdot f(2x)]_0^1 + \frac{1}{2} \int_0^1 f(2x) dx$$

$$= \frac{1}{2} f'(2) - \frac{1}{2} f(2) + \frac{1}{4} \int_0^2 f(t) dt = -\frac{1}{4} + \frac{1}{4} = 0$$

9. 设函数 $f(x)$ 在 $(-\infty, +\infty)$ 内满足 $f(x) = f(x - \pi) + \sin x$，且当 $x \in [0, \pi)$ 时，$f(x) = x$，求 $\int_\pi^{3\pi} f(x) dx$.

解 $\int_\pi^{3\pi} f(x) dx = \int_\pi^{2\pi} f(x) dx + \int_{2\pi}^{3\pi} f(x) dx$，对于 $\int_\pi^{2\pi} f(x) dx$，令 $t = x - \pi, dx = d(t + \pi) = dt$，则

$$\int_\pi^{2\pi} f(x) dx = \int_0^\pi f(\pi + t) dt = \int_0^\pi [f(t) + \sin(\pi + t)] dt$$

$$= \int_0^\pi (t - \sin t) dt = \left[\frac{t^2}{2} + \cos t\right]_0^\pi = \frac{\pi^2}{2} - 2$$

对于 $\int_{2\pi}^{3\pi} f(x) dx$，令 $t = x - 2\pi, dx = d(t + 2\pi) = dt$，则 $\int_{2\pi}^{3\pi} f(x) dx = \int_0^\pi f(2\pi + t) dt$，其中

$$f(t + 2\pi) = f(t + \pi) + \sin(t + 2\pi) = f(t) - \sin t + \sin t = f(t)$$

则
$$\int_{2\pi}^{3\pi} f(x) dx = \int_0^\pi f(2\pi + t) dt = \int_0^\pi f(t) dt = \int_0^\pi t dt = \left[\frac{t^2}{2}\right]_0^\pi = \frac{\pi^2}{2}$$

因此 $\int_\pi^{3\pi} f(x) dx = \int_\pi^{2\pi} f(x) dx + \int_{2\pi}^{3\pi} f(x) dx = \pi^2 - 2$.

10. 设 $F(x) = \int_0^{x^2} e^{-t^2} dt$，试求 (1) $F(x)$ 的极值；(2) 曲线 $y = F(x)$ 的拐点的横坐标；

(3) $\int_{-2}^3 x^2 F'(x) dx$ 的值.

解 (1) 因 $F'(x) = 2x e^{-x^4}$，$F''(x) = (2 - 8x^4) e^{-x^4}$，令 $F'(x) = 0$，则 $x = 0$，且 $F''(0) = 2 > 0$，所以函数有极小值 $F(0) = 0$.

(2) 令 $F''(x) = 0$，则 $x = \pm \dfrac{\sqrt{2}}{2}$，由函数曲线凹凸性判别定理可知，在横坐标 $x = \pm \dfrac{\sqrt{2}}{2}$ 处存在拐点.

(3) $\displaystyle\int_{-2}^3 x^2 F'(x) dx = \int_{-2}^3 2x^3 e^{-x^4} dx = -\frac{1}{2}\int_{-2}^3 e^{-x^4} d(-x^4) = \frac{-1}{2}\left[e^{-x^4} \right]_{-2}^3$

$$= \frac{1}{2}(e^{-16} - e^{-81}).$$

11. 求 $\displaystyle\int_3^{+\infty} \frac{dx}{(x-1)^4 \sqrt{x^2 - 2x}}$.

解 令 $x - 1 = \sec t$，$dx = d(\sec t + 1) = \tan t \sec t\, dt$；

$$\int_3^{+\infty} \frac{dx}{(x-1)^4 \sqrt{x^2 - 2x}} = \int_3^{+\infty} \frac{1}{(x-1)^4 \sqrt{(x-1)^2 - 1}} dx = \int_{\frac{\pi}{3}}^{\frac{\pi}{2}} \frac{\sec t \tan t}{\sec^4 t \cdot \tan t} dt$$

$$= \int_{\frac{\pi}{3}}^{\frac{\pi}{2}} \cos^3 t\, dt = \int_{\frac{\pi}{3}}^{\frac{\pi}{2}} (1 - \sin^2 t) d(\sin t) = \left[\sin t - \frac{1}{3} \sin^3 t \right]_{\frac{\pi}{3}}^{\frac{\pi}{2}}$$

$$= \left(1 - \frac{1}{3} \right) - \left(\frac{\sqrt{3}}{2} - \frac{\sqrt{3}}{8} \right) = \frac{2}{3} - \frac{3}{8}\sqrt{3}$$

12. 求 $\displaystyle\int_0^1 \frac{x^3 dx}{\sqrt{1 - x^2}}$.

解 $\displaystyle\int_0^1 \frac{x^3 dx}{\sqrt{1 - x^2}} = \int_0^1 \frac{x}{\sqrt{1 - x^2}} dx - \int_0^1 \frac{x(1 - x^2)}{\sqrt{1 - x^2}} dx$

$$= \lim_{\varepsilon \to 0^+} \int_0^{1-\varepsilon} \frac{x}{\sqrt{1 - x^2}} dx - \lim_{\varepsilon \to 0^+} \int_0^{1-\varepsilon} x\sqrt{1 - x^2}\, dx$$

$$= -\frac{1}{2}\left[\lim_{\varepsilon \to 0^+} \int_0^{1-\varepsilon} (1 - x^2)^{-\frac{1}{2}} d(1 - x^2) - \lim_{\varepsilon \to 0^+} \int_0^{1-\varepsilon} (1 - x^2)^{\frac{1}{2}} d(1 - x^2) \right] = \frac{2}{3}$$

13. 设 $f(x) = \displaystyle\int_1^x \frac{\ln t}{1 + t} dt$，其中 $x > 0$，求 $f(x) + f\left(\dfrac{1}{x}\right)$.

解 根据题意可知 $f\left(\dfrac{1}{x}\right) = \displaystyle\int_1^{\frac{1}{x}} \frac{\ln t}{1 + t} dt$，令 $t = \dfrac{1}{u}$，$dt = d\left(\dfrac{1}{u}\right) = -\dfrac{1}{u^2} du$，因此

$$f\left(\frac{1}{x}\right) = \int_1^{\frac{1}{x}} \frac{\ln t}{1 + t} dt = \int_1^x \frac{\ln \frac{1}{u}}{1 + \frac{1}{u}} \cdot \left(-\frac{1}{u^2} \right) du$$

$$= \int_1^x \frac{\ln u}{u(u+1)} du = \int_1^x \frac{\ln u}{u} du - \int_1^x \frac{\ln u}{u+1} du$$

其中 $\displaystyle\int_1^x \frac{\ln u}{u+1}\mathrm{d}u = \int_1^x \frac{\ln t}{t+1}\mathrm{d}t = f(x)$，故 $\displaystyle f\left(\frac{1}{x}\right) = \int_1^x \frac{\ln u}{u}\mathrm{d}u - f(x)$，从而

$$f\left(\frac{1}{x}\right) + f(x) = \int_1^x \frac{\ln u}{u}\mathrm{d}u = \int_1^x \ln u\,\mathrm{d}(\ln u) = \left[\frac{1}{2}\ln^2 u\right]_1^x = \frac{1}{2}\ln^2 x$$

14. 求曲线 $y = \ln(1-x^2)$ 相应于 $0 \leqslant x \leqslant \dfrac{1}{2}$ 的一段弧的长度.

解

$$\text{曲线弧长} = \int_0^{\frac{1}{2}} \sqrt{1+(y')^2}\,\mathrm{d}x = \int_0^{\frac{1}{2}} \sqrt{1+\left(\frac{-2x}{1-x^2}\right)^2}\,\mathrm{d}x = \int_0^{\frac{1}{2}} \frac{1+x^2}{1-x^2}\,\mathrm{d}x$$

$$= \int_0^{\frac{1}{2}} \left(\frac{2}{1-x^2} - 1\right)\mathrm{d}x = \int_0^{\frac{1}{2}} \left(\frac{1}{x+1} - \frac{1}{x-1}\right)\mathrm{d}x - \int_0^{\frac{1}{2}} \mathrm{d}x$$

$$= \left[\ln\left|\frac{x+1}{x-1}\right|\right]_0^{\frac{1}{2}} - [x]_0^{\frac{1}{2}} = \ln 3 - \frac{1}{2}$$

15. 设曲线 $L_1: y = 1-x^2 (0 \leqslant x \leqslant 1)$，$x$ 轴和 y 轴所围成的区域被曲线 $L_2: y = ax^2$ 分为面积相等的两部分，其中 $a > 0$ 为常数，求 a 的值.

解　如图 6.10 所示，曲线 $L_1: y = 1-x^2 (0 \leqslant x \leqslant 1)$，$x$ 轴和 y 轴所围成的区域面积为

$$S = \int_0^1 (1-x^2)\mathrm{d}x = \left[x - \frac{x^3}{3}\right]_0^1 = \frac{2}{3}$$

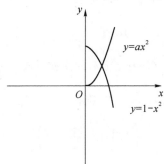

图 6.10

令 $1-x^2 = ax^2 (x > 0) \Rightarrow x = \dfrac{1}{\sqrt{a+1}}$，记为 x_0，则曲线 $L_1: y = 1-x^2 (0 \leqslant x \leqslant 1)$，$L_2: y = ax^2$ 和 y 轴围成面积为

$$S' = \int_0^{x_0} (1-x^2-ax^2)\mathrm{d}x = \left[x - \frac{(a+1)}{3}x^3\right]_0^{x_0} = x_0 - \frac{(a+1)}{3}x_0^3 = \frac{2}{3} \cdot \frac{1}{\sqrt{a+1}}$$

根据题意可知 $S' = \dfrac{S}{2}$，则 $S' = \dfrac{2}{3} \cdot \dfrac{1}{\sqrt{a+1}} = \dfrac{1}{3} \Rightarrow a = 3$.

16. 过点 $P(1,0)$ 作抛物线 $y = \sqrt{x-2}$ 的切线，该切线与上述抛物线及 x 轴围成一平面图形，求此平面图形绕 x 轴旋转所得旋转体的体积.

解　如图 6.11 所示,记过点 $P(1,0)$ 和抛物线 $y=\sqrt{x-2}$ 相切的切线为 $l:y=k(x-1)$,将切线方程和抛物线方程联立可得 $k^2(x-1)^2=x-2$,则应有 $\Delta=(2k^2+1)^2-4k^2(k^2+2)=0\Rightarrow k=\dfrac{1}{2}$(舍 $k=-\dfrac{1}{2}$),则切线方程为 $l:y=\dfrac{1}{2}(x-1)$,其和抛物线 $y=\sqrt{x-2}$ 的交点为 $(3,1)$,则所求体积为

$$V=V_1-V_2=\pi\int_1^3\left[\frac{1}{2}(x-1)\right]^2\mathrm{d}x-\pi\int_2^3\left(\sqrt{x-2}\right)^2\mathrm{d}x$$

$$=\pi\left[\frac{(x-1)^3}{12}\right]_1^3-\pi\left[\frac{(x-2)^2}{2}\right]_2^3=\frac{8\pi}{12}-\frac{\pi}{2}=\frac{\pi}{6}$$

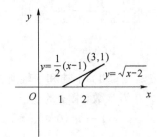

图 6.11

17. 设 $f(x)$ 在 $(-\infty,+\infty)$ 上连续,证明:

(1) $\displaystyle\int_0^{\frac{\pi}{2}}f(\sin x)\mathrm{d}x=\int_0^{\frac{\pi}{2}}f(\cos x)\mathrm{d}x$;

(2) $\displaystyle\int_0^{\pi}xf(\sin x)\mathrm{d}x=\frac{\pi}{2}\int_0^{\pi}f(\sin x)\mathrm{d}x$,并由此计算 $\displaystyle\int_0^{\pi}\frac{x\sin x}{1+\cos^2 x}\mathrm{d}x$.

证明　(1) 令 $x=\dfrac{\pi}{2}-t,\mathrm{d}x=-\mathrm{d}t$,则

$$\int_0^{\frac{\pi}{2}}f(\sin x)\mathrm{d}x=-\int_{\frac{\pi}{2}}^0 f\left[\sin\left(\frac{\pi}{2}-t\right)\right]\mathrm{d}t=\int_0^{\frac{\pi}{2}}f(\cos t)\mathrm{d}t$$

所以 $\displaystyle\int_0^{\frac{\pi}{2}}f(\sin x)\mathrm{d}x=\int_0^{\frac{\pi}{2}}f(\cos x)\mathrm{d}x$ 成立,证毕.

(2)　$\displaystyle\int_0^{\pi}xf(\sin x)\mathrm{d}x=\int_0^{\frac{\pi}{2}}xf(\sin x)\mathrm{d}x+\int_{\frac{\pi}{2}}^{\pi}xf(\sin x)\mathrm{d}x$

对 $\displaystyle\int_0^{\frac{\pi}{2}}xf(\sin x)\mathrm{d}x$,令 $x=\dfrac{\pi}{2}-t,\mathrm{d}x=-\mathrm{d}t$,则

$$\int_0^{\frac{\pi}{2}}xf(\sin x)\mathrm{d}x=-\int_{\frac{\pi}{2}}^0\left(\frac{\pi}{2}-t\right)f(\cos t)\mathrm{d}t=\int_0^{\frac{\pi}{2}}\left(\frac{\pi}{2}-t\right)f(\cos t)\mathrm{d}t$$

对 $\displaystyle\int_{\frac{\pi}{2}}^{\pi}xf(\sin x)\mathrm{d}x$,令 $x=\dfrac{\pi}{2}+t,\mathrm{d}x=\mathrm{d}t$,则

$$\int_{\frac{\pi}{2}}^{\pi}xf(\sin x)\mathrm{d}x=\int_0^{\frac{\pi}{2}}\left(\frac{\pi}{2}+t\right)f(\cos t)\mathrm{d}t$$

所以
$$\int_0^\pi xf(\sin x)\mathrm{d}x = \int_0^{\frac{\pi}{2}} xf(\sin x)\mathrm{d}x + \int_{\frac{\pi}{2}}^\pi xf(\sin x)\mathrm{d}x$$
$$= \int_0^{\frac{\pi}{2}}\left(\frac{\pi}{2}-t\right)f(\cos t)\mathrm{d}t + \int_0^{\frac{\pi}{2}}\left(\frac{\pi}{2}+t\right)f(\cos t)\mathrm{d}t$$
$$= \frac{\pi}{2}\int_0^{\frac{\pi}{2}} f(\cos t)\mathrm{d}t + \frac{\pi}{2}\int_0^{\frac{\pi}{2}} f(\cos t)\mathrm{d}t$$

由(1)可知 $\int_0^{\frac{\pi}{2}} f(\cos t)\mathrm{d}t = \int_0^{\frac{\pi}{2}} f(\sin t)\mathrm{d}t$，而对 $\int_0^{\frac{\pi}{2}} f(\cos t)\mathrm{d}t$，再令 $t = u - \frac{\pi}{2}, \mathrm{d}t = \mathrm{d}u$，则

$$\int_0^{\frac{\pi}{2}} f(\cos t)\mathrm{d}t = \int_{\frac{\pi}{2}}^\pi f\left[\cos\left(u-\frac{\pi}{2}\right)\right]\mathrm{d}u = \int_{\frac{\pi}{2}}^\pi f(\sin u)\mathrm{d}u$$

综上，$\int_0^\pi xf(\sin x)\mathrm{d}x = \frac{\pi}{2}\int_0^{\frac{\pi}{2}} f(\cos t)\mathrm{d}t + \frac{\pi}{2}\int_0^{\frac{\pi}{2}} f(\cos t)\mathrm{d}t$

$$= \frac{\pi}{2}\int_0^{\frac{\pi}{2}} f(\sin t)\mathrm{d}t + \frac{\pi}{2}\int_{\frac{\pi}{2}}^\pi f(\sin u)\mathrm{d}u$$

$$= \frac{\pi}{2}\int_0^{\frac{\pi}{2}} f(\sin x)\mathrm{d}x + \frac{\pi}{2}\int_{\frac{\pi}{2}}^\pi f(\sin x)\mathrm{d}x = \frac{\pi}{2}\int_0^\pi f(\sin x)\mathrm{d}x$$

证毕.

根据(2)可知 $\int_0^\pi \dfrac{x\sin x}{1+\cos^2 x}\mathrm{d}x = \int_0^\pi x\cdot\dfrac{\sin x}{1+\cos^2 x}\mathrm{d}x = \dfrac{\pi}{2}\int_0^\pi \dfrac{\sin x}{1+\cos^2 x}\mathrm{d}x$

$$= -\frac{\pi}{2}\int_0^\pi \frac{1}{1+\cos^2 x}\mathrm{d}(\cos x) = -\frac{\pi}{2}[\arctan(\cos x)]_0^\pi = \frac{\pi^2}{4}$$

18. 设函数 $f(x)$ 在 $[0,1]$ 上连续且递减，证明：当 $0 < \lambda < 1$ 时，$\int_0^\lambda f(x)\mathrm{d}x \geqslant \lambda\int_0^1 f(x)\mathrm{d}x$.

证明 解法一：由于 $\int_0^1 f(x)\mathrm{d}x = \int_0^\lambda f(x)\mathrm{d}x + \int_\lambda^1 f(x)\mathrm{d}x$，那么

$$\lambda\int_0^1 f(x)\mathrm{d}x - \int_0^\lambda f(x)\mathrm{d}x = (\lambda-1)\int_0^\lambda f(x)\mathrm{d}x + \lambda\int_\lambda^1 f(x)\mathrm{d}x\text{（由积分中值定理）}$$

$$= (\lambda-1)\lambda f(\xi_1) - (\lambda-1)\lambda f(\xi_2) \leqslant 0$$

其中 $\xi_1 \in [0,\lambda], \xi_2 \in [\lambda,1]$，从而有 $\int_0^\lambda f(x)\mathrm{d}x \geqslant \lambda\int_0^1 f(x)\mathrm{d}x$.

解法二：作函数 $F(\lambda) = \dfrac{1}{\lambda}\int_0^\lambda f(x)\mathrm{d}x - \int_0^1 f(x)\mathrm{d}x, \lambda \in [0,1]$，则只需证 $F(\lambda) \geqslant 0$，由于

$$F'(\lambda) = \frac{1}{\lambda^2}\left[\lambda f(\lambda) - \int_0^\lambda f(x)\mathrm{d}x\right] = \frac{1}{\lambda^2}[\lambda f(\lambda) - \lambda f(\xi)]$$

$$= \frac{1}{\lambda}[f(\lambda) - f(\xi)] \leqslant 0$$

$\xi \in [0,\lambda]$，又 $F(1) = 0$，故当 $0 < \lambda < 1, F(\lambda) \geqslant 0$，即有 $\int_0^\lambda f(x)\mathrm{d}x \geqslant \lambda\int_0^1 f(x)\mathrm{d}x$.

第7章 微分方程

> 微分方程是含有函数及其导数的关系式,对此关系式进行研究,找出未知函数来,这就是解微分方程.本章主要介绍微分方程的一些基本概念和几种常用的微分方程的解法.

7.1 知 识 结 构

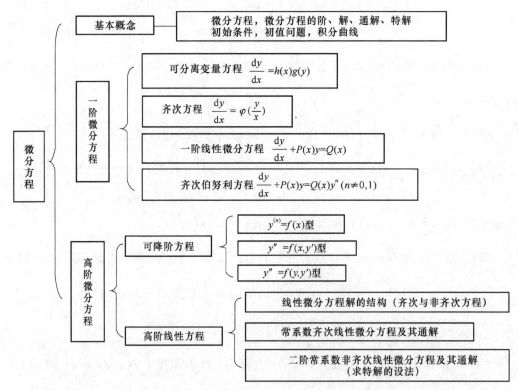

7.2 解题方法流程图

1. 一阶微分方程

一阶可求解的微分方程有可分离变量方程、齐次方程、一阶线性方程、伯努利方程. 解这些方程所用的方法为初等积分法. 在求解一阶方程时, 因可分离变量方程求解最简单, 故首先应判别所给方程是否为可分离变量的方程, 若是, 则可分离变量后积分得到通解, 若不是, 将方程化为显式方程 $\dfrac{\mathrm{d}y}{\mathrm{d}x}=f(x,y)$, 判断它是否为齐次方程或线性方程, 必要时还需判断 $\dfrac{\mathrm{d}x}{\mathrm{d}y}=\dfrac{1}{f(x,y)}$ 是否为齐次方程或线性方程. 总之, 求解一阶微分方程的关键是善于识别所给方程的类型, 并善于把所给方程化为相应的标准类型. 求解一阶微分方程方法流程图如下:

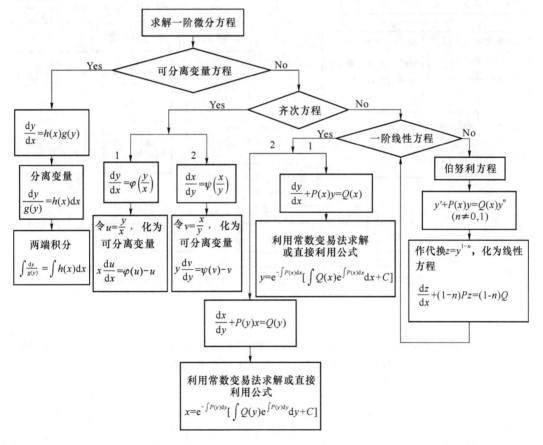

2. 高阶微分方程

常见的高阶微分方程有可降阶的微分方程、高阶常系数齐次线性微分方程和二阶常系数非齐次线性微分方程. 其中常系数齐次线性微分方程的求解最为简单, 故首先应判别所给高阶方程是否为常系数齐次线性微分方程, 若是, 可用求特征方程根的方法得到通解, 若不是, 判断它是否为二阶常系数非齐次线性微分方程或可降阶的微分方程. 求解高阶微分方程方法流程图如下.

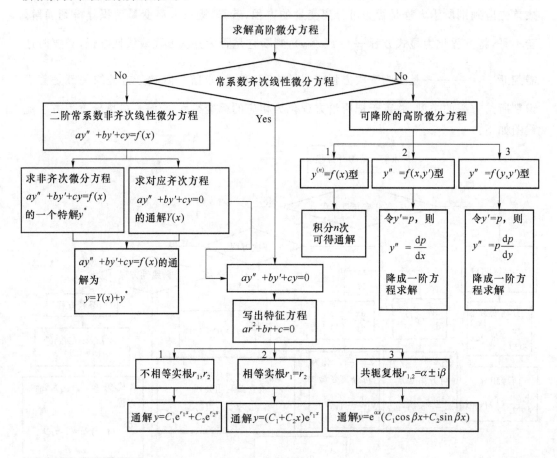

对上面流程图中的求二阶常系数非齐次线性微分方程 $ay'' + by' + cy = f(x)$ 特解 y^*, 根据非齐次项 $f(x)$ 的两种不同情况, 给出求解方法流程图如下.

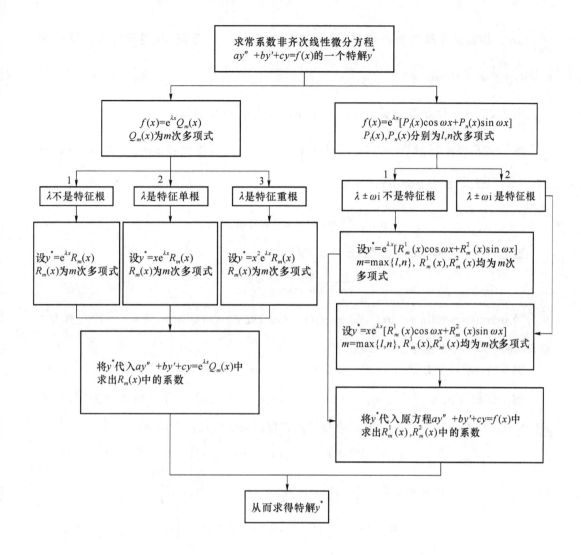

7.3 典型例题

1. 一阶微分方程的解法

例 7.1 求微分方程 $e^{-y}\left(\dfrac{dy}{dx}+1\right)=xe^x$ 的通解.

解 将方程改写为 $\dfrac{dy}{dx}=xe^{x+y}-1$,然后作变量替换.

令 $x+y=u$,即 $y=u-x$,则 $\dfrac{dy}{dx}=\dfrac{du}{dx}-1$,于是原方程化为下面的可分离变量的方程

$\dfrac{\mathrm{d}u}{\mathrm{d}x}=x\mathrm{e}^u$. 将前式分离变量并积分,得 $-\mathrm{e}^{-u}=\dfrac{1}{2}x^2+C$. 变量还原,得原方程的通解为

$\mathrm{e}^{-(x+y)}+\dfrac{1}{2}x^2+C=0$.

例 7.2 求微分方程 $x^2 y'=3(x^2+y^2)\arctan\dfrac{y}{x}+xy$ 的通解.

解 方程可改写成 $\dfrac{\mathrm{d}y}{\mathrm{d}x}=3\left[1+\left(\dfrac{y}{x}\right)^2\right]\arctan\dfrac{y}{x}+\dfrac{y}{x}$, 作代换 $u=\dfrac{y}{x}$, 即 $y=xu$, 有

$\dfrac{\mathrm{d}y}{\mathrm{d}x}=u+x\dfrac{\mathrm{d}u}{\mathrm{d}x}$, 于是原方程化为

$$u+x\dfrac{\mathrm{d}u}{\mathrm{d}x}=3(1+u^2)\arctan u+u$$

这是一个可分离变量的方程,分离变量得

$$\dfrac{\mathrm{d}u}{(1+u^2)\arctan u}=3\dfrac{\mathrm{d}x}{x}$$

积分得 $\ln\arctan u=3\ln x+\ln C$, 即 $\arctan u=Cx^3$, 或 $u=\tan(Cx^3)$, 将 $u=\dfrac{y}{x}$ 代入前式并整理,得所给方程的通解为 $y=x\tan(Cx^3)$.

例 7.3 求微分方程 $(y\sin x-\sin x-1)\mathrm{d}x+\cos x\mathrm{d}y=0$ 的通解.

解 方程可化为 $\dfrac{\mathrm{d}y}{\mathrm{d}x}+y\tan x=\sec x+\tan x$, 可见这是一阶线性微分方程,它的

$P(x)=\tan x, Q(x)=\sec x+\tan x$. 直接代入方程的通解公式:

$$y=\mathrm{e}^{-\int P(x)\mathrm{d}x}\left[\int Q(x)\cdot\mathrm{e}^{\int P(x)\mathrm{d}x}\mathrm{d}x+C\right]$$

得

$$y=\mathrm{e}^{-\int\tan x\mathrm{d}x}\left[\int(\sec x+\tan x)\cdot\mathrm{e}^{\int\tan x\mathrm{d}x}\mathrm{d}x+C\right]$$

$$=\cos x\left[\int\dfrac{\sec x+\tan x}{\cos x}\mathrm{d}x+C\right]=\cos x\left[\tan x+\dfrac{1}{\cos x}+C\right]$$

$$=\sin x+1+C\cos x$$

例 7.4 求微分方程 $x\mathrm{d}y-[y+xy^3(1+\ln x)]\mathrm{d}x=0$ 的通解.

解 方程可化为 $\dfrac{\mathrm{d}y}{\mathrm{d}x}-\dfrac{y}{x}=y^3(1+\ln x)$, 这是一个伯努利方程,方程两边同时除以 y^3 得

$$y^{-3}\dfrac{\mathrm{d}y}{\mathrm{d}x}-\dfrac{1}{x}y^{-2}=(1+\ln x)$$

凑微分,得

$$-\dfrac{1}{2}\dfrac{\mathrm{d}y^{-2}}{\mathrm{d}x}-\dfrac{1}{x}y^{-2}=(1+\ln x)$$

即

$$\dfrac{\mathrm{d}y^{-2}}{\mathrm{d}x}+\dfrac{2}{x}y^{-2}=-2(1+\ln x)$$

令 $z=y^{-2}$,得

$$\frac{\mathrm{d}z}{\mathrm{d}x}+\frac{2}{x}z=-2(1+\ln x)$$

可见这是一阶线性微分方程,它的 $P(x)=\dfrac{2}{x}$,$Q(x)=-2(1+\ln x)$. 直接代入通解公式得

$$z = \mathrm{e}^{-\int P(x)\mathrm{d}x}\left[\int Q(x)\cdot\mathrm{e}^{\int P(x)\mathrm{d}x}\mathrm{d}x+C\right]=\mathrm{e}^{-\int\frac{2}{x}\mathrm{d}x}\left[\int-2(1+\ln x)\cdot\mathrm{e}^{\int\frac{2}{x}\mathrm{d}x}\mathrm{d}x+C\right]$$

$$=x^{-2}\left[\int-2(1+\ln x)\cdot x^{2}\mathrm{d}x+C\right]=x^{-2}\left[-\frac{2}{3}x^{3}-\frac{2}{x}x^{3}\ln x+\frac{2}{9}x^{3}+C\right]$$

$$=-\frac{2}{3}x-\frac{2}{x}x\ln x+\frac{2}{9}x+\frac{C}{x^{2}}$$

所以原方程的通解为 $\qquad y^{-2}=-\dfrac{2}{3}x-\dfrac{2}{x}x\ln x+\dfrac{2}{9}x+\dfrac{C}{x^{2}}$

例 7.5 求微分方程 $2yy'+2xy^{2}=x\mathrm{e}^{-x^{2}}$ 的通解.

解 方程可化为 $(y^{2})'+2xy^{2}=x\mathrm{e}^{-x^{2}}$,令 $u=y^{2}$,则原方程化为线性方程

$$u'+2xu=x\mathrm{e}^{-x^{2}}$$

它的 $P(x)=2x$,$Q(x)=x\mathrm{e}^{-x^{2}}$. 直接代入通解公式得

$$u = \mathrm{e}^{-\int 2x\mathrm{d}x}\left[\int x\mathrm{e}^{-x^{2}}\cdot\mathrm{e}^{\int 2x\mathrm{d}x}\mathrm{d}x+C\right]=\mathrm{e}^{-x^{2}}\left[\int x\mathrm{d}x+C\right]=\mathrm{e}^{-x^{2}}\left(\frac{1}{2}x^{2}+C\right)$$

所以原方程的通解为 $y^{2}=\mathrm{e}^{-x^{2}}\left(\dfrac{1}{2}x^{2}+C\right)$.

例 7.6 求微分方程 $\left(x-\dfrac{y}{x^{2}+y^{2}}\right)\mathrm{d}x+\left(y+\dfrac{x}{x^{2}+y^{2}}\right)\mathrm{d}y=0$ 的通解.

解 将方程左端重新组合得

$$x\mathrm{d}x+y\mathrm{d}y+\frac{x\mathrm{d}y-y\mathrm{d}x}{x^{2}+y^{2}}=0$$

即

$$\mathrm{d}\left[\frac{1}{2}(x^{2}+y^{2})\right]+\mathrm{d}\,\mathrm{arctan}\,\frac{y}{x}=0$$

所以原方程的通解为 $\dfrac{1}{2}(x^{2}+y^{2})+\mathrm{arctan}\,\dfrac{y}{x}=C$.

说明 从本例的解法可以看出,如果能把微分方程 $P(x,y)\mathrm{d}x+Q(x,y)\mathrm{d}y=0$ 的左端表达式分成若干组,使得各组是某个函数的全微分,便可得出方程的通解来. 为此,熟悉一些常见的全微分表达式是必要的,如

$$y\mathrm{d}x+x\mathrm{d}y=\mathrm{d}(xy)\,,\qquad \frac{y\mathrm{d}x-x\mathrm{d}y}{y^{2}}=\mathrm{d}\left(\frac{x}{y}\right),\qquad \frac{y\mathrm{d}x-x\mathrm{d}y}{x^{2}}=-\mathrm{d}\left(\frac{y}{x}\right)$$

$$\frac{y\mathrm{d}x-x\mathrm{d}y}{xy}=\mathrm{d}\left(\ln\frac{x}{y}\right),\qquad \frac{y\mathrm{d}x-x\mathrm{d}y}{x^{2}+y^{2}}=\mathrm{d}\left(\mathrm{arctan}\,\frac{x}{y}\right),\qquad \frac{2y\mathrm{d}x-x\mathrm{d}y}{x^{2}-y^{2}}=\mathrm{d}\left(\ln\frac{x-y}{x+y}\right)$$

$$\frac{x\,\mathrm{d}x+y\,\mathrm{d}y}{\sqrt{x^2+y^2}}=\mathrm{d}\big(\sqrt{x^2+y^2}\big),\quad \frac{2xy\,\mathrm{d}y-y^2\,\mathrm{d}x}{x^2}=\mathrm{d}\Big(\frac{y^2}{x}\Big),\quad \frac{2xy\,\mathrm{d}x-x^2\,\mathrm{d}y}{y^2}=\mathrm{d}\Big(\frac{x^2}{y}\Big)$$

2. 可降阶的高阶微分方程

例 7.7　求微分方程 $y''=\dfrac{1}{1+x^2}$ 的通解.

解　逐次积分得

$$y'=\int\frac{1}{1+x^2}\mathrm{d}x=\arctan x+C_1$$

$$y=\int(\arctan x+C_1)\mathrm{d}x=x\arctan x-\int\frac{x}{1+x^2}\mathrm{d}x+C_1 x$$

$$=x\arctan x-\frac{1}{2}\ln(1+x^2)+C_1 x+C_2$$

例 7.8　求微分方程 $xy''+y'=\mathrm{e}^x$ 的通解.

解　方程不显含 y,属于 $y''=f(x,y')$ 型. 令 $y'=p$,则 $y''=\dfrac{\mathrm{d}p}{\mathrm{d}x}$,代入方程得 $xp'+p=\mathrm{e}^x$,即

$$p'+\frac{1}{x}p=\frac{1}{x}\mathrm{e}^x$$

这是一个一阶线性微分方程,其通解为 $p=\dfrac{C_1}{x}+\dfrac{\mathrm{e}^x}{x}$,即 $y'=\dfrac{C_1}{x}+\dfrac{\mathrm{e}^x}{x}$. 故原方程的通解为

$$y=C_1\ln x+\int\frac{\mathrm{e}^x}{x}\mathrm{d}x+C_2$$

例 7.9　求微分方程 $y''+\dfrac{1}{1-y}y'^2=0$ 的通解.

解　方程不显含 x,属于 $y''=f(y,y')$ 型. 令 $y'=p$,则 $y''=p\dfrac{\mathrm{d}p}{\mathrm{d}y}$,代入方程得

$$p\frac{\mathrm{d}p}{\mathrm{d}y}+\frac{1}{1-y}p^2=0$$

即

$$p\Big(\frac{\mathrm{d}p}{\mathrm{d}y}+\frac{1}{1-y}p\Big)=0$$

由 $p=0$ 即 $y'=0$,得 $y=C$. 由 $\dfrac{\mathrm{d}p}{\mathrm{d}y}+\dfrac{1}{1-y}p=0$,得 $p=C_1(y-1)$,即 $y'=C_1(y-1)$. 故 $y=C_2\mathrm{e}^{C_1 x}+1$,$C_1,C_2$ 为任意常数,此即为所求方程的通解,且解 $y=C$ 包含在通解 $y=C_2\mathrm{e}^{C_1 x}+1$ 中,对应 $C_1=0$.

3. 高阶线性微分方程

例 7.10　已知某四阶常系数线性齐次微分方程的四个线性无关的特解为 e^x、$x\mathrm{e}^x$、$\cos 2x$、$\sin 2x$,求这个四阶微分方程及其通解.

解　由题设可知 $r_{1,2}=1$ 为二重特征根，$r_{3,4}=\pm 2\mathrm{i}$ 为一对共轭复根. 所以特征方程为

$$(r-1)^2 \cdot (r^2+4)=0$$

即

$$r^4-2r^3+5r^2-8r+4=0$$

故得所求的四阶微分方程是

$$y^{(4)}-2y'''+5y''-8y'+4y=0$$

其通解为 $y=(C_1+C_2 x)\mathrm{e}^x+C_3\cos 2x+C_4\sin 2x$.

例 7.11　设 $y_1=x\mathrm{e}^x+\mathrm{e}^{2x}$，$y_2=x\mathrm{e}^x+\mathrm{e}^{-x}$，$y_3=x\mathrm{e}^x+\mathrm{e}^{2x}-\mathrm{e}^{-x}$ 是某二阶常系数非齐次线性微分方程的三个解，求该微分方程.

解　由题设易知 e^{2x}、e^{-x} 是该微分方程对应的齐次方程的两个线性无关的解，$x\mathrm{e}^x$ 是该微分方程的一个特解，从而对应的齐次方程的特征方程为 $(r-2)(r+1)=0$，即 $r^2-r-2=0$. 对应的齐次方程为

$$y''-y'-2y=0$$

设所求微分方程为 $y''-y'-2y=f(x)$，将其特解 $y=x\mathrm{e}^x$ 代入，可得

$$f(x)=\mathrm{e}^x-2x\mathrm{e}^x$$

故所求的微分方程为 $y''-y'-2y=\mathrm{e}^x-2x\mathrm{e}^x$.

例 7.12　求微分方程 $y''+4y=4x^2$ 的通解.

解　① 求相应的齐次方程 $y''+4y=0$ 的通解. 特征方程 $r^2+4=0$ 的特征根为 $r_{1,2}=\pm 2\mathrm{i}$，故齐次方程的通解为 $\bar{Y}=C_1\cos 2x+C_2\sin 2x$.

② 求非齐次方程的某个特解. 此题中 $y''+4y=4x^2\mathrm{e}^{0\cdot x}$，因 $\lambda=0$ 不是特征方程的根，因此方程的特解应具有下面形式：

$$y^*=Ax^2+Bx+C$$

将 y^* 代入微分方程得　$2A+4(Ax^2+Bx+C)=4x^2$

比较上式两端 x 同次幂的系数得

$$\begin{cases} 4A=4 \\ 4B=0 \\ 2A+4C=0 \end{cases}$$

即有

$$\begin{cases} A=1 \\ B=0 \\ C=-\dfrac{1}{2} \end{cases}$$

于是特解为 $y^*=x^2-\dfrac{1}{2}$，故原方程的通解为

$$y=\bar{Y}+y^*=C_1\cos 2x+C_2\sin 2x+x^2-\frac{1}{2}$$

例 7.13 写出微分方程 $y'' - 2y' - 3y = 2e^{3x} + \cos x + 1$ 的特解形式.

分析 对于微分方程 $y'' + py' + qy = f_1(x) + f_2(x)$,其特解等于 $y'' + py' + qy = f_1(x)$ 的特解与 $y'' + py' + qy = f_2(x)$ 的特解之和,所以可分别求出各自的特解 y_1^*、y_2^*,则 $y^* = y_1^* + y_2^*$ 即为 $y'' + py' + qy = f_1(x) + f_2(x)$ 的特解.

解 方程所对应的齐次方程的特征方程 $r^2 - 2r - 3 = 0$ 的根为 $r_1 = -1, r_2 = 3$. 此题中

$$f(x) = 2e^{3x} + \cos x + 1 = f_1(x) + f_2(x) + f_3(x)$$

因 $\lambda = 3$ 为特征方程的单根,对应于 $f_1(x) = 2e^{3x}$ 的特解:$y_1^* = Axe^{3x}$. 类似可知,对应于 $f_2(x) = \cos x$ 的特解为:$y_2^* = B\cos x + C\sin x$,对应于 $f_3(x) = 1$ 的特解为:$y_3^* = D$. 这样即写出所给方程的一个特解为

$$y^* = y_1^* + y_2^* + y_3^* = Axe^{3x} + B\cos x + C\sin x + D$$

例 7.14 写出微分方程 $y'' - 2y' + 2y = e^x \cos 2x \cos x$ 的特解形式.

分析 利用三角形的积化和差公式:

$$f(x) = e^x \cos 2x \cos x = e^x \frac{1}{2}(\cos 3x + \cos x) = \frac{1}{2}e^x \cos 3x + \frac{1}{2}e^x \cos x$$

解 微分方程所对应的齐次方程的特征方程 $r^2 - 2r + 2 = 0$ 的根为 $r_{1,2} = 1 \pm i$. 对于方程

$$y'' - 2y' + 2y = \frac{1}{2}e^x \cos 3x$$

因 $1 + 3i$ 不是特征方程的根,所以可设其特解为

$$y_1^* = e^x(A\cos 3x + B\sin 3x)$$

对于方程 $y'' - 2y' + 2y = \frac{1}{2}e^x \cos x$,因为 $1 \pm i$ 为特征方程的根,所以可设其特解为

$$y_2^* = xe^x(C\cos x + D\sin x)$$

因此,所给方程的特解具有以下形式

$$y^* = y_1^* + y_2^* = e^x(A\cos 3x + B\sin 3x) + xe^x(C\cos x + D\sin x)$$

说明 若微分方程中的非齐次项不是已知形式,可用一些有效的运算化为已知形式.

例 7.15 设函数 $\varphi(x)$ 连续,且满足 $\varphi(x) = e^x + \int_0^x t\varphi(t)dt - x\int_0^x \varphi(t)dt$,求 $\varphi(x)$.

解 由题设得

$$\varphi'(x) = e^x + x\varphi(x) - \int_0^x \varphi(t)dt - x\varphi(x),即 \ \varphi'(x) = e^x - \int_0^x \varphi(t)dt$$

$$\varphi''(x) = e^x - \varphi(x)$$

且 $\varphi(0) = 1, \varphi'(0) = 1$. 与微分方程 $\varphi''(x) + \varphi(x) = e^x$ 对应的齐次方程的特征方程为 $r^2 + 1 = 0$,解得 $r_{1,2} = \pm i$,从而齐次方程的通解为

$$\varphi = C_1 \cos x + C_2 \sin x$$

因 $f(x) = e^x, \lambda = 1$ 不是特征方程的根,可设 $\varphi^* = Ae^x$,代入非齐次方程 $\varphi''(x) + \varphi(x) =$

e^x，得 $A=\dfrac{1}{2}$，从而 $\varphi^*=\dfrac{1}{2}e^x$，所以方程 $\varphi''(x)+\varphi(x)=e^x$ 的通解为

$$\varphi(x)=C_1\cos x+C_2\sin x+\frac{1}{2}e^x$$

由 $\varphi(0)=1,\varphi'(0)=1$ 得
$$\begin{cases} 1=C_1+\dfrac{1}{2} \\[2mm] 1=C_2+\dfrac{1}{2} \end{cases}$$

所以 $C_1=\dfrac{1}{2},C_2=\dfrac{1}{2}$，故 $\varphi(x)=\dfrac{1}{2}\cos x+\dfrac{1}{2}\sin x+\dfrac{1}{2}e^x$.

7.4 教材习题选解

习题7.1

5. 对一阶方程 $y'=2x$ (1)求出它的通解；(2)求出过点$(1,4)$的积分曲线，并画出其图形；(3)求出与直线 $y=2x+3$ 相切的积分曲线，并画出其图形.

解 (1)将 $y'=2x$ 两边积分，得 $y=\displaystyle\int 2x\mathrm{d}x$，即 $y=x^2+C$ 为所求通解.

(2) 将 $x=1,y=4$ 代入方程 $y=x^2+C$ 中，得 $4=1^2+C$，解得 $C=3$，即过点$(1,4)$的积分曲线为 $y=x^2+3$，如图 7.1 所示.

(3) 若 $y=x^2+C$ 与直线 $y=2x+3$ 相切，则它们只有唯一交点，由 $\begin{cases} y=x^2+C \\ y=2x+3 \end{cases}$ 得 $x^2+C=2x+3$，即 $x^2-2x+C-3=0$，当 $\Delta=(-2)^2-4\times(C-3)=0$ 时有唯一解，此时 $C=4$，即与直线 $y=2x+3$ 相切的积分曲线为 $y=x^2+4$，如图 7.2 所示.

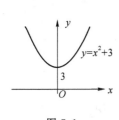

图 7.1

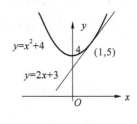

图 7.2

习题7.2

1. 求下列微分方程的通解：

(2) $(xy^2-x)\mathrm{d}x+(x^2y+y)\mathrm{d}y=0$;　　　　(4) $\tan y\mathrm{d}x-\cot x\mathrm{d}y=0$.

解 (2)原方程分离变量得 $\dfrac{y}{1-y^2}\mathrm{d}y=\dfrac{x}{1+x^2}\mathrm{d}x$，两端积分 $\displaystyle\int \dfrac{y}{1-y^2}\mathrm{d}y=\int \dfrac{x}{1+x^2}\mathrm{d}x$，得

$\ln(1-y^2)=-\ln(1+x^2)+\ln C$，即 $1-y^2=\dfrac{C}{1+x^2}$，故通解为 $y^2=1+\dfrac{C}{1+x^2}$.

(4) 原方程分离变量得 $\dfrac{\cos y}{\sin y}\mathrm{d}y=\dfrac{\sin x}{\cos x}\mathrm{d}x$，两端积分 $\displaystyle\int \dfrac{\cos y}{\sin y}\mathrm{d}y=\int \dfrac{\sin x}{\cos x}\mathrm{d}x$，得

$\ln(\sin y)=-\ln(\cos x)+\ln C$，即 $\sin y=\dfrac{C}{\cos x}$，故通解为 $\sin y\cos x=C$.

2. 求解下列微分方程的初值问题.

(1) $y'=\mathrm{e}^{2x-y}$，$y|_{x=0}=0$；　　　　(3) $y'=y(y-1)$，$y|_{x=0}=1$.

解 (1)分离变量，得 $\mathrm{e}^y\mathrm{d}y=\mathrm{e}^{2x}\mathrm{d}x$，两端积分，得 $\mathrm{e}^y=\dfrac{1}{2}\mathrm{e}^{2x}+C$，由 $y|_{x=0}=0$，得 $1=$

$\mathrm{e}^0=\dfrac{1}{2}\mathrm{e}^0+C$，故 $C=\dfrac{1}{2}$，即得 $\mathrm{e}^y=\dfrac{1}{2}(\mathrm{e}^{2x}+1)$，于是所求特解为 $y=\ln\dfrac{\mathrm{e}^{2x}+1}{2}$.

(3) 分离变量，得 $\dfrac{1}{y(y-1)}\mathrm{d}y=\mathrm{d}x$，两端积分，得 $\ln(y-1)-\ln y=x+\ln C$，即 $\dfrac{y-1}{y}=$

$C\mathrm{e}^x$，由 $y|_{x=0}=1$，得 $0=C\mathrm{e}^0$，故 $C=0$，即得 $\dfrac{y-1}{y}=0$，于是所求特解为 $y=1$.

3. 一曲线经过点 $(1,1)$，且其上任意一点处的切线介于坐标轴间的部分均被切点平分，求这条曲线的方程.

解 设曲线方程为 $y=y(x)$，切点为 (x,y)，依条件，切线在 x 轴与 y 轴上的截距分别为 $2x$ 与 $2y$，于是切线的斜率

$$y'=\frac{2y-0}{0-2x}=-\frac{y}{x}$$

分离变量得 $\dfrac{1}{y}\mathrm{d}y=-\dfrac{1}{x}\mathrm{d}x$，两端积分，得 $\ln y=-\ln x+\ln C$，即 $xy=C$，由 $x=1$，$y=1$，得 $C=1$，即所求曲线方程为 $xy=1$.

习题 7.3

1. 求下列微分方程的通解.

(2) $y'=\dfrac{y}{y-x}$；　　　　(4) $(1+2\mathrm{e}^{\frac{x}{y}})\mathrm{d}x=2\mathrm{e}^{\frac{x}{y}}\left(\dfrac{x}{y}-1\right)\mathrm{d}y$.

解 (2)原方程可化成 $y'=\dfrac{\dfrac{y}{x}}{\dfrac{y}{x}-1}$，令 $u=\dfrac{y}{x}$，即 $y=xu$，有 $y'=u+xu'$，则原方程成为

$u+xu'=\dfrac{u}{u-1}$，分离变量，得 $\dfrac{u-1}{2u-u^2}\mathrm{d}u=\dfrac{\mathrm{d}x}{x}$，积分得

$$-\frac{1}{2}\left[\ln u+\ln(2-u)\right]=\ln x-\frac{1}{2}\ln C$$

即 $u(2-u)=\dfrac{C}{x^2}$，将 $u=\dfrac{y}{x}$ 代入前式并整理，得通解 $2xy-y^2=C$.

(4) 原方程可化成 $\dfrac{\mathrm{d}x}{\mathrm{d}y}\left(1+2\mathrm{e}^{\frac{x}{y}}\right)+2\mathrm{e}^{\frac{x}{y}}\left(1-\dfrac{x}{y}\right)=0$，令 $u=\dfrac{x}{y}$，即 $x=yu$，有 $\dfrac{\mathrm{d}x}{\mathrm{d}y}=u+$

$y\dfrac{\mathrm{d}u}{\mathrm{d}y}$，则原方程成为 $\left(u+y\dfrac{\mathrm{d}u}{\mathrm{d}y}\right)(1+2\mathrm{e}^u)+2\mathrm{e}^u(1-u)=0$，整理并分离变量，得 $\dfrac{1+2\mathrm{e}^u}{u+2\mathrm{e}^u}\mathrm{d}u=$

$-\dfrac{\mathrm{d}y}{y}$，积分得 $\ln(u+2\mathrm{e}^u)=-\ln y+\ln C$，即 $u+2\mathrm{e}^u=\dfrac{C}{y}$，将 $u=\dfrac{x}{y}$ 代入上式并整理，得通

解 $x+2y\mathrm{e}^{\frac{x}{y}}=C$.

2. 求解下列微分方程的初值问题：(2) $(x^2+y^2)\mathrm{d}x-xy\mathrm{d}y=0,y|_{x=1}=0$.

解 (2) 原方程可写成 $\dfrac{\mathrm{d}y}{\mathrm{d}x}=\dfrac{1}{\dfrac{y}{x}}+\dfrac{y}{x}$，令 $u=\dfrac{y}{x}$，即 $y=xu$，有 $\dfrac{\mathrm{d}y}{\mathrm{d}x}=u+x\dfrac{\mathrm{d}u}{\mathrm{d}x}$，则原方程

成为 $u+x\dfrac{\mathrm{d}u}{\mathrm{d}x}=\dfrac{1}{u}+u$，整理并分离变量，得 $u\mathrm{d}u=\dfrac{\mathrm{d}x}{x}$，积分得 $\dfrac{1}{2}u^2=\ln x+\dfrac{1}{2}\ln C$，即 $\mathrm{e}^{u^2}=$

Cx^2，将 $u=\dfrac{y}{x}$ 代入前式并整理，得通解 $\mathrm{e}^{\frac{y^2}{x^2}}=Cx^2$，由 $y|_{x=1}=0$，得 $\mathrm{e}^0=C$，故 $C=1$，即得所

求特解为 $\mathrm{e}^{\frac{y^2}{x^2}}=x^2$.

习题 7.4

1. 求下列微分方程的通解.

(1) $\dfrac{\mathrm{d}y}{\mathrm{d}x}+y=\mathrm{e}^{-x}$；　　　　(3) $y'+y\cos x=\mathrm{e}^{-\sin x}$；　　　　(5) $xy'-y=\dfrac{x}{\ln x}$.

解 (1) 因为 $P(x)=1$ ，$Q(x)=\mathrm{e}^{-x}$，由一阶线性微分方程的求解公式得通解

$$y=\mathrm{e}^{-\int P(x)\mathrm{d}x}\left[\int Q(x)\cdot\mathrm{e}^{\int P(x)\mathrm{d}x}\,\mathrm{d}x+C\right]=\mathrm{e}^{-\int\mathrm{d}x}\left(\int\mathrm{e}^{-x}\cdot\mathrm{e}^{\int\mathrm{d}x}\,\mathrm{d}x+C\right)$$

$$=\mathrm{e}^{-x}\left(\int\mathrm{e}^{-x}\cdot\mathrm{e}^x\mathrm{d}x+C\right)=\mathrm{e}^{-x}(x+C)$$

(3) 因为 $P(x)=\cos x$ ，$Q(x)=\mathrm{e}^{-\sin x}$，由一阶线性微分方程的求解公式得通解

$$y=\mathrm{e}^{-\int P(x)\mathrm{d}x}\left[\int Q(x)\cdot\mathrm{e}^{\int P(x)\mathrm{d}x}\mathrm{d}x+C\right]=\mathrm{e}^{-\int\cos x\mathrm{d}x}\left(\int\mathrm{e}^{-\sin x}\cdot\mathrm{e}^{\int\cos x\mathrm{d}x}\,\mathrm{d}x+C\right)$$

$$=\mathrm{e}^{-\sin x}\left(\int\mathrm{e}^{-\sin x}\cdot\mathrm{e}^{\sin x}\mathrm{d}x+C\right)=\mathrm{e}^{-\sin x}(x+C)$$

(5) 将原方程写成 $y'-\dfrac{1}{x}y=\dfrac{1}{\ln x}$，因为 $P(x)=-\dfrac{1}{x}$ ，$Q(x)=\dfrac{1}{\ln x}$，由一阶线性微分

方程的求解公式得通解

$$y = e^{-\int P(x)\mathrm{d}x}\left[\int Q(x) \cdot e^{\int P(x)\mathrm{d}x}\mathrm{d}x + C\right]$$

$$= e^{\int \frac{1}{x}\mathrm{d}x}\left(\int \frac{1}{\ln x} \cdot e^{\int -\frac{1}{x}\mathrm{d}x}\mathrm{d}x + C\right) = e^{\ln x}\left(\int \frac{1}{\ln x} \cdot e^{-\ln x}\mathrm{d}x + C\right)$$

$$= x\left(\int \frac{1}{\ln x} \cdot \frac{1}{x}\mathrm{d}x + C\right) = x\left[\int \frac{1}{\ln x}\mathrm{d}(\ln x) + C\right] = x\left[\ln(\ln x) + C\right]$$

2. 求解下列微分方程的初值问题.

(2) $x\dfrac{\mathrm{d}y}{\mathrm{d}x} + y - e^x = 0, y\big|_{x=1} = 6$;　　　(4) $y' + y\cos x = \sin x\cos x, y\big|_{x=0} = 1$.

解　(2)将原方程写成 $y' + \dfrac{1}{x}y = \dfrac{e^x}{x}$，因为 $P(x) = \dfrac{1}{x}$，$Q(x) = \dfrac{e^x}{x}$，由一阶线性微分方程的求解公式得通解

$$y = e^{-\int P(x)\mathrm{d}x}\left[\int Q(x) \cdot e^{\int P(x)\mathrm{d}x}\mathrm{d}x + C\right] = e^{-\int \frac{1}{x}\mathrm{d}x}\left(\int \frac{e^x}{x} \cdot e^{\int \frac{1}{x}\mathrm{d}x}\mathrm{d}x + C\right)$$

$$= e^{-\ln x}\left(\int \frac{e^x}{x} \cdot e^{\ln x}\mathrm{d}x + C\right) = \frac{1}{x}\left(\int e^x\mathrm{d}x + C\right) = \frac{1}{x}(e^x + C)$$

代入初始条件 $y\big|_{x=1} = 6$，得 $C = 6 - e$，故所求特解为 $y = \dfrac{1}{x}(e^x + 6 - e)$.

(4) 因为 $P(x) = \cos x$，$Q(x) = \sin x\cos x$，由一阶线性微分方程的求解公式得通解

$$y = e^{-\int P(x)\mathrm{d}x}\left[\int Q(x) \cdot e^{\int P(x)\mathrm{d}x}\mathrm{d}x + C\right] = e^{-\int \cos x\mathrm{d}x}\left(\int \sin x\cos x \cdot e^{\int \cos x\mathrm{d}x}\mathrm{d}x + C\right)$$

$$= e^{-\sin x}\left(\int \sin x\mathrm{d}e^{\sin x} + C\right) = e^{-\sin x}\left(e^{\sin x}\sin x - \int e^{\sin x}\mathrm{d}\sin x + C\right)$$

$$= e^{-\sin x}(e^{\sin x}\sin x - e^{\sin x} + C) = \sin x - 1 + Ce^{-\sin x}$$

代入初始条件 $y\big|_{x=0} = 1$，得 $C = 2$，故所求特解为 $y = \sin x - 1 + 2e^{-\sin x}$.

3. 求下列伯努利方程的通解: (1) $\dfrac{\mathrm{d}y}{\mathrm{d}x} + \dfrac{1}{x}y = x^2 y^6$; (3) $xy' + y - y^2\ln x = 0$.

解　(1)将方程变形为

$$y^{-6}\frac{\mathrm{d}y}{\mathrm{d}x} + \frac{1}{x}y^{-5} = x^2$$

即

$$-\frac{1}{5}\frac{\mathrm{d}y^{-5}}{\mathrm{d}x} + \frac{1}{x}y^{-5} = x^2$$

从而有

$$\frac{\mathrm{d}y^{-5}}{\mathrm{d}x} - \frac{5}{x}y^{-5} = -5x^2$$

令 $z = y^{-5}$，则上面的方程化为 $\dfrac{\mathrm{d}z}{\mathrm{d}x} - \dfrac{5}{x}z = -5x^2$，因为 $P(x) = -\dfrac{5}{x}$，$Q(x) = -5x^2$，由一阶线性微分方程的求解公式得

$$z = e^{-\int P(x)\mathrm{d}x}\left[\int Q(x) \cdot e^{\int P(x)\mathrm{d}x}\mathrm{d}x + C\right] = e^{-\int -\frac{5}{x}\mathrm{d}x}\left(\int -5x^2 \cdot e^{\int -\frac{5}{x}\mathrm{d}x}\mathrm{d}x + C\right)$$

$$= \mathrm{e}^{5\ln x}\left(\int -5x^2 \cdot \mathrm{e}^{-5\ln x}\mathrm{d}x + C\right) = x^5\left(\int -5x^2 \cdot x^{-5}\mathrm{d}x + C\right) = x^5\left(\frac{5}{2x^2}+C\right) = \frac{5}{2}x^3 + Cx^5$$

故原方程的通解为 $y^{-5} = \dfrac{5}{2}x^3 + Cx^5$.

（3）将方程变形为

$$y^{-2}\frac{\mathrm{d}y}{\mathrm{d}x} + \frac{1}{x}y^{-1} = \frac{\ln x}{x}$$

即

$$-\frac{\mathrm{d}y^{-1}}{\mathrm{d}x} + \frac{1}{x}y^{-1} = \frac{\ln x}{x}$$

从而有

$$\frac{\mathrm{d}y^{-1}}{\mathrm{d}x} - \frac{1}{x}y^{-1} = -\frac{\ln x}{x}$$

令 $z = y^{-1}$，则上面的方程化为 $\dfrac{\mathrm{d}z}{\mathrm{d}x} - \dfrac{1}{x}z = -\dfrac{\ln x}{x}$，因为 $P(x) = -\dfrac{1}{x}$，$Q(x) = -\dfrac{\ln x}{x}$，由一阶线性微分方程的求解公式得

$$z = \mathrm{e}^{-\int P(x)\mathrm{d}x}\left[\int Q(x) \cdot \mathrm{e}^{\int P(x)\mathrm{d}x}\mathrm{d}x + C\right] = \mathrm{e}^{-\int -\frac{1}{x}\mathrm{d}x}\left(\int -\frac{\ln x}{x} \cdot \mathrm{e}^{\int -\frac{1}{x}\mathrm{d}x}\mathrm{d}x + C\right)$$

$$= \mathrm{e}^{\ln x}\left(\int -\frac{\ln x}{x} \cdot \mathrm{e}^{-\ln x}\mathrm{d}x + C\right) = x\left(\int -\frac{\ln x}{x} \cdot \frac{1}{x}\mathrm{d}x + C\right) = x\left(\frac{1}{x}\ln x + \frac{1}{x} + C\right) = \ln x + 1 + Cx$$

故原方程的通解为 $y^{-1} = \ln x + 1 + Cx$.

习题 7.5

1. 求下列微分方程的通解：

（2）$y''' = x\mathrm{e}^x$；　　　　（4）$y'' = y' + x$；　　　　（6）$xy'' + y' = 0$.

解　（2）$y'' = \displaystyle\int x\mathrm{e}^x\mathrm{d}x = x\mathrm{e}^x - \mathrm{e}^x + C_1' = (x-1)\mathrm{e}^x + C_1'$

$$y' = \int [(x-1)\mathrm{e}^x + C_1']\mathrm{d}x = (x-1)\mathrm{e}^x - \int \mathrm{e}^x\mathrm{d}x + C_1'x + C_2 = (x-2)\mathrm{e}^x + C_1'x + C_2$$

$$y = \int [(x-2)\mathrm{e}^x + C_1'x + C_2]\mathrm{d}x = (x-2)\mathrm{e}^x - \int \mathrm{e}^x\mathrm{d}x + \frac{C_1'}{2}x^2 + C_2x + C_3$$

$$= (x-3)\mathrm{e}^x + C_1x^2 + C_2x + C_3$$

（4）令 $y' = p$，则 $y'' = p'$，原方程可化为 $p' - p = x$，利用一阶线性方程的求解公式，得

$$p = \mathrm{e}^{-\int -1\mathrm{d}x}\left[\int x \cdot \mathrm{e}^{\int -1\mathrm{d}x}\mathrm{d}x + C_1\right] = \mathrm{e}^x\left(\int x \cdot \mathrm{e}^{-x}\mathrm{d}x + C_1\right)$$

$$= \mathrm{e}^x(-x\mathrm{e}^{-x} - \mathrm{e}^{-x} + C_1) = -x - 1 + C_1\mathrm{e}^x$$

积分得通解 $y = \displaystyle\int (C_1\mathrm{e}^x - x - 1)\mathrm{d}x = C_1\mathrm{e}^x - \dfrac{x^2}{2} - x + C_2$.

(6) 令 $y'=p$,则 $y''=p'$,原方程可化为 $xp'+p=0$,分离变量,得 $\dfrac{\mathrm{d}p}{p}=-\dfrac{\mathrm{d}x}{x}$,积分得 $\ln p=\ln\dfrac{1}{x}+\ln C_1$,即 $p=\dfrac{C_1}{x}$,再积分得通解

$$y=\int\frac{C_1}{x}\mathrm{d}x=C_1\ln|x|+C_2$$

2. 求下列已给方程满足条件的特解：

(1) $y''+y'^2=1$,$y|_{x=0}=0$,$y'|_{x=0}=1$；　　　　　(3) $y''=\mathrm{e}^{2y}$,$y|_{x=0}=0$,$y'|_{x=0}=0$.

解 (1)令 $y'=p$,则 $y''=p'=\dfrac{\mathrm{d}p}{\mathrm{d}y}\cdot\dfrac{\mathrm{d}y}{\mathrm{d}x}=\dfrac{\mathrm{d}p}{\mathrm{d}y}p$,原方程可化为 $p\dfrac{\mathrm{d}p}{\mathrm{d}y}+p^2=1$,分离变量,得 $\dfrac{p\mathrm{d}p}{1-p^2}=\mathrm{d}y$,积分得 $\ln(1-p^2)=-2y+\ln C_1$,即 $1-p^2=C_1\mathrm{e}^{-2y}$,由初始条件 $y=0$,$p=1$,得 $C_1=0$,从而有 $1-p^2=0$,即 $y'=p=1$,积分得 $y=x+C_2$,由初始条件 $x=0$,$y=0$,得 $C_2=0$,于是得特解 $y=x$.

(3) 在原方程两端同乘以 $2y'$,得 $2y'y''=2y'\mathrm{e}^{2y}$,即 $(y'^2)'=(\mathrm{e}^{2y})'$,积分得 $y'^2=\mathrm{e}^{2y}+C_1$,代入初始条件 $x=0$,$y'=0$,得 $C_1=-1$,从而有 $y'=\pm\sqrt{\mathrm{e}^{2y}-1}$,分离变量后积分 $\displaystyle\int\frac{\mathrm{d}y}{\sqrt{\mathrm{e}^{2y}-1}}=\pm\int\mathrm{d}x$,即 $\displaystyle\int\frac{\mathrm{d}(\mathrm{e}^{-y})}{\sqrt{1-\mathrm{e}^{-2y}}}=\mp\int\mathrm{d}x$,得 $\arcsin(\mathrm{e}^{-y})=\mp x+C_2$,代入初始条件 $x=0$,$y=0$,得 $C_2=\dfrac{\pi}{2}$,于是得特解 $\mathrm{e}^{-y}=\sin\left(\dfrac{\pi}{2}\pm x\right)=\cos x$,即 $y=-\ln\cos x=\ln\sec x$.

3. 试求方程 $y''y+(y')^2=1$ 经过点 $(0,1)$ 且在此点与直线 $x+y=1$ 相切的积分曲线.

解 由于直线 $x+y=1$ 在 $(0,1)$ 处的切线斜率为 -1,依题设知,所求积分曲线是初值问题 $y''y+(y')^2=1$,$y|_{x=0}=1$,$y'|_{x=0}=-1$ 的解. 令 $y'=p$,则 $y''=p'=\dfrac{\mathrm{d}p}{\mathrm{d}y}\cdot\dfrac{\mathrm{d}y}{\mathrm{d}x}=\dfrac{\mathrm{d}p}{\mathrm{d}y}p$,原方程可化为 $yp\dfrac{\mathrm{d}p}{\mathrm{d}y}+p^2=1$,分离变量,得 $\dfrac{p\mathrm{d}p}{1-p^2}=y\mathrm{d}y$,积分得 $\ln(1-p^2)=-y^2+\ln C_1$,即 $1-p^2=C_1\mathrm{e}^{-y^2}$,由初始条件 $y=1$,$p=-1$,得 $C_1=0$,从而有 $1-p^2=0$,并且由于 $y'|_{x=0}=-1$ 取 $y'=p=-1$,积分得 $y=-x+C_2$,由初始条件 $x=0$,$y=1$,得 $C_2=1$,于是所求积分曲线的方程为 $y=1-x$.

习题 7.6

1. 判断下列函数组在它们的定义区间上是线性相关的,还是线性无关的？

(1) $x,2x$；　　　　　(2) $x,0$；　　　　　(3) x,x^2；

(4) $\sin x,1$；　　　(5) $\mathrm{e}^x,x\mathrm{e}^x,x^2\mathrm{e}^x$；　　(6) $\sin 2x,\cos x,\sin x$.

解 对于两个函数构成的函数组,如果两函数的比为常数,则它们是线性相关的,否则就线性无关,因此本题中(1)、(2)线性相关,(3)、(4)线性无关,又因为 $1,x,x^2$ 是线性无关的,故(5)也线性无关,由 $k_1\sin 2x+k_2\cos x+k_3\sin x=0$,推出 $k_1=k_2=k_3=0$,故

$\sin 2x$、$\cos x$、$\sin x$ 线性无关.

3. 设 y_1, y_2, y_3 是方程 $y''+P(x)y'+Q(x)y=f(x)$,〔$P(x)$、$Q(x)$、$f(x)$ 是连续函数〕的解,且 $\dfrac{y_2-y_1}{y_3-y_1}\neq$ 常数,求证:$y=(1-C_1-C_2)y_1+C_1y_2+C_2y_3$($C_1$、$C_2$、$C_3$ 为任意常数)是方程的通解.

证明 由题意 y_2-y_1 与 y_3-y_1 都是对应齐次方程 $y''+P(x)y'+Q(x)y=0$ 的特解,又 $\dfrac{y_2-y_1}{y_3-y_1}\neq$ 常数,所以 y_2-y_1 与 y_3-y_1 是对应齐次方程 $y''+P(x)y'+Q(x)y=0$ 的两个线性无关的特解,所以 $y=C_1(y_2-y_1)+C_2(y_3-y_1)+y_1=(1-C_1-C_2)y_1+C_1y_2+C_2y_3$ 是原方程的通解.

习题 7.7

1. 求下列微分方程的通解:

(1) $y''+y'-2y=0$;　　　　(5) $y''+6y'+13y=0$;　　　　(7) $y^{(4)}-y=0$.

解 (1)特征方程为 $r^2+r-2=0$,解得 $r_1=1, r_2=-2$,故方程的通解为 $y=C_1e^x+C_2e^{-2x}$.

(5) 特征方程为 $r^2+6r+13=0$,解得 $r_{1,2}=-3\pm2i$,故方程的通解为
$$y=e^{-3x}(C_1\cos 2x+C_2\sin 2x)$$

(7) 特征方程为 $r^4-1=0$,解得 $r_{1,2}=\pm1, r_{3,4}=\pm i$,故方程的通解为
$$y=C_1e^x+C_2e^{-x}+C_3\cos x+C_4\sin x$$

2. 求下列微分方程满足所给初始条件的特解:

(2) $y''-2y'+2y=0, y|_{x=\pi}=-2, y'|_{x=\pi}=-3$;

(4) $y''-3y'-4y=0, y|_{x=0}=0, y'|_{x=0}=-5$.

解 (2)解特征方程 $r^2-2r+2=0$,即 $(r-1)^2=-1$,得 $r_{1,2}=1\pm i$,故方程的通解为
$$y=e^x(C_1\cos x+C_2\sin x)$$
且有 $y'=e^x[C_1(\cos x-\sin x)+C_2(\sin x+\cos x)]$,代入初始条件,得
$$\begin{cases} -e^\pi C_1=-2 \\ e^\pi(-C_1-C_2)=-3 \end{cases}$$
解得
$$\begin{cases} C_1=2e^{-\pi} \\ C_2=e^{-\pi} \end{cases}$$
故所求特解为 $y=e^x(2e^{-\pi}\cos x+e^{-\pi}\sin x)=e^{x-\pi}(2\cos x+\sin x)$.

(4) 解特征方程 $r^2-3r-4=0$,即 $(r+1)(r-4)=0$,得 $r_1=-1, r_2=4$,故方程的通解为
$$y=C_1e^{-x}+C_2e^{4x}$$

且有 $y'=-C_1\mathrm{e}^{-x}+4C_2\mathrm{e}^{4x}$,代入初始条件,得

$$\begin{cases} C_1+C_2=0 \\ -C_1+4C_2=-5 \end{cases}$$

解得

$$\begin{cases} C_1=1 \\ C_2=-1 \end{cases}$$

故所求特解为 $y=\mathrm{e}^{-x}-\mathrm{e}^{4x}$.

4. 问 $y'''-y'=0$ 的哪一条积分曲线在原点处有拐点,且在原点处与直线 $y=2x$ 相切?

解 依题设知,所求积分曲线是初值问题 $y'''-y'=0$,$y|_{x=0}=0$,$y'|_{x=0}=2$,$y''|_{x=0}=0$ 的解. 解特征方程 $r^3-r=0$,得 $r_1=0$,$r_{2,3}=\pm1$,故方程的通解为 $y=C_1+C_2\mathrm{e}^x+C_3\mathrm{e}^{-x}$ 且有 $y'=C_2\mathrm{e}^x-C_3\mathrm{e}^{-x}$,$y''=C_2\mathrm{e}^x+C_3\mathrm{e}^{-x}$,代入初始条件,得

$$\begin{cases} C_1+C_2+C_3=0 \\ C_2-C_3=2 \\ C_2+C_3=0 \end{cases}$$

解得

$$\begin{cases} C_1=0 \\ C_2=1 \\ C_3=-1 \end{cases}$$

故所求积分曲线的方程为 $y=\mathrm{e}^x-\mathrm{e}^{-x}$.

习题 7.8

1. 求下列微分方程的通解:

(2) $y''+4y=\mathrm{e}^x$;　　　(4) $y''+3y'+2y=3x\mathrm{e}^{-x}$;　　　(6) $y''-4y'+4y=\mathrm{e}^{-2x}+3$;

(8) $y''+4y=\cos 2x$;　　(10) $y''+y=\sin x-\cos 3x$.

解 (2)由 $r^2+4=0$,解得 $r_{1,2}=\pm2\mathrm{i}$,故对应的齐次方程的通解为 $Y=C_1\cos 2x+C_2\sin 2x$.

因 $f(x)=\mathrm{e}^x$,$\lambda=1$ 不是特征方程的根,故可设 $y^*=a\mathrm{e}^x$ 是原方程的一个特解,代入原方程得 $a\mathrm{e}^x+4a\mathrm{e}^x=\mathrm{e}^x$,消去 e^x,有 $a=\dfrac{1}{5}$,即 $y^*=\dfrac{1}{5}\mathrm{e}^x$,故原方程的通解为

$$y=Y+y^*=C_1\cos 2x+C_2\sin 2x+\frac{1}{5}\mathrm{e}^x$$

(4) 由 $r^2+3r+2=0$,解得 $r_1=-1$,$r_2=-2$,故对应的齐次方程的通解为 $Y=C_1\mathrm{e}^{-x}+C_2\mathrm{e}^{-2x}$,因 $f(x)=3x\mathrm{e}^{-x}$,$\lambda=-1$ 是特征方程的单根,故设 $y^*=x\mathrm{e}^{-x}(ax+b)=\mathrm{e}^{-x}(ax^2+bx)$ 是原方程的一个特解,代入原方程并消去 e^{-x},得 $2ax+(2a+b)=3x$,比较系数得,

$a=\dfrac{3}{2},b=-3$，即 $y^*=\mathrm{e}^{-x}\left(\dfrac{3}{2}x^2-3x\right)$，故原方程的通解为

$$y=Y+y^*=C_1\mathrm{e}^{-x}+C_2\mathrm{e}^{-2x}+\mathrm{e}^{-x}\left(\dfrac{3}{2}x^2-3x\right)$$

（6）由 $r^2-4r+4=0$，解得 $r_1=r_2=2$，故对应的齐次方程的通解为 $Y=(C_1+C_2x)$ e^{2x}，下面分别求 $y''-4y'+4y=\mathrm{e}^{-2x}$ 和 $y''-4y'+4y=3$ 的特解 y_1^* 和 y_2^*，因 $f_1(x)=\mathrm{e}^{-2x}$，$\lambda_1=-2$ 不是特征方程的根，故设 $y_1^*=a\mathrm{e}^{-2x}$ 是方程 $y''-4y'+4y=\mathrm{e}^{-2x}$ 的一个特解，代入方程 $y''-4y'+4y=\mathrm{e}^{-2x}$ 中整理并消去 e^{-2x}，得 $16a=1$，解得，$a=\dfrac{1}{16}$，即 $y_1^*=\dfrac{1}{16}\mathrm{e}^{-2x}$．因 $f_2(x)=3,\lambda_2=0$ 不是特征方程的根，故设 $y_2^*=b$ 是方程 $y''-4y'+4y=3$ 的一个特解，代入方程 $y''-4y'+4y=3$ 中整理，得 $4b=3$，解得，$b=\dfrac{3}{4}$，即 $y_2^*=\dfrac{3}{4}$．故原方程的通解为

$$y=Y+y_1^*+y_2^*=(C_1+C_2x)\mathrm{e}^{2x}+\dfrac{1}{16}\mathrm{e}^{-2x}+\dfrac{3}{4}$$

（8）由 $r^2+4=0$，解得 $r_{1,2}=\pm2\mathrm{i}$，故对应的齐次方程的通解为 $Y=C_1\cos 2x+C_2\sin 2x$，因 $f(x)=\cos 2x=\mathrm{e}^{0\cdot x}(1\cdot\cos 2x+0\cdot\sin 2x)$，$\lambda+\mathrm{i}\omega=2\mathrm{i}$ 是特征方程的根，故可设 $y^*=x$ $(a\cos 2x+b\sin 2x)$ 是原方程的一个特解，代入原方程并整理，得

$$4b\cos 2x-4a\sin 2x=\cos 2x$$

比较系数得 $a=0,b=\dfrac{1}{4}$，所以 $y^*=x\left(0\cdot\cos 2x+\dfrac{1}{4}\sin 2x\right)=\dfrac{x}{4}\sin 2x$，故原方程的通解为

$$y=Y+y^*=C_1\cos 2x+C_2\sin 2x+\dfrac{x}{4}\sin 2x$$

（10）由 $r^2+1=0$，解得 $r_{1,2}=\pm\mathrm{i}$，故对应的齐次方程的通解为 $Y=C_1\cos x+C_2\sin x$，下面分别求 $y''+y=\sin x$ 和 $y''+y=-\cos 3x$ 的特解 y_1^* 和 y_2^*，因 $f_1(x)=\sin x=\mathrm{e}^{0\cdot x}(0\cdot\cos x+1\cdot\sin x)$，$\lambda_1+\mathrm{i}\omega_1=\mathrm{i}$ 是特征方程的根，故设 $y_1^*=x(A\cos x+B\sin x)$ 是方程 $y''+y=\sin x$ 的一个特解，代入方程 $y''+y=\sin x$ 中整理，得 $2B\cos x-2A\sin x=\sin x$，解得：

$$A=-\dfrac{1}{2},\quad B=0$$

即

$$y_1^*=x\left(-\dfrac{1}{2}\cdot\cos x+0\cdot\sin x\right)=-\dfrac{x}{2}\cos x$$

因 $f_2(x)=-\cos 3x=\mathrm{e}^{0\cdot x}(-1\cdot\cos 3x+0\cdot\sin 3x)$，$\lambda_2+\mathrm{i}\omega_2=3\mathrm{i}$ 不是特征方程的根，故设 $y_2^*=C\cos 3x+D\sin 3x$ 是方程 $y''+y=-\cos 3x$ 的一个特解，代入方程 $y''+y=-\cos 3x$ 中整理，得 $-8C\cos 3x-8D\sin 3x=-\cos 3x$，比较系数解得

$$C=\dfrac{1}{8},\quad D=0$$

即

$$y_2^* = \frac{1}{8} \cdot \cos 3x + 0 \cdot \sin 3x = \frac{1}{8}\cos 3x$$

故原方程的通解为 $y = Y + y_1^* + y_2^* = C_1 \cos x + C_2 \sin x - \frac{x}{2}\cos x + \frac{1}{8}\cos 3x.$

2. 求下列微分方程满足所给初始条件的特解：

(1) $y'' - 3y' + 2y = 5, y|_{x=0} = 1, y'|_{x=0} = 2$；　　(3) $y'' - y = 4xe^x, y|_{x=0} = 0, y'|_{x=0} = 1.$

解 (1) 由 $r^2 - 3r + 2 = 0$, 解得 $r_1 = 1, r_2 = 2$, 故对应的齐次方程的通解为 $Y = C_1 e^x + C_2 e^{2x}$, 因 $f(x) = 5, \lambda = 0$ 不是特征方程的根, 故可设 $y^* = A$ 是原方程的一个特解, 代入方程得 $A = \frac{5}{2}$, 即 $y^* = \frac{5}{2}$, 于是原方程的通解为 $y = C_1 e^x + C_2 e^{2x} + \frac{5}{2}$, 且有 $y' = C_1 e^x + 2C_2 e^{2x}$, 代入初始条件 $y|_{x=0} = 1, y'|_{x=0} = 2$, 有

$$\begin{cases} C_1 + C_2 + \dfrac{5}{2} = 1 \\ C_1 + 2C_2 = 2 \end{cases}$$

解得

$$\begin{cases} C_1 = -5 \\ C_2 = \dfrac{7}{2} \end{cases}$$

故所求特解为 $y = -5e^x + \frac{7}{2}e^{2x} + \frac{5}{2}.$

(3) 由 $r^2 - 1 = 0$, 解得 $r_{1,2} = \pm 1$, 故对应的齐次方程的通解为 $Y = C_1 e^x + C_2 e^{-x}$, 因 $f(x) = 4xe^x, \lambda = 1$ 是特征方程的单根, 故可设 $y^* = xe^x(Ax + B) = e^x(Ax^2 + Bx)$ 是原方程的一个特解, 代入方程并消去 e^x, 得 $4Ax + 2A + 2B = 4x$, 比较系数得 $A = 1, B = -1$, 即 $y^* = e^x(x^2 - x)$, 于是原方程的通解为 $y = C_1 e^x + C_2 e^{-x} + e^x(x^2 - x)$, 即

$$y = e^x(x^2 - x + C_1) + C_2 e^{-x}$$

且有 $y' = e^x(x^2 + x - 1 + C_1) - C_2 e^{-x}$, 代入初始条件 $y|_{x=0} = 0, y'|_{x=0} = 1$, 有

$$\begin{cases} C_1 + C_2 = 0 \\ C_1 - C_2 - 1 = 1 \end{cases}$$

解得

$$\begin{cases} C_1 = 1 \\ C_2 = -1 \end{cases}$$

故所求特解为 $y = e^x(x^2 - x + 1) - e^{-x}.$

3. 设 $\varphi(x) = e^x - \int_0^x (x - u)\varphi(u)\mathrm{d}u$, 其中 $\varphi(x)$ 为可导函数, 求 $\varphi(x).$

解　$\varphi(x) = e^x - \int_0^x (x - u)\varphi(u)\mathrm{d}u = e^x - x\int_0^x \varphi(u)\mathrm{d}u + \int_0^x u\varphi(u)\mathrm{d}u$, 两边对 x 求导得

$$\varphi'(x) = \mathrm{e}^x - x\varphi(x) - \int_0^x \varphi(u)\mathrm{d}u + x\varphi(x) = \mathrm{e}^x - \int_0^x \varphi(u)\mathrm{d}u$$

两边再对 x 求导得 $\qquad\qquad \varphi''(x) = \mathrm{e}^x - \varphi(x)$

又 $\varphi(0)=1, \varphi'(0)=1$,所求的 $\varphi(x)$ 是初值问题 $\varphi''(x) + \varphi(x) = \mathrm{e}^x, \varphi|_{x=0}=1, \varphi'|_{x=0}=1$ 的解.

由 $r^2+1=0$,解得 $r_{1,2}=\pm\mathrm{i}$,故对应的齐次方程的通解为 $\varphi = C_1\cos x + C_2\sin x$,因 $f(x)=\mathrm{e}^x, \lambda=1$ 不是特征方程的根,故设 $\varphi^* = A\mathrm{e}^x$ 是方程 $\varphi''(x) + \varphi(x) = \mathrm{e}^x$ 的一个特解,代入方程中整理并消去 e^x,得 $2A=1$,解得,$A=\dfrac{1}{2}$,即 $\varphi^* = \dfrac{1}{2}\mathrm{e}^x$. 故原方程的通解为

$$\varphi(x) = C_1\cos x + C_2\sin x + \frac{1}{2}\mathrm{e}^x$$

且有 $\varphi'(x) = -C_1\sin x + C_2\cos x + \dfrac{1}{2}\mathrm{e}^x$,代入初始条件 $\varphi|_{x=0}=1, \varphi'|_{x=0}=1$,有

$$\begin{cases} C_1 + \dfrac{1}{2} = 1 \\ C_2 + \dfrac{1}{2} = 1 \end{cases}$$

解得

$$\begin{cases} C_1 = \dfrac{1}{2} \\ C_2 = \dfrac{1}{2} \end{cases}$$

故 $\varphi(x) = \dfrac{1}{2}\cos x + \dfrac{1}{2}\sin x + \dfrac{1}{2}\mathrm{e}^x = \dfrac{1}{2}(\cos x + \sin x + \mathrm{e}^x)$.

综合练习题

一、单项选择题

1. 设有微分方程:(1) $y' + xy = \cos x$;(2) $y' = \mathrm{e}^{x+y}$;(3) $\dfrac{1}{y}\dfrac{\mathrm{d}y}{\mathrm{d}x} - 3x - xy = 0$;(4) $(x^2 - y^2)\mathrm{d}y - 2xy\mathrm{d}x = 0$. 则按下列类型排序:可分离变量、齐次、一阶线性、伯努利等方程为 (A).

(A) (2)—(4)—(1)—(3)   (B) (1)—(4)—(3)—(2)

(C) (3)—(2)—(4)—(1)   (D) (4)—(2)—(1)—(3)

解 (1)显然是一阶线性微分方程;(2)由 $y' = \mathrm{e}^{x+y} = \mathrm{e}^x\mathrm{e}^y$,得 $\mathrm{e}^{-y}\mathrm{d}y = \mathrm{e}^x\mathrm{d}x$,为可分离变量的微分方程;由(3)得,$\dfrac{\mathrm{d}y}{\mathrm{d}x} - 3xy = xy^2$ 为伯努利方程;由(4)得

$$\frac{\mathrm{d}y}{\mathrm{d}x} = \frac{2xy}{x^2 - y^2} = \frac{2\dfrac{y}{x}}{1 - \left(\dfrac{y}{x}\right)^2}$$

为齐次微分方程,故选(A).

2. 已知 $y=\dfrac{x}{\ln x}$ 是微分方程 $y'=\dfrac{y}{x}+\varphi\left(\dfrac{x}{y}\right)$ 的解,则 $\varphi\left(\dfrac{x}{y}\right)$ 的表达式为(A).

(A) $-\dfrac{y^2}{x^2}$ (B) $\dfrac{y^2}{x^2}$ (C) $-\dfrac{x^2}{y^2}$ (D) $\dfrac{x^2}{y^2}$

解 将 $y=\dfrac{x}{\ln x}$ 代入方程 $y'=\dfrac{y}{x}+\varphi\left(\dfrac{x}{y}\right)$ 得

$$\varphi\left(\frac{x}{y}\right)=y'-\frac{y}{x}=\frac{\ln x-1}{(\ln x)^2}-\frac{1}{\ln x}=-\frac{1}{(\ln x)^2}=-\left(\frac{y}{x}\right)^2=-\frac{y^2}{x^2}$$

故选(A).

3. 设非齐次线性微分方程 $y'+P(x)y=Q(x)$ 有两个解 $y_1(x),y_2(x)$,C 为任意常数,则该方程通解是(B).

(A) $C[y_1(x)-y_2(x)]$ (B) $y_1(x)+C[y_1(x)-y_2(x)]$

(C) $C[y_1(x)+y_2(x)]$ (D) $y_1(x)+C[y_1(x)+y_2(x)]$

解 由线性微分方程解的性质可知 $y_1(x)-y_2(x)$ 是齐次线性微分方程 $y'+P(x)y=0$ 的一个非零解,C 是一个任意常数,$y_1(x)$ 是非齐次线性微分方程一个特解,从而由线性方程通解的结构可知 $y_1(x)+C[y_1(x)-y_2(x)]$ 是方程 $y'+P(x)y=Q(x)$ 的通解. 故选(B).

4. 下列方程中,由 y_1,y_2 是它的解,可推得 y_1+y_2 也是它的解的方程是(B).

(A) $y''+py'+q=0$ (B) $y''+py'+qy=0$

(C) $y''+py'+qy=f(x)$ (D) $y'+py+q=0$

解 由二阶齐次线性微分方程解的结构,知(B)正确.

5. 二阶微分方程 $y''+4y=0$ 的特征方程及通解为(B).

(A) $r^2+4r=0,y=C_1+C_2e^{-4x}$ (B) $r^2+4=0,y=C_1\cos 2x+C_2\sin 2x$

(C) $r^2+4=0,y=C_1e^{2x}+C_2e^{-2x}$ (D) $r^2+4r=0,y=C_1e^{4x}+C_2$

解 特征方程为 $r^2+4=0$,特征根为 $r_{1,2}=\pm 2i$,通解为 $y=C_1\cos 2x+C_2\sin 2x$,故选(B).

6. 设 $y=y(x)$ 是二阶常系数微分方程 $y''+py'+qy=e^{3x}$ 满足初始条件 $y(0)=y'(0)=0$ 的特解,则当 $x\to 0$ 时,函数 $\dfrac{\ln(1+x^2)}{y(x)}$ 的极限(C).

(A) 不存在   (B) 等于 1   (C) 等于 2   (D) 等于 3

解 由 $y''+py'+qy=e^{3x}$ 及 $y(0)=y'(0)=0$,知 $y''(0)=1$,于是

$$\lim_{x\to 0}\frac{\ln(1+x^2)}{y(x)}=\lim_{x\to 0}\frac{x^2}{y(x)}=\lim_{x\to 0}\frac{2x}{y'(x)}=\lim_{x\to 0}\frac{2}{y''(x)}=\frac{2}{y''(0)}=2$$

7. 下列微分方程中,以 $y=C_1e^x+C_2\cos 2x+C_3\sin 2x(C_1,C_2,C_3$ 为任意常数)为通解的是(D).

(A) $y'''+y''-4y'-4y=0$ (B) $y'''+y''+4y'+4y=0$

(C) $y'''-y''-4y'+4y=0$ (D) $y'''-y''+4y'-4y=0$

解 由 $y = C_1 e^x + C_2 \cos 2x + C_3 \sin 2x$ 知,特征方程有三个特征根,分别为 $r_1 = 1$, $r_{2,3} = \pm 2i$,故特征方程为 $(r-1)(r^2+4) = 0$,即 $r^3 - r^2 + 4r - 4 = 0$,所以微分方程为 $y''' - y'' + 4y' - 4y = 0$,故选(D).

8. 具有特解 $y_1 = e^{-x}$,$y_2 = 2xe^{-x}$,$y_3 = 3e^x$ 的 3 阶常系数齐次微分方程是(B).

(A) $y''' - y'' - y' + y = 0$ (B) $y''' + y'' - y' - y = 0$

(C) $y''' - 6y'' + 11y' - 6y = 0$ (D) $y''' - 2y'' - y' + 2y = 0$

解 由特解知,对应特征方程的根为 $r_1 = r_2 = -1$,$r_3 = 1$,于是特征方程为
$$(r+1)^2(r-1) = r^3 + r^2 - r - 1 = 0$$
故所求线性微分方程为 $y''' + y'' - y' - y = 0$.可见正确选项为(B).

9. 函数 $y = C_1 e^x + C_2 e^{-2x} + xe^x$ 满足的一个微分方程是(D).

(A) $y'' - y' - 2y = 3xe^x$ (B) $y'' - y' - 2y = 3e^x$

(C) $y'' + y' - 2y = 3xe^x$ (D) $y'' + y' - 2y = 3e^x$

解 由题设可知特征根为 $r_1 = 1$ 和 $r_2 = -2$,故特征方程为 $(r-1)(r+2) = r^2 + r - 2 = 0$.

因此相应的齐次线性微分方程是 $y'' + y' - 2y = 0$,这样就排除了(A)和(B),再由非齐次线性微分方程特解的形式可知,$\lambda = 1$ 为特征方程的单根,方程的非齐次项应是 ae^x 型,从而选(D).

10. 微分方程 $y'' + y = x^2 + 1 + \sin x$ 的特解形式可设为(A)

(A) $y* = ax^2 + bx + c + x(A\sin x + B\cos x)$

(B) $y* = x(ax^2 + bx + c + A\sin x + B\cos x)$

(C) $y* = ax^2 + bx + c + A\sin x$

(D) $y* = ax^2 + bx + c + A\cos x$

解 对应齐次微分方程 $y'' + y = 0$ 的特征方程为 $r^2 + 1 = 0$,特征根为 $r_{1,2} = \pm i$,对非齐次线性方程 $y'' + y = x^2 + 1 = e^0(x^2 + 1)$ 而言,因 0 不是特征根,从而其特解形式可设为
$$y_1^* = ax^2 + bx + c$$
对非齐次线性方程 $y'' + y = \sin x = e^0(0 \cdot \cos x + 1 \cdot \sin x)$ 而言,因 $0 + i = i$ 是特征根,从而其特解形式可设为
$$y_2^* = x(A\sin x + B\cos x)$$
从而 $y'' + y = x^2 + 1 + \sin x$ 的特解形式可设为
$$y^* = y_1^* + y_2^* = ax^2 + bx + c + x(A\sin x + B\cos x)$$

二、填空题

1. 微分方程 $y' = \dfrac{y(1-x)}{x}$ 的通解是 $\underline{\quad y = Cxe^{-x} \quad}$.

解 分离变量积分,即可得:$y = Cxe^{-x}$.

2. 微分方程 $xy' + y = 0$ 满足条件 $y(1) = 1$ 的解是 $y = \underline{\quad \dfrac{1}{x} \quad}$.

解 微分方程等价于 $(xy)' = 0$,积分得 $xy = C$,由 $y(1) = 1$ 得 $C = 1$,故所求特解为

$$y = \frac{1}{x}.$$

3. 微分方程 $\frac{dy}{dx} = \frac{y}{x} - \frac{1}{2}\left(\frac{y}{x}\right)^3$ 满足 $y|_{x=1} = 1$ 的特解为 $y = \sqrt{\dfrac{x^2}{\ln x + 1}}$.

解 令 $u = \frac{y}{x}$，则 $y = xu$，$\frac{dy}{dx} = u + x\frac{du}{dx}$，代入原方程得 $u + x\frac{du}{dx} = u - \frac{1}{2}u^3$，分离变量得

$$-2u^{-3}\,du = \frac{1}{x}\,dx$$

两边积分得

$$\frac{1}{u^2} = \ln x + C$$

将 $u = \frac{y}{x}$ 代入，得 $\frac{x^2}{y^2} = \ln x + C$，由 $y|_{x=1} = 1$ 解得 $C = 1$，故所求特解为 $y = \sqrt{\dfrac{x^2}{\ln x + 1}}$.

4. 微分方程 $(y + x^2 e^{-x})dx - x\,dy = 0$ 的通解是 $y = -x e^{-x} + Cx$.

解 原方程等价于 $\qquad \dfrac{dy}{dx} - \dfrac{1}{x}y = x e^{-x}$

则
$$y = e^{-\int -\frac{1}{x}dx}\left[\int x e^{-x} e^{\int -\frac{1}{x}dx}\,dx + C\right] = e^{\ln x}\left[\int x e^{-x} e^{-\ln x}\,dx + C\right]$$

$$= x\left[\int e^{-x}\,dx + C\right] = x[-e^{-x} + C] = -x e^{-x} + Cx$$

5. 微分方程 $xy' + 2y = x\ln x$ 满足 $y(1) = -\dfrac{1}{9}$ 的解为 $y = \dfrac{1}{3}x\ln x - \dfrac{1}{9}x$.

解 原方程等价于 $\qquad y' + \dfrac{2}{x}y = \ln x$

则
$$y = e^{-\int \frac{2}{x}dx}\left[\int \ln x\, e^{\int \frac{2}{x}dx}\,dx + C\right] = e^{-2\ln x}\left[\int \ln x\, e^{2\ln x}\,dx + C\right]$$

$$= \frac{1}{x^2}\left[\int x^2\ln x\,dx + C\right] = \frac{1}{x^2}\left[\frac{x^3}{3}\ln x - \int \frac{x^3}{3}\cdot\frac{1}{x}\,dx + C\right]$$

$$= \frac{1}{x^2}\left[\frac{x^3}{3}\ln x - \frac{x^3}{9} + C\right] = \frac{1}{3}x\ln x - \frac{1}{9}x + \frac{C}{x^2}$$

由 $y(1) = -\dfrac{1}{9}$ 得 $C = 0$，故所求解为 $y = \dfrac{1}{3}x\ln x - \dfrac{1}{9}x$.

6. 微分方程 $(y + x^3)dx - 2x\,dy = 0$ 满足 $y|_{x=1} = \dfrac{6}{5}$ 的特解为 $y = \dfrac{1}{5}x^3 + \sqrt{x}$.

解 原方程变形为 $\qquad \dfrac{dy}{dx} - \dfrac{1}{2x}y = \dfrac{1}{2}x^2$

则
$$y = e^{-\int -\frac{1}{2x}dx}\left[\int \frac{1}{2}x^2 e^{\int -\frac{1}{2x}dx}\,dx + C\right] = e^{\frac{1}{2}\ln x}\left[\int \frac{1}{2}x^2\, e^{-\frac{1}{2}\ln x}\,dx + C\right]$$

$$= \sqrt{x}\left[\int \frac{1}{2}x^{\frac{3}{2}}\,dx + C\right] = \sqrt{x}\left[\frac{1}{5}x^{\frac{5}{2}} + C\right]$$

由 $y|_{x=1}=\dfrac{6}{5}$ 得 $C=1$，故所求解为 $y=\dfrac{1}{5}x^3+\sqrt{x}$.

7. 过点 $\left(\dfrac{1}{2},0\right)$ 且满足关系式 $y'\arcsin x+\dfrac{y}{\sqrt{1-x^2}}=1$ 的曲线方程为 $\underline{y\arcsin x=x-\dfrac{1}{2}}$.

解 解法 1：原方程 $y'\arcsin x+\dfrac{y}{\sqrt{1-x^2}}=1$ 可改写为 $(y\arcsin x)'=1$，两边直接积分，得

$$y\arcsin x=x+C$$

又由 $y|_{x=\frac{1}{2}}=0$，解得 $C=-\dfrac{1}{2}$，故所求曲线方程为

$$y\arcsin x=x-\dfrac{1}{2}$$

解法 2：将原方程写成一阶线性微分方程的标准形式

$$y'+\dfrac{1}{\sqrt{1-x^2}\arcsin x}y=\dfrac{1}{\arcsin x}$$

解得
$$y=\mathrm{e}^{-\int\frac{1}{\sqrt{1-x^2}\arcsin x}\mathrm{d}x}\left[\int\dfrac{1}{\arcsin x}\mathrm{e}^{\int\frac{1}{\sqrt{1-x^2}\arcsin x}\mathrm{d}x}\mathrm{d}x+C\right]$$

$$=\mathrm{e}^{-\ln\arcsin x}\left[\int\dfrac{1}{\arcsin x}\mathrm{e}^{\ln\arcsin x}\mathrm{d}x+C\right]=\dfrac{1}{\arcsin x}\left[\int\mathrm{d}x+C\right]=\dfrac{1}{\arcsin x}(x+C)$$

又由 $y\Big|_{x=\frac{1}{2}}=0$，解得 $C=-\dfrac{1}{2}$，故所求曲线方程为

$$y\arcsin x=x-\dfrac{1}{2}$$

8. 微分方程 $yy''+y'^2=0$ 满足初始条件 $y|_{x=0}=1$，$y'|_{x=0}=\dfrac{1}{2}$ 的特解是 $\underline{y^2=x+1}$
或 $\underline{y=\sqrt{x+1}}$.

解 解法 1：令 $y'=p$，则 $y''=\dfrac{\mathrm{d}p}{\mathrm{d}x}=\dfrac{\mathrm{d}p}{\mathrm{d}y}\cdot\dfrac{\mathrm{d}y}{\mathrm{d}x}=p\dfrac{\mathrm{d}p}{\mathrm{d}y}$，原方程化为

$$yp\dfrac{\mathrm{d}p}{\mathrm{d}y}+p^2=0$$

即

$$\dfrac{\mathrm{d}p}{p}=-\dfrac{\mathrm{d}y}{y}$$

积分得 $\ln p=-\ln y+C$，即 $p\cdot y=\mathrm{e}^C=C_1$，由 $y|_{x=0}=1$，$y'|_{x=0}=\dfrac{1}{2}$，得 $C_1=\dfrac{1}{2}$，故有

$py=\dfrac{1}{2}$，即 $\dfrac{\mathrm{d}y}{\mathrm{d}x}\cdot y=\dfrac{1}{2}$ 或 $2y\mathrm{d}y=\mathrm{d}x$. 再次积分得 $y^2=x+C_2$，由 $y|_{x=0}=1$，得 $C_2=1$，故所求特解为 $y^2=x+1$ 或 $y=\sqrt{x+1}$.

解法 2：由 $yy'' + y'^2 = (yy')' = 0$，可得 $yy' = C_1$，分离变量积分得 $y^2 = 2C_1 x + C_2$，由 $y|_{x=0} = 1$，$y'|_{x=0} = \dfrac{1}{2}$，得 $C_1 = \dfrac{1}{2}$，$C_2 = 1$，故所求特解为 $y^2 = x + 1$ 或 $y = \sqrt{x+1}$.

9. 微分方程 $xy'' + 3y' = 0$ 的通解为 $\underline{y = C_1 + \dfrac{C_2}{x^2}}$.

解 令 $y' = p$，则 $y'' = \dfrac{\mathrm{d}p}{\mathrm{d}x} = p'$，原方程化为 $p' + \dfrac{3}{x}p = 0$，其通解为 $p = Cx^{-3}$，即 $y' = Cx^{-3}$，积分得

$$y = \int Cx^{-3}\,\mathrm{d}x = -\frac{C}{2}x^{-2} + C_1 = C_1 + \frac{C_2}{x^2}, \quad C_2 = -\frac{C}{2}$$

10. 二阶常系数非齐次线性微分方程 $y'' - 4y' + 3y = 2\mathrm{e}^{2x}$ 的通解为 $\underline{y = C_1\mathrm{e}^x + C_2\mathrm{e}^{3x} - 2\mathrm{e}^{2x}}$.

解 特征方程是 $r^2 - 4r + 3 = 0$，特征根为 $r_1 = 1$，$r_2 = 3$，所以对应齐次线性微分方程的通解为

$$Y = C_1\mathrm{e}^x + C_2\mathrm{e}^{3x}$$

又 $\lambda = 2$ 不是特征方程的根，故设非齐次线性微分方程 $y'' - 4y' + 3y = 2\mathrm{e}^{2x}$ 的特解形式为 $y^* = \mathrm{e}^{2x} \cdot A$，代入非齐次方程解得 $A = -2$，从而 $y^* = -2\mathrm{e}^{2x}$，故所求通解为

$$y = Y + y^* = C_1\mathrm{e}^x + C_2\mathrm{e}^{3x} - 2\mathrm{e}^{2x}$$

11. 设 $y = \mathrm{e}^x(C_1\sin x + C_2\cos x)$（$C_1$，$C_2$ 为任意常数）为某二阶常系数齐次线性微分方程的通解，则该方程为 $\underline{y'' - 2y' + 2y = 0}$.

解 解法 1：看出所给解对应的特征根为 $r_{1,2} = 1 \pm \mathrm{i}$，从而得特征方程为

$$[r - (1+\mathrm{i})] \cdot [r - (1-\mathrm{i})] = r^2 - 2r + 2 = 0$$

于是所求方程为 $y'' - 2y' + 2y = 0$.

解法 2：将已知解代入 $y'' + py' + qy = 0$，得

$$\mathrm{e}^x\sin x \cdot [p(C_1 - C_2) + qC_1 - 2C_2] + \mathrm{e}^x\cos x \cdot [p(C_1 + C_2) + qC_2 + 2C_1] = 0$$

即

$$\sin x \cdot [p(C_1 - C_2) + qC_1 - 2C_2] + \cos x \cdot [p(C_1 + C_2) + qC_2 + 2C_1] = 0$$

比较系数得 $p(C_1 - C_2) + qC_1 - 2C_2 = 0$，$p(C_1 + C_2) + qC_2 + 2C_1 = 0$，解得 $p = -2$，$q = 2$，于是所求方程为 $y'' - 2y' + 2y = 0$. 显然解法 2 较解法 1 麻烦.

解法 3：由通解 $y = \mathrm{e}^x(C_1\sin x + C_2\cos x)$，求得

$$y' = \mathrm{e}^x[(C_1 - C_2)\sin x + (C_1 + C_2)\cos x], \quad y'' = \mathrm{e}^x(-2C_2\sin x + 2C_1\cos x)$$

从这三个式子中消去 C_1 与 C_2，得 $y'' - 2y' + 2y = 0$.

三、计算题

1. 在 xOy 坐标平面上，连续曲线 L 过点 $M(1,0)$，其上任意点 $P(x,y)$（$x \neq 0$）处的切线的斜率与直线 OP 的斜率之差等于 ax（常数 $a > 0$），求 L 的方程.

解 设 L 的方程为 $y = y(x)$. 于是 $y(1) = 0$. 记 L 在点 $P(x,y)$ 处切线斜率为 $k = y'(x)$，直线 OP 的斜率 $k_1 = \dfrac{y}{x}$，由题设知 $k - k_1 = ax$，因此 $y' - \dfrac{y}{x} = ax$. 这表明 $y = y(x)$

是下列一阶线性微分方程初值问题的特解：
$$\begin{cases} y' - \dfrac{y}{x} = ax \\ y(1) = 0 \end{cases}$$

方程的通解为
$$y = e^{-\int -\frac{1}{x}dx}\left[\int ax \; e^{\int -\frac{1}{x}dx}dx + C\right] = e^{\ln x}\left[\int ax e^{-\ln x}dx + C\right]$$
$$= x\left[\int ax \; \frac{1}{x}dx + C\right] = x(ax + C)$$

由 $y(1) = 0$，得 $C + a = 0, C = -a$. 故曲线 L 的方程为 $y = ax(x-1)$.

2. 设 L 是一条平面曲线，其上任意一点 $P(x,y)(x > 0)$ 到坐标原点的距离恒等于该点处的切线在 y 轴上的截距，且 L 经过点 $\left(\dfrac{1}{2}, 0\right)$，试求曲线 L 的方程.

解 设曲线 L 上过点 $P(x,y)$ 的切线方程为
$$Y - y = y'(X - x)$$

令 $X = 0$，则得该切线在 y 轴上的截距为 $y - xy'$，由题设知 $\sqrt{x^2 + y^2} = y - xy'$，此为一阶齐次微分方程，令 $u = \dfrac{y}{x}$，将此方程化为
$$\frac{\mathrm{d}u}{\sqrt{1+u^2}} = -\frac{\mathrm{d}x}{x}$$

解得 $y + \sqrt{x^2 + y^2} = C$，由 L 经过点 $\left(\dfrac{1}{2}, 0\right)$ 知，$C = \dfrac{1}{2}$，于是 L 的方程为
$$y + \sqrt{x^2 + y^2} = \frac{1}{2}$$

即
$$y = \frac{1}{4} - x^2$$

3. 设函数 $y(x)(x \geqslant 0)$ 二阶可导且 $y'(x) > 0, y(0) = 1$，过曲线 $y = y(x)$ 上任意一点 $P(x,y)$ 作该曲线的切线及 x 轴的垂线，上述两曲线与 x 轴所围成的三角形的面积记为 S_1，区间 $[0,x]$ 以上 $y = y(x)$ 为曲边的曲边梯形面积记为 S_2，并设 $2S_1 - S_2$ 恒为 1，求此曲线 $y = y(x)$ 的方程.

解 曲线 $y = y(x)$ 上点 $P(x,y)$ 处的切线方程为
$$Y - y = y'(X - x)$$

它与 x 轴的交点为 $\left(x - \dfrac{y}{y'}, 0\right)$，由于 $y'(x) > 0, y(0) = 1$，因此 $y(x) > 0 (x > 0)$. 于是
$$S_1 = \frac{1}{2}y\left[x - \left(x - \frac{y}{y'}\right)\right] = \frac{y^2}{2y'}$$

又 $S_2 = \displaystyle\int_0^x y(t)\mathrm{d}t$，根据题设 $2S_1 - S_2 = 1$，有
$$\frac{y^2}{y'} - \int_0^x y(t)\mathrm{d}t = 1$$

并且取 $x=0$，可得 $y'(0)=1$，方程两边对 x 求导并化简得 $yy''=(y')^2$，这是可降阶的二阶微分方程，令 $p=y'$，则

$$y''=\frac{\mathrm{d}p}{\mathrm{d}x}=p\frac{\mathrm{d}p}{\mathrm{d}y}$$

上述方程可化为

$$yp\frac{\mathrm{d}p}{\mathrm{d}y}=p^2$$

分离变量得

$$\frac{\mathrm{d}p}{p}=\frac{\mathrm{d}y}{y}$$

解得 $p=C_1y$，即 $\frac{\mathrm{d}y}{\mathrm{d}x}=C_1y$，从而解得 $y=C_1\mathrm{e}^x+C_2$，再由 $y(0)=1,y'(0)=1$，可得 $C_1=1,C_2=0$，故所求曲线方程为 $y=\mathrm{e}^x$.

4. 求初值问题 $\begin{cases}(y+\sqrt{x^2+y^2})\mathrm{d}x-x\mathrm{d}y=0,x>0\\ y|_{x=1}=0\end{cases}$ 的解.

解 原方程可化为

$$\frac{\mathrm{d}y}{\mathrm{d}x}=\frac{y+\sqrt{x^2+y^2}}{x}=\frac{y}{x}+\sqrt{1+\left(\frac{y}{x}\right)^2}$$

这是齐次微分方程，令 $u=\frac{y}{x}$，上述方程可化为

$$u+x\frac{\mathrm{d}u}{\mathrm{d}x}=u+\sqrt{1+u^2}$$

分离变量，得

$$\frac{\mathrm{d}u}{\sqrt{1+u^2}}=\frac{\mathrm{d}x}{x}$$

解得 $\ln\left(u+\sqrt{1+u^2}\right)=\ln x+C$，将 $u=\frac{y}{x}$ 代回，得

$$\ln\left(\frac{y}{x}+\sqrt{1+\left(\frac{y}{x}\right)^2}\right)=\ln x+C$$

将 $y|_{x=1}=0$ 代入，得 $C=0$，故初值问题的解为

$$\ln\left[\frac{y}{x}+\sqrt{1+\left(\frac{y}{x}\right)^2}\right]=\ln x$$

即

$$\frac{y}{x}+\sqrt{1+\left(\frac{y}{x}\right)^2}=x$$

化简得

$$y=\frac{1}{2}x^2-\frac{1}{2}$$

5. 设函数 $f(u),u\in(0,+\infty)$ 满足方程 $f''(u)+\frac{f'(u)}{u}=0$，且 $f(1)=0,f'(1)=1$，求函数 $f(u)$ 的表达式.

解 解法 1:方程 $f''(u)+\dfrac{f'(u)}{u}=0$ 为可降阶的二阶微分方程,令 $f'(u)=p$,则

$f''(u)=\dfrac{\mathrm{d}p}{\mathrm{d}u}$,方程可化为

$$\frac{\mathrm{d}p}{\mathrm{d}u}+\frac{p}{u}=0$$

分离变量,得

$$\frac{\mathrm{d}p}{p}=-\frac{\mathrm{d}u}{u}$$

两边积分,解得

$$\ln p=-\ln u+\ln C_1$$

即 $f'(u)=p=\dfrac{C_1}{u}$,由 $f'(1)=1$,得 $C_1=1$,所以 $f'(u)=\dfrac{1}{u}$,积分得

$$f(u)=\ln u+C_2$$

再由 $f(1)=0$,得 $C_2=0$,于是函数 $f(u)$ 的表达式为 $f(u)=\ln u$.

解法 2:方程可化为 $uf''(u)+f'(u)=0$,即有 $[uf'(u)]'=0$,两边直接积分,得 $uf'(u)=C_1$,由 $f'(1)=1$,得 $C_1=1$,所以 $f'(u)=\dfrac{1}{u}$,积分得,$f(u)=\ln u+C_2$,再由 $f(1)=0$,得 $C_2=0$,于是函数 $f(u)$ 的表达式为 $f(u)=\ln u$.

6. 求微分方程 $y''(x+y'^2)=y'$ 满足初始条件 $y(1)=y'(1)=1$ 的特解.

解 方程 $y''(x+y'^2)=y'$ 为可降阶的二阶微分方程,令 $y'=p$,则 $y''=\dfrac{\mathrm{d}p}{\mathrm{d}x}$,方程可化为

$$\frac{\mathrm{d}p}{\mathrm{d}x}(x+p^2)=p$$

此方程可化为

$$\frac{\mathrm{d}x}{\mathrm{d}p}-\frac{1}{p}x=p$$

为一阶线性微分方程,解得

$$x=\mathrm{e}^{-\int-\frac{1}{p}\mathrm{d}p}\left[\int p\mathrm{e}^{\int-\frac{1}{p}\mathrm{d}p}\mathrm{d}p+C_1\right]=\mathrm{e}^{\ln p}\left[\int p\mathrm{e}^{-\ln p}\mathrm{d}p+C_1\right]$$

$$=p\left[\int 1\mathrm{d}p+C_1\right]=p(p+C_1)$$

由 $y'(1)=1$,解得 $C_1=0$,从而有 $x=p^2$,即 $p=\pm\sqrt{x}$,由 $y'(1)=1>0$,可知 $p=\sqrt{x}$,所以

$$y'=\sqrt{x}$$

两边直接积分得

$$y=\int\sqrt{x}\mathrm{d}x=\frac{2}{3}x^{\frac{3}{2}}+C_2$$

由 $y(1)=1$,得 $C_2=\dfrac{1}{3}$,故所求特解为

$$y=\frac{2}{3}x^{\frac{3}{2}}+\frac{1}{3}$$

7. 用变量代换 $x=\cos t(0<t<\pi)$ 化简微分方程 $(1-x^2)y''-xy'+y=0$,并求其满足 $y|_{x=0}=1,y'|_{x=0}=2$ 的特解.

解 建立 y 对 x 的导数与 y 对 t 的导数之间的关系

$$y' = \frac{dy}{dt} \cdot \frac{dt}{dx} = -\frac{1}{\sin t} \frac{dy}{dt}$$

$$y'' = \frac{dy'}{dt} \cdot \frac{dt}{dx} = \left[\frac{\cos t}{\sin^2 t} \frac{dy}{dt} - \frac{1}{\sin t} \frac{d^2 y}{dt^2}\right] \cdot \left(-\frac{1}{\sin t}\right)$$

代入原方程,得

$$\frac{d^2 y}{dt^2} + y = 0$$

解此微分方程,得 $y = C_1 \cos t + C_2 \sin t$,回到 x 为自变量得 $y = C_1 x + C_2 \sqrt{1-x^2}$,将初始条件代入,得 $C_1 = 2, C_2 = 1$,故满足条件的特解为 $y = 2x + \sqrt{1-x^2}$.

8. 设函数 $y = y(x)$ 在 $(-\infty, +\infty)$ 内具有二阶导数,且 $y' \neq 0$,$x = x(y)$ 是 $y = y(x)$ 的反函数.

(1) 试将 $x = x(y)$ 所满足的微分方程 $\dfrac{d^2 x}{dy^2} + (y + \sin x)\left(\dfrac{dx}{dy}\right)^3 = 0$ 变换为 $y = y(x)$ 所满足的微分方程;

(2) 求变换后的微分方程满足初始条件 $y(0) = 0, y'(0) = \dfrac{3}{2}$ 的解.

解 (1) 由反函数的求导公式知 $\dfrac{dx}{dy} = \dfrac{1}{y'}$,于是有

$$\frac{d^2 x}{dy^2} = \frac{d}{dy}\left(\frac{dx}{dy}\right) = \frac{d}{dx}\left(\frac{dx}{dy}\right) \cdot \frac{dx}{dy} = \frac{d}{dx}\left(\frac{1}{y'}\right) \cdot \frac{1}{y'} = \frac{-y''}{y'^2} \cdot \frac{1}{y'} = -\frac{y''}{y'^3}$$

代入原微分方程得 $\qquad\qquad y'' - y = \sin x \qquad\qquad\qquad\qquad$ ①

(2) 方程①所对应的齐次方程 $y'' - y = 0$ 的通解为 $Y = C_1 e^x + C_2 e^{-x}$,设方程①的特解为 $y* = A\cos x + B\sin x$,代入方程①,求得 $A = 0, B = -\dfrac{1}{2}$,故 $y* = -\dfrac{1}{2}\sin x$,从而 $y'' - y = \sin x$ 的通解是

$$y = Y + y* = C_1 e^x + C_2 e^{-x} - \frac{1}{2}\sin x$$

由 $y(0) = 0, y'(0) = \dfrac{3}{2}$,得 $C_1 = 1, C_2 = -1$,故所求初值问题的解为

$$y = e^x - e^{-x} - \frac{1}{2}\sin x$$

9. 某种飞机在机场降落时,为了减小滑行距离,在触地的瞬间,飞机尾部张开减速伞,以增大阻力,使飞机迅速减速并停下来.

现有一质量为 9 000 kg 的飞机,着陆时的水平速度为 700 km/h.经测试,减速伞打开后,飞机所受的总阻力与飞机的速度成正比(比例系数为 $k = 6.0 \times 10^6$).问从着陆点算起,飞机滑行的最长距离是多少?(注:kg 表示千克,km/h 表示千米/小时.)

解 解法 1:由题设,飞机的质量 $m = 9\,000$ kg,着陆时的水平速度 $v_0 = 700$ km/h.从

飞机接触跑道开始计时，设 t 时刻飞机的滑行距离为 $x(t)$，速度为 $v(t)$.

根据牛顿第二定律，得
$$m\frac{\mathrm{d}v}{\mathrm{d}t}=-kv$$

又
$$\frac{\mathrm{d}v}{\mathrm{d}t}=\frac{\mathrm{d}v}{\mathrm{d}x}\cdot\frac{\mathrm{d}x}{\mathrm{d}t}=v\frac{\mathrm{d}v}{\mathrm{d}x}$$

所以
$$\mathrm{d}x=-\frac{m}{k}\mathrm{d}v$$

积分得
$$x(t)=-\frac{m}{k}v+C$$

由于 $v(0)=v_0$，$x(0)=0$，故得 $C=\frac{m}{k}v_0$，从而 $x(t)=\frac{m}{k}[v_0-v(t)]$，当 $v(t)\to 0$ 时：

$$x(t)\to\frac{mv_0}{k}=\frac{9\,000\times 700}{6.0\times 10^6}=1.05\ \mathrm{km}$$

所以，飞机滑行的最长距离为 $1.05\ \mathrm{km}$.

解法 2：根据牛顿第二定律，得 $\quad m\frac{\mathrm{d}v}{\mathrm{d}t}=-kv$

所以
$$\frac{\mathrm{d}v}{v}=-\frac{k}{m}\mathrm{d}t$$

两边积分得
$$v=Ce^{-\frac{k}{m}t}$$

代入初始条件 $v|_{t=0}=v_0$，得 $C=v_0$，所以 $v=v_0e^{-\frac{k}{m}t}$，故飞机滑行的最长距离为

$$x=\int_0^{+\infty}v(t)\mathrm{d}t=-\frac{mv_0}{k}e^{-\frac{k}{m}t}\Big|_0^{+\infty}=\frac{mv_0}{k}=1.05\ \mathrm{km}.$$

解法 3：根据牛顿第二定律，得 $\quad m\frac{\mathrm{d}v}{\mathrm{d}t}=-kv$

所以
$$m\frac{\mathrm{d}^2x}{\mathrm{d}t^2}=-k\frac{\mathrm{d}x}{\mathrm{d}t}$$

即
$$\frac{\mathrm{d}^2x}{\mathrm{d}t^2}+\frac{k}{m}\frac{\mathrm{d}x}{\mathrm{d}t}=0$$

其特征方程为
$$r^2+\frac{k}{m}r=0$$

解得 $r_1=0$，$r_2=-\frac{k}{m}$，故 $x=C_1+C_2e^{-\frac{k}{m}t}$，由 $x(0)=0$，$v(0)=\frac{\mathrm{d}x}{\mathrm{d}t}\Big|_{t=0}=-\frac{kC_2}{m}e^{-\frac{k}{m}t}\Big|_{t=0}=v_0$，得 $C_1=-C_2=\frac{mv_0}{k}$，所以

$$x=\frac{mv_0}{k}\left(1-e^{-\frac{k}{m}t}\right)$$

当 $t\to+\infty$ 时： $\qquad x(t)\to\frac{mv_0}{k}=\frac{9\,000\times 700}{6.0\times 10^6}=1.05\ \mathrm{km}$

所以，飞机滑行的最长距离为 $1.05\ \mathrm{km}$.

第8章 空间解析几何与向量代数

8.1 知识结构

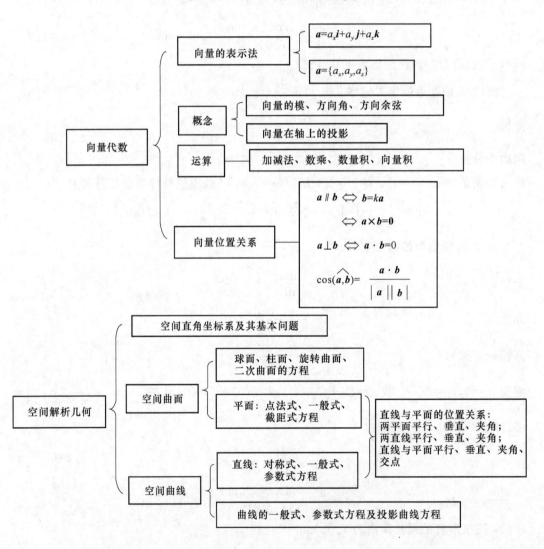

8.2 解题方法流程图

在求平面方程与空间直线方程的解题过程中,主要把握数与形相结合的方法,要想象清楚空间的直线与平面可由什么条件而确定,导出平面或直线的标准方程所需的要素.特别地,使用向量工具往往会使求解简化,要注意平面的法向量与直线的方向向量在其中所起的作用.另外,平面方程与直线方程往往会出现一题多解的情况,要拓宽解题思路.

解题方法流程图如下所示:

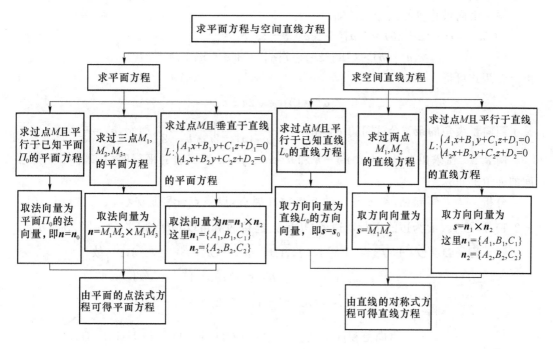

8.3 典型例题

1. 向量代数

例 8.1 如图 8.1 所示,设已知立方体相邻三边上的向量分别为 $a,b,c;A,B,C,D,E,F$ 为各边的中点,求证 $\overrightarrow{AB},\overrightarrow{CD},\overrightarrow{EF}$ 和 $\overrightarrow{BC},\overrightarrow{DE},\overrightarrow{FA}$ 各能组成一个三角形.

分析 由向量加法的三角形法则,三向量能构成一个三角形的充分必要条件是三向量之和为零向量.

证明 由向量 $\overrightarrow{AB}=\dfrac{a}{2}+\dfrac{b}{2},\overrightarrow{CD}=-\dfrac{c}{2}-\dfrac{a}{2},\overrightarrow{EF}=-\dfrac{b}{2}+\dfrac{c}{2}$,得

$$\overrightarrow{AB}+\overrightarrow{CD}+\overrightarrow{EF}=\frac{a}{2}+\frac{b}{2}-\frac{c}{2}-\frac{a}{2}-\frac{b}{2}+\frac{c}{2}=0$$

故 $\overrightarrow{AB},\overrightarrow{CD},\overrightarrow{EF}$ 组成一个三角形;同理可证 $\overrightarrow{BC},\overrightarrow{DE},\overrightarrow{FA}$ 也能组成一个三角形.

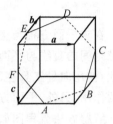

图 8.1

由本例可以看出,用向量代数知识解决一些几何问题是很方便的.如果不使用向量,例 8.1 的证明是相当麻烦的.

例 8.2 设向量 $a+3b$ 垂直于向量 $7a-5b$,且向量 $a-4b$ 垂直于向量 $7a-2b$,求向量 a 与 b 的夹角.

解 由向量垂直的充分条件知

$$(7a-5b)\cdot(a+3b)=7|a|^2+16a\cdot b-15|b|^2=0$$
$$(a-4b)\cdot(7a-2b)=7|a|^2-30a\cdot b+8|b|^2=0$$

由上面两式可得

$$|a|=|b|=\sqrt{2a\cdot b}$$

又由两向量夹角的余弦公式可得 $\cos(\widehat{a,b})=\dfrac{a\cdot b}{|a||b|}=\dfrac{a\cdot b}{2a\cdot b}=\dfrac{1}{2}$,即 $(\widehat{a,b})=\dfrac{\pi}{3}$.

例 8.3 试求以向量 $a=2i+j-k$ 和 $b=i-2j+k$ 为邻边的平行四边形的对角线之间的夹角的正弦.

分析 为方便起见,将 a 与 b 的起点放在原点,设终点分别是 $A(2,1,-1)$ 和 $B(1,-2,1)$.以 $\overrightarrow{OA},\overrightarrow{OB}$ 为边的平行四边形 $OBDA$,连接两对角线 OD 和 BA,如图 8.2 所示.

解 因 $\overrightarrow{OD}=\overrightarrow{OA}+\overrightarrow{OB}=\{3,-1,0\}$,$\overrightarrow{AB}=\overrightarrow{OB}-\overrightarrow{OA}=\{-1,-3,2\}$,故

$$|\overrightarrow{OD}|=\sqrt{10},\ |\overrightarrow{AB}|=\sqrt{14}$$

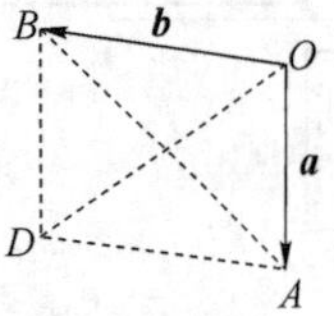

即

$$\overrightarrow{AB}\times\overrightarrow{OD}=\{-1,-3,2\}\times\{3,-1,0\}=\{2,6,10\}$$

由向量积的定义

$$|\overrightarrow{AB}\times\overrightarrow{OD}|=|\overrightarrow{AB}||\overrightarrow{OD}|\sin(\widehat{\overrightarrow{AB},\overrightarrow{OD}})$$

得

$$\sin(\widehat{\overrightarrow{AB},\overrightarrow{OD}})=\frac{|\overrightarrow{AB}\times\overrightarrow{OD}|}{|\overrightarrow{AB}||\overrightarrow{OD}|}=\frac{\sqrt{2^2+6^2+10^2}}{\sqrt{10}\sqrt{14}}=1$$

图 8.2

即以 a,b 为边的平行四边形的对角线之间的夹角的正弦为 1.

例 8.4 求向量 $a=\{4,-3,4\}$ 在向量 $b=\{2,2,1\}$ 上的投影及投影向量.

解 向量 a 在向量 b 上的投影为

$$\mathrm{Prj}_b a=|a|\cos(\widehat{a,b})=|a|\frac{a\cdot b}{|a||b|}=\frac{a\cdot b}{|b|}=\frac{\{4,-3,4\}\cdot\{2,2,1\}}{\sqrt{2^2+2^2+1}}=2$$

向量 a 在向量 b 上的投影向量为

$$(\mathrm{Prj}_b a)e_b=2\frac{b}{|b|}=2\frac{\{2,2,1\}}{\sqrt{2^2+2^2+1}}=\left\{\frac{4}{3},\frac{4}{3},\frac{2}{3}\right\}$$

例 8.5 设平行四边形的对角线 $c=a+2b,d=3a-4b$,其中 $|a|=1,|b|=2,a\perp b$,求

平行四边形的面积.

分析 先证明平行四边形的面积 $S=\dfrac{1}{2}|c\times d|$，再由内积和向量积的定义求 $|c\times d|$.

解 如图 8.3，设平行四边形为 $ABCD$，$c=\overrightarrow{DB}$，$d=\overrightarrow{AC}$，E 为两对角线的交点，由平面几何的知识，我们有 $S=4S_{\triangle EBC}$，而

图 8.3

$$S_{\triangle EBC}=\frac{1}{2}|\overrightarrow{EB}\times\overrightarrow{EC}|=\frac{1}{8}|\overrightarrow{DB}\times\overrightarrow{AC}|=\frac{1}{8}|c\times d|$$

故
$$S=\frac{1}{2}|c\times d|$$

由内积和向量积的定义有 $\quad |c\times d|^2+(c\cdot d)^2=|c|^2|d|^2$

故
$$\begin{aligned}
|c\times d|^2 &=|c|^2|d|^2-(c\cdot d)^2=(c\cdot c)(d\cdot d)-(c\cdot d)^2\\
&=[(a+2b)\cdot(a+2b)][(3a-4b)\cdot(3a-4b)]-[(a+2b)\cdot(3a-4b)]^2\\
&=(a\cdot a+4b\cdot b+4a\cdot b)(9a\cdot a+16b\cdot b-24a\cdot b)-(3a\cdot a-8b\cdot b+2a\cdot b)^2\\
&=17\times73-29^2=400
\end{aligned}$$

所以所求平行四边形的面积 $\qquad S=\dfrac{1}{2}|c\times d|=\dfrac{1}{2}\sqrt{400}=10$

例 8.6 已知点 $A(1,0,0)$ 及点 $B(0,2,1)$，试在 z 轴上求一点 C，使 $\triangle ABC$ 的面积最小.

解 设 $C(0,0,z)$，则 $\overrightarrow{AC}=\{-1,0,z\}$，$\overrightarrow{BC}=\{0,-2,z-1\}$，则

$$S_{\triangle ABC}=\frac{1}{2}|\overrightarrow{AC}\times\overrightarrow{BC}|=\frac{1}{2}\left|\begin{array}{ccc} i & j & k \\ -1 & 0 & z \\ 0 & -2 & z-1 \end{array}\right|$$

$$=\frac{1}{2}|2zi+(z-1)j+2k|=\frac{1}{2}\sqrt{4z^2+(z-1)^2+4}$$

令
$$S'_{\triangle ABC}=\frac{8z+2(z-1)}{4\sqrt{4z^2+(z-1)^2+4}}=0$$

得 $z=\dfrac{1}{5}$，且当 $z<\dfrac{1}{5}$ 时，$S'<0$，当 $z>\dfrac{1}{5}$ 时，$S'>0$，所以当 $z=\dfrac{1}{5}$ 时，$S_{\triangle ABC}$ 达到极小值即为最小值，故所求的点为 $\left(0,0,\dfrac{1}{5}\right)$.

2. 平面及空间直线

例 8.7 求过点 $A(2,-1,2)$ 和 $B(-3,1,1)$ 且垂直于平面 $\Pi_0:2x+y+4z+1=0$ 的平面.

解 设所求平面的法向量为 n，则 $n\perp\overrightarrow{AB}$. 又所求平面垂直于平面 Π_0，故 $n\perp n_0$. 所以，可取

$$n=n_0\times\overrightarrow{AB}=\left|\begin{array}{ccc} i & j & k \\ 2 & 1 & 4 \\ -5 & 2 & -1 \end{array}\right|=-9i-18j+9k=-9(i+2j-k)$$

取 $n_1 = i + 2j - k = \{1,2,-1\}$ 作为所求平面的法向量,则该平面的方程为

$$(x-2) + 2(y+1) - (z-2) = 0 \quad 即 \quad x + 2y - z + 2 = 0.$$

例 8.8 求过点 $M_0(1,1,1)$,与平面 $\Pi: x + y + z + 3 = 0$ 平行,且与直线 $L_1: \dfrac{x-1}{2} = \dfrac{y-3}{3} = \dfrac{z-2}{1}$ 相交的直线 L 的方程.

解 过 M_0 作与平面 Π 平行的平面 Π_1,则它与过点 M_0 及直线 L_1 的平面 Π_2 所成的交线即为所求直线 L. 设平面 Π,Π_1 和 Π_2 的法向量分别为 n,n_1 和 n_2,则由于 $\Pi_1 /\!/ \Pi$,可取 $n_1 = n = \{1,1,1\}$,由点法式可得平面 Π_1 的方程为 $\Pi_1: x + y + z - 3 = 0$.

$M_1(1,3,2)$ 在 L_1 上,L_1 的方向向量 $s_1 = \{2,3,1\}$,n_2 垂直于 s_1 和 $\overrightarrow{M_0 M_1}$,故可取 $n_2 = s_1 \times \overrightarrow{M_0 M_1}$,即

$$n_2 = s_1 \times \overrightarrow{M_0 M_1} = \begin{vmatrix} i & j & k \\ 2 & 3 & 1 \\ 0 & 2 & 1 \end{vmatrix} = i - 2j + 4k$$

所以平面 Π_2 的方程为 $\Pi_2: x - 2y + 4z - 3 = 0$,故所求直线 L 的方程为

$$\begin{cases} x + y + z - 3 = 0 \\ x - 2y + 4z - 3 = 0 \end{cases}.$$

例 8.9 证明直线 $L_1: \dfrac{x-3}{5} = \dfrac{y-4}{-1} = \dfrac{z-2}{-5}$ 与直线 $L_2: \begin{cases} x - 5y + 2z = 1 \\ 5y - z = -2 \end{cases}$ 平行,并求它们的距离.

解 L_1 的方向向量为 $s_1 = \{5,-1,-5\}$,为证 L_1 与 L_2 平行,只需证明 L_2 的方向向量 s_2 平行于 s_1.

L_2 是作为两平面的交线给出的,这两平面的法向量分别为 $n_1 = \{1,-5,2\}$,$n_2 = \{0,5,-1\}$,因 s_2 同时垂直于 n_1 和 n_2,故可取 $s_2 = n_1 \times n_2 = \begin{vmatrix} i & j & k \\ 1 & -5 & 2 \\ 0 & 5 & -1 \end{vmatrix} = -5i + j + 5k$,

因为 $s_1 /\!/ s_2$,所以直线 L_1 与 L_2 平行.

为求 L_1 与 L_2 的距离,令 $y = 0$,求出 L_2 上一点 $M_2(-3,0,2)$,则 M_2 到直线 L_1 的距离即为两平行线 L_1 与 L_2 的距离 d. 利用向量积的模的几何意义及平行四边形求面积的公式,有

$$d = \frac{|\overrightarrow{M_1 M_2} \times s_1|}{|s_1|}$$

其中 $M_1(3,4,2)$ 是在 L_1 上取的一点. 显然

$$|s_1| = \sqrt{5^2 + (-1)^2 + (-5)^2} = \sqrt{51}$$

$$\left|\overrightarrow{M_1M_2}\times s_1\right|=\left|\begin{array}{ccc} i & j & k \\ -6 & -4 & 0 \\ 5 & -1 & -5 \end{array}\right|=\left|20i-30j+26k\right|=2\sqrt{494}$$

故 $d=\dfrac{2\sqrt{494}}{\sqrt{51}}=2\sqrt{\dfrac{494}{51}}$.

例 8.10 证明直线 $L_1:\begin{cases}4x+z-1=0\\x-2y+3=0\end{cases}$ 与 $L_2:\begin{cases}10x+25y-24=0\\y+2z-8=0\end{cases}$ 垂直相交,并求它们的交点.

分析 为证两直线垂直相交,只需证明它们共面且方向向量互相垂直. 求共面直线的交点时,由于本例是用一般式给出的,这 4 个平面应交于一点,故求解其中任意 3 个方程即可求出两直线的交点.

解 L_1 与 L_2 的方向向量分别为

$$s_1=\{4,0,1\}\times\{1,-2,0\}=\{2,1,-8\},\ s_2=\{10,25,0\}\times\{0,1,2\}=\{50,-20,10\}$$

有 $s_1\cdot s_2=0$,故两直线的方向向量垂直.

令 $y=0$,求出 L_1,L_2 上点 $M_1(-3,0,13),M_2\left(\dfrac{12}{5},0,4\right)$,由于

$$(s_1\times s_2)\cdot\overrightarrow{M_1M_2}=\left|\begin{array}{ccc} 2 & 1 & -8 \\ 50 & -20 & 10 \\ \dfrac{27}{5} & 0 & -9 \end{array}\right|=0$$

所以 L_1 与 L_2 共面.

联立求解 L_1 与 L_2 的前 3 个方程

$$\begin{cases}4x+z-1=0\\x-2y+3=0\\10x+25y-24=0\end{cases}$$

得 L_1 与 L_2 的交点 $\left(-\dfrac{3}{5},\dfrac{6}{5},\dfrac{17}{5}\right)$.

说明 空间两直线的相互关系有相错(异面直线)、相交、平行及重合 4 种情况. 垂直可看作两直线相交的特例. 由于 L_1,L_2 平行可表示为 $s_1\parallel s_2$,此等价于 $m_1:n_1:p_1=m_2:n_2:p_2$. 若两直线重合,则又有 $\overrightarrow{M_1M_2}\parallel s_1$〔$M_1(x_1,y_1,z_1)$ 和 $M_2(x_2,y_2,z_2)$ 分别为 L_1 与 L_2 上的点〕. 由此可得如下结论:

① 相错 $\left[s_1,s_2,\overrightarrow{M_1M_2}\right]\neq 0$;

② 相交 $\left[s_1,s_2,\overrightarrow{M_1M_2}\right]=0$,但 $m_1:n_1:p_1\neq m_2:n_2:p_2$;

③ 平行 $m_1:n_1:p_1=m_2:n_2:p_2\neq(x_2-x_1):(y_2-y_1):(z_2-z_1)$;

④ 重合 $m_1:n_1:p_1=m_2:n_2:p_2=(x_2-x_1):(y_2-y_1):(z_2-z_1)$.

例 8.11 求点 $M(1,1,1)$ 关于直线 $L:\dfrac{x}{2}=\dfrac{y-4}{3}=\dfrac{z-3}{2}$ 的对称点的坐标.

分析 如果能求出过 M 且垂直于直线 L 的平面与所给直线 L 的交点,则此交点为点 M 与所求对称点的中点.

解 过点 $M(1,1,1)$ 垂直于直线 L 的平面 $\varPi_1$ 的方程为 $2(x-1)+3(y-1)+2(z-1)=0$,即 $2x+3y+2z-7=0$,令 $\dfrac{x}{2}=\dfrac{y-4}{3}=\dfrac{z-3}{2}=t$,则得直线 L 参数方程为 $\begin{cases}x=2t\\y=3t+4\\z=2t+3\end{cases}$,将它代入平面 $\varPi_1$ 的方程得 $2(2t)+3(3t+4)+2(2t+3)-7=0$,解得 $t=-\dfrac{11}{17}$,从而 $x=-\dfrac{22}{17}$,$y=\dfrac{35}{17}$,$z=\dfrac{29}{17}$,为点 $M(1,1,1)$ 在直线 L 上的投影点. 设所求点的坐标为 (a,b,c),则

$$-\frac{22}{17}=\frac{1+a}{2},\quad \frac{35}{17}=\frac{1+b}{2},\quad \frac{29}{17}=\frac{1+c}{2}$$

解得 $a=-\dfrac{61}{17}$,$b=\dfrac{53}{17}$,$c=\dfrac{41}{17}$,故所求点为 $\left(-\dfrac{61}{17},\dfrac{53}{17},\dfrac{41}{17}\right)$.

例 8.12 证明直线 $L_1:\dfrac{x+1}{1}=\dfrac{y}{1}=\dfrac{z-1}{2}$ 和 $L_2:\dfrac{x}{1}=\dfrac{y+1}{3}=\dfrac{z-2}{4}$ 为异面直线,并求:(1)L_1 与 L_2 的距离;(2)L_1 与 L_2 的公垂线方程.

解 $s_1=\{1,1,2\}$,$s_2=\{1,3,4\}$,$M_1(-1,0,1)$,$M_2(0,-1,2)$,因

$$[s_1,s_2,\overrightarrow{M_1M_2}]=\begin{vmatrix}1&1&2\\1&3&4\\1&-1&1\end{vmatrix}=2\neq 0$$

故 L_1 与 L_2 为异面直线.

(1) 先导出两异面直线的距离公式. 如图 8.4 所示,过 L_1 作平行于 L_2 的平面 $\varPi$,此平面的法向量可取为 $n=s_1\times s_2$,则 L_2 到平面 $\varPi$ 的距离为两异面直线 L_1 与 L_2 的距离. 取 M_1,M_2 分别为 L_1 与 L_2 上的点,则 $\overrightarrow{M_1M_2}$ 在 n 上的投影的绝对值就是 L_2 到平面 $\varPi$ 的距离,所以两异面直线的距离为

$$d=|\mathrm{Prj}_n\overrightarrow{M_1M_2}|=\left|\overrightarrow{M_1M_2}\cdot\frac{n}{|n|}\right|=\frac{|\overrightarrow{M_1M_2}\cdot(s_1\times s_2)|}{|s_1\times s_2|}$$

对本题 $s_1=\{1,1,2\}$,$s_2=\{1,3,4\}$,$\overrightarrow{M_1M_2}=\{1,-1,1\}$,所以异面直线 L_1 与 L_2 的距离为

$$d=\frac{|\{1,-1,1\}\cdot(\{1,1,2\}\times\{1,3,4\})|}{|\{1,1,2\}\times\{1,3,4\}|}=\frac{\sqrt{3}}{3}$$

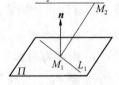

图 8.4

(2) 公垂线的方向向量 $s=s_1\times s_2=\{-2,-2,2\}$,过 L_1 作平面 $\varPi_1\parallel s$,则 $\varPi_1$ 的法向

量可取为

$$\boldsymbol{n}_1 = \boldsymbol{s} \times \boldsymbol{s}_1 = \{-6, 6, 0\}$$

Π_1 的方程为 $-6(x+1)+6y=0$，即 $x-y+1=0$，同理过 L_2 作平面 $\Pi_2 /\!/ \boldsymbol{s}$，其方程为

$$7x - 5y + 2z - 9 = 0$$

所以所求公垂线方程为 $\begin{cases} x-y+1=0 \\ 7x-5y+2z-9=0 \end{cases}$.

3. 空间曲线与空间曲面方程

例 8.13 求圆锥面 $z=\sqrt{x^2+y^2}$ 与圆柱面 $x^2+y^2=2x$ 的交线在 xOy 坐标面上的投影曲线.

解 此交线的方程为 $\begin{cases} z=\sqrt{x^2+y^2} \\ x^2+y^2=2x \end{cases}$，因柱面 $x^2+y^2=2x$ 包含该曲线，且它垂直于 xOy 坐标面，故此曲线关于 xOy 坐标面的投影柱面就是圆柱面 $x^2+y^2=2x$，于是该曲线在 xOy 面上的投影方程为

$$\begin{cases} x^2+y^2=2x \\ z=0 \end{cases}$$

8.4 教材习题选解

习题 8.1

2. 把三角形 ABC 的 BC 边五等分，并把分点 D_1, D_2, D_3, D_4 各与点 A 连接. 试以 $\overrightarrow{AB}=\boldsymbol{c}, \overrightarrow{BC}=\boldsymbol{a}$ 表示向量 $\overrightarrow{D_1A}, \overrightarrow{D_2A}, \overrightarrow{D_3A}$ 和 $\overrightarrow{D_4A}$.

解 如图 8.5，根据题意知

$$\overrightarrow{BD_1}=\frac{1}{5}\boldsymbol{a}, \overrightarrow{D_1D_2}=\frac{1}{5}\boldsymbol{a}, \overrightarrow{D_2D_3}=\frac{1}{5}\boldsymbol{a}, \overrightarrow{D_3D_4}=\frac{1}{5}\boldsymbol{a}$$

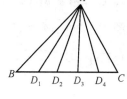

图 8.5

故

$$\overrightarrow{D_1A}=-(\overrightarrow{AB}+\overrightarrow{BD_1})=-\left(\boldsymbol{c}+\frac{1}{5}\boldsymbol{a}\right)$$

$$\overrightarrow{D_2A}=-(\overrightarrow{AB}+\overrightarrow{BD_2})=-\left(\boldsymbol{c}+\frac{2}{5}\boldsymbol{a}\right)$$

$$\overrightarrow{D_3A}=-(\overrightarrow{AB}+\overrightarrow{BD_3})=-\left(\boldsymbol{c}+\frac{3}{5}\boldsymbol{a}\right)$$

$$\overrightarrow{D_4A}=-(\overrightarrow{AB}+\overrightarrow{BD_4})=-\left(\boldsymbol{c}+\frac{4}{5}\boldsymbol{a}\right)$$

3. 证明三角形两边中点的连线平行且等于第三边的一半.

证明 如图 8.6,在 $\triangle ABC$ 中,E,F 分别是边 AB 和 AC 的中点,因此,$\overrightarrow{AF}=\dfrac{1}{2}\overrightarrow{AC}$,
$\overrightarrow{AE}=\dfrac{1}{2}\overrightarrow{AB}$,从而

$$\overrightarrow{EF}=\overrightarrow{AF}-\overrightarrow{AE}=\dfrac{1}{2}\overrightarrow{AC}-\dfrac{1}{2}\overrightarrow{AB}=\dfrac{1}{2}(\overrightarrow{AC}-\overrightarrow{AB})=\dfrac{1}{2}\overrightarrow{BC}$$

即 $\overrightarrow{EF}\ /\!/\ \overrightarrow{BC}$ 且 $|\overrightarrow{EF}|=\dfrac{1}{2}|\overrightarrow{BC}|$,从而证得三角形两边中点的连

线平行且等于第三边的一半.

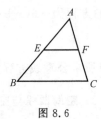

图 8.6

习题 8.2

6. 给定点 $M_1(-1,4,1)$ 和 $M_2(1,0,-3)$. 求线段 $\overline{M_1M_2}$ 的中点,以及分线段 $\overline{M_1M_2}$ 成

比值 $\lambda=2$ 和 $\lambda=-\dfrac{1}{2}$ 的点的坐标.

解 根据中点坐标公式,中点为 $\left(\dfrac{-1+1}{2},\dfrac{4+0}{2},\dfrac{1-3}{2}\right)=(0,2,-1)$,分线段 $\overline{M_1M_2}$ 成比值

$\lambda=2$ 的 点 的 坐 标 为 $\left(\dfrac{x_1+\lambda x_2}{1+\lambda},\dfrac{y_1+\lambda y_2}{1+\lambda},\dfrac{z_1+\lambda z_2}{1+\lambda}\right)=\left(\dfrac{-1+2\times 1}{1+2},\dfrac{4+2\times 0}{1+2},\dfrac{1+2\times(-3)}{1+2}\right)=$

$\left(\dfrac{1}{3},\dfrac{4}{3},-\dfrac{5}{3}\right)$,分线段 $\overline{M_1M_2}$ 成比值 $\lambda=-\dfrac{1}{2}$ 的点的坐标为

$$\left(\dfrac{x_1+\lambda x_2}{1+\lambda},\dfrac{y_1+\lambda y_2}{1+\lambda},\dfrac{z_1+\lambda z_2}{1+\lambda}\right)=\left(\dfrac{-1+\left(-\dfrac{1}{2}\right)\times 1}{1+\left(-\dfrac{1}{2}\right)},\dfrac{4+\left(-\dfrac{1}{2}\right)\times 0}{1+\left(-\dfrac{1}{2}\right)},\dfrac{1+\left(-\dfrac{1}{2}\right)\times(-3)}{1+\left(-\dfrac{1}{2}\right)}\right)=(-3,8,5)$$

9. 已知两点 $M_1(2,2,\sqrt{2})$ 和 $M_2(1,3,0)$,计算向量 $\overrightarrow{M_1M_2}$ 的模、方向余弦和方向角.

解 因为 $\overrightarrow{M_1M_2}=\{1-2,3-2,0-\sqrt{2}\}=\{-1,1,-\sqrt{2}\}$,所以

$$|\overrightarrow{M_1M_2}|=\sqrt{(-1)^2+1^2+(-\sqrt{2})^2}=2,\cos\alpha=\dfrac{-1}{|\overrightarrow{M_1M_2}|}=-\dfrac{1}{2},\cos\beta=\dfrac{1}{|\overrightarrow{M_1M_2}|}=\dfrac{1}{2}$$

$$\cos\gamma=\dfrac{-\sqrt{2}}{|\overrightarrow{M_1M_2}|}=-\dfrac{\sqrt{2}}{2},\alpha=\dfrac{2\pi}{3},\beta=\dfrac{\pi}{3},\gamma=\dfrac{3\pi}{4}$$

12. 一向量的终点在点 $B(2,-1,7)$,它在 x 轴,y 轴和 z 轴上的投影依次为 $4,-4$,

7,求这向量的起点 A 的坐标.

解 设 A 点的坐标为 (x,y,z),则 $\overrightarrow{AB}=\{2-x,-1-y,7-z\}$

由题意知 $2-x=4,-1-y=-4,7-z=7$,故 $x=-2,y=3,z=0$,因此 A 点的坐标为

$(-2,3,0)$.

习题 8.3

2. 已知三点 $A(1,0,0),B(3,1,1),C(2,0,1)$,且 $\overrightarrow{BC}=\boldsymbol{a},\overrightarrow{CA}=\boldsymbol{b},\overrightarrow{AB}=\boldsymbol{c}$,求:

(1) $\boldsymbol{a}$ 与 $\boldsymbol{b}$ 的夹角;   (2) $\boldsymbol{a}$ 在 $\boldsymbol{c}$ 上的投影.

解 $\boldsymbol{a}=\overrightarrow{BC}=\{2-3,0-1,1-1\}=\{-1,-1,0\},\boldsymbol{b}=\overrightarrow{CA}=\{1-2,0-0,0-1\}=\{-1,0,-1\},\boldsymbol{c}=\overrightarrow{AB}=\{3-1,1-0,1-0\}=\{2,1,1\}$.

(1) $\cos(\widehat{\boldsymbol{a},\boldsymbol{b}})=\dfrac{\boldsymbol{a}\cdot\boldsymbol{b}}{|\boldsymbol{a}||\boldsymbol{b}|}=\dfrac{-1\times(-1)+(-1)\times0+0\times(-1)}{\sqrt{(-1)^2+(-1)^2+0^2}\sqrt{(-1)^2+0^2+(-1)^2}}=\dfrac{1}{2}$

$$(\widehat{\boldsymbol{a},\boldsymbol{b}})=\dfrac{\pi}{3}$$

(2) $\mathrm{Prj}_{\boldsymbol{c}}\boldsymbol{a}=\dfrac{\boldsymbol{a}\cdot\boldsymbol{c}}{|\boldsymbol{c}|}=\dfrac{-1\times2+(-1)\times1+0\times1}{\sqrt{2^2+1^2+1^2}}=\dfrac{-3}{\sqrt{6}}=-\dfrac{\sqrt{6}}{2}$

5. 设已给向量 $\boldsymbol{a}=3\boldsymbol{i}+2\boldsymbol{j}-\boldsymbol{k},\boldsymbol{b}=\boldsymbol{i}-\boldsymbol{j}+2\boldsymbol{k}$,求:

(1) $\boldsymbol{a}\times\boldsymbol{b}$;   (2) $2\boldsymbol{a}\times7\boldsymbol{b},7\boldsymbol{b}\times2\boldsymbol{a}$;   (3) $\boldsymbol{a}\times\boldsymbol{i},\boldsymbol{i}\times\boldsymbol{a}$.

解 $\boldsymbol{a}=3\boldsymbol{i}+2\boldsymbol{j}-\boldsymbol{k}=\{3,2,-1\},\boldsymbol{b}=\boldsymbol{i}-\boldsymbol{j}+2\boldsymbol{k}=\{1,-1,2\}$.

(1) $\boldsymbol{a}\times\boldsymbol{b}=\begin{vmatrix} \boldsymbol{i} & \boldsymbol{j} & \boldsymbol{k} \\ 3 & 2 & -1 \\ 1 & -1 & 2 \end{vmatrix}=\{3,-7,-5\}$

(2) $2\boldsymbol{a}\times7\boldsymbol{b}=14\boldsymbol{a}\times\boldsymbol{b}=14\{3,-7,-5\}=\{42,-98,-70\}$

$\quad 7\boldsymbol{b}\times2\boldsymbol{a}=14(\boldsymbol{b}\times\boldsymbol{a})=-14(\boldsymbol{a}\times\boldsymbol{b})=-14\{3,-7,-5\}=\{-42,98,70\}$

(3) $\boldsymbol{a}\times\boldsymbol{i}=\begin{vmatrix} \boldsymbol{i} & \boldsymbol{j} & \boldsymbol{k} \\ 3 & 2 & -1 \\ 1 & 0 & 0 \end{vmatrix}=\{0,-1,-2\},\boldsymbol{i}\times\boldsymbol{a}=-(\boldsymbol{i}\times\boldsymbol{a})=-\{0,-1,-2\}=\{0,1,2\}$

7. 已知空间三点 $A(1,2,3),B(2,-1,5),C(3,2,-5)$,求:

(1) $\triangle ABC$ 的面积;   (2) $\triangle ABC$ 的 AB 边上的高.

解   (1)因为 $\overrightarrow{CA}=\{1-3,2-2,3-(-5)\}=\{-2,0,8\}$

$$\overrightarrow{CB}=\{2-3,-1-2,5-(-5)\}=\{-1,-3,10\}$$

因此 $\overrightarrow{CA}\times\overrightarrow{CB}=\begin{vmatrix} \boldsymbol{i} & \boldsymbol{j} & \boldsymbol{k} \\ -2 & 0 & 8 \\ -1 & -3 & 10 \end{vmatrix}=\{24,12,6\}$

所以 $S_{\triangle ABC}=\dfrac{1}{2}|\overrightarrow{CA}\times\overrightarrow{CB}|=\dfrac{1}{2}\sqrt{24^2+12^2+6^2}=\dfrac{1}{2}\times6\sqrt{21}=3\sqrt{21}$

(2) $\overrightarrow{AB}=\{2-1,-1-2,5-3\}=\{1,-3,2\},|\overrightarrow{AB}|=\sqrt{1^2+(-3)^2+2^2}=\sqrt{14}$.

设 $\triangle ABC$ 的 AB 边上的高为 h,如图 8.7 所示,因为 $S_{\triangle ABC}=\dfrac{1}{2}|AB|\cdot h=\dfrac{1}{2}|\overrightarrow{AB}|$

$\cdot h$，所以

图 8.7

$$h=\frac{2S_{\triangle ABC}}{|\overrightarrow{AB}|}=\frac{2\times3\sqrt{21}}{\sqrt{14}}=3\sqrt{6}$$

8. 已知向量 $a=2i-3j+k, b=i-j+3k$ 和 $c=i-2j$，计算下列各式：

(1) $(a\cdot b)c-(a\cdot c)b$；　　　　(2) $(a+b)\times(b+c)$；

(3) $(a\times b)\cdot c$；　　　　　　　(4) $(a\times b)\times c$.

解 (1) $a\cdot b=2\times1+(-3)\times(-1)+1\times3=8, a\cdot c=2\times1+(-3)\times(-2)+1\times0=8$

$(a\cdot b)c-(a\cdot c)b=8\{1,-2,0\}-8\{1,-1,3\}=\{0,-8,-24\}$

(2) $$a+b=\{2,-3,1\}+\{1,-1,3\}=\{3,-4,4\}$$

$$b+c=\{1,-1,3\}+\{1,-2,0\}=\{2,-3,3\}$$

$$(a+b)\times(b+c)=\begin{vmatrix} i & j & k \\ 3 & -4 & 4 \\ 2 & -3 & 3 \end{vmatrix}=\{0,-1,-1\}$$

(3) $a\times b=\begin{vmatrix} i & j & k \\ 2 & -3 & 1 \\ 1 & -1 & 3 \end{vmatrix}=\{-8,-5,1\}, (a\times b)\cdot c=\{-8,-5,1\}\cdot\{1,-2,0\}=2$

(4) $(a\times b)\times c=\begin{vmatrix} i & j & k \\ -8 & -5 & 1 \\ 1 & -2 & 0 \end{vmatrix}=\{2,1,21\}$

习题 8.4

7. 指出下列各方程表示哪种曲面，并作出它们的草图.

(1) $x^2+y^2+z^2=1$；　(2) $x^2+y^2=1$；　(3) $x^2=1$；　　(4) $x^2-y^2=1$；

(5) $x^2+y^2+z^2=0$；　(6) $x^2+y^2=0$；　(7) $\dfrac{x^2}{4}+\dfrac{y^2}{9}+\dfrac{z^2}{9}=1$；(8) $y=x^2$；

(9) $z=x^2+y^2$；　　　(10) $z^2=x^2+y^2$.

解 (1)球心在原点，半径为 1 的球面，如图 8.8 所示.

(2) 以 xOy 平面上的圆 $x^2+y^2=1$ 为准线，母线平行与 z 轴的圆柱面，如图 8.9 所示.

(3) 两平行平面，如图 8.10 所示.

(4) 以 xOy 平面上的双曲线 $x^2-y^2=1$ 为准线，母线平行与 z 轴的双曲柱面，如图 8.11 所示.

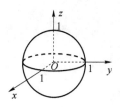

图 8.8

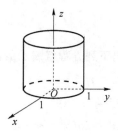

图 8.9

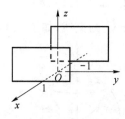

图 8.10

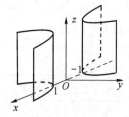

图 8.11

（5）空间直角坐标系的原点.

（6）z 轴.

（7）旋转椭球面,如图 8.12 所示.

（8）以 xOy 平面上的抛物线 $y=x^2$ 为准线,母线平行与 z 轴的抛物柱面,如图 8.13 所示.

（9）顶点在原点,开口向上的抛物面,如图 8.14 所示.

（10）顶点在原点的锥面,如图 8.15 所示.

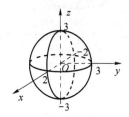

图 8.12

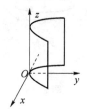

图 8.13

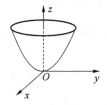

图 8.14

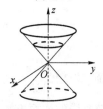

图 8.15

习题 8.5

2. 指出下列方程组表示的曲线,并画出草图.

(1) $\begin{cases} 2z=x^2+y^2 \\ z=2 \end{cases}$; (2) $\begin{cases} z=\sqrt{2-x^2-y^2} \\ z=x^2+y^2 \end{cases}$;

(3) $\begin{cases} 4z^2=25(x^2+y^2) \\ z=5 \end{cases}$; (4) $\begin{cases} z=6-x^2-y^2 \\ z=\sqrt{x^2+y^2} \end{cases}$.

解 (1) 表示抛物面 $2z=x^2+y^2$ 与平面 $z=2$ 的交线,如图 8.16 所示.

(2) 表示上半球面 $z=\sqrt{2-x^2-y^2}$ 与抛物面 $z=x^2+y^2$ 的交线,如图 8.17 所示.

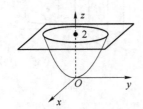

图 8.16

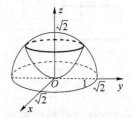

图 8.17

(3) 表示锥面 $4z^2=25(x^2+y^2)$ 与平面 $z=5$ 的交线,如图 8.18 所示.

(4) 表示抛物面 $z=6-x^2-y^2$ 与锥面 $z=\sqrt{x^2+y^2}$ 的交线,如图 8.19 所示.

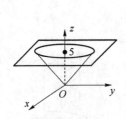

图 8.18

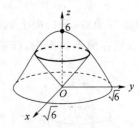

图 8.19

3. 分别求母线平行于 x 轴及 y 轴而且通过曲线 $\begin{cases} 2x^2+y^2+z^2=16 \\ x^2-y^2+z^2=0 \end{cases}$ 的柱面方程.

解 在 $\begin{cases} 2x^2+y^2+z^2=16 \\ x^2-y^2+z^2=0 \end{cases}$ 中消去 x,得 $3y^2-z^2=16$,即为母线平行于 x 轴且通过已知曲线的柱面方程. 在 $\begin{cases} 2x^2+y^2+z^2=16 \\ x^2-y^2+z^2=0 \end{cases}$ 中消去 y,得 $3x^2+2z^2=16$,即为母线平行于 y 轴且通过已知曲线的柱面方程.

4. 求锥面 $z=\sqrt{x^2+y^2}$ 与抛物面 $z=x^2+y^2$ 的交线在 xOy 面上的投影的方程.

解 在 $\begin{cases} z=\sqrt{x^2+y^2} \\ z=x^2+y^2 \end{cases}$ 中消去 z,得 $x^2+y^2=1$,它表示母线平行于 z 轴的圆柱面,故

$\begin{cases} x^2+y^2=1 \\ z=0 \end{cases}$ 表示已知交线在 xOy 面上的投影的方程,如图 8.20 所示.

图 8.20　　　　　　　　　　　图 8.21

5. 求上半球面 $z=\sqrt{5-x^2-y^2}$ 和抛物面 $x^2+y^2=4z$ 所围成的立体在 xOy 面上的投影.

解 在 $\begin{cases} z=\sqrt{5-x^2-y^2} \\ x^2+y^2=4z \end{cases}$ 中消去 z,得 $x^2+y^2=4$,它表示母线平行于 z 轴的圆柱面,

故 $\begin{cases} x^2+y^2\leqslant 4 \\ z=0 \end{cases}$ 表示上半球面和抛物面所围成的立体在 xOy 面上的投影,如图 8.21 所示阴影部分.

习题 8.6

3. 求通过点 $M_1(2,-1,1)$ 与 $M_2(3,-2,1)$ 且平行于 z 轴的平面的方程.

解 先求平面的法向量 $\boldsymbol{n}$. 因为向量 $\boldsymbol{n}$ 与向量 $\overrightarrow{M_1M_2}$ 和 z 轴都垂直,且

$$\overrightarrow{M_1M_2}=\{1,-1,0\},\boldsymbol{k}=\{0,0,1\}$$

所以可以取 $\boldsymbol{n}=\overrightarrow{M_1M_2}\times\boldsymbol{k}=\begin{vmatrix} \boldsymbol{i} & \boldsymbol{j} & \boldsymbol{k} \\ 1 & -1 & 0 \\ 0 & 0 & 1 \end{vmatrix}=\{-1,-1,0\}=-\{1,1,0\}$,由平面的点法式

方程,得所求平面方程为 $1\cdot(x-2)+1\cdot(y+1)+0\cdot(z-1)=0$,即 $x+y-1=0$.

5. 求下列平面在坐标轴上的截距,并作图:

(1) $2x-3y-z+12=0$;　　　　(2) $5x+y-3z-15=0$;　　　　(3) $x-y+z-1=0$.

解 (1) 化成截距式方程得 $\dfrac{x}{-6}+\dfrac{y}{4}+\dfrac{z}{12}=1$,所以它在 x 轴、y 轴和 z 轴上的截距分

别是 -6、4 和 12,如图 8.22 所示.

(2) 化成截距式方程得 $\dfrac{x}{3}+\dfrac{y}{15}+\dfrac{z}{-5}=1$,所以它在 x 轴、y 轴和 z 轴上的截距分别是

3、15 和 −5,如图 8.23 所示.

（3）化成截距式方程得 $\dfrac{x}{1}+\dfrac{y}{-1}+\dfrac{z}{1}=1$,所以它在 x 轴、y 轴和 z 轴上的截距分别是 1、−1 和 1,如图 8.24 所示.

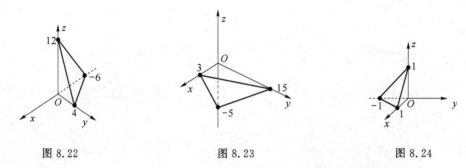

图 8.22　　　　　　　图 8.23　　　　　　　图 8.24

7. 求平面 $2x-2y+z+5=0$ 与 xOy 面,yOz 面,zOx 面间夹角的余弦.

解 平面的法向量为 $\boldsymbol{n}=\{2,-2,1\}$,设平面与三个坐标面 xOy,yOz,zOx 的夹角分别为 $\theta_1,\theta_2,\theta_3$,则根据平面与平面夹角的余弦公式知

$$\cos\theta_1=\frac{|\boldsymbol{n}\cdot\boldsymbol{k}|}{|\boldsymbol{n}||\boldsymbol{k}|}=\frac{|\{2,-2,1\}\cdot\{0,0,1\}|}{\sqrt{2^2+(-2)^2+1^2}\cdot 1}=\frac{1}{3}$$

$$\cos\theta_2=\frac{|\boldsymbol{n}\cdot\boldsymbol{i}|}{|\boldsymbol{n}||\boldsymbol{i}|}=\frac{|\{2,-2,1\}\cdot\{1,0,0\}|}{\sqrt{2^2+(-2)^2+1^2}\cdot 1}=\frac{2}{3}$$

$$\cos\theta_3=\frac{|\boldsymbol{n}\cdot\boldsymbol{j}|}{|\boldsymbol{n}||\boldsymbol{j}|}=\frac{|\{2,-2,1\}\cdot\{0,1,0\}|}{\sqrt{2^2+(-2)^2+1^2}\cdot 1}=\frac{2}{3}$$

10. 在 y 轴上求出与两平面 $2x+3y+6z-6=0$ 和 $8x+9y-72z+73=0$ 等距离的点.

解 由题意,设所求点为 $P(0,y,0)$,它到平面 $2x+3y+6z-6=0$ 的距离为

$$d_1=\frac{|2\times0+3\times y+6\times0-6|}{\sqrt{2^2+3^2+6^2}}=\frac{|3y-6|}{7}$$

$P(0,y,0)$ 到平面 $8x+9y-72z+73=0$ 的距离为

$$d_2=\frac{|8\times0+9\times y+(-72)\times0+73|}{\sqrt{8^2+9^2+(-72)^2}}=\frac{|9y+73|}{73}$$

因为 $d_1=d_2$,故 $\dfrac{|3y-6|}{7}=\dfrac{|9y+73|}{73}$,解得 $y=\dfrac{73}{12}$ 或 $y=-\dfrac{73}{282}$,故所求点为

$$\left(0,\frac{73}{12},0\right)\quad\text{或}\quad\left(0,-\frac{73}{282},0\right)$$

习题 8.7

4. 求过点 $(2,-3,4)$ 且与平面 $3x-y+2z-4=0$ 垂直的直线方程.

解 所求直线与平面垂直,因此与平面的法向量平行,方向向量可取为
$$s=n=\{3,-1,2\}$$
因此所求直线方程为 $\dfrac{x-2}{3}=\dfrac{y+3}{-1}=\dfrac{z-4}{2}$.

5. 求经过点 $(2,0,-1)$ 且与直线 $\begin{cases}2x-3y+z-6=0\\4x-2y+3z+9=0\end{cases}$ 平行的直线方程.

解 根据题意,所求直线的方向向量可取为已知直线的方向向量,即
$$s=\begin{vmatrix}i&j&k\\2&-3&1\\4&-2&3\end{vmatrix}=\{-7,-2,8\}$$
因此所求直线方程为 $\dfrac{x-2}{-7}=\dfrac{y}{-2}=\dfrac{z+1}{8}$.

6. 求过点 $(3,2,-4)$ 且与两直线 $\dfrac{x-1}{5}=\dfrac{y-2}{3}=\dfrac{z}{-2}$ 和 $\dfrac{x+3}{4}=\dfrac{y}{2}=\dfrac{z-1}{3}$ 平行的平面方程.

解 两已知直线的方向向量分别为 $s_1=\{5,3,-2\},s_2=\{4,2,3\}$,根据题意,所求平面的法向量垂直于两已知直线,故可取为 $n=s_1\times s_2=\begin{vmatrix}i&j&k\\5&3&-2\\4&2&3\end{vmatrix}=\{13,-23,-2\}$

因此所求平面方程为 $13(x-3)-23(y-2)-2(z+4)=0$,即 $13x-23y-2z-1=0$.

9. 求点 $(-1,2,0)$ 在平面 $x+2y-z+1=0$ 上的投影.

解 作过已知点且与已知平面垂直的直线. 该直线与平面的交点即为所求. 根据题意,过点 $(-1,2,0)$ 与平面 $x+2y-z+1=0$ 垂直的直线为 $\dfrac{x+1}{1}=\dfrac{y-2}{2}=\dfrac{z}{-1}$

将它化为参数方程 $\begin{cases}x=-1+t\\y=2+2t\\z=-t\end{cases}$,代入平面方程得 $(-1+t)+2(2+2t)-(-t)+1=0$,解出 $t=-\dfrac{2}{3}$. 从而所求点 $(-1,2,0)$ 在平面 $x+2y-z+1=0$ 上的投影为 $\left(-\dfrac{5}{3},\dfrac{2}{3},\dfrac{2}{3}\right)$.

13. 求直线 $\begin{cases}2x-4y+z=0\\3x-y-2z-9=0\end{cases}$ 在平面 $4x-y+z=1$ 上的投影直线的方程.

解 作过已知直线的平面束方程,在该平面束中找出与已知平面垂直的平面,该平面与已知平面的交线即为所求.

设过直线 $\begin{cases}2x-4y+z=0\\3x-y-2z-9=0\end{cases}$ 的平面束方程为 $2x-4y+z+\lambda(3x-y-2z-9)=0$

经整理得 $(2+3\lambda)x+(-4-\lambda)y+(1-2\lambda)z-9\lambda=0$

由 $(2+3\lambda)\cdot4+(-4-\lambda)\cdot(-1)+(1-2\lambda)\cdot1=0$,得 $\lambda=-\dfrac{13}{11}$,代入平面束方程,得

$$17x+31y-37z-117=0$$

因此所求投影直线的方程为 $\begin{cases} 17x+31y-37z-117=0 \\ 4x-y+z=1 \end{cases}$.

综合练习题

一、单项选择题

1. 已知 $|a|=1,|b|=\sqrt{2},(\widehat{a,b})=\dfrac{\pi}{4}$，则 $|a+b|=$(A).

(A) $\sqrt{5}$；　　　(B) $1+\sqrt{2}$；　　　(C) 2；　　　(D) 1.

解 $|a+b|^2=(a+b)\cdot(a+b)=|a|^2+|b|^2+2a\cdot b=|a|^2+|b|^2+2|a||b|\cos(\widehat{a,b})$

$$=1^2+\left(\sqrt{2}\right)^2+2\times1\times\sqrt{2}\times\cos\frac{\pi}{4}=1+2+2\sqrt{2}\times\frac{\sqrt{2}}{2}=5$$

所以 $|a+b|=\sqrt{5}$，故选(A).

2. 已知 a 与 b 都是非零向量,且满足关系式 $|a-b|=|a+b|$,则(C).

(A) $a-b=0$；　　(B) $a+b=0$；　　(C) $a\cdot b=0$；　　(D) $a\times b=0$.

解 由 $|a-b|=|a+b|$,知 $|a-b|^2=|a+b|^2$,因为

$$|a-b|^2=(a-b)\cdot(a-b)=|a|^2+|b|^2-2a\cdot b$$

$$|a+b|^2=(a+b)\cdot(a+b)=|a|^2+|b|^2+2a\cdot b$$

所以 $|a|^2+|b|^2-2a\cdot b=|a|^2+|b|^2+2a\cdot b$,得 $a\cdot b=0$,故选(C).

3. 已知向量 $a=i+j+k$,则垂直于 a 且垂直于 y 轴的单位向量是(C).

(A) $\pm\dfrac{\sqrt{3}}{3}(i+j+k)$；　　　　(B) $\pm\dfrac{\sqrt{3}}{3}(i-j+k)$；

(C) $\pm\dfrac{\sqrt{2}}{2}(i-k)$；　　　　(D) $\pm\dfrac{\sqrt{2}}{2}(i+k)$.

解 既垂直于 a 又垂直于 y 轴的单位向量为 $\pm\dfrac{a\times j}{|a\times j|}$,因为 $a\times j=\begin{vmatrix} i & j & k \\ 1 & 1 & 1 \\ 0 & 1 & 0 \end{vmatrix}=$

$\{-1,0,1\}$,且 $|a\times j|=\sqrt{2}$,所以 $\pm\dfrac{a\times j}{|a\times j|}=\pm\dfrac{\{-1,0,1\}}{\sqrt{2}}=\pm\dfrac{\sqrt{2}}{2}\{1,0,-1\}$,故选(C).

4. 设直线 $L_1:\dfrac{x-1}{1}=\dfrac{y-5}{-2}=\dfrac{x+8}{1}$ 与 $L_2:\begin{cases} x-y=6 \\ 2y+z=3 \end{cases}$,则 L_1 与 L_2 的夹角为(C).

(A) $\dfrac{\pi}{6}$；　　　(B) $\dfrac{\pi}{4}$；　　　(C) $\dfrac{\pi}{3}$；　　　(D) $\dfrac{\pi}{2}$.

解 设两已知直线 L_1 与 L_2 的方向向量分别为 s_1,s_2,则

$$s_1 = \{1, -2, 1\}, \quad s_2 = \begin{vmatrix} i & j & k \\ 1 & -1 & 0 \\ 0 & 2 & 1 \end{vmatrix} = \{-1, -1, 2\}$$

设 两 直 线 夹 角 为 θ, 则 $\cos\theta = |\cos(\widehat{s_1, s_2})| = \dfrac{|s_1 \cdot s_2|}{|s_1||s_2|} =$

$\dfrac{|1 \cdot (-1) + (-2) \cdot (-1) + 1 \cdot 2|}{\sqrt{1^2 + (-2)^2 + 1^2} \sqrt{(-1)^2 + (-1)^2 + 2^2}} = \dfrac{1}{2}$, 即 $\theta = \dfrac{\pi}{3}$, 故选(C).

5. 设矩阵 $\begin{pmatrix} a_1 & b_1 & c_1 \\ a_2 & b_2 & c_2 \\ a_3 & b_3 & c_3 \end{pmatrix}$ 是满秩的, 则直线 $\dfrac{x-a_3}{a_1-a_2} = \dfrac{y-b_3}{b_1-b_2} = \dfrac{z-c_3}{c_1-c_2}$ 与直线 $\dfrac{x-a_1}{a_2-a_3} =$

$\dfrac{y-b_1}{b_2-b_3} = \dfrac{z-c_1}{c_2-c_3}$ (A).

(A) 相交于一点;　　　(B) 重合;　　　(C) 平行但不重合;　　　(D) 异面.

解　因 为 矩 阵 $\begin{pmatrix} a_1 & b_1 & c_1 \\ a_2 & b_2 & c_2 \\ a_3 & b_3 & c_3 \end{pmatrix}$ 是 满 秩 的, 所 以 通 过 行 初 等 变 换 后 得 矩 阵

$\begin{pmatrix} a_1-a_2 & b_1-b_2 & c_1-c_2 \\ a_2-a_3 & b_2-b_3 & c_2-c_3 \\ a_3 & b_3 & c_3 \end{pmatrix}$ 仍是满秩的, 于是两直线的方向向量 $s_1 = \{a_1-a_2, b_1-b_2, c_1-c_2\}$,

$s_2 = \{a_2-a_3, b_2-b_3, c_2-c_3\}$ 线性无关, 可见此两直线既不平行, 又不重合, 又 (a_1, b_1, c_1),
(a_3, b_3, c_3) 分别为两直线上的点, 其连线向量为 $s_3 = \{a_1-a_3, b_1-b_3, c_1-c_3\}$, 满足
$s_3 = s_1 + s_2$, 可见三向量 s_1, s_2, s_3 共面, 因此 s_1, s_2 必相交, 即两直线肯定相交, 故选(A).

6. 设直线 $L: \begin{cases} x+3y+2z+1=0 \\ 2x-y-10z+3=0 \end{cases}$ 及平面 $\Pi: 4x-2y+z-2=0$, 则直线 L(C).

(A) 平行于 Π;　　　(B) 在 Π 上;　　　(C) 垂直于 Π;　　　(D) 与 Π 斜交.

解　已知直线的方向向量 $s = \begin{vmatrix} i & j & k \\ 1 & 3 & 2 \\ 2 & -1 & -10 \end{vmatrix} = \{-28, 14, -7\} = -7\{4, -2, 1\}$, 平

面的法向量 $n = \{4, -2, 1\}$, 所以 $s /\!/ n$, 即直线 L 与平面 Π 垂直, 故选(C).

7. 旋转曲面 $x^2 - y^2 - z^2 = 1$ 是(A).

(A) xOy 平面上的双曲线绕 x 轴旋转所得;

(B) xOz 平面上的双曲线绕 z 轴旋转所得;

(C) xOy 平面上的椭圆绕 x 轴旋转所得;

(D) xOz 平面上的椭圆绕 x 轴旋转所得.

解　$x^2 - y^2 - z^2 = 1$ 表示 xOy 平面上的双曲线 $x^2 - y^2 = 1$ 绕 x 轴旋转一周而生成的

旋转曲面,或表示 xOz 平面上的双曲线 $x^2-z^2=1$ 绕 x 轴旋转一周而生成的旋转曲面,故选(A).

8. 二次曲面 $z=\dfrac{x^2}{a^2}+\dfrac{y^2}{b^2}$ 与平面 $y=h$ 相截,其截痕是空间的(C).

(A) 椭圆;　　　　　(B) 直线;　　　　　(C) 抛物线;　　　　　(D) 双曲线.

解　在 $\begin{cases} z=\dfrac{x^2}{a^2}+\dfrac{h^2}{b^2} \\ y=h \end{cases}$ 中消去 y 得 $z=\dfrac{x^2}{a^2}+\dfrac{h^2}{b^2}$,即 $z-\dfrac{h^2}{b^2}=\dfrac{x^2}{a^2}$,为在平面 $y=h$ 上,以

$\left(0,h,\dfrac{h^2}{b^2}\right)$ 为顶点的抛物线,故选(C).

二、填空题

1. 若 $(a\times b)\cdot c=2$,则 $[(a+b)\times(b+c)]\cdot(c+a)=$ ___4___.

解
$$
\begin{aligned}
[(a+b)\times(b+c)]\cdot(c+a)&=[(a\times b)+(a\times c)+(b\times b)+(b\times c)]\cdot(c+a)\\
&=[(a\times b)+(a\times c)+(b\times c)]\cdot(c+a)\\
&=(a\times b)\cdot c+(a\times b)\cdot a+(a\times c)\cdot c+(a\times c)\cdot a+\\
&\quad (b\times c)\cdot c+(b\times c)\cdot a\\
&=(a\times b)\cdot c+(b\times c)\cdot a=(a\times b)\cdot c+(a\times b)\cdot c\\
&=2(a\times b)\cdot c=2\times 2=4
\end{aligned}
$$

2. 设 $|a+b|=|a-b|$,$a=(3,-5,8)$,$b=(-1,1,z)$,则 $z=$ ___1___.

解　$a+b=\{3-1,-5+1,8+z\}=\{2,-4,8+z\}$,$a-b=\{3+1,-5-1,8-z\}=\{4,-6,8-z\}$,由 $|a+b|=|a-b|$ 知,$\sqrt{2^2+(-4)^2+(8+z)^2}=\sqrt{4^2+(-6)^2+(8-z)^2}$,经整理得 $z=1$.

3. 与三点 $M_1(1,-1,2)$,$M_2(3,3,1)$,$M_3(3,1,3)$ 决定的平面垂直的单位向量 $a_0=$ $\pm\dfrac{1}{\sqrt{17}}\{3,-2,-2\}$.

解　先求与三点决定的平面垂直的向量 a.因为向量 a 与向量 $\overrightarrow{M_1M_2}$、$\overrightarrow{M_1M_3}$ 都垂直,且
$$
\overrightarrow{M_1M_2}=\{2,4,-1\},\quad \overrightarrow{M_1M_3}=\{2,2,1\}
$$
所以可以取 $a=\overrightarrow{M_1M_2}\times\overrightarrow{M_1M_3}=\begin{vmatrix} i & j & k \\ 2 & 4 & -1 \\ 2 & 2 & 1 \end{vmatrix}=\{6,-4,-4\}=2\{3,-2,-2\}$,且 $|a|=$

$2\sqrt{3^2+(-2)^2+(-2)^2}=2\sqrt{17}$,所以所求单位向量为
$$
a_0=\pm\frac{a}{|a|}=\pm\frac{2\{3,-2,-2\}}{2\sqrt{17}}=\pm\frac{1}{\sqrt{17}}\{3,-2,-2\}
$$

4. 已知两点 $A(3,2,-1)$,$B(7,-2,3)$,在线段 AB 上有一点 M,且 $\overrightarrow{AM}=2\overrightarrow{MB}$,则向

量$\overrightarrow{OM}=$ ___$\frac{1}{3}\{17,-2,5\}$___ .

解 由定比分点公式,分线段 AB 成比值 $\lambda=2$ 的点 M 的坐标为

$$\left(\frac{x_1+\lambda x_2}{1+\lambda},\frac{y_1+\lambda y_2}{1+\lambda},\frac{z_1+\lambda z_2}{1+\lambda}\right)=\left(\frac{3+2\times7}{1+2},\frac{2+2\times(-2)}{1+2},\frac{-1+2\times3}{1+2}\right)=\left(\frac{17}{3},\frac{-2}{3},\frac{5}{3}\right)$$

所以 $\overrightarrow{OM}=\left\{\frac{17}{3},\frac{-2}{3},\frac{5}{3}\right\}=\frac{1}{3}\{17,-2,5\}$.

5. 过点 $M(1,2,-1)$ 且与直线 $\begin{cases}x=-t+2\\y=3t-4\\z=t-1\end{cases}$ 垂直的平面方程是 ___$x-3y-z+4=0$___ .

解 将直线方程化为对称式得 $\frac{x-2}{-1}=\frac{y+4}{3}=\frac{z+1}{1}$,由题意可取所求平面的法向量为已知直线的方向向量,即 $\boldsymbol{n}=\boldsymbol{s}=\{-1,3,1\}$,故所求平面方程为 $-1(x-1)+3(y-2)+(z+1)=0$,即 $x-3y-z+4=0$.

6. 过原点且与两直线 $\begin{cases}x=1\\y=-1+t\\z=2+t\end{cases}$ 与 $\frac{x+1}{1}=\frac{y+2}{2}=\frac{z-1}{1}$ 都平行的平面方程为

___$x-y+z=0$___ .

解 两已知直线的方向向量分别为 $\boldsymbol{s}_1=\{0,1,1\}$,$\boldsymbol{s}_2=\{1,2,1\}$,根据题意,所求平面的法向量垂直于两已知直线,故可取为 $\boldsymbol{n}=\boldsymbol{s}_1\times\boldsymbol{s}_2=\begin{vmatrix}\boldsymbol{i}&\boldsymbol{j}&\boldsymbol{k}\\0&1&1\\1&2&1\end{vmatrix}=\{-1,1,-1\}$,因此所求平面方程为

$$-(x-0)+(y-0)-(z-0)=0,即\ x-y+z=0$$

7. 设平面经过原点及点 $(6,-3,2)$ 且与平面 $4x-y+2z=8$ 垂直,则此平面方程为 ___$2x+2y-3z=0$___ .

解 以原点为起点,$(6,-3,2)$ 为终点的向量为 $\boldsymbol{a}=\{6,-3,2\}$,已知平面的法向量为 $\boldsymbol{n}_0=\{4,-1,2\}$,由题意,所求平面的法向量垂直于 $\boldsymbol{a}=\{6,-3,2\}$ 和 $\boldsymbol{n}_0=\{4,-1,2\}$,故可取为 $\boldsymbol{n}=\boldsymbol{a}\times\boldsymbol{n}_0=\begin{vmatrix}\boldsymbol{i}&\boldsymbol{j}&\boldsymbol{k}\\6&-3&2\\4&-1&2\end{vmatrix}=\{-4,-4,6\}$,因此所求平面方程为

$$-4(x-0)-4(y-0)+6(z-0)=0,即\ 2x+2y-3z=0$$

8. 点 $(2,1,0)$ 到平面 $3x+4y+5z=0$ 的距离 $d=$ ___$\sqrt{2}$___ .

解 由点到平面的距离公式 $d=\frac{|3\times2+4\times1+5\times0|}{\sqrt{3^2+4^2+5^2}}=\frac{10}{5\sqrt{2}}=\sqrt{2}$.

9. 直线 $\dfrac{x}{-1}=\dfrac{y-5}{3}=\dfrac{z-10}{7}$ 与曲面 $z^2+xy-yz-5x=0$ 的交点是 ___(1,2,3)和(2, −1,−4)___ .

解 先将直线方程化为参数方程，令 $\dfrac{x}{-1}=\dfrac{y-5}{3}=\dfrac{z-10}{7}=t$，得参数方程 $\begin{cases}x=-t\\y=5+3t\\z=10+7t\end{cases}$，

代入曲面方程得 $(10+7t)^2+(-t)(5+3t)-(5+3t)(10+7t)-5(-t)=0$，解出 $t=-1$ 和 $t=-2$，代入直线的参数方程中，得所求交点为 $(1,2,3)$ 和 $(2,-1,-4)$.

10. 曲面 $x^2+y^2+4z^2=1$ 和 $x^2=y^2+z^2$ 的交线，在 xOy 平面上的投影曲线的方程

是 $\begin{cases}5x^2-3y^2=1\\z=0\end{cases}$.

解 在 $\begin{cases}x^2+y^2+4z^2=1\\x^2=y^2+z^2\end{cases}$ 中消去 z，得 $5x^2-3y^2=1$，它表示母线平行于 z 轴的双曲

柱面，故 $\begin{cases}5x^2-3y^2=1\\z=0\end{cases}$ 表示已知交线在 xOy 面上的投影的方程.

三、计算题

1. 已知两条直线的方程是 $L_1:\dfrac{x-1}{1}=\dfrac{y-2}{0}=\dfrac{z-3}{-1}$，$L_2:\dfrac{x+2}{2}=\dfrac{y-1}{1}=\dfrac{z}{1}$，求过 L_1 且平行于 L_2 的平面方程.

解 两已知直线的方向向量分别为 $s_1=\{1,0,-1\}$，$s_2=\{2,1,1\}$，根据题意，平面过直线 L_1，则 L_1 上的点 $(1,2,3)$ 在所求平面上，且所求平面的法向量垂直于两已知直线，故可取为

$$n=s_1\times s_2=\begin{vmatrix}\boldsymbol{i}&\boldsymbol{j}&\boldsymbol{k}\\1&0&-1\\2&1&1\end{vmatrix}=\{1,-3,1\}$$

因此所求平面方程为 $(x-1)-3(y-2)+(z-3)=0$，即 $x-3y+z+2=0$.

2. 求直线 $L_1:\dfrac{x-1}{1}=\dfrac{y}{1}=\dfrac{z-1}{-1}$ 在平面 $\Pi:x-y+2z-1=0$ 上的投影直线 L_0 的方程，并求 L_0 绕 y 轴旋转一周所成曲面的方程.

解 过直线 L_1 作一垂直于平面 Π 的平面 Π_1，其法向量 n 既垂直于直线 L_1 的方向向量 $s=\{1,1,-1\}$，又垂直于平面 Π 的法向量为 $n_0=\{1,-1,2\}$，可用向量积求得

$$n=s\times n_0=\begin{vmatrix}\boldsymbol{i}&\boldsymbol{j}&\boldsymbol{k}\\1&1&-1\\1&-1&2\end{vmatrix}=\{1,-3,-2\}$$

又 $(1,0,1)$ 为直线 L_1 上的点，所以该点也在平面 Π_1 上，由点法式得 Π_1 的方程为

$$(x-1)-3(y-0)-2(z-1)=0，即\ x-3y-2z+1=0$$

从而投影直线 L_0 的方程为 $\begin{cases} x-y+2z-1=0 \\ x-3y-2z+1=0 \end{cases}$，将 L_0 写成参数方程为 $\begin{cases} x=2y \\ z=-\dfrac{1}{2}(y-1) \end{cases}$，

为求 L_0 绕 y 轴旋转一周所成曲面的方程，设 $P_0(x_0,y_0,z_0)$ 为 L_0 上一点，则

$\begin{cases} x_0=2y_0 \\ z_0=-\dfrac{1}{2}(y_0-1) \end{cases}$，若 $P(x,y,z)$ 是由点 P_0 绕 y 轴旋转所产生的，由于 y 坐标不变及 P

与 P_0 到 y 轴距离相等，则有

$$y=y_0,\ x^2+z^2=x_0^2+z_0^2$$

由此得旋转曲面方程为 $x^2+z^2=x_0^2+z_0^2=(2y)^2+\left[-\dfrac{1}{2}(y-1)\right]^2$，即 $4x^2-17y^2+4z^2+$

$2y-1=0$.

3. 求过点 $M_0(3,1,-2)$ 和直线 $\dfrac{x-4}{5}=\dfrac{y+3}{2}=\dfrac{z}{1}$ 的平面方程.

解 直线的方向向量 $\boldsymbol{s}=\{5,2,1\}$，且 $M(4,-3,0)$ 为直线上的点，所求平面过点 M_0 $(3,1,-2)$ 和直线，故其法向量 $\boldsymbol{n}$ 既垂直于直线的方向向量 $\boldsymbol{s}=\{5,2,1\}$，又垂直于向量 $\overrightarrow{M_0M}=\{1,-4,2\}$，可用向量积求得

$$\boldsymbol{n}=\boldsymbol{s}\times\overrightarrow{M_0M}=\begin{vmatrix} \boldsymbol{i} & \boldsymbol{j} & \boldsymbol{k} \\ 5 & 2 & 1 \\ 1 & -4 & 2 \end{vmatrix}=\{8,-9,-22\}$$

由点法式得所求平面的方程为：$8(x-3)-9(y-1)-22(z+2)=0$，即 $8x-9y-22z-59=0$.

4. 若平面过 x 轴且与 xOy 坐标面成 $30°$的角，求它的方程.

解 因平面过 x 轴，所以可设其方程为 $By+Cz=0$，法向量 $\boldsymbol{n}=\{0,B,C\}$，xOy 坐标面的法向量为 $\boldsymbol{k}=\{0,0,1\}$，由平面与平面夹角的余弦公式，有

$$\cos 30°=\frac{|\boldsymbol{n}\cdot\boldsymbol{k}|}{|\boldsymbol{n}||\boldsymbol{k}|}=\frac{|\{0,B,C\}\cdot\{0,0,1\}|}{\sqrt{0^2+B^2+C^2}\sqrt{0^2+0^2+1^2}}=\frac{|C|}{\sqrt{B^2+C^2}}$$

即$\dfrac{\sqrt{3}}{2}=\dfrac{|C|}{\sqrt{B^2+C^2}}$，解得 $C^2=3B^2$，即 $C=\sqrt{3}B$ 或 $C=-\sqrt{3}B$，从而所求过 x 轴的平面方程

为 $y+\sqrt{3}z=0$ 或 $y-\sqrt{3}z=0$.

5. 已知曲线 $C:\begin{cases} x^2+y^2-2z^2=0 \\ x+y+3z=5 \end{cases}$，求曲线 C 上距离 xOy 面最远的点和最近的点.

解 由题意知本题是求函数 $f=z^2$ 在条件 $x^2+y^2-2z^2=0$ 和 $x+y+3z=5$ 下的最大值与最小值问题，作辅助函数 $\quad F(x,y,z,\lambda)=z^2+\lambda(x^2+y^2-2z^2)+\mu(x+y+3z-5)$

驻点满足
$$\begin{cases} F'_x = 2\lambda x + \mu = 0 \\ F'_y = 2\lambda y + \mu = 0 \\ F'_z = 2z - 4\lambda z + 3\mu = 0 \\ F'_\lambda = x^2 + y^2 - 2z^2 = 0 \\ F'_\mu = x + y + 3z - 5 = 0 \end{cases}$$

解得两驻点 $x_1 = y_1 = z_1 = 1$ 和 $x_2 = y_2 = -5, z_2 = 5$，由问题的实际意义，驻点 (x_1, y_1, z_1) 必是最小值点，驻点 (x_2, y_2, z_2) 必是最大值点，所以曲线 C 上距离 xOy 面最远的点为 $(-5, -5, 5)$ 和最近的点为 $(1, 1, 1)$.

6. 试证直线 $\dfrac{x+3}{5} = \dfrac{y+1}{2} = \dfrac{z-2}{4}$ 和直线 $\dfrac{x-8}{3} = \dfrac{y-1}{1} = \dfrac{z-6}{2}$ 相交，并求交点以及此两直线所决定的平面的方程.

解 两直线的方向向量分别为 $\boldsymbol{s}_1 = \{5, 2, 4\}, \boldsymbol{s}_2 = \{3, 1, 2\}$，且 $M_1(-3, -1, 2)$ 和 M_2 $(8, 1, 6)$ 分别为两直线上的点，由于 $(\boldsymbol{s}_1 \times \boldsymbol{s}_2) \cdot \overrightarrow{M_1 M_2} = \begin{vmatrix} 5 & 2 & 4 \\ 3 & 1 & 2 \\ 11 & 2 & 4 \end{vmatrix} = 0$，所以两直线共面，又 $\boldsymbol{s}_1 = \{5, 2, 4\}$ 与 $\boldsymbol{s}_2 = \{3, 1, 2\}$ 不平行，从而两直线相交.

联立方程 $\dfrac{x+3}{5} = \dfrac{y+1}{2} = \dfrac{z-2}{4}$ 和 $\dfrac{x-8}{3} = \dfrac{y-1}{1} = \dfrac{z-6}{2}$，得两直线交点为 $(-28, -11,$ $-18)$，由两直线所决定的平面的法向量可取为 $\boldsymbol{n} = \boldsymbol{s}_1 \times \boldsymbol{s}_2 = \begin{vmatrix} \boldsymbol{i} & \boldsymbol{j} & \boldsymbol{k} \\ 5 & 2 & 4 \\ 3 & 1 & 2 \end{vmatrix} = \{0, 2, -1\}$，故两直线所决定的平面方程为
$$0(x+28) + 2(y+11) - (z+18) = 0, \quad 即 \quad 2y - z + 4 = 0$$

7. 求点 $(2, 3, 1)$ 在直线 $\begin{cases} x = t - 7 \\ y = 2t - 2 \\ z = 3t - 2 \end{cases}$ 上的投影.

解 直线 $\begin{cases} x = t - 7 \\ y = 2t - 2 \\ z = 3t - 2 \end{cases}$ 的方向向量为 $\boldsymbol{s} = \{1, 2, 3\}$，过点 $(2, 3, 1)$ 与已知直线垂直的平面方程为
$$1(x-2) + 2(y-3) + 3(z-1) = 0, \quad 即 \quad x + 2y + 3z - 11 = 0$$
将直线的参数方程代入平面方程 $x + 2y + 3z - 11 = 0$ 得：
$$(t-7) + 2(2t-2) + 3(3t-2) - 11 = 0, \quad 解得 \quad t = 2$$
点 $(2, 3, 1)$ 在直线 $\begin{cases} x = t - 7 \\ y = 2t - 2 \\ z = 3t - 2 \end{cases}$ 上的投影即为直线与平面 $x + 2y + 3z - 11 = 0$ 的交点 $(-5, 2, 4)$.

8. 已知平面 Π：$3x-y+2z-5=0$ 和直线 L：$\dfrac{x-7}{5}=\dfrac{y-4}{1}=\dfrac{z-5}{4}$ 的交点为 M_0，在平面 Π 上求过点 M_0，且和直线 L 垂直的直线方程.

解 直线 L 的参数方程为 $\begin{cases} x=7+5t \\ y=4+t \\ z=5+4t \end{cases}$，代入平面 Π 的方程中得 $3(7+5t)-(4+t)+$

$2(5+4t)-5=0$，解得 $t=-1$，所以交点为 M_0 的坐标为 $(2,3,1)$.

所求直线的方向向量 $\boldsymbol{s}$ 既垂直于平面 Π 的法向量 $\boldsymbol{n}=\{3,-1,2\}$，又垂直于直线 L 的

方向向量 $\boldsymbol{s}_0=\{5,1,4\}$，故 $\boldsymbol{s}=\boldsymbol{n}\times\boldsymbol{s}_0=\begin{vmatrix} \boldsymbol{i} & \boldsymbol{j} & \boldsymbol{k} \\ 3 & -1 & 2 \\ 5 & 1 & 4 \end{vmatrix}=\{-6,-2,8\}=-2\{3,1,-4\}$，因此

所求直线为

$$\frac{x-2}{3}=\frac{y-3}{1}=\frac{z-1}{-4}$$

9. 一平面通过平面 $x+5y+z=0$ 和 $x-z+4=0$ 的交线，且与平面 $x-4y-8z+12=0$ 成 $45°$ 角，求其方程.

解 设通过平面 $x+5y+z=0$ 和 $x-z+4=0$ 的交线的平面束方程为

$$x-z+4+\lambda(x+5y+z)=0,\quad 即 \quad (1+\lambda)x+5\lambda y+(\lambda-1)z+4=0$$

其法向量为 $\boldsymbol{n}=\{1+\lambda,5\lambda,\lambda-1\}$，平面 $x-4y-8z+12$ 的法向量为 $\boldsymbol{n}_0=\{1,-4,-8\}$，则

$$\cos 45°=\frac{|\boldsymbol{n}\cdot\boldsymbol{n}_0|}{|\boldsymbol{n}||\boldsymbol{n}_0|}=\frac{|\{1+\lambda,5\lambda,\lambda-1\}\cdot\{1,-4,-8\}|}{\sqrt{(1+\lambda)^2+(5\lambda)^2+(\lambda-1)^2}\sqrt{1^2+(-4)^2+(-8)^2}}=\frac{|27\lambda-9|}{9\sqrt{27\lambda^2+2}}$$

即 $\dfrac{\sqrt{2}}{2}=\dfrac{|27\lambda-9|}{9\sqrt{27\lambda^2+2}}$，解得 $\lambda=0$ 或 $\lambda=-\dfrac{4}{3}$，代入 $(1+\lambda)x+5\lambda y+(\lambda-1)z+4=0$ 中，得

$$x-z+4=0 \quad 或 \quad x+20y+7z-12=0$$

为所求满足题目条件的平面方程.

10. 一直线过点 $M_0(2,-1,3)$ 且与直线 L：$\dfrac{x-1}{2}=\dfrac{y}{-1}=\dfrac{z+2}{1}$ 相交，又平行于已知平面 $3x-2y+z+5=0$，求此直线方程.

解 设所求直线 L_0 的方向向量为 $\boldsymbol{s}=\{m,n,p\}$，由于直线 L_0 与已知直线 L 相交，故它们共面. 且 $M_1(1,0,-2)$ 在 L 上，因此 $(\boldsymbol{s}\times\boldsymbol{s}_0)\cdot\overrightarrow{M_0M_1}=0$，这里 $\boldsymbol{s}_0=\{2,-1,1\}$，$\overrightarrow{M_0M_1}=\{-1,1,-5\}$，从而

$$\begin{vmatrix} m & n & p \\ 2 & -1 & 1 \\ -1 & 1 & -5 \end{vmatrix}=0,\quad 即得 \quad 4m+9n+p=0$$

又所求直线 L_0 平行于已知平面 $3x-2y+z+5=0$，所以 $\boldsymbol{s}\cdot\boldsymbol{n}=0$，这里 $\boldsymbol{n}=\{3,-2,1\}$，

从而

$$3m-2n+p=0$$

由 $\begin{cases} 4m+9n+p=0 \\ 3m-2n+p=0 \end{cases}$ 得 $m=-11n$，$p=35n$，故所求直线方程为

$$\frac{x-2}{-11n}=\frac{y+1}{n}=\frac{z-3}{35n}，即 \quad \frac{x-2}{-11}=\frac{y+1}{1}=\frac{z-3}{35}$$

11. 一平面垂直于平面 $z=0$，并通过从点 $M_0(1,-1,1)$ 到直线 $L:\begin{cases} y-z+1=0 \\ x=0 \end{cases}$ 的垂线，求此平面方程.

解　因所求平面垂直于平面 $z=0$，故可设其方程为 $Ax+By+D=0$，因平面通过点 $M_0(1,-1,1)$，所以 $A-B+D=0$.

过点 $M_0(1,-1,1)$ 与直线 $L:\begin{cases} y-z+1=0 \\ x=0 \end{cases}$ 的垂直的平面方程为 $1\times(y+1)+1\times$

$(z-1)=0$，即 $y+z=0$，解方程组 $\begin{cases} y-z+1=0 \\ x=0 \\ y+z=0 \end{cases}$，得 $\begin{cases} x=0 \\ y=-\dfrac{1}{2} \\ z=\dfrac{1}{2} \end{cases}$，由已知，所求平面过点

$\left(0,-\dfrac{1}{2},\dfrac{1}{2}\right)$，得 $-\dfrac{1}{2}B+D=0$，将之代入 $A-B+D=0$ 得 $A=D$，故所求平面方程为 $x+2y+1=0$.

第9章 多元函数的微分法及其应用

多元函数微分学是一元函数微分学的推广.

9.1 知 识 结 构

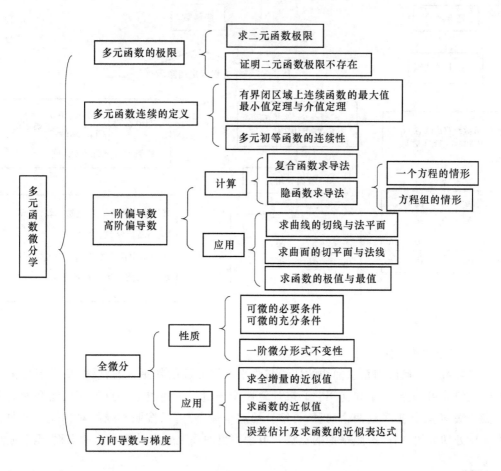

9.2 解题方法流程图

1. 复合函数与隐函数的求导法

复合函数求导问题的关键在于分析清楚函数的复合关系,应用链式法则求导即可.隐函数包括一个方程确定的隐函数和多个方程确定的隐函数,对隐函数的某个自变量求偏导的方法是方程两边同时对此自变量求偏导,把其他自变量看成常数,然后解出所求的偏导数,一个方程确定的隐函数可由此得到求一阶偏导的公式,多个方程确定的隐函数的偏导数按上述方法直接求. 解题方法流程图如下所示:

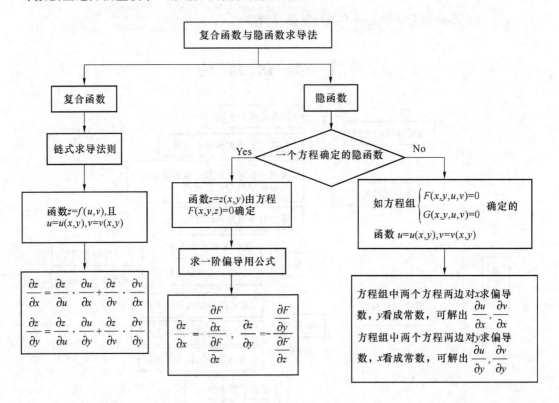

2. 偏导数的几何应用

偏导数的几何应用是求曲线的切线与法平面及曲面的切平面与法线.要掌握好偏导数的几何应用,关键在于如何用它们来计算两个向量——曲线上一点处切向量和曲面上一点处法向量.知道了这两个向量,再结合切点坐标,便可以按照直线的对称式写出曲线上一点处切线的方程,按照平面的点法式方程写出曲面上一点处切平面的方程.至于曲线

的法平面及曲面的法线,按照上述模式,也易于写出它们的方程. 解题方法流程图如下所示:

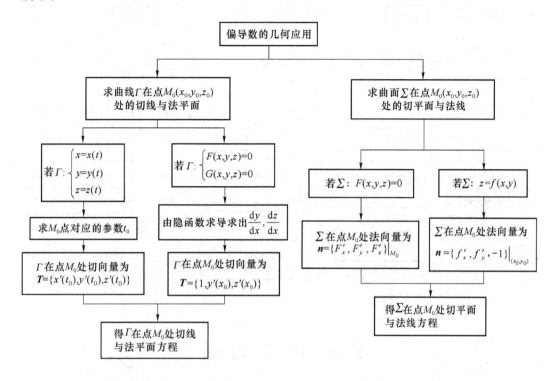

3. 多元函数极值与最值的求法

多元函数的极值分为无条件极值和条件极值,若所求问题是二元函数的无条件极值,则求出驻点,并用充分条件判别驻点是否为极值点. 若所求问题是条件极值,则有两种方法:一是化条件极值为无条件极值求解;二是用拉格朗日乘数法求解. 求最值时,当函数在有界闭区域 D 上连续,在 D 内可微且只有有限个驻点时,求函数最大值、最小值的步骤是:(1)求出函数在 D 内的所有驻点处的函数值;(2)求出函数在 D 的边界上的最大值、最小值;(3)将上述求得的函数值进行比较,得最大值、最小值. 在实际问题中,如果由问题本身性质知函数在所给区域内必有最大(小)值,即函数的最大(小)值不可能在区域边界上取得,且函数在该区域内只有一个驻点,则函数在该驻点处的值就是函数在该区域上的最大(小)值. 解题方法流程图如下所示:

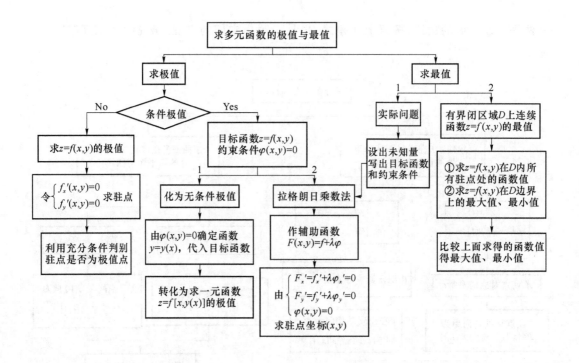

9.3 典型例题

1. 求二元函数的定义域及函数表达式

例 9.1 求 $z = \ln(-x-y) + \arccos \dfrac{y}{x}$ 的定义域.

解 要使函数有意义, x, y 必须同时满足 $-x-y > 0$ 和 $\left| \dfrac{y}{x} \right| \leqslant 1$, 且 $x \neq 0$, 因此函数定义域为

$$D = \{(x,y) \mid x+y < 0, |y| \leqslant |x|, x \neq 0\}$$

例 9.2 设 $f(x-y, \ln x) = \left(1 - \dfrac{y}{x}\right) \dfrac{\mathrm{e}^x}{\mathrm{e}^y \ln x^x}$, 求 $f(x,y)$.

解 由于 $f(x-y, \ln x) = \dfrac{x-y}{x} \dfrac{\mathrm{e}^{x-y}}{x \ln x} = \dfrac{x-y}{(\mathrm{e}^{\ln x})^2} \dfrac{\mathrm{e}^{x-y}}{\ln x}$, 可令 $u = x-y, v = \ln x$, 代入上式

得

$$f(u,v) = \dfrac{u}{(\mathrm{e}^v)^2} \dfrac{\mathrm{e}^u}{v} = \dfrac{u}{v} \mathrm{e}^{u-2v}$$

因此

$$f(x,y) = \dfrac{x}{y} \mathrm{e}^{x-2y}$$

说明 要由二元复合函数关系式求出原来的二元函数 $f(x,y)$, 只要找出中间变量的

代换,引进中间变量 u,v,先确定 $f(u,v)$,然后再将 u,v 改写为 x,y 即可.有时需要作恒等变形可将求解过程简化.

2. 二元函数的极限及连续性

说明 在求二元函数极限时,一元函数求极限中所用的极限运算法则:等价无穷小替换,极限存在准则,两个重要极限等都可以推广到二元函数的情况;要证明二元函数极限不存在,则常用选取不同路径所得的极限值不等即可.

例 9.3 求 $\lim\limits_{\substack{x\to 1\\y\to 0}}\dfrac{\ln(x+1)}{\sqrt{x^2+y^2}}$.

解 因为 $\dfrac{\ln(x+1)}{\sqrt{x^2+y^2}}$ 在点 $(1,0)$ 处连续,所以 $\lim\limits_{\substack{x\to 1\\y\to 0}}\dfrac{\ln(x+1)}{\sqrt{x^2+y^2}}=\lim\limits_{\substack{x\to 1\\y\to 0}}\dfrac{\ln(1+1)}{\sqrt{1^2+0^2}}=\ln 2$.

例 9.4 求 $\lim\limits_{\substack{x\to 0\\y\to 0}}\dfrac{x+y}{\sqrt{x+y+1}-1}$.

解 $\lim\limits_{\substack{x\to 0\\y\to 0}}\dfrac{x+y}{\sqrt{x+y+1}-1}=\lim\limits_{\substack{x\to 0\\y\to 0}}\dfrac{(x+y)\left(\sqrt{x+y+1}+1\right)}{\left(\sqrt{x+y+1}\right)^2-1}=\lim\limits_{\substack{x\to 0\\y\to 0}}\left(\sqrt{x+y+1}+1\right)=2$.

例 9.5 求 $\lim\limits_{\substack{x\to 0\\y\to 0}}\dfrac{1-\cos(x^2+y^2)}{(x^2+y^2)\mathrm{e}^{x^2y^2}}$.

解 因为当 $(x,y)\to(0,0)$ 时,$1-\cos(x^2+y^2)\sim\dfrac{1}{2}(x^2+y^2)^2$,所以

$$\lim\limits_{\substack{x\to 0\\y\to 0}}\dfrac{1-\cos(x^2+y^2)}{(x^2+y^2)\mathrm{e}^{x^2y^2}}=\lim\limits_{\substack{x\to 0\\y\to 0}}\dfrac{\dfrac{1}{2}(x^2+y^2)^2}{(x^2+y^2)\mathrm{e}^{x^2y^2}}=\lim\limits_{\substack{x\to 0\\y\to 0}}\dfrac{(x^2+y^2)}{2\mathrm{e}^{x^2y^2}}=\dfrac{(0^2+0^2)}{2\mathrm{e}^0}=0$$

注意 对于多元函数极限的未定式 $\dfrac{0}{0}$ 或 $\dfrac{\infty}{\infty}$ 型,不能应用一元函数中的洛必达法则来求.

例 9.6 证明极限 $\lim\limits_{\substack{x\to 0\\y\to 0}}\dfrac{2xy^3}{x^2+y^6}$ 不存在.

证明 当 (x,y) 沿曲线 $x=ky^3$ 趋于 $(0,0)$ 时,$\lim\limits_{\substack{x\to 0\\y\to 0}}\dfrac{2xy^3}{x^2+y^6}=\lim\limits_{\substack{x=ky^3\to 0\\y\to 0}}\dfrac{2ky^6}{k^2y^6+y^6}=\dfrac{2k}{k^2+1}$,

即极限因 k 而异,所以 $\lim\limits_{\substack{x\to 0\\y\to 0}}\dfrac{2xy^3}{x^2+y^6}$ 不存在.

例 9.7 讨论函数 $f(x,y)=\begin{cases}\dfrac{xy}{\sqrt{x^2+y^2}}, & x^2+y^2\neq 0\\ 0, & x^2+y^2=0\end{cases}$ 的连续性.

解 易知当 $(x,y)\neq(0,0)$ 时,函数在点 (x,y) 处连续,由于 $(0,0)$ 是函数的特殊点,需用定义来考虑.

因为 $0 \leqslant \left| \dfrac{xy}{\sqrt{x^2+y^2}} - 0 \right| = \dfrac{|x||y|}{\sqrt{x^2+y^2}} \leqslant \dfrac{\sqrt{x^2+y^2}}{2}$，又 $\lim\limits_{\substack{x \to 0 \\ y \to 0}} \dfrac{\sqrt{x^2+y^2}}{2} = 0$，所以由夹逼准则知

$$\lim_{\substack{x \to 0 \\ y \to 0}} \frac{xy}{\sqrt{x^2+y^2}} = 0 = f(0,0)$$

故 $f(x,y)$ 在点 $(0,0)$ 处也连续，从而 $f(x,y)$ 在整个平面区域内是一个连续函数.

3. 偏导数与全微分

说明 求多元函数的偏导数及高阶偏导数时，要能够灵活地运用一元函数的各种求导法则.

例 9.8 设 $z = x^y$，求 $\dfrac{\partial z}{\partial x}, \dfrac{\partial z}{\partial y}$.

解 对 x 求偏导时，应把 y 看成常数，所以 $z = x^y$ 是 x 的幂函数，故 $\dfrac{\partial z}{\partial x} = yx^{y-1}$，对 y 求偏导时，应把 x 看成常数，所以 $z = x^y$ 是 y 的指数函数，故 $\dfrac{\partial z}{\partial y} = x^y \ln x$.

例 9.9 设 $z = x\ln(xy)$，求 $\dfrac{\partial^3 z}{\partial x^2 \partial y}, \dfrac{\partial^3 z}{\partial x \partial y^2}$.

解 对 x 求偏导时，把 y 看成常数；对 y 求偏导时，把 x 看成常数. 所以

$$\frac{\partial z}{\partial x} = \ln(xy) + x \cdot \frac{1}{xy} \cdot y = \ln(xy) + 1$$

$$\frac{\partial^2 z}{\partial x^2} = \frac{\partial}{\partial x}\left(\frac{\partial z}{\partial x}\right) = \frac{1}{xy} \cdot y + 0 = \frac{1}{x}, \quad \frac{\partial^2 z}{\partial x \partial y} = \frac{\partial}{\partial y}\left(\frac{\partial z}{\partial x}\right) = \frac{1}{xy} \cdot x + 0 = \frac{1}{y}$$

$$\frac{\partial^3 z}{\partial x^2 \partial y} = \frac{\partial}{\partial y}\left(\frac{\partial^2 z}{\partial x^2}\right) = 0, \quad \frac{\partial^3 z}{\partial x \partial y^2} = \frac{\partial}{\partial y}\left(\frac{\partial^2 z}{\partial x \partial y}\right) = -\frac{1}{y^2}$$

例 9.10 设 $f(x,y) = \begin{cases} \dfrac{x^2 y^2}{(x^2+y^2)^{3/2}}, & x^2 + y^2 \neq 0 \\ 0, & x^2 + y^2 = 0 \end{cases}$，试证：$f(x,y)$ 在点 $(0,0)$ 处连续且偏导数存在，但不可微分.

证明 因为，当 $x^2 + y^2 \neq 0$ 时

$$0 \leqslant \left| \frac{x^2 y^2}{(x^2+y^2)^{3/2}} \right| \leqslant \frac{x^2 y^2}{2|x||y| \sqrt{x^2+y^2}} = \frac{|x||y|}{2 \sqrt{x^2+y^2}} \leqslant \frac{x^2+y^2}{4 \sqrt{x^2+y^2}} = \frac{\sqrt{x^2+y^2}}{4}$$

所以由夹逼准则知 $\lim\limits_{\substack{x \to 0 \\ y \to 0}} f(x,y) = 0 = f(0,0)$，故 $f(x,y)$ 在点 $(0,0)$ 处连续.

由偏导数的定义，容易求得 $f_x'(0,0) = 0, f_y'(0,0) = 0$.

下面由定义来证明 $f(x,y)$ 在点 $(0,0)$ 处不可微分. 因为

$$\lim_{\rho \to 0} \frac{\Delta z - [f_x'(0,0)\Delta x + f_y'(0,0)\Delta y]}{\rho} = \lim_{\rho \to 0} \frac{f(\Delta x, \Delta y) - f(0,0)}{\rho} = \lim_{\rho \to 0} \frac{(\Delta x)^2 (\Delta y)^2}{[(\Delta x)^2 + (\Delta y)^2]^2}$$

这里 $\rho=\sqrt{(\Delta x)^2+(\Delta y)^2}$，易知上述极限不存在，故由可微分的定义知，$f(x,y)$ 在点 $(0,$ $0)$ 处不可微分.

4. 复合函数与隐函数的求导法

例 9.11 设 $z=x^2-y^2+t,x=\sin t,y=\cos t$，求全导数 $\dfrac{\mathrm{d}z}{\mathrm{d}t}$.

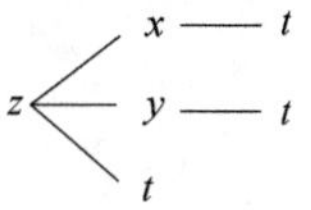

图 9.1

解 函数线路图为图 9.1，由链式法则

$$\frac{\mathrm{d}z}{\mathrm{d}t}=\frac{\partial z}{\partial x}\frac{\mathrm{d}x}{\mathrm{d}t}+\frac{\partial z}{\partial y}\frac{\mathrm{d}y}{\mathrm{d}t}+\frac{\partial z}{\partial t}=2x\cdot\cos t-2y\cdot(-\sin t)+1$$

$$=2\sin t\cdot\cos t-2\cos t\cdot(-\sin t)+1=2\sin 2t+1$$

例 9.12 设 $z=f\left(x,\dfrac{x^2}{y},\mathrm{e}^{xy}\right)$，$f$ 具有连续的二阶偏导数，求 $\dfrac{\partial z}{\partial x},\dfrac{\partial z}{\partial y},\dfrac{\partial^2 z}{\partial x^2}$.

解 令 $u=x,v=\dfrac{x^2}{y},w=\mathrm{e}^{xy}$，则函数线路图为图 9.2.

引入记号：$f'_1=\dfrac{\partial f(u,v,w)}{\partial u}$，$f'_2=\dfrac{\partial f(u,v,w)}{\partial v}$，$f'_3=\dfrac{\partial f(u,v,w)}{\partial w}$，这里下标 1 表示函数对第一个变量 u 求偏导数，下标 2 表示函数对第二个变量 v 求偏导数，下标 3 表示函数对第三个变量 w 求偏导数，$f''_{11}=\dfrac{\partial^2 f}{\partial u^2}$，同理有 f''_{12},f''_{13} 等等.

由链式法则，得

$$\frac{\partial z}{\partial x}=\frac{\partial f}{\partial u}\frac{\partial u}{\partial x}+\frac{\partial f}{\partial v}\frac{\partial v}{\partial x}+\frac{\partial f}{\partial w}\frac{\partial w}{\partial x}=f'_1\cdot 1+f'_2\cdot\frac{2x}{y}+f'_3\cdot\mathrm{e}^{xy}\cdot y=f'_1+\frac{2x}{y}f'_2+y\mathrm{e}^{xy}f'_3$$

$$\frac{\partial z}{\partial y}=\frac{\partial f}{\partial u}\frac{\partial u}{\partial y}+\frac{\partial f}{\partial v}\frac{\partial v}{\partial y}+\frac{\partial f}{\partial w}\frac{\partial w}{\partial y}=f'_1\cdot 0+f'_2\cdot\left(-\frac{x^2}{y^2}\right)+f'_3\cdot\mathrm{e}^{xy}\cdot x=-\frac{x^2}{y^2}f'_2+x\mathrm{e}^{xy}f'_3$$

注意到 f'_1,f'_2,f'_3 仍然是复合函数，其线路图如图 9.3 所示，所以对 f'_1,f'_2,f'_3 求偏导数时也应该用链式法则

$$\frac{\partial^2 z}{\partial x^2}=\frac{\partial}{\partial x}\left(\frac{\partial z}{\partial x}\right)=\frac{\partial}{\partial x}\left(f'_1+\frac{2x}{y}f'_2+y\mathrm{e}^{xy}f'_3\right)$$

$$=\left(f''_{11}+\frac{2x}{y}f''_{12}+y\mathrm{e}^{xy}f''_{13}\right)+\frac{2}{y}f'_2+\frac{2x}{y}\left(f''_{21}+\frac{2x}{y}f''_{22}+y\mathrm{e}^{xy}f''_{23}\right)+$$

$$y^2\mathrm{e}^{xy}f'_3+y\mathrm{e}^{xy}\left(f''_{31}+\frac{2x}{y}f''_{32}+y\mathrm{e}^{xy}f''_{33}\right)$$

$$=\frac{2}{y}f'_2+y^2\mathrm{e}^{xy}f'_3+f''_{11}+\frac{4x^2}{y^2}f''_{22}+y^2\mathrm{e}^{2xy}f''_{33}+\frac{4x}{y}f''_{12}+2y\mathrm{e}^{xy}f''_{13}+4x\mathrm{e}^{xy}f''_{23}$$

图 9.2 图 9.3

例 9.13 设 $f'(u)$ 连续,$z=z(x,y)$ 是由方程 $x+z=yf(x^2-z^2)$ 所确定的隐函数,求 $z\dfrac{\partial z}{\partial x}+y\dfrac{\partial z}{\partial y}$.

解 解法一:直接求导法求解

将 z 看成 x,y 的函数,方程 $x+z=yf(x^2-z^2)$ 两边对 x 求偏导数(y 看成常数),由复合函数求导法,得

$$1+\frac{\partial z}{\partial x}=yf'\cdot\left(2x-2z\frac{\partial z}{\partial x}\right)$$

由此解出

$$\frac{\partial z}{\partial x}=\frac{2xyf'-1}{1+2yzf'}$$

同理,方程 $x+z=yf(x^2-z^2)$ 两边对 y 求偏导数(x 看成常数),由复合函数求导法,得 $\dfrac{\partial z}{\partial y}=f+yf'\cdot\left(-2z\dfrac{\partial z}{\partial y}\right)$,由此解出 $\quad\dfrac{\partial z}{\partial y}=\dfrac{f}{1+2yzf'}$

故 $z\dfrac{\partial z}{\partial x}+y\dfrac{\partial z}{\partial y}=\dfrac{z(2xyf'-1)}{1+2yzf'}+\dfrac{yf}{1+2yzf'}=\dfrac{2xyzf'-z+yf}{1+2yzf'}=\dfrac{2xyzf'+x}{1+2yzf'}=x.$

解法二:由隐函数求导公式求解

设 $F(x,y,z)=yf(x^2-z^2)-x-z$,则

$$F'_x=yf'\cdot 2x-1,\ F'_y=f,\ F'_z=yf'\cdot(-2z)-1=-(1+2yzf')$$

$\dfrac{\partial z}{\partial x}=-\dfrac{F'_x}{F'_z}=-\dfrac{yf'\cdot 2x-1}{-(1+2yzf')}=\dfrac{2xyf'-1}{(1+2yzf')},\ \dfrac{\partial z}{\partial y}=-\dfrac{F'_y}{F'_z}=-\dfrac{f}{-(1+2yzf')}=\dfrac{f}{1+2yzf'}$

故 $z\dfrac{\partial z}{\partial x}+y\dfrac{\partial z}{\partial y}=\dfrac{z(2xyf'-1)}{1+2yzf'}+\dfrac{yf}{1+2yzf'}=\dfrac{2xyzf'-z+yf}{1+2yzf'}=\dfrac{2xyzf'+x}{1+2yzf'}=x.$

例 9.14 设 $\begin{cases}u=f(ux,v+y)\\ v=g(u-x,v^2y)\end{cases}$,其中 f,g 具有一阶连续偏导数,求 $\dfrac{\partial u}{\partial x},\dfrac{\partial v}{\partial x}$.

解 由方程组 $\begin{cases}u=f(ux,v+y)\\ v=g(u-x,v^2y)\end{cases}$ 可确定两个二元隐函数 $u=u(x,y),v=v(x,y)$.

在所给方程组的等式两边分别对 x 求偏导数(y 看成常数),得

$$\begin{cases}\dfrac{\partial u}{\partial x}=f'_1\left(u+x\dfrac{\partial u}{\partial x}\right)+f'_2\cdot\dfrac{\partial v}{\partial x}\\[2mm]\dfrac{\partial v}{\partial x}=g'_1\left(\dfrac{\partial u}{\partial x}-1\right)+g'_2\cdot 2yv\dfrac{\partial v}{\partial x}\end{cases}$$

移项后得
$$\begin{cases}(xf_1'-1)\dfrac{\partial u}{\partial x}+f_2'\dfrac{\partial v}{\partial x}=-uf_1'\\[2mm]g_1'\dfrac{\partial u}{\partial x}+(2yvg_2'-1)\dfrac{\partial v}{\partial x}=g_1'\end{cases}$$

在 $\begin{vmatrix} xf_1'-1 & f_2'\\ g_1' & 2yvg_2'-1\end{vmatrix}=(xf_1'-1)(2yvg_2'-1)-f_2'g_1'\neq 0$ 的条件下,可解得

$$\frac{\partial u}{\partial x}=\frac{-uf_1'(2yvg_2'-1)-f_2'g_1'}{(xf_1'-1)(2yvg_2'-1)-f_2'g_1'},\qquad \frac{\partial v}{\partial x}=\frac{g_1'(xf_1'+uf_1'-1)}{(xf_1'-1)(2yvg_2'-1)-f_2'g_1'}$$

5. 微分法在几何上的应用

例 9.15 求空间曲线 $\Gamma:x=\dfrac{1}{4}t^4,y=\dfrac{1}{3}t^3,z=\dfrac{1}{2}t^2$ 上平行于平面 $x+3y+2z=0$ 的切线方程.

解 切线由切点与切向量所确定,本题关键在于求出切点的坐标.

设切点 $M(x_0,y_0,z_0)$ 对应参数 t_0,则曲线 Γ 在 M 处的切向量为 $\boldsymbol{T}=\{t_0^3,t_0^2,t_0\}$,又知平面 $x+3y+2z=0$ 的法向量为 $\boldsymbol{n}=\{1,3,2\}$,由题意应有 $\boldsymbol{T}\cdot\boldsymbol{n}=0$,即 $t_0^3+3t_0^2+2t_0=0$,解得 $t_0=0,-1,-2$.

当 $t_0=0$ 时,$\boldsymbol{T}=\boldsymbol{0}$,不合题意,舍去此解.

当 $t_0=-1$ 时,切点为 $M\left(\dfrac{1}{4},-\dfrac{1}{3},\dfrac{1}{2}\right)$,切向量 $\boldsymbol{T}=\{-1,1,-1\}$,故切线方程为

$$\frac{x-\dfrac{1}{4}}{-1}=\frac{y+\dfrac{1}{3}}{1}=\frac{z-\dfrac{1}{2}}{-1}$$

当 $t_0=-2$ 时,切点为 $M\left(4,-\dfrac{8}{3},2\right)$,切向量 $\boldsymbol{T}=\{-8,4,-2\}$,故切线方程为

$$\frac{x-4}{-8}=\frac{y+\dfrac{8}{3}}{4}=\frac{z-2}{-2},\quad 即\quad \frac{x-4}{-4}=\frac{y+\dfrac{8}{3}}{2}=\frac{z-2}{-1}$$

因此本题所要求的切线有两条.

例 9.16 求空间曲线 $\Gamma:\begin{cases}x+y+z=0\\x^2+y^2+z^2=1\end{cases}$ 在点 $M\left(\dfrac{1}{\sqrt{2}},-\dfrac{1}{\sqrt{2}},0\right)$ 处的切线与法平面.

解 由方程组 $\begin{cases}x+y+z=0\\x^2+y^2+z^2=1\end{cases}$ 可确定两个一元隐函数 $y=y(x),z=z(x)$.

将 $\begin{cases}x+y+z=0\\x^2+y^2+z^2=1\end{cases}$ 的等式两边分别对 x 求导数并移项,得 $\begin{cases}\dfrac{\mathrm{d}y}{\mathrm{d}x}+\dfrac{\mathrm{d}z}{\mathrm{d}x}=-1\\[2mm]y\dfrac{\mathrm{d}y}{\mathrm{d}x}+z\dfrac{\mathrm{d}z}{\mathrm{d}x}=-x\end{cases}$

由此解得
$$\frac{\mathrm{d}y}{\mathrm{d}x}=\frac{x-z}{z-y},\frac{\mathrm{d}z}{\mathrm{d}x}=\frac{y-x}{z-y}$$

故 $$T=\left\{1,\frac{\mathrm{d}y}{\mathrm{d}x}\bigg|_{M},\frac{\mathrm{d}z}{\mathrm{d}x}\bigg|_{M}\right\}=\{1,1,-2\}$$

从而所求的切线方程为 $$\frac{x-\dfrac{1}{\sqrt{2}}}{1}=\frac{y+\dfrac{1}{\sqrt{2}}}{1}=\frac{z}{-2}$$

法平面方程为 $\left(x-\dfrac{1}{\sqrt{2}}\right)+\left(y+\dfrac{1}{\sqrt{2}}\right)-2z=0$，即 $x+y-2z=0$.

例 9.17 设曲面 Σ 的方程为 $x^2+y^2-z=0$，试在 Σ 上求一点 M，使得点 M 处的法线过点 $M_0\left(4,4,\dfrac{1}{2}\right)$，并求出此法线方程及曲面在该点处的切平面方程.

解 令 $F(x,y,z)=x^2+y^2-z$，且所求点为 $M(x_0,y_0,z_0)$，则曲面在点 M 处的法向量为 $n=\{2x_0,2y_0,-1\}$，故点 M 处的法线方程为 $$L:\frac{x-x_0}{2x_0}=\frac{y-y_0}{2y_0}=\frac{z-z_0}{-1}$$

L 的参数方程形式是 $L:\begin{cases}x=x_0+2x_0t\\y=y_0+2y_0t\\z=z_0-t\end{cases}$，依题意，$L$ 过点 $M_0\left(4,4,\dfrac{1}{2}\right)$，所以有

$\begin{cases}4=x_0+2x_0t\\4=y_0+2y_0t\\\dfrac{1}{2}=z_0-t\end{cases}$，解得 $\begin{cases}x_0=\dfrac{4}{1+2t}\\[2mm]y_0=\dfrac{4}{1+2t}\\[2mm]z_0=\dfrac{1}{2}+t\end{cases}$，将 x_0,y_0,z_0 代入 Σ 的方程得

$$\left(\frac{4}{1+2t}\right)^2+\left(\frac{4}{1+2t}\right)^2-\left(\frac{1}{2}+t\right)=0$$

解出 $t=\dfrac{3}{2}$，所以 $x_0=1,y_0=1,z_0=2$，即所求点为 $M(1,1,2)$，从而 Σ 在点 M 处的法向量为 $n=\{2,2,-1\}$，故所求的法线方程为 $$\frac{x-1}{2}=\frac{y-1}{2}=\frac{z-2}{-1}$$

切平面方程为 $2(x-1)+2(y-1)-(z-2)=0$，即 $2x+2y-z-2=0$.

6. 多元函数的极值及其应用

例 9.18 在椭圆 $\dfrac{x^2}{12}+\dfrac{y^2}{4}=1$ 上求一点，使此点到直线 $x+y=5$ 的距离最短.

解 设点 (x,y) 为椭圆上的任意一点，则点 (x,y) 到直线 $x+y=5$ 的距离为 $d=\dfrac{|x+y-5|}{\sqrt{2}}$，令目标函数为 $f(x,y)=d^2=\dfrac{1}{2}(x+y-5)^2$，此处约束条件是 $\dfrac{x^2}{12}+\dfrac{y^2}{4}=1$，即

$x^2+3y^2=12$，构造拉格朗日函数：$F(x,y)=\dfrac{1}{2}(x+y-5)^2+\lambda(x^2+3y^2-12)$

求解方程组
$$\begin{cases} F'_x = x + y - 5 + 2\lambda x = 0 \\ F'_y = x + y - 5 + 6\lambda y = 0 \\ x^2 + 3y^2 = 12 \end{cases}$$

解得可能极值点为 $(3,1)$ 及 $(-3,-1)$，由 $f(3,1) = \dfrac{1}{2}$，$f(-3,-1) = \dfrac{81}{2}$，比较可知椭圆上的点 $(3,1)$ 到直线 $x+y=5$ 的距离最短，且最短距离为 $\dfrac{\sqrt{2}}{2}$（椭圆到直线的最远距离为 $\dfrac{9\sqrt{2}}{2}$）.

9.4 教材习题选解

习题9.1

3. 指出由下列不等式组所表示的区域中，哪些是开区域(区域)，哪些是闭区域，同时指出哪些是有界区域，哪些是无界区域.

(1) $1 < (x-x_0)^2 + (y-y_0)^2 < 4$；　　　(2) $xy > 1, x > 0$；

(3) $|x| + |y| \leqslant 1$；　　　(4) $0 < x^2 + y^2 \leqslant 1$.

解　(1) 有界开区域(如图 9.4 阴影部分所示).

(2) 无界开区域(如图 9.5 阴影部分所示).

(3) 有界闭区域(如图 9.6 阴影部分所示).

(4) 有界点集(既非开，又非闭)(如图 9.7 阴影部分所示).

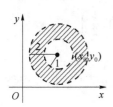

图 9.4

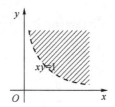

图 9.5

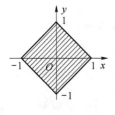

图 9.6

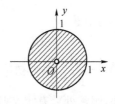

图 9.7

4. 求下列极限：

(2) $\lim\limits_{\substack{x\to 0\\ y\to 0}}\dfrac{2-\sqrt{xy+4}}{xy}$；

(3) $\lim\limits_{\substack{x\to 0\\ y\to 0}}\dfrac{1-\cos(x^2+y^2)}{(x^2+y^2)x^2y^2}$.

解 (2) $\lim\limits_{\substack{x\to 0\\ y\to 0}}\dfrac{2-\sqrt{xy+4}}{xy}=\lim\limits_{\substack{x\to 0\\ y\to 0}}\dfrac{(2-\sqrt{xy+4})(2+\sqrt{xy+4})}{xy(2+\sqrt{xy+4})}=\lim\limits_{\substack{x\to 0\\ y\to 0}}\dfrac{-1}{2+\sqrt{xy+4}}=-\dfrac{1}{4}$

(3) 因为当 $x\to 0,y\to 0$ 时，$1-\cos(x^2+y^2)\sim\dfrac{1}{2}(x^2+y^2)^2$，所以

$$\lim\limits_{\substack{x\to 0\\ y\to 0}}\dfrac{1-\cos(x^2+y^2)}{(x^2+y^2)x^2y^2}=\lim\limits_{\substack{x\to 0\\ y\to 0}}\dfrac{\dfrac{1}{2}(x^2+y^2)^2}{(x^2+y^2)x^2y^2}=\lim\limits_{\substack{x\to 0\\ y\to 0}}\dfrac{x^2+y^2}{2x^2y^2}=\lim\limits_{\substack{x\to 0\\ y\to 0}}\dfrac{1}{2}\left(\dfrac{1}{y^2}+\dfrac{1}{x^2}\right)=+\infty$$

7. 利用二元初等函数在定义区域内的连续性质求下列极限：

(1) $\lim\limits_{\substack{x\to 0\\ y\to 1}}\dfrac{1-xy}{x^2+y^2}$；

(2) $\lim\limits_{\substack{x\to 0\\ y\to \frac{1}{2}}}\arccos\sqrt{x^2+xy+y^2}$.

解 (1) 二元函数 $f(x,y)=\dfrac{1-xy}{x^2+y^2}$ 的定义区域为 $D=\{(x,y)\,|\,x\in\mathbf{R},y\in\mathbf{R}$ 且 x^2+

$y^2\neq 0\}$，$f(x,y)=\dfrac{1-xy}{x^2+y^2}$ 是初等函数，故它在 D 内连续，又 $(0,1)\in D$，所以

$$\lim\limits_{\substack{x\to 0\\ y\to 1}}\dfrac{1-xy}{x^2+y^2}=\lim\limits_{\substack{x\to 0\\ y\to 1}}f(x,y)=f(0,1)=\dfrac{1-0\times 1}{0^2+1^2}=1$$

(2) 二元函数 $f(x,y)=\arccos\sqrt{x^2+xy+y^2}$ 的定义区域为 $D=\{(x,y)\,|\,x^2+xy+y^2\leqslant$

$1\}$，$f(x,y)=\arccos\sqrt{x^2+xy+y^2}$ 是初等函数，故它在 D 内连续，又 $\left(0,\dfrac{1}{2}\right)\in D$，所以

$$\lim\limits_{\substack{x\to 0\\ y\to \frac{1}{2}}}\arccos\sqrt{x^2+xy+y^2}=\lim\limits_{\substack{x\to 0\\ y\to \frac{1}{2}}}f(x,y)=f\left(0,\dfrac{1}{2}\right)$$

$$=\arccos\sqrt{0^2+0\times\dfrac{1}{2}+\left(\dfrac{1}{2}\right)^2}=\arccos\dfrac{1}{2}=\dfrac{\pi}{3}$$

8. (1) 函数 $z=\dfrac{y^2+2x}{y^2-2x}$ 在何处间断？

(2) 求证：函数 $z=\begin{cases}\dfrac{(x+y)^2}{xy}, & x^2+y^2\neq 0\\ 0, & x^2+y^2=0\end{cases}$ 在 $(0,0)$ 不连续.

解 (1) $z=\dfrac{y^2+2x}{y^2-2x}$ 为初等函数且定义域为 $D=\{(x,y)\,|\,y^2-2x\neq 0\}$，除了曲线 $y^2=$

$2x$ 上的点外，函数处处有定义且连续，因此函数在曲线 $y^2=2x$ 上间断.

(2) 证明：当 (x,y) 沿直线 $y=kx(k\neq 0)$ 趋于 $(0,0)$ 时，有

$$\lim_{\substack{x\to 0\\ y\to 0}}\frac{(x+y)^2}{xy}=\lim_{\substack{x\to 0\\ y=kx\to 0}}\frac{(x+kx)^2}{x\cdot kx}=\lim_{x\to 0}\frac{(x+kx)^2}{x\cdot kx}=\lim_{x\to 0}\frac{(1+k)^2}{k}=\frac{(1+k)^2}{k}$$

即极限因 k 而异,所以 $\lim\limits_{\substack{x\to 0\\ y\to 0}}\dfrac{(x+y)^2}{xy}$ 不存在,从而函数 $z=\begin{cases}\dfrac{(x+y)^2}{xy},&x^2+y^2\neq 0\\ 0,&x^2+y^2=0\end{cases}$ 在 $(0,0)$

不连续.

习题 9.2

1. 求下列二元函数的偏导数:

(5) $z=\ln\tan\dfrac{x}{y}$;　　　　　(7) $z=x^y y^x$;　　　　　(8) $z=(1+xy)^y$.

解 (5) $\dfrac{\partial z}{\partial x}=\dfrac{1}{\tan\dfrac{x}{y}}\cdot\sec^2\dfrac{x}{y}\cdot\dfrac{1}{y}=\dfrac{\cos\dfrac{x}{y}}{\sin\dfrac{x}{y}}\cdot\dfrac{1}{\cos^2\dfrac{x}{y}}\cdot\dfrac{1}{y}=\dfrac{1}{\sin\dfrac{x}{y}\cos\dfrac{x}{y}}\cdot\dfrac{1}{y}=\dfrac{2}{y}\csc\dfrac{2x}{y}$

$\dfrac{\partial z}{\partial y}=\dfrac{1}{\tan\dfrac{x}{y}}\cdot\sec^2\dfrac{x}{y}\cdot\left(-\dfrac{x}{y^2}\right)=\dfrac{1}{\sin\dfrac{x}{y}\cos\dfrac{x}{y}}\cdot\left(-\dfrac{x}{y^2}\right)=-\dfrac{2x}{y^2}\dfrac{1}{\sin\dfrac{2x}{y}}=-\dfrac{2x}{y^2}\csc\dfrac{2x}{y}$

(7) $\dfrac{\partial z}{\partial x}=yx^{y-1}\cdot y^x+x^y\cdot y^x\ln y=x^y\cdot y^x\left(\dfrac{y}{x}+\ln y\right)$

$\dfrac{\partial z}{\partial y}=x^y\ln x\cdot y^x+x^y\cdot xy^{x-1}=x^y\cdot y^x\left(\dfrac{x}{y}+\ln x\right)$

(8) $\dfrac{\partial z}{\partial x}=y(1+xy)^{y-1}\cdot y=y^2(1+xy)^{y-1}$,因为 $z=(1+xy)^y=\mathrm{e}^{y\ln(1+xy)}$,所以

$\dfrac{\partial z}{\partial y}=\mathrm{e}^{y\ln(1+xy)}\left[1\cdot\ln(1+xy)+y\cdot\dfrac{x}{1+xy}\right]=(1+xy)^y\left[\ln(1+xy)+\dfrac{xy}{1+xy}\right]$

2. 求下列三元函数的偏导数:

(1) $u=x^{\frac{y}{z}}$;　　　　　(2) $u=\arctan(x-y)^z$.

解 (1) $\dfrac{\partial u}{\partial x}=\dfrac{y}{z}x^{\frac{y}{z}-1}$,　　$\dfrac{\partial u}{\partial y}=x^{\frac{y}{z}}\ln x\cdot\dfrac{1}{z}=x^{\frac{y}{z}}\cdot\dfrac{1}{z}\ln x$,　　　$\dfrac{\partial u}{\partial z}=x^{\frac{y}{z}}\ln x\cdot\left(-\dfrac{y}{z^2}\right)=$

$-x^{\frac{y}{z}}\cdot\dfrac{y}{z^2}\ln x$

(2) $\dfrac{\partial u}{\partial x}=\dfrac{z(x-y)^{z-1}\cdot 1}{1+(x-y)^{2z}}=\dfrac{z(x-y)^{z-1}}{1+(x-y)^{2z}}$,　　　$\dfrac{\partial u}{\partial y}=\dfrac{z(x-y)^{z-1}\cdot(-1)}{1+(x-y)^{2z}}=$

$-\dfrac{z(x-y)^{z-1}}{1+(x-y)^{2z}}$,　$\dfrac{\partial u}{\partial z}=\dfrac{(x-y)^z\ln(x-y)}{1+(x-y)^{2z}}$

3. 求所给点的一阶偏导数值:

(1) 求 $z=2x^2y^3-\sin(xy)$ 在点 $\left(1,\dfrac{\pi}{4}\right)$ 处的偏导数 $\dfrac{\partial z}{\partial x}$ 和 $\dfrac{\partial z}{\partial y}$;

(2) 设 $f(x,y)=x+(y-1)\arcsin\sqrt{\dfrac{x}{y}}$，求 $f'_x(a,1)$.

解 (1) 因为 $\dfrac{\partial z}{\partial x}=4xy^3-\cos(xy)\cdot y,\dfrac{\partial z}{\partial y}=6x^2y^2-\cos(xy)\cdot x$，所以

$$\left.\frac{\partial z}{\partial x}\right|_{(1,\frac{\pi}{4})}=4\times1\times\left(\frac{\pi}{4}\right)^3-\cos\frac{\pi}{4}\cdot\frac{\pi}{4}=\frac{\pi^3}{16}-\frac{\sqrt{2}}{8}\pi$$

$$\left.\frac{\partial z}{\partial y}\right|_{(1,\frac{\pi}{4})}=6\times1^2\times\left(\frac{\pi}{4}\right)^2-\cos\frac{\pi}{4}\cdot1=\frac{3\pi^2}{8}-\frac{\sqrt{2}}{2}$$

(2) 因为 $f'_x(x,y)=1+(y-1)\cdot\dfrac{1}{\sqrt{1-\dfrac{x}{y}}}\cdot\dfrac{1}{y}$，所以 $f'_x(a,1)=1+(1-1)\cdot\dfrac{1}{\sqrt{1-\dfrac{a}{1}}}\cdot$

$\dfrac{1}{1}=1$.

4. 求证所给函数满足一阶偏导数的关系式(称为偏微分方程)：

(1) 设 $z=\mathrm{e}^{-\left(\frac{1}{x}+\frac{1}{y}\right)}$，求证 $x^2\dfrac{\partial z}{\partial x}+y^2\dfrac{\partial z}{\partial y}=2z$；

(2) 验证函数 $z=\dfrac{xy}{x+y}$ 满足方程 $x\dfrac{\partial z}{\partial x}+y\dfrac{\partial z}{\partial y}=z$；

(3) 设 $u=\dfrac{1}{\sqrt{x^2+y^2+z^2}}$，求证：$\left(\dfrac{\partial u}{\partial x}\right)^2+\left(\dfrac{\partial u}{\partial y}\right)^2+\left(\dfrac{\partial u}{\partial z}\right)^2=u^4$.

证明 (1) 因为 $\dfrac{\partial z}{\partial x}=\mathrm{e}^{-\left(\frac{1}{x}+\frac{1}{y}\right)}\cdot\dfrac{1}{x^2}=\dfrac{1}{x^2}\mathrm{e}^{-\left(\frac{1}{x}+\frac{1}{y}\right)}$，$\dfrac{\partial z}{\partial y}=\mathrm{e}^{-\left(\frac{1}{x}+\frac{1}{y}\right)}\cdot\dfrac{1}{y^2}=\dfrac{1}{y^2}$
$\mathrm{e}^{-\left(\frac{1}{x}+\frac{1}{y}\right)}$，所以

$$x^2\frac{\partial z}{\partial x}+y^2\frac{\partial z}{\partial y}=x^2\cdot\frac{1}{x^2}\mathrm{e}^{-\left(\frac{1}{x}+\frac{1}{y}\right)}+y^2\cdot\frac{1}{y^2}\mathrm{e}^{-\left(\frac{1}{x}+\frac{1}{y}\right)}=2\mathrm{e}^{-\left(\frac{1}{x}+\frac{1}{y}\right)}=2z$$

(2) 因为 $\dfrac{\partial z}{\partial x}=\dfrac{y\cdot(x+y)-xy\cdot1}{(x+y)^2}=\dfrac{y^2}{(x+y)^2}$，$\dfrac{\partial z}{\partial y}=\dfrac{x\cdot(x+y)-xy\cdot1}{(x+y)^2}=\dfrac{x^2}{(x+y)^2}$，

所以

$$x\frac{\partial z}{\partial x}+y\frac{\partial z}{\partial y}=x\cdot\frac{y^2}{(x+y)^2}+y\cdot\frac{x^2}{(x+y)^2}=\frac{xy(x+y)}{(x+y)^2}=\frac{xy}{x+y}=z$$

(3) 因为 $\dfrac{\partial u}{\partial x}=-\dfrac{\dfrac{2x}{2\sqrt{x^2+y^2+z^2}}}{x^2+y^2+z^2}=-\dfrac{x}{(x^2+y^2+z^2)^{\frac{3}{2}}}$，同理 $\dfrac{\partial u}{\partial y}=-\dfrac{y}{(x^2+y^2+z^2)^{\frac{3}{2}}}$，$\dfrac{\partial u}{\partial z}$

$=-\dfrac{z}{(x^2+y^2+z^2)^{\frac{3}{2}}}$，所以

$$\left(\frac{\partial u}{\partial x}\right)^2+\left(\frac{\partial u}{\partial y}\right)^2+\left(\frac{\partial u}{\partial z}\right)^2=\frac{x^2}{(x^2+y^2+z^2)^3}+\frac{y^2}{(x^2+y^2+z^2)^3}+\frac{z^2}{(x^2+y^2+z^2)^3}$$

$$=\left(\frac{1}{x^2+y^2+z^2}\right)^2=u^4$$

7. 求二阶偏导数：

(1) $z=x^4+y^4-4x^2y^2$，求 4 个二阶偏导数；

(2) $z=\sin^2(ax+by)$，求 $\dfrac{\partial^2 z}{\partial x^2},\dfrac{\partial^2 z}{\partial x\partial y}$；

(3) $z=\arctan\dfrac{y}{x}$，求 $\dfrac{\partial^2 z}{\partial x^2},\dfrac{\partial^2 z}{\partial x\partial y}$.

解 (1) 因为 $\dfrac{\partial z}{\partial x}=4x^3-8xy^2$，$\dfrac{\partial z}{\partial y}=4y^3-8x^2y$，所以

$$\dfrac{\partial^2 z}{\partial x^2}=12x^2-8y^2，\quad \dfrac{\partial^2 z}{\partial x\partial y}=-16xy，\quad \dfrac{\partial^2 z}{\partial y^2}=12y^2-8x^2，\quad \dfrac{\partial^2 z}{\partial y\partial x}=-16xy$$

(2) 因为 $\dfrac{\partial z}{\partial x}=2\sin(ax+by)\cdot\cos(ax+by)\cdot a=a\sin 2(ax+by)$，所以

$$\dfrac{\partial^2 z}{\partial x^2}=a\cos 2(ax+by)\cdot 2a=2a^2\cos 2(ax+by)$$

$$\dfrac{\partial^2 z}{\partial x\partial y}=a\cos 2(ax+by)\cdot 2b=2ab\cos 2(ax+by)$$

(3) 因为 $\dfrac{\partial z}{\partial x}=\dfrac{1}{1+\dfrac{y^2}{x^2}}\cdot\left(-\dfrac{y}{x^2}\right)=-\dfrac{y}{x^2+y^2}$，所以

$$\dfrac{\partial^2 z}{\partial x^2}=-\dfrac{0\cdot(x^2+y^2)-y\cdot 2x}{(x^2+y^2)^2}=\dfrac{2xy}{(x^2+y^2)^2}$$

$$\dfrac{\partial^2 z}{\partial x\partial y}=-\dfrac{1\cdot(x^2+y^2)-y\cdot 2y}{(x^2+y^2)^2}=\dfrac{y^2-x^2}{(x^2+y^2)^2}$$

10. 设 $u=x\varphi(x+y)+y\psi(x+y)$，其中 φ、ψ 有二阶连续导数，求证：

$$\dfrac{\partial^2 u}{\partial x^2}-2\dfrac{\partial^2 u}{\partial x\partial y}+\dfrac{\partial^2 u}{\partial y^2}=0$$

证明 $\dfrac{\partial u}{\partial x}=\varphi(x+y)+x\cdot\varphi'(x+y)+y\psi'(x+y)$，$\dfrac{\partial u}{\partial y}=x\varphi'(x+y)+\psi(x+y)+y\psi'(x+y)$

$\dfrac{\partial^2 u}{\partial x^2}=\varphi'(x+y)\cdot 1+1\cdot\varphi'(x+y)+x\cdot\varphi''(x+y)+y\psi''(x+y)\cdot 1=2\varphi'+x\varphi''+y\psi''$

$$\dfrac{\partial^2 u}{\partial x\partial y}=\varphi'(x+y)\cdot 1+x\cdot\varphi''(x+y)\cdot 1+1\cdot\psi'(x+y)+y\psi''(x+y)\cdot 1$$
$$=\varphi'+x\cdot\varphi''+\psi'+y\psi''$$

$\dfrac{\partial^2 u}{\partial y^2}=x\varphi''(x+y)\cdot 1+\psi'(x+y)\cdot 1+1\cdot\psi'(x+y)+y\psi''(x+y)\cdot 1=x\varphi''+2\psi'+y\psi''$

$\dfrac{\partial^2 u}{\partial x^2}-2\dfrac{\partial^2 u}{\partial x\partial y}+\dfrac{\partial^2 u}{\partial y^2}=(2\varphi'+x\varphi''+y\psi'')-2(\varphi'+x\cdot\varphi''+\psi'+y\psi'')+(x\varphi''+2\psi'+y\psi'')$

$$=2\varphi'+x\varphi''+y\psi''-2\varphi'-2x\cdot\varphi''-2\psi'-2y\psi''+x\varphi''+2\psi'+y\psi''=0$$

12. 验证函数 $f(x,y)=\begin{cases} \dfrac{xy}{2x^2+3y^2}, & x^2+y^2\neq 0 \\ 0, & x^2+y^2=0 \end{cases}$ 在点 $(0,0)$ 处两个偏导数存在,但在

该点处函数不连续.

证明 $f_x'(0,0)=\lim\limits_{\Delta x\to 0}\dfrac{f(0+\Delta x,0)-f(0,0)}{\Delta x}=\lim\limits_{\Delta x\to 0}\dfrac{\frac{\Delta x\cdot 0}{2(\Delta x)^2+3\cdot 0^2}-0}{\Delta x}=0$

$f_y'(0,0)=\lim\limits_{\Delta y\to 0}\dfrac{f(0,0+\Delta y)-f(0,0)}{\Delta y}=\lim\limits_{\Delta y\to 0}\dfrac{\frac{0\cdot \Delta y}{2\cdot 0^2+3\cdot(\Delta y)^2}-0}{\Delta y}=0$

即函数在 $(0,0)$ 处两个偏导数存在;当 (x,y) 沿直线 $y=kx$ 趋于 $(0,0)$ 时,有

$\lim\limits_{\substack{x\to 0\\y\to 0}}f(x,y)=\lim\limits_{\substack{x\to 0\\y=kx\to 0}}\dfrac{xy}{2x^2+3y^2}=\lim\limits_{x\to 0}\dfrac{x\cdot kx}{2x^2+3(kx)^2}=\lim\limits_{x\to 0}\dfrac{x\cdot kx}{2x^2+3(kx)^2}=\lim\limits_{x\to 0}\dfrac{k}{2+3k^2}=\dfrac{k}{2+3k^2}$

即极限因 k 而异,所以 $\lim\limits_{\substack{x\to 0\\y\to 0}}f(x,y)$ 不存在,从而函数 $f(x,y)$ 在 $(0,0)$ 不连续.

习题 9.3

1. 求下列复合函数的偏导数:

(2) 设 $z=u^2\ln v,u=\dfrac{x}{y},v=3x-2y$,求 $\dfrac{\partial z}{\partial y}$;

(3) 设 $z=\dfrac{u}{v}\arctan(u+v),u=x+y,v=xy$,求 $\dfrac{\partial z}{\partial x}$.

解 (2) $\dfrac{\partial z}{\partial y}=\dfrac{\partial z}{\partial u}\cdot\dfrac{\partial u}{\partial y}+\dfrac{\partial z}{\partial v}\cdot\dfrac{\partial v}{\partial y}=2u\ln v\cdot\left(-\dfrac{x}{y^2}\right)+u^2\cdot\dfrac{1}{v}\cdot(-2)$

$=2\cdot\dfrac{x}{y}\ln(3x-2y)\cdot\left(-\dfrac{x}{y^2}\right)+\dfrac{x^2}{y^2}\cdot\dfrac{1}{3x-2y}\cdot(-2)$

$=-\dfrac{2x^2}{y^3}\ln(3x-2y)-\dfrac{2x^2}{(3x-2y)y^2}$

(3) $\dfrac{\partial z}{\partial x}=\dfrac{\partial z}{\partial u}\cdot\dfrac{\partial u}{\partial x}+\dfrac{\partial z}{\partial v}\cdot\dfrac{\partial v}{\partial x}$

$=\left[\dfrac{1}{v}\arctan(u+v)+\dfrac{u}{v}\dfrac{1}{1+(u+v)^2}\right]\cdot 1+\left[\left(-\dfrac{u}{v^2}\right)\arctan(u+v)+\dfrac{u}{v}\dfrac{1}{1+(u+v)^2}\right]\cdot y$

$=\dfrac{v-uy}{v^2}\arctan(u+v)+\dfrac{u(1+y)}{v[1+(u+v)^2]}$

$=\dfrac{-y^2}{x^2y^2}\arctan(x+y+xy)+\dfrac{(x+y)(1+y)}{xy[1+(x+y+xy)^2]}$

2. 求含有抽象函数记号的复合函数的偏导数. 其中 f 有一阶连续偏导数.

(1) 设 $z=f(x^2-y^2,e^{xy})$,求 $\dfrac{\partial z}{\partial x},\dfrac{\partial z}{\partial y}$;

(2) 设 $u=f\left(\dfrac{x}{y},\dfrac{y}{z}\right)$,用 f'_1 与 f'_2 求出 $\dfrac{\partial f}{\partial x},\dfrac{\partial f}{\partial y},\dfrac{\partial f}{\partial z}$;

(3) 设 $u=f(x,xy,xyz)$,用 f'_1,f'_2,f'_3 求出 $\dfrac{\partial f}{\partial x},\dfrac{\partial f}{\partial y},\dfrac{\partial f}{\partial z}$.

解 (1)令 $u=x^2-y^2$,$v=\mathrm{e}^{xy}$,则

$$\frac{\partial z}{\partial x}=\frac{\partial f}{\partial u}\cdot\frac{\partial u}{\partial x}+\frac{\partial f}{\partial v}\cdot\frac{\partial v}{\partial x}=\frac{\partial f}{\partial u}\cdot 2x+\frac{\partial f}{\partial v}\cdot\mathrm{e}^{xy}\cdot y=2x\frac{\partial f}{\partial u}+y\mathrm{e}^{xy}\frac{\partial f}{\partial v}$$

$$\frac{\partial z}{\partial y}=\frac{\partial f}{\partial u}\cdot\frac{\partial u}{\partial y}+\frac{\partial f}{\partial v}\cdot\frac{\partial v}{\partial y}=\frac{\partial f}{\partial u}\cdot(-2y)+\frac{\partial f}{\partial v}\cdot\mathrm{e}^{xy}\cdot x=-2y\frac{\partial f}{\partial u}+x\mathrm{e}^{xy}\frac{\partial f}{\partial v}$$

或记 $\dfrac{\partial f}{\partial u}=f'_1$,$\dfrac{\partial f}{\partial v}=f'_2$,则 $\dfrac{\partial z}{\partial x}=2xf'_1+y\mathrm{e}^{xy}f'_2$,$\dfrac{\partial z}{\partial y}=-2yf'_1+x\mathrm{e}^{xy}f'_2$.

(2) $\dfrac{\partial u}{\partial x}=f'_1\cdot\dfrac{1}{y}=\dfrac{1}{y}f'_1$,$\dfrac{\partial u}{\partial y}=f'_1\cdot\left(-\dfrac{x}{y^2}\right)+f'_2\cdot\dfrac{1}{z}=-\dfrac{x}{y^2}f'_1+\dfrac{1}{z}f'_2$,$\dfrac{\partial u}{\partial z}=f'_2\cdot$

$\left(-\dfrac{y}{z^2}\right)=-\dfrac{y}{z^2}f'_2$

(3) $\dfrac{\partial u}{\partial x}=f'_1\cdot 1+f'_2\cdot y+f'_3\cdot yz=f'_1+yf'_2+yzf'_3$,$\dfrac{\partial u}{\partial y}=f'_2\cdot x+f'_3\cdot xz=xf'_2+$

xzf'_3,$\dfrac{\partial u}{\partial z}=f'_3\cdot xy=xyf'_3$

3. 求下列各函数的二阶偏导数,其中 f 有二阶连续偏导数,并用 f''_{11},f''_{12} 等记法表示出来.

(1) $z=f\left(x,\dfrac{x}{y}\right)$,求 $\dfrac{\partial^2 z}{\partial y^2},\dfrac{\partial^2 z}{\partial x\partial y}$;

(2) $u=f(\sin x,\cos x,\mathrm{e}^{x+y})$,求 $\dfrac{\partial^2 u}{\partial x\partial y}$.

解 (1) $\dfrac{\partial z}{\partial x}=f'_1\cdot 1+f'_2\cdot\dfrac{1}{y}=f'_1+\dfrac{1}{y}f'_2$,$\dfrac{\partial z}{\partial y}=f'_2\cdot\left(-\dfrac{x}{y^2}\right)=-\dfrac{x}{y^2}f'_2$

$$\frac{\partial^2 z}{\partial y^2}=\frac{\partial}{\partial y}\left(\frac{\partial z}{\partial y}\right)=\frac{\partial}{\partial y}\left(-\frac{x}{y^2}f'_2\right)=\frac{2x}{y^3}f'_2-\frac{x}{y^2}\cdot f''_{22}\cdot\left(-\frac{x}{y^2}\right)=\frac{2x}{y^3}f'_2+\frac{x^2}{y^4}f''_{22}$$

$$\frac{\partial^2 z}{\partial x\partial y}=\frac{\partial}{\partial y}\left(\frac{\partial z}{\partial x}\right)=\frac{\partial}{\partial y}\left(f'_1+\frac{1}{y}f'_2\right)=f''_{12}\cdot\left(-\frac{x}{y^2}\right)-\frac{1}{y^2}\cdot f'_2+\frac{1}{y}f''_{22}\cdot\left(-\frac{x}{y^2}\right)$$

$$=-\frac{x}{y^2}\left(f''_{12}+\frac{1}{y}f''_{22}\right)-\frac{1}{y^2}f'$$

(2) $\dfrac{\partial u}{\partial x}=f'_1\cdot\cos x+f'_2\cdot(-\sin x)+f'_3\cdot\mathrm{e}^{x+y}=\cos xf'_1-\sin xf'_2+\mathrm{e}^{x+y}f'_3$

$$\frac{\partial^2 u}{\partial x\partial y}=\frac{\partial}{\partial y}\left(\frac{\partial u}{\partial x}\right)=\frac{\partial}{\partial y}(\cos xf'_1-\sin xf'_2+\mathrm{e}^{x+y}f'_3)$$

$$=\cos x\cdot f''_{13}\cdot\mathrm{e}^{x+y}-\sin x\cdot f''_{23}\cdot\mathrm{e}^{x+y}+\mathrm{e}^{x+y}\cdot f'_3+\mathrm{e}^{x+y}\cdot f''_{33}\cdot\mathrm{e}^{x+y}$$

$$=\mathrm{e}^{x+y}f'_3+\mathrm{e}^{x+y}\cos xf''_{13}-\mathrm{e}^{x+y}\sin yf''_{32}+\mathrm{e}^{2(x+y)}f''_{33}$$

4. 设 f 与 g 有一阶连续偏导数,且 $u=f(y-x,z-x)+g(x+xy+xyz)$,求 $\dfrac{\partial u}{\partial x},\dfrac{\partial u}{\partial y},\dfrac{\partial u}{\partial z}$.

解 $\dfrac{\partial u}{\partial x}=f_1'\cdot(-1)+f_2'\cdot(-1)+g'\cdot(1+y+yz)=-f_1'-f_2'+(1+y+yz)g'$

$\dfrac{\partial u}{\partial y}=f_1'\cdot1+g'\cdot(x+xz)=f_1'+(x+xz)g',\ \dfrac{\partial u}{\partial z}=f_2'\cdot1+g'\cdot xy=f_2'+xyg'$

5. 求下列各函数的全导数:

(2) 设 f 有一阶连续偏导数,$z=f(x,\mathrm{e}^x,\sec x)$,求 $\dfrac{\mathrm{d}z}{\mathrm{d}x}$;

(3) 设 $w=u^v,u=f(t),v=g(t)$,其中 f,g 可导,求 $\dfrac{\mathrm{d}w}{\mathrm{d}t}$.

解 (2) $\dfrac{\mathrm{d}z}{\mathrm{d}x}=f_1'\cdot1+f_2'\cdot\mathrm{e}^x+f_3'\cdot\sec x\tan x=f_1'+\mathrm{e}^xf_2'+\sec x\tan x\cdot f_3'$

(3) $\dfrac{\mathrm{d}w}{\mathrm{d}t}=\dfrac{\partial w}{\partial u}\cdot\dfrac{\mathrm{d}u}{\mathrm{d}t}+\dfrac{\partial w}{\partial v}\cdot\dfrac{\mathrm{d}v}{\mathrm{d}t}=v\cdot u^{v-1}\cdot f'(t)+u^v\ln u\cdot g'(t)$

$\qquad=u^v\cdot\left[\dfrac{v}{u}f'(t)+g'(t)\ln u\right]$

$\qquad=f(t)^{g(t)}\cdot\left[\dfrac{g(t)}{f(t)}f'(t)+g'(t)\ln f(t)\right]$

6. 证明有关函数满足方程:

(2) 设 $z=\dfrac{y}{f(x^2-y^2)}$,$f(u)$ 可导,求证:$\dfrac{1}{x}\dfrac{\partial z}{\partial x}+\dfrac{1}{y}\dfrac{\partial z}{\partial y}=\dfrac{z}{y^2}$.

证明 (2) 因为 $\dfrac{\partial z}{\partial x}=\dfrac{-yf'(u)\cdot2x}{f^2(u)}=\dfrac{-2xyf'(u)}{f^2(u)}$,$\dfrac{\partial z}{\partial y}=\dfrac{f(u)-yf'(u)\cdot(-2y)}{f^2(u)}=$

$\dfrac{f(u)+2y^2f'(u)}{f^2(u)}$

所以 $\qquad\dfrac{1}{x}\dfrac{\partial z}{\partial x}+\dfrac{1}{y}\dfrac{\partial z}{\partial y}=\dfrac{1}{x}\cdot\dfrac{-2xyf'(u)}{f^2(u)}+\dfrac{1}{y}\cdot\dfrac{f(u)+2y^2f'(u)}{f^2(u)}$

$\qquad\qquad=\dfrac{-2yf'(u)}{f^2(u)}+\dfrac{1}{yf(u)}+\dfrac{2yf'(u)}{f^2(u)}=\dfrac{1}{yf(u)}=\dfrac{1}{y^2}\cdot\dfrac{y}{f(u)}=\dfrac{z}{y^2}$

习题 9.4

1. 求下列函数的全微分:

(1) $z=xy+\dfrac{x}{y}$; $\qquad\qquad$ (2) $z=\dfrac{y}{\sqrt{x^2+y^2}}$; $\qquad\qquad$ (3) $z=\mathrm{e}^{xy}\cdot\sin(x+y)$.

解 (1) $\dfrac{\partial z}{\partial x}=y+\dfrac{1}{y},\dfrac{\partial z}{\partial y}=x-\dfrac{x}{y^2},\mathrm{d}z=\dfrac{\partial z}{\partial x}\mathrm{d}x+\dfrac{\partial z}{\partial y}\mathrm{d}y=\left(y+\dfrac{1}{y}\right)\mathrm{d}x+x\left(1-\dfrac{1}{y^2}\right)\mathrm{d}y$

(2) $\dfrac{\partial z}{\partial x}=\dfrac{-y\cdot\dfrac{2x}{2\sqrt{x^2+y^2}}}{x^2+y^2}=\dfrac{-xy}{(x^2+y^2)^{\frac{3}{2}}},\dfrac{\partial z}{\partial y}=\dfrac{\sqrt{x^2+y^2}-y\cdot\dfrac{2y}{2\sqrt{x^2+y^2}}}{x^2+y^2}=\dfrac{x^2}{(x^2+y^2)^{\frac{3}{2}}}$

$$dz = \frac{\partial z}{\partial x}dx + \frac{\partial z}{\partial y}dy = \frac{-xy}{(x^2+y^2)^{\frac{3}{2}}}dx + \frac{x^2}{(x^2+y^2)^{\frac{3}{2}}}dy = -\frac{x}{(x^2+y^2)^{\frac{3}{2}}}(ydx-xdy)$$

(3) $\dfrac{\partial z}{\partial x} = ye^{xy} \cdot \sin(x+y) + e^{xy} \cdot \cos(x+y), \dfrac{\partial z}{\partial y} = xe^{xy} \cdot \sin(x+y) + e^{xy} \cdot \cos(x+y)$

$$dz = \frac{\partial z}{\partial x}dx + \frac{\partial z}{\partial y}dy$$
$$= [ye^{xy} \cdot \sin(x+y) + e^{xy} \cdot \cos(x+y)]dx + [xe^{xy} \cdot \sin(x+y) + e^{xy} \cdot \cos(x+y)]dy$$

4. 求下列函数的全微分：

(1) $u = x^{yz}$；   (2) $u = \ln(3x-2y+z)$.

解 (1) $\dfrac{\partial u}{\partial x} = yzx^{yz-1}, \dfrac{\partial u}{\partial y} = x^{yz}\ln x \cdot z, \dfrac{\partial u}{\partial z} = x^{yz}\ln x \cdot y$

$$du = \frac{\partial u}{\partial x}dx + \frac{\partial u}{\partial y}dy + \frac{\partial u}{\partial z}dz = yzx^{yz-1}dx + zx^{yz}\ln x\, dy + yx^{yz}\ln x\, dz$$

(2) $\dfrac{\partial u}{\partial x} = \dfrac{3}{3x-2y+z}, \dfrac{\partial u}{\partial y} = \dfrac{-2}{3x-2y+z}, \dfrac{\partial u}{\partial z} = \dfrac{1}{3x-2y+z}$

$$du = \frac{\partial u}{\partial x}dx + \frac{\partial u}{\partial y}dy + \frac{\partial u}{\partial z}dz = \frac{3}{3x-2y+z}dx + \frac{-2}{3x-2y+z}dy + \frac{1}{3x-2y+z}dz = \frac{3dx-2dy+dz}{3x-2y+z}$$

5. 求下列函数的全微分，其中 f 有连续偏导数.

(1) $z = f[x, \sin(x+y)]$；   (2) $u = f\left(\dfrac{x}{y}, \dfrac{y}{z}\right)$.

解 (1) $\dfrac{\partial z}{\partial x} = f_1' + f_2' \cdot \cos(x+y), \dfrac{\partial z}{\partial y} = f_2' \cdot \cos(x+y)$

$$dz = \frac{\partial z}{\partial x}dx + \frac{\partial z}{\partial y}dy = [f_1' + \cos(x+y) \cdot f_2']dx + \cos(x+y) \cdot f_2' dy$$

(2) $\dfrac{\partial u}{\partial x} = f_1' \cdot \dfrac{1}{y} = \dfrac{1}{y}f_1', \dfrac{\partial u}{\partial y} = f_1' \cdot \left(-\dfrac{x}{y^2}\right) + f_2' \cdot \dfrac{1}{z} = -\dfrac{x}{y^2}f_1' + \dfrac{1}{z}f_2', \dfrac{\partial u}{\partial z} = f_2' \cdot$

$\left(-\dfrac{y}{z^2}\right) = -\dfrac{y}{z^2}f_2'$

$$du = \frac{\partial u}{\partial x}dx + \frac{\partial u}{\partial y}dy + \frac{\partial u}{\partial z}dz = \frac{1}{y}f_1'dx + \left(-\frac{x}{y^2}f_1' + \frac{1}{z}f_2'\right)dy - \frac{y}{z^2}f_2'dz$$

习题 9.5

1. 求由下列方程所确定的隐函数的导数：

(2) 设 $\dfrac{1}{2}\ln(x^2+y^2) = \arctan\dfrac{y}{x}$，求 $\dfrac{dy}{dx}$.

解 (2)方程两边同时对 x 求导得 $\dfrac{1}{2}\dfrac{1}{x^2+y^2}\left(2x+2y\dfrac{dy}{dx}\right) = \dfrac{1}{1+\dfrac{y^2}{x^2}} \cdot \dfrac{\dfrac{dy}{dx} \cdot x - y \cdot 1}{x^2}$,

化简得 $\dfrac{x+y\dfrac{\mathrm{d}y}{\mathrm{d}x}}{x^2+y^2}=\dfrac{x\dfrac{\mathrm{d}y}{\mathrm{d}x}-y}{x^2+y^2}$,所以 $\dfrac{\mathrm{d}y}{\mathrm{d}x}=\dfrac{x+y}{x-y}$.

2. 求由下列方程所确定的隐函数的偏导数:

(2) 设 $e^z-xyz=0$,求 $\dfrac{\partial z}{\partial x}$, $\dfrac{\partial z}{\partial y}$,再求 $\dfrac{\partial x}{\partial y}$ (x 作为因变量, y 与 z 是自变量).

解 (2) 设 $F(x,y,z)=e^z-xyz$, $F'_x=-yz$, $F'_y=-xz$, $F'_z=e^z-xy$,由隐函数求导公式,得

$$\frac{\partial z}{\partial x}=-\frac{F'_x}{F'_z}=-\frac{-yz}{e^z-xy}=\frac{yz}{e^z-xy},\frac{\partial z}{\partial y}=-\frac{F'_y}{F'_z}=-\frac{-xz}{e^z-xy}=\frac{xz}{e^z-xy},\frac{\partial x}{\partial y}=-\frac{F'_y}{F'_x}=-\frac{-xz}{-yz}=-\frac{x}{y}$$

3. 设 $2\sin(x+2y-3z)=x+2y-3z$,证明 $\dfrac{\partial z}{\partial x}+\dfrac{\partial z}{\partial y}=1$.

证明 设 $F(x,y,z)=2\sin(x+2y-3z)-x-2y+3z$,则 $F'_x=2\cos(x+2y-3z)-1$, $F'_y=4\cos(x+2y-3z)-2=2F'_x$, $F'_z=-6\cos(x+2y-3z)+3=-3F'_x$,由隐函数求导公式,得

$$\frac{\partial z}{\partial x}=-\frac{F'_x}{F'_z}=-\frac{F'_x}{-3F'_x}=\frac{1}{3},\frac{\partial z}{\partial y}=-\frac{F'_y}{F'_z}=-\frac{2F'_x}{-3F'_x}=\frac{2}{3}$$

所以 $\dfrac{\partial z}{\partial x}+\dfrac{\partial z}{\partial y}=\dfrac{1}{3}+\dfrac{2}{3}=1$.

4. 设 $\varphi(u,v)$ 有连续偏导数,证明由方程 $\varphi(cx-az,cy-bz)=0$ 确定的函数 $z=f(x,y)$ 满足 $a\dfrac{\partial z}{\partial x}+b\dfrac{\partial z}{\partial y}=c$.

证明 设 $F(x,y,z)=\varphi(cx-az,cy-bz)$,则

$$F'_x=\varphi'_1\cdot c,F'_y=\varphi'_2\cdot c,F'_z=\varphi'_1\cdot(-a)+\varphi'_2\cdot(-b)=-a\varphi'_1-b\varphi'_2$$

由隐函数求导公式,得

$$\frac{\partial z}{\partial x}=-\frac{F'_x}{F'_z}=-\frac{c\varphi'_1}{-a\varphi'_1-b\varphi'_2}=\frac{c\varphi'_1}{a\varphi'_1+b\varphi'_2},\quad\frac{\partial z}{\partial y}=-\frac{F'_y}{F'_z}=-\frac{c\varphi'_2}{-a\varphi'_1-b\varphi'_2}=\frac{c\varphi'_2}{a\varphi'_1+b\varphi'_2}$$

所以 $a\dfrac{\partial z}{\partial x}+b\dfrac{\partial z}{\partial y}=a\cdot\dfrac{c\varphi'_1}{a\varphi'_1+b\varphi'_2}+b\cdot\dfrac{c\varphi'_2}{a\varphi'_1+b\varphi'_2}=\dfrac{c(a\varphi'_1+b\varphi'_2)}{a\varphi'_1+b\varphi'_2}=c$.

5. (1) 设 $e^z=xyz+1$,求 $\dfrac{\partial^2 z}{\partial x^2}$.

解 (1) 设 $F(x,y,z)=e^z-xyz-1$,则 $F'_x=-yz$, $F'_y=-xz$, $F'_z=e^z-xy$,由隐函数求导公式,得

$$\frac{\partial z}{\partial x}=-\frac{F'_x}{F'_z}=-\frac{-yz}{e^z-xy}=\frac{yz}{e^z-xy}$$

所以 $\dfrac{\partial^2 z}{\partial x^2}=\dfrac{\partial}{\partial x}\left(\dfrac{\partial z}{\partial x}\right)=\dfrac{\partial}{\partial x}\left(\dfrac{yz}{e^z-xy}\right)=\dfrac{y\dfrac{\partial z}{\partial x}\cdot(e^z-xy)-yz\left(e^z\dfrac{\partial z}{\partial x}-y\right)}{(e^z-xy)^2}$

$$= \frac{y \dfrac{yz}{e^z-xy} \cdot (e^z-xy) - yz\left(e^z \dfrac{yz}{e^z-xy} - y\right)}{(e^z-xy)^2}$$

$$= \frac{2y^2 z e^z - 2xy^3 z - y^2 z^2 e^z}{(e^z-xy)^3}$$

6. 设 $\cos^2 x + \cos^2 y + \cos^2 z = 1$，确定隐函数 $z=z(x,y)$ 求全微分 $\mathrm{d}z$.

解 设 $F(x,y,z)=\cos^2 x+\cos^2 y+\cos^2 z-1$，则

$F'_x=2\cos x(-\sin x)=-\sin 2x, F'_y=2\cos y(-\sin y)=-\sin 2y, F'_z=2\cos z$
$(-\sin z)=-\sin 2z$

由隐函数求导公式，得

$$\frac{\partial z}{\partial x}=-\frac{F'_x}{F'_z}=-\frac{-\sin 2x}{-\sin 2z}=-\frac{\sin 2x}{\sin 2z}, \frac{\partial z}{\partial y}=-\frac{F'_y}{F'_z}=-\frac{-\sin 2y}{-\sin 2z}=-\frac{\sin 2y}{\sin 2z}$$

$$\mathrm{d}z=\frac{\partial z}{\partial x}\mathrm{d}x+\frac{\partial z}{\partial y}\mathrm{d}y=-\frac{\sin 2x}{\sin 2z}\mathrm{d}x-\frac{\sin 2y}{\sin 2z}\mathrm{d}y=-\frac{1}{\sin 2z}(\sin 2x\mathrm{d}x+\sin 2y\mathrm{d}y)$$

7. 求由下列方程组所确定的函数的导数或偏导数：

(1) 设 $\begin{cases} z=x^2+y^2 \\ x^2+2y^2+3z^2=20 \end{cases}$，求 $\dfrac{\mathrm{d}y}{\mathrm{d}x}, \dfrac{\mathrm{d}z}{\mathrm{d}x}$.

解 (1) 两个方程两边对 x 求导，得 $\begin{cases} \dfrac{\mathrm{d}z}{\mathrm{d}x}=2x+2y\dfrac{\mathrm{d}y}{\mathrm{d}x} \\ 2x+4y\dfrac{\mathrm{d}y}{\mathrm{d}x}+6z\dfrac{\mathrm{d}z}{\mathrm{d}x}=0 \end{cases}$，即 $\begin{cases} 2y\dfrac{\mathrm{d}y}{\mathrm{d}x}-\dfrac{\mathrm{d}z}{\mathrm{d}x}=-2x \\ 2y\dfrac{\mathrm{d}y}{\mathrm{d}x}+3z\dfrac{\mathrm{d}z}{\mathrm{d}x}=-x \end{cases}$，

解得

$$\frac{\mathrm{d}y}{\mathrm{d}x}=\frac{\begin{vmatrix} -2x & -1 \\ -x & 3z \end{vmatrix}}{\begin{vmatrix} 2y & -1 \\ 2y & 3z \end{vmatrix}}=\frac{-x(6z+1)}{2y(3z+1)}, \quad \frac{\mathrm{d}z}{\mathrm{d}x}=\frac{\begin{vmatrix} 2y & -2x \\ 2y & -x \end{vmatrix}}{\begin{vmatrix} 2y & -1 \\ 2y & 3z \end{vmatrix}}=\frac{2y \cdot x}{2y(3z+1)}=\frac{x}{3z+1}$$

习题 9.6

1. 求下列空间曲线在指定点处的切线和法平面方程：

(1) 曲线为 $x=\dfrac{t}{1+t}, y=\dfrac{1+t}{t}, z=t^2$，指定点为当 $t=1$ 时对应的点.

解 (1) $t=1$ 对应曲线上的点为 $M_0\left(\dfrac{1}{2},2,1\right)$，由于 $\dfrac{\mathrm{d}x}{\mathrm{d}t}=\dfrac{1}{(1+t)^2}, \dfrac{\mathrm{d}y}{\mathrm{d}t}=-\dfrac{1}{t^2}, \dfrac{\mathrm{d}z}{\mathrm{d}t}=$

$2t$，故 $M_0\left(\dfrac{1}{2},2,1\right)$ 处的切向量为 $\boldsymbol{T}=\left\{\dfrac{\mathrm{d}x}{\mathrm{d}t}\bigg|_{t=1},\dfrac{\mathrm{d}y}{\mathrm{d}t}\bigg|_{t=1},\dfrac{\mathrm{d}z}{\mathrm{d}t}\bigg|_{t=1}\right\}=$

$\left\{\dfrac{1}{(1+t)^2}\bigg|_{t=1},-\dfrac{1}{t^2}\bigg|_{t=1},2t\bigg|_{t=1}\right\}=\left\{\dfrac{1}{4},-1,2\right\}=\dfrac{1}{4}\{1,-4,8\}$，所以点 $M_0\left(\dfrac{1}{2},2,1\right)$ 处切

线方程为 $\dfrac{x-\dfrac{1}{2}}{1}=\dfrac{y-2}{-4}=\dfrac{z-1}{8}$，法平面方程为 $1\cdot\left(x-\dfrac{1}{2}\right)-4(y-2)+8(z-1)=0$，即 $2x-8y+16z-1=0$.

2. 在曲线 $x=t,y=t^2,z=t^3$ 上求出其切线平行于平面 $x+2y+z=4$ 的切点坐标.

解 设切点 M_0 对应的参数为 t_0，故 M_0 处切向量为 $\boldsymbol{T}=\{1,2t_0,3t_0^2\}$，又平面 $x+2y+z=4$ 的法向量为 $\boldsymbol{n}=\{1,2,1\}$，因切线平行于平面，有 $\boldsymbol{T}\perp\boldsymbol{n}$，即 $\boldsymbol{T}\cdot\boldsymbol{n}=0$，所以 $1+2\times2t_0+1\times3t_0^2=0$，解出 $t_0=-\dfrac{1}{3}$ 或 $t_0=-1$，即

$$t_0=-\frac{1}{3}\leftrightarrow M_0\left(-\frac{1}{3},\frac{1}{9},-\frac{1}{27}\right),\ t_0=-1\leftrightarrow M_0(-1,1,-1)$$

即所求切点的坐标为 $(-1,1,-1)$ 或 $\left(-\dfrac{1}{3},\dfrac{1}{9},-\dfrac{1}{27}\right)$.

3. 求曲线 $\begin{cases}x^2+y^2+z^2-3x=0\\2x-3y+5z-4=0\end{cases}$ 在点 $(1,1,1)$ 处的切线及法平面方程.

解 将两个方程两边对 x 求导，得 $\begin{cases}2x+2y\dfrac{dy}{dx}+2z\dfrac{dz}{dx}-3=0\\2-3\dfrac{dy}{dx}+5\dfrac{dz}{dx}=0\end{cases}$，即

$\begin{cases}2y\dfrac{dy}{dx}+2z\dfrac{dz}{dx}=3-2x\\3\dfrac{dy}{dx}-5\dfrac{dz}{dx}=2\end{cases}$，解得

$$\frac{dy}{dx}=\frac{\begin{vmatrix}3-2x&2z\\2&-5\end{vmatrix}}{\begin{vmatrix}2y&2z\\3&-5\end{vmatrix}}=\frac{-15+10x-4z}{-10y-6z},\quad \frac{dz}{dx}=\frac{\begin{vmatrix}2y&3-2x\\3&2\end{vmatrix}}{\begin{vmatrix}2y&2z\\3&-5\end{vmatrix}}=\frac{4y-9+6x}{-10y-6z}$$

所以点 $(1,1,1)$ 处的切向量为 $\boldsymbol{T}=\left\{1,\dfrac{dy}{dx}\Big|_{(1,1,1)},\dfrac{dz}{dx}\Big|_{(1,1,1)}\right\}=\left\{1,\dfrac{9}{16},-\dfrac{1}{16}\right\}=\dfrac{1}{16}\{16,9,$ $-1\}$，所以点 $(1,1,1)$ 处切线方程为 $\dfrac{x-1}{16}=\dfrac{y-1}{9}=\dfrac{z-1}{-1}$，法平面方程为 $16(x-1)+9(y-1)-(z-1)=0$，即 $16x+9y-z-24=0$.

4. 求下列曲面在指定点处的切平面和法线方程：

(1) $z=\sqrt{x^2+y^2}$ 在点 $M_0(3,4,5)$ 处；　　(2) 曲面 $e^z-z+xy=3$ 在点 $M_0(2,1,0)$ 处.

解 (1) 设 $F(x,y,z)=\sqrt{x^2+y^2}-z$，则 $F'_x=\dfrac{2x}{2\sqrt{x^2+y^2}}=\dfrac{x}{\sqrt{x^2+y^2}}$，$F'_y=$ $\dfrac{2y}{2\sqrt{x^2+y^2}}=\dfrac{y}{\sqrt{x^2+y^2}}$，$F'_z=-1$，因此点 $M_0(3,4,5)$ 处切平面的法向量为

$$\boldsymbol{n}=\{F'_x(3,4,5),F'_y(3,4,5),F'_z(3,4,5)\}=\left\{\frac{3}{5},\frac{4}{5},-1\right\}=\frac{1}{5}\{3,4,-5\}$$

所以 $M_0(3,4,5)$ 处切平面方程为 $3(x-3)+4(y-4)-5(z-5)=0$，即 $3x+4y-5z=0$，法线方程为 $\dfrac{x-3}{3}=\dfrac{y-4}{4}=\dfrac{z-5}{-5}$.

（2）设 $F(x,y,z)=e^z-z+xy-3$，则 $F'_x=y,F'_y=x,F'_z=e^z-1$，因此点 $M_0(2,1,0)$ 处切平面的法向量为

$$\boldsymbol{n}=\{F'_x(2,1,0),F'_y(2,1,0),F'_z(2,1,0)\}=\{1,2,0\}$$

所以 $M_0(2,1,0)$ 处切平面方程为 $1\cdot(x-2)+2\cdot(y-1)+0\cdot(z-0)=0$，即 $x+2y-4=0$，

法线方程为 $\dfrac{x-2}{1}=\dfrac{y-1}{2}=\dfrac{z-0}{0}$，即 $\begin{cases}\dfrac{x-2}{1}=\dfrac{y-1}{2}\\z=0\end{cases}$.

5. 求切点在椭球面 $x^2+2y^2+z^2=1$ 上且平行于平面 $x-y+2z=0$ 的切平面方程.

解 设切点坐标为 $M_0(x_0,y_0,z_0)$，则

$$x_0^2+2y_0^2+z_0^2=1 \qquad\qquad (*)$$

令 $F(x,y,z)=x^2+2y^2+z^2-1$，则 $F'_x=2x,F'_y=4y,F'_z=2z$，因此点 M_0 处切平面的法向量为 $\boldsymbol{n}=\{2x_0,4y_0,2z_0\}$，平面 $x-y+2z=0$ 的法向量 $\boldsymbol{n}_0=\{1,-1,2\}$，由题意，切平面平行于已知平面，则它们的法向量也平行，即 $\boldsymbol{n}/\!/\boldsymbol{n}_0$，所以

$$\frac{2x_0}{1}=\frac{4y_0}{-1}=\frac{2z_0}{2}$$

即得 $y_0=-\dfrac{1}{2}x_0,z_0=2x_0$，代入式（*）中得

$$x_0^2+2\cdot\frac{1}{4}x_0^2+4x_0^2=1$$

解得 $x_0=\pm\sqrt{\dfrac{2}{11}}$，从而 $\boldsymbol{n}=\left\{2x_0,4\times\left(-\dfrac{1}{2}x_0\right),2\times 2x_0\right\}=2x_0\{1,-1,2\}$，所以，所求切平面方程为

$$1\cdot(x-x_0)-\left(y+\frac{1}{2}x_0\right)+2\cdot(z-2x_0)=0 \text{ 即 } x-y+2z=\frac{11}{2}x_0=\pm\sqrt{\frac{11}{2}}$$

6. 在曲面 $z=xy$ 上求一点，使该点处的法线垂直于平面 $x+3y+z+9=0$，并写出法线方程.

解 设所求点为 $M_0(x_0,y_0,z_0)$，则 $M_0(x_0,y_0,z_0)$ 满足 $z_0=x_0y_0$，令 $F(x,y,z)=xy-z$，则 $F'_x=y,F'_y=x,F'_z=-1$，M_0 处切平面的法向量为 $\boldsymbol{n}=\{y_0,x_0,-1\}$，平面 $x+3y+z+9=0$ 的法向量 $\boldsymbol{n}_0=\{1,3,1\}$，由题意，$\boldsymbol{n}/\!/\boldsymbol{n}_0$，所以

$$\frac{y_0}{1}=\frac{x_0}{3}=\frac{-1}{1}$$

即得 $x_0=-3,y_0=-1$，从而 $z_0=x_0y_0=3$，所求点为 $M_0(-3,-1,3)$，且 $\boldsymbol{n}=\{-1,-3,$

$-1\}=-\{1,3,1\}$,法线方程为$\dfrac{x+3}{1}=\dfrac{y+1}{3}=\dfrac{z-3}{1}$.

7. 试证:曲面$\sqrt{x}+\sqrt{y}+\sqrt{z}=\sqrt{a}\,(a>0)$上任意一点处的切平面在坐标轴上的截距之和等于$a$.

证明 设$M_0(x_0,y_0,z_0)$为曲面上任意一点,则$M_0(x_0,y_0,z_0)$满足$\sqrt{x_0}+\sqrt{y_0}+\sqrt{z_0}=\sqrt{a}$,令$F(x,y,z)=\sqrt{x}+\sqrt{y}+\sqrt{z}-\sqrt{a}$,则$F'_x=\dfrac{1}{2\sqrt{x}},F'_y=\dfrac{1}{2\sqrt{y}},F'_z=\dfrac{1}{2\sqrt{z}}$,$M_0$处切平面的法向量为$\boldsymbol{n}=\left\{\dfrac{1}{2\sqrt{x_0}},\dfrac{1}{2\sqrt{y_0}},\dfrac{1}{2\sqrt{z_0}}\right\}=\dfrac{1}{2}\left\{\dfrac{1}{\sqrt{x_0}},\dfrac{1}{\sqrt{y_0}},\dfrac{1}{\sqrt{z_0}}\right\}$,$M_0$处切平面为

$$\frac{1}{\sqrt{x_0}}(x-x_0)+\frac{1}{\sqrt{y_0}}(y-y_0)+\frac{1}{\sqrt{z_0}}(z-z_0)=0$$

即

$$\frac{x}{\sqrt{x_0}}+\frac{y}{\sqrt{y_0}}+\frac{z}{\sqrt{z_0}}=\sqrt{x_0}+\sqrt{y_0}+\sqrt{z_0}=\sqrt{a}$$

化成截距式得$\dfrac{x}{\sqrt{a}\sqrt{x_0}}+\dfrac{y}{\sqrt{a}\sqrt{y_0}}+\dfrac{z}{\sqrt{a}\sqrt{z_0}}=1$,截距之和为

$$\sqrt{a}\sqrt{x_0}+\sqrt{a}\sqrt{y_0}+\sqrt{a}\sqrt{z_0}=\sqrt{a}\,(\sqrt{x_0}+\sqrt{y_0}+\sqrt{z_0})=\sqrt{a}\cdot\sqrt{a}=a$$

8. 试证:锥面$z=\sqrt{x^2+y^2}+3$的所有切平面都过锥面的顶点$(0,0,3)$.

证明 设$M_0(x_0,y_0,z_0)$为锥面上任意一点,则$z_0=\sqrt{x_0^2+y_0^2}+3$,令$F(x,y,z)=\sqrt{x^2+y^2}+3-z$,则$F'_x=\dfrac{x}{\sqrt{x^2+y^2}},F'_y=\dfrac{y}{\sqrt{x^2+y^2}},F'_z=-1$,$M_0$处切平面的法向量为$\boldsymbol{n}=\left\{\dfrac{x_0}{\sqrt{x_0^2+y_0^2}},\dfrac{y_0}{\sqrt{x_0^2+y_0^2}},-1\right\}=\dfrac{1}{\sqrt{x_0^2+y_0^2}}\{x_0,y_0,-\sqrt{x_0^2+y_0^2}\}$,$M_0$处切平面方程为

$$x_0(x-x_0)+y_0(y-y_0)-\sqrt{x_0^2+y_0^2}\,(z-z_0)=0$$

将顶点坐标$(0,0,3)$代入切平面方程左边得

$$左边=x_0(0-x_0)+y_0(0-y_0)-\sqrt{x_0^2+y_0^2}\,(3-z_0)$$
$$=-x_0^2-y_0^2-\sqrt{x_0^2+y_0^2}\,(3-z_0)$$
$$=-x_0^2-y_0^2-\sqrt{x_0^2+y_0^2}\,(-\sqrt{x_0^2+y_0^2})=-(x_0^2+y_0^2)+x_0^2+y_0^2=0=右边$$

即顶点坐标满足切平面方程,所以锥面$z=\sqrt{x^2+y^2}+3$的所有切平面都过锥面的顶点$(0,0,3)$.

习题 9.7

2. 试说明函数$z=1-\sqrt{x^2+y^2}$在原点的偏导数不存在,但在原点有极大值.

解 $z'_x(0,0)=\lim\limits_{\Delta x\to 0}\dfrac{z(0+\Delta x,0)-z(0,0)}{\Delta x}=\lim\limits_{\Delta x\to 0}\dfrac{1-\sqrt{(\Delta x)^2+0^2}-1}{\Delta x}=\lim\limits_{\Delta x\to 0}\dfrac{-\sqrt{(\Delta x)^2}}{\Delta x}$不存在

$$z'_y(0,0)=\lim_{\Delta y\to 0}\frac{z(0,0+\Delta y)-z(0,0)}{\Delta y}=\lim_{\Delta y\to 0}\frac{1-\sqrt{0^2+(\Delta y)^2}-1}{\Delta y}=\lim_{\Delta y\to 0}\frac{-\sqrt{(\Delta y)^2}}{\Delta y}\text{不存在}$$

即函数 $z=1-\sqrt{x^2+y^2}$ 在 $(0,0)$ 处偏导不存在,但因为 $\sqrt{x^2+y^2}\geqslant 0$,故 $z=1-\sqrt{x^2+y^2}\leqslant 1$,因而函数有极大值 1.

3. (2) 求函数 $f(x,y)=24xy-6xy^2-4x^2y+x^2y^2$ 的极值.

解 (2)令 $\begin{cases} f'_x(x,y)=24y-6y^2-8xy+2xy^2=0 \\ f'_y(x,y)=24x-12xy-4x^2+2x^2y=0 \end{cases}$,解得可能极值点有 $(0,0)$,$(6,0)$,

$(0,4)$,$(3,2)$,$(6,4)$,因为 $A=f''_{xx}=-8y+2y^2$,$B=f''_{xy}=24-12y-8x+4xy$,$C=f''_{yy}=-12x+2x^2$,有

在点 $(0,0)$ 处,$A=0$,$B=24$,$C=0$,$AC-B^2=-24^2<0$,所以函数在点 $(0,0)$ 处无极值;

在点 $(6,0)$ 处,$A=0$,$B=-24$,$C=0$,$AC-B^2=-24^2<0$,所以函数在点 $(6,0)$ 处无极值;

在点 $(0,4)$ 处,$A=0$,$B=-24$,$C=0$,$AC-B^2=-24^2<0$,所以函数在点 $(0,4)$ 处无极值;

在点 $(3,2)$ 处,$A=-8$,$B=0$,$C=-18$,$AC-B^2=144>0$,且 $A<0$,所以函数有极大值 $f(3,2)=36$;

在点 $(6,4)$ 处,$A=0$,$B=24$,$C=0$,$AC-B^2=-24^2<0$,所以函数在点 $(6,4)$ 处无极值.

4. 求下列函数在闭区域上的最大、最小值.

(1) $z=x^2y(4-x-y)$,闭区域 D:$x\geqslant 0$,$y\geqslant 0$,$x+y\leqslant 4$.

解 (1)首先,求函数在 D 内的可能极值点,由方程组

$$\begin{cases} z'_x=8xy-3x^2y-2xy^2=0 \\ z'_y=4x^2-x^3-2x^2y=0 \end{cases}$$

解得 D 内的可能极值点为 $(2,1)$,$A=z''_{xx}=8y-6xy-2y^2$,$B=z''_{xy}=8x-3x^2-4xy$,$C=z''_{yy}=-4xy$,在点 $(2,1)$ 处,$A=-6$,$B=-4$,$C=-8$,$AC-B^2=32>0$,且 $A<0$,所以 $z(2,1)=4$ 为函数的极大值.

其次,求函数在区域 D 的边界上的最大值与最小值,在 D 的边界 $x=0$,$0\leqslant y\leqslant 4$ 上,$z=0$,在 D 的边界 $y=0$,$0\leqslant x\leqslant 4$ 上,$z=0$,在 D 的边界 $x+y=4$ 上,$z=0$,即函数在区域 D 的边界上恒为 0,综上,$z=x^2y(4-x-y)$ 在闭区域 D:$x\geqslant 0$,$y\geqslant 0$,$x+y\leqslant 4$ 上的最大值为 $z(2,1)=4$,最小值为 0.

5. 求函数 $z=xy$ 在适合附加条件 $x+y=1$ 下的极大值.

解 **解法 1** 化为无条件极值

将条件 $x+y=1$ 代入 $z=xy$ 中,得 $z=x(1-x)=x-x^2$,令 $z'=1-2x=0$ 得驻点 $x=\frac{1}{2}$,此时 $y=\frac{1}{2}$,$z''=-2<0$,所以 $z\left(\frac{1}{2},\frac{1}{2}\right)=\frac{1}{4}$ 为极大值.

解法 2 用 λ 乘数法

设 $F(x,y,\lambda)=xy+\lambda(x+y-1)$,令

$$\begin{cases} F'_x = y + \lambda = 0 \\ F'_y = x + \lambda = 0 \\ F'_\lambda = x + y - 1 = 0 \end{cases}$$

解得唯一驻点 $\left(\dfrac{1}{2}, \dfrac{1}{2}\right)$ 为极大值点.

6. 用化为无条件极值的方法求解下列各题：

（1）用铁皮制造一个体积为 $2\ \mathrm{m}^3$ 的有盖长方体水箱,问怎样选取它的长、宽、高才能使所用材料最省？

（2）一个长方形敞口盒子,它的底面积与四个侧面积的和为一常数 m,问盒子各边长度多大时,才能使盒子的容积最大？

解 （1）设长方体水箱的长、宽、高分别为 $x, y, z\ (x>, y>0, z>0)$,由题意得 $xyz = 2$,即 $z = \dfrac{2}{xy}$,本题是求表面积函数 $S = 2(xy + yz + xz)$ 在条件 $xyz = 2$ 下的最小值问题,将条件 $z = \dfrac{2}{xy}$ 代入函数中得

$$S = 2(xy + yz + xz) = 2\left(xy + \frac{2}{x} + \frac{2}{y}\right)$$

令
$$\begin{cases} S'_x = 2y - \dfrac{4}{x^2} = 0 \\ S'_y = 2x - \dfrac{4}{y^2} = 0 \end{cases}$$

解得唯一驻点 $x = y = \sqrt[3]{2}$,此时 $z = \dfrac{2}{\sqrt[3]{2} \cdot \sqrt[3]{2}} = \sqrt[3]{2}$,由问题的实际意义,唯一驻点必是最小值点,即当长、宽、高都是 $\sqrt[3]{2}$ 时,才能使所用材料最省.

（2）设盒子的长、宽、高分别为 $x, y, z\ (x>, y>0, z>0)$,由题意得 $xy + 2yz + 2xz = m$,本题是求体积函数 $V = xyz$ 在条件 $xy + 2yz + 2xz = m$ 下的最大值问题,将条件 $xy + 2yz + 2xz = m$,即 $z = \dfrac{m - xy}{2x + 2y}$,代入函数中得 $V = xyz = xy \cdot \dfrac{m - xy}{2x + 2y} = \dfrac{mxy - x^2 y^2}{2x + 2y}$

令
$$\begin{cases} V'_x = \dfrac{2my^2 - 2x^2 y^2 - 4xy^3}{(2x + 2y)^2} = 0 \\ V'_y = \dfrac{2mx^2 - 2x^2 y^2 - 4x^3 y}{(2x + 2y)^2} = 0 \end{cases}$$

解得唯一驻点 $x = y = \sqrt{\dfrac{m}{3}}$,此时 $z = \dfrac{m - \sqrt{\dfrac{m}{3}}\sqrt{\dfrac{m}{3}}}{2\sqrt{\dfrac{m}{3}} + 2\sqrt{\dfrac{m}{3}}} = \dfrac{1}{2}\sqrt{\dfrac{m}{3}}$,由问题的实际意义,唯一驻

点必是最大值点,即当长、宽都是 $\sqrt{\dfrac{m}{3}}$,高是 $\dfrac{1}{2}\sqrt{\dfrac{m}{3}}$ 时,盒子的容积最大.

习题 9.8

2. 求函数 $z=x^2-xy+y^2$ 在点 $(1,1)$ 沿 $l^0=\{\cos\alpha,\cos\beta\}$ 的方向导数,问 α 取何值时,方向导数有(1)最大值,(2)最小值,(3)等于 0?

解 因为 $\dfrac{\partial z}{\partial x}=2x-y,\dfrac{\partial z}{\partial y}=-x+2y,\dfrac{\partial z}{\partial x}\Big|_{(1,1)}=1,\dfrac{\partial z}{\partial y}\Big|_{(1,1)}=1$,所以

$$\dfrac{\partial z}{\partial l}\Big|_{(1,1)}=\dfrac{\partial z}{\partial x}\Big|_{(1,1)}\cos\alpha+\dfrac{\partial z}{\partial y}\Big|_{(1,1)}\cos\beta=\cos\alpha+\cos\beta=\cos\alpha+\sin\alpha$$

$$=\sqrt{2}\left(\dfrac{\sqrt{2}}{2}\cos\alpha+\dfrac{\sqrt{2}}{2}\sin\alpha\right)=\sqrt{2}\left(\cos\dfrac{\pi}{4}\cos\alpha+\sin\dfrac{\pi}{4}\sin\alpha\right)=\sqrt{2}\cos\left(\alpha-\dfrac{\pi}{4}\right)$$

(1) 当 $\alpha=\dfrac{\pi}{4}$ 时,$\dfrac{\partial z}{\partial l}\Big|_{(1,1)}$ 有最大值 $\sqrt{2}$,(2) 当 $\alpha=\dfrac{5\pi}{4}$ 时,$\dfrac{\partial z}{\partial l}\Big|_{(1,1)}$ 有最小值 $-\sqrt{2}$,(3) 当 $\alpha=\dfrac{3\pi}{4}$ 时,$\dfrac{\partial z}{\partial l}\Big|_{(1,1)}$ 为零.

3. 求函数 $z=x^2+y^2$ 在点 $P_0(1,2)$ 处并沿该点到点 $P_1(2,2+\sqrt{3})$ 方向的方向导数.

解 因为 $l=\overrightarrow{P_0P_1}=\{2-1,2+\sqrt{3}-2\}=\{1,\sqrt{3}\}$,$|l|=\sqrt{1^2+(\sqrt{3})^2}=2$,$\cos\alpha=\dfrac{1}{2}$,

$\cos\beta=\dfrac{\sqrt{3}}{2}$,又 $\dfrac{\partial z}{\partial x}=2x,\dfrac{\partial z}{\partial y}=2y,\dfrac{\partial z}{\partial x}\Big|_{(1,2)}=2x\Big|_{(1,2)}=2,\dfrac{\partial z}{\partial y}\Big|_{(1,2)}=2y\Big|_{(1,2)}=4$,所以

$$\dfrac{\partial z}{\partial l}\Big|_{(1,2)}=\dfrac{\partial z}{\partial x}\Big|_{(1,2)}\cos\alpha+\dfrac{\partial z}{\partial y}\Big|_{(1,2)}\cos\beta=2\times\dfrac{1}{2}+4\times\dfrac{\sqrt{3}}{2}=1+2\sqrt{3}$$

5. 设 $u=f(x,y,z)=x^2+2y^2+3z^2+xy+3x-2y-6z$.

(1) 求 u 在点 $(0,0,0)$ 处的梯度;

(2) 求 u 在点 $(1,1,1)$ 处的方向导数 $\dfrac{\partial u}{\partial l}\Big|_{(1,1,1)}$ 的最大值.

解 (1)因为 $\dfrac{\partial u}{\partial x}\Big|_{(0,0,0)}=(2x+y+3)\Big|_{(0,0,0)}=3,\dfrac{\partial u}{\partial y}\Big|_{(0,0,0)}=(4y+x-2)\Big|_{(0,0,0)}=-2$,

$\dfrac{\partial u}{\partial z}\Big|_{(0,0,0)}=(6z-6)\Big|_{(0,0,0)}=-6$,所以

$$\mathbf{grad}\,u\Big|_{(0,0,0)}=\left\{\dfrac{\partial u}{\partial x}\Big|_{(0,0,0)},\dfrac{\partial u}{\partial y}\Big|_{(0,0,0)},\dfrac{\partial u}{\partial z}\Big|_{(0,0,0)}\right\}=\{3,-2,-6\}$$

(2) 因为 $\dfrac{\partial u}{\partial x}\Big|_{(1,1,1)}=(2x+y+3)\Big|_{(1,1,1)}=6,\dfrac{\partial u}{\partial y}\Big|_{(1,1,1)}=(4y+x-2)\Big|_{(1,1,1)}=3$,

$\dfrac{\partial u}{\partial z}\Big|_{(1,1,1)}=(6z-6)\Big|_{(1,1,1)}=0$,所以,$\mathbf{grad}\,u\Big|_{(1,1,1)}=\left\{\dfrac{\partial u}{\partial x}\Big|_{(1,1,1)},\dfrac{\partial u}{\partial y}\Big|_{(1,1,1)},\dfrac{\partial u}{\partial z}\Big|_{(1,1,1)}\right\}=$

$\{6,3,0\}$,因此 $\dfrac{\partial u}{\partial l}\Big|_{(1,1,1)}$ 的最大值为:$\left|\mathbf{grad}\,u\Big|_{(1,1,1)}\right|=\sqrt{6^2+3^2+0^2}=\sqrt{45}$.

综合练习题

一、单项选择题

1. 设 $f(x+y,x-y)=x^2-y^2$，则 $f(x,y)=$（D）.

(A) x^2-y^2；   (B) x^2+y^2；   (C) $(x-y)^2$；   (D) xy.

解　解法 1　令 $\begin{cases} u=x+y \\ v=x-y \end{cases} \Rightarrow \begin{cases} x=\dfrac{u+v}{2} \\ y=\dfrac{u-v}{2} \end{cases}$，所以

$$f(u,v)=\left(\frac{u+v}{2}\right)^2-\left(\frac{u-v}{2}\right)^2=\frac{u^2+2uv+v^2}{4}-\frac{u^2-2uv+v^2}{4}=uv$$

即 $f(x,y)=xy$.

解法 2　$f(x+y,x-y)=x^2-y^2=(x+y)(x-y)$，令 $\begin{cases} u=x+y \\ v=x-y \end{cases}$，则有 $f(u,v)=uv$，

所以 $f(x,y)=xy$. 故选（D）.

2. 设 $f(x,y)=\ln\left(x+\dfrac{y}{2x}\right)$，则 $f'_y(1,0)=$（B）.

(A) 1；   (B) $\dfrac{1}{2}$；   (C) 2；   (D) 0.

解　因为 $f'_y(x,y)=\dfrac{1}{x+\dfrac{y}{2x}} \cdot \dfrac{1}{2x}=\dfrac{1}{2x^2+y}$，所以 $f'_y(1,0)=\dfrac{1}{2\times 1^2+0}=\dfrac{1}{2}$. 故选（B）.

3. 设 $z=f(x,y)$，则 $\dfrac{\partial z}{\partial x}\bigg|_{(x_0,y_0)}=$（B）.

(A) $\lim\limits_{\Delta x\to 0}\dfrac{f(x_0+\Delta x,y_0+\Delta y)-f(x_0,y_0)}{\Delta x}$；   (B) $\lim\limits_{\Delta x\to 0}\dfrac{f(x_0+\Delta x,y_0)-f(x_0,y_0)}{\Delta x}$；

(C) $\lim\limits_{\Delta x\to 0}\dfrac{f(x_0+\Delta x,y)-f(x_0,y_0)}{\Delta x}$；   (D) $\lim\limits_{\Delta x\to 0}\dfrac{f(x_0,y_0+x)-f(x_0,y_0)}{\Delta x}$.

解　由偏导数的定义式，故选（B）.

4. 二元函数

$$f(x,y)=\begin{cases} \dfrac{xy}{x^2+y^2}, & (x,y)\neq(0,0) \\ 0, & (x,y)=(0,0) \end{cases}$$

在点 $(0,0)$ 处有（C）成立.

(A) 连续，偏导数存在；   (B) 连续，偏导数不存在；

(C) 不连续，偏导数存在；   (D) 不连续，偏导数不存在.

解　当 (x,y) 沿直线 $y=kx$ 趋于 $(0,0)$ 时，有

$$\lim_{\substack{x\to 0\\y\to 0}}f(x,y)=\lim_{\substack{x\to 0\\y\to 0}}\frac{xy}{x^2+y^2}=\lim_{\substack{x\to 0\\y=kx\to 0}}\frac{x(kx)}{x^2+(kx)^2}=\lim_{x\to 0}\frac{x(kx)}{x^2+(kx)^2}=\frac{k}{1+k^2}$$

此极限因 k 而异,所以 $\lim\limits_{\substack{x\to 0\\y\to 0}}f(x,y)$ 不存在,因此 $f(x,y)$ 在点 $(0,0)$ 不连续;又

$$f'_x(0,0)=\lim_{\Delta x\to 0}\frac{f(0+\Delta x,0)-f(0,0)}{\Delta x}=\lim_{\Delta x\to 0}\frac{\dfrac{\Delta x\cdot 0}{(\Delta x)^2+0^2}-0}{\Delta x}=0$$

$$f'_y(0,0)=\lim_{\Delta y\to 0}\frac{f(0,0+\Delta y)-f(0,0)}{\Delta y}=\lim_{\Delta y\to 0}\frac{\dfrac{0\cdot\Delta y}{0^2+(\Delta y)^2}-0}{\Delta y}=0$$

所以 $f(x,y)$ 在点 $(0,0)$ 处偏导数存在,故选(C).

5. 设函数 $f(x,y)$ 在点 $(0,0)$ 的某邻域内有定义,且 $f'_x(0,0)=3,f'_y(0,0)=-1$,则有(C)成立.

(A) $\mathrm{d}z|_{(0,0)}=3\mathrm{d}x-\mathrm{d}y$;

(B) 曲面 $z=f(x,y)$ 在点 $(0,0,f(0,0))$ 的一个法向量为 $\{3,-1,1\}$;

(C) 曲线:$\begin{cases}z=f(x,y)\\y=0\end{cases}$ 在点 $(0,0,f(0,0))$ 的一个切向量为 $\{1,0,3\}$;

(D) 曲线:$\begin{cases}z=f(x,y)\\y=0\end{cases}$ 在点 $(0,0,f(0,0))$ 的一个切向量为 $\{3,0,1\}$.

解 偏导数存在不一定可微,故(A)错误;设 $F(x,y,z)=f(x,y)-z,F'_x=f'_x,F'_y=f'_y,F'_z=-1$,曲面 $z=f(x,y)$ 在点 $(0,0,f(0,0))$ 的一个法向量为 $\boldsymbol{n}=\{f'_x(0,0),f'_y(0,0),-1\}=\{3,-1,-1\}$,故(B)错误;因 $(0,0,f(0,0))$ 处的切向量与法向量垂直,又 $\{3,-1,-1\}\cdot\{1,0,3\}=3\times 1+(-1)\times 0+(-1)\times 3=0$,知向量 $\{1,0,3\}$ 和法向量 $\boldsymbol{n}=\{3,-1,-1\}$ 垂直,$\{1,0,3\}$ 是切向量,故(C)正确;又因为 $\{3,-1,-1\}\cdot\{3,0,1\}=3\times 3+(-1)\times 0+(-1)\times 1=8\neq 0$,知向量 $\{3,0,1\}$ 和法向量 $\boldsymbol{n}=\{3,-1,-1\}$ 不垂直,$\{3,0,1\}$ 不是切向量,故(D)错误,因此,选(C).

6. $z=\ln\sqrt{1+x^2+y^2}$,则 $\mathrm{d}z|_{(1,1)}=$(C).

(A) $\dfrac{1}{2}(\mathrm{d}x+\mathrm{d}y)$;   (B) $\mathrm{d}x+\mathrm{d}y$;

(C) $\dfrac{1}{3}(\mathrm{d}x+\mathrm{d}y)$;   (D) $\sqrt{3}(\mathrm{d}x+\mathrm{d}y)$.

解 因为

$$\frac{\partial z}{\partial x}=\frac{1}{\sqrt{1+x^2+y^2}}\cdot\frac{2x}{2\sqrt{1+x^2+y^2}}=\frac{x}{1+x^2+y^2}$$

$$\frac{\partial z}{\partial y}=\frac{1}{\sqrt{1+x^2+y^2}}\cdot\frac{2y}{2\sqrt{1+x^2+y^2}}=\frac{y}{1+x^2+y^2}$$

$$\frac{\partial z}{\partial x}\Big|_{(1,1)}=\frac{x}{1+x^2+y^2}\Big|_{(1,1)}=\frac{1}{3},\frac{\partial z}{\partial y}\Big|_{(1,1)}=\frac{y}{1+x^2+y^2}\Big|_{(1,1)}=\frac{1}{3}$$

所以，$\mathrm{d}z|_{(1,1)} = \dfrac{\partial z}{\partial x}\Big|_{(1,1)}\mathrm{d}x + \dfrac{\partial z}{\partial y}\Big|_{(1,1)}\mathrm{d}y = \dfrac{1}{3}\mathrm{d}x + \dfrac{1}{3}\mathrm{d}y$，故选(C)．

7. $z = \phi(x+y) + \psi(x-y)$，$\phi$ 与 ψ 可微，则有(D)．

(A) $z''_{xx} + z''_{yy} = 0$;　　　　　　　　　　(B) $z''_{xx} + z''_{xy} = 0$;

(C) $z''_{xy} = 0$;　　　　　　　　　　　　　　(D) $z''_{xx} - z''_{yy} = 0$.

解　因为 $z'_x = \phi' \cdot 1 + \psi' \cdot 1 = \phi' + \psi'$，$z'_y = \phi' \cdot 1 + \psi' \cdot (-1) = \phi' - \psi'$，$z''_{xx} = \phi'' + \psi''$，$z''_{xy} = \phi'' - \psi''$，$z''_{yy} = \phi'' + \psi''$，所以 $z''_{xx} + z''_{yy} = 2(\phi'' + \psi'')$，故(A)错误，$z''_{xx} + z''_{xy} = \phi'' + \psi'' + \phi'' - \psi'' = 2\phi''$，故(B)错误，$z''_{xx} - z''_{yy} = 0$，因此选(D)．

8. 设 $f(x,y) = x^3 - 12xy + 8y^3$ 在驻点(2,1)处(A)．

(A) 取得极小值;　　　　　　　　　　　　(B) 取得极大值;

(C) 不取得极值;　　　　　　　　　　　　(D) 无法判定是否有极值.

解　$f'_x(x,y) = 3x^2 - 12y$，$f'_y(x,y) = -12x + 24y^2$，$A = f''_{xx} = 6x$，$B = f''_{xy} = -12$，$C = f''_{yy} = 48y$，在驻点(2,1)处，$A = 12$，$B = -12$，$C = 48$，$AC - B^2 = 12 \times 48 - (-12)^2 > 0$，$A = 12 > 0$，所以函数在(2,1)处取得极小值，因此选(A)．

9. 设 $z^2 = xy - 1$ 在点(0,1,-1)处的切平面方程为(A)．

(A) $x + 2z + 2 = 0$;　　　　　　　　　　(B) $2y + 2z = 0$;

(C) $x - 2y + z = 0$;　　　　　　　　　　(D) $x + y + z = 0$.

解　令 $F(x,y,z) = z^2 - xy + 1$，$F'_x = -y$，$F'_y = -x$，$F'_z = 2z$，$F'_x(0,1,-1) = -1$，$F'_y(0,1,-1) = 0$，$F'_z(0,1,-1) = -2$，点(0,1,-1)处的法向量为

$$\boldsymbol{n} = \{F'_x(0,1,-1), F'_y(0,1,-1), F'_z(0,1,-1)\} = \{-1, 0, -2\}$$

所以(0,1,-1)处的切平面方程为 $-1 \cdot (x-0) + 0 \cdot (y-1) - 2 \cdot (z+1) = 0$，即 $x + 2z + 2 = 0$，因此选(A)．

10. 在曲线 $x = t, y = -t^2, z = t^3$ 的所有切线中，与平面 $x + 2y + z = 4$ 平行的切线(C)．

(A) 只有1条;　　　(B) 只有3条;　　　(C) 只有2条;　　　(D) 不存在.

解　曲线在点 $M(x,y,z) \leftrightarrow t$ 处的切向量为 $\boldsymbol{T} = \{1, -2t, 3t^2\}$，平面 $x + 2y + z = 4$ 的法向量是 $\boldsymbol{n} = \{1, 2, 1\}$，切线与平面 $x + 2y + z = 4$ 平行，则切向量 $\boldsymbol{T}$ 与法向量 $\boldsymbol{n}$ 垂直，即 $\boldsymbol{T} \cdot \boldsymbol{n} = 0$，所以

$$\{1, -2t, 3t^2\} \cdot \{1, 2, 1\} = 1 - 4t + 3t^2 = 0 \quad 即 \quad 3t^2 - 4t + 1 = 0 \qquad (*)$$

$\Delta = (-4)^2 - 4 \times 3 \times 1 = 16 - 12 = 4 > 0$，方程(*)有两个不同的实数根，因此选(C)．

二、填空题

1. 在"充分"、"必要"与"充分且必要"三者中选择一个正确的填入下列空格内：

(1) $f(x,y)$ 在点(x,y)可微分是 $f(x,y)$ 在该点连续的　充分　条件，$f(x,y)$ 在点(x,y)连续是 $f(x,y)$ 在该点可微分的　必要　条件.

(2) $z = f(x,y)$ 在点(x,y)的偏导数 $\dfrac{\partial z}{\partial x}$ 及 $\dfrac{\partial z}{\partial y}$ 存在是 $f(x,y)$ 在该点可微分的　必要

条件,$z=f(x,y)$ 在点 (x,y) 可微分是函数在该点的偏导数 $\dfrac{\partial z}{\partial x}$ 及 $\dfrac{\partial z}{\partial y}$ 存在的 __充分__ 条件.

(3) $z=f(x,y)$ 的偏导数 $\dfrac{\partial z}{\partial x}$ 及 $\dfrac{\partial z}{\partial y}$ 在点 (x,y) 存在且连续是 $f(x,y)$ 在该点可微分的 __充分__ 条件.

(4) 函数 $z=f(x,y)$ 的两个二阶混合偏导数 $\dfrac{\partial^2 z}{\partial x \partial y}$ 及 $\dfrac{\partial^2 z}{\partial y \partial x}$ 在区域 D 内连续是这两个二阶混合偏导数在 D 内相等的 __充分__ 条件.

解 可参看教材中的结论.

2. 设 P_0 是 $z=f(x,y)$ 的驻点,$A=f''_{xx}(P_0)$,$B=f''_{xy}(P_0)$,$C=f''_{yy}(P_0)$,令 $\Delta=B^2-AC$,则当 Δ 的符号为 __负__ 时,函数 $f(x,y)$ 在 P_0 有极值,当 A 与 Δ 的符号分别为 __负__ 及 __负__ 时,函数 $f(x,y)$ 在 P_0 达到极大值.

解 见极值判别法.

3. 函数 $z=\sqrt{\sin(x^2+y^2)}+\arcsin\dfrac{x^2+y^2}{3}$ 的定义域为 ___$\{(x,y)\mid 0 \leqslant x^2+y^2 \leqslant 3\}$___ .

解 由 $\begin{cases} \sin(x^2+y^2) \geqslant 0 \\ -1 \leqslant \dfrac{x^2+y^2}{3} \leqslant 1 \end{cases} \Rightarrow \begin{cases} 2k\pi \leqslant x^2+y^2 \leqslant 2k\pi+\pi (k \in \mathbf{Z}) \\ -3 \leqslant x^2+y^2 \leqslant 3 \end{cases} \Rightarrow 0 \leqslant x^2+y^2 \leqslant 3.$

4. 设 $z=(1+xy)^y$,$\dfrac{\partial z}{\partial y}=$ ___$(1+xy)^y\left[\ln(1+xy)+\dfrac{xy}{1+xy}\right]$___ .

解 因为 $z=(1+xy)^y=\mathrm{e}^{y\ln(1+xy)}$,所以

$$\dfrac{\partial z}{\partial y}=\mathrm{e}^{y\ln(1+xy)}\left[1 \cdot \ln(1+xy)+y \cdot \dfrac{1}{1+xy} \cdot x\right]=(1+xy)^y\left[\ln(1+xy)+\dfrac{xy}{1+xy}\right]$$

5. 设 $z=\dfrac{y}{x}\arcsin\dfrac{x}{y}$,则 $x\dfrac{\partial z}{\partial x}+y\dfrac{\partial z}{\partial y}=$ ___0___ .

解 因为

$$\dfrac{\partial z}{\partial x}=-\dfrac{y}{x^2} \cdot \arcsin\dfrac{x}{y}+\dfrac{y}{x} \cdot \dfrac{1}{\sqrt{1-\left(\dfrac{x}{y}\right)^2}} \cdot \dfrac{1}{y}=-\dfrac{y}{x^2} \cdot \arcsin\dfrac{x}{y}+\dfrac{1}{x\sqrt{1-\dfrac{x^2}{y^2}}}$$

$$\dfrac{\partial z}{\partial y}=\dfrac{1}{x} \cdot \arcsin\dfrac{x}{y}+\dfrac{y}{x} \cdot \dfrac{1}{\sqrt{1-\left(\dfrac{x}{y}\right)^2}} \cdot \left(-\dfrac{x}{y^2}\right)=\dfrac{1}{x} \cdot \arcsin\dfrac{x}{y}-\dfrac{1}{y\sqrt{1-\dfrac{x^2}{y^2}}}$$

所以 $x\dfrac{\partial z}{\partial x}+y\dfrac{\partial z}{\partial y}=x\left(-\dfrac{y}{x^2} \cdot \arcsin\dfrac{x}{y}+\dfrac{1}{x\sqrt{1-\dfrac{x^2}{y^2}}}\right)+y\left(\dfrac{1}{x} \cdot \arcsin\dfrac{x}{y}-\dfrac{1}{y\sqrt{1-\dfrac{x^2}{y^2}}}\right)$

$$=-\dfrac{y}{x}\arcsin\dfrac{x}{y}+\dfrac{1}{\sqrt{1-\dfrac{x^2}{y^2}}}+\dfrac{y}{x}\arcsin\dfrac{x}{y}-\dfrac{1}{\sqrt{1-\dfrac{x^2}{y^2}}}=0$$

6. $z=\arctan\dfrac{x+y}{1-xy}$，则 $\mathrm{d}z=$ $\underline{\dfrac{1}{1+x^2}\mathrm{d}x+\dfrac{1}{1+y^2}\mathrm{d}y}$ ．

解 因为 $\dfrac{\partial z}{\partial x}=\dfrac{1}{1+\left(\dfrac{x+y}{1-xy}\right)^2}\cdot\dfrac{1\cdot(1-xy)-(x+y)\cdot(-y)}{(1-xy)^2}=\dfrac{1-xy+xy+y^2}{(1-xy)^2+(x+y)^2}$

$$=\dfrac{1+y^2}{1-2xy+x^2y^2+x^2+2xy+y^2}=\dfrac{1+y^2}{(1+x^2)(1+y^2)}=\dfrac{1}{1+x^2}$$

$\dfrac{\partial z}{\partial y}=\dfrac{1}{1+\left(\dfrac{x+y}{1-xy}\right)^2}\cdot\dfrac{1\cdot(1-xy)-(x+y)\cdot(-x)}{(1-xy)^2}=\dfrac{1-xy+x^2+xy}{(1-xy)^2+(x+y)^2}$

$$=\dfrac{1+x^2}{1-2xy+x^2y^2+x^2+2xy+y^2}=\dfrac{1+x^2}{(1+x^2)(1+y^2)}=\dfrac{1}{1+y^2}$$

所以 $\mathrm{d}z=\dfrac{\partial z}{\partial x}\mathrm{d}x+\dfrac{\partial z}{\partial y}\mathrm{d}y=\dfrac{1}{1+x^2}\mathrm{d}x+\dfrac{1}{1+y^2}\mathrm{d}y.$

7. 设 $u=f(x,xy,xyz)$，f 有二阶连续偏导数，则 $\dfrac{\partial^2 u}{\partial y\partial z}=$ $\underline{x^2yf''_{23}+x^2yzf''_{33}+xf'_3}$ ．

解 $\dfrac{\partial u}{\partial y}=f'_2\cdot x+f'_3\cdot xz=xf'_2+xzf'_3$

$\dfrac{\partial^2 u}{\partial y\partial z}=\dfrac{\partial}{\partial z}\left(\dfrac{\partial u}{\partial y}\right)=\dfrac{\partial}{\partial z}(xf'_2+xzf'_3)=xf''_{23}\cdot xy+x\cdot f'_3+xz\cdot f''_{33}\cdot xy$

$$=x^2yf''_{23}+x^2yzf''_{33}+xf'_3$$

8. 设 $f(x+az,y+bz)=0$，f 可微，则 $a\dfrac{\partial z}{\partial x}+b\dfrac{\partial z}{\partial y}=$ $\underline{-1}$ ．

解 令 $F(x,y,z)=f(x+az,y+bz)$，则 $F'_x=f'_1,F'_y=f'_2,F'_z=f'_1\cdot a+f'_2\cdot b=af'_1+bf'_2$，由隐函数求导公式，$\dfrac{\partial z}{\partial x}=-\dfrac{F'_x}{F'_z}=-\dfrac{f'_1}{af'_1+bf'_2}$，$\dfrac{\partial z}{\partial y}=-\dfrac{F'_y}{F'_z}=-\dfrac{f'_2}{af'_1+bf'_2}$，所以

$a\dfrac{\partial z}{\partial x}+b\dfrac{\partial z}{\partial y}=a\cdot\dfrac{-f'_1}{af'_1+bf'_2}+b\cdot\dfrac{-f'_2}{af'_1+bf'_2}=\dfrac{-(af'_1+bf'_2)}{af'_1+bf'_2}=-1.$

9. 函数 $z=x^2-y^2$ 在闭区域 $x^2+2y^2\leqslant 4$ 上的最大值为 $\underline{4}$ ，最小值为 $\underline{-2}$ ．

解 令 $\begin{cases}z'_x=2x=0\\z'_y=-2y=0\end{cases}\Rightarrow$闭区域内部的驻点为$(0,0)$，且 $z(0,0)=0$，再求闭区域边界

$x^2+2y^2=4$ 上的最值，将 $x^2=4-2y^2$ 代入 $z=x^2-y^2$ 得

$$z=4-2y^2-y^2=4-3y^2\quad(-\sqrt2\leqslant y\leqslant\sqrt2)$$

令 $\dfrac{\mathrm{d}z}{\mathrm{d}y}=-6y=0\Rightarrow$驻点 $y=0$，此时 $z(\pm2,0)=4$，又 $z(0,\pm\sqrt2)=-2$，比较函数值 $0,4$，

-2 得最大值为 4，最小值为 -2．

10. 曲面 $x^2+2y^2+3z^2=21$ 上平行于平面 $x+4y+6z=0$ 的切平面方程为 $\underline{x+4y}$ $\underline{+6z=\pm21}$ ．

解 关键求切点,设曲面上点 $M_0(x_0,y_0,z_0)$ 处切平面平行于平面 $x+4y+6z=0$,则切平面的法向量 $\boldsymbol{n}=\{2x_0,4y_0,6z_0\}$,平面 $x+4y+6z=0$ 的法向量 $\boldsymbol{n_0}=\{1,4,6\}$,两平面平行,则 $\boldsymbol{n}/\!/\boldsymbol{n_0}$,从而有

$$\frac{2x_0}{1}=\frac{4y_0}{4}=\frac{6z_0}{6}\Rightarrow y_0=z_0=2x_0$$

又 $M_0(x_0,y_0,z_0)$ 满足 $x_0^2+2y_0^2+3z_0^2=21$,所以

$$x_0^2+2\cdot(2x_0)^2+3\cdot(2x_0)^2=21\quad\Rightarrow x_0^2=1,即\quad x_0=\pm1$$

所以点 $M_0(x_0,y_0,z_0)$ 处切平面方程为

$$1\cdot(x-x_0)+4\cdot(y-2x_0)+6\cdot(z-2x_0)=0$$

即 $x+4y+6z=21x_0=\pm21$.

三、计算题与证明题

1. 求函数 $f(x,y)=\dfrac{\sqrt{4x-y^2}}{\ln(1-x^2-y^2)}$ 的定义域,并求 $\lim\limits_{(x,y)\to\left(\frac{1}{2},0\right)}f(x,y)$.

解 由 $\begin{cases}1-x^2-y^2>0 \text{ 且 } 1-x^2-y^2\neq1\\4x-y^2\geq0\end{cases}\Rightarrow\begin{cases}0<x^2+y^2<1\\y^2\leq4x\end{cases}$

所以 $D=\{(x,y)\,|\,0<x^2+y^2<1,y^2\leq4x\}$;又因为 $f(x,y)=\dfrac{\sqrt{4x-y^2}}{\ln(1-x^2-y^2)}$ 为初等函数,

且有 $\left(\dfrac{1}{2},0\right)\in D$,所以 $\lim\limits_{(x,y)\to\left(\frac{1}{2},0\right)}f(x,y)=f\left(\dfrac{1}{2},0\right)=\dfrac{\sqrt{4\times\frac{1}{2}-0^2}}{\ln\left(1-\frac{1}{4}-0\right)}=\dfrac{\sqrt{2}}{\ln3-\ln4}$.

2. 设 $f(x,y)=\begin{cases}\dfrac{x^2y}{x^2+y^2},&x^2+y^2\neq0\\0,&x^2+y^2=0\end{cases}$,求 $f_x'(x,y)$ 及 $f_y'(x,y)$.

解 当 $x^2+y^2\neq0$ 时,$f_x'(x,y)=\dfrac{2xy\cdot(x^2+y^2)-x^2y\cdot2x}{(x^2+y^2)^2}=\dfrac{2xy^3}{(x^2+y^2)^2}$

$$f_y'(x,y)=\dfrac{x^2\cdot(x^2+y^2)-x^2y\cdot2y}{(x^2+y^2)^2}=\dfrac{x^2(x^2-y^2)}{(x^2+y^2)^2}$$

当 $x^2+y^2=0$ 时,$f_x'(0,0)=\lim\limits_{\Delta x\to0}\dfrac{f(0+\Delta x,0)-f(0,0)}{\Delta x}=\lim\limits_{\Delta x\to0}\dfrac{\frac{(\Delta x)^2\cdot0}{(\Delta x)^2+0^2}-0}{\Delta x}=0$

$$f_y'(0,0)=\lim\limits_{\Delta y\to0}\dfrac{f(0,0+\Delta y)-f(0,0)}{\Delta y}=\lim\limits_{\Delta y\to0}\dfrac{\frac{0^2\cdot\Delta y}{0^2+(\Delta y)^2}-0}{\Delta y}=0$$

所以 $f_x'(x,y)=\begin{cases}\dfrac{2xy^3}{(x^2+y^2)^2},&x^2+y^2\neq0\\0,&x^2+y^2=0\end{cases}$,$f_y'(x,y)=\begin{cases}\dfrac{x^2(x^2-y^2)}{(x^2+y^2)^2},&x^2+y^2\neq0\\0,&x^2+y^2=0\end{cases}$.

3. 设 $u=f(y-z,z-x,x-y)$ 有连续偏导数，求 $\dfrac{\partial u}{\partial x}+\dfrac{\partial u}{\partial y}+\dfrac{\partial u}{\partial z}$.

解 因为 $\dfrac{\partial u}{\partial x}=f_2'\cdot(-1)+f_3'\cdot 1=-f_2'+f_3',\dfrac{\partial u}{\partial y}=f_1'\cdot 1+f_3'\cdot(-1)=f_1'-f_3',\dfrac{\partial u}{\partial z}$

$=f_1'\cdot(-1)+f_2'\cdot 1=-f_1'+f_2'$，所以 $\dfrac{\partial u}{\partial x}+\dfrac{\partial u}{\partial y}+\dfrac{\partial u}{\partial z}=-f_2'+f_3'+f_1'-f_3'-f_1'+f_2'=0$.

4. 设 $f(x,y)=\displaystyle\int_0^{\sqrt{xy}}\mathrm{e}^{-t^2}\mathrm{d}t,x>0,y>0$，求 $\dfrac{\partial f}{\partial x}$.

解 $\dfrac{\partial f}{\partial x}=\mathrm{e}^{-(\sqrt{xy})^2}\cdot\dfrac{y}{2\sqrt{xy}}=\dfrac{1}{2}\sqrt{\dfrac{y}{x}}\,\mathrm{e}^{-xy}$.

5. 设 $z=f(u,v),u=x\varphi(y),v=x-y,f$ 有二阶连续偏导数，$\varphi(y)$ 可导，求 $\dfrac{\partial z}{\partial y},\dfrac{\partial^2 z}{\partial y\partial x}$.

解 因为 $z=f(u,v)=f(x\varphi(y),x-y)$，所以

$$\frac{\partial z}{\partial y}=f_1'\cdot x\varphi'(y)+f_2'\cdot(-1)=x\varphi'(y)f_1'-f_2'$$

$$\frac{\partial^2 z}{\partial y\partial x}=\frac{\partial}{\partial x}\left(\frac{\partial z}{\partial y}\right)=\frac{\partial}{\partial x}(x\varphi'(y)f_1'-f_2')$$

$$=\varphi'(y)f_1'+x\varphi'(y)[f_{11}''\cdot\varphi(y)+f_{12}'']-[f_{21}''\cdot\varphi(y)+f_{22}'']$$

$$=\varphi'(y)f_1'-f_{22}''+x\varphi(y)\varphi'(y)f_{11}''+[x\varphi'(y)-\varphi(y)]f_{12}''$$

6. 设函数 $f(x,y)$ 可微，且 $f(0,0)=0,f_x'(0,0)=a,f_y'(0,0)=b$，函数 $F(t)=\mathrm{e}^t f[t,f(t,t)]$，求 $F'(0)$.

解 因为 $F'(t)=\mathrm{e}^t f(t,f(t,t))+\mathrm{e}^t f_1'(t,f(t,t))+\mathrm{e}^t f_2'(t,f(t,t))\cdot[f_1'(t,t)+f_2'(t,t)]$，将 $t=0$ 代入可算得：

$$F'(0)=f(0,0)+f_1'(0,0)+f_2'(0,0)(a+b)=a+b(a+b)$$

7. 已知 $xy=xf(z)+yg(z)$，且 $xf'(z)+yg'(z)\neq 0$，求证由所设等式确定的隐函数 $z=z(x,y)$ 满足

$$[x-g(z)]\frac{\partial z}{\partial x}=[y-f(z)]\frac{\partial z}{\partial y}$$

证明 方程 $xy=xf(z)+yg(z)$ 两边对 x 求偏导数，得 $y=f(z)+xf'(z)\dfrac{\partial z}{\partial x}+yg'(z)\dfrac{\partial z}{\partial x}$，所以

$$\frac{\partial z}{\partial x}=\frac{y-f(z)}{xf'(z)+yg'(z)} \qquad\qquad ①$$

方程 $xy=xf(z)+yg(z)$ 两边再对 y 求偏导数，得 $x=xf'(z)\dfrac{\partial z}{\partial y}+g(z)+yg'(z)\dfrac{\partial z}{\partial y}$，所以

$$\frac{\partial z}{\partial y}=\frac{x-g(z)}{xf'(z)+yg'(z)} \qquad\qquad ②$$

由①，②可得，$\dfrac{1}{y-f(z)}\dfrac{\partial z}{\partial x}=\dfrac{1}{xf'(z)+yg'(z)}=\dfrac{1}{x-g(z)}\dfrac{\partial z}{\partial y}$，即有

$$[x-g(z)]\frac{\partial z}{\partial x}=[y-f(z)]\frac{\partial z}{\partial y}$$

8. 设 $\varphi(x-az,y-bz)=0$ 确定 $z=z(x,y)$，φ 可微，证明由所设方程定义的曲面上任一点处的切平面与直线 $\frac{x}{a}=\frac{y}{b}=z$ 平行（其中 a,b 是常数）.

证明 设 $F(x,y,z)=\varphi(x-az,y-bz)$，则 $F'_x=\varphi'_1,F'_y=\varphi'_2,F'_z=-a\varphi'_1-b\varphi'_2$，所以由所设方程定义的曲面上点 $M(x,y,z)$ 处的法向量为
$$\boldsymbol{n}=\{F'_x,F'_y,F'_z\}=\{\varphi'_1,\varphi'_2,-a\varphi'_1-b\varphi'_2\}$$
又因已知直线的方向向量 $\boldsymbol{s}=\{a,b,1\}$，且
$$\boldsymbol{n}\cdot\boldsymbol{s}=\{\varphi'_1,\varphi'_2,-a\varphi'_1-b\varphi'_2\}\cdot\{a,b,1\}=a\varphi'_1+b\varphi'_2-a\varphi'_1-b\varphi'_2=0$$
所以 $\boldsymbol{n}$ 与 $\boldsymbol{s}$ 垂直，因此结论成立.

9. 某养殖场饲养两种鱼，若甲种鱼放养 x 万尾，乙种鱼放养 y 万尾，收获时两种鱼的收获量分别为 $(3-\alpha x-\beta y)\cdot x$ 和 $(4-\beta x-2\alpha y)\cdot y(\alpha>\beta>0)$，求使产鱼总量最大的放养数.

解 设产鱼总量为 z，则
$$z=(3-\alpha x-\beta y)\cdot x+(4-\beta x-2\alpha y)\cdot y=3x+4y-\alpha x^2-2\alpha y^2-2\beta xy$$

令 $\begin{cases}\dfrac{\partial z}{\partial x}=3-2\alpha x-2\beta y=0\\[2mm]\dfrac{\partial z}{\partial y}=4-4\alpha y-2\beta x=0\end{cases}$ 解得唯一驻点 $\begin{cases}x_0=\dfrac{3\alpha-2\beta}{2\alpha^2-\beta^2}\\[2mm]y_0=\dfrac{4\alpha-3\beta}{2(2\alpha^2-\beta^2)}\end{cases}$ （因为 $\alpha>\beta>0$，所以 $x_0,y_0>0$）

由 $A=\dfrac{\partial^2 z}{\partial x^2}=-2\alpha,B=\dfrac{\partial^2 z}{\partial x\partial y}=-2\beta,C=\dfrac{\partial^2 z}{\partial y^2}=-4\alpha$，故 $AC-B^2=8\alpha^2-4\beta^2>0(\alpha>\beta>0)$，且 $A=-2\alpha<0$，所以 z 在驻点 (x_0,y_0) 处取得极大值也是最大值，即使产鱼总量最大的放养数是甲种鱼放养 $\dfrac{3\alpha-2\beta}{2\alpha^2-\beta^2}$（万尾），乙种鱼放养 $\dfrac{4\alpha-3\beta}{2(2\alpha^2-\beta^2)}$（万尾）.

10. 求曲面 $\sqrt{x}+\sqrt{y}+\sqrt{z}=1$ 的一张切平面，使其在三个坐标轴上的截距之积为最大.

解 先求出曲面上点 $M(x,y,z)$ 处的切平面方程，设 $F(x,y,z)=\sqrt{x}+\sqrt{y}+\sqrt{z}-1$，$F'_x=\dfrac{1}{2\sqrt{x}},F'_y=\dfrac{1}{2\sqrt{y}},F'_z=\dfrac{1}{2\sqrt{z}}$，则曲面上点 $M(x,y,z)$ 处法向量可取为 $\boldsymbol{n}=\left\{\dfrac{1}{\sqrt{x}},\dfrac{1}{\sqrt{y}},\dfrac{1}{\sqrt{z}}\right\}$，因此曲面上点 $M(x,y,z)$ 处的切平面方程为
$$\frac{1}{\sqrt{x}}(X-x)+\frac{1}{\sqrt{y}}(Y-y)+\frac{1}{\sqrt{z}}(Z-z)=0$$
点 (X,Y,Z) 是切平面上的动点. 由曲面方程，将切平面方程变为截距式：
$$\frac{X}{\sqrt{x}}+\frac{Y}{\sqrt{y}}+\frac{Z}{\sqrt{z}}=1$$

于是目标函数为三个截距之积：$u = \sqrt{xyz}$，求它在条件$\sqrt{x} + \sqrt{y} + \sqrt{z} = 1$下的最大值. 当然也是$xyz$的最大值（$x,y,z$为正），作辅助函数 $F(x,y,z,\lambda) = xyz + \lambda(\sqrt{x} + \sqrt{y} + \sqrt{z} - 1)$

驻点满足
$$\begin{cases} F'_x = yz + \dfrac{\lambda}{2\sqrt{x}} = 0 \\[2mm] F'_y = xz + \dfrac{\lambda}{2\sqrt{y}} = 0 \\[2mm] F'_z = xy + \dfrac{\lambda}{2\sqrt{z}} = 0 \\[2mm] F'_\lambda = \sqrt{x} + \sqrt{y} + \sqrt{z} - 1 = 0 \end{cases}$$

解出唯一驻点为$x = y = z = \dfrac{1}{9}$，由于该问题最大值存在，故曲面在点$\left(\dfrac{1}{9}, \dfrac{1}{9}, \dfrac{1}{9}\right)$处的切平面，即$x + y + z = \dfrac{1}{3}$为所求.

第10章 重积分

　　本章和第11章是多元函数积分学的内容,是一元函数定积分的推广.重积分是将一元函数定积分中的利用"和式的极限"求积分的思想由数轴上的区间,推广到平面区域和空间区域上,进而可以求立体体积、曲面面积等.

10.1 知识结构

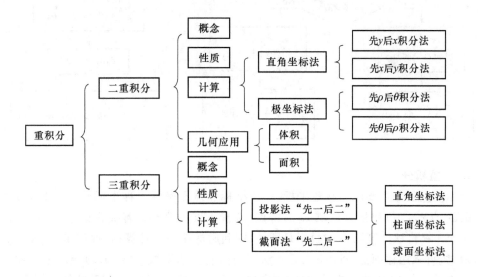

10.2 解题方法流程图

1. 二重积分

计算二重积分主要应用直角坐标与极坐标两种方法，在直角坐标系下进行计算的关键是首先判别积分区域 D 的类型（X 型或 Y 型），然后把二重积分转化为关于 x 和 y 的二次积分．积分顺序究竟选择"先 y 后 x"，还是"先 x 后 y"，原则是定积分容易计算并且积分区域尽量少分块．而应用极坐标进行计算，关键是判别被积函数 $f(x,y)$ 及区域 D 所具有的特点，如果被积函数 $f(x,y)=g(x^2+y^2)$，或积分区域是圆域（或圆域的一部分），则把二重积分转化为关于 ρ 和 θ 的二次积分．计算二重积分的解题方法流程图如下：

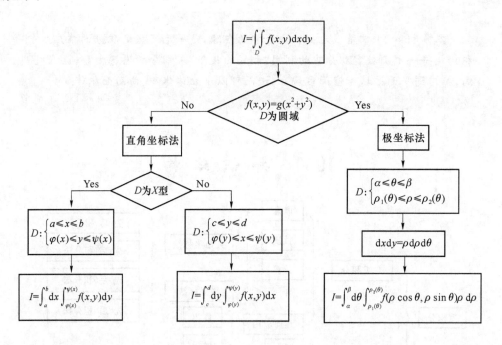

2. 三重积分

计算三重积分主要应用直角坐标、柱面坐标和球面坐标三种坐标计算．通常要根据被积函数 $f(x,y,z)$ 和积分区域 Ω 的特点，选择不同的坐标．若被积函数 $f(x,y,z)=g(x^2+y^2+z^2)$，积分区域 Ω 的投影是圆域，则利用球面坐标计算；若被积函数 $f(x,y,z)=g(z)$，则可采用截面法，即"先二后一法"计算；若被积函数 $f(x,y,z)=g(x^2+y^2)$，积分区域 Ω 为圆柱或 Ω 的投影是圆域，则利用柱面坐标计算；若以上三种特征都不具备，则采用直角坐标计算．计算三重积分的解题方法流程图如下：

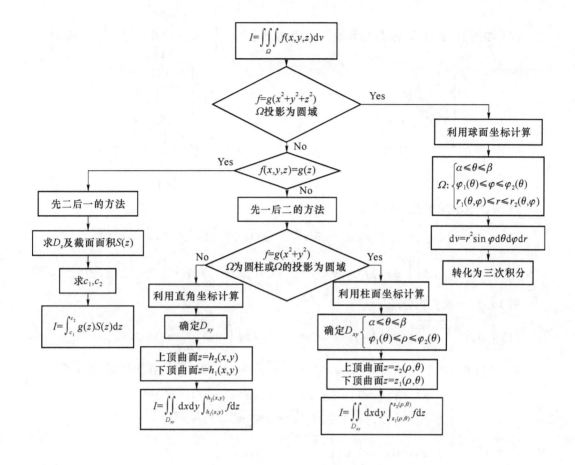

10.3　典型例题

例 10.1　化二重积分 $\iint\limits_{D} f(x,y)\mathrm{d}x\mathrm{d}y$ 为二次积分(两种顺序都要),其中 D 为:

(1) 由 $y^2=4x,y=x$ 所围成的平面闭区域;

(2) 由 $y=x,x=2,y=\dfrac{1}{x}(x>0)$ 所围成的平面闭区域.

解　解此类题的关键是画出图形,将 D 分别表示成 X 型区域和 Y 型区域.

(1) 如图 10.1 所示,将 D 表示成 X 型区域为:$D_X=\{(x,y)\,|\,0\leqslant x\leqslant 4,x\leqslant y\leqslant 2\sqrt{x}\}$

再将 D 表示成 Y 型区域为:$D_Y=\left\{(x,y)\,\Big|\,0\leqslant y\leqslant 4,\dfrac{y^2}{4}\leqslant x\leqslant y\right\}$

$$\iint\limits_{D} f(x,y)\mathrm{d}x\mathrm{d}y=\int_0^4 \mathrm{d}x\int_x^{2\sqrt{x}} f(x,y)\mathrm{d}y=\int_0^4 \mathrm{d}y\int_{\frac{y^2}{4}}^{y} f(x,y)\mathrm{d}x$$

(2) 如图 10.2 所示,将 D 表示成 X 型区域为: $D_X = \left\{ (x,y) \,\middle|\, 1 \leqslant x \leqslant 2, \dfrac{1}{x} \leqslant y \leqslant x \right\}$

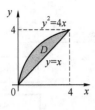

图 10.1

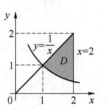

图 10.2

再将 D 表示成 Y 型区域为:

$$D_Y = \left\{ (x,y) \,\middle|\, \frac{1}{2} \leqslant y \leqslant 1, \frac{1}{y} \leqslant x \leqslant 2 \right\} \bigcup \left\{ (x,y) \,\middle|\, 1 \leqslant y \leqslant 2, y \leqslant x \leqslant 2 \right\}$$

$$\iint\limits_{D} f(x,y)\mathrm{d}x\mathrm{d}y = \int_1^2 \mathrm{d}x \int_{\frac{1}{x}}^x f(x,y)\mathrm{d}y = \int_{\frac{1}{2}}^1 \mathrm{d}y \int_{\frac{1}{y}}^2 f(x,y)\mathrm{d}x + \int_1^2 \mathrm{d}y \int_y^2 f(x,y)\mathrm{d}x$$

例 10.2 改变积分顺序:

(1) $\displaystyle\int_0^1 \mathrm{d}y \int_{2-y}^{1+\sqrt{1-y^2}} f(x,y)\mathrm{d}x$;

(2) $\displaystyle\int_0^\pi \mathrm{d}x \int_{-\sin\frac{x}{2}}^{\sin x} f(x,y)\mathrm{d}y$.

解 (1) 由 $x = 2 - y \Rightarrow y = 2 - x, x = 1 + \sqrt{1-y^2} \Rightarrow y = \sqrt{2x-x^2}$,作图如图 10.3 所示.

$$D = \{ (x,y) \,|\, 0 \leqslant y \leqslant 1, 2 - y \leqslant x \leqslant 1 + \sqrt{1-y^2} \}$$
$$= \{ (x,y) \,|\, 1 \leqslant x \leqslant 2, 2 - x \leqslant y \leqslant \sqrt{2x-x^2} \}$$

所以 $\displaystyle\int_0^1 \mathrm{d}y \int_{2-y}^{1+\sqrt{1-y^2}} f(x,y)\mathrm{d}x = \int_1^2 \mathrm{d}x \int_{2-x}^{\sqrt{2x-x^2}} f(x,y)\mathrm{d}y$.

(2) 如图 10.4 所示,由 $y = -\sin\dfrac{x}{2}, 0 \leqslant x \leqslant \pi \Rightarrow x = -2\arcsin y, -1 \leqslant y \leqslant 0$

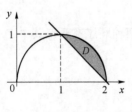

图 10.3

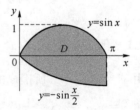

图 10.4

当 $0 \leqslant x \leqslant \dfrac{\pi}{2}$ 时, $y = \sin x \Rightarrow x = \arcsin y, 0 \leqslant y \leqslant 1$

当 $\dfrac{\pi}{2} \leqslant x \leqslant \pi$ 时, $y = \sin x \Rightarrow x = \pi - \arcsin y, 0 \leqslant y \leqslant 1$

$$D=\{(x,y)\,|\,0\leqslant x\leqslant\pi,-\sin\frac{x}{2}\leqslant y\leqslant\sin x\}$$

$$=\{(x,y)\,|\,-1\leqslant y\leqslant0,-2\arcsin y\leqslant x\leqslant\pi\}\bigcup\{(x,y)\,|\,0\leqslant y\leqslant1,\arcsin y\leqslant x\leqslant\pi-\arcsin y\}$$

所以 $\displaystyle\int_0^\pi\mathrm{d}x\int_{-\sin\frac{x}{2}}^{\sin x}f(x,y)\mathrm{d}y=\int_{-1}^0\mathrm{d}y\int_{-2\arcsin y}^\pi f(x,y)\mathrm{d}x+\int_0^1\mathrm{d}y\int_{\arcsin y}^{\pi-\arcsin y}f(x,y)\mathrm{d}x$.

例 10.3 将下列积分化为极坐标形式的二次积分：

(1) $\displaystyle\int_0^2\mathrm{d}y\int_{\frac{y}{\sqrt3}}^y f(x,y)\mathrm{d}x$;　　　　　(2) $\displaystyle\int_0^1\mathrm{d}y\int_{\sqrt y}^1 f(x,y)\mathrm{d}x$.

解 （1）作图，如图 10.5 所示，由 $x=y\Rightarrow\theta=\dfrac{\pi}{4}$

$$x=\frac{y}{\sqrt3}\Rightarrow\theta=\frac{\pi}{3},y=2\Rightarrow\rho\sin\theta=2\Rightarrow\rho=\frac{2}{\sin\theta}$$

积分区域 $D=\{(x,y)\,|\,0\leqslant y\leqslant2,\dfrac{y}{\sqrt3}\leqslant x\leqslant y\}$，在极坐标系下，表示为 $D=\left\{(\rho,\theta)\,\Big|\,\dfrac{\pi}{4}\leqslant\theta\leqslant\dfrac{\pi}{3},0\leqslant\rho\leqslant\dfrac{2}{\sin\theta}\right\}$，所以 $\displaystyle\int_0^2\mathrm{d}y\int_{\frac{y}{\sqrt3}}^y f(x,y)\mathrm{d}x=\int_{\frac{\pi}{4}}^{\frac{\pi}{3}}\mathrm{d}\theta\int_0^{\frac{2}{\sin\theta}}f(\rho\cos\theta,\rho\sin\theta)\rho\mathrm{d}\rho$.

（2）作图，如图 10.6 所示，由 $x=1\Rightarrow\rho=\dfrac{1}{\cos\theta}$，$x=\sqrt y\Rightarrow\rho=\dfrac{\sin\theta}{\cos^2\theta}$

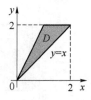

图 10.5

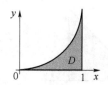

图 10.6

积分区域 $D=\{(x,y)\,|\,0\leqslant y\leqslant1,\sqrt y\leqslant x\leqslant1\}$，在极坐标系下，表示为 $D=\left\{(\rho,\theta)\,\Big|\,0\leqslant\theta\leqslant\dfrac{\pi}{4},\dfrac{\sin\theta}{\cos^2\theta}\leqslant\rho\leqslant\dfrac{1}{\cos\theta}\right\}$，所以 $\displaystyle\int_0^1\mathrm{d}y\int_{\sqrt y}^1 f(x,y)\mathrm{d}x=\int_0^{\frac{\pi}{4}}\mathrm{d}\theta\int_{\frac{\sin\theta}{\cos^2\theta}}^{\frac{1}{\cos\theta}}f(\rho\cos\theta,\rho\sin\theta)\rho\mathrm{d}\rho$.

例 10.4 计算二重积分：

(1) 计算 $\displaystyle\iint\limits_D x\cos(x+y)\mathrm{d}x\mathrm{d}y$ ，其中 D 是顶点为 $(0,0),(\pi,0),(\pi,\pi)$ 的三角形区域；

(2) $\displaystyle\iint\limits_D\frac{x\sin y}{y}\mathrm{d}x\mathrm{d}y$ ，其中 D 是由 $y=x^2$ 与 $y=x$ 所围成的闭区域；

(3) $\displaystyle\iint\limits_D\sin x\cdot\sin y\cdot\max\{x,y\}\mathrm{d}x\mathrm{d}y,D:0\leqslant x\leqslant\pi,0\leqslant y\leqslant\pi$.

解 （1）作图，如图 10.7 所示，将积分区域表示为 $D:0\leqslant x\leqslant\pi,0\leqslant y\leqslant x$，则

$$\iint\limits_D x\cos(x+y)\mathrm{d}x\mathrm{d}y=\int_0^\pi\mathrm{d}x\int_0^x x\cos(x+y)\mathrm{d}y$$

$$= \int_0^\pi [x\sin(x+y)]_0^x \mathrm{d}x = \int_0^\pi x(\sin 2x - \sin x)\mathrm{d}x$$

$$= -\frac{1}{2}\int_0^\pi x\mathrm{d}(\cos 2x) + \int_0^\pi x\mathrm{d}(\cos x)$$

$$= -\frac{1}{2}[x\cos 2x]_0^\pi + \frac{1}{2}\int_0^\pi \cos 2x\mathrm{d}x + [x\cos x]_0^\pi - \int_0^\pi \cos x\mathrm{d}x = -\frac{3}{2}\pi$$

（2）观察被积函数 $f(x,y) = \dfrac{x\sin y}{y}$，因为 $\displaystyle\int \dfrac{\sin y}{y}\mathrm{d}y$ 不能用初等函数表示，积分顺序必须选择先 x 后 y，积分区域表示为 $D = \{(x,y)\,|\,0\leqslant y\leqslant 1, y\leqslant x\leqslant\sqrt{y}\}$，如图 10.8 所示，有

$$\iint\limits_D \frac{x\sin y}{y}\mathrm{d}x\mathrm{d}y = \int_0^1 \mathrm{d}y\int_y^{\sqrt{y}} \frac{x\sin y}{y}\mathrm{d}x = \int_0^1 \frac{\sin y}{y}\mathrm{d}y\int_y^{\sqrt{y}} x\,\mathrm{d}x$$

$$= \int_0^1 \frac{\sin y}{y}\left[\frac{x^2}{2}\right]_y^{\sqrt{y}}\mathrm{d}y = \frac{1}{2}\int_0^1 (\sin y - y\sin y)\mathrm{d}y$$

$$= \frac{1}{2}[-\cos y + y\cos y - \sin y]_0^1 = \frac{1}{2}(1-\sin 1)$$

（3）如图 10.9 所示，$D = D_1 \bigcup D_2 = \{(x,y)\,|\,0\leqslant x\leqslant\pi, x\leqslant y\leqslant\pi\}\bigcup\{(x,y)\,|\,0\leqslant x\leqslant\pi, 0\leqslant y\leqslant x\}$

$$= \{(x,y)\,|\,0\leqslant y\leqslant\pi, 0\leqslant x\leqslant y\}\bigcup\{(x,y)\,|\,0\leqslant x\leqslant\pi, 0\leqslant y\leqslant x\}$$

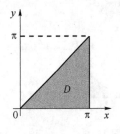
图 10.7

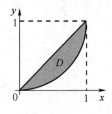
图 10.8

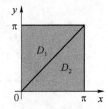
图 10.9

$$\iint\limits_D \sin x \cdot \sin y \cdot \max\{x,y\}\mathrm{d}x\mathrm{d}y = \iint\limits_{D_1} \sin x \cdot \sin y \cdot y\mathrm{d}x\mathrm{d}y + \iint\limits_{D_2} \sin x \cdot \sin y \cdot x\mathrm{d}x\mathrm{d}y$$

$$= \int_0^\pi y\sin y\mathrm{d}y\int_0^y \sin x\mathrm{d}x + \int_0^\pi x\sin x\mathrm{d}x\int_0^x \sin y\mathrm{d}y$$

$$= 2\int_0^\pi x\sin x\mathrm{d}x\int_0^x \sin y\mathrm{d}y = 2\int_0^\pi x\sin x\,[-\cos y]_0^x\mathrm{d}x$$

$$= 2\int_0^\pi x\sin x(1-\cos x)\mathrm{d}x = 2\int_0^\pi x\sin x\mathrm{d}x - \int_0^\pi x\sin 2x\mathrm{d}x$$

$$= [-2x\cos x + 2\sin x]_0^\pi + \frac{1}{2}\left[x\cos 2x - \frac{1}{2}\sin 2x\right]_0^\pi = \frac{5}{2}\pi$$

例 10.5 设 $D = \{(x,y)\,|\,x^2+y^2\leqslant 4, x\geqslant 0, y\geqslant 0\}$，$f(x)$ 为 D 上的正值连续函数，a,

b 为常数，求 $\displaystyle\iint_D \frac{a\sqrt{f(x)}+b\sqrt{f(y)}}{\sqrt{f(x)}+\sqrt{f(y)}}\mathrm{d}\sigma$.

解 积分区域 D 关于 $y=x$ 对称，由对称性，在被积函数中交换 x,y 的位置，积分不变，即：$I=\displaystyle\iint_D \frac{a\sqrt{f(x)}+b\sqrt{f(y)}}{\sqrt{f(x)}+\sqrt{f(y)}}\mathrm{d}\sigma=\iint_D \frac{a\sqrt{f(y)}+b\sqrt{f(x)}}{\sqrt{f(y)}+\sqrt{f(x)}}\mathrm{d}\sigma$，于是

$$2I=\iint_D \frac{a\left[\sqrt{f(x)}+\sqrt{f(y)}\right]+b\left[\sqrt{f(x)}+\sqrt{f(y)}\right]}{\sqrt{f(x)}+\sqrt{f(y)}}\mathrm{d}\sigma$$

$$=(a+b)\iint_D \mathrm{d}\sigma=(a+b)\cdot\frac{1}{4}\cdot\pi\cdot 2^2=(a+b)\pi\Rightarrow I=\frac{(a+b)\pi}{2}$$

例 10.6 计算三重积分：

(1) $\displaystyle\iiint_\Omega xyz\,\mathrm{d}v$，其中 Ω 是由 $z=xy,y=x,x=1,z=0$ 所围成的空间区域；

(2) $\displaystyle\iiint_\Omega \sqrt{x^2+y^2}\,\mathrm{d}v$，其中 Ω 是由 $z=\sqrt{x^2+y^2}$ 与 $z=2$ 所围成的空间区域；

(3) $\displaystyle\iiint_\Omega z^2\,\mathrm{d}v$，其中 $\Omega:x^2+y^2+z^2\leqslant 4,z\geqslant 0$；

(4) $\displaystyle\iiint_\Omega (x^2+y^2)\mathrm{d}v$，其中 Ω 由 $x^2+y^2=2z,z=2,z=8$ 所围成.

解 (1) 积分区域：$\Omega:0\leqslant z\leqslant xy,0\leqslant y\leqslant x,0\leqslant x\leqslant 1$，将三重积分化为三次积分：

$$\iiint_\Omega xyz\,\mathrm{d}v=\int_0^1 x\,\mathrm{d}x\int_0^x y\,\mathrm{d}y\int_0^{xy}z\,\mathrm{d}z=\frac{1}{2}\int_0^1 x\,\mathrm{d}x\int_0^x y\cdot x^2y^2\,\mathrm{d}y$$

$$=\frac{1}{2}\int_0^1 x^3\,\mathrm{d}x\int_0^x y^3\,\mathrm{d}y=\frac{1}{8}\int_0^1 x^7\,\mathrm{d}x=\frac{1}{64}$$

(2) 被积函数 $f(x,y,z)=\sqrt{x^2+y^2}=g(x^2+y^2)$，积分区域在 xOy 面上的投影为圆域，利用柱面坐标，积分区域表示为 $\Omega:\rho\leqslant z\leqslant 2,0\leqslant\theta\leqslant 2\pi,0\leqslant\rho\leqslant 2$，如图 10.10 所示.

$$\iiint_\Omega \sqrt{x^2+y^2}\,\mathrm{d}v=\int_0^{2\pi}\mathrm{d}\theta\int_0^2 \rho\,\mathrm{d}\rho\int_\rho^2 \rho\,\mathrm{d}z=\int_0^{2\pi}\mathrm{d}\theta\int_0^2 \rho^2(2-\rho)\mathrm{d}\rho$$

$$=2\pi\int_0^2 (2\rho^2-\rho^3)\mathrm{d}\rho=2\pi\left[\frac{2}{3}\rho^3-\frac{1}{4}\rho^4\right]_0^2=\frac{8}{3}\pi$$

(3) **解法 1** 用截面法，"先二后一"，$\Omega:0\leqslant z\leqslant 2,(x,y)\in D_z:x^2+y^2\leqslant 4-z^2$，区域 D_z 的面积为 $S(z)=\pi(4-z^2)$，则

$$\iiint_\Omega z^2\,\mathrm{d}v=\int_0^2 \mathrm{d}z\iint_{D_z}z^2\,\mathrm{d}x\mathrm{d}y=\int_0^2 z^2\cdot\pi(4-z^2)\mathrm{d}z=\pi\int_0^2(4z^2-z^4)\mathrm{d}z=\frac{64}{15}\pi$$

解法 2 利用柱面坐标积分区域表示为 $\Omega:0\leqslant z\leqslant\sqrt{4-\rho^2},0\leqslant\theta\leqslant 2\pi,0\leqslant\rho\leqslant 2$，则

$$\iiint\limits_{\Omega} z^2 \mathrm{d}v = \int_0^{2\pi} \mathrm{d}\theta \int_0^2 \rho \mathrm{d}\rho \int_0^{\sqrt{1-\rho^2}} z \mathrm{d}z = \int_0^{2\pi} \mathrm{d}\theta \int_0^2 \rho \left[\frac{z^3}{3}\right]_0^{\sqrt{4-\rho^2}} \mathrm{d}\rho = \frac{1}{3} \int_0^{2\pi} \mathrm{d}\theta \int_0^2 \rho(4-\rho^2)^{\frac{3}{2}} \mathrm{d}\rho$$

$$= \frac{2\pi}{3} \int_0^2 \rho(4-\rho^2)^{\frac{3}{2}} \mathrm{d}\rho = -\frac{\pi}{3} \cdot \frac{2}{5} \left[(4-\rho^2)^{\frac{5}{2}}\right]_0^2 = \frac{64}{15}\pi$$

（4）用截面法，"先二后一"，$\Omega: 2 \leqslant z \leqslant 8, (x,y) \in D_z: 0 \leqslant \theta \leqslant 2\pi, 0 \leqslant \rho \leqslant \sqrt{2z}$，则

$$\iiint\limits_{\Omega} (x^2+y^2)\mathrm{d}v = \int_2^8 \mathrm{d}z \iint\limits_{D_z} (x^2+y^2)\mathrm{d}x\mathrm{d}y = \int_2^8 \mathrm{d}z \int_0^{2\pi} \mathrm{d}\theta \int_0^{\sqrt{2z}} \rho^3 \mathrm{d}\rho$$

$$= \int_2^8 \mathrm{d}z \int_0^{2\pi} \left[\frac{\rho^4}{4}\right]_0^{\sqrt{2z}} \mathrm{d}\theta = 2\pi \int_2^8 z^2 \mathrm{d}z = 2\pi \left[\frac{z^3}{3}\right]_2^8 = 336\pi$$

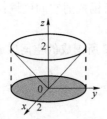

图 10.10

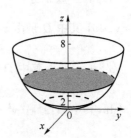

图 10.11

例 10.7 计算 $\iiint\limits_{\Omega} x \mathrm{d}v$，其中 Ω 是由 $z=xy, x+y+z=1$ 与 $z=0$ 所围成的区域.

解 由 $z=xy, x+y+z=1$，消去 z，得 $y=\dfrac{1-x}{1+x}$，Ω 在 xOy 面上的投影 $D=D_1 \bigcup D_2$，

$D_1: 0 \leqslant x \leqslant 1, 0 \leqslant y \leqslant \dfrac{1-x}{1+x}, D_2: 0 \leqslant x \leqslant 1, \dfrac{1-x}{1+x} \leqslant y \leqslant 1-x$，如图 10.12 所示，积分区域可

以表示为：$\Omega: \{(x,y,z) \mid 0 \leqslant z \leqslant xy, (x,y) \in D_1\} \bigcup \{(x,y,z) \mid 0 \leqslant z \leqslant 1-x-y, (x,y) \in D_2\}$，则

$$\iiint\limits_{\Omega} x \mathrm{d}v = \iint\limits_{D_1} \mathrm{d}x\mathrm{d}y \int_0^{xy} x \mathrm{d}z + \iint\limits_{D_2} \mathrm{d}x\mathrm{d}y \int_0^{1-x-y} x \mathrm{d}z = \iint\limits_{D_1} x^2 y \mathrm{d}x\mathrm{d}y + \iint\limits_{D_2} x(1-x-y)\mathrm{d}x\mathrm{d}y$$

$$= \int_0^1 x^2 \mathrm{d}x \int_0^{\frac{1-x}{1+x}} y \mathrm{d}y + \int_0^1 x \mathrm{d}x \int_{\frac{1-x}{1+x}}^{1-x} (1-x-y)\mathrm{d}y$$

$$= \frac{1}{2} \int_0^1 x^2 \left(\frac{1-x}{1+x}\right)^2 \mathrm{d}x + \frac{1}{2} \int_0^1 x^3 \left(\frac{1-x}{1+x}\right)^2 \mathrm{d}x$$

$$= \frac{1}{2} \int_0^1 \frac{x^2(1-x)^2}{1+x} \mathrm{d}x = \frac{1}{2} \int_0^1 \left(x^3 - 3x^2 + 4x - 4 + \frac{4}{x+1}\right) \mathrm{d}x = 2\ln 2 - \frac{11}{8}$$

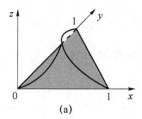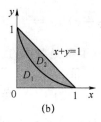

图 10.12

例 10.8 计算 $\iiint\limits_{\Omega} \dfrac{y\sin x}{x}\mathrm{d}x\mathrm{d}y\mathrm{d}z$,Ω 由 $y=\sqrt{x},y=0,z=0,x+z=\dfrac{\pi}{2}$ 围成.

解 Ω 是曲顶柱体,顶是 $z=\dfrac{\pi}{2}-x$,底为 $z=0$,侧面是柱面 $y=\sqrt{x},y=0$,又 $x+z=$

$\dfrac{\pi}{2}$ 与 xOy 面相交于 $x=\dfrac{\pi}{2}$,所以 $\Omega:0\leqslant z\leqslant\dfrac{\pi}{2}-x,0\leqslant y\leqslant\sqrt{x},0\leqslant x\leqslant\dfrac{\pi}{2}$,则

$$\iiint\limits_{\Omega}\dfrac{y\sin x}{x}\mathrm{d}x\mathrm{d}y\mathrm{d}z=\int_0^{\frac{\pi}{2}}\mathrm{d}x\int_0^{\sqrt{x}}\mathrm{d}y\int_0^{\frac{\pi}{2}-x}y\dfrac{\sin x}{x}\mathrm{d}z$$

$$=\int_0^{\frac{\pi}{2}}\left(\dfrac{\pi}{2}-x\right)\dfrac{\sin x}{x}\mathrm{d}x\int_0^{\sqrt{x}}y\mathrm{d}y=\dfrac{1}{2}\int_0^{\frac{\pi}{2}}\left(\dfrac{\pi}{2}-x\right)\sin x\mathrm{d}x=\dfrac{\pi}{4}-\dfrac{1}{2}$$

例 10.9 计算 $I=\iiint\limits_{\Omega}\dfrac{\cos\sqrt{x^2+y^2+z^2}}{\sqrt{x^2+y^2+z^2}}\mathrm{d}v,\Omega:\pi^2\leqslant x^2+y^2+z^2\leqslant 16\pi^2$.

解 被积函数 $f(x,y,z)=\dfrac{\cos\sqrt{x^2+y^2+z^2}}{\sqrt{x^2+y^2+z^2}}=g(x^2+y^2+z^2)$,积分区域用球面坐标

计算,$\Omega:0\leqslant\theta\leqslant 2\pi,0\leqslant\varphi\leqslant\pi,\pi\leqslant r\leqslant 4\pi$,则

$$I=\iiint\limits_{\Omega}\dfrac{\cos\sqrt{x^2+y^2+z^2}}{\sqrt{x^2+y^2+z^2}}\mathrm{d}v=\int_0^{2\pi}\mathrm{d}\theta\int_0^{\pi}\mathrm{d}\varphi\int_{\pi}^{4\pi}\dfrac{\cos r}{r}r^2\sin\varphi\mathrm{d}r$$

$$=\int_0^{2\pi}\mathrm{d}\theta\int_0^{\pi}\sin\varphi\mathrm{d}\varphi\int_{\pi}^{4\pi}r\cos r\mathrm{d}r=2\pi\int_0^{\pi}\sin\varphi\mathrm{d}\varphi\int_{\pi}^{4\pi}r\cos r\mathrm{d}r$$

$$=2\pi\int_0^{\pi}\sin\varphi[r\sin r+\cos r]_{\pi}^{4\pi}\mathrm{d}\varphi=4\pi\int_0^{\pi}\sin\varphi\mathrm{d}\varphi=8\pi$$

例 10.10 求 $I=\iiint\limits_{\Omega}(z-\sqrt{x^2+y^2})\mathrm{d}x\mathrm{d}y\mathrm{d}z,\Omega:x^2+y^2\leqslant 1,0\leqslant z\leqslant 1$.

解 用柱面坐标计算,$\Omega:0\leqslant\theta\leqslant 2\pi,0\leqslant\rho\leqslant 1,0\leqslant z\leqslant 1$.

$$I=\iiint\limits_{\Omega}(z-\sqrt{x^2+y^2})\mathrm{d}x\mathrm{d}y\mathrm{d}z=\int_0^{2\pi}\mathrm{d}\theta\int_0^1\mathrm{d}\rho\int_0^1(z-\rho)\rho\mathrm{d}z$$

$$=2\pi\int_0^1\rho\mathrm{d}\rho\int_0^1(z-\rho)\mathrm{d}z=2\pi\int_0^1\rho\left[\dfrac{z^2}{2}-\rho z\right]_0^1\mathrm{d}\rho=\pi\int_0^1(\rho-2\rho^2)\mathrm{d}\rho=-\dfrac{\pi}{6}$$

例 10.11 求 $I=\iiint\limits_{\Omega}(x+y+z)^2\mathrm{d}v,\Omega:\dfrac{x^2}{a^2}+\dfrac{y^2}{b^2}+\dfrac{z^2}{c^2}\leqslant 1$.

解 $I = \iiint\limits_{\Omega} (x+y+z)^2 \mathrm{d}v = \iiint\limits_{\Omega} (x^2+y^2+z^2+2xy+2yz+2zx) \mathrm{d}v$，积分区域 Ω 关于 xOy 面，yOz 面，zOx 面都是对称的，由对称性知

$$\iiint\limits_{\Omega} 2xy \, \mathrm{d}v = \iiint\limits_{\Omega} 2yz \, \mathrm{d}v = \iiint\limits_{\Omega} 2zx \, \mathrm{d}v = 0$$

$$I = \iiint\limits_{\Omega} (x^2+y^2+z^2) \mathrm{d}v = \iiint\limits_{\Omega} x^2 \mathrm{d}v + \iiint\limits_{\Omega} y^2 \mathrm{d}v + \iiint\limits_{\Omega} z^2 \mathrm{d}v$$

因为 $\Omega: -c \leqslant z \leqslant c, (x,y) \in D_z: \dfrac{x^2}{a^2}+\dfrac{y^2}{b^2} \leqslant 1-\dfrac{z^2}{c^2}$，则

$$\iiint\limits_{\Omega} z^2 \mathrm{d}v = \int_{-c}^{c} z^2 \mathrm{d}z \iint\limits_{D_z} \mathrm{d}x \mathrm{d}y = \int_{-c}^{c} z^2 \pi ab \left(1-\frac{z^2}{c^2}\right) \mathrm{d}z = \frac{4}{15}\pi abc^3$$

由轮换对称性，$\iiint\limits_{\Omega} x^2 \mathrm{d}v = \dfrac{4}{15}\pi a^3 bc$，$\iiint\limits_{\Omega} y^2 \mathrm{d}v = \dfrac{4}{15}\pi ab^3 c$，故

$$I = \iiint\limits_{\Omega} x^2 \mathrm{d}v + \iiint\limits_{\Omega} y^2 \mathrm{d}v + \iiint\limits_{\Omega} z^2 \mathrm{d}v = \frac{4}{15}\pi abc(a^2+b^2+c^2)$$

注：关于重积分的对称性，教材中较少提及，但在解题过程中经常用到，总结如下：

(1) 二重积分的对称性（设 $I = \iint\limits_{D} f(x,y)\mathrm{d}\sigma$）

① 设闭区域 D 关于 x 轴对称，若 $f(x,-y)=-f(x,y)$，则 $I=0$；若 $f(x,-y)=f(x,y)$，则 $I = 2\iint\limits_{D_1} f(x,y)\mathrm{d}\sigma$，其中 D_1 为 D 在 x 轴上方的部分；

② 设闭区域 D 关于 y 轴对称，若 $f(-x,y)=-f(x,y)$，则 $I=0$；若 $f(-x,y)=f(x,y)$，则 $I = 2\iint\limits_{D_1} f(x,y)\mathrm{d}\sigma$，其中 D_1 为 D 在 y 轴右边的部分；

③ 如果 D 关于原点对称，即 $(x,y) \in D$ 时，有 $(-x,-y) \in D$，且 $f(-x,-y)=-f(x,y)$，则 $I=0$；若 $f(-x,-y)=f(x,y)$，则 $I = 2\iint\limits_{D_1} f(x,y)\mathrm{d}\sigma$，其中 D_1 为 D 的上半部分；

④ 如果 D 关于 $y=x$ 对称，即 $(x,y) \in D$ 时，有 $(y,x) \in D$，则 $I = \iint\limits_{D} f(y,x)\mathrm{d}\sigma$.

(2) 三重积分的对称性（设 $I = \iiint\limits_{\Omega} f(x,y,z)\mathrm{d}v$）

① 如果 Ω 关于 xOy 面对称，且 $f(x,y,-z)=-f(x,y,z)$，则 $I=0$；

② 如果 Ω 关于 yOz 面对称，且 $f(-x,y,z)=-f(x,y,z)$，则 $I=0$；

③ 如果 Ω 关于 xOz 面对称，且 $f(x,-y,z)=-f(x,y,z)$，则 $I=0$；

④ 如果 Ω 关于 x 轴对称，且 $f(x,-y,-z)=-f(x,y,z)$，则 $I=0$；

⑤ 如果 Ω 关于 y 轴对称，且 $f(-x,y,-z)=-f(x,y,z)$，则 $I=0$；

⑥ 如果 Ω 关于 z 轴对称，且 $f(-x,-y,z)=-f(x,y,z)$，则 $I=0$；

⑦ 如果 Ω 关于原点对称，且 $f(-x,-y,-z)=-f(x,y,z)$，则 $I=0$.

例 10.12 设函数 $f(x)$ 在 $[0,1]$ 上连续，证明：

$$\int_0^1\int_x^1\int_x^y f(x)f(y)f(z)\mathrm{d}x\mathrm{d}y\mathrm{d}z = \frac{1}{3!}\left[\int_0^1 f(t)\mathrm{d}t\right]^3$$

证明 设 $F(u)=\int_0^u f(t)\mathrm{d}t$，则 $F'(u)=f(u)$，$F(0)=0$，$F(1)=\int_0^1 f(t)\mathrm{d}t$.

$$左边 = \int_0^1\int_x^1\int_x^y f(x)f(y)f(z)\mathrm{d}x\mathrm{d}y\mathrm{d}z = \int_0^1 f(x)\mathrm{d}x\int_x^1 f(y)\mathrm{d}y\int_x^y f(z)\mathrm{d}z$$

$$= \int_0^1 f(x)\mathrm{d}x\int_x^1 f(y)[F(y)-F(x)]\mathrm{d}y = \int_0^1 f(x)\left[\frac{1}{2}F^2(y)-F(x)F(y)\right]_x^1\mathrm{d}x$$

$$= \frac{1}{2}\int_0^1 f(x)[F(x)-F(1)]^2\mathrm{d}x = \frac{1}{2}\cdot\frac{[F(x)-F(1)]^3}{3}\Big|_0^1 = \frac{F^3(1)}{6}$$

$$= \frac{1}{3!}\left[\int_0^1 f(t)\mathrm{d}t\right]^3 = 右边$$

10.4 教材习题选解

习题 10.1

2. 利用二重积分的几何意义，说明下面两个二重积分的关系：

$$I_1 = \iint_{D_1}(1-x^2-y^2)\mathrm{d}\sigma, \quad D_1 = \{(x,y)\mid x\geqslant 0, y\geqslant 0, x^2+y^2\leqslant 1\}$$

$$I_2 = \iint_{D_2}(1-x^2-y^2)\mathrm{d}\sigma, \quad D_2 = \{(x,y)\mid x\geqslant 0, x^2+y^2\leqslant 1\}$$

解 区域 D_1，D_2 如图 10.13、图 10.14 所示，易知 D_2 关于 x 轴对称，被积函数 $f(x,y)=1-x^2-y^2$ 关于 y 坐标为偶函数，故 $I_2=2I_1$.

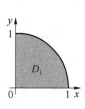

图 10.13

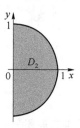

图 10.14

3. 由二重积分的性质,比较下列积分的大小:

(2) $\iint\limits_{D}\sqrt{x^2+y^2}\,d\sigma$ 与 $\iint\limits_{D}(x^2+y^2)\,d\sigma$,其中 D 由坐标轴与圆周 $x^2+y^2=1$ 所围成的在第一象限的闭区域;

(4) $\iint\limits_{D}e^{x^2+y^2}\,d\sigma$ 与 $\iint\limits_{D}e^{x+y}\,d\sigma$,其中 D 由圆周 $\left(x-\dfrac{1}{2}\right)^2+\left(y-\dfrac{1}{2}\right)^2=\dfrac{1}{2}$ 所围成.

解 (2) 当点 $(x,y)\in D$ 时,有 $x^2+y^2\leqslant 1$,且 $x\geqslant 0,y\geqslant 0$,所以 $\sqrt{x^2+y^2}\geqslant x^2+y^2$,故 $\iint\limits_{D}\sqrt{x^2+y^2}\,d\sigma\geqslant\iint\limits_{D}(x^2+y^2)\,d\sigma$.

(4) 当点 $(x,y)\in D$ 时,因为 $D:\left(x-\dfrac{1}{2}\right)^2+\left(y-\dfrac{1}{2}\right)^2\leqslant\dfrac{1}{2}$,即: $x^2+y^2\leqslant x+y$,所以,$e^{x^2+y^2}\leqslant e^{x+y}$,故 $\iint\limits_{D}e^{x^2+y^2}\,d\sigma\leqslant\iint\limits_{D}e^{x+y}\,d\sigma$.

4. 利用二重积分的性质估计下列积分的值:

(1) $I=\iint\limits_{D}(x^2+y^2+5)\,d\sigma$,其中 $D=\{(x,y)\,|\,0\leqslant x\leqslant 1,0\leqslant y\leqslant 2\}$;

(3) $I=\iint\limits_{D}xy(1+x+y)\,d\sigma$,其中 $D=\{(x,y)\,|\,x\geqslant 0,y\geqslant 0,x+y\leqslant 1\}$.

解 (1) 当点 $(x,y)\in D$ 时,$0\leqslant x\leqslant 1,0\leqslant y\leqslant 2$,如图 10.15 所示,所以 $5\leqslant x^2+y^2+5\leqslant 10$,区域 D 的面积 $\sigma=2$,故 $10\leqslant I\leqslant 20$.

(3) 当点 $(x,y)\in D$ 时,$x\geqslant 0,y\geqslant 0,x+y\leqslant 1$,如图 10.16 所示,而 $0\leqslant xy\leqslant\left(\dfrac{x+y}{2}\right)^2\leqslant\dfrac{1}{4}$,$1\leqslant 1+x+y\leqslant 2$,所以 $0\leqslant xy(1+x+y)\leqslant\dfrac{1}{2}$,区域 D 的面积 $\sigma=\dfrac{1}{2}$,故 $0\leqslant I\leqslant\dfrac{1}{4}$.

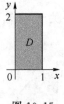

图 10.15

图 10.16

习题 10.2

1. 计算下列二重积分:

(2) $\iint\limits_{D}\dfrac{d\sigma}{(x+y)^2}$,其中 $D=\{(x,y)\,|\,1\leqslant x\leqslant 2,2\leqslant y\leqslant 3\}$;

(4) $\displaystyle\iint\limits_{D}\frac{\mathrm{d}\sigma}{(1+x+y)^2}$，其中 D 是由坐标轴和直线 $x+y=1$ 所围成的闭区域；

(6) $\displaystyle\iint\limits_{D}x\sin(xy)\mathrm{d}\sigma$，其中 $D=\{(x,y)\mid 0\leqslant x\leqslant\pi,0\leqslant y\leqslant 1\}$.

解 （2）D 如图 10.17 所示.

$$\iint\limits_{D}\frac{\mathrm{d}\sigma}{(x+y)^2}=\int_{1}^{2}\mathrm{d}x\int_{2}^{3}\frac{1}{(x+y)^2}\mathrm{d}y=\int_{1}^{2}\left[-\frac{1}{x+y}\right]_{2}^{3}\mathrm{d}x=\int_{1}^{2}\left[\frac{1}{x+2}-\frac{1}{x+3}\right]\mathrm{d}x=$$

$$[\ln|x+2|-\ln|x+3|]_{1}^{2}=\ln\frac{16}{15}$$

（4）D 如图 10.18 所示.

$$\iint\limits_{D}\frac{\mathrm{d}\sigma}{(1+x+y)^2}=\int_{0}^{1}\mathrm{d}x\int_{0}^{1-x}\frac{1}{(1+x+y)^2}\mathrm{d}y=\int_{0}^{1}\left[-\frac{1}{1+x+y}\right]_{0}^{1-x}\mathrm{d}x$$

$$=\int_{0}^{1}\left(\frac{1}{x+1}-\frac{1}{2}\right)\mathrm{d}x=\left[\ln|x+1|-\frac{1}{2}x\right]_{0}^{1}=\ln 2-\frac{1}{2}$$

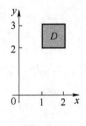

图 10.17

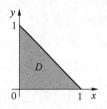

图 10.18

（6）D 如图 10.19 所示.

$$\iint\limits_{D}x\sin(xy)\mathrm{d}\sigma=\int_{0}^{\pi}\mathrm{d}x\int_{0}^{1}x\sin(xy)\mathrm{d}y=\int_{0}^{\pi}[-\cos(xy)]_{0}^{1}\mathrm{d}x$$

$$=\int_{0}^{\pi}(1-\cos x)\mathrm{d}x=[x-\sin x]_{0}^{\pi}=\pi$$

2. 将二重积分 $I=\displaystyle\iint\limits_{D}f(x,y)\mathrm{d}\sigma$ 化成二次积分（两种顺序都要），积分区域如下：

（1）D 由 $2x+y=2,2x-y=2,x=0$ 围成的闭区域；

（3）D 由 $y=x^2,y=2-x^2$ 围成的闭区域.

解 （1）如图 10.20 所示，将 D 表示成 X 型区域为

$$D_X=\{(x,y)\mid 0\leqslant x\leqslant 1,2(x-1)\leqslant y\leqslant 2(1-x)\}$$

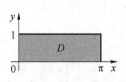

图 10.19

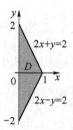

图 10.20

再将 D 表示成 Y 型区域为

$$D_Y = \left\{ (x,y) \mid -2 \leqslant y \leqslant 0, 0 \leqslant x \leqslant 1 + \frac{y}{2} \right\} \bigcup \left\{ (x,y) \mid 0 \leqslant y \leqslant 2, 0 \leqslant x \leqslant 1 - \frac{y}{2} \right\}$$

所以
$$I = \int_0^1 \mathrm{d}x \int_{2(x-1)}^{2(1-x)} f(x,y) \mathrm{d}y$$

$$= \int_{-2}^0 \mathrm{d}y \int_0^{1+\frac{y}{2}} f(x,y) \mathrm{d}x + \int_0^2 \mathrm{d}y \int_0^{1-\frac{y}{2}} f(x,y) \mathrm{d}x$$

（3）如图 10.21 所示，将 D 表示成 X 型区域为

$$D_X = \{ (x,y) \mid -1 \leqslant x \leqslant 1, x^2 \leqslant y \leqslant 2 - x^2 \}$$

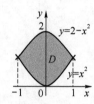

图 10.21

再将 D 表示成 Y 型区域为

$$D_Y = \{ (x,y) \mid 0 \leqslant y \leqslant 1, -\sqrt{y} \leqslant x \leqslant \sqrt{y} \} \bigcup \{ (x,y) \mid 1 \leqslant y \leqslant 2, -\sqrt{2-y} \leqslant x \leqslant \sqrt{2-y} \}$$

所以
$$I = \int_{-1}^1 \mathrm{d}x \int_{x^2}^{2-x^2} f(x,y) \mathrm{d}y = \int_0^1 \mathrm{d}y \int_{-\sqrt{y}}^{\sqrt{y}} f(x,y) \mathrm{d}x + \int_1^2 \mathrm{d}y \int_{-\sqrt{2-y}}^{\sqrt{2-y}} f(x,y) \mathrm{d}x$$

3. 交换下列积分顺序：

（2）$I = \int_{-2}^2 \mathrm{d}x \int_0^{\sqrt{4-x^2}} f(x,y) \mathrm{d}y$；

（4）$I = \int_{-1}^0 \mathrm{d}y \int_{-\sqrt{1-y^2}}^{\sqrt{1-y^2}} f(x,y) \mathrm{d}x + \int_0^1 \mathrm{d}y \int_{-\sqrt{1-y}}^{\sqrt{1-y}} f(x,y) \mathrm{d}x$.

解 （2）D 如图 10.22 所示，因为 $D = \{ (x,y) \mid -2 \leqslant x \leqslant 2, 0 \leqslant y \leqslant \sqrt{4-x^2} \} = \{ (x,y) \mid 0 \leqslant y \leqslant 2, -\sqrt{4-y^2} \leqslant x \leqslant \sqrt{4-y^2} \}$，所以

$$I = \int_0^2 \mathrm{d}y \int_{-\sqrt{4-y^2}}^{\sqrt{4-y^2}} f(x,y) \mathrm{d}x$$

（4）D 如图 10.23 所示，因为 $D = \{ (x,y) \mid -1 \leqslant y \leqslant 0, -\sqrt{1-y^2} \leqslant x \leqslant \sqrt{1-y^2} \} \bigcup \{ (x,y) \mid 0 \leqslant y \leqslant 1, -\sqrt{1-y} \leqslant x \leqslant \sqrt{1-y} \} = \{ (x,y) \mid -1 \leqslant x \leqslant 1, -\sqrt{1-x^2} \leqslant y \leqslant 1 - x^2 \}$，所以

$$I = \int_{-1}^1 \mathrm{d}x \int_{-\sqrt{1-x^2}}^{1-x^2} f(x,y) \mathrm{d}y$$

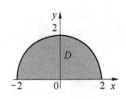

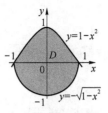

图 10.22　　　　　　　　　　　　　　　图 10.23

4. 计算下列二重积分：

(4) $\iint\limits_{D} x^2 y^2 \sqrt{1-x^3-y^3}\,\mathrm{d}x\mathrm{d}y$，其中 D 是由坐标轴及 $x^3+y^3=1$ 所围成的闭区域；

(5) $\iint\limits_{D} \dfrac{2y}{1+x^2}\mathrm{d}x\mathrm{d}y$，其中 D 是由 $y=x^2,y=x$ 所围成的闭区域；

(7) $\iint\limits_{D} \dfrac{y}{x+2}\mathrm{d}x\mathrm{d}y$，其中 D 是由 x 轴及 $y=1+x,x=1$ 所围成的闭区域；

(8) $\iint\limits_{D} y^2\mathrm{d}x\mathrm{d}y$，其中 D 是由 $x=y^2,2x-y=1$ 所围成的闭区域.

解　(4) D 如图 10.24 所示. 因为 $D=\{(x,y)\,|\,0\leqslant x\leqslant 1,0\leqslant y\leqslant \sqrt[3]{1-x^3}\}$，所以

$$\iint\limits_{D} x^2 y^2 \sqrt{1-x^3-y^3}\,\mathrm{d}x\mathrm{d}y = \int_0^1 \mathrm{d}x \int_0^{\sqrt[3]{1-x^3}} x^2 y^2 \sqrt{1-x^3-y^3}\,\mathrm{d}y$$

$$= \frac{1}{3}\int_0^1 x^2\,\mathrm{d}x \int_0^{\sqrt[3]{1-x^3}} \sqrt{1-x^3-y^3}\,\mathrm{d}(y^3)$$

$$= -\frac{2}{9}\int_0^1 x^2 \left[(1-x^3-y^3)^{\frac{3}{2}} \right]_0^{\sqrt[3]{1-x^3}}\,\mathrm{d}x$$

$$= \frac{2}{9}\int_0^1 x^2 (1-x^3)^{\frac{3}{2}}\,\mathrm{d}x = \frac{2}{27}\int_0^1 (1-x^3)^{\frac{3}{2}}\,\mathrm{d}(x^3)$$

$$= -\frac{2}{27}\cdot\frac{2}{5}\left[(1-x^3)^{\frac{5}{2}} \right]_0^1 = \frac{4}{135}$$

(5) D 如图 10.25 所示. 因为 $D=\{(x,y)\,|\,0\leqslant x\leqslant 1,x^2\leqslant y\leqslant x\}$，所以

$$\iint\limits_{D} \frac{2y}{1+x^2}\mathrm{d}x\mathrm{d}y = \int_0^1 \mathrm{d}x \int_{x^2}^x \frac{2y}{1+x^2}\mathrm{d}y = \int_0^1 \frac{1}{1+x^2}\left[y^2 \right]_{x^2}^x\,\mathrm{d}x$$

$$= \int_0^1 \frac{x^2-x^4}{1+x^2}\mathrm{d}x = \int_0^1 \left(-x^2+2-\frac{2}{1+x^2} \right)\mathrm{d}x$$

$$= \left[-\frac{x^3}{3}+2x-2\arctan x \right]_0^1 = \frac{5}{3}-\frac{\pi}{2}$$

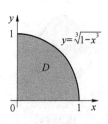

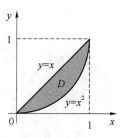

图 10.24   图 10.25

(7) D 如图 10.26 所示. 因为 $D = \{(x,y) \mid -1 \leqslant x \leqslant 1, 0 \leqslant y \leqslant 1+x\}$，所以

$$\iint_D \frac{y}{x+2}\mathrm{d}x\mathrm{d}y = \int_{-1}^{1}\mathrm{d}x\int_{0}^{1+x}\frac{y}{x+2}\mathrm{d}y = \int_{-1}^{1}\left[\frac{y^2}{2(x+2)}\right]_0^{1+x}\mathrm{d}x$$

$$= \frac{1}{2}\int_{-1}^{1}\frac{(1+x)^2}{x+2}\mathrm{d}x = \frac{1}{2}\int_{-1}^{1}\left(x+\frac{1}{x+2}\right)\mathrm{d}x$$

$$= \frac{1}{2}\left[\frac{x^2}{2}+\ln|x+2|\right]_{-1}^{1} = \frac{1}{2}\ln 3$$

(8) D 如图 10.27 所示. 由 $\begin{cases} x = y^2 \\ 2x - y = 1 \end{cases}$ 解得交点坐标为 $(1,1)$，$\left(\dfrac{1}{4}, -\dfrac{1}{2}\right)$，因为

$D = \left\{(x,y) \mid -\dfrac{1}{2} \leqslant y \leqslant 1, y^2 \leqslant x \leqslant \dfrac{1+y}{2}\right\}$，所以

$$\iint_D y^2\mathrm{d}x\mathrm{d}y = \int_{-\frac{1}{2}}^{1}\mathrm{d}y\int_{y^2}^{\frac{1+y}{2}}y^2\mathrm{d}x = \int_{-\frac{1}{2}}^{1}y^2\left(\frac{1+y}{2}-y^2\right)\mathrm{d}y$$

$$= \frac{1}{2}\int_{-\frac{1}{2}}^{1}(y^2+y^3-2y^4)\mathrm{d}y = \frac{1}{2}\left[\frac{y^3}{3}+\frac{y^4}{4}-\frac{2y^5}{5}\right]_{-\frac{1}{2}}^{1} = \frac{63}{640}$$

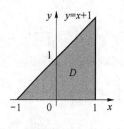

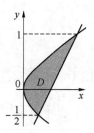

图 10.26   图 10.27

5. 利用极坐标计算下列二重积分：

(1) $\displaystyle\iint_D \mathrm{e}^{x^2+y^2}\mathrm{d}x\mathrm{d}y$，其中 D 是由圆 $x^2+y^2=1$ 所围成的闭区域；

（3）$\iint\limits_{D}\arctan\dfrac{y}{x}\mathrm{d}x\mathrm{d}y$，其中 D 是由圆 $x^{2}+y^{2}=4$，$x^{2}+y^{2}=1$ 及直线 $y=0$，$y=x$ 所围成的在第一象限内的闭区域；

（5）$\iint\limits_{D}\sqrt{1-x^{2}-y^{2}}\mathrm{d}x\mathrm{d}y$，其中 D 是由圆 $x^{2}+y^{2}=x$ 所围成的闭区域；

（7）$\iint\limits_{D}\dfrac{xy}{\sqrt{1-x^{2}-y^{2}}}\mathrm{d}x\mathrm{d}y$，其中 D 是由圆 $2(x^{2}+y^{2})=1$ 所围成的在第一象限内的闭区域.

解 （1）D 如图 10.28 所示. 在极坐标系下，区域 D 表示为 $D=\{(\rho,\theta)\,|\,0\leqslant\theta\leqslant2\pi$，$0\leqslant\rho\leqslant1\}$，则

$$\iint\limits_{D}\mathrm{e}^{x^{2}+y^{2}}\mathrm{d}x\mathrm{d}y=\int_{0}^{2\pi}\mathrm{d}\theta\int_{0}^{1}\mathrm{e}^{\rho^{2}}\rho\mathrm{d}\rho=\dfrac{1}{2}\int_{0}^{2\pi}\big[\mathrm{e}^{\rho^{2}}\big]_{0}^{1}\mathrm{d}\theta=\dfrac{1}{2}\int_{0}^{2\pi}\big[\mathrm{e}-1\big]\mathrm{d}\theta=\pi(\mathrm{e}-1)$$

（3）D 如图 10.29 所示. 在极坐标系下，区域 D 表示为 $D=\left\{(\rho,\theta)\,\big|\,0\leqslant\theta\leqslant\dfrac{\pi}{4},1\leqslant\rho\leqslant2\right\}$，则

$$\iint\limits_{D}\arctan\dfrac{y}{x}\mathrm{d}x\mathrm{d}y=\int_{0}^{\frac{\pi}{4}}\mathrm{d}\theta\int_{1}^{2}\theta\cdot\rho\mathrm{d}\rho=\int_{0}^{\frac{\pi}{4}}\theta\Big[\dfrac{1}{2}\rho^{2}\Big]_{1}^{2}\mathrm{d}\theta=\dfrac{3}{4}\big[\theta^{2}\big]_{0}^{\frac{\pi}{4}}=\dfrac{3}{64}\pi^{2}$$

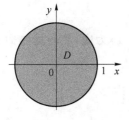

图 10.28

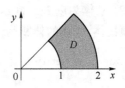

图 10.29

（5）D 如图 10.30 所示. 在极坐标系下，区域 D 表示为 $D=\left\{(\rho,\theta)\,\big|\,-\dfrac{\pi}{2}\leqslant\theta\leqslant\dfrac{\pi}{2},0\leqslant\rho\leqslant\cos\theta\right\}$，则

$$\iint\limits_{D}\sqrt{1-x^{2}-y^{2}}\mathrm{d}x\mathrm{d}y=\int_{-\frac{\pi}{2}}^{\frac{\pi}{2}}\mathrm{d}\theta\int_{0}^{\cos\theta}\sqrt{1-\rho^{2}}\rho\mathrm{d}\rho$$

$$=-\dfrac{1}{3}\int_{-\frac{\pi}{2}}^{\frac{\pi}{2}}\big[(1-\rho^{2})^{\frac{3}{2}}\big]_{0}^{\cos\theta}\mathrm{d}\theta=-\dfrac{1}{3}\int_{-\frac{\pi}{2}}^{\frac{\pi}{2}}(\,|\sin^{3}\theta|-1)\mathrm{d}\theta=\dfrac{\pi}{3}-\dfrac{4}{9}$$

（7）D 如图 10.31 所示. 在极坐标系下，区域 D 表示为 $D=\left\{(\rho,\theta)\,\big|\,0\leqslant\theta\leqslant\dfrac{\pi}{2},0\leqslant\rho\leqslant\dfrac{\sqrt{2}}{2}\right\}$，则

$$\iint\limits_{D} \frac{xy}{\sqrt{1-x^2-y^2}}\mathrm{d}x\mathrm{d}y = \int_0^{\frac{\pi}{2}}\mathrm{d}\theta\int_0^{\frac{\sqrt{2}}{2}} \frac{\rho\cos\theta \cdot \rho\sin\theta}{\sqrt{1-\rho^2}} \cdot \rho\mathrm{d}\rho$$

$$= \int_0^{\frac{\pi}{2}}\cos\theta \cdot \sin\theta\mathrm{d}\theta\int_0^{\frac{\sqrt{2}}{2}} \frac{\rho^3}{\sqrt{1-\rho^2}}\mathrm{d}\rho$$

$$= \frac{1}{2}\int_0^{\frac{\pi}{2}}\cos\theta \cdot \sin\theta\mathrm{d}\theta\int_0^{\frac{\sqrt{2}}{2}} \left(\frac{1}{\sqrt{1-\rho^2}} - \sqrt{1-\rho^2}\right)\mathrm{d}\rho^2$$

$$= \frac{1}{12}(8-5\sqrt{2})\int_0^{\frac{\pi}{2}}\cos\theta \cdot \sin\theta\mathrm{d}\theta = \frac{1}{24}(8-5\sqrt{2})$$

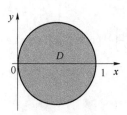

图 10.30

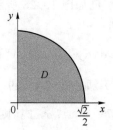

图 10.31

6. 利用二重积分计算各曲面所围成的立体的体积：

(2) 旋转抛物面 $z=x^2+y^2$、坐标面及平面 $x+y=1$；

(4) 圆柱面 $x^2+y^2=R^2$ 和 $x^2+z^2=R^2$.

解 (2) 立体为以 $D=\{(x,y)\,|\,0\leqslant x\leqslant1,0\leqslant y\leqslant1-x\}$ 为底，旋转抛物面 $z=x^2+y^2$ 为顶的曲顶柱体，立体的体积为

$$V = \iint\limits_{D}(x^2+y^2)\mathrm{d}x\mathrm{d}y = \int_0^1\mathrm{d}x\int_0^{1-x}(x^2+y^2)\mathrm{d}y = \int_0^1\left[x^2y+\frac{y^3}{3}\right]_0^{1-x}\mathrm{d}x$$

$$= -\frac{1}{3}\int_0^1(4x^3-6x^2+3x-1)\mathrm{d}x = -\frac{1}{3}\left[x^4-2x^3+\frac{3}{2}x^2-x\right]_0^1 = \frac{1}{6}$$

(4) 由对称性知，只需求出立体在第一卦限的部分的体积，再乘以 8 即可，而在第一卦限的部分为以 $D=\{(x,y)\,|\,0\leqslant x\leqslant R,0\leqslant y\leqslant\sqrt{R^2-x^2}\}$ 为底，以 $z=\sqrt{R^2-x^2}$ 为顶的曲顶柱体，所以所求立体的体积为

$$V = 8\iint\limits_{D}\sqrt{R^2-x^2}\mathrm{d}x\mathrm{d}y = 8\int_0^R\mathrm{d}x\int_0^{\sqrt{R^2-x^2}}\sqrt{R^2-x^2}\mathrm{d}y = 8\int_0^R(R^2-x^2)\mathrm{d}x = \frac{16}{3}R^3$$

7. 求下面指出的曲面的面积：

(1) 平面 $\frac{x}{1}+\frac{y}{2}+\frac{z}{3}=1$ 被三个坐标面所割下的部分；

(3) 锥面 $z=\sqrt{x^2+y^2}$ 被柱面 $z^2=2y$ 所割下的部分；

(4) 抛物线 $y=x^2$ 上由 $x=0$ 至 $x=\sqrt{2}$ 的一段曲线绕 y 轴旋转所得的旋转曲面.

解 （1）曲面为 $\Sigma:z=3\left(1-x-\dfrac{y}{2}\right)$，在 xOy 面上的投影为 $D=\{(x,y)\,|\,0\leqslant x\leqslant 1,$ $0\leqslant y\leqslant 2-2x\}$，如图 10.32 所示，曲面的面积为

$$S=\iint\limits_{D}\sqrt{1+\left(\frac{\partial z}{\partial x}\right)^2+\left(\frac{\partial z}{\partial y}\right)^2}\mathrm{d}x\mathrm{d}y=\iint\limits_{D}\sqrt{1+(-3)^2+\left(-\frac{3}{2}\right)^2}\mathrm{d}x\mathrm{d}y$$

$$=\frac{7}{2}\iint\limits_{D}\mathrm{d}x\mathrm{d}y=\frac{7}{2}\int_0^1\mathrm{d}x\int_0^{2-2x}\mathrm{d}y=\frac{7}{2}\int_0^1(2-2x)\mathrm{d}x=\frac{7}{2}$$

（3）先求锥面 $z=\sqrt{x^2+y^2}$ 与柱面 $z^2=2y$ 的交线在 xOy 面上的投影，将方程 $z=\sqrt{x^2+y^2}$ 与 $z^2=2y$ 联立，消去 z，得到 $x^2+y^2=2y$，曲面为 $\Sigma:z=\sqrt{x^2+y^2}$，在 xOy 面上的投影为 $D=\{(x,y)\,|\,x^2+y^2\leqslant 2y\}$，这是一个半径为 1 的圆，面积 $\sigma=\pi$.

$$\sqrt{1+\left(\frac{\partial z}{\partial x}\right)^2+\left(\frac{\partial z}{\partial y}\right)^2}=\sqrt{1+\frac{x^2}{x^2+y^2}+\frac{y^2}{x^2+y^2}}=\sqrt{2}$$

曲面的面积为

$$S=\iint\limits_{D}\sqrt{1+\left(\frac{\partial z}{\partial x}\right)^2+\left(\frac{\partial z}{\partial y}\right)^2}\mathrm{d}x\mathrm{d}y=\iint\limits_{D}\sqrt{2}\,\mathrm{d}x\mathrm{d}y=\sqrt{2}\iint\limits_{D}\mathrm{d}x\mathrm{d}y=\sqrt{2}\sigma=\sqrt{2}\pi$$

（4）抛物线 $y=x^2$ 绕 y 轴旋转所得的旋转曲面为 $\Sigma:y=x^2+z^2$，投影到 zOx 面上，如图 10.33 所示，投影区域为 $D=\{(x,z)\,|\,x^2+z^2\leqslant 2\}$，曲面的面积为

$$S=\iint\limits_{D}\sqrt{1+\left(\frac{\partial y}{\partial x}\right)^2+\left(\frac{\partial y}{\partial z}\right)^2}\mathrm{d}z\mathrm{d}x$$

$$=\iint\limits_{D}\sqrt{1+(2x)^2+(2z)^2}\,\mathrm{d}z\mathrm{d}x=\iint\limits_{D}\sqrt{1+4(x^2+z^2)}\,\mathrm{d}z\mathrm{d}x$$

$$=\int_0^{2\pi}\mathrm{d}\theta\int_0^{\sqrt{2}}\sqrt{1+4\rho^2}\,\rho\mathrm{d}\rho=2\pi\cdot\frac{1}{8}\cdot\frac{2}{3}\left[(1+4\rho^2)^{\frac{3}{2}}\right]_0^{\sqrt{2}}=\frac{13}{3}\pi$$

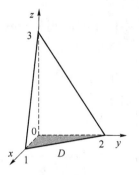

图 10.32

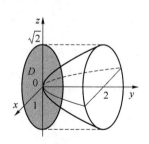

图 10.33

习题 10.3

1. 计算下列三重积分：

(2) $\iiint\limits_{\Omega} \dfrac{\mathrm{d}x\mathrm{d}y\mathrm{d}z}{(x+y+z)^3}$，$\Omega$：$1 \leqslant x \leqslant 2$，$1 \leqslant y \leqslant 2$，$1 \leqslant z \leqslant 2$；

(4) $\iiint\limits_{\Omega} xyz\,\mathrm{d}x\mathrm{d}y\mathrm{d}z$，$\Omega$ 是由平面 $y=0$，$z=1$，$y=x$ 和锥面 $z=\sqrt{x^2+y^2}$ 所围成的立体在第一卦限的部分；

(6) $\iiint\limits_{\Omega} z\,\mathrm{d}x\mathrm{d}y\mathrm{d}z$，$\Omega$ 是由平面 $z=0$，$y=x$、圆柱面 $z=\sqrt{1-x^2}$ 及抛物柱面 $y=x^2$ 所围成的立体.

解 (2) $\iiint\limits_{\Omega} \dfrac{\mathrm{d}x\mathrm{d}y\mathrm{d}z}{(x+y+z)^3} = \int_1^2 \mathrm{d}x \int_1^2 \mathrm{d}y \int_1^2 \dfrac{1}{(x+y+z)^3}\mathrm{d}z$

$$= -\frac{1}{2}\int_1^2 \mathrm{d}x \int_1^2 \left[\frac{1}{(x+y+z)^2}\right]_1^2 \mathrm{d}y$$

$$= -\frac{1}{2}\int_1^2 \mathrm{d}x \int_1^2 \left[\frac{1}{(x+y+2)^2} - \frac{1}{(x+y+1)^2}\right] \mathrm{d}y$$

$$= \frac{1}{2}\int_1^2 \left[\frac{1}{x+y+2} - \frac{1}{x+y+1}\right]_1^2 \mathrm{d}x$$

$$= \frac{1}{2}\int_1^2 \left(\frac{1}{x+2} + \frac{1}{x+4} - \frac{2}{x+3}\right) \mathrm{d}x = \frac{7}{2}\ln 2 - \frac{3}{2}\ln 5$$

(4) 如图 10.34 所示，利用柱面坐标，Ω：$0 \leqslant \theta \leqslant \dfrac{\pi}{4}$，$0 \leqslant \rho \leqslant 1$，$\rho \leqslant z \leqslant 1$，则

$$\iiint\limits_{\Omega} xyz\,\mathrm{d}x\mathrm{d}y\mathrm{d}z = \int_0^{\frac{\pi}{4}} \mathrm{d}\theta \int_0^1 \mathrm{d}\rho \int_\rho^1 \rho\cos\theta \cdot \rho\sin\theta \cdot z \cdot \rho\,\mathrm{d}z = \int_0^{\frac{\pi}{4}} \cos\theta \cdot \sin\theta\,\mathrm{d}\theta \int_0^1 \rho^3 \left[\frac{z^2}{2}\right]_\rho^1 \mathrm{d}\rho$$

$$= \frac{1}{2}\int_0^{\frac{\pi}{4}} \cos\theta \cdot \sin\theta\,\mathrm{d}\theta \int_0^1 (\rho^3 - \rho^5)\,\mathrm{d}\rho = \frac{1}{2}\int_0^{\frac{\pi}{4}} \cos\theta\sin\theta \left[\frac{\rho^4}{4} - \frac{\rho^6}{6}\right]_0^1 \mathrm{d}\theta = \frac{1}{96}$$

(6) 如图 10.35 所示，Ω：$0 \leqslant x \leqslant 1$，$x^2 \leqslant y \leqslant x$，$0 \leqslant z \leqslant \sqrt{1-x^2}$，则

$$\iiint\limits_{\Omega} z\,\mathrm{d}x\mathrm{d}y\mathrm{d}z = \int_0^1 \mathrm{d}x \int_{x^2}^x \mathrm{d}y \int_0^{\sqrt{1-x^2}} z\,\mathrm{d}z = \int_0^1 \mathrm{d}x \int_{x^2}^x \left[\frac{z^2}{2}\right]_0^{\sqrt{1-x^2}} \mathrm{d}y$$

$$= \frac{1}{2}\int_0^1 \mathrm{d}x \int_{x^2}^x (1-x^2)\,\mathrm{d}y = \frac{1}{2}\int_0^1 (1-x^2)(x-x^2)\,\mathrm{d}x$$

$$= \frac{1}{2}\int_0^1 (x - x^2 - x^3 + x^4)\,\mathrm{d}x = \frac{1}{2}\left[\frac{x^2}{2} - \frac{x^3}{3} - \frac{x^4}{4} + \frac{x^5}{5}\right]_0^1 = \frac{7}{120}$$

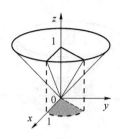

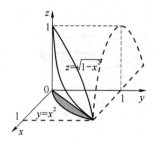

图 10.34 　　　　　　　　　　　　　图 10.35

2. 利用柱面坐标或球面坐标计算下列三重积分：

(1) $\iiint\limits_{\Omega} xy\,\mathrm{d}x\mathrm{d}y\mathrm{d}z$ ，Ω 是由 $x^2+y^2=2z,z=2,x=0,y=0$ 所围成的在第一卦限的区域；

(3) $\iiint\limits_{\Omega} \dfrac{\mathrm{d}x\mathrm{d}y\mathrm{d}z}{x^2+y^2+1}$ ，Ω 是由锥面 $x^2+y^2=z^2$ 及平面 $z=1$ 所围成的区域；

(5) $\iiint\limits_{\Omega} xyz\,\mathrm{d}x\mathrm{d}y\mathrm{d}z$ ，Ω 是由球面 $x^2+y^2+z^2=1$ 及平面 $x=0,y=0,z=0$ 所围成的在第一卦限内的区域；

(6) $\iiint\limits_{\Omega} (x^2+y^2)\,\mathrm{d}x\mathrm{d}y\mathrm{d}z$ ，Ω 是由半球面 $z=\sqrt{1-x^2-y^2}$ ，$z=\sqrt{4-x^2-y^2}$ 及平面 $z=0$ 所围成的区域.

解 （1）如图 10.36 所示，在柱面坐标系下，Ω 表示为：$\Omega:0\leqslant\theta\leqslant\dfrac{\pi}{2},0\leqslant\rho\leqslant2,\dfrac{\rho^2}{2}\leqslant z\leqslant2$，则

$$
\begin{aligned}
\iiint\limits_{\Omega} xy\,\mathrm{d}x\mathrm{d}y\mathrm{d}z &= \int_0^{\frac{\pi}{2}}\mathrm{d}\theta\int_0^2\mathrm{d}\rho\int_{\frac{\rho^2}{2}}^2 \rho\cos\theta\cdot\rho\sin\theta\cdot\rho\mathrm{d}z \\
&= \int_0^{\frac{\pi}{2}}\cos\theta\cdot\sin\theta\mathrm{d}\theta\int_0^2\rho^3\left(2-\frac{\rho^2}{2}\right)\mathrm{d}\rho \\
&= \frac{1}{2}\int_0^{\frac{\pi}{2}}\cos\theta\cdot\sin\theta\mathrm{d}\theta\int_0^2(4\rho^3-\rho^5)\mathrm{d}\rho = \frac{8}{3}\int_0^{\frac{\pi}{2}}\cos\theta\sin\theta\mathrm{d}\theta = \frac{4}{3}
\end{aligned}
$$

（3）如图 10.37 所示，在柱面坐标系下，Ω 表示为：$\Omega:0\leqslant\theta\leqslant2\pi,0\leqslant\rho\leqslant1,\rho\leqslant z\leqslant1$，则

$$
\begin{aligned}
\iiint\limits_{\Omega} \frac{\mathrm{d}x\mathrm{d}y\mathrm{d}z}{x^2+y^2+1} &= \int_0^{2\pi}\mathrm{d}\theta\int_0^1\mathrm{d}\rho\int_\rho^1 \frac{1}{1+\rho^2}\rho\mathrm{d}z \\
&= \int_0^{2\pi}\mathrm{d}\theta\int_0^1 \frac{\rho}{1+\rho^2}(1-\rho)\mathrm{d}\rho = 2\pi\int_0^1\left(\frac{\rho}{1+\rho^2}+\frac{1}{1+\rho^2}-1\right)\mathrm{d}\rho \\
&= 2\pi\left[\frac{1}{2}\ln(1+\rho^2)+\arctan\rho-\rho\right]_0^1 = \pi\left(\ln 2-2+\frac{\pi}{2}\right)
\end{aligned}
$$

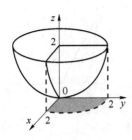

图 10.36

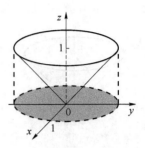

图 10.37

(5) 如图 10.38 所示,在球面坐标系下,Ω 表示为:Ω:$0 \leqslant \theta \leqslant \dfrac{\pi}{2}$,$0 \leqslant \varphi \leqslant \dfrac{\pi}{2}$,$0 \leqslant r \leqslant 1$,则

$$\iiint\limits_{\Omega} xyz\,\mathrm{d}x\mathrm{d}y\mathrm{d}z = \int_0^{\frac{\pi}{2}} \mathrm{d}\theta \int_0^{\frac{\pi}{2}} \mathrm{d}\varphi \int_0^1 r^5 \sin^3 \varphi \cos \varphi \cos \theta \sin \theta \mathrm{d}r$$

$$= \int_0^{\frac{\pi}{2}} \cos \theta \sin \theta \mathrm{d}\theta \int_0^{\frac{\pi}{2}} \sin^3 \varphi \cos \varphi \mathrm{d}\varphi \int_0^1 r^5 \mathrm{d}r$$

$$= \frac{1}{6} \int_0^{\frac{\pi}{2}} \cos \theta \sin \theta \mathrm{d}\theta \int_0^{\frac{\pi}{2}} \sin^3 \varphi \cos \varphi \mathrm{d}\varphi = \frac{1}{24} \int_0^{\frac{\pi}{2}} \cos \theta \sin \theta \mathrm{d}\theta = \frac{1}{48}$$

(6) 如图 10.39 所示,在球面坐标系下,Ω 表示为:Ω:$0 \leqslant \theta \leqslant 2\pi$,$0 \leqslant \varphi \leqslant \dfrac{\pi}{2}$,$1 \leqslant r \leqslant 2$,则

$$\iiint\limits_{\Omega} (x^2 + y^2)\,\mathrm{d}x\mathrm{d}y\mathrm{d}z = \int_0^{2\pi} \mathrm{d}\theta \int_0^{\frac{\pi}{2}} \mathrm{d}\varphi \int_1^2 r^2 \sin^2 \varphi \cdot r^2 \sin \varphi \mathrm{d}r$$

$$= \int_0^{2\pi} \mathrm{d}\theta \int_0^{\frac{\pi}{2}} \sin^3 \varphi \mathrm{d}\varphi \int_1^2 r^4 \mathrm{d}r = \int_0^{2\pi} \mathrm{d}\theta \int_0^{\frac{\pi}{2}} \sin^3 \varphi \left[\frac{r^5}{5} \right]_1^2 \mathrm{d}\varphi$$

$$= \frac{31}{5} \cdot 2\pi \int_0^{\frac{\pi}{2}} \sin^3 \varphi \mathrm{d}\varphi = \frac{124}{15} \pi$$

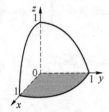

图 10.38

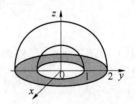

图 10.39

综合练习题

一、单项选择题

1. 设 $f(x,y)$ 是连续函数，则 $\int_0^a \mathrm{d}x \int_0^x f(x,y)\mathrm{d}y$ 等于(B).

(A) $\int_0^a \mathrm{d}y \int_0^y f(x,y)\mathrm{d}x$;　　　　　　(B) $\int_0^a \mathrm{d}y \int_y^a f(x,y)\mathrm{d}x$;

(C) $\int_0^a \mathrm{d}y \int_a^y f(x,y)\mathrm{d}x$;　　　　　　(D) $\int_0^a \mathrm{d}y \int_0^a f(x,y)\mathrm{d}x$.

解　如图 10.40 所示，积分区域为
$$D = \{(x,y) \mid 0 \leqslant x \leqslant a, 0 \leqslant y \leqslant x\} = \{(x,y) \mid 0 \leqslant y \leqslant a, y \leqslant x \leqslant a\}$$
交换积分顺序，得：$\int_0^a \mathrm{d}x \int_0^x f(x,y)\mathrm{d}y = \int_0^a \mathrm{d}y \int_y^a f(x,y)\mathrm{d}x$.

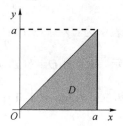

图 10.40

2. 设有空间区域 $\Omega_1 : x^2 + y^2 + z^2 \leqslant R^2, z \geqslant 0, \Omega_2 : x^2 + y^2 + z^2 \leqslant R^2, x \geqslant 0, y \geqslant 0, z \geqslant 0$，则(C).

(A) $\iiint\limits_{\Omega_1} x\mathrm{d}v = 4\iiint\limits_{\Omega_2} x\mathrm{d}v$;　　　　(B) $\iiint\limits_{\Omega_1} y\mathrm{d}v = 4\iiint\limits_{\Omega_2} y\mathrm{d}v$;

(C) $\iiint\limits_{\Omega_1} z\mathrm{d}v = 4\iiint\limits_{\Omega_2} z\mathrm{d}v$;　　　　(D) $\iiint\limits_{\Omega_1} xyz\mathrm{d}v = 4\iiint\limits_{\Omega_2} xyz\mathrm{d}v$.

解　设 $\Omega_3 : x^2 + y^2 + z^2 \leqslant R^2, y \geqslant 0, z \geqslant 0$，函数 $f(x,y,z) = z$ 关于 x, y 都是偶函数，而积分区域 Ω_1 关于 yOz 面、zOx 面对称，故 $\iiint\limits_{\Omega_1} z\mathrm{d}v = 2\iiint\limits_{\Omega_3} z\mathrm{d}v = 4\iiint\limits_{\Omega_2} z\mathrm{d}v$.

3. 设 D 是 xOy 面上以 $(1,1),(-1,1),(-1,-1)$ 为顶点的三角形区域，D_1 是 D 在第一象限的部分，则 $\iint\limits_{D}(xy + \cos x \sin y)\mathrm{d}x\mathrm{d}y$ 等于(A).

(A) $2\iint\limits_{D_1} \cos x \sin y\mathrm{d}x\mathrm{d}y$;　　　(B) $2\iint\limits_{D_1} xy\mathrm{d}x\mathrm{d}y$;

(C) $4\iint\limits_{D_1}(xy + \cos x \sin y)\mathrm{d}x\mathrm{d}y$;　　(D) 0.

解 如图 10.41 所示，三角形区域 ABC 可分为 $\triangle OAB$ 和 $\triangle OBC$，其中 $\triangle OBC$ 关于 x 轴对称，在 $\triangle OBC$ 上，被积函数 $f(x,y)=xy+\cos x\sin y$ 关于 y 坐标为奇函数，所以 $\iint\limits_{\triangle OBC}(xy+\cos x\sin y)\mathrm{d}x\mathrm{d}y=0$，而 $\triangle OAB$ 关于 y 轴对称，在 $\triangle OAB$ 上，函数 xy 关于 x 坐标为奇函数，$\cos x\sin y$ 关于 x 坐标为偶函数，所以 $\iint\limits_{D}(xy+\cos x\sin y)\mathrm{d}x\mathrm{d}y=2\iint\limits_{D_1}\cos x\sin y\mathrm{d}x\mathrm{d}y$.

4. 累次积分 $\int_0^{\frac{\pi}{2}}\mathrm{d}\theta\int_0^{\cos\theta}f(\rho\cos\theta,\rho\sin\theta)\rho\mathrm{d}\rho$ 可以写成(D).

(A) $\int_0^1\mathrm{d}y\int_0^{\sqrt{y-y^2}}f(x,y)\mathrm{d}x$；　　　　　(B) $\int_0^1\mathrm{d}y\int_0^{\sqrt{1-y^2}}f(x,y)\mathrm{d}x$；

(C) $\int_0^1\mathrm{d}x\int_0^1 f(x,y)\mathrm{d}y$；　　　　　(D) $\int_0^1\mathrm{d}x\int_0^{\sqrt{x-x^2}}f(x,y)\mathrm{d}y$.

解 在极坐标系下，积分区域表示为：$D=\{(\rho,\theta)\,|\,0\leqslant\theta\leqslant\frac{\pi}{2},0\leqslant\rho\leqslant\cos\theta\}$.

在直角坐标下，如图 10.42 所示，表示为 $D=\{(x,y)\,|\,0\leqslant x\leqslant1,0\leqslant y\leqslant\sqrt{x-x^2}\}$，则

$$\int_0^{\frac{\pi}{2}}\mathrm{d}\theta\int_0^{\cos\theta}f(\rho\cos\theta,\rho\sin\theta)\rho\mathrm{d}\rho=\int_0^1\mathrm{d}x\int_0^{\sqrt{x-x^2}}f(x,y)\mathrm{d}y$$

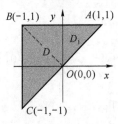

图 10.41

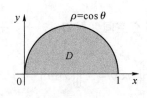

图 10.42

5. 设 $I_1=\iint\limits_{D}\ln(1+x+y)\mathrm{d}x\mathrm{d}y$，$I_2=\iint\limits_{D}(x+y)\mathrm{d}x\mathrm{d}y$，其中 $D=\{(x,y)\,|\,x\geqslant0,y\geqslant0,x+y\leqslant1\}$，则(C).

(A) $I_1\geqslant I_2$；　　　(B) $I_1=I_2$；　　　(C) $I_1\leqslant I_2$；　　　(D) 无法比较大小.

解 $D=\{(x,y)\,|\,x\geqslant0,y\geqslant0,x+y\leqslant1\}$，在区域 D 上，$\ln(1+x+y)\leqslant x+y$，所以 $\iint\limits_{D}\ln(1+x+y)\mathrm{d}x\mathrm{d}y\leqslant\iint\limits_{D}(x+y)\mathrm{d}x\mathrm{d}y$，即：$I_1\leqslant I_2$.

二、填空题

1. 交换积分次序 $\int_0^1\mathrm{d}y\int_{\sqrt{y}}^{\sqrt{2-y^2}}f(x,y)\mathrm{d}x=$ $\underline{\int_0^1\mathrm{d}x\int_0^{x^2}f(x,y)\mathrm{d}y+\int_1^{\sqrt{2}}\mathrm{d}x\int_0^{\sqrt{2-x^2}}f(x,y)\mathrm{d}y}$.

解 如图 10.43 所示,因为 $D=\{(x,y)\,|\,0\leqslant y\leqslant 1,\sqrt{y}\leqslant x\leqslant \sqrt{2-y^2}\}=\{(x,y)\,|\,0\leqslant x\leqslant 1,0\leqslant y\leqslant x^2\}\bigcup\{(x,y)\,|\,1\leqslant x\leqslant\sqrt{2},0\leqslant y\leqslant\sqrt{2-x^2}\}$,所以

$$\int_0^1 \mathrm{d}y\int_{\sqrt{y}}^{\sqrt{2-y^2}}f(x,y)\mathrm{d}x=\int_0^1\mathrm{d}x\int_0^{x^2}f(x,y)\mathrm{d}y+\int_1^{\sqrt{2}}\mathrm{d}x\int_0^{\sqrt{2-x^2}}f(x,y)\mathrm{d}y$$

2. $\int_0^2\mathrm{d}x\int_x^2 \mathrm{e}^{-y^2}\mathrm{d}y=$ $\underline{\quad\dfrac{1}{2}(1-\mathrm{e}^{-4})\quad}$.

解 因为 $\int \mathrm{e}^{-y^2}\mathrm{d}y$ 不能用初等函数表示,必须先交换积分顺序.

如图 10.44 所示,$D=\{(x,y)\,|\,0\leqslant x\leqslant 2,x\leqslant y\leqslant 2\}=\{(x,y)\,|\,0\leqslant y\leqslant 2,0\leqslant x\leqslant y\}$,交换积分顺序,得

$$\int_0^2\mathrm{d}x\int_x^2 \mathrm{e}^{-y^2}\mathrm{d}y=\int_0^2\mathrm{d}y\int_0^y \mathrm{e}^{-y^2}\mathrm{d}x=\int_0^2 \mathrm{e}^{-y^2}\cdot y\mathrm{d}y=-\frac{1}{2}[\mathrm{e}^{-y^2}]_0^2=\frac{1}{2}(1-\mathrm{e}^{-4})$$

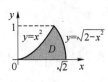

图 10.43

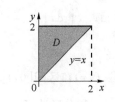

图 10.44

3. 设 $f(x)$ 有一阶连续导数,且 $f(0)=0,f(1)=2$,D 是由圆周 $x^2+y^2=1$ 所围成的区域,则 $\iint\limits_D f'(x^2+y^2)\mathrm{d}x\mathrm{d}y=$ $\underline{\quad 2\pi\quad}$.

解 在极坐标系下,区域 D 表示为 $D=\{(\rho,\theta)\,|\,0\leqslant\theta\leqslant 2\pi,0\leqslant\rho\leqslant 1\}$,则

$$\iint\limits_D f'(x^2+y^2)\mathrm{d}x\mathrm{d}y=\int_0^{2\pi}\mathrm{d}\theta\int_0^1 f'(\rho^2)\rho\mathrm{d}\rho=2\pi\int_0^1 f'(\rho^2)\rho\mathrm{d}\rho$$

$$=\pi\int_0^1 f'(\rho^2)\mathrm{d}(\rho^2)=\pi[f(\rho^2)]_0^1=\pi[f(1)-f(0)]=2\pi$$

4. 设 Ω 为球面 $x^2+y^2+z^2=1$ 所围成的区域,则 $\iiint\limits_\Omega \dfrac{z\ln(x^2+y^2+z^2+1)\mathrm{d}x\mathrm{d}y\mathrm{d}z}{x^2+y^2+z^2+1}$

$=$ $\underline{\quad 0\quad}$.

解 积分区域 Ω 关于 xOy 面对称,被积函数 $f(x,y,z)=\dfrac{z\ln(x^2+y^2+z^2+1)}{x^2+y^2+z^2+1}$ 关于 z 坐标为奇函数,由三重积分的对称性知,$\iiint\limits_\Omega \dfrac{z\ln(x^2+y^2+z^2+1)\mathrm{d}x\mathrm{d}y\mathrm{d}z}{x^2+y^2+z^2+1}=0$.

5. 设有一斜圆柱体,它被垂直于 z 轴的平面截得的区域的面积为 π,Ω 是该斜圆柱体被平面 $z=0,z=1$ 所截下的区域,则 $\iiint\limits_\Omega z^2\mathrm{d}x\mathrm{d}y\mathrm{d}z=$ $\underline{\quad\dfrac{1}{3}\pi\quad}$.

解 利用截面法计算. $\iiint\limits_{\Omega} z^2 \mathrm{d}x\mathrm{d}y\mathrm{d}z = \int_0^1 z^2 \mathrm{d}z \iint\limits_{D_z} \mathrm{d}x\mathrm{d}y = \pi \int_0^1 z^2 \mathrm{d}z = \pi \left[\dfrac{z^3}{3}\right]_0^1 = \dfrac{1}{3}\pi$.

三、计算题与证明题

1. 计算二重积分 $I = \iint\limits_{D} y\mathrm{d}x\mathrm{d}y$，其中 D 是由 x 轴、y 轴与曲线 $\sqrt{\dfrac{x}{a}} + \sqrt{\dfrac{y}{b}} = 1$ 所围成的区域，$a>0, b>0$.

解 由曲线的方程 $\sqrt{\dfrac{x}{a}} + \sqrt{\dfrac{y}{b}} = 1$ 易知，当 $x=a$ 时，$y=0$，当 $y=b$ 时，$x=0$，积分区域表示为（如图 10.45 所示）$D = \left\{(x,y) \mid 0 \leqslant x \leqslant a, 0 \leqslant y \leqslant b\left(1-\sqrt{\dfrac{x}{a}}\right)^2\right\}$，则

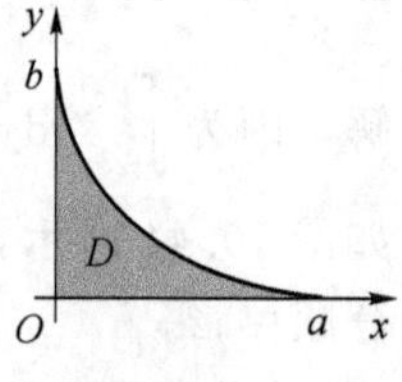

图 10.45

$$I = \iint\limits_{D} y\mathrm{d}x\mathrm{d}y = \int_0^a \mathrm{d}x \int_0^{b\left(1-\sqrt{\frac{x}{a}}\right)^2} y\mathrm{d}y = \int_0^a \left[\frac{y^2}{2}\right]_0^{b\left(1-\sqrt{\frac{x}{a}}\right)^2} \mathrm{d}x = \frac{b^2}{2a^2}\int_0^a (\sqrt{a}-\sqrt{x})^4 \mathrm{d}x = \frac{ab^2}{30}$$

2. 设函数 $f(x)$ 在区间 $[0,1]$ 上连续，且 $\int_0^1 f(x)\mathrm{d}x = A$，求 $\int_0^1 \mathrm{d}x \int_x^1 f(x)f(y)\mathrm{d}y$.

解 **解法 1** 积分区域：$D = \{(x,y) \mid 0 \leqslant x \leqslant 1, x \leqslant y \leqslant 1\} = \{(x,y) \mid 0 \leqslant y \leqslant 1, 0 \leqslant x \leqslant y\}$

交换积分顺序，得：$I = \int_0^1 \mathrm{d}x \int_x^1 f(x)f(y)\mathrm{d}y = \int_0^1 \mathrm{d}y \int_0^y f(x)f(y)\mathrm{d}x$

被积函数 $f(x)f(y)$ 关于 $y=x$ 对称，所以在积分 I 中交换 x, y，积分的值不变，即：

$I = \int_0^1 \mathrm{d}x \int_0^x f(x)f(y)\mathrm{d}y$，将上述两个式子相加，得：

$$2I = \int_0^1 \mathrm{d}x \int_x^1 f(x)f(y)\mathrm{d}y + \int_0^1 \mathrm{d}x \int_0^x f(x)f(y)\mathrm{d}y$$

$$= \int_0^1 \left[\int_0^x f(x)f(y)\mathrm{d}y + \int_x^1 f(x)f(y)\mathrm{d}y\right]\mathrm{d}x$$

$$= \int_0^1 f(x)\mathrm{d}x \cdot \int_0^1 f(y)\mathrm{d}y = \left(\int_0^1 f(x)\mathrm{d}x\right)^2 = A^2$$

故 $\qquad\qquad I = \int_0^1 \mathrm{d}x \int_x^1 f(x)f(y)\mathrm{d}y = \dfrac{A^2}{2}$

解法 2 令 $\int_0^x f(t)\mathrm{d}t = F(x)$，则 $F(0) = 0, F(1) = \int_0^1 f(t)\mathrm{d}t = A$ ，$F'(x) = \dfrac{\mathrm{d}}{\mathrm{d}x}\left[\int_0^x f(t)\mathrm{d}t\right] = f(x)$，或 $\mathrm{d}F(x) = \mathrm{d}\left[\int_0^x f(t)\mathrm{d}t\right] = f(x)\mathrm{d}x$.

$$I = \int_0^1 \mathrm{d}x \int_x^1 f(x)f(y)\mathrm{d}y = \int_0^1 f(x)\mathrm{d}x \int_x^1 f(y)\mathrm{d}y = \int_0^1 f(x)\left[F(y)\right]_x^1 \mathrm{d}x$$

$$= \int_0^1 f(x)\left[F(1) - F(x)\right]\mathrm{d}x = \int_0^1 \left[F(1) - F(x)\right]\mathrm{d}F(x)$$

$$= \left[F(1)F(x) - \frac{F^2(x)}{2} \right]_0^1 = \left[F(1)F(1) - \frac{F^2(1)}{2} \right] = \frac{F^2(1)}{2} = \frac{A^2}{2}$$

3. 计算 $\iint\limits_{D} |xy| \, d\sigma, D: x^2 + y^2 \leqslant a^2$.

解 当点 (x,y) 在一、三象限时,$xy > 0$,在二、四象限时,$xy < 0$,被积函数 $|xy|$ 关于 x, y 坐标均为偶函数. 如图 10.46 所示,利用极坐标计算,由二重积分的对称性,有

$$\iint\limits_{D} |xy| \, d\sigma = 4\iint\limits_{D_1} xy \, d\sigma = 4\int_0^{\frac{\pi}{2}} d\theta \int_0^a \rho\cos\theta \cdot \rho\sin\theta \cdot \rho d\rho$$

$$= a^4 \int_0^{\frac{\pi}{2}} \cos\theta \cdot \sin\theta d\theta = \frac{a^4}{2}$$

4. 计算 $\iint\limits_{D} |x^2 + y^2 - 4| \, dxdy$,其中 D 是圆域 $x^2 + y^2 \leqslant 16$.

解 如图 10.47 所示,设 $D_1 : x^2 + y^2 \leqslant 4, D_2 : 4 \leqslant x^2 + y^2 \leqslant 16$,则

$$\iint\limits_{D} |x^2 + y^2 - 4| \, dxdy = \iint\limits_{D_1} (4 - x^2 - y^2) \, dxdy + \iint\limits_{D_2} (x^2 + y^2 - 4) \, dxdy$$

$$= \int_0^{2\pi} d\theta \int_0^2 (4 - \rho^2) \cdot \rho d\rho + \int_0^{2\pi} d\theta \int_2^4 (\rho^2 - 4) \cdot \rho d\rho = 80\pi$$

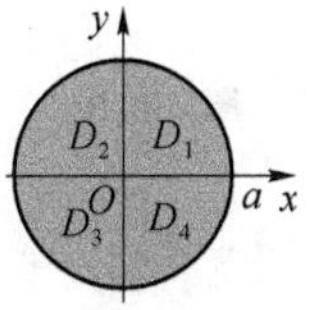

图 10.46

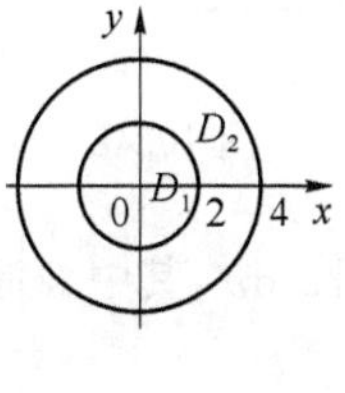

图 10.47

5. 计算 $\iint\limits_{D} x[1 + yf(x^2 + y^2)] \, d\sigma$,其中 D 是由 $y = x^3, y = 1, x = -1$ 所围成的区域,f 是一连续函数.

解 作曲线 $y = -x^3$,将区域 D 分成两部分:D_1, D_2. D_1 关于 y 轴对称,D_2 关于 x 轴对称,如图 10.48 所示.

$$\iint\limits_{D} x[1 + yf(x^2 + y^2)] \, d\sigma = \iint\limits_{D_1} x[1 + yf(x^2 + y^2)] \, d\sigma + \iint\limits_{D_2} x[1 + yf(x^2 + y^2)] \, d\sigma = I_1 + I_2$$

被积函数 $x[1 + yf(x^2 + y^2)]$ 关于 x 坐标为奇函数,所以 $I_1 = 0$.

函数 $xyf(x^2 + y^2)$ 关于 y 坐标为奇函数,所以 $\iint\limits_{D_2} xyf(x^2 + y^2) \, d\sigma = 0$,故

$$\iint\limits_{D} x[1 + yf(x^2 + y^2)] \, d\sigma = \iint\limits_{D_2} x \, d\sigma = \int_{-1}^0 dx \int_{x^3}^{-x^3} x \, dy = -2\int_{-1}^0 x^4 \, dx = -2\left[\frac{x^5}{5}\right]_{-1}^0 = -\frac{2}{5}$$

6. 计算 $\iiint\limits_{\Omega}(x^2+y^2+z)\mathrm{d}v$,其中 Ω 是由曲线 $\begin{cases} y^2=2z \\ x=0 \end{cases}$ 绕 z 轴旋转一周而成的曲面与平面 $z=4$ 所围成的区域.

解 曲线 $\begin{cases} y^2=2z \\ x=0 \end{cases}$ 绕 z 轴旋转一周而成的曲面为 $x^2+y^2=2z$,用柱面坐标计算, Ω :

$0 \leqslant \theta \leqslant 2\pi, 0 \leqslant \rho \leqslant 2\sqrt{2}, \dfrac{\rho^2}{2} \leqslant z \leqslant 4$,如图 10.49 所示,则

$$\iiint\limits_{\Omega}(x^2+y^2+z)\mathrm{d}v = \int_0^{2\pi}\mathrm{d}\theta\int_0^{2\sqrt{2}}\mathrm{d}\rho\int_{\frac{\rho^2}{2}}^4 (\rho^2+z)\rho\mathrm{d}z$$

$$= \int_0^{2\pi}\mathrm{d}\theta\int_0^{2\sqrt{2}}(4\rho^3+8\rho-\frac{5}{8}\rho^5)\mathrm{d}\rho = 2\pi\left[\rho^4+4\rho^2-\frac{5}{48}\rho^6\right]_0^{2\sqrt{2}} = \frac{256}{3}\pi$$

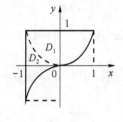

图 10.48

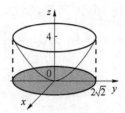

图 10.49

7. 计算 $\iiint\limits_{\Omega}z^2\mathrm{d}v$,其中 Ω 是由二球面 $x^2+y^2+z^2=R^2$, $x^2+y^2+z^2=2Rz$ 所围成的区域.

解 先求两个球面的交线,由 $x^2+y^2+z^2=R^2$, $x^2+y^2+z^2=2Rz$,得: $z=\dfrac{R}{2}$.

空间区域 Ω 在 xOy 面上的投影为: D : $x^2+y^2 \leqslant \left(\dfrac{\sqrt{3}}{2}R\right)^2$,用柱面坐标计算, Ω : $0 \leqslant \theta \leqslant$

$2\pi, 0 \leqslant \rho \leqslant \dfrac{\sqrt{3}}{2}R, R-\sqrt{R^2-\rho^2} \leqslant z \leqslant \sqrt{R^2-\rho^2}$,如图 10.50 所示,则

$$\iiint\limits_{\Omega}z^2\mathrm{d}v = \int_0^{2\pi}\mathrm{d}\theta\int_0^{\frac{\sqrt{3}}{2}R}\mathrm{d}\rho\int_{R-\sqrt{R^2-\rho^2}}^{\sqrt{R^2-\rho^2}}z^2\rho\mathrm{d}z$$

$$= \int_0^{2\pi}\mathrm{d}\theta\int_0^{\frac{\sqrt{3}}{2}R}\left[\frac{z^3}{3}\right]_{R-\sqrt{R^2-\rho^2}}^{\sqrt{R^2-\rho^2}}\rho\mathrm{d}\rho$$

$$= \frac{2\pi}{3}\int_0^{\frac{\sqrt{3}}{2}R}\left[(R^2-\rho^2)^{\frac{3}{2}}-(R-\sqrt{R^2-\rho^2})^3\right]\rho\mathrm{d}\rho = \frac{59}{480}\pi R^5$$

8. 计算 $\int_0^2\mathrm{d}x\int_0^{\sqrt{2x-x^2}}\mathrm{d}y\int_0^a z\sqrt{x^2+y^2}\mathrm{d}z$.

解 $\Omega:0\leqslant x\leqslant 2,0\leqslant y\leqslant\sqrt{2x-x^2},0\leqslant z\leqslant a$,在柱面坐标下,表示为 $\Omega:-\dfrac{\pi}{2}\leqslant\theta\leqslant\dfrac{\pi}{2}$,

$0\leqslant\rho\leqslant2\cos\theta,0\leqslant z\leqslant a$,如图 10.51 所示,则

$$\int_0^2\mathrm{d}x\int_0^{\sqrt{2x-x^2}}\mathrm{d}y\int_0^a z\sqrt{x^2+y^2}\,\mathrm{d}z=\int_{-\frac{\pi}{2}}^{\frac{\pi}{2}}\mathrm{d}\theta\int_0^{2\cos\theta}\mathrm{d}\rho\int_0^a z\rho\cdot\rho\mathrm{d}z$$

$$=\frac{a^2}{2}\int_{-\frac{\pi}{2}}^{\frac{\pi}{2}}\mathrm{d}\theta\int_0^{2\cos\theta}\rho^2\mathrm{d}\rho=\frac{a^2}{6}\int_{-\frac{\pi}{2}}^{\frac{\pi}{2}}8\cos^3\theta\mathrm{d}\theta=\frac{16}{9}a^2$$

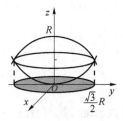

图 10.50

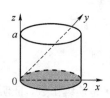

图 10.51

9. 计算 $\displaystyle\int_{-R}^R\mathrm{d}x\int_{-\sqrt{R^2-x^2}}^{\sqrt{R^2-x^2}}\mathrm{d}y\int_0^{\sqrt{R^2-x^2-y^2}}\sqrt{x^2+y^2+z^2}\,\mathrm{d}z$.

解 积分区域 $\Omega:-R\leqslant x\leqslant R,-\sqrt{R^2-x^2}\leqslant y\leqslant\sqrt{R^2-x^2},0\leqslant z\leqslant\sqrt{R^2-x^2-y^2}$,为

上半球体,在球面坐标下,表示为 $\Omega:0\leqslant\theta\leqslant2\pi,0\leqslant\varphi\leqslant\dfrac{\pi}{2},0\leqslant r\leqslant R$,如图 10.52 所示,则

$$\int_{-R}^R\mathrm{d}x\int_{-\sqrt{R^2-x^2}}^{\sqrt{R^2-x^2}}\mathrm{d}y\int_0^{\sqrt{R^2-x^2-y^2}}\sqrt{x^2+y^2+z^2}\,\mathrm{d}z$$

$$=\int_0^{2\pi}\mathrm{d}\theta\int_0^{\frac{\pi}{2}}\mathrm{d}\varphi\int_0^R r\cdot r^2\sin\varphi\mathrm{d}r=\int_0^{2\pi}\mathrm{d}\theta\int_0^{\frac{\pi}{2}}\sin\varphi\mathrm{d}\varphi\int_0^R r^3\mathrm{d}r$$

$$=\frac{R^4}{4}\int_0^{2\pi}\mathrm{d}\theta\int_0^{\frac{\pi}{2}}\sin\varphi\mathrm{d}\varphi=\frac{\pi R^4}{2}\int_0^{\frac{\pi}{2}}\sin\varphi\mathrm{d}\varphi=\frac{\pi R^4}{2}$$

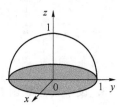

图 10.52

10. 已知 $F(t)=\iiint\limits_{\Omega}f(\sqrt{x^2+y^2+z^2})\mathrm{d}v$,其中 $\Omega:x^2+$

$y^2+z^2\leqslant t^2,f$ 是连续函数,求 $F'(t)$.

解 积分区域为半径为 t 的球体,在球面坐标下,表示为 $\Omega:0\leqslant\theta\leqslant2\pi,0\leqslant\varphi\leqslant\pi,0\leqslant r\leqslant t$,用球面坐标计算 $F(t)$.

$$F(t)=\iiint\limits_{\Omega}f(\sqrt{x^2+y^2+z^2})\mathrm{d}v=\int_0^{2\pi}\mathrm{d}\theta\int_0^{\pi}\mathrm{d}\varphi\int_0^t f(r)\cdot r^2\sin\varphi\mathrm{d}r$$

$$=2\pi\int_0^{\pi}\sin\varphi\mathrm{d}\varphi\int_0^t f(r)\cdot r^2\mathrm{d}r=2\pi[-\cos\varphi]_0^{\pi}\cdot\int_0^t f(r)\cdot r^2\mathrm{d}r=4\pi\int_0^t f(r)\cdot r^2\mathrm{d}r$$

故
$$F'(t) = \frac{\mathrm{d}}{\mathrm{d}t}\left(4\pi\int_0^t f(r)\cdot r^2 \mathrm{d}r\right) = 4\pi t^2 f(t)$$

11. 证明 $\displaystyle\int_a^b \mathrm{d}x \int_a^x (x-y)^{n-2} f(y)\mathrm{d}y = \frac{1}{n-1}\int_a^b (b-y)^{n-1} f(y)\mathrm{d}y$.

证明 如图 10.53 所示,因为 $D = \{(x,y) \mid a \leqslant x \leqslant b, a \leqslant y \leqslant x\} = \{(x,y) \mid a \leqslant y \leqslant b, y \leqslant x \leqslant b\}$,交换积分顺序,得

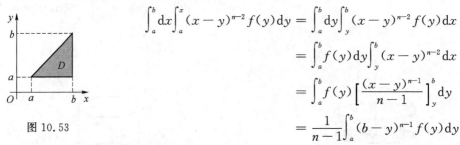

图 10.53

$$\int_a^b \mathrm{d}x \int_a^x (x-y)^{n-2} f(y)\mathrm{d}y = \int_a^b \mathrm{d}y \int_y^b (x-y)^{n-2} f(y)\mathrm{d}x$$
$$= \int_a^b f(y)\mathrm{d}y \int_y^b (x-y)^{n-2}\mathrm{d}x$$
$$= \int_a^b f(y)\left[\frac{(x-y)^{n-1}}{n-1}\right]_y^b \mathrm{d}y$$
$$= \frac{1}{n-1}\int_a^b (b-y)^{n-1} f(y)\mathrm{d}y$$

12. 设 f 是连续函数,证明 $\displaystyle\iiint\limits_\Omega f(z)\mathrm{d}v = \pi\int_{-1}^1 (1-u^2) f(u)\mathrm{d}u$,其中 $\Omega: x^2 + y^2 + z^2 \leqslant 1$.

证明 利用截面法计算三重积分. 积分区域为半径为 1 的球体,Ω 表示为:$\Omega: -1 \leqslant z \leqslant 1, D_z = \{(x,y) \mid x^2 + y^2 \leqslant 1 - z^2\}$,其中 D_z 是半径为 $\sqrt{1-z^2}$ 的圆,其面积为 $\pi(1-z^2)$,即:

$$\iint\limits_{D_z} \mathrm{d}x\mathrm{d}y = \pi(1-z^2)$$

$$\iiint\limits_\Omega f(z)\mathrm{d}v = \int_{-1}^1 \mathrm{d}z \iint\limits_{D_z} f(z)\mathrm{d}x\mathrm{d}y = \int_{-1}^1 f(z)\mathrm{d}z \iint\limits_{D_z} \mathrm{d}x\mathrm{d}y$$
$$= \int_{-1}^1 f(z)\cdot\pi(1-z^2)\mathrm{d}z = \pi\int_{-1}^1 (1-u^2) f(u)\mathrm{d}u$$

13. 设 f 是连续函数,证明 $\displaystyle\int_0^x \mathrm{d}v \int_0^v \mathrm{d}u \int_0^u f(t)\mathrm{d}t = \frac{1}{2}\int_0^x (x-t)^2 f(t)\mathrm{d}t$.

证明 积分区域为 $\Omega: 0 \leqslant v \leqslant x, 0 \leqslant u \leqslant v, 0 \leqslant t \leqslant u$,如图 10.54所示,利用截面法计算三重积分. Ω 可以表示为:$\Omega: 0 \leqslant t \leqslant x, (u,v) \in D_t$,$D_t$ 是一个直角边为 $x-t$ 的等腰直角三角形,其面积为 $\frac{1}{2}(x-t)^2$.

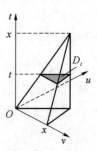

图 10.54

$$\int_0^x \mathrm{d}v \int_0^v \mathrm{d}u \int_0^u f(t)\mathrm{d}t = \int_0^x \mathrm{d}t \iint\limits_{D_t} f(t)\mathrm{d}u\mathrm{d}v$$
$$= \int_0^x f(t)\mathrm{d}t \iint\limits_{D_t} \mathrm{d}u\mathrm{d}v = \frac{1}{2}\int_0^x (x-t)^2 f(t)\mathrm{d}t$$

14. 设 $f(x)$ 在区间 $[a,b]$ 上连续，证明 $\left[\int_a^b f(x)\mathrm{d}x\right]^2 \leqslant (b-a)\int_a^b f^2(x)\mathrm{d}x$.

证明 $\left[\int_a^b f(x)\mathrm{d}x\right]^2 = \int_a^b f(x)\mathrm{d}x \int_a^b f(y)\mathrm{d}y$

$$= \iint\limits_{\substack{a\leqslant x\leqslant b\\a\leqslant y\leqslant b}} f(x)f(y)\mathrm{d}x\mathrm{d}y$$

$$\leqslant \frac{1}{2}\iint\limits_{\substack{a\leqslant x\leqslant b\\a\leqslant y\leqslant b}} [f^2(x)+f^2(y)]\mathrm{d}x\mathrm{d}y$$

$$= \frac{1}{2}\left[\iint\limits_{\substack{a\leqslant x\leqslant b\\a\leqslant y\leqslant b}} f^2(x)\mathrm{d}x\mathrm{d}y + \iint\limits_{\substack{a\leqslant x\leqslant b\\a\leqslant y\leqslant b}} f^2(y)\mathrm{d}x\mathrm{d}y\right]$$

$$= \frac{1}{2}\left[\int_a^b f^2(x)\mathrm{d}x\int_a^b\mathrm{d}y + \int_a^b f^2(y)\mathrm{d}y\int_a^b\mathrm{d}x\right]$$

$$= \frac{b-a}{2}\left[\int_a^b f^2(x)\mathrm{d}x + \int_a^b f^2(y)\mathrm{d}y\right]$$

$$= \frac{b-a}{2}\cdot 2\int_a^b f^2(x)\mathrm{d}x = (b-a)\int_a^b f^2(x)\mathrm{d}x$$

15. 设 $f(x)$ 在区间 $[a,b]$ 上连续且恒大于零，试利用二重积分证明：

$$\int_a^b f(x)\mathrm{d}x \cdot \int_a^b \frac{1}{f(x)}\mathrm{d}x \geqslant (b-a)^2$$

证明 $f(x)>0, x\in[a,b]$，当 $(x,y)\in[a,b]\times[a,b]$ 时，$\left(\sqrt{\frac{f(x)}{f(y)}} - \sqrt{\frac{f(y)}{f(x)}}\right)^2 \geqslant 0$,

所以 $$\iint\limits_{\substack{a\leqslant x\leqslant b\\a\leqslant y\leqslant b}}\left(\sqrt{\frac{f(x)}{f(y)}} - \sqrt{\frac{f(y)}{f(x)}}\right)^2\mathrm{d}x\mathrm{d}y \geqslant 0$$

又 $$\iint\limits_{\substack{a\leqslant x\leqslant b\\a\leqslant y\leqslant b}}\left(\sqrt{\frac{f(x)}{f(y)}} - \sqrt{\frac{f(y)}{f(x)}}\right)^2\mathrm{d}x\mathrm{d}y = \iint\limits_{\substack{a\leqslant x\leqslant b\\a\leqslant y\leqslant b}}\left(\frac{f(x)}{f(y)} + \frac{f(y)}{f(x)} - 2\right)\mathrm{d}x\mathrm{d}y$$

$$= \int_a^b\mathrm{d}x\int_a^b\frac{f(x)}{f(y)}\mathrm{d}y + \int_a^b\mathrm{d}y\int_a^b\frac{f(y)}{f(x)}\mathrm{d}x - 2\iint\limits_{\substack{a\leqslant x\leqslant b\\a\leqslant y\leqslant b}}\mathrm{d}x\mathrm{d}y$$

$$= \int_a^b f(x)\mathrm{d}x\int_a^b\frac{1}{f(y)}\mathrm{d}y + \int_a^b f(y)\mathrm{d}y\int_a^b\frac{1}{f(x)}\mathrm{d}x - 2(b-a)^2$$

$$= 2\int_a^b f(x)\mathrm{d}x \cdot \int_a^b\frac{1}{f(x)}\mathrm{d}x - 2(b-a)^2$$

故 $$\int_a^b f(x)\mathrm{d}x \cdot \int_a^b\frac{1}{f(x)}\mathrm{d}x \geqslant (b-a)^2$$

第 11 章　曲线积分与曲面积分

　　本章将积分的概念推广到曲线和曲面,重点讨论两类曲线积分和两类曲面积分的计算.

11.1 知识结构

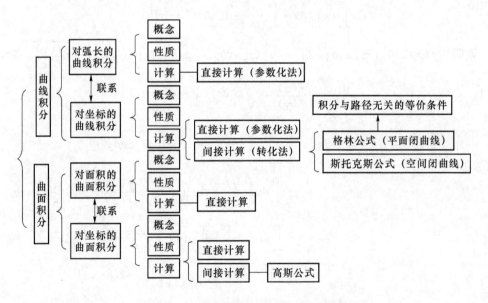

11.2 解题方法流程图

1. 对弧长的曲线积分
计算对弧长的曲线积分的关键是判别积分曲线方程的形式,其次是确定积分变量的

取值范围,最后是转化为定积分计算. 第一型曲线积分的解题方法流程图如下:

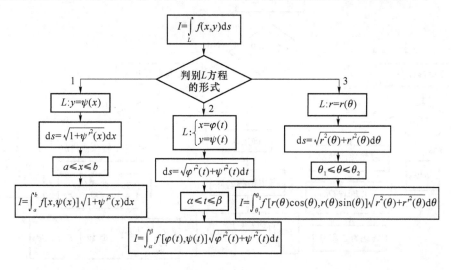

2. 对坐标的曲线积分

计算对坐标的曲线积分时,首先要找出函数 $P(x,y)$,$Q(x,y)$ 及积分曲线 L,然后判断等式 $\dfrac{\partial Q}{\partial x}=\dfrac{\partial P}{\partial y}$,$(x,y)\in D$ 是否成立,若等式成立,则曲线积分在单连通域 D 内与积分路径无关. 此时看积分曲线 L 是否封闭,若 L 为封闭曲线,则利用积分与路径无关的等价命题,便可知所求积分为零;若 L 不是封闭曲线,通常采用取特殊路径的方法(如取平行于坐标轴的折线)来计算,即 $I=\displaystyle\int_L P\mathrm{d}x+Q\mathrm{d}y=\int_{L'} P\mathrm{d}x+Q\mathrm{d}y$,若上式不成立,则曲线积分与积分路径有关. 此时要看积分曲线 L 是否封闭,若 L 为封闭曲线,则直接利用格林公式计算,即 $I=\displaystyle\int_L P\mathrm{d}x+Q\mathrm{d}y=\iint_D\left(\dfrac{\partial Q}{\partial x}-\dfrac{\partial P}{\partial y}\right)\mathrm{d}x\mathrm{d}y$. 若 L 不是封闭曲线,则计算方法一般有两种:一种是将曲线积分化为定积分来计算;另一方法是加一条曲线 L',使 L 与 L' 构成封闭曲线,然后在封闭曲线 $L+L'$ 上应用格林公式,即 $\displaystyle\oint_{L+L'} P\mathrm{d}x+Q\mathrm{d}y=\iint_D\left(\dfrac{\partial Q}{\partial x}-\dfrac{\partial P}{\partial y}\right)\mathrm{d}x\mathrm{d}y$,再计算 $\displaystyle\int_{L'} P\mathrm{d}x+Q\mathrm{d}y$,最后将两式相减,便得原积分的值,即 $I=\left(\displaystyle\oint_{L+L'}-\int_{L'}\right)P\mathrm{d}x+Q\mathrm{d}y$. 第二型曲线积分的解题方法流程图如下:

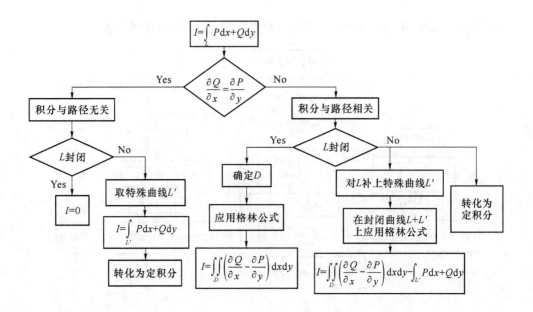

3. 对面积的曲面积分

计算对面积的曲面积分的基本方法是将其化成二重积分计算. 一般有 3 种情况,究竟属于哪种情况取决于 Σ 的方程中哪个变量能用其他另外两个变量的显式形式表示,若 Σ 的方程既可化为 $z=z(x,y)$,又可化为 $x=x(y,z)$ 或 $y=y(z,x)$,则我们可从三种方法中取优. 第一型曲面积分的解题方法流程图如下:

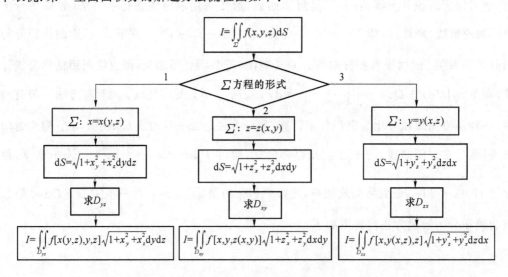

4. 对坐标的曲面积分

计算对坐标的曲面积分时,首先应找出函数 $P(x,y,z),Q(x,y,z),R(x,y,z)$ 及积分曲面 Σ;然后判别 Σ 是否封闭,若 Σ 是封闭曲面,则可直接利用高斯公式,将所求积分转化为三重积分来计算. 若 Σ 不是封闭曲面,则可进一步判别 Σ 是否为平面块,若 Σ 是平面块,则可根据题目的特点,考虑将对坐标的曲面积分转化为对面积的曲面积分来计算. 若 Σ 不是平面块,此时,一般有两种方法,一种是通过补特殊曲面 Σ',使 $\Sigma+\Sigma'$ 构成一封闭曲面,然后在封闭曲面 $\Sigma+\Sigma'$ 上应用高斯公式,并计算在曲面 Σ' 上的积分,最后将上面二积分相减,便得原曲面积分的值,即 $I=\iiint\limits_{\Omega}\left(\dfrac{\partial P}{\partial x}+\dfrac{\partial Q}{\partial y}+\dfrac{\partial R}{\partial z}\right)\mathrm{d}v-\iint\limits_{\Sigma'}P\mathrm{d}y\mathrm{d}z+Q\mathrm{d}z\mathrm{d}x+R\mathrm{d}x\mathrm{d}y$,另一种方法是按照定义将曲面积分直接转化为二重积分来计算. 第二型曲面积分的解题方法流程图如下所示:

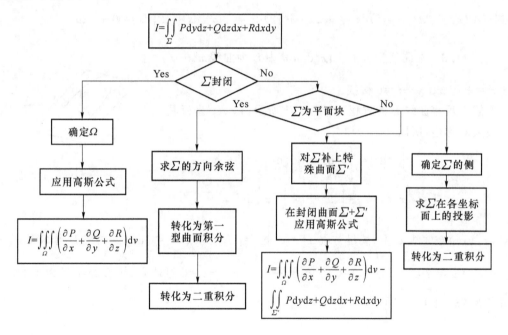

11.3 典 型 例 题

例 11.1 计算 $\displaystyle\int_L\sqrt{y}\,\mathrm{d}s$,其中 L 是抛物线 $y=x^2$ 上点 $O(0,0)$ 与点 $B(1,1)$ 之间的一段弧.

解 解题的关键是将曲线表示为适当的参数形式,然后将曲线积分化为定积分,最后计算定积分即可. 取 x 为参数, 曲线 L 的参数方程为: $L: x=x, y=x^2, 0\leqslant x\leqslant 1$, 而 $\dfrac{\mathrm{d}y}{\mathrm{d}x}=2x$, 则

$$\int_L \sqrt{y}\,\mathrm{d}s = \int_0^1 \sqrt{x^2}\cdot\sqrt{1+(2x)^2}\,\mathrm{d}x = \int_0^1 x\cdot\sqrt{1+4x^2}\,\mathrm{d}x$$

$$= \frac{1}{8}\cdot\frac{2}{3}\cdot[\,(1+4x^2)^{\frac{3}{2}}\,]_0^1 = \frac{1}{12}(5\sqrt{5}-1)$$

例 11.2 设 L 为椭圆 $\dfrac{x^2}{4}+\dfrac{y^2}{3}=1$, 其周长记为 a, 求 $\displaystyle\oint_L(2xy+3x^2+4y^2)\,\mathrm{d}s$.

解 由椭圆方程 $\dfrac{x^2}{4}+\dfrac{y^2}{3}=1$, 得 $3x^2+4y^2=12$, 又由于 L 关于 y 轴对称, 函数 $2xy$ 关于 x 为奇函数, 故有 $\displaystyle\oint_L 2xy\,\mathrm{d}s=0$, 所以

$$\oint_L(2xy+3x^2+4y^2)\,\mathrm{d}s = \oint_L(2xy+12)\,\mathrm{d}s = 2\oint_L xy\,\mathrm{d}s + 12\oint_L\mathrm{d}s = 0+12a = 12a$$

例 11.3 求曲线积分 $I=\displaystyle\int_L x^2\,\mathrm{d}s$, 其中 L 为曲线 $x^2+y^2+z^2=1$ 与 $x+y+z=0$ 交线.

解 观察曲线 L 的方程, 如图 11.1 所示, x, y, z 坐标具有轮换对称性, 所以

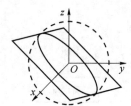

图 11.1

$$\int_L x^2\,\mathrm{d}s = \int_L y^2\,\mathrm{d}s = \int_L z^2\,\mathrm{d}s$$

$$I = \int_L x^2\,\mathrm{d}s = \frac{1}{3}\int_L(x^2+y^2+z^2)\,\mathrm{d}s$$

点 (x,y,z) 在曲线 L 上, 满足方程 $x^2+y^2+z^2=1$, 所以 $I=\dfrac{1}{3}\displaystyle\int_L\mathrm{d}s$, 又曲线 L 为球面 $x^2+y^2+z^2=1$ 与平面 $x+y+z=0$ 的交线, 平面 $x+y+z=0$ 过球心, 故 L 是半径为 1 的圆, 周长为 2π, 故 $I=\dfrac{1}{3}\displaystyle\int_L\mathrm{d}s = \dfrac{2\pi}{3}$.

例 11.4 计算 $\displaystyle\int_L xy\,\mathrm{d}x$, 其中 L 为抛物线 $y^2=x$ 上从点 $A(1,-1)$ 到点 $B(1,1)$ 的一段弧.

解 取 y 为参数, 曲线 L 的参数方程为: $L: y=y, x=y^2, y: -1\rightarrow 1$, 而 $\mathrm{d}x=2y\mathrm{d}y$, 则

$$\int_L xy\,\mathrm{d}x = \int_{-1}^1 y^2\cdot y\cdot 2y\mathrm{d}y = 2\int_{-1}^1 y^4\mathrm{d}y = \frac{2}{5}[y^5]_{-1}^1 = \frac{4}{5}$$

例 11.5 计算 $\displaystyle\int_L y^2\,\mathrm{d}x$, 如图 11.2 所示, 其中路径为

(1) L_1 是半径为 1, 圆心在原点, 逆时针方向的上半圆;

(2) L_2 是从点 $A(1,0)$ 沿 x 轴到点 $B(-1,0)$ 的直线段.

解 (1) L_1 的参数方程为：$L_1:x=\cos t,y=\sin t,t:0\to\pi$，则

$$\int_{L_1}y^2\mathrm{d}x=\int_0^\pi\sin^2 t\mathrm{d}(\cos t)=\int_0^\pi(1-\cos^2 t)\mathrm{d}(\cos t)=\left[\cos t-\frac{\cos^3 t}{3}\right]_0^\pi=-\frac{4}{3}$$

(2) 取 x 为参数，L_2 的参数方程为：$L_2:x=x,y=0,x:1\to-1$，$\displaystyle\int_{L_2}y^2\mathrm{d}x=\int_1^{-1}0\mathrm{d}x=0$.

例 11.6 设 L 是由直线 $x=0,y=0,x+y=1$ 所围成三角形的正向边界，如图 11.3 所示，求曲线积分

$$I=\oint_L(x+y)\mathrm{d}x-2x\mathrm{d}y$$

解 **解法 1** $\displaystyle I=\int_{\overline{OA}}+\int_{\overline{AB}}+\int_{\overline{BO}}$，其中

$$\overline{OA}:x=x,y=0,x:0\to1$$

$$\overline{AB}:x=x,y=1-x,x:1\to0,\overline{BO}:x=0,y=y,y:1\to0$$

$$\int_{\overline{OA}}(x+y)\mathrm{d}x-2x\mathrm{d}y=\int_0^1(x+0)\mathrm{d}x-2x\cdot0\cdot\mathrm{d}x=\int_0^1 x\mathrm{d}x=\frac{1}{2}$$

$$\int_{\overline{AB}}(x+y)\mathrm{d}x-2x\mathrm{d}y=\int_1^0(x+1-x)\mathrm{d}x-2x\cdot(-1)\cdot\mathrm{d}x$$

$$=\int_1^0(1+2x)\mathrm{d}x=\left[x+x^2\right]_1^0=-2$$

$$\int_{\overline{BO}}(x+y)\mathrm{d}x-2x\mathrm{d}y=\int_1^0(0+y)\cdot0\cdot\mathrm{d}y-2\cdot0\cdot\mathrm{d}y=0$$

$$I=\oint_L(x+y)\mathrm{d}x-2x\mathrm{d}y=\frac{1}{2}+(-2)+0=-\frac{3}{2}$$

解法 2 设 D 是由 L 围成的平面闭区域，由格林公式，有

$$I=\oint_L(x+y)\mathrm{d}x-2x\mathrm{d}y=\iint_D(-2-1)\mathrm{d}x\mathrm{d}y=-3\iint_D\mathrm{d}x\mathrm{d}y=-3\cdot S_{\triangle OAB}=-\frac{3}{2}$$

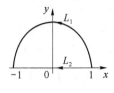

图 11.2

图 11.3

例 11.7 求 $\displaystyle I=\int_L\frac{y^2\mathrm{d}x}{\sqrt{a^2+x^2}}+2\left[2x+y\ln\left(x+\sqrt{a^2+x^2}\right)\right]\mathrm{d}y$，其中 L 是圆周 x^2+

$y^2 = a^2$ 上由点 $A(a,0)$ 沿逆时针方向到点 $B(-a,0)$ 的圆弧，$a>0$ 为常数.

解
$$\frac{\partial Q}{\partial x} = 4 + 2y \cdot \frac{1}{x + \sqrt{a^2 + x^2}}\left(1 + \frac{1}{2} \cdot \frac{2x}{\sqrt{a^2 + x^2}}\right) = 4 + \frac{2y}{\sqrt{a^2 + x^2}}$$

$$\frac{\partial P}{\partial y} = \frac{2y}{\sqrt{a^2 + x^2}}, \qquad \frac{\partial Q}{\partial x} - \frac{\partial P}{\partial y} = 4$$

如图 11.4 所示，设 L_1 是沿 x 轴从点 $B(-a,0)$ 到点 $A(a,0)$ 的直线段，D 是由 $L + L_1$ 围成的平面闭区域，由格林公式，

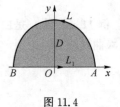

图 11.4

$$\oint_{L+L_1} \frac{y^2 \mathrm{d}x}{\sqrt{a^2 + x^2}} + 2\left[2x + y\ln\left(x + \sqrt{a^2 + x^2}\right)\right]\mathrm{d}y = \iint_D 4\mathrm{d}x\mathrm{d}y = 4 \cdot$$

$\dfrac{1}{2} \cdot \pi a^2 = 2\pi a^2$，又因为在 L_1 上，积分 $\displaystyle\int_{L_1} \frac{y^2 \mathrm{d}x}{\sqrt{a^2 + x^2}} +$

$2\left[2x + y\ln\left(x + \sqrt{a^2 + x^2}\right)\right]\mathrm{d}y = 0$，故 $I = 2\pi a^2$.

例 11.8 计算 $\displaystyle\iint_\Sigma xyz \mathrm{d}S$，其中 Σ 是平面 $x+y+z=1$ 在第一卦限的部分.

解 $\Sigma: z = 1 - x - y, \dfrac{\partial z}{\partial x} = -1, \dfrac{\partial z}{\partial y} = -1, \Sigma$ 在 xOy 面上的投影为 $D_{xy}: 0 \leqslant x \leqslant 1, 0 \leqslant y \leqslant 1-x$，因此

$$\iint_\Sigma xyz \mathrm{d}S = \iint_{D_{xy}} xy(1-x-y)\sqrt{1+(-1)^2+(-1)^2}\,\mathrm{d}x\mathrm{d}y = \sqrt{3}\iint_{D_{xy}} xy(1-x-y)\mathrm{d}x\mathrm{d}y$$

$$= \sqrt{3}\int_0^1 x\mathrm{d}x\int_0^{1-x} y(1-x-y)\mathrm{d}y = \sqrt{3}\int_0^1 x\left[(1-x)\frac{y^2}{2} - \frac{y^3}{3}\right]_0^{1-x}\mathrm{d}x$$

$$= \sqrt{3}\int_0^1 x\frac{(1-x)^3}{6}\mathrm{d}x = \frac{\sqrt{3}}{6}\int_0^1 (x - 3x^2 + 3x^3 - x^4)\mathrm{d}x = \frac{\sqrt{3}}{120}$$

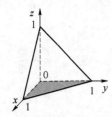

图 11.5

例 11.9 求 $I = \displaystyle\iint_\Sigma \frac{1}{(1+x+y)^2}\mathrm{d}S$，$\Sigma$ 为平面 $x+y+z=1$ 及三个坐标面所围成的四面体的表面.

解 如图 11.5 所示，设 $\Sigma_1: z = 0, 0 \leqslant x \leqslant 1, 0 \leqslant y \leqslant 1-x$

$\Sigma_2: x = 0, 0 \leqslant y \leqslant 1, 0 \leqslant z \leqslant 1-y$

$\Sigma_3: y = 0, 0 \leqslant x \leqslant 1, 0 \leqslant z \leqslant 1-x$

$\Sigma_4: z = 1 - x - y, 0 \leqslant x \leqslant 1, 0 \leqslant y \leqslant 1-x$

$$I = \iint_\Sigma \frac{1}{(1+x+y)^2}\mathrm{d}S = \sum_{i=1}^4 \iint_{\Sigma_i} \frac{1}{(1+x+y)^2}\mathrm{d}S = I_1 + I_2 + I_3 + I_4$$

$$I_1 = \iint_{\Sigma_1} \frac{1}{(1+x+y)^2}\mathrm{d}S = \iint_{D_{xy}} \frac{1}{(1+x+y)^2}\cdot\sqrt{1+0+0}\,\mathrm{d}x\mathrm{d}y = \int_0^1 \mathrm{d}x\int_0^{1-x} \frac{1}{(1+x+y)^2}\mathrm{d}y$$

$$=-\int_0^1 \left[\frac{1}{1+x+y}\right]_0^{1-x} dx = \int_0^1 \left[\frac{1}{1+x}-\frac{1}{2}\right] dx = \left[\ln|1+x|-\frac{1}{2}x\right]_0^1 = \ln 2 - \frac{1}{2}$$

$$I_2 = \iint\limits_{\Sigma_2} \frac{1}{(1+x+y)^2} dS = \iint\limits_{D_{yz}} \frac{1}{(1+y)^2} \cdot \sqrt{1+0+0}\, dydz = \int_0^1 dy \int_0^{1-y} \frac{1}{(1+y)^2} dz$$

$$= \int_0^1 \frac{1-y}{(1+y)^2} dy = 1 - \ln 2$$

$$I_3 = \iint\limits_{\Sigma_3} \frac{1}{(1+x+y)^2} dS = \iint\limits_{D_{zx}} \frac{1}{(1+x)^2} \cdot \sqrt{1+0+0}\, dzdx = \int_0^1 dx \int_0^{1-x} \frac{1}{(1+x)^2} dz$$

$$= \int_0^1 \frac{1-x}{(1+x)^2} dx = 1 - \ln 2$$

$$I_4 = \iint\limits_{\Sigma_4} \frac{1}{(1+x+y)^2} dS = \iint\limits_{D_{xy}} \frac{1}{(1+x+y)^2} \cdot \sqrt{1+1+1}\, dxdy = \sqrt{3}\, I_1$$

$$= \sqrt{3}\left(\ln 2 - \frac{1}{2}\right)$$

所以 $I = (\sqrt{3}-1)\ln 2 + \frac{1}{2}(3-\sqrt{3})$.

例 11.10 计算 $I = \iint\limits_{\Sigma} xyz^3 dxdy$,其中 Σ 是球面 $x^2+y^2+z^2=1$ 外侧在 $x\geqslant 0, y\geqslant 0$ 的部分.

解 设 $\Sigma_1 : z = \sqrt{1-x^2-y^2}$, $x^2+y^2\leqslant 1, x\geqslant 0, y\geqslant 0$,上侧,$\Sigma_2 : z = -\sqrt{1-x^2-y^2}$, $x^2+y^2\leqslant 1, x\geqslant 0, y\geqslant 0$,下侧.

$$I = \iint\limits_{\Sigma_1} xyz^3 dxdy + \iint\limits_{\Sigma_2} xyz^3 dxdy = I_1 + I_2$$

$$I_1 = \iint\limits_{\Sigma_1} xyz^3 dxdy = \iint\limits_{D_{xy}} xy\left(\sqrt{1-x^2-y^2}\right)^3 dxdy$$

$$= \int_0^{\frac{\pi}{2}} d\theta \int_0^1 \rho\cos\theta \cdot \rho\sin\theta \cdot (1-\rho^2)^{\frac{3}{2}} \cdot \rho \cdot d\rho$$

$$= \int_0^{\frac{\pi}{2}} \cos\theta\sin\theta d\theta \int_0^1 \rho^3 (1-\rho^2)^{\frac{3}{2}} d\rho = \frac{1}{35}$$

$$I_2 = \iint\limits_{\Sigma_2} xyz^3 dxdy = -\iint\limits_{D_{xy}} xy\left(-\sqrt{1-x^2-y^2}\right)^3 dxdy$$

$$= \iint\limits_{D_{xy}} xy\left(\sqrt{1-x^2-y^2}\right)^3 dxdy = I_1 = \frac{1}{35}$$

所以 $I = \iint\limits_{\Sigma} xyz^3 dxdy = \frac{2}{35}$.

例 11.11 计算 $I=\iint\limits_{\Sigma}x^2\mathrm{d}y\mathrm{d}z+2y^2\mathrm{d}z\mathrm{d}x+3z^2\mathrm{d}x\mathrm{d}y$,其中 Σ 是长方体 Ω 的整个表面的外侧,$\Omega=\{(x,y,z)\,|\,0\leqslant x\leqslant a,0\leqslant y\leqslant b,0\leqslant z\leqslant c\}$.

解 如图 11.6 所示.

解法 1 设 $\Sigma_1:z=c,0\leqslant x\leqslant a,0\leqslant y\leqslant b$,上侧,$\Sigma_2:z=0,0\leqslant x\leqslant a,0\leqslant y\leqslant b$,下侧

$\Sigma_3:x=a,0\leqslant y\leqslant b,0\leqslant z\leqslant c$,前侧,$\Sigma_4:x=0,0\leqslant y\leqslant b,0\leqslant z\leqslant c$,后侧

$\Sigma_5:y=b,0\leqslant x\leqslant a,0\leqslant z\leqslant c$,右侧,$\Sigma_6:y=0,0\leqslant x\leqslant a,0\leqslant z\leqslant c$,左侧

$$\iint\limits_{\Sigma}z^2\mathrm{d}x\mathrm{d}y=\iint\limits_{\Sigma_1}z^2\mathrm{d}z\mathrm{d}x+\iint\limits_{\Sigma_2}z^2\mathrm{d}x\mathrm{d}y$$

$$=\iint\limits_{D_{xy}}c^2\mathrm{d}x\mathrm{d}y-\iint\limits_{D_{xy}}0^2\mathrm{d}x\mathrm{d}y=c^2\iint\limits_{D_{xy}}\mathrm{d}x\mathrm{d}y=c^2ab$$

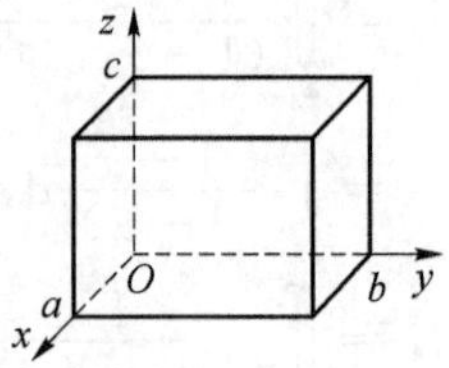

同理,$\iint\limits_{\Sigma}x^2\mathrm{d}y\mathrm{d}z=a^2bc,\iint\limits_{\Sigma}y^2\mathrm{d}z\mathrm{d}x=b^2ac$.

所以 $I=a^2bc+2b^2ac+3c^2ab=abc(a+2b+3c)$.

图 11.6

解法 2 由高斯公式,$I=\iint\limits_{\Sigma}x^2\mathrm{d}y\mathrm{d}z+2y^2\mathrm{d}z\mathrm{d}x+3z^2\mathrm{d}x\mathrm{d}y=\iiint\limits_{\Omega}(2x+4y+6z)\mathrm{d}x\mathrm{d}y\mathrm{d}z$

$$=\iiint\limits_{\Omega}2x\mathrm{d}x\mathrm{d}y\mathrm{d}z+\iiint\limits_{\Omega}4y\mathrm{d}x\mathrm{d}y\mathrm{d}z+\iiint\limits_{\Omega}6z\mathrm{d}x\mathrm{d}y\mathrm{d}z$$

$$=\int_0^a2x\mathrm{d}x\int_0^b\mathrm{d}y\int_0^c\mathrm{d}z+\int_0^a\mathrm{d}x\int_0^b4y\mathrm{d}y\int_0^c\mathrm{d}z+\int_0^a\mathrm{d}x\int_0^b\mathrm{d}y\int_0^c6z\mathrm{d}z$$

$$=a^2bc+2ab^2c+3abc^2=abc(a+2b+3c)$$

例 11.12 求 $I=\iint\limits_{\Sigma}z\mathrm{d}x\mathrm{d}y+(x^3-yz)\mathrm{d}y\mathrm{d}z$,$\Sigma$ 为柱面 $x^2+y^2=R^2$ 被平面 $z=0,z=1$ 所截部分的外侧.

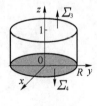

图 11.7

解 如图 11.7 所示.

解法 1 $I=\iint\limits_{\Sigma}z\mathrm{d}x\mathrm{d}y+(x^3-yz)\mathrm{d}y\mathrm{d}z=\iint\limits_{\Sigma}z\mathrm{d}x\mathrm{d}y+\iint\limits_{\Sigma}(x^3-yz)\mathrm{d}y\mathrm{d}z=I_1+I_2$,因为 Σ 在 xOy 面上投影为 0,所以 $I_1=\iint\limits_{\Sigma}z\mathrm{d}x\mathrm{d}y=0$.

设 $\Sigma_1:x=\sqrt{R^2-y^2}$,$-R\leqslant y\leqslant R,0\leqslant z\leqslant 1$,前侧,$\Sigma_2:x=-\sqrt{R^2-y^2}$,$-R\leqslant y\leqslant R,0\leqslant z\leqslant 1$,后侧,则

$$I_2=\iint\limits_{\Sigma}(x^3-yz)\mathrm{d}y\mathrm{d}z=\iint\limits_{\Sigma_1}(x^3-yz)\mathrm{d}y\mathrm{d}z+\iint\limits_{\Sigma_2}(x^3-yz)\mathrm{d}y\mathrm{d}z$$

$$=\iint\limits_{D_{yz}}\left[\left(\sqrt{R^2-y^2}\right)^3-yz\right]\mathrm{d}y\mathrm{d}z-\iint\limits_{D_{yz}}\left[\left(-\sqrt{R^2-y^2}\right)^3-yz\right]\mathrm{d}y\mathrm{d}z$$

$$= 2\iint\limits_{D_{yz}} \left(\sqrt{R^2-y^2}\right)^3 \mathrm{d}y\mathrm{d}z = 2\int_{-R}^{R}\mathrm{d}y\int_0^1 \left(\sqrt{R^2-y^2}\right)^3 \mathrm{d}z$$

$$= 2\int_{-R}^{R}\left(\sqrt{R^2-y^2}\right)^3\mathrm{d}y = 4\int_0^R\left(\sqrt{R^2-y^2}\right)^3\mathrm{d}y$$

令 $y=R\sin t$，得 $I_2 = 4\int_0^{\frac{\pi}{2}} R^3\cos^3 t \cdot R\cos t \cdot \mathrm{d}t = 4R^4\int_0^{\frac{\pi}{2}}\cos^4 t\mathrm{d}t = \dfrac{3}{4}\pi R^4$．

解法 2 如图 11.7 所示，设 $\Sigma_3: z=1, x^2+y^2\leqslant R^2$，上侧，$\Sigma_4: z=0, x^2+y^2\leqslant R^2$，下侧，$\Omega$ 是由 $\Sigma+\Sigma_3+\Sigma_4$ 围成的空间闭区域，$\Omega:\{(\theta,\rho,z)\,|\,0\leqslant\theta\leqslant 2\pi, 0\leqslant\rho\leqslant R, 0\leqslant z\leqslant 1\}$，由高斯公式，得

$$\oiint\limits_{\Sigma+\Sigma_3+\Sigma_4} z\mathrm{d}x\mathrm{d}y + (x^3-yz)\mathrm{d}y\mathrm{d}z = \iiint\limits_{\Omega}(3x^2+1)\mathrm{d}x\mathrm{d}y\mathrm{d}z = \int_0^{2\pi}\mathrm{d}\theta\int_0^R\rho\mathrm{d}\rho\int_0^1(3\rho^2\cos^2\theta+1)\mathrm{d}z$$

$$= \int_0^{2\pi}\mathrm{d}\theta\int_0^R(3\rho^2\cos^2\theta+1)\rho\mathrm{d}\rho = \int_0^{2\pi}\left(\frac{3R^4}{4}\cos^2\theta+\frac{R^2}{2}\right)\mathrm{d}\theta = \frac{3}{4}\pi R^4+\pi R^2$$

而 $\quad\iint\limits_{\Sigma_3} z\mathrm{d}x\mathrm{d}y + (x^3-yz)\mathrm{d}y\mathrm{d}z = \iint\limits_{D_{xy}}\mathrm{d}x\mathrm{d}y = \pi R^2, \iint\limits_{\Sigma_4} z\mathrm{d}x\mathrm{d}y + (x^3-yz)\mathrm{d}y\mathrm{d}z = 0$

故 $\quad I = \iint\limits_{\Sigma} z\mathrm{d}x\mathrm{d}y + (x^3-yz)\mathrm{d}y\mathrm{d}z = \dfrac{3}{4}\pi R^4 + \pi R^2 - \pi R^2 = \dfrac{3}{4}\pi R^4$

例 11.13 计算 $I = \oiint\limits_{\Sigma} -4xz\mathrm{d}y\mathrm{d}z + 9yz\mathrm{d}z\mathrm{d}x + 2(1-z^2)\mathrm{d}x\mathrm{d}y$，其中 Σ 是由上半球面 $z=\sqrt{1-x^2-y^2}$ 与平面 $z=0$ 围成的封闭曲面的外侧．

解 设 Ω 是由 Σ 围成的空间闭区域，$\Omega:\{(r,\varphi,\theta)\,|\,0\leqslant\theta\leqslant 2\pi, 0\leqslant\varphi\leqslant\dfrac{\pi}{2}, 0\leqslant r\leqslant 1\}$，由高斯公式，得

$$I = \oiint\limits_{\Sigma} -4xz\mathrm{d}y\mathrm{d}z + 9yz\mathrm{d}z\mathrm{d}x + 2(1-z^2)\mathrm{d}x\mathrm{d}y = \iiint\limits_{\Omega}(-4z+9z-4z)\mathrm{d}x\mathrm{d}y\mathrm{d}z$$

$$= \iiint\limits_{\Omega} z\mathrm{d}x\mathrm{d}y\mathrm{d}z = \int_0^{2\pi}\mathrm{d}\theta\int_0^{\frac{\pi}{2}}\mathrm{d}\varphi\int_0^1 r\cos\varphi\cdot r^2\sin\varphi\mathrm{d}r$$

$$= \int_0^{2\pi}\mathrm{d}\theta\int_0^{\frac{\pi}{2}}\cos\varphi\sin\varphi\mathrm{d}\varphi\int_0^1 r^3\mathrm{d}r = \frac{1}{4}\int_0^{2\pi}\mathrm{d}\theta\int_0^{\frac{\pi}{2}}\cos\varphi\sin\varphi\mathrm{d}\varphi = \frac{1}{8}\int_0^{2\pi}\mathrm{d}\theta = \frac{\pi}{4}$$

11.4 教材习题选解

习题 11.1

2. 计算 $\int_L y^2\mathrm{d}s$，其中 L 是摆线 $x=t-\sin t, y=1-\cos t$ 从 $t=0$ 到 $t=2\pi$ 的一段弧．

解 $\dfrac{\mathrm{d}x}{\mathrm{d}t}=1-\cos t,\dfrac{\mathrm{d}y}{\mathrm{d}t}=\sin t$，则

$$\sqrt{\left(\dfrac{\mathrm{d}x}{\mathrm{d}t}\right)^2+\left(\dfrac{\mathrm{d}y}{\mathrm{d}t}\right)^2}=\sqrt{(1-\cos t)^2+\sin^2 t}=\sqrt{2(1-\cos t)}$$

$$\int_L y^2\,\mathrm{d}s=\int_0^{2\pi}(1-\cos t)^2\sqrt{2(1-\cos t)}\,\mathrm{d}t=2\int_0^{2\pi}\left(2\sin^2\dfrac{t}{2}\right)^2\sin\dfrac{t}{2}\mathrm{d}t$$

$$=8\int_0^{2\pi}\sin^5\dfrac{t}{2}\mathrm{d}t=16\int_0^{\pi}\sin^5 u\,\mathrm{d}u=-16\int_0^{\pi}(1-\cos^2 u)^2\mathrm{d}(\cos u)$$

$$=-16\int_0^{\pi}[1-2\cos^2 u+\cos^4 u]\mathrm{d}(\cos u)=-16\left[\cos u-\dfrac{2}{3}\cos^3 u+\dfrac{1}{5}\cos^5 u\right]_0^{\pi}=\dfrac{256}{15}$$

4. 计算 $\displaystyle\int_L x^5\mathrm{d}s$，其中 L 是双曲线 $xy=1$ 从 $(1,1)$ 到 $\left(\sqrt{3},\dfrac{1}{\sqrt{3}}\right)$ 的一段弧.

解 $y=\dfrac{1}{x},y'=-\dfrac{1}{x^2},1\leqslant x\leqslant\sqrt{3}$，则

$$\int_L x^5\mathrm{d}s=\int_1^{\sqrt{3}}x^5\cdot\sqrt{1+\dfrac{1}{x^4}}\,\mathrm{d}x=\int_1^{\sqrt{3}}x^3\cdot\sqrt{1+x^4}\,\mathrm{d}x=\dfrac{1}{4}\cdot\dfrac{2}{3}\left[(1+x^4)^{\frac{3}{2}}\right]_1^{\sqrt{3}}=\dfrac{\sqrt{2}}{3}(5\sqrt{5}-1)$$

6. 计算 $\displaystyle\int_L \mathrm{e}^{\sqrt{x^2+y^2}}\mathrm{d}s$，其中 L 是圆周 $x^2+y^2=1$，直线 $y=x$ 及 x 轴所围成的在第一象限内的平面图形的边界.

解 如图 11.8 所示，$L=\overline{OA}+\overparen{AB}+\overline{BO}$，$\overline{OA}:x=x,y=0,0\leqslant x\leqslant 1$

$$\overparen{AB}:x=\cos t,y=\sin t,\ 0\leqslant t\leqslant\dfrac{\pi}{4}$$

$$\overline{BO}:x=x,y=x,\ 0\leqslant x\leqslant\dfrac{\sqrt{2}}{2}$$

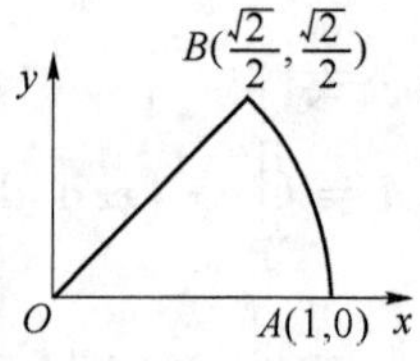

$$\int_L \mathrm{e}^{\sqrt{x^2+y^2}}\mathrm{d}s=\int_{\overline{OA}}\mathrm{e}^{\sqrt{x^2+y^2}}\mathrm{d}s+\int_{\overparen{AB}}\mathrm{e}^{\sqrt{x^2+y^2}}\mathrm{d}s+\int_{\overline{BO}}\mathrm{e}^{\sqrt{x^2+y^2}}\mathrm{d}s$$

$$=\int_0^1 \mathrm{e}^x\mathrm{d}x+\int_0^{\frac{\pi}{4}}\mathrm{e}\mathrm{d}t+\int_0^{\frac{\sqrt{2}}{2}}\mathrm{e}^{\sqrt{2}x}\cdot\sqrt{2}\mathrm{d}x$$

$$=\mathrm{e}-1+\dfrac{\pi}{4}\cdot\mathrm{e}+\mathrm{e}-1=\dfrac{\pi}{4}\cdot\mathrm{e}+2(\mathrm{e}-1)$$

图 11.8

8. 计算 $\displaystyle\int_{\Gamma}z\mathrm{d}s$，其中 Γ 是有界的螺旋线 $x=t\cos t,y=t\sin t,z=t$ 从 $t=0$ 到 $t=1$ 的一段弧.

解 $\dfrac{\mathrm{d}x}{\mathrm{d}t}=\cos t-t\sin t,\dfrac{\mathrm{d}y}{\mathrm{d}t}=\sin t+t\cos t,\dfrac{\mathrm{d}z}{\mathrm{d}t}=1,\ \sqrt{\left(\dfrac{\mathrm{d}x}{\mathrm{d}t}\right)^2+\left(\dfrac{\mathrm{d}y}{\mathrm{d}t}\right)^2+\left(\dfrac{\mathrm{d}z}{\mathrm{d}t}\right)^2}=\sqrt{2+t^2}$，则

$$\int_\Gamma z \, \mathrm{d}s = \int_0^1 t \cdot \sqrt{2+t^2} \, \mathrm{d}t = \frac{1}{2}\int_0^1 \sqrt{2+t^2} \, \mathrm{d}(t^2) = \frac{1}{3}\left[(2+t^2)^{\frac{3}{2}}\right]_0^1 = \frac{1}{3}\left(3\sqrt{3}-2\sqrt{2}\right)$$

10. 计算 $\int_\Gamma \dfrac{z^2}{x^2+y^2} \, \mathrm{d}s$，其中 Γ 是圆周 $x^2+y^2+z^2=1$，$z=\sqrt{x^2+y^2}$.

解 $\Gamma: x=\dfrac{\sqrt{2}}{2}\cos t, y=\dfrac{\sqrt{2}}{2}\sin t, z=\dfrac{\sqrt{2}}{2}, 0\leqslant t\leqslant 2\pi, \sqrt{\left(\dfrac{\mathrm{d}x}{\mathrm{d}t}\right)^2+\left(\dfrac{\mathrm{d}y}{\mathrm{d}t}\right)^2+\left(\dfrac{\mathrm{d}z}{\mathrm{d}t}\right)^2}=\dfrac{\sqrt{2}}{2}$，则

$$\int_\Gamma \frac{z^2}{x^2+y^2} \, \mathrm{d}s = \int_0^{2\pi} \frac{\sqrt{2}}{2} \, \mathrm{d}t = \sqrt{2}\,\pi$$

习题 11.2

1. 计算 $\int_L (x^2-y^2)\mathrm{d}x$，其中 L 是抛物线 $y=x^2$ 上从 $(1,1)$ 到 $(2,4)$ 的一段弧.

解 $L: x=x, y=x^2, x:1\to 2$，则

$$\int_L (x^2-y^2)\mathrm{d}x = \int_1^2 (x^2-x^4)\mathrm{d}x = \left[\frac{x^3}{3}-\frac{x^5}{5}\right]_1^2 = -\frac{58}{15}$$

3. 计算 $\int_L x\mathrm{d}x+y\mathrm{d}y$，其中 L 是曲线 $y=\sin x$ 上从 $x=0$ 到 $x=\pi$ 的一段弧.

解 $x=x, y=\sin x, x:0\to\pi$，则

$$\int_L x\mathrm{d}x+y\mathrm{d}y = \int_0^\pi (x+\sin x\cos x)\mathrm{d}x = \left[\frac{x^2+\sin^2 x}{2}\right]_0^\pi = \frac{\pi^2}{2}$$

5. 计算 $\int_L -x\cos y\mathrm{d}x+y\sin x\mathrm{d}y$，其中 L 是从点 $A(0,0)$ 到 $B(\pi,2\pi)$ 的直线段.

解 $L: x=x, y=2x, x:0\to\pi$，则

$$\int_L -x\cos y\mathrm{d}x+y\sin x\mathrm{d}y = \int_0^\pi (-x\cos 2x+2x\sin x\cdot 2)\mathrm{d}x$$

$$=-\int_0^\pi x\cos 2x\mathrm{d}x+4\int_0^\pi x\sin x\mathrm{d}x = -\frac{1}{2}\int_0^\pi x\mathrm{d}(\sin 2x)-4\int_0^\pi x\mathrm{d}(\cos x)$$

$$=-\frac{1}{2}[x\cdot\sin 2x]_0^\pi+\frac{1}{2}\int_0^\pi \sin 2x\mathrm{d}x-4[x\cos x]_0^\pi+4\int_0^\pi \cos x\mathrm{d}x = 4\pi$$

7. 计算 $\int_L (x+y)\mathrm{d}x+(x-y)\mathrm{d}y$，其中 L 是依逆时针方向绕椭圆 $\dfrac{x^2}{a^2}+\dfrac{y^2}{b^2}=1$ 一圈的路径.

解 $L: x=a\cos t, y=b\sin t, t:0\to 2\pi$，则

$$\int_L (x+y)\mathrm{d}x+(x-y)\mathrm{d}y = \int_0^{2\pi}[(a\cos t+b\sin t)\cdot(-a\sin t)+(a\cos t-b\sin t)\cdot b\cos t]\mathrm{d}t$$

$$= ab\int_0^{2\pi}\cos 2t\mathrm{d}t-(a^2+b^2)\int_0^{2\pi}\sin t\cos t\mathrm{d}t$$

$$= \frac{ab}{2}[\sin 2t]_0^{2\pi} - \frac{a^2+b^2}{2}[\sin^2 t]_0^{2\pi} = 0$$

8. 计算 $\int_\Gamma x^2\mathrm{d}x + y^2\mathrm{d}y + z^2\mathrm{d}z$，其中 Γ 是曲线 $x = a\cos t, y = a\sin t, z = bt$ 上从 $t = 0$ 到 $t = 2\pi$ 的一段弧.

解
$$\int_\Gamma x^2\mathrm{d}x + y^2\mathrm{d}y + z^2\mathrm{d}z = \int_0^{2\pi}[a^2\cos^2 t \cdot (-a\sin t) + a^2\sin^2 t \cdot a\cos t + b^2 t^2 \cdot b]\mathrm{d}t$$
$$= a^3\int_0^{2\pi}(\sin^2 t \cdot \cos t - \cos^2 t \cdot \sin t)\mathrm{d}t + b^3\int_0^{2\pi}t^2\mathrm{d}t = \frac{8\pi^3 b^3}{3}$$

9. 计算 $\int_\Gamma y\mathrm{d}x + z\mathrm{d}y + x\mathrm{d}z$，其中 Γ 是点 $(1,1,1)$ 到 $(2,3,4)$ 的直线段.

解 $\Gamma: \dfrac{x-1}{1} = \dfrac{y-1}{2} = \dfrac{z-1}{3}$，即 $:x = 1+t, y = 1+2t, z = 1+3t$，$t:0 \rightarrow 1$，则
$$\int_\Gamma y\mathrm{d}x + z\mathrm{d}y + x\mathrm{d}z = \int_0^1[(1+2t) + (1+3t) \cdot 2 + (1+t) \cdot 3]\mathrm{d}t = \frac{23}{2}$$

11. 设在点 (x,y,z) 处的力 $\boldsymbol{F}$ 在坐标轴上的投影分别为 $X = y^2 - z^2, Y = 2yz, Z = -x^2$，求质点在此力场中沿曲线 $x = t, y = t^2, z = t^2$ 从点 $(0,0,0)$ 移动到点 $(1,1,1)$ 场力所作的功.

解 $L: x = t, y = t^2, z = t^2$，$t:0 \rightarrow 1$，则
$$W = \int_L(y^2 - z^2)\mathrm{d}x + 2yz\mathrm{d}y - x^2\mathrm{d}z = \int_0^1(2t^4 \cdot 2t - t^2 \cdot 2t)\mathrm{d}t = \int_0^1(4t^5 - 2t^3)\mathrm{d}t = \frac{1}{6}$$

习题 11.3

1. 利用格林公式计算下列曲线积分：

(1) $\oint_L(x^2 - y^2)\mathrm{d}x + 2xy\mathrm{d}y$，其中 L 是由曲线 $y = x^2, y = x$ 所围成闭区域的正向边界；

(4) $\oint_L(x - x^2 y)\mathrm{d}x + (y + xy^2)\mathrm{d}y$，其中 L 是取逆时针方向的圆周 $x^2 + y^2 = x$.

解 (1) $P(x,y) = x^2 - y^2, Q(x,y) = 2xy$ 连续，$\dfrac{\partial Q}{\partial x} - \dfrac{\partial P}{\partial y} = 2y - (-2y) = 4y$，$D$ 是由 L 围成的平面闭区域，$D: 0 \leqslant x \leqslant 1, x^2 \leqslant y \leqslant x$，如图 11.9 所示. 由格林公式，得
$$I = \iint_D 4y\mathrm{d}x\mathrm{d}y = 4\int_0^1\mathrm{d}x\int_{x^2}^x y\mathrm{d}y = 2\int_0^1[y^2]_{x^2}^x\mathrm{d}x = 2\int_0^1(x^2 - x^4)\mathrm{d}x = 2 \cdot \left[\frac{x^3}{3} - \frac{x^5}{5}\right]_0^1 = \frac{4}{15}$$

(4) $P(x,y) = x - x^2 y, Q(x,y) = y + xy^2$ 连续，$\dfrac{\partial Q}{\partial x} - \dfrac{\partial P}{\partial y} = y^2 + x^2$，$D$ 是由 L 围成的平面闭区域，$D: -\dfrac{\pi}{2} \leqslant \theta \leqslant \dfrac{\pi}{2}, 0 \leqslant \rho \leqslant \cos\theta$，如图 11.10 所示. 由格林公式，得

$$I = \iint\limits_{D} (x^2 + y^2)\,\mathrm{d}x\mathrm{d}y = \int_{-\frac{\pi}{2}}^{\frac{\pi}{2}} \mathrm{d}\theta \int_0^{\cos\theta} \rho^3\,\mathrm{d}\rho = \int_{-\frac{\pi}{2}}^{\frac{\pi}{2}} \left[\frac{1}{4}\rho^4\right]_0^{\cos\theta} \mathrm{d}\theta$$

$$= \frac{1}{4}\int_{-\frac{\pi}{2}}^{\frac{\pi}{2}} \cos^4\theta\mathrm{d}\theta = \frac{1}{2}\int_0^{\frac{\pi}{2}} \cos^4\theta\mathrm{d}\theta = \frac{1}{2}\cdot\frac{3}{4}\cdot\frac{1}{2}\cdot\frac{\pi}{2} = \frac{3}{32}\pi$$

图 11.9

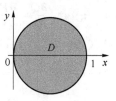

图 11.10

3. 证明下列曲线积分与路径无关,并求所给积分的值:

(2) $\displaystyle\int_L (3x^2 + y)\mathrm{d}x + (3y^2 + x)\mathrm{d}y$,并求 $\displaystyle\int_{(-2,-1)}^{(3,0)} (3x^2 + y)\mathrm{d}x + (3y^2 + x)\mathrm{d}y$;

(4) $\displaystyle\int_L \frac{(x-y)\mathrm{d}x + (x+y)\mathrm{d}y}{x^2 + y^2}\,(x>0)$,并求 $\displaystyle\int_{(1,1)}^{(2,2\sqrt{3})} \frac{(x-y)\mathrm{d}x + (x+y)\mathrm{d}y}{x^2 + y^2}$.

解 (2) $P(x,y) = 3x^2 + y, Q(x,y) = 3y^2 + x, \dfrac{\partial Q}{\partial x} - \dfrac{\partial P}{\partial y} = 1 - 1 = 0$,所以曲线积分与路径无关.

设点 A, B, C 的坐标分别为 $(-2,-1), (-2,0), (3,0)$,则

$$\int_L (3x^2 + y)\mathrm{d}x + (3y^2 + x)\mathrm{d}y$$

$$= \int_{\overline{AB}} (3x^2 + y)\mathrm{d}x + (3y^2 + x)\mathrm{d}y + \int_{\overline{BC}} (3x^2 + y)\mathrm{d}x + (3y^2 + x)\mathrm{d}y$$

$$= \int_{-1}^0 (3y^2 - 2)\mathrm{d}y + \int_{-2}^3 3x^2\mathrm{d}x = \left[y^3 - 2y\right]_{-1}^0 + \left[x^3\right]_{-2}^3 = 34$$

(4) $$P(x,y) = \frac{x-y}{x^2+y^2}, Q(x,y) = \frac{x+y}{x^2+y^2}$$

$$\frac{\partial Q}{\partial x} - \frac{\partial P}{\partial y} = \frac{x^2+y^2-2x\cdot(x+y)}{(x^2+y^2)^2} - \frac{-(x^2+y^2)-2y(x-y)}{(x^2+y^2)^2} = 0$$

所以曲线积分与路径无关,设点 A, B, C 的坐标分别为 $(1,1), (2,1), (2,2\sqrt{3})$,则

$$I = \int_{\overline{AB}} \frac{(x-y)\mathrm{d}x + (x+y)\mathrm{d}y}{x^2 + y^2} + \int_{\overline{BC}} \frac{(x-y)\mathrm{d}x + (x+y)\mathrm{d}y}{x^2 + y^2}$$

$$= \int_1^2 \frac{x-1}{x^2+1}\mathrm{d}x + \int_1^{2\sqrt{3}} \frac{2+y}{y^2+4}\mathrm{d}y$$

$$= \left[\frac{1}{2}\ln(1+x^2) - \arctan x\right]_1^2 + \left[\frac{1}{2}\ln(y^2+4) + \arctan\frac{y}{2}\right]_1^{2\sqrt{3}} = \frac{3}{2}\ln 2 + \frac{\pi}{12}$$

4. 证明下列表示式是某个函数 $u(x,y)$ 的全微分，并求这样的一个函数 $u(x,y)$：

(1) $(4x^3 - 9x^2y + 3y^3)\mathrm{d}x - (3x^3 - 9xy^2 + 4y^3)\mathrm{d}y$.

解 (1) $P(x,y) = 4x^3 - 9x^2y + 3y^3$，$Q(x,y) = -3x^3 + 9xy^2 - 4y^3$，$\dfrac{\partial Q}{\partial x} = -9x^2 + 9y^2$，$\dfrac{\partial P}{\partial y} = -9x^2 + 9y^2$，$\dfrac{\partial Q}{\partial x} = \dfrac{\partial P}{\partial y}$，所以表示式是某个函数 $u(x,y)$ 的全微分，设点 A,B 的坐标分别为 $A(0,0)$，$B(x,y)$，则

$$\begin{aligned}
u(x,y) &= \int_{(0,0)}^{(x,y)} (4x^3 - 9x^2y + 3y^3)\mathrm{d}x - (3x^3 - 9xy^2 + 4y^3)\mathrm{d}y \\
&= \int_0^x 4x^3\,\mathrm{d}x + \int_0^y (-3x^3 + 9xy^2 - 4y^3)\,\mathrm{d}y \\
&= x^4 - 3x^3y + 3xy^3 - y^4
\end{aligned}$$

5. 利用曲线积分计算下面星形线所围成的平面图形的面积：

$$x = a\cos^3 t,\quad y = a\sin^3 t$$

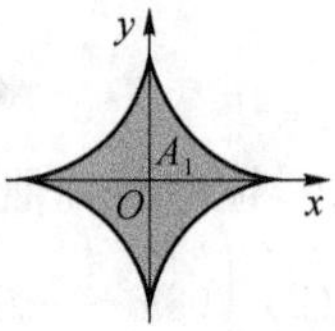

解 如图 11.11 所示，面积 $A = \dfrac{1}{2}\oint_L x\,\mathrm{d}y - y\,\mathrm{d}x$，设 A_1 为图

图 11.11

形在第一象限部分的面积，由对称性，有

$$A = 4A_1 = 4 \cdot \frac{1}{2}\int_0^{\frac{\pi}{2}} [a \cdot \cos^3 t \cdot a \cdot 3\sin^2 t \cdot \cos t - a \cdot \sin^3 t \cdot a \cdot 3\cos^2 t \cdot (-\sin t)]\,\mathrm{d}t$$

$$= 6a^2\int_0^{\frac{\pi}{2}} \sin^2 t\cos^2 t\,\mathrm{d}t = \frac{3}{2}a^2\int_0^{\frac{\pi}{2}} \sin^2 2t\,\mathrm{d}t = \frac{3}{4}a^2\int_0^{\frac{\pi}{2}} (1 - \cos 4t)\,\mathrm{d}t$$

$$= \frac{3}{4}a^2 \cdot \frac{\pi}{2} - \frac{3}{4}a^2 \cdot \frac{1}{4}[\sin 4t]_0^{\frac{\pi}{2}} = \frac{3}{8}\pi a^2$$

习题 11.4

2. 计算 $\displaystyle\iint_\Sigma x^2 y^2\,\mathrm{d}S$，其中 Σ 是上半球面 $z = \sqrt{1 - x^2 - y^2}$.

解 $\dfrac{\partial z}{\partial x} = -\dfrac{x}{\sqrt{1 - x^2 - y^2}}$，$\dfrac{\partial z}{\partial y} = -\dfrac{y}{\sqrt{1 - x^2 - y^2}}$，$D_{xy}: x^2 + y^2 \leqslant 1$，则

$$I = \iint_\Sigma x^2 y^2\,\mathrm{d}S = \iint_{D_{xy}} x^2 y^2 \cdot \sqrt{1 + \left(\frac{-x}{\sqrt{1 - x^2 - y^2}}\right)^2 + \left(\frac{-y}{\sqrt{1 - x^2 - y^2}}\right)^2}\,\mathrm{d}x\mathrm{d}y$$

$$= \iint_{D_{xy}} x^2 y^2 \cdot \frac{1}{\sqrt{1 - x^2 - y^2}}\,\mathrm{d}x\mathrm{d}y = \int_0^{2\pi}\mathrm{d}\theta\int_0^1 \frac{\varrho^4 \sin^2\theta\cos^2\theta}{\sqrt{1 - \varrho^2}}\varrho\mathrm{d}\varrho$$

$$= \int_0^{2\pi} \sin^2\theta\cos^2\theta\mathrm{d}\theta\int_0^{\frac{\pi}{2}} \frac{\sin^5 t}{\cos t}\cdot\cos t\,\mathrm{d}t = \frac{1}{4}\int_0^{2\pi} \sin^2 2\theta\mathrm{d}\theta \cdot \frac{4}{5}\cdot\frac{2}{3} = \frac{2\pi}{15}$$

4. 计算 $\displaystyle\iint_\Sigma \frac{\mathrm{d}S}{x^2 + y^2 + z^2}$，其中 Σ 是圆柱面 $x^2 + y^2 = 1$ 被平面 $z = 0$，$z = 1$ 截下的部分.

解 如图 11.12 所示,设 $\Sigma_1 : x = \sqrt{1-y^2}$, $0 \leqslant z \leqslant 1$,由对称性,有

$$\iint\limits_{\Sigma} \frac{\mathrm{d}S}{x^2+y^2+z^2} = 2\iint\limits_{\Sigma_1} \frac{\mathrm{d}S}{x^2+y^2+z^2} = 2\iint\limits_{D_{yz}} \frac{1}{1+z^2} \cdot \sqrt{1+\left(\frac{-y}{\sqrt{1-y^2}}\right)^2}\,\mathrm{d}y\mathrm{d}z$$

$$= 2\int_{-1}^{1} \frac{1}{\sqrt{1-y^2}}\mathrm{d}y \int_0^1 \frac{\mathrm{d}z}{1+z^2} = 4\int_0^1 \frac{1}{\sqrt{1-y^2}} \cdot [\arctan z]_0^1\,\mathrm{d}y$$

$$= \pi[\arcsin y]_0^1 = \frac{\pi^2}{2}$$

5. 计算 $\iint\limits_{\Sigma}(x+y+z)\mathrm{d}S$,其中 Σ 是上半锥面 $z=\sqrt{x^2+y^2}$ 被柱面 $x^2+y^2=x$ 截下的部分.

解 如图 11.13 所示.

$$I = \iint\limits_{\Sigma}(x+y+z)\mathrm{d}S = \iint\limits_{D_{xy}}\left(x+y+\sqrt{x^2+y^2}\right) \cdot \sqrt{1+\left(\frac{x}{\sqrt{x^2+y^2}}\right)^2+\left(\frac{y}{\sqrt{x^2+y^2}}\right)^2}\,\mathrm{d}x\mathrm{d}y$$

$$= \sqrt{2}\int_{-\frac{\pi}{2}}^{\frac{\pi}{2}}\mathrm{d}\theta\int_0^{\cos\theta}(\rho\cos\theta+\rho\sin\theta+\rho)\cdot\rho\mathrm{d}\rho = \sqrt{2}\int_{-\frac{\pi}{2}}^{\frac{\pi}{2}}(\sin\theta+\cos\theta+1)\mathrm{d}\theta\int_0^{\cos\theta}\rho^2\,\mathrm{d}\rho$$

$$= \frac{\sqrt{2}}{3}\int_{-\frac{\pi}{2}}^{\frac{\pi}{2}}(\sin\theta+\cos\theta+1)\cdot\cos^3\theta\mathrm{d}\theta = \frac{2\sqrt{2}}{3}\int_0^{\frac{\pi}{2}}(\cos^4\theta+\cos^3\theta)\mathrm{d}\theta$$

$$= \frac{2\sqrt{2}}{3}\left(\frac{3}{4}\cdot\frac{1}{2}\cdot\frac{\pi}{2}+\frac{2}{3}\right) = \frac{\sqrt{2}}{8}\pi+\frac{4}{9}\sqrt{2}$$

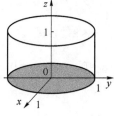

图 11.12

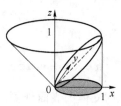

图 11.13

习题 11.5

1. 计算 $\iint\limits_{\Sigma} \frac{\mathrm{d}x\mathrm{d}y}{(1+x+y)^2}$,其中 Σ 是平面 $x+y+z=1$ 在第一卦限部分的上侧.

解 如图 11.14 所示,$\Sigma : z = 1-x-y$,在 xOy 面上的投影为:$D_{xy} : 0 \leqslant x \leqslant 1$, $0 \leqslant y \leqslant 1-x$,则

$$I = \iint\limits_{\Sigma} \frac{\mathrm{d}x\mathrm{d}y}{(1+x+y)^2} = \iint\limits_{D_{xy}} \frac{\mathrm{d}x\mathrm{d}y}{(1+x+y)^2} = \int_0^1\mathrm{d}x\int_0^{1-x} \frac{\mathrm{d}y}{(1+x+y)^2}$$

$$= \int_0^1\left[-\frac{1}{1+x+y}\right]_0^{1-x}\mathrm{d}x = \int_0^1\left(\frac{1}{1+x}-\frac{1}{2}\right)\mathrm{d}x = \ln 2-\frac{1}{2}$$

3. 计算 $\iint\limits_{\Sigma}(x+y+z)\mathrm{d}y\mathrm{d}z$，其中 Σ 是柱面 $x^2+y^2=1$ 被平面 $z=0,z=1$ 所截下的部分的外侧.

解 如图 11.15 所示，设 $\Sigma_1:x=\sqrt{1-y^2}$，$0\leqslant z\leqslant1$，前侧，$\Sigma_2:x=-\sqrt{1-y^2}$，$0\leqslant z\leqslant 1$，后侧，Σ_1,Σ_2 在 yOz 面上的投影为 $D_{yz}:-1\leqslant y\leqslant1,0\leqslant z\leqslant1$，则

$$I=\iint\limits_{\Sigma}(x+y+z)\mathrm{d}S=\iint\limits_{\Sigma_1}(x+y+z)\mathrm{d}S+\iint\limits_{\Sigma_2}(x+y+z)\mathrm{d}S$$

$$=\iint\limits_{D_{yz}}\left(\sqrt{1-y^2}+y+z\right)\mathrm{d}y\mathrm{d}z-\iint\limits_{D_{yz}}\left(-\sqrt{1-y^2}+y+z\right)\mathrm{d}y\mathrm{d}z$$

$$=2\iint\limits_{D_{yz}}\sqrt{1-y^2}\,\mathrm{d}y\mathrm{d}z=2\int_{-1}^{1}\mathrm{d}y\int_{0}^{1}\sqrt{1-y^2}\,\mathrm{d}z=4\int_{0}^{1}\sqrt{1-y^2}\,\mathrm{d}y$$

令 $y=\sin t$，则 $I=4\int_{0}^{\frac{\pi}{2}}\cos t\cdot\cos t\mathrm{d}t=2\int_{0}^{\frac{\pi}{2}}(1+\cos2t)\mathrm{d}t=[2t+\sin2t]_{0}^{\frac{\pi}{2}}=\pi.$

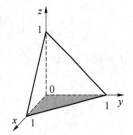

图 11.14

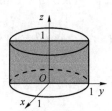

图 11.15

5. 计算 $\iint\limits_{\Sigma}x\mathrm{d}y\mathrm{d}z+y\mathrm{d}z\mathrm{d}x+z\mathrm{d}x\mathrm{d}y$，其中 Σ 是由平面 $x=0,y=0,z=0,x=1,y=1,z=1$ 所围成的立体的表面外侧.

解 如图 11.16 所示.

$\Sigma_1:z=1,0\leqslant x\leqslant1,0\leqslant y\leqslant1$，上侧，$\Sigma_2:z=0,0\leqslant x\leqslant1,0\leqslant y\leqslant1$，下侧，$\Sigma_3:y=1,0\leqslant x\leqslant1,0\leqslant z\leqslant1$，右侧，$\Sigma_4:y=0,0\leqslant x\leqslant1,0\leqslant z\leqslant1$，左侧，$\Sigma_5:x=1,0\leqslant y\leqslant1,0\leqslant z\leqslant1$，前侧，$\Sigma_6:x=0,0\leqslant y\leqslant1,0\leqslant z\leqslant1$，后侧，则

$$\iint\limits_{\Sigma}=\sum_{i=1}^{6}\iint\limits_{\Sigma_i}=\sum_{i=1}^{6}I_i$$

$$I_1=\iint\limits_{\Sigma_1}x\mathrm{d}y\mathrm{d}z+y\mathrm{d}z\mathrm{d}x+z\mathrm{d}x\mathrm{d}y=\iint\limits_{\Sigma_1}z\mathrm{d}x\mathrm{d}y=\iint\limits_{D_{xy}}1\mathrm{d}x\mathrm{d}y=1$$

$$I_2=\iint\limits_{\Sigma_2}x\mathrm{d}y\mathrm{d}z+y\mathrm{d}z\mathrm{d}x+z\mathrm{d}x\mathrm{d}y=\iint\limits_{\Sigma_2}z\mathrm{d}x\mathrm{d}y=\iint\limits_{D_{xy}}0\mathrm{d}x\mathrm{d}y=0$$

同理，$I_3=1,I_4=0,I_5=1,I_6=0$，故 $I=1+1+1=3.$

7. 计算 $\iint\limits_{\Sigma} yz\,dxdy + zx\,dydz + xy\,dzdx$ ，其中 Σ 是圆柱面 $x^2+y^2=1$ 和平面 $x=0$，$y=0$，$z=0$，$z=1$ 所围成的在第一卦限中的立体的表面外侧.

解 如图 11.17 所示，设 $\Sigma_1:z=1,x^2+y^2\leqslant1,x\geqslant0,y\geqslant0$，上侧

$\Sigma_2:z=0,x^2+y^2\leqslant1,x\geqslant0,y\geqslant0$，下侧，$\Sigma_3:y=0,0\leqslant x\leqslant1,0\leqslant z\leqslant1$，左侧

$\Sigma_4:x=0,0\leqslant y\leqslant1,0\leqslant z\leqslant1$，后侧，$\Sigma_5:x^2+y^2=1,0\leqslant z\leqslant1,x\geqslant0,y\geqslant0$，前侧

$$\iint\limits_{\Sigma} = \sum_{i=1}^{5}\iint\limits_{\Sigma_i} = \sum_{i=1}^{5}I_i$$

$$I_1 = \iint\limits_{\Sigma_1} yz\,dxdy + zx\,dydz + xy\,dzdx = \iint\limits_{D_{xy}} y\,dxdy = \int_0^1 dx\int_0^{\sqrt{1-x^2}} y\,dy$$

$$= \frac{1}{2}\int_0^1 (1-x^2)\,dx = \frac{1}{2}\left[x-\frac{x^3}{3}\right]_0^1 = \frac{1}{3}$$

$$I_2 = I_3 = I_4 = 0$$

$$I_5 = \iint\limits_{\Sigma_5} yz\,dxdy + \iint\limits_{\Sigma_5} zx\,dydz + \iint\limits_{\Sigma_5} xy\,dzdx = 0 + \iint\limits_{D_{yz}} z\cdot\sqrt{1-y^2}\,dydz + \iint\limits_{D_{zx}} x\cdot\sqrt{1-x^2}\,dzdx$$

$$= \int_0^1 dy\int_0^1 z\sqrt{1-y^2}\,dz + \int_0^1 dx\int_0^1 x\sqrt{1-x^2}\,dz = \frac{\pi}{8} + \int_0^1 x\sqrt{1-x^2}\,dx = \frac{\pi}{8} + \frac{1}{3}$$

所以 $I = \frac{1}{3} + \frac{\pi}{8} + \frac{1}{3} = \frac{2}{3} + \frac{\pi}{8}$.

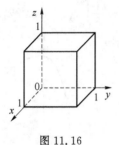

图 11.16

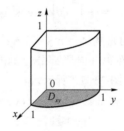

图 11.17

习题 11.6

1. 利用高斯公式计算下列曲面积分：

(1) $\oiint\limits_{\Sigma} x\,dydz + y\,dzdx + z\,dxdy$ ，其中 Σ 是锥面 $z = \sqrt{x^2+y^2}$ 与平面 $z=2$ 所围成的立体的表面外侧；

(3) $\oiint\limits_{\Sigma} x^3\,dydz + y^3\,dzdx + z^3\,dxdy$ ，其中 Σ 是球面 $x^2 + y^2+z^2=a^2$ 的外侧.

解 (1) 如图 11.18 所示，设 Ω 是由 Σ 围成的空间闭区域，

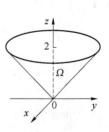

图 11.18

$\Omega : 0 \leqslant \theta \leqslant 2\pi, 0 \leqslant \rho \leqslant 2, \rho \leqslant z \leqslant 2$，由高斯公式，$I = \oiint\limits_{\Sigma} x\,dy\,dz + y\,dz\,dx + z\,dx\,dy = \iiint\limits_{\Omega} 3\,dV =$

$3 \int_0^{2\pi} d\theta \int_0^2 \rho\,d\rho \int_\rho^2 dz = 6\pi \int_0^2 (2\rho - \rho^2)\,d\rho = 6\pi \cdot \dfrac{4}{3} = 8\pi.$

（3）设 Ω 是由 Σ 围成的空间闭区域，$\Omega : 0 \leqslant \theta \leqslant 2\pi, 0 \leqslant \varphi \leqslant \pi, 0 \leqslant r \leqslant a$，由高斯公式，得

$$\oiint\limits_{\Sigma} x^3\,dy\,dz + y^3\,dz\,dx + z^3\,dx\,dy = \iiint\limits_{\Omega} 3(x^2 + y^2 + z^2)\,dx\,dy\,dz$$

$$= 3 \int_0^{2\pi} d\theta \int_0^\pi d\varphi \int_0^a r^2 \cdot r^2 \sin\varphi\,dr = 3 \cdot 2\pi \cdot \frac{a^5}{5} \int_0^\pi \sin\varphi\,d\varphi = \frac{12\pi}{5} a^5$$

2. 利用高斯公式计算下面的曲面积分：

(2) $\iint\limits_{\Sigma} x^2\,dx\,dy + y^2\,dy\,dz + z^2\,dz\,dx$，其中 Σ 是锥面 $z = \sqrt{x^2 + y^2}$ 被平面 $z = 1$ 截下的部分的下侧.

解 （2）设 $\Sigma_1 : z = 1, x^2 + y^2 \leqslant 1$，上侧，设 Ω 是由 $\Sigma + \Sigma_1$ 所围成的空间闭区域，由高斯公式，有

$$\oiint\limits_{\Sigma + \Sigma_1} x^2\,dx\,dy + y^2\,dy\,dz + z^2\,dz\,dx = \iiint\limits_{\Omega} 0\,dx\,dy\,dz = 0$$

所以　　$I = -\iint\limits_{\Sigma_1} x^2\,dx\,dy + y^2\,dy\,dz + z^2\,dz\,dx = -\iint\limits_{\Sigma_1} x^2\,dx\,dy = -\iint\limits_{D_{xy}} x^2\,dx\,dy$

$$= -\int_0^{2\pi} d\theta \int_0^1 \rho^2 \cos^2\theta \rho\,d\rho = -\frac{1}{4} \int_0^{2\pi} \cos^2\theta\,d\theta = -\frac{1}{8} \int_0^{2\pi} (1 + \cos 2\theta)\,d\theta = -\frac{\pi}{4}.$$

3. 求向量场 $\boldsymbol{A} = x^2 yz\boldsymbol{i} + xy^2 z\boldsymbol{j} + xyz^2\boldsymbol{k}$ 流过球面 $x^2 + y^2 + z^2 = 1$ 在第一卦限部分上侧的流量.

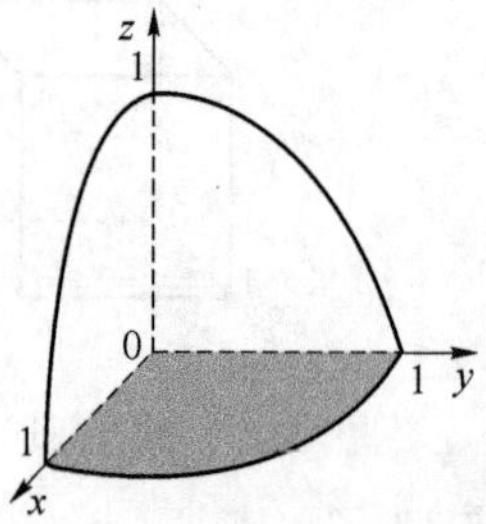

解　如图 11.19 所示，设

$\Sigma : x^2 + y^2 + z^2 = 1, x \geqslant 0, y \geqslant 0, z \geqslant 0$，上侧

$\Sigma_1 : z = 0, x^2 + y^2 \leqslant 1, x \geqslant 0, y \geqslant 0$，下侧

$\Sigma_2 : y = 0, x^2 + z^2 \leqslant 1, x \geqslant 0, z \geqslant 0$，左侧

$\Sigma_3 : x = 0, y^2 + z^2 \leqslant 1, y \geqslant 0, z \geqslant 0$，后侧

设 Ω 是由 $\Sigma + \Sigma_1 + \Sigma_2 + \Sigma_3$ 围成的空间闭区域，从 Ω 内部流出的流量为

图 11.19

$$\oiint\limits_{\Sigma + \Sigma_1 + \Sigma_2 + \Sigma_3} x^2 yz\,dy\,dz + xy^2 z\,dz\,dx + xyz^2\,dx\,dy$$

$$= \iiint\limits_{\Omega} (2xyz + 2xyz + 2xyz)\,dv$$

$$= 6 \iiint\limits_{\Omega} xyz\,dx\,dy\,dz = 6 \int_0^{\frac{\pi}{2}} d\theta \int_0^{\frac{\pi}{2}} d\varphi \int_0^1 r\sin\varphi\cos\theta \cdot r\sin\varphi\sin\theta \cdot r\cos\varphi \cdot r^2 \sin\varphi\,dr$$

$$= 6\int_0^{\frac{\pi}{2}} \sin\theta\cos\theta d\theta\int_0^{\frac{\pi}{2}} \sin^3\varphi\cos\varphi d\varphi\int_0^1 r^5 dr = \int_0^{\frac{\pi}{2}} \sin\theta\cos\theta d\theta\int_0^{\frac{\pi}{2}} \sin^3\varphi d(\sin\varphi)$$

$$= \frac{1}{4}\int_0^{\frac{\pi}{2}} \sin\theta\cos\theta d\theta = \frac{1}{8}$$

又 $\iint\limits_{\Sigma_1} = \iint\limits_{\Sigma_2} = \iint\limits_{\Sigma_3} = 0$,所以所求流量为 $\frac{1}{8}$.

习题 11.7

1. 求向量场 $\boldsymbol{A} = -y\boldsymbol{i} + x\boldsymbol{j} + c\boldsymbol{k}$($c$ 为常数)沿下列曲线的环流量(从 z 轴看去曲线取逆时针):

(2) 圆周 $(x-2)^2 + y^2 = R^2, z = 0$.

解 (2) $L: x = 2 + R\cos t, y = R\sin t, z = 0, t: 0 \to 2\pi$,环流量为

$$\oint_L -y dx + x dy + c dz = \int_0^{2\pi} [-R\sin t \cdot (-R\sin t) + (2 + R\cos t) \cdot R\cos t] dt$$

$$= \int_0^{2\pi} [R^2 + 2R\cos t] dt = 2\pi R^2 + 2R[\sin t]_0^{2\pi} = 2\pi R^2$$

2. 利用斯托克斯公式计算下列曲线积分:

(1) $\oint_{\Gamma} y dx + xz dy + yz dz$,其中 Γ 为圆周 $x^2 + y^2 = 4, z = 2$,从 z 轴正向看去这圆周取逆时针方向.

解 (1) 如图 11.20 所示,设 $\Sigma: z = 2, x^2 + y^2 \leqslant 4$,上侧,由斯托克斯公式,有

$$\oint_{\Gamma} y dx + xz dy + yz dz = \iint\limits_{\Sigma} \begin{vmatrix} dy dz & dz dx & dx dy \\ \dfrac{\partial}{\partial x} & \dfrac{\partial}{\partial y} & \dfrac{\partial}{\partial z} \\ y & xz & yz \end{vmatrix}$$

$$= \iint\limits_{\Sigma} (z - x) dy dz + (z - 1) dx dy = 0 + \iint\limits_{D_{xy}} (2 - 1) dx dy$$

$$= \iint\limits_{D_{xy}} dx dy = \pi \cdot 2^2 = 4\pi$$

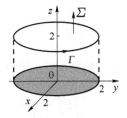

图 11.20

综合练习题

一、单项选择题

1. 设 L 是圆周 $x^2+y^2=a^2$ 在第一象限内的弧段，则 $\int_L \mathrm{e}^{\sqrt{x^2+y^2}}\mathrm{d}s=$（C）．

(A) $\pi\mathrm{e}^a$；　　　　(B) $\dfrac{\pi}{2}a$；　　　　(C) $\dfrac{\pi}{2}a\mathrm{e}^a$；　　　　(D) $\dfrac{\pi}{2}\mathrm{e}^a$．

解　L：$x=a\cos t,y=a\sin t$，$0\leqslant t\leqslant\dfrac{\pi}{2}$，则

$$I=\int_L \mathrm{e}^{\sqrt{x^2+y^2}}\mathrm{d}s=\int_0^{\frac{\pi}{2}}\mathrm{e}^a\cdot\sqrt{(-a\sin t)^2+(a\cos t)^2}\,\mathrm{d}t=\int_0^{\frac{\pi}{2}}a\cdot\mathrm{e}^a\,\mathrm{d}t=\frac{\pi}{2}a\mathrm{e}^a$$

2. 设 L 是圆周 $\begin{cases}x^2+y^2+z^2=1\\x=y\end{cases}$，则 $\int_L\sqrt{2x^2+z^2}\,\mathrm{d}s=$（B）．

(A) π；　　　　(B) 2π；　　　　(C) $2\sqrt{\pi}$；　　　　(D) $\sqrt{2}$．

解　L：$x=\dfrac{\sqrt{2}}{2}\sin t,y=\dfrac{\sqrt{2}}{2}\sin t,z=\cos t$，$0\leqslant t\leqslant 2\pi$，则

$$I=\int_L\sqrt{2x^2+z^2}\,\mathrm{d}s=\int_0^{2\pi}1\cdot\sqrt{\left(\frac{\sqrt{2}}{2}\cos t\right)^2+\left(\frac{\sqrt{2}}{2}\cos t\right)^2+(-\sin t)^2}\,\mathrm{d}t=\int_0^{2\pi}\mathrm{d}t=2\pi$$

3. 设 L 是由点 $(4,0)$ 到点 $(0,0)$ 的上半圆周 $x^2+y^2=4x$，则 $\int_L(y+2xy)\mathrm{d}x+(x^2+2x+y^2)\mathrm{d}y=$（A）．

(A) 2π；　　　　(B) π；　　　　(C) 2；　　　　(D) 1．

解　因为 $x^2+y^2=4x\Rightarrow(x-2)^2+y^2=4$，所以 L：$x=2+2\cos t,y=2\sin t$，t：$0\rightarrow\pi$，则

$$I=\int_L(y+2xy)\mathrm{d}x+(x^2+2x+y^2)\mathrm{d}y$$

$$=\int_0^{\pi}[2\sin t+2(2+2\cos t)\cdot 2\sin t](-2\sin t)\mathrm{d}t+$$

$$\int_0^{\pi}[(2+2\cos t)^2+2(2+2\cos t)+4\sin^2 t]\cdot 2\cos t\,\mathrm{d}t$$

$$=\int_0^{\pi}(24\cos^2 t+24\cos t-20\sin^2 t-16\sin^2 t\cos t)\mathrm{d}t=2\pi$$

4. 设 L 是抛物线 $y=x^2$ 上从点 $(\sqrt{3},3)$ 到点 $(1,1)$ 的曲线弧，则 $\int_L\arctan\dfrac{y}{x}\mathrm{d}y-\mathrm{d}x=$（C）．

(A) $-\dfrac{5}{6}\pi$；　　　　　　　　　(B) $-\dfrac{5}{6}\pi-\sqrt{2}\,(1-\sqrt{3}\,)$；

(C) $-\dfrac{5}{6}\pi-2(1-\sqrt{3}\,)$；　　　　(D) $-\dfrac{7}{6}\pi-2(1-\sqrt{3}\,)$．

解　$L: x=x, y=x^2, x: \sqrt{3} \to 1$，则

$$I = \int_L \arctan \frac{y}{x} \mathrm{d}y - \mathrm{d}x = \int_{\sqrt{3}}^1 \left(\arctan \frac{x^2}{x} \cdot 2x - 1 \right) \mathrm{d}x = 2 \int_{\sqrt{3}}^1 x \cdot \arctan x \mathrm{d}x - \int_{\sqrt{3}}^1 \mathrm{d}x$$

$$= \int_{\sqrt{3}}^1 \arctan x \mathrm{d}(x^2) + \sqrt{3} - 1 = [x^2 \arctan x]_{\sqrt{3}}^1 - \int_{\sqrt{3}}^1 \frac{x^2}{1+x^2} \mathrm{d}x + \sqrt{3} - 1$$

$$= \frac{\pi}{4} - \pi - \int_{\sqrt{3}}^1 \left(1 - \frac{1}{1+x^2} \right) \mathrm{d}x + \sqrt{3} - 1 = -\frac{5}{6}\pi - 2(1 - \sqrt{3})$$

5. 设 Σ 是平面 $y+z=5$ 被柱面 $x^2+y^2=25$ 所截下的部分，则 $\iint\limits_{\Sigma}(x+y+z)\mathrm{d}S =$ (D).

(A) $\sqrt{2}\pi$；　　　　(B) 25π；　　　　(C) $5\sqrt{2}\pi$；　　　　(D) $125\sqrt{2}\pi$.

解　如图 11.21 所示，$\Sigma: y+z=5, x^2+y^2 \leqslant 25$，它在 xOy 面上的投影为：$D_{xy}: 0 \leqslant \theta \leqslant 2\pi, 0 \leqslant \rho \leqslant 5$，则

$$\iint\limits_{\Sigma}(x+y+z)\mathrm{d}S = \iint\limits_{D_{xy}}(x+5)\sqrt{1+1^2+0^2}\,\mathrm{d}x\mathrm{d}y$$

$$= \sqrt{2}\iint\limits_{D_{xy}}(x+5)\mathrm{d}x\mathrm{d}y = \sqrt{2}\int_0^{2\pi}\mathrm{d}\theta\int_0^5(\rho\cos\theta+5)\rho\mathrm{d}\rho$$

$$= \sqrt{2}\int_0^{2\pi}\left[\frac{\rho^3}{3}\cos\theta + \frac{5}{2}\rho^2\right]_0^5\mathrm{d}\theta = 125\sqrt{2}\pi$$

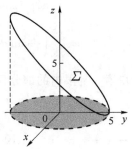

图 11.21

6. 设曲面 Σ 是锥面 $z^2=x^2+y^2$ 被平面 $z=0, z=1$ 截下的部分，则曲面积分 $\iint\limits_{\Sigma}(x^2+y^2)\mathrm{d}S =$ (B).

(A) $\sqrt{2}\int_0^{\pi}\mathrm{d}\theta\int_0^1\rho^3\mathrm{d}\rho$；　　　　　　(B) $\sqrt{2}\int_0^{2\pi}\mathrm{d}\theta\int_0^1\rho^3\mathrm{d}\rho$；

(C) $\sqrt{2}\int_0^{\pi}\mathrm{d}\theta\int_0^1\rho^2\mathrm{d}\rho$；　　　　　　(D) $\int_0^{2\pi}\mathrm{d}\theta\int_0^1\rho^2\mathrm{d}\rho$.

解　$\Sigma: z=\sqrt{x^2+y^2}, x^2+y^2 \leqslant 1$，它在 xOy 面上的投影为：$D_{xy}: 0 \leqslant \theta \leqslant 2\pi, 0 \leqslant \rho \leqslant 1$，则

$$\iint\limits_{\Sigma}(x^2+y^2)\mathrm{d}S = \iint\limits_{D_{xy}}(x^2+y^2)\sqrt{1+\left(\frac{x}{\sqrt{x^2+y^2}}\right)^2+\left(\frac{y}{\sqrt{x^2+y^2}}\right)^2}\,\mathrm{d}x\mathrm{d}y$$

$$= \sqrt{2} \int_0^{2\pi} d\theta \int_0^1 \rho^3 d\rho$$

7. 设 Σ 是锥面 $z = \sqrt{x^2 + y^2}$ 被平面 $z = 1$ 割下在第一卦限内的部分且取下侧,则 $\iint\limits_{\Sigma} (x^2 + y^2)dzdx + zdxdy = $ (D)

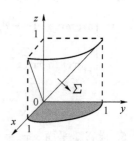

(A) $\dfrac{1}{2} - \dfrac{\pi}{3}$;　　　　　(B) $\dfrac{\pi}{3}$;

(C) $\dfrac{1}{2} - \dfrac{\pi}{12}$;　　　　(D) $\dfrac{1}{4} - \dfrac{\pi}{6}$.

图 11.22

解 如图 11.22 所示,$\Sigma : z = \sqrt{x^2 + y^2}$,$x^2 + y^2 \leqslant 1$,则

$$\iint\limits_{\Sigma} (x^2 + y^2)dzdx + zdxdy = \iint\limits_{\Sigma} \Big[(x^2 + y^2) \frac{\cos\beta}{\cos\gamma} + z \Big] dxdy$$

$$= \iint\limits_{\Sigma} \Big[(x^2 + y^2)\Big(-\frac{y}{z}\Big) + z \Big] dxdy$$

$$= -\iint\limits_{D_{xy}} (1 - y) \sqrt{x^2 + y^2} \, dxdy$$

$$= \int_0^{\frac{\pi}{2}} d\theta \int_0^1 (\rho\sin\theta - 1)\rho^2 d\rho$$

$$= \int_0^{\frac{\pi}{2}} \Big(\frac{1}{4}\sin\theta - \frac{1}{3} \Big) d\theta = \frac{1}{4} - \frac{\pi}{6}$$

8. 设 Σ 是平面 $x + y + z = 1$ 在第一卦限内的部分且取下侧,则 $\iint\limits_{\Sigma} (x^2 + y^2 + z)dxdy$ = (A).

(A) $-\int_0^1 dx \int_0^{1-x} (x^2 + y^2 - x - y + 1)dy$;　　(B) $\int_0^1 dx \int_0^{1-x} (x^2 + y^2 - x - y + 1)dy$;

(C) $-\int_0^{1-x} dy \int_0^1 (x^2 + y^2 + z)dx$;　　(D) $\int_0^{1-x} dy \int_0^1 (x^2 + y^2 + z)dx$.

解 $\Sigma : z = 1 - x - y$,$0 \leqslant x \leqslant 1$,$0 \leqslant y \leqslant 1 - x$,下侧,则

$$\iint\limits_{\Sigma} (x^2 + y^2 + z)dxdy = -\iint\limits_{D_{xy}} (x^2 + y^2 + 1 - x - y)dxdy = -\int_0^1 dx \int_0^{1-x} (x^2 + y^2 - x - y + 1)dy$$

9. 设 Σ 是锥面 $z = 2 - \sqrt{x^2 + y^2}$ 上 xOy 上方的部分,$\cos\alpha, \cos\beta, \cos\gamma$ 是 Σ 上侧法线的方向余弦,则 $\iint\limits_{\Sigma} [(-6xy - y)\cos\alpha + (3y^2 - 1)\cos\beta + x^2\cos\gamma]dS = $ (B).

(A) 6π ;　　　(B) 4π ;　　　(C) 2π ;　　　(D) $\dfrac{\pi}{2}$.

解 如图 11.23 所示,设 $\Sigma_1 : z = 0$,$x^2 + y^2 \leqslant 4$,下侧,它在 xOy 面上的投影为:D_{xy}:

$0 \leqslant \theta \leqslant 2\pi, 0 \leqslant \rho \leqslant 2, \Omega$ 是由 $\Sigma + \Sigma_1$ 所围成的空间闭区域,则由高斯公式,有

$$I = \oiint\limits_{\Sigma+\Sigma_1} [(-6xy-y)\cos\alpha + (3y^2-1)\cos\beta + x^2\cos\gamma]\mathrm{d}S -$$

$$\iint\limits_{\Sigma_1} [(-6xy-y)\cos\alpha + (3y^2-1)\cos\beta + x^2\cos\gamma]\mathrm{d}S$$

$$= \iiint\limits_{\Omega} (-6y+6y)\mathrm{d}v - \iint\limits_{\Sigma_1} x^2(-1)\mathrm{d}S = 0 + \iint\limits_{\Sigma_1} x^2\mathrm{d}S$$

$$= \iint\limits_{D_{xy}} x^2\mathrm{d}x\mathrm{d}y = \int_0^{2\pi}\mathrm{d}\theta\int_0^2 \rho^2\cos^2\theta\rho\mathrm{d}\rho = 4\int_0^{2\pi}\cos^2\theta\mathrm{d}\theta = 4\pi$$

10. 设 $\boldsymbol{A} = y\boldsymbol{i} + z\boldsymbol{j} + x\boldsymbol{k}$,则 $\mathrm{rot}\,\boldsymbol{A} = $ (C).

(A) $\boldsymbol{i}+\boldsymbol{j}+\boldsymbol{k}$;   (B) $\boldsymbol{i}-\boldsymbol{j}+\boldsymbol{k}$;   (C) $-(\boldsymbol{i}+\boldsymbol{j}+\boldsymbol{k})$;   (D) $\boldsymbol{i}+\boldsymbol{j}-\boldsymbol{k}$.

解 $$\mathrm{rot}\,\boldsymbol{A} = \begin{vmatrix} \boldsymbol{i} & \boldsymbol{j} & \boldsymbol{k} \\ \dfrac{\partial}{\partial x} & \dfrac{\partial}{\partial y} & \dfrac{\partial}{\partial z} \\ y & z & x \end{vmatrix} = -(\boldsymbol{i}+\boldsymbol{j}+\boldsymbol{k})$$

11. $\displaystyle\int_{(2,1)}^{(1,2)} \dfrac{y\mathrm{d}x - x\mathrm{d}y}{x^2} = $ (D).

(A) 0;   (B) $\dfrac{2}{3}$;   (C) $\dfrac{3}{2}$;   (D) $-\dfrac{3}{2}$.

解 $P(x,y) = \dfrac{y}{x^2}, Q(x,y) = -\dfrac{1}{x}, \dfrac{\partial Q}{\partial x} = \dfrac{1}{x^2}, \dfrac{\partial P}{\partial y} = \dfrac{1}{x^2}, \dfrac{\partial Q}{\partial x} = \dfrac{\partial P}{\partial y}$,如图 11.24 所示,积分与路径无关,则

$$\int_{(2,1)}^{(1,2)} \frac{y\mathrm{d}x - x\mathrm{d}y}{x^2} = \int_{AC} \frac{y\mathrm{d}x - x\mathrm{d}y}{x^2} + \int_{CB} \frac{y\mathrm{d}x - x\mathrm{d}y}{x^2} = \int_2^1 \frac{\mathrm{d}x}{x^2} + \int_1^2 (-1)\mathrm{d}y = -\frac{3}{2}$$

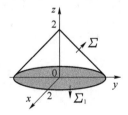

图 11.23

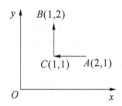

图 11.24

二、填空题

1. 设 L 是曲线 $\begin{cases} x = \ln(1+t^2) \\ y = 2\arctan t - t + 3 \end{cases}$ 上由 $t=0$ 到 $t=1$ 的一段弧,则 $\displaystyle\int_L y\mathrm{e}^{-x}\mathrm{d}s = \underline{\dfrac{\pi^2}{16} - \dfrac{1}{2}\ln 2 + \dfrac{3}{4}\pi}$.

解 $$\int_L y\mathrm{e}^{-x}\mathrm{d}s = \int_0^1 (2\arctan t - t + 3)\mathrm{e}^{-\ln(1+t^2)}\sqrt{\left(\frac{2t}{1+t^2}\right)^2 + \left(\frac{2}{1+t^2}-1\right)^2}\,\mathrm{d}t$$

$$= \int_0^1 \frac{2\arctan t - t + 3}{1+t^2}\mathrm{d}t = \int_0^1 (2\arctan t - t + 3)\mathrm{d}(\arctan t)$$

$$= [\arctan^2 t + 3\arctan t]_0^1 - \int_0^1 \frac{t}{1+t^2}\mathrm{d}t = \frac{\pi^2}{16} - \frac{1}{2}\ln 2 + \frac{3}{4}\pi$$

2. 设 L 是曲线 $\begin{cases} x = a\cos t \\ y = a\sin t \\ z = at \end{cases}$ 上由 $t=0$ 到 $t=2\pi$ 的一段弧，则 $\displaystyle\int_L \frac{z^2}{x^2+y^2}\mathrm{d}s = \underline{\dfrac{8\sqrt{2}a\pi^3}{3}}$.

解 $$\int_L \frac{z^2}{x^2+y^2}\mathrm{d}s = \int_0^{2\pi}\frac{a^2t^2}{a^2}\sqrt{(-a\sin t)^2 + (a\cos t)^2 + a^2}\,\mathrm{d}t = \sqrt{2}a\int_0^{2\pi} t^2\mathrm{d}t = \frac{8\sqrt{2}a\pi^3}{3}$$

3. 设 L 是沿单位圆 $x^2 + y^2 = 1$ 的上半圆周从点 $(1,0)$ 到点 $(-1,0)$ 的一段弧，则

$$\int_L \frac{y^2}{\sqrt{1+x^2}}\mathrm{d}x + \left[4x + 2y\ln\left(x + \sqrt{1+x^2}\right)\right]\mathrm{d}y = \underline{\quad 2\pi \quad}.$$

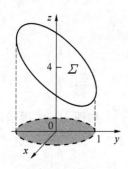

图 11.25

解 设 L_1 是从 $B(-1,0)$ 到 $A(1,0)$ 的直线段，D 是由 $L+L_1$ 围成的平面闭区域，如图 11.25 所示，由格林公式，有

$$\oint_{L+L_1} \frac{y^2}{\sqrt{1+x^2}}\mathrm{d}x + \left[4x + 2y\ln\left(x + \sqrt{1+x^2}\right)\right]\mathrm{d}y$$

$$= \iint_D \left[\left(4 + 2y\cdot\frac{1}{\sqrt{1+x^2}}\right) - \frac{2y}{\sqrt{1+x^2}}\right]\mathrm{d}x\mathrm{d}y$$

$$= 4\iint_D \mathrm{d}x\mathrm{d}y = 4\cdot\frac{1}{2}\cdot\pi = 2\pi$$

而 $\displaystyle\int_{L_1} \frac{y^2}{\sqrt{1+x^2}}\mathrm{d}x + \left[4x + 2y\ln\left(x + \sqrt{1+x^2}\right)\right]\mathrm{d}y = 0$ ，故

$$\int_L \frac{y^2}{\sqrt{1+x^2}}\mathrm{d}x + \left[4x + 2y\ln\left(x + \sqrt{1+x^2}\right)\right]\mathrm{d}y = 2\pi$$

4. 设 Γ 是从点 $(1,1,1)$ 到 $(4,4,4)$ 的直线段，则 $\displaystyle\int_\Gamma \frac{x\mathrm{d}x + y\mathrm{d}y + z\mathrm{d}z}{\sqrt{x^2+y^2+z^2-x-y+2z}} = \underline{\quad 3\sqrt{3} \quad}$.

解 $\Gamma: \dfrac{x-1}{3} = \dfrac{y-1}{3} = \dfrac{z-1}{3}$，即：$x=y=z$，参数方程为 $x=t, y=t, z=t, t:1\to 4$，则

$$\int_\Gamma \frac{x\mathrm{d}x + y\mathrm{d}y + z\mathrm{d}z}{\sqrt{x^2+y^2+z^2-x-y+2z}} = \int_1^4 \frac{(t+t+t)\mathrm{d}t}{\sqrt{t^2+t^2+t^2-t-t+2t}} = \sqrt{3}\int_1^4 \mathrm{d}t = 3\sqrt{3}$$

5. 设曲面 Σ 为 $x^2 + y^2 + z^2 = 4$，则 $\displaystyle\iint_\Sigma (x^2+y^2)\mathrm{d}S = \underline{\dfrac{128}{3}\pi}$.

解 设 $\Sigma_1:z=\sqrt{4-x^2-y^2}$，$x^2+y^2\leqslant4$，它在 xOy 面上的投影为 $D_{xy}:0\leqslant\theta\leqslant2\pi,0\leqslant\rho\leqslant2$，由对称性，则

$$\iint\limits_{\Sigma}(x^2+y^2)\mathrm{d}S=2\iint\limits_{\Sigma_1}(x^2+y^2)\mathrm{d}S$$

$$=2\iint\limits_{D_{xy}}(x^2+y^2)\sqrt{1+\left(\frac{-x}{\sqrt{4-x^2-y^2}}\right)^2+\left(\frac{-y}{\sqrt{4-x^2-y^2}}\right)^2}\mathrm{d}x\mathrm{d}y$$

$$=4\iint\limits_{D_{xy}}\frac{(x^2+y^2)}{\sqrt{4-x^2-y^2}}\mathrm{d}x\mathrm{d}y=4\int_0^{2\pi}\mathrm{d}\theta\int_0^2\frac{\rho^3}{\sqrt{4-\rho^2}}\mathrm{d}\rho=\frac{128}{3}\pi$$

6. 设 Σ 是平面 $x+y+z=4$ 被圆柱面 $x^2+y^2=1$ 截下的有限部分，则 $\iint\limits_{\Sigma}y\mathrm{d}S=$ ___0___ .

解 $\Sigma:z=4-x-y$，$x^2+y^2\leqslant1$，它在 xOy 面上的投影为 $D_{xy}:0\leqslant\theta\leqslant2\pi,0\leqslant\rho\leqslant1$，则

$$\iint\limits_{\Sigma}y\mathrm{d}S=\iint\limits_{D_{xy}}y\sqrt{1+(-1)^2+(-1)^2}\mathrm{d}x\mathrm{d}y=\sqrt{3}\iint\limits_{D_{xy}}y\mathrm{d}x\mathrm{d}y=\sqrt{3}\int_0^{2\pi}\mathrm{d}\theta\int_0^1\rho\sin\theta\rho\mathrm{d}\rho$$

$$=\frac{\sqrt{3}}{3}\int_0^{2\pi}\sin\theta\mathrm{d}\theta=0$$

7. 设 Σ 是平面 $x+2z-4=0$ 被柱面 $\dfrac{x^2}{16}+\dfrac{y^2}{4}=1$ 所截下部分的上侧，则 $\iint\limits_{\Sigma}\mathrm{e}^{x^2+4y^2}\mathrm{d}y\mathrm{d}z+\sin(x+y)\mathrm{d}z\mathrm{d}x=$ ___$\dfrac{\pi}{4}(\mathrm{e}^{16}-1)$___ .

解 如图 11.26 所示，$\Sigma:z=\dfrac{4-x}{2}$，$\dfrac{x^2}{16}+\dfrac{y^2}{4}\leqslant1$，上侧，方向余弦 $\cos\alpha=\dfrac{1}{\sqrt{5}}$，$\cos\beta=0$，$\cos\gamma=\dfrac{2}{\sqrt{5}}$，则

$$I=\iint\limits_{\Sigma}\mathrm{e}^{x^2+4y^2}\mathrm{d}y\mathrm{d}z+\sin(x+y)\mathrm{d}z\mathrm{d}x=\iint\limits_{\Sigma}\left[\mathrm{e}^{x^2+4y^2}\cdot\frac{\cos\alpha}{\cos\gamma}+\sin(x+y)\cdot\frac{\cos\beta}{\cos\gamma}\right]\mathrm{d}x\mathrm{d}y$$

$$=\iint\limits_{\Sigma}\left[\mathrm{e}^{x^2+4y^2}\cdot\frac{1}{2}+\sin(x+y)\cdot0\right]\mathrm{d}x\mathrm{d}y=\frac{1}{2}\iint\limits_{D_{xy}}\mathrm{e}^{x^2+4y^2}\mathrm{d}x\mathrm{d}y$$

设 $x=2\rho\cos\theta,y=\rho\sin\theta,J=\dfrac{\partial(x,y)}{\partial(\rho,\theta)}=\begin{vmatrix}2\cos\theta & -2\rho\sin\theta\\ \sin\theta & \rho\cos\theta\end{vmatrix}=2\rho$，则

$$I=\frac{1}{2}\int_0^{2\pi}\mathrm{d}\theta\int_0^2\mathrm{e}^{4\rho^2}\cdot2\rho\mathrm{d}\rho=\frac{\pi}{4}\int_0^2\mathrm{e}^{4\rho^2}\mathrm{d}(4\rho^2)=\frac{\pi}{4}[\mathrm{e}^{4\rho^2}]_0^2=\frac{\pi}{4}(\mathrm{e}^{16}-1)$$

8. 设 Σ 是圆柱面 $x^2+y^2=R^2$ 及两平面 $z=R,z=-R(R>0)$ 所围立体表面的外侧，则 $\iint\limits_{\Sigma}\dfrac{x\mathrm{d}y\mathrm{d}z+z^2\mathrm{d}x\mathrm{d}y}{x^2+y^2+z^2}=$ ___$\dfrac{\pi^2R}{2}$___ .

解 如图 11.27 所示，设 $\Sigma_1:z=R$，$x^2+y^2\leqslant R^2$，上侧，$\Sigma_2:z=-R$，$x^2+y^2\leqslant R^2$，下侧，$\Sigma_3:x^2+y^2=R^2$，$-R\leqslant z\leqslant R$，外侧，则

$$I = \iint\limits_{\Sigma} \frac{x\,\mathrm{d}y\mathrm{d}z + z^2\,\mathrm{d}x\mathrm{d}y}{x^2+y^2+z^2} = \iint\limits_{\Sigma_1} + \iint\limits_{\Sigma_2} + \iint\limits_{\Sigma_3}$$

$$= \iint\limits_{\Sigma_1} \frac{z^2\,\mathrm{d}x\mathrm{d}y}{x^2+y^2+z^2} + \iint\limits_{\Sigma_2} \frac{z^2\,\mathrm{d}x\mathrm{d}y}{x^2+y^2+z^2} + \iint\limits_{\Sigma_3} \frac{x\,\mathrm{d}y\mathrm{d}z}{x^2+y^2+z^2}$$

$$= \iint\limits_{D_{xy}} \frac{R^2\,\mathrm{d}x\mathrm{d}y}{x^2+y^2+R^2} - \iint\limits_{D_{xy}} \frac{(-R)^2\,\mathrm{d}x\mathrm{d}y}{x^2+y^2+R^2} + \iint\limits_{\Sigma_{3\text{前}}} \frac{x\,\mathrm{d}y\mathrm{d}z}{x^2+y^2+z^2} + \iint\limits_{\Sigma_{3\text{后}}} \frac{x\,\mathrm{d}y\mathrm{d}z}{x^2+y^2+z^2}$$

$$= \iint\limits_{D_{yz}} \frac{\sqrt{R^2-y^2}\,\mathrm{d}y\mathrm{d}z}{R^2+z^2} - \iint\limits_{D_{yz}} \frac{-\sqrt{R^2-y^2}\,\mathrm{d}y\mathrm{d}z}{R^2+z^2} = 2\int_{-R}^{R}\mathrm{d}y\int_{-R}^{R} \frac{\sqrt{R^2-y^2}}{R^2+z^2}\mathrm{d}z$$

$$= 2\int_{-R}^{R} \sqrt{R^2-y^2}\,\mathrm{d}y\int_{-R}^{R} \frac{\mathrm{d}z}{R^2+z^2} = 2\cdot\frac{\pi R^2}{2}\cdot\frac{1}{R}\cdot\frac{\pi}{2} = \frac{\pi^2 R}{2}$$

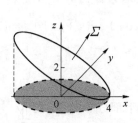

图 11.26

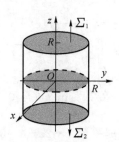

图 11.27

9. 设 Σ 是球面 $x^2+y^2+z^2=9$ 的外侧，则 $\iint\limits_{\Sigma}(y^2+z^2)\mathrm{d}y\mathrm{d}z + x^5 y^8\mathrm{d}z\mathrm{d}x + z\,\mathrm{d}x\mathrm{d}y =$ __36 π__ .

解 设 Ω 是球面 $x^2+y^2+z^2=9$ 所围成的区域，由高斯公式，有

$$I = \iint\limits_{\Sigma}(y^2+z^2)\mathrm{d}y\mathrm{d}z + x^5 y^8\mathrm{d}z\mathrm{d}x + z\,\mathrm{d}x\mathrm{d}y = \iiint\limits_{\Omega}(8x^5 y^7 + 1)\mathrm{d}v$$

因为 Ω 关于 yOz 面对称，函数 $8x^5 y^7$ 关于 x 坐标为奇函数，由对称性，$\iiint\limits_{\Omega}8x^5 y^7\,\mathrm{d}v =$

0，所以 $I = \iiint\limits_{\Omega}\mathrm{d}v = \frac{4}{3}\cdot\pi\cdot 3^3 = 36\pi$.

10. 设曲线积分 $\int_L xy^2\,\mathrm{d}x + y\varphi(x)\,\mathrm{d}y$ 与路径无关，其中 $\varphi(x)$ 具有连续的导数，且 $\varphi(0)=0$，则 $\varphi(x) =$ __x^2__ .

解 曲线积分 $\int_L xy^2\,\mathrm{d}x + y\varphi(x)\,\mathrm{d}y$ 与路径无关，则 $\frac{\partial[y\varphi(x)]}{\partial x} = \frac{\partial(xy^2)}{\partial y}$，即：$y\varphi'(x) = 2xy$，所以 $\varphi'(x)=2x$，且 $\varphi(0)=0$，故 $\varphi(x)=x^2$.

11. 设有数量场 $u = \ln\sqrt{x^2+y^2+z^2}$，则 $\mathbf{div}(\mathbf{grad}\,u) =$ __$\dfrac{1}{x^2+y^2+z^2}$__ .

解　$u=\ln\sqrt{x^2+y^2+z^2}$，$\dfrac{\partial u}{\partial x}=\dfrac{x}{x^2+y^2+z^2}$，$\dfrac{\partial u}{\partial y}=\dfrac{y}{x^2+y^2+z^2}$，$\dfrac{\partial u}{\partial z}=\dfrac{z}{x^2+y^2+z^2}$

$$\mathbf{grad}\,u=\left\{\dfrac{x}{x^2+y^2+z^2},\dfrac{y}{x^2+y^2+z^2},\dfrac{z}{x^2+y^2+z^2}\right\}$$

$$\mathbf{div}(\mathbf{grad}\,u)=\dfrac{\partial}{\partial x}\left(\dfrac{x}{x^2+y^2+z^2}\right)+\dfrac{\partial}{\partial y}\left(\dfrac{y}{x^2+y^2+z^2}\right)+\dfrac{\partial}{\partial z}\left(\dfrac{z}{x^2+y^2+z^2}\right)$$

$$=\dfrac{-x^2+y^2+z^2}{(x^2+y^2+z^2)^2}+\dfrac{x^2-y^2+z^2}{(x^2+y^2+z^2)^2}+\dfrac{x^2+y^2-z^2}{(x^2+y^2+z^2)^2}=\dfrac{1}{x^2+y^2+z^2}$$

三、计算题与证明题

1. 在过点 $O(0,0)$ 和 $A(\pi,0)$ 的曲线族 $y=a\sin x\,(a>0)$ 中，求一条曲线 L，使沿该曲线从 O 到 A 的积分 $\displaystyle\int_L(1+y^3)\mathrm{d}x+(2x+y)\mathrm{d}y$ 的值最小.

解　L：$x=x,y=a\sin x$，$x:0\to\pi$，则

$$I(a)=\int_L(1+y^3)\mathrm{d}x+(2x+y)\mathrm{d}y$$

$$=\int_0^\pi[1+a^3\sin^3 x+(2x+a\sin x)\cdot a\cos x]\mathrm{d}x=\dfrac{4}{3}a^3-4a+\pi$$

令 $I'(a)=4a^2-4=0$，得：$a=1$（因为 $a>0$），所以曲线 L：$y=\sin x(0\leqslant x\leqslant\pi)$.

2. 设函数 $Q(x,y)$ 在 xOy 面上具有一阶连续偏导数，曲线积分 $\displaystyle\int_L2xy\mathrm{d}x+Q(x,y)\mathrm{d}y$ 与路径无关，并且对任意的 t 都有 $\displaystyle\int_{(0,0)}^{(t,1)}2xy\mathrm{d}x+Q(x,y)\mathrm{d}y=\int_{(0,0)}^{(1,t)}2xy\mathrm{d}x+Q(x,y)\mathrm{d}y$，求 $Q(x,y)$.

解　积分 $\displaystyle\int_L2xy\mathrm{d}x+Q(x,y)\mathrm{d}y$ 与路径无关，则 $\dfrac{\partial Q}{\partial x}=\dfrac{\partial(2xy)}{\partial y}=2x$，故 $Q(x,y)=x^2+\varphi(y)$

$$\int_{(0,0)}^{(t,1)}2xy\mathrm{d}x+Q(x,y)\mathrm{d}y=\int_{(0,0)}^{(t,0)}2xy\mathrm{d}x+Q(x,y)\mathrm{d}y+\int_{(t,0)}^{(t,1)}2xy\mathrm{d}x+Q(x,y)\mathrm{d}y$$

$$=0+\int_0^1Q(t,y)\mathrm{d}y=\int_0^1[t^2+\varphi(y)]\mathrm{d}y=t^2+\int_0^1\varphi(y)\mathrm{d}y$$

$$\int_{(0,0)}^{(1,t)}2xy\mathrm{d}x+Q(x,y)\mathrm{d}y=\int_{(0,0)}^{(0,t)}2xy\mathrm{d}x+Q(x,y)\mathrm{d}y+\int_{(0,t)}^{(1,t)}2xy\mathrm{d}x+Q(x,y)\mathrm{d}y$$

$$=\int_0^tQ(0,y)\mathrm{d}y+\int_0^12xt\mathrm{d}x=\int_0^t\varphi(y)\mathrm{d}y+t$$

所以 $t^2+\displaystyle\int_0^1\varphi(y)\mathrm{d}y=\int_0^t\varphi(y)\mathrm{d}y+t$，两边对 t 求导，得 $2t=\varphi(t)+1\Rightarrow\varphi(t)=2t-1$，故 $Q(x,y)=x^2+2y-1$.

3. 设 $f(u)$ 有连续导函数，计算 $\displaystyle\int_L[f(x^2+y^2)x-y]\mathrm{d}x+[f(x^2+y^2)y+x]\mathrm{d}y$，其中 L 为正向圆周 $x^2+y^2=a^2$.

解　$L: x = a\cos t, y = a\sin t, t: 0 \to 2\pi$，则

$$\int_L [f(x^2 + y^2)x - y]dx + [f(x^2 + y^2)y + x]dy$$

$$= \int_0^{2\pi} \{[f(a^2)a\cos t - a\sin t] \cdot (-a\sin t) + [f(a^2)a\sin t + a\cos t] \cdot a\cos t\}dt$$

$$= \int_0^{2\pi} a^2 dt = 2\pi a^2$$

4. 计算曲面积分 $I = \iint\limits_\Sigma (8y+1)x\mathrm{d}y\mathrm{d}z + 2(1-y^2)\mathrm{d}z\mathrm{d}x - 4yz\mathrm{d}x\mathrm{d}y$，其中 Σ 是由曲线 $\begin{cases} z = \sqrt{y-1} \\ x = 0 \end{cases}$ $(1 \leqslant y \leqslant 3)$ 绕 y 轴旋转一周所成的曲面，它的法向量与 y 轴正向的夹角恒大于 $\dfrac{\pi}{2}$.

解　如图 11.28 所示，$\Sigma: y-1 = x^2 + z^2, 1 \leqslant y \leqslant 3$，外侧，令 $\Sigma_1: y = 3, x^2 + z^2 \leqslant 2$，右侧，$\Omega$ 是由 $\Sigma + \Sigma_1$ 围成的空间闭区域，$\Omega: 0 \leqslant \theta \leqslant 2\pi, 0 \leqslant \rho \leqslant \sqrt{2}, 1 + \rho^2 \leqslant y \leqslant 3$，由高斯公式，有

$$I = \iint\limits_\Sigma (8y+1)x\mathrm{d}y\mathrm{d}z + 2(1-y^2)\mathrm{d}z\mathrm{d}x - 4yz\mathrm{d}x\mathrm{d}y$$

$$= \oiint\limits_{\Sigma+\Sigma_1} - \iint\limits_{\Sigma_1} = \iiint\limits_\Omega [(8y+1) + (-4y) - 4y]\mathrm{d}v - \iint\limits_{\Sigma_1} 2(1-y^2)\mathrm{d}z\mathrm{d}x$$

$$= \iiint\limits_\Omega \mathrm{d}v + 2\iint\limits_{\Sigma_1}(y^2-1)\mathrm{d}z\mathrm{d}x = \int_0^{2\pi}\mathrm{d}\theta\int_0^{\sqrt{2}}\rho\mathrm{d}\rho\int_{1+\rho^2}^3\mathrm{d}y + 16\iint\limits_{D_{zx}}\mathrm{d}z\mathrm{d}x$$

$$= 2\pi\int_0^{\sqrt{2}}(2\rho - \rho^3)\mathrm{d}\rho + 16 \cdot \pi \cdot (\sqrt{2})^2 = 2\pi\left[\rho^2 - \frac{\rho^4}{4}\right]_0^{\sqrt{2}} + 32\pi = 34\pi$$

5. 计算曲面积分 $I = \iint\limits_\Sigma -y\mathrm{d}y\mathrm{d}z + (z+1)\mathrm{d}x\mathrm{d}y$，其中 Σ 是圆柱面 $x^2 + y^2 = 4$ 被平面 $x + z = 2$ 和 $z = 0$ 所截下部分的外侧.

解　如图 11.29 所示，$\Sigma: x^2 + y^2 = 4$，在 xOy 面上的投影为 0，故 $\iint\limits_\Sigma (z+1)\mathrm{d}x\mathrm{d}y = 0$，又 Σ 上的法向量为 $\boldsymbol{n} = (x, y, 0)$，所以

$$I = \iint\limits_\Sigma -y\mathrm{d}y\mathrm{d}z + (z+1)\mathrm{d}x\mathrm{d}y = \iint\limits_\Sigma -y\mathrm{d}y\mathrm{d}z$$

$$= \iint\limits_\Sigma -y \cdot \frac{\cos\alpha}{\cos\beta}\mathrm{d}z\mathrm{d}x = \iint\limits_\Sigma -y \cdot \frac{x}{y}\mathrm{d}z\mathrm{d}x = \iint\limits_\Sigma -x\mathrm{d}z\mathrm{d}x = -\left[\iint\limits_{D_{zx}}x\mathrm{d}z\mathrm{d}x - \iint\limits_{D_{zx}}x\mathrm{d}z\mathrm{d}x\right] = 0$$

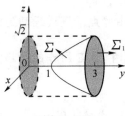

图 11.28

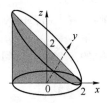

图 11.29

6. 设 $f(u)$ 有连续二阶导数，计算 $\oiint\limits_{\Sigma} \dfrac{1}{y}f\left(\dfrac{x}{y}\right)\mathrm{d}y\mathrm{d}z + \dfrac{1}{x}f\left(\dfrac{x}{y}\right)\mathrm{d}z\mathrm{d}x + z\mathrm{d}x\mathrm{d}y$，其中 Σ 是球体 $(x-1)^2+(y-1)^2+(z-1)^2=4$ 的表面外侧.

解 设 Ω 为球体 $(x-1)^2+(y-1)^2+(z-1)^2\leqslant 4$，由高斯公式，有

$$\oiint\limits_{\Sigma} \dfrac{1}{y}f\left(\dfrac{x}{y}\right)\mathrm{d}y\mathrm{d}z + \dfrac{1}{x}f\left(\dfrac{x}{y}\right)\mathrm{d}z\mathrm{d}x + z\mathrm{d}x\mathrm{d}y$$

$$= \iiint\limits_{\Omega}\left[\dfrac{1}{y}f'\left(\dfrac{x}{y}\right)\dfrac{1}{y} + \dfrac{1}{x}f'\left(\dfrac{x}{y}\right)\left(-\dfrac{x}{y^2}\right) + 1\right]\mathrm{d}v = \iiint\limits_{\Omega}\mathrm{d}v = \dfrac{4}{3}\cdot\pi\cdot2^3 = \dfrac{32}{3}\pi$$

7. 设 $f(x)$ 在 $(-\infty,\infty)$ 内有连续的导函数，求 $\displaystyle\int_{L}\dfrac{1+y^2f(xy)}{y}\mathrm{d}x +$ $\dfrac{x}{y^2}[y^2f(xy)-1]\mathrm{d}y$，其中 L 是从点 $A\left(3,\dfrac{2}{3}\right)$ 到 $B(1,2)$ 的直线段.

解 $P(x,y)=\dfrac{1+y^2f(xy)}{y}$，$Q(x,y)=\dfrac{x}{y^2}[y^2f(xy)-1]$

$$\dfrac{\partial Q}{\partial x}=\dfrac{1}{y^2}[y^2f(xy)-1]+\dfrac{x}{y^2}\cdot y^2f'(xy)y=f(xy)-\dfrac{1}{y^2}+xyf'(xy)$$

$$\dfrac{\partial P}{\partial y}=\dfrac{[2yf(xy)+y^2f'(xy)x]y-[1+y^2f(xy)]}{y^2}=f(xy)-\dfrac{1}{y^2}+xyf'(xy)$$

$\dfrac{\partial Q}{\partial x}=\dfrac{\partial P}{\partial y}$，所以积分与路径无关. 取 $L_1:xy=2$，从点 $A\left(3,\dfrac{2}{3}\right)$ 到 $B(1,2)$，L_1 的参数方程为 $x=x,y=\dfrac{2}{x},x:3\to 1$，则

$$I = \int_{L_1}\dfrac{1+y^2f(xy)}{y}\mathrm{d}x + \dfrac{x}{y^2}[y^2f(xy)-1]\mathrm{d}y$$

$$= \int_{3}^{1}\left\{\dfrac{1+\left(\dfrac{2}{x}\right)^2f(2)}{\dfrac{2}{x}} + \dfrac{x}{\left(\dfrac{2}{x}\right)^2}\left[\left(\dfrac{2}{x}\right)^2f(2)-1\right]\left(-\dfrac{2}{x^2}\right)\right\}\mathrm{d}x = \int_{3}^{1}x\mathrm{d}x = \left[\dfrac{x^2}{2}\right]_{3}^{1} = -4$$

8. 在变力 $F=yz\boldsymbol{i}+zx\boldsymbol{j}+xy\boldsymbol{k}$ 的作用下,质点由原点沿直线运动到椭球面 $\dfrac{x^2}{a^2}+\dfrac{y^2}{b^2}+\dfrac{z^2}{c^2}=1$ 上第一卦限的点 (ξ,η,ζ),问当 (ξ,η,ζ) 取何值时,力 F 所作的功最大? 并求出功的最大值.

解 点 $A(\xi,\eta,\zeta)$ 在椭球面上,则 $\dfrac{\xi^2}{a^2}+\dfrac{\eta^2}{b^2}+\dfrac{\zeta^2}{c^2}=1$,从原点 $O(0,0,0)$ 到点 $A(\xi,\eta,\zeta)$ 的直线段 $\overline{OA}$ 为:$\dfrac{x}{\xi}=\dfrac{y}{\eta}=\dfrac{z}{\zeta}$,参数方程:$x=\xi t,y=\eta t,z=\zeta t,t:0\to1$,则

$$W=\int_{\overline{OA}}yz\,\mathrm{d}x+zx\,\mathrm{d}y+xy\,\mathrm{d}z=\int_0^1 3\xi\eta\zeta t^2\,\mathrm{d}t=\xi\eta\zeta\,[t^3]_0^1=\xi\eta\zeta$$

要求函数 $f(\xi,\eta,\zeta)=\xi\eta\zeta$ 在约束条件 $\dfrac{\xi^2}{a^2}+\dfrac{\eta^2}{b^2}+\dfrac{\zeta^2}{c^2}=1$ 下的最大值,令 $L(\xi,\eta,\zeta)=\xi\eta\zeta+\lambda\left(\dfrac{\xi^2}{a^2}+\dfrac{\eta^2}{b^2}+\dfrac{\zeta^2}{c^2}-1\right)$,则

$$\begin{cases}L_\xi=\eta\zeta+\dfrac{2\lambda}{a^2}\xi \\[2mm] L_\eta=\xi\zeta+\dfrac{2\lambda}{b^2}\eta \\[2mm] L_\zeta=\xi\eta+\dfrac{2\lambda}{c^2}\zeta \\[2mm] \dfrac{\xi^2}{a^2}+\dfrac{\eta^2}{b^2}+\dfrac{\zeta^2}{c^2}=1\end{cases}\Rightarrow\xi=\dfrac{a}{\sqrt{3}},\eta=\dfrac{b}{\sqrt{3}},\zeta=\dfrac{c}{\sqrt{3}}$$

$$W_{\max}=\dfrac{a}{\sqrt{3}}\cdot\dfrac{b}{\sqrt{3}}\cdot\dfrac{c}{\sqrt{3}}=\dfrac{\sqrt{3}}{9}abc$$

9. 设 $f_1(x),f_2(x)$ 具有连续的导函数,对于表达式

$$yf_1(xy)\mathrm{d}x+xf_2(xy)\mathrm{d}y$$

(1) 若它是某个二元函数 $u(x,y)$ 的全微分,求 $f_1(x)-f_2(x)$;

(2) 若 $\varphi(x)$ 是 $f_1(x)$ 的原函数,求 $u(x,y)$.

解 (1) 表达式 $yf_1(xy)\mathrm{d}x+xf_2(xy)\mathrm{d}y$ 是某个二元函数 $u(x,y)$ 的全微分,则

$$\dfrac{\partial[xf_2(xy)]}{\partial x}=\dfrac{\partial[yf_1(xy)]}{\partial y}\Rightarrow f_2(xy)+xyf_2'(xy)=f_1(xy)+yxf_1'(xy)$$

$$\Rightarrow xy[f_1'(xy)-f_2'(xy)]+[f_1(xy)-f_2(xy)]=0$$

令 $F=f_1-f_2,t=xy$,则 $tF'(t)+F(t)=0,\Rightarrow\dfrac{\mathrm{d}F(t)}{F(t)}=-\dfrac{\mathrm{d}t}{t}\Rightarrow\ln F(t)=-\ln t+\ln C_1$

$\Rightarrow F(t)=\dfrac{C_1}{t}$,即:$f_1(x)-f_2(x)=\dfrac{C_1}{x}$($C_1$ 为任意常数).

(2) $\varphi(x)$ 是 $f_1(x)$ 的原函数,则 $\varphi'(x)=f_1(x)$,于是 $f_2(x)=f_1(x)-\dfrac{C_1}{x}=\varphi'(x)-\dfrac{C_1}{x}$,则

$$u(x,y) = \int_{(0,0)}^{(x,y)} yf_1(xy)\mathrm{d}x + xf_2(xy)\mathrm{d}y = \int_{(0,0)}^{(x,y)} y\varphi'(xy)\mathrm{d}x + x\left[\varphi'(xy) - \frac{C_1}{xy}\right]\mathrm{d}y$$

$$= \int_{(0,0)}^{(x,y)} y\varphi'(xy)\mathrm{d}x + x\varphi'(xy)\mathrm{d}y - \frac{C_1}{y}\mathrm{d}y = \int_{(0,0)}^{(0,y)} + \int_{(0,y)}^{(x,y)}$$

$$= 0 - \int_0^y \frac{C_1}{y}\mathrm{d}y + \int_0^x y\varphi'(xy)\mathrm{d}x = \varphi(xy) - C_1\ln|y| + C_2 \quad (C_1,C_2 \text{ 为任意常数})$$

10. 计算向量场 $A = 2y\boldsymbol{i} - z\boldsymbol{j} - x\boldsymbol{k}$ 沿闭曲线 $\Gamma : \begin{cases} x^2+y^2+z^2=R^2 \\ x+z=R \end{cases}$ 的环流量，其中 Γ

的正向为从 x 轴的正向看去取逆时针.

解 如图 11.30 所示,环流量 $l = \oint_\Gamma 2y\mathrm{d}x - z\mathrm{d}y - x\mathrm{d}z$,取

Σ 为球面 $x^2+y^2+z^2=R^2$ 上被平面 $x+z=R$ 截下的上半部

分,上侧,由 $x^2+y^2+z^2=R^2, x+z=R$,消去 z,得 Γ 在 xOy 面

上的投影 $2x^2-2Rx+y^2=0$,即 $\dfrac{\left(x-\frac{R}{2}\right)^2}{\left(\frac{R}{2}\right)^2} + \dfrac{y^2}{\left(\frac{\sqrt{2}R}{2}\right)^2} = 1$,由斯

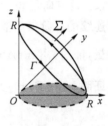

图 11.30

托克斯公式,有

$$l = \oint_\Gamma 2y\mathrm{d}x - z\mathrm{d}y - x\mathrm{d}z = \iint_\Sigma \begin{vmatrix} \mathrm{d}y\mathrm{d}z & \mathrm{d}z\mathrm{d}x & \mathrm{d}x\mathrm{d}y \\ \dfrac{\partial}{\partial x} & \dfrac{\partial}{\partial y} & \dfrac{\partial}{\partial z} \\ 2y & -z & -x \end{vmatrix} = \iint_\Sigma \mathrm{d}y\mathrm{d}z + \mathrm{d}z\mathrm{d}x - 2\mathrm{d}x\mathrm{d}y$$

设 $\Sigma_1 : z=R-x, \dfrac{\left(x-\frac{R}{2}\right)^2}{\left(\frac{R}{2}\right)^2} + \dfrac{y^2}{\left(\frac{\sqrt{2}R}{2}\right)^2} \leqslant 1$,下侧,$\Sigma_1$ 的方向余弦为:$\cos\alpha = -\dfrac{1}{\sqrt{2}}, \cos\beta=$

$0, \cos\gamma = -\dfrac{1}{\sqrt{2}}$,由高斯公式,有

$$l = \oiint_{\Sigma+\Sigma_1} \mathrm{d}y\mathrm{d}z + \mathrm{d}z\mathrm{d}x - 2\mathrm{d}x\mathrm{d}y - \iint_{\Sigma_1} \mathrm{d}y\mathrm{d}z + \mathrm{d}z\mathrm{d}x - 2\mathrm{d}x\mathrm{d}y$$

$$= \iiint_\Omega 0\mathrm{d}v - \iint_{\Sigma_1} \mathrm{d}y\mathrm{d}z + \mathrm{d}z\mathrm{d}x - 2\mathrm{d}x\mathrm{d}y = -\iint_{\Sigma_1}\left(\frac{\cos\alpha}{\cos\gamma} + \frac{\cos\beta}{\cos\gamma} - 2\right)\mathrm{d}x\mathrm{d}y$$

$$= \iint_{\Sigma_1} \mathrm{d}x\mathrm{d}y = -\iint_{D_{xy}} \mathrm{d}x\mathrm{d}y = -\pi \cdot \frac{R}{2} \cdot \frac{\sqrt{2}R}{2} = -\frac{\pi R^2}{2\sqrt{2}}$$

11. 设 $P(x,y), Q(x,y), \eta(x,y)$ 在平面区域 D 上有一阶连续偏导数,L 是 D 的正向

边界曲线,证明: $\iint\limits_{D}\left(P\dfrac{\partial\eta}{\partial x}+Q\dfrac{\partial\eta}{\partial y}\right)\mathrm{d}\sigma=\oint\limits_{L}P\eta\mathrm{d}y-Q\eta\mathrm{d}x-\iint\limits_{D}\eta\left(\dfrac{\partial P}{\partial x}+\dfrac{\partial Q}{\partial y}\right)\mathrm{d}\sigma$.

证明 由格林公式,有

$$\oint\limits_{L}P\eta\mathrm{d}y-Q\eta\mathrm{d}x=\iint\limits_{D}\left[\frac{\partial(P\eta)}{\partial x}-\frac{\partial(-Q\eta)}{\partial y}\right]\mathrm{d}\sigma=\iint\limits_{D}\left[P\frac{\partial\eta}{\partial x}+\eta\frac{\partial P}{\partial x}+Q\frac{\partial\eta}{\partial y}+\eta\frac{\partial Q}{\partial y}\right]\mathrm{d}\sigma$$

$$=\iint\limits_{D}\left(P\frac{\partial\eta}{\partial x}+Q\frac{\partial\eta}{\partial y}\right)\mathrm{d}\sigma+\iint\limits_{D}\eta\left(\frac{\partial P}{\partial x}+\frac{\partial Q}{\partial y}\right)\mathrm{d}\sigma$$

移项,得 $\iint\limits_{D}\left(P\dfrac{\partial\eta}{\partial x}+Q\dfrac{\partial\eta}{\partial y}\right)\mathrm{d}\sigma=\oint\limits_{L}P\eta\mathrm{d}y-Q\eta\mathrm{d}x-\iint\limits_{D}\eta\left(\dfrac{\partial P}{\partial x}+\dfrac{\partial Q}{\partial y}\right)\mathrm{d}\sigma$.

12. 设有向量场 $\boldsymbol{A}=P(x,y)\boldsymbol{i}+Q(x,y)\boldsymbol{j}+R(x,y)\boldsymbol{k}$,函数 $P(x,y),Q(x,y),R(x,y)$ 具有连续的二阶偏导数,Σ 是任意光滑闭曲面,$\boldsymbol{n}=\cos\alpha\boldsymbol{i}+\cos\beta\boldsymbol{j}+\cos\gamma\boldsymbol{k}$ 是曲面的单位法向量,证明: $\oiint\limits_{\Sigma}\mathrm{rot}\,\boldsymbol{A}\cdot\boldsymbol{n}\mathrm{d}S=0$.

证明 $\boldsymbol{A}=P(x,y)\boldsymbol{i}+Q(x,y)\boldsymbol{j}+R(x,y)\boldsymbol{k}$,则

$$\mathrm{rot}\,\boldsymbol{A}=\begin{vmatrix}\boldsymbol{i}&\boldsymbol{j}&\boldsymbol{k}\\\dfrac{\partial}{\partial x}&\dfrac{\partial}{\partial y}&\dfrac{\partial}{\partial z}\\P&Q&R\end{vmatrix}=\left(\frac{\partial R}{\partial y}-\frac{\partial Q}{\partial z}\right)\boldsymbol{i}+\left(\frac{\partial P}{\partial z}-\frac{\partial R}{\partial x}\right)\boldsymbol{j}+\left(\frac{\partial Q}{\partial x}-\frac{\partial P}{\partial y}\right)\boldsymbol{k}$$

Ω 是由 Σ 围成的空间闭区域,由高斯公式,有

$$\oiint\limits_{\Sigma}\mathrm{rot}\,\boldsymbol{A}\cdot\boldsymbol{n}\mathrm{d}S=\oiint\limits_{\Sigma}\left[\left(\frac{\partial R}{\partial y}-\frac{\partial Q}{\partial z}\right)\cos\alpha+\left(\frac{\partial P}{\partial z}-\frac{\partial R}{\partial x}\right)\cos\beta+\left(\frac{\partial Q}{\partial x}-\frac{\partial P}{\partial y}\right)\cos\gamma\right]\mathrm{d}S$$

$$=\iiint\limits_{\Omega}\left[\frac{\partial}{\partial x}\left(\frac{\partial R}{\partial y}-\frac{\partial Q}{\partial z}\right)+\frac{\partial}{\partial y}\left(\frac{\partial P}{\partial z}-\frac{\partial R}{\partial x}\right)+\frac{\partial}{\partial z}\left(\frac{\partial Q}{\partial x}-\frac{\partial P}{\partial y}\right)\right]\mathrm{d}v$$

$$=\iiint\limits_{\Omega}\left[\frac{\partial^2 R}{\partial y\partial x}-\frac{\partial^2 Q}{\partial z\partial x}+\frac{\partial^2 P}{\partial z\partial y}-\frac{\partial^2 R}{\partial x\partial y}+\frac{\partial^2 Q}{\partial x\partial z}-\frac{\partial^2 P}{\partial y\partial z}\right]\mathrm{d}v$$

$$=\iiint\limits_{\Omega}\left[\frac{\partial^2 R}{\partial x\partial y}-\frac{\partial^2 Q}{\partial x\partial z}+\frac{\partial^2 P}{\partial y\partial z}-\frac{\partial^2 R}{\partial x\partial y}+\frac{\partial^2 Q}{\partial x\partial z}-\frac{\partial^2 P}{\partial y\partial z}\right]\mathrm{d}v=\iiint\limits_{\Omega}0\mathrm{d}v=0$$

第12章 无穷级数

　　无穷级数是高等数学的重要组成部分,是研究函数性质、进行数值计算的重要工具.本章的重点是正项级数的审敛法和幂级数的相关计算.

12.1 知 识 结 构

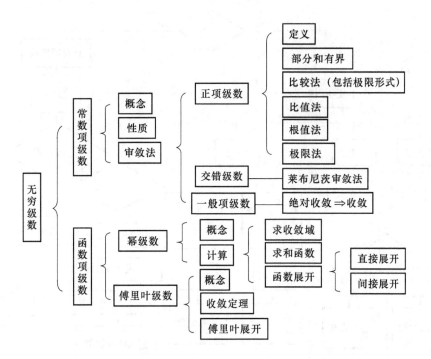

12.2 解题方法流程图

1. 常数项级数审敛法

判别常数项级数 $\sum\limits_{1}^{\infty} a_n$ 的敛散性,应先考察 $\lim\limits_{n\to\infty} a_n = 0$ 是否成立,若不成立,则可判定级数发散;若成立,则需作进一步的判别. 此时可将常数项级数分为两大类,即正项级数与任意项级数. 对于正项级数,可优先考虑应用比值法或根值法. 若此二方法失效,则可利用比较法(或定义)作进一步判别;对于任意项级数,一般应先考虑正项级数 $\sum\limits_{n=1}^{\infty} |a_n|$ 是否收敛,若收敛,则可判定原级数收敛,且为绝对收敛;若不收敛,但级数是交错级数,可考虑应用莱布尼茨审敛法,若能判别级数收敛,则原级数条件收敛;对于一般的任意项级数,则可考虑利用级数收敛定义、性质等判别. 解题方法流程图如下所示:

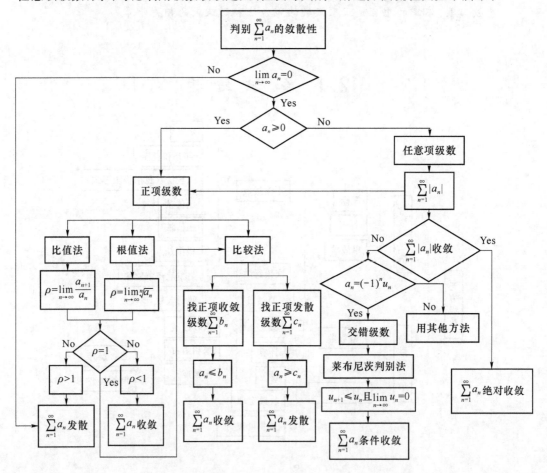

2. 幂级数的收敛半径、收敛区间(收敛域)的求法

求幂级数的收敛域,通常有 3 种基本类型,即 $\sum\limits_{n=0}^{\infty} a_n x^n$ 型、$\sum\limits_{n=0}^{\infty} a_n (x-x_0)^n$ 型和缺幂型,还有一种特殊的非幂函数型. 对于 $\sum\limits_{n=0}^{\infty} a_n x^n$ 型,通过求 $\rho = \lim\limits_{n \to \infty} \left| \dfrac{a_{n+1}}{a_n} \right|$,得收敛半径 $R = \dfrac{1}{\rho}$,然后讨论 $x = \pm R$ 的敛散性,从而得收敛域;对于 $\sum\limits_{n=0}^{\infty} a_n (x-x_0)^n$ 型,令 $t = x - x_0$,化为 $\sum\limits_{n=0}^{\infty} a_n x^n$ 型,可得收敛域;对于缺幂型,可采用比值法,先求出收敛半径,再讨论 $x = \pm R$ 处的敛散性,从而得收敛域. 解题方法流程图如下所示:

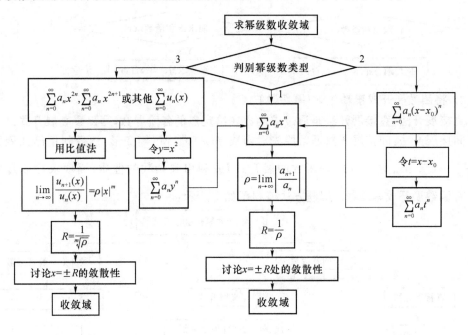

3. 幂级数和函数的求法

求幂级数的和函数,最常用的方法是首先对给定的幂级数进行恒等变形,然后采用"逐项求导"或"逐项积分"等方法,并利用形如 $\sum\limits_{n=0}^{\infty} x^n$(或 $\sum\limits_{n=0}^{\infty} \dfrac{x^n}{n!}$ 等)幂级数的和函数,求出其和函数. 解题方法流程图如下所示:

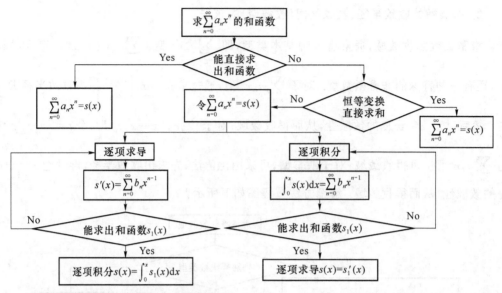

4. 将函数展开成泰勒级数(幂级数)

直接展开法:直接展开法是通过求函数在给定点的各阶导数,写出泰勒展开式.

间接展开法:间接展开法通常要先对函数 $f(x)$ 进行恒等变形,然后利用已知展开式(如 $\dfrac{1}{1-x}$,e^x,$\sin x$,$(1+x)^{\alpha}$ 等函数的展开式)或利用和函数的性质(逐项求导或逐项积分),将函数展开成幂级数. 解题方法流程图如下所示:

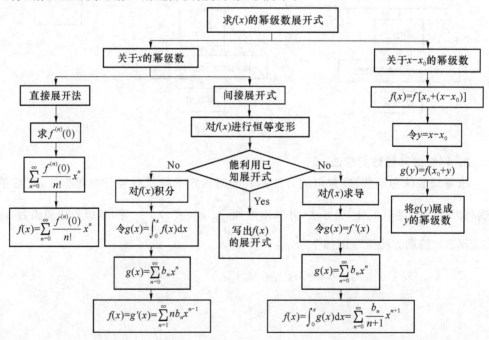

5. 函数展开成傅里叶级数

把给定的函数 $f(x)$ 展开成傅里叶级数,首先要判断 $f(x)$ 是否为周期函数;如果 $f(x)$ 以 $2l$(或 2π)为周期,那么在定义域 $(-\infty, +\infty)$ 内,可把 $f(x)$ 展开成以 $2l$(或 2π)为周期的傅里叶级数;如果 $f(x)$ 不是以 $2l$(或 2π)为周期的函数,则要判别 $f(x)$ 的定义域的特点,对 $f(x)$ 进行周期延拓、奇延拓或偶延拓,再把 $f(x)$ 展开成以 $2l$(或 2π)为周期的傅里叶级数、正弦级数或余弦级数,最后限制在定义域上即可. 解题方法流程图如下所示:

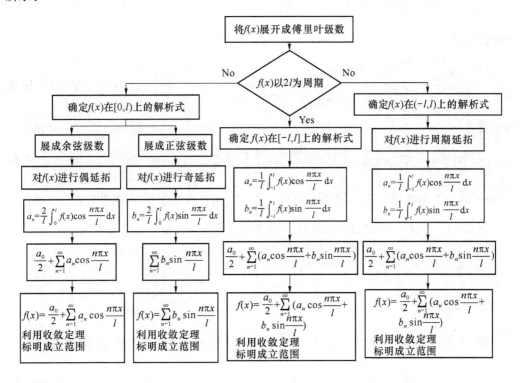

12.3 典型例题

例 12.1 判断下列级数的敛散性:

(1) $\sum_{n=1}^{\infty} \frac{1}{\sqrt{n}} \sin \frac{1}{n}$;　　　　(2) $\sum_{n=1}^{\infty} \frac{3}{2^n + 1}$;　　　　(3) $\sum_{n=1}^{\infty} \left(\frac{n}{3n-1} \right)^{2n-1}$;

(4) $\sum_{n=1}^{\infty} (2n-1) \cdot \tan \frac{\pi}{3^n}$;　　(5) $\sum_{n=1}^{\infty} \frac{2 + (-1)^n}{3^n}$.

解 (1) 注意到当 $n \to \infty$ 时, $\frac{1}{n} \to 0$, $\sin \frac{1}{n} \sim \frac{1}{n}$, 所以 $\lim_{n \to \infty} n^{\frac{3}{2}} \cdot u_n = \lim_{n \to \infty} n^{\frac{3}{2}} \cdot \frac{1}{\sqrt{n}} \sin \frac{1}{n} = 1$,

由极限审敛法, 原级数收敛.

(2) 易见 $\frac{3}{2^n + 1} < \frac{3}{2^n}$, 而级数 $\sum_{n=1}^{\infty} \frac{3}{2^n}$ 是公比为 $\frac{1}{2}$ 的等比级数, 收敛, 由比较审敛法, 原级数收敛.

(3) $\lim_{n \to \infty} \sqrt[n]{u_n} = \lim_{n \to \infty} \left(\frac{n}{3n-1} \right)^{\frac{2n-1}{n}} = \lim_{n \to \infty} \left(\frac{1}{3 - \frac{1}{n}} \right)^2 \cdot \left(3 - \frac{1}{n} \right)^{\frac{1}{n}} = \frac{1}{9} < 1$, 由根值审敛法,

原级数收敛.

(4) $\lim_{n \to \infty} \frac{u_{n+1}}{u_n} = \lim_{n \to \infty} \frac{(2n+1) \tan \frac{\pi}{3^{n+1}}}{(2n-1) \tan \frac{\pi}{3^n}} = \lim_{n \to \infty} \frac{(2n+1) \cdot \frac{\pi}{3^{n+1}}}{(2n-1) \cdot \frac{\pi}{3^n}} = \frac{1}{3} < 1$, 由比值审敛法, 原级

数收敛.

(5) 因为 $\lim_{n \to \infty} \sqrt[n]{u_n} = \lim_{n \to \infty} \sqrt[n]{\frac{2+(-1)^n}{3^n}} = \lim_{n \to \infty} \frac{1}{3} \sqrt[n]{2+(-1)^n}$, 而 $1 \leqslant \sqrt[n]{2+(-1)^n} \leqslant \sqrt[n]{3} \to$

$1 (n \to \infty)$, 由夹逼准则, $\lim_{n \to \infty} \frac{1}{3} \sqrt[n]{2+(-1)^n} = \frac{1}{3} < 1$, 由根值审敛法, 原级数收敛.

例 12.2 判断下列级数的敛散性, 如果收敛, 是条件收敛还是绝对收敛:

(1) $\sum_{n=1}^{\infty} (-1)^n (\sqrt{n+1} - \sqrt{n})$; (2) $\sum_{n=1}^{\infty} (-1)^{n-1} \frac{n}{3^{n-1}}$;

(3) $\sum_{n=1}^{\infty} \frac{\sin n\alpha}{\sqrt{n^3}}$; (4) $\sum_{n=1}^{\infty} (-1)^n \arcsin^n \frac{1}{n}$.

解 (1) 因为 $(-1)^n (\sqrt{n+1} - \sqrt{n}) = \frac{(-1)^n}{\sqrt{n+1} + \sqrt{n}}$, 级数为交错级数, 满足

$\frac{1}{\sqrt{n+2} + \sqrt{n+1}} < \frac{1}{\sqrt{n+1} + \sqrt{n}} (n = 1, 2, \cdots)$, $\lim_{n \to \infty} \frac{1}{\sqrt{n+1} + \sqrt{n}} = 0$, 由莱布尼茨审敛法, 级

数 $\sum_{n=1}^{\infty} (-1)^n (\sqrt{n+1} - \sqrt{n})$ 收敛, 又 $\frac{1}{\sqrt{n+1} + \sqrt{n}} > \frac{1}{2\sqrt{n+1}}$, 而级数 $\sum_{n=1}^{\infty} \frac{1}{2\sqrt{n+1}}$ 发散,

所以级数 $\sum_{n=1}^{\infty} (\sqrt{n+1} - \sqrt{n}) = \sum_{n=1}^{\infty} \frac{1}{\sqrt{n+1} + \sqrt{n}}$ 发散, 故原级数条件收敛.

(2) 对于级数 $\sum_{n=1}^{\infty} \frac{n}{3^{n-1}}$, 因为 $\lim_{n \to \infty} \frac{u_{n+1}}{u_n} = \lim_{n \to \infty} \frac{n+1}{3^n} \cdot \frac{3^{n-1}}{n} = \frac{1}{3} < 1$, 所以级数 $\sum_{n=1}^{\infty} \frac{n}{3^{n-1}}$

收敛, 故原级数绝对收敛.

(3) 因为 $\left| \frac{\sin n\alpha}{\sqrt{n^3}} \right| \leqslant \frac{1}{\sqrt{n^3}}$, 而级数 $\sum_{n=1}^{\infty} \frac{1}{\sqrt{n^3}} = \sum_{n=1}^{\infty} \frac{1}{n^{\frac{3}{2}}}$ 是 $p = \frac{3}{2} > 1$ 的 p 级数, 收敛, 故

原级数绝对收敛.

（4）考虑 $\sum\limits_{n=1}^{\infty}\arcsin^{n}\dfrac{1}{n}$，因为 $\lim\limits_{n\to\infty}\dfrac{\arcsin^{n}\dfrac{1}{n}}{\dfrac{1}{n^{n}}}=\lim\limits_{n\to\infty}\left(\dfrac{\arcsin\dfrac{1}{n}}{\dfrac{1}{n}}\right)^{n}$（令 $x=\dfrac{1}{n}$）$=$

$\lim\limits_{x\to 0^{+}}\left(\dfrac{\arcsin x}{x}\right)^{\frac{1}{x}}=e^{\lim\limits_{x\to 0^{+}}\frac{1}{x}\ln\left(\frac{\arcsin x}{x}\right)}=e^{\lim\limits_{x\to 0^{+}}\frac{1}{x}\ln\left[1+\left(\frac{\arcsin x}{x}-1\right)\right]}=e^{\lim\limits_{x\to 0^{+}}\frac{1}{x}\left(\frac{\arcsin x}{x}-1\right)}=e^{\lim\limits_{x\to 0^{+}}\frac{\arcsin x-x}{x^{2}}}=$

$e^{\lim\limits_{x\to 0^{+}}\frac{\frac{1}{\sqrt{1-x^{2}}}-1}{2x}}=e^{\lim\limits_{x\to 0^{+}}\frac{\left(-\frac{1}{2}\right)\cdot(1-x^{2})^{-\frac{3}{2}}\cdot(-2x)}{2}}=e^{0}=1$，而级数 $\sum\limits_{n=1}^{\infty}\dfrac{1}{n^{n}}$ 收敛，由比较审敛法的极限形

式，级数 $\sum\limits_{n=1}^{\infty}\arcsin^{n}\dfrac{1}{n}$ 收敛，原级数绝对收敛.

例 12.3 求下列幂级数的收敛域：

（1）$\sum\limits_{n=1}^{\infty}(-1)^{n-1}\dfrac{x^{n}}{2n-1}$；   （2）$\sum\limits_{n=1}^{\infty}\dfrac{(-1)^{n}}{n\cdot 4^{n}}(x-2)^{n}$；

（3）$\sum\limits_{n=1}^{\infty}(-1)^{n}\dfrac{2n-1}{4^{n}}(x-1)^{2n-1}$.

解　（1）$\lim\limits_{n\to\infty}\left|\dfrac{a_{n+1}}{a_{n}}\right|=\lim\limits_{n\to\infty}\dfrac{\dfrac{1}{2n+1}}{\dfrac{1}{2n-1}}=\lim\limits_{n\to\infty}\dfrac{2n-1}{2n+1}=1$，收敛半径 $R=1$，当 $x=-1$ 时，

级数为 $\sum\limits_{n=1}^{\infty}\dfrac{(-1)^{2n-1}}{2n-1}=-\sum\limits_{n=1}^{\infty}\dfrac{1}{2n-1}$，发散；当 $x=1$ 时，级数为 $\sum\limits_{n=1}^{\infty}\dfrac{(-1)^{n-1}}{2n-1}$，收敛，所以

原级数的收敛域为 $(-1,1]$.

（2）$\sum\limits_{n=1}^{\infty}\dfrac{(-1)^{n}}{n\cdot 4^{n}}(x-2)^{n}=\sum\limits_{n=1}^{\infty}\dfrac{(-1)^{n}}{n}\left(\dfrac{x-2}{4}\right)^{n}=\sum\limits_{n=1}^{\infty}\dfrac{(-1)^{n}}{n}t^{n}$（令 $t=\dfrac{x-2}{4}$），收敛

半径 $R=1$，当 $t=-1$ 时，级数为 $\sum\limits_{n=1}^{\infty}\dfrac{1}{n}$，发散；当 $t=1$ 时，级数为 $\sum\limits_{n=1}^{\infty}\dfrac{(-1)^{n}}{n}$，收敛，所以

原级数的收敛域为 $t\in(-1,1]$，即 $x\in(-2,6]$.

（3）缺偶数次幂，$\lim\limits_{n\to\infty}\left|\dfrac{u_{n+1}(x)}{u_{n}(x)}\right|=\lim\limits_{n\to\infty}\dfrac{\dfrac{2n+1}{4^{n+1}}(x-1)^{2n+1}}{\dfrac{2n-1}{4^{n}}(x-1)^{2n-1}}=\lim\limits_{n\to\infty}\dfrac{2n+1}{4(2n-1)}(x-1)^{2}=$

$\dfrac{(x-1)^{2}}{4}<1\Rightarrow x\in(-1,3)$，当 $x=-1$ 时，级数为 $\sum\limits_{n=1}^{\infty}(-1)^{n}\dfrac{2n-1}{2}$，发散；当 $x=3$ 时，级

数为 $\sum\limits_{n=1}^{\infty}(-1)^{n}\dfrac{2n-1}{2}$，发散，所以原级数的收敛域为 $(-1,3)$.

例 12.4 求下列幂级数的收敛域及和函数：

(1) $\displaystyle\sum_{n=1}^{\infty}\frac{n(n+1)}{2}x^{n-1}$;　　　　　(2) $\displaystyle\sum_{n=0}^{\infty}\frac{n+1}{n!}x^{2n}$.

解　(1) $\displaystyle\lim_{n\to\infty}\left|\frac{a_{n+1}}{a_n}\right|=\lim_{n\to\infty}\frac{(n+1)(n+2)}{2}\cdot\frac{2}{n(n+1)}=1$，收敛半径 $R=1$，当 $x=-1$

时，级数为 $\displaystyle\sum_{n=1}^{\infty}(-1)^{n-1}\frac{n(n+1)}{2}$，发散；当 $x=1$ 时，级数为 $\displaystyle\sum_{n=1}^{\infty}\frac{n(n+1)}{2}$，发散，级数的收敛域为 $(-1,1)$.

设 $\displaystyle s(x)=\sum_{n=1}^{\infty}\frac{n(n+1)}{2}x^{n-1},x\in(-1,1)$，则两边积分，得

$$\int_0^x s(x)\mathrm{d}x=\int_0^x\sum_{n=1}^{\infty}\frac{n(n+1)}{2}x^{n-1}\mathrm{d}x=\sum_{n=1}^{\infty}\frac{n+1}{2}\int_0^x nx^{n-1}\mathrm{d}x=\sum_{n=1}^{\infty}\frac{n+1}{2}x^n$$

记 $\displaystyle g(x)=\sum_{n=1}^{\infty}\frac{n+1}{2}x^n$，则再两边积分，得

$$\int_0^x g(x)\mathrm{d}x=\int_0^x\sum_{n=1}^{\infty}\frac{n+1}{2}x^n\mathrm{d}x=\frac{1}{2}\sum_{n=1}^{\infty}\int_0^x(n+1)x^n\mathrm{d}x=\frac{1}{2}\sum_{n=1}^{\infty}x^{n+1}=\frac{1}{2}\cdot\frac{x^2}{1-x}$$

$$\Rightarrow g(x)=\frac{1}{2}\left(\frac{x^2}{1-x}\right)'=-\frac{1}{2}+\frac{1}{2(x-1)^2}$$

$$\Rightarrow 和函数\ s(x)=\left[-\frac{1}{2}+\frac{1}{2(x-1)^2}\right]'=-\frac{1}{(x-1)^3},x\in(-1,1)$$

(2) $\displaystyle\lim_{n\to\infty}\left|\frac{u_{n+1}(x)}{u_n(x)}\right|=\lim_{n\to\infty}\frac{n+2}{(n+1)!}\cdot\frac{n!}{n+1}x^2=\lim_{n\to\infty}\frac{n+2}{(n+1)^2}x^2=0$，收敛半径 $R=+\infty$，

级数的收敛域为 $(-\infty,+\infty)$. 设

$$s(x)=\sum_{n=0}^{\infty}\frac{n+1}{n!}x^{2n}=\sum_{n=1}^{\infty}\frac{x^{2n}}{(n-1)!}+\sum_{n=0}^{\infty}\frac{x^{2n}}{n!}=x^2\sum_{n=1}^{\infty}\frac{x^{2(n-1)}}{(n-1)!}+\sum_{n=0}^{\infty}\frac{x^{2n}}{n!}$$

$$=(x^2+1)\sum_{n=0}^{\infty}\frac{(x^2)^n}{n!}$$

因为 $\displaystyle\mathrm{e}^x=\sum_{n=0}^{\infty}\frac{x^n}{n!}\Rightarrow\mathrm{e}^{x^2}=\sum_{n=0}^{\infty}\frac{(x^2)^n}{n!},x\in(-\infty,+\infty)$，和函数 $s(x)=(x^2+1)\mathrm{e}^{x^2}$，

$x\in(-\infty,+\infty)$.

例 12.5　求和：(1) $\displaystyle\sum_{n=1}^{\infty}\frac{1}{n\cdot 2^n}$;　　　(2) $\displaystyle\sum_{n=1}^{\infty}\frac{2n}{3^n}$.

解　(1) 考虑级数 $\displaystyle\sum_{n=1}^{\infty}\frac{x^n}{n}$，收敛域为 $[-1,1)$，令和函数 $\displaystyle s(x)=\sum_{n=1}^{\infty}\frac{x^n}{n},x\in[-1,1)$，

则

$$s'(x)=\left(\sum_{n=1}^{\infty}\frac{x^n}{n}\right)'=\sum_{n=1}^{\infty}x^{n-1}=\frac{1}{1-x}\Rightarrow s(x)=\int_0^x\frac{1}{1-x}\mathrm{d}x=-\ln|1-x|$$

所以
$$\sum_{n=1}^{\infty} \frac{1}{n \cdot 2^n} = s\left(\frac{1}{2}\right) = -\ln\left|1-\frac{1}{2}\right| = \ln 2$$

(2) 记 $a_n = \dfrac{2n}{3^n}$, $\lim\limits_{n\to\infty}\left|\dfrac{a_{n+1}}{a_n}\right| = \lim\limits_{n\to\infty} \dfrac{2(n+1)}{3^{n+1}} \cdot \dfrac{3^n}{2n} = \dfrac{1}{3} < 1$, 级数收敛.

$$\sum_{n=1}^{\infty} \frac{2n}{3^n} = \frac{2}{3}\sum_{n=1}^{\infty} n\left(\frac{1}{3}\right)^{n-1}, \text{ 而 } \sum_{n=1}^{\infty} n\left(\frac{1}{3}\right)^{n-1} \text{ 为幂级数 } \sum_{n=1}^{\infty} nx^{n-1} \text{ 在 } x = \frac{1}{3} \text{ 处的值.}$$

记 $s(x) = \sum\limits_{n=1}^{\infty} nx^{n-1}$, 积分, 得

$$\int_0^x s(x)\mathrm{d}x = \int_0^x \sum_{n=1}^{\infty} nx^{n-1}\mathrm{d}x = \sum_{n=1}^{\infty}\int_0^x nx^{n-1}\mathrm{d}x = \sum_{n=1}^{\infty} x^n = \frac{x}{1-x}, x \in (-1,1)$$

所以 $s(x) = \left(\dfrac{x}{1-x}\right)' = \dfrac{1}{(1-x)^2}$, 即 $\sum\limits_{n=1}^{\infty} nx^{n-1} = \dfrac{1}{(1-x)^2}$, 所以 $\sum\limits_{n=1}^{\infty} n\left(\dfrac{1}{3}\right)^{n-1} = \dfrac{1}{\left(1-\dfrac{1}{3}\right)^2}$

$= \dfrac{9}{4}$, 故 $\sum\limits_{n=1}^{\infty} \dfrac{2n}{3^n} = \dfrac{2}{3} \cdot \dfrac{9}{4} = \dfrac{3}{2}$.

例 12.6 将下列函数展成在指定点的幂级数, 并求出其收敛区间:

(1) $f(x) = \dfrac{1}{x^2+2x-3}$ (在 $x=0$ 处); (2) $f(x) = \arctan\dfrac{1+x}{1-x}$ (在 $x=0$ 处).

解 (1) 因为 $\dfrac{1}{1-x} = \sum\limits_{n=0}^{\infty} x^n$, $\dfrac{1}{1+x} = \sum\limits_{n=0}^{\infty}(-1)^n x^n$, $x \in (-1,1)$, 所以

$$f(x) = \frac{1}{x^2+2x-3} = \frac{1}{(x-1)(x+3)} = \frac{1}{4}\left(\frac{1}{x-1} - \frac{1}{x+3}\right) = -\frac{1}{4} \cdot \frac{1}{1-x} - \frac{1}{12} \cdot \frac{1}{1+\frac{x}{3}}$$

$$= -\frac{1}{4}\sum_{n=0}^{\infty} x^n - \frac{1}{12}\sum_{n=0}^{\infty}(-1)^n\left(\frac{x}{3}\right)^n = -\frac{1}{4}\sum_{n=0}^{\infty}\left(1 + \frac{(-1)^n}{3^{n+1}}\right)x^n, x \in (-1,1)$$

(2) 直接对函数 $f(x)$ 展开不太容易, 注意到 $f'(x) = \left(\arctan\dfrac{1+x}{1-x}\right)' = \dfrac{1}{1+x^2} = $

$\sum\limits_{n=0}^{\infty}(-x^2)^n = \sum\limits_{n=0}^{\infty}(-1)^n x^{2n}$, $x \in (-1,1)$, 所以 $f(x) = \arctan\dfrac{1+x}{1-x} = \int_0^x \sum\limits_{n=0}^{\infty}(-1)^n x^{2n}\mathrm{d}x$

$$= \sum_{n=0}^{\infty}(-1)^n\int_0^x x^{2n}\mathrm{d}x = \sum_{n=0}^{\infty}(-1)^n\frac{x^{2n+1}}{2n+1}, x \in (-1,1).$$

例 12.7 (1)求证: $\sum\limits_{n=1}^{\infty} \dfrac{n^2 x^n}{n!} = (x^2+x)\mathrm{e}^x$; (2)求 $\sum\limits_{n=1}^{\infty} \dfrac{(n+1)(n-1)}{n!}$.

(1) **证明** 因为 $\mathrm{e}^x = \sum\limits_{n=0}^{\infty} \dfrac{x^n}{n!}$, $x \in (-\infty, +\infty)$, 所以

$$\sum_{n=1}^{\infty} \frac{n^2 x^n}{n!} = \sum_{n=1}^{\infty} \frac{n^2-n+n}{n!}x^n = \sum_{n=1}^{\infty}\left[\frac{n(n-1)}{n!} + \frac{n}{n!}\right]x^n$$

$$= x^2 \sum_{n=2}^{\infty} \frac{x^{n-2}}{(n-2)!} + x \sum_{n=1}^{\infty} \frac{x^{n-1}}{(n-1)!}$$

$$= (x^2 + x) \sum_{n=0}^{\infty} \frac{x^n}{n!} = (x^2 + x)e^x, x \in (-\infty, +\infty)$$

（2）**解**　$\sum_{n=1}^{\infty} \frac{(n+1)(n-1)}{n!} x^n = \sum_{n=1}^{\infty} \frac{n^2 - 1}{n!} x^n = \sum_{n=1}^{\infty} \frac{n^2}{n!} x^n - \sum_{n=1}^{\infty} \frac{x^n}{n!} = \sum_{n=1}^{\infty} \frac{n^2}{n!} x^n -$

$\left(\sum_{n=0}^{\infty} \frac{x^n}{n!} - 1 \right) = (x^2 + x)e^x - (e^x - 1) = (x^2 + x - 1)e^x + 1$，令 $x=1$，得

$$\sum_{n=1}^{\infty} \frac{(n+1)(n-1)}{n!} = (1+1-1)e^1 + 1 = e + 1$$

例 12.8　设 $a_n = \int_0^{\frac{\pi}{4}} \tan^n x \, dx$，求 $\sum_{n=1}^{\infty} \frac{a_n + a_{n+2}}{n}$.

解　$\dfrac{a_n + a_{n+2}}{n} = \dfrac{1}{n} \left(\int_0^{\frac{\pi}{4}} \tan^n x \, dx + \int_0^{\frac{\pi}{4}} \tan^{n+2} x \, dx \right) = \dfrac{1}{n} \int_0^{\frac{\pi}{4}} \tan^n x (1 + \tan^2 x) \, dx$

$$= \frac{1}{n} \int_0^{\frac{\pi}{4}} \tan^n x \cdot \sec^2 x \, dx = \frac{1}{n} \int_0^{\frac{\pi}{4}} \tan^n x \, d(\tan x)$$

$$= \frac{1}{n} \left[\frac{\tan^{n+1} x}{n+1} \right]_0^{\frac{\pi}{4}} = \frac{1}{n(n+1)} = \frac{1}{n} - \frac{1}{n+1}$$

$$s_n = \sum_{k=1}^{n} \frac{a_k + a_{k+2}}{k} = \sum_{k=1}^{n} \left(\frac{1}{k} - \frac{1}{k+1} \right) = 1 - \frac{1}{n+1}$$

$$\sum_{n=1}^{\infty} \frac{a_n + a_{n+2}}{n} = \lim_{n \to \infty} s_n = \lim_{n \to \infty} \left(1 - \frac{1}{n+1} \right) = 1$$

例 12.9　将函数 $f(x) = x - 1 (0 \leqslant x \leqslant 2)$ 展开成周期为 4 的余弦级数.

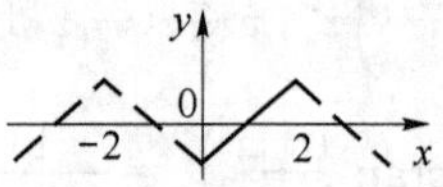

解　如图 12.1 所示，将函数 $f(x)$ 进行偶延拓，进而延拓为周期为 4 的周期函数 $F(x)$，可知函数 $F(x)$ 连续，则

图 12.1

$$a_0 = \int_0^2 f(x) \, dx = \int_0^2 (x-1) \, dx = \left[\frac{x^2}{2} - x \right]_0^2 = 0$$

$$a_n = \int_0^2 f(x) \cos \frac{n\pi x}{2} \, dx = \int_0^2 (x-1) \cos \frac{n\pi x}{2} \, dx$$

$$= \left[\frac{2}{n\pi}(x-1) \cdot \sin \frac{n\pi}{2} x + \frac{4}{n^2 \pi^2} \cdot \cos \frac{n\pi}{2} x \right]_0^2 = \frac{4}{n^2 \pi^2} [(-1)^n - 1], n = 1, 2, 3, \cdots$$

$f(x)$ 展开成余弦级数为：$f(x) = \dfrac{4}{\pi^2} \sum_{n=1}^{\infty} \dfrac{(-1)^n - 1}{n^2} \cos \dfrac{n\pi}{2} x, x \in [0, 2]$.

12.4 教材习题选解

习题 12.1

3. 根据级数收敛与发散的定义判定下列级数的收敛性:

(1) $\displaystyle\sum_{n=1}^{\infty}(\sqrt{n+1}-\sqrt{n})$;　　　(3) $\ln\dfrac{2}{1}+\ln\dfrac{3}{2}+\cdots+\ln\dfrac{n+1}{n}+\cdots$.

解 (1) 部分和 $s_n=(\sqrt{2}-1)+(\sqrt{3}-\sqrt{2})+\cdots+(\sqrt{n+1}-\sqrt{n})=\sqrt{n+1}-1$

因为 $\lim\limits_{n\to\infty}s_n=\lim\limits_{n\to\infty}(\sqrt{n+1}-1)=\infty$,所以级数发散.

(3) 部分和 $s_n=\ln\dfrac{2}{1}+\ln\dfrac{3}{2}+\cdots+\ln\dfrac{n+1}{n}$

$$=[\ln 2-\ln 1]+[\ln 3-\ln 2]+\cdots+[\ln(n+1)-\ln n]=\ln(n+1)$$

因为 $\lim\limits_{n\to\infty}s_n=\lim\limits_{n\to\infty}\ln(n+1)=\infty$,所以级数发散.

习题 12.2

1. 用比较审敛法或其极限形式判定下列级数的收敛性:

(2) $\displaystyle\sum_{n=1}^{\infty}\dfrac{3}{2^n+1}$;　　　(4) $\displaystyle\sum_{n=1}^{\infty}\dfrac{n+3}{n(n+1)(n+2)}$;　　　(6) $\displaystyle\sum_{n=1}^{\infty}\dfrac{1}{n\sqrt{n+2}}$;

(8) $\displaystyle\sum_{n=1}^{\infty}\left(\dfrac{n}{3n+2}\right)^n$;　　　(10) $\displaystyle\sum_{n=1}^{\infty}\dfrac{1}{1+a^n}(a>0)$.

解 (2) $\dfrac{3}{2^n+1}<\dfrac{3}{2^n}$,而级数 $\displaystyle\sum_{n=1}^{\infty}\dfrac{3}{2^n}$ 是公比为 $\dfrac{1}{2}$ 的等比级数,收敛,由比较审敛法知原级数收敛.

(4) $\lim\limits_{n\to\infty}\dfrac{\dfrac{n+3}{n(n+1)(n+2)}}{\dfrac{1}{n^2}}=\lim\limits_{n\to\infty}\dfrac{n^2(n+3)}{n(n+1)(n+2)}=1$,而级数 $\displaystyle\sum_{n=1}^{\infty}\dfrac{1}{n^2}$ 收敛,由比较审敛法的极限形式知原级数收敛.

(6) $\lim\limits_{n\to\infty}\dfrac{\dfrac{1}{n\sqrt{n+2}}}{\dfrac{1}{n^{\frac{3}{2}}}}=\lim\limits_{n\to\infty}\dfrac{\sqrt{n}}{\sqrt{n+2}}=1$,而级数 $\displaystyle\sum_{n=1}^{\infty}\dfrac{1}{n^{\frac{3}{2}}}$ 收敛,由比较审敛法的极限形式知原级数收敛.

(8) $\left(\dfrac{n}{3n+2}\right)^n<\left(\dfrac{n}{3n}\right)^n=\left(\dfrac{1}{3}\right)^n$,而级数 $\displaystyle\sum_{n=1}^{\infty}\left(\dfrac{1}{3}\right)^n$ 是公比为 $\dfrac{1}{3}$ 的等比级数,收敛,由

比较审敛法知原级数收敛.

(10) 当 $a>1$ 时, $0<\dfrac{1}{a}<1$, $\dfrac{1}{1+a^n}<\dfrac{1}{a^n}$, 而级数 $\displaystyle\sum_{n=1}^{\infty}\dfrac{1}{a^n}$ 是公比为 $\dfrac{1}{a}$ 的等比级数, 收敛,

由比较审敛法知原级数收敛; 当 $a=1$ 时, 级数为 $\displaystyle\sum_{n=1}^{\infty}\dfrac{1}{2}$, 发散; 当 $0<a<1$ 时, $a^n<1$,

$\dfrac{1}{1+a^n}>\dfrac{1}{2}$, 而级数 $\displaystyle\sum_{n=1}^{\infty}\dfrac{1}{2}$ 发散, 由比较审敛法知原级数发散. 综上, 级数 $\displaystyle\sum_{n=1}^{\infty}\dfrac{1}{1+a^n}$ ($a>$

0) 当 $a>1$ 时收敛, 当 $0<a\leqslant1$ 时发散.

2. 用比值审敛法判定下列级数的收敛性:

(1) $\displaystyle\sum_{n=1}^{\infty}\dfrac{4^n}{n\cdot3^n}$;   (3) $\displaystyle\sum_{n=1}^{\infty}\dfrac{n^n}{n!}$;   (5) $\displaystyle\sum_{n=1}^{\infty}n\tan\dfrac{\pi}{2^{n+1}}$.

解 (1) $\displaystyle\lim_{n\to\infty}\dfrac{u_{n+1}}{u_n}=\lim_{n\to\infty}\dfrac{4^{n+1}}{(n+1)\cdot3^{n+1}}\cdot\dfrac{n\cdot3^n}{4^n}=\lim_{n\to\infty}\dfrac{4n}{3(n+1)}=\dfrac{4}{3}>1$, 级数发散.

(3) $\displaystyle\lim_{n\to\infty}\dfrac{u_{n+1}}{u_n}=\lim_{n\to\infty}\dfrac{(n+1)^{n+1}}{(n+1)!}\cdot\dfrac{n!}{n^n}=\lim_{n\to\infty}\left(1+\dfrac{1}{n}\right)^n=\mathrm{e}>1$, 级数发散.

(5) $\displaystyle\lim_{n\to\infty}\dfrac{u_{n+1}}{u_n}=\lim_{n\to\infty}\dfrac{(n+1)\cdot\tan\dfrac{\pi}{2^{n+2}}}{n\cdot\tan\dfrac{\pi}{2^{n+1}}}=\lim_{n\to\infty}\dfrac{n+1}{n}\dfrac{\dfrac{\pi}{2^{n+2}}}{\dfrac{\pi}{2^{n+1}}}=\dfrac{1}{2}<1$, 级数收敛.

3. 用根值审敛法判定下列级数的收敛性:

(1) $\displaystyle\sum_{n=1}^{\infty}\left(\dfrac{n}{3n-1}\right)^n$;   (3) $\displaystyle\sum_{n=1}^{\infty}\left(\dfrac{n}{2n+1}\right)^{2n-1}$.

解 (1) $\displaystyle\lim_{n\to\infty}\sqrt[n]{u_n}=\lim_{n\to\infty}\sqrt[n]{\left(\dfrac{n}{3n-1}\right)^n}=\lim_{n\to\infty}\dfrac{n}{3n-1}=\dfrac{1}{3}<1$, 级数收敛.

(3) $\displaystyle\lim_{n\to\infty}\sqrt[n]{u_n}=\lim_{n\to\infty}\sqrt[n]{\left(\dfrac{n}{2n+1}\right)^{2n-1}}=\lim_{n\to\infty}\left(\dfrac{n}{2n+1}\right)^{2-\frac{1}{n}}=\lim_{n\to\infty}\dfrac{1}{\left(2+\dfrac{1}{n}\right)^2}\cdot\left(2+\dfrac{1}{n}\right)^{\frac{1}{n}}=\dfrac{1}{4}<$

1, 级数收敛.

4. 用适当的方法判定下列级数的收敛性:

(1) $\displaystyle\sum_{n=1}^{\infty}n\cdot\dfrac{2^n}{3^n}$;   (3) $\displaystyle\sum_{n=1}^{\infty}\dfrac{n+1}{n(n+2)}$;   (5) $\displaystyle\sum_{n=1}^{\infty}\dfrac{1}{n^2}\cos^2\left(\dfrac{n\pi}{3}\right)$.

解 (1) $\displaystyle\lim_{n\to\infty}\dfrac{u_{n+1}}{u_n}=\lim_{n\to\infty}\dfrac{(n+1)\cdot2^{n+1}}{3^{n+1}}\cdot\dfrac{3^n}{n\cdot2^n}=\lim_{n\to\infty}\dfrac{n+1}{n}\cdot\dfrac{2}{3}=\dfrac{2}{3}<1$, 由比值法级数

收敛.

(3) $\displaystyle\lim_{n\to\infty}\dfrac{\dfrac{n+1}{n(n+2)}}{\dfrac{1}{n}}=\lim_{n\to\infty}\dfrac{n+1}{n+2}=1$, 而级数 $\displaystyle\sum_{n=1}^{\infty}\dfrac{1}{n}$ 发散, 由比较审敛法的极限形式级数发散.

(5) $0 < \dfrac{1}{n^2}\cos^2\left(\dfrac{n\pi}{3}\right) \leqslant \dfrac{1}{n^2}$，而级数 $\displaystyle\sum_{n=1}^{\infty}\dfrac{1}{n^2}$ 收敛，由比较审敛法级数收敛.

5. 利用级数收敛的必要条件证明：$\displaystyle\lim_{n\to\infty}\dfrac{2^n\cdot n!}{n^n}=0$.

证明 考虑级数 $\displaystyle\sum_{n=1}^{\infty}\dfrac{2^n\cdot n!}{n^n}$，因 $\displaystyle\lim_{n\to\infty}\dfrac{u_{n+1}}{u_n}=\lim_{n\to\infty}\dfrac{2^{n+1}\cdot(n+1)!}{(n+1)^{n+1}}\cdot\dfrac{n^n}{2^n\cdot n!}=$

$\displaystyle\lim_{n\to\infty}\dfrac{2}{\left(1+\dfrac{1}{n}\right)^n}=\dfrac{2}{e}<1$，根据比值法，级数 $\displaystyle\sum_{n=1}^{\infty}\dfrac{2^n\cdot n!}{n^n}$ 收敛，由级数收敛的必要条件知，

$\displaystyle\lim_{n\to\infty}\dfrac{2^n\cdot n!}{n^n}=0$.

6. 设 $a_n\leqslant b_n\leqslant c_n(n=1,2,\cdots)$，并且级数 $\displaystyle\sum_{n=1}^{\infty}a_n$ 和 $\displaystyle\sum_{n=1}^{\infty}c_n$ 都收敛，证明：级数 $\displaystyle\sum_{n=1}^{\infty}b_n$ 收敛.

证明 令 $u_n=c_n-a_n$，$v_n=b_n-a_n$，$n=1,2,3,\cdots$，则 $u_n\geqslant v_n\geqslant 0$. 因为 $\displaystyle\sum_{n=1}^{\infty}a_n$ 和 $\displaystyle\sum_{n=1}^{\infty}c_n$ 都收敛，所以 $\displaystyle\sum_{n=1}^{\infty}u_n$ 也收敛. 而 $\displaystyle\sum_{n=1}^{\infty}u_n$ 和 $\displaystyle\sum_{n=1}^{\infty}v_n$ 都是正项级数，由正项级数的比较审敛法，级数 $\displaystyle\sum_{n=1}^{\infty}v_n$ 收敛. 又 $b_n=a_n+v_n$，故级数 $\displaystyle\sum_{n=1}^{\infty}b_n$ 收敛.

7. 讨论下列交错级数的收敛性：

(2) $\displaystyle\sum_{n=1}^{\infty}(-1)^{n-1}\ln\left(1+\dfrac{1}{n}\right)$;　　　　　(4) $\displaystyle\sum_{n=1}^{\infty}(-1)^{n-1}\sin\dfrac{1}{n}$.

解 （2）因为 $u_n-u_{n+1}=\ln\left(1+\dfrac{1}{n}\right)-\ln\left(1+\dfrac{1}{n+1}\right)=\ln\dfrac{n^2+2n+1}{n^2+2n}>0$，所以

$\ln\left(1+\dfrac{1}{n}\right)>\ln\left(1+\dfrac{1}{n+1}\right)$，$n=1,2,3,\cdots$，且 $\displaystyle\lim_{n\to\infty}\ln\left(1+\dfrac{1}{n}\right)=0$，由莱布尼茨审敛法，级数

$\displaystyle\sum_{n=1}^{\infty}(-1)^{n-1}\ln\left(1+\dfrac{1}{n}\right)$ 收敛.

（4）因为 $u_n-u_{n+1}=\sin\dfrac{1}{n}-\sin\dfrac{1}{n+1}=2\cos\dfrac{1}{2}\left(\dfrac{1}{n}+\dfrac{1}{n+1}\right)\cdot\sin\dfrac{1}{2}\left(\dfrac{1}{n}-\dfrac{1}{n+1}\right)>0$，

所以 $\sin\dfrac{1}{n}>\sin\dfrac{1}{n+1}$，$n=1,2,3,\cdots$，且 $\displaystyle\lim_{n\to\infty}\sin\dfrac{1}{n}=0$，由莱布尼茨审敛法，级数

$\displaystyle\sum_{n=1}^{\infty}(-1)^{n-1}\sin\dfrac{1}{n}$ 收敛.

8. 判定下列级数是否收敛？如果收敛，是绝对收敛还是条件收敛？

(2) $\displaystyle\sum_{n=1}^{\infty}(-1)^n\dfrac{n}{2^n}$;　　　(3) $\displaystyle\sum_{n=1}^{\infty}\dfrac{1}{n}\cdot\sin\dfrac{n\pi}{2}$;　　　(4) $\displaystyle\sum_{n=1}^{\infty}(-1)^n\left(1-\cos\dfrac{1}{n}\right)$.

解 （2）因为 $\lim\limits_{n\to\infty}\dfrac{u_{n+1}}{u_n}=\lim\limits_{n\to\infty}\dfrac{n+1}{2^{n+1}}\cdot\dfrac{2^n}{n}=\lim\limits_{n\to\infty}\dfrac{n+1}{2n}=\dfrac{1}{2}<1$，所以级数 $\sum\limits_{n=1}^{\infty}\dfrac{n}{2^n}$ 收敛，即：

$\sum\limits_{n=1}^{\infty}(-1)^n\dfrac{n}{2^n}$ 绝对收敛.

（3）因为若 $k\in\mathbf{Z}$，当 $n=4k+1$ 时，$\sin\dfrac{n\pi}{2}=1$；$n=4k+2$ 时，$\sin\dfrac{n\pi}{2}=0$；$n=4k+3$ 时

$\sin\dfrac{n\pi}{2}=-1$；$n=4k+4$ 时，$\sin\dfrac{n\pi}{2}=0$；所以级数 $\sum\limits_{n=1}^{\infty}\dfrac{1}{n}\cdot\sin\dfrac{n\pi}{2}=1-\dfrac{1}{3}+\dfrac{1}{5}-\dfrac{1}{7}+\cdots+$

$(-1)^{n+1}\dfrac{1}{2n-1}+\cdots$，因为 $\dfrac{1}{2n-1}>\dfrac{1}{2n+1}$，$n=1,2,3,\cdots$，且 $\lim\limits_{n\to\infty}\dfrac{1}{2n-1}=0$，由莱布尼茨审敛

法，级数 $\sum\limits_{n=1}^{\infty}(-1)^{n-1}\dfrac{1}{2n-1}$ 收敛，而级数 $\sum\limits_{n=1}^{\infty}\dfrac{1}{2n-1}$ 发散，故级数 $\sum\limits_{n=1}^{\infty}\dfrac{1}{n}\cdot\sin\dfrac{n\pi}{2}$ 条件

收敛.

（4）因为 $\lim\limits_{n\to\infty}\dfrac{u_n}{\frac{1}{n^2}}=\lim\limits_{n\to\infty}\dfrac{1-\cos\dfrac{1}{n}}{\dfrac{1}{n^2}}=\lim\limits_{n\to\infty}\dfrac{\dfrac{1}{2n^2}}{\dfrac{1}{n^2}}=\dfrac{1}{2}$，所以级数 $\sum\limits_{n=1}^{\infty}\left(1-\cos\dfrac{1}{n}\right)$ 收敛，

即：$\sum\limits_{n=1}^{\infty}(-1)^n\left(1-\cos\dfrac{1}{n}\right)$ 绝对收敛.

习题 12.3

1. 求下列级数的收敛区间：

（1）$\sum\limits_{n=1}^{\infty}nx^n$；　　（3）$\sum\limits_{n=1}^{\infty}(-1)^{n-1}\dfrac{x^n}{n^2}$；　　（5）$\sum\limits_{n=1}^{\infty}\dfrac{3^n}{n^2+1}x^n$；　　（7）$\sum\limits_{n=1}^{\infty}\dfrac{2n-1}{2^n}x^{2n-2}$.

解　（1）$\lim\limits_{n\to\infty}\left|\dfrac{a_{n+1}}{a_n}\right|=\lim\limits_{n\to\infty}\left|\dfrac{n+1}{n}\right|=1$，收敛半径 $R=1$，级数 $\sum\limits_{n=1}^{\infty}nx^n$ 的收敛区间为 $(-1,1)$.

（3）$\lim\limits_{n\to\infty}\left|\dfrac{a_{n+1}}{a_n}\right|=\lim\limits_{n\to\infty}\left|\dfrac{\dfrac{1}{(n+1)^2}}{\dfrac{1}{n^2}}\right|=1$，收敛半径 $R=1$，级数 $\sum\limits_{n=1}^{\infty}(-1)^{n-1}\dfrac{x^n}{n^2}$ 的收敛

区间为 $(-1,1)$.

（5）$\lim\limits_{n\to\infty}\left|\dfrac{a_{n+1}}{a_n}\right|=\lim\limits_{n\to\infty}\left|\dfrac{3^{n+1}}{(n+1)^2+1}\cdot\dfrac{n^2+1}{3^n}\right|=\lim\limits_{n\to\infty}\dfrac{3(n^2+1)}{n^2+2n+2}=3$，收敛半径 $R=\dfrac{1}{3}$，级

数 $\sum\limits_{n=1}^{\infty}\dfrac{3^n}{n^2+1}x^n$ 的收敛区间为 $\left(-\dfrac{1}{3},\dfrac{1}{3}\right)$.

（7）级数不含奇数幂的项，$\lim\limits_{n\to\infty}\left|\dfrac{u_{n+1}(x)}{u_n(x)}\right|=\lim\limits_{n\to\infty}\left|\dfrac{(2n+1)x^{2n}}{2^{n+1}}\cdot\dfrac{2^n}{(2n-1)x^{2n-2}}\right|=$

$\lim\limits_{n\to\infty}\dfrac{2n+1}{2(2n-1)}x^2=\dfrac{1}{2}x^2<1\Rightarrow-\sqrt{2}<x<\sqrt{2}$，级数 $\sum\limits_{n=1}^{\infty}\dfrac{2n-1}{2^n}x^{2n-2}$ 的收敛区间为 $(-\sqrt{2},\sqrt{2})$.

2. 利用逐项求导或逐项积分,求下列级数的和函数:

(2) $\displaystyle\sum_{n=0}^{\infty} \frac{x^{4n+1}}{4n+1}$; （3） $\displaystyle\sum_{n=1}^{\infty} 2nx^{2n-1}$.

解 （2）先求级数的收敛域. $\displaystyle\lim_{n\to\infty}\left|\frac{u_{n+1}(x)}{u_n(x)}\right| = \lim_{n\to\infty}\left|\frac{x^{4n+5}}{4n+5}\cdot\frac{4n+1}{x^{4n+1}}\right| = x^4 < 1 \Rightarrow -1 < x < 1,$

当 $x=-1$ 时,级数为 $\displaystyle\sum_{n=1}^{\infty}\frac{(-1)^{4n+1}}{4n+1} = -\sum_{n=1}^{\infty}\frac{1}{4n+1}$,发散,当 $x=1$ 时,级数为 $\displaystyle\sum_{n=1}^{\infty}\frac{1}{4n+1}$,

发散,级数的收敛域为 $(-1,1)$. 设和函数 $\displaystyle s(x) = \sum_{n=0}^{\infty}\frac{x^{4n+1}}{4n+1}, x\in(-1,1)$,两边求导,得

$\displaystyle s'(x) = \left(\sum_{n=0}^{\infty}\frac{x^{4n+1}}{4n+1}\right)' = \sum_{n=0}^{\infty}\left(\frac{x^{4n+1}}{4n+1}\right)' = \sum_{n=0}^{\infty}x^{4n} = \frac{1}{1-x^4}, x\in(-1,1)$,求积分,得到

和函数为

$$s(x) = \int_0^x \frac{1}{1-x^4}\mathrm{d}x = \frac{1}{4}\int_0^x\frac{1}{x+1}\mathrm{d}x - \frac{1}{4}\int_0^x\frac{1}{x-1}\mathrm{d}x + \frac{1}{2}\int_0^x\frac{1}{1+x^2}\mathrm{d}x$$

$$= \frac{1}{4}\ln\left|\frac{x+1}{x-1}\right| + \frac{1}{2}\arctan x, x\in(-1,1)$$

（3）先求级数的收敛域. $\displaystyle\lim_{n\to\infty}\left|\frac{u_{n+1}(x)}{u_n(x)}\right| = \lim_{n\to\infty}\left|\frac{(2n+2)x^{2n+1}}{2nx^{2n-1}}\right| = x^2 < 1 \Rightarrow -1 < x < 1,$

当 $x=\pm1$ 时,级数发散,级数的收敛域为 $(-1,1)$. 设和函数 $\displaystyle s(x) = \sum_{n=1}^{\infty}2nx^{2n-1}, x\in$

$(-1,1)$,两边求积分,得 $\displaystyle\int_0^x s(x)\mathrm{d}x = \int_0^x\sum_{n=1}^{\infty}2nx^{2n-1}\mathrm{d}x = \sum_{n=1}^{\infty}\int_0^x 2nx^{2n-1}\mathrm{d}x = \sum_{n=1}^{\infty}x^{2n} =$

$\dfrac{x^2}{1-x^2} = -1 - \dfrac{1}{x^2-1}, x\in(-1,1)$,求导,得到和函数为 $s(x) = \left(-1-\dfrac{1}{x^2-1}\right)' =$

$\dfrac{2x}{(x^2-1)^2}, x\in(-1,1)$.

习题 12.4

1. 将下列函数展开成 x 的幂级数,并求展开式成立的区间:

(2) $\mathrm{sh}\, x = \dfrac{\mathrm{e}^x - \mathrm{e}^{-x}}{2}$; 　　(4) $\sin^2 x$; 　　(5) $(1+x)\ln(1+x)$.

解 （2）因为 $\mathrm{e}^x = 1 + x + \dfrac{x^2}{2!} + \dfrac{x^3}{3!} + \cdots + \dfrac{x^n}{n!} + \cdots$ 　 $(-\infty < x < +\infty)$

$\mathrm{e}^{-x} = 1 - x + \dfrac{x^2}{2!} - \dfrac{x^3}{3!} + \cdots + (-1)^n\dfrac{x^n}{n!} + \cdots$ 　 $(-\infty < x < +\infty)$

得 　　 $\mathrm{sh}\, x = \dfrac{\mathrm{e}^x - \mathrm{e}^{-x}}{2} = x + \dfrac{x^3}{3!} + \dfrac{x^5}{5!} + \cdots + \dfrac{x^{2n-1}}{(2n-1)!} + \cdots$ 　 $(-\infty < x < +\infty)$

(4) $\sin^2 x = \dfrac{1-\cos 2x}{2}$，而 $\cos x = 1 - \dfrac{x^2}{2!} + \dfrac{x^4}{4!} - \cdots + (-1)^n \dfrac{x^{2n}}{(2n)!} + \cdots$ $(-\infty < x < +\infty)$

$$\sin^2 x = \dfrac{1-\cos 2x}{2} = \dfrac{1}{2} - \dfrac{1}{2}\left[1 - \dfrac{(2x)^2}{2!} + \dfrac{(2x)^4}{4!} - \dfrac{(2x)^6}{6!} + \cdots + (-1)^n \dfrac{(2x)^{2n}}{(2n)!} + \cdots\right]$$

$$= \dfrac{2}{2!}x^2 - \dfrac{2^3}{4!}x^4 + \dfrac{2^5}{6!}x^6 - \cdots + (-1)^{n+1}\dfrac{2^{2n-1}}{(2n)!}x^{2n} + \cdots \quad (-\infty < x < +\infty)$$

(5) $\ln(1+x) = x - \dfrac{x^2}{2} + \dfrac{x^3}{3} - \dfrac{x^4}{4} + \cdots + (-1)^n \dfrac{x^{n+1}}{n+1} + \cdots \quad (-1 < x \leqslant 1)$

$(1+x)\ln(1+x)$

$$= \left[x - \dfrac{x^2}{2} + \dfrac{x^3}{3} - \dfrac{x^4}{4} + \cdots + (-1)^n \dfrac{x^{n+1}}{n+1} + \cdots\right] +$$

$$x\left[x - \dfrac{x^2}{2} + \dfrac{x^3}{3} - \dfrac{x^4}{4} + \cdots + (-1)^n \dfrac{x^{n+1}}{n+1} + \cdots\right]$$

$$= x + \left(1 - \dfrac{1}{2}\right)x^2 - \left(\dfrac{1}{2} - \dfrac{1}{3}\right)x^3 + \left(\dfrac{1}{3} - \dfrac{1}{4}\right)x^4 - \cdots + (-1)^{n-1}\left(\dfrac{1}{n} - \dfrac{1}{n+1}\right)x^{n+1} + \cdots$$

$$= x + \dfrac{1}{2}x^2 - \dfrac{1}{2\cdot 3}x^3 + \dfrac{1}{3\cdot 4}x^4 - \cdots + (-1)^{n-1}\dfrac{1}{n(n+1)}x^{n+1} + \cdots \quad (-1 < x \leqslant 1)$$

2. 将下列函数展开成 $(x-1)$ 的幂级数，并求展开式成立的区间：

(1) $\sqrt{x^3}$．

解 (1) $\sqrt{x^3} = [1 + (x-1)]^{\frac{3}{2}}$

$$= 1 + \dfrac{3}{2}(x-1) + \dfrac{1}{2!} \cdot \dfrac{3}{2}\left(\dfrac{3}{2} - 1\right)(x-1)^2 + \dfrac{1}{3!} \cdot \dfrac{3}{2}$$

$$\left(\dfrac{3}{2} - 1\right)\left(\dfrac{3}{2} - 2\right)(x-1)^3 + \cdots + \dfrac{1}{n!} \cdot \dfrac{3}{2}\left(\dfrac{3}{2} - 1\right)\cdots\left(\dfrac{3}{2} - n + 1\right)(x-1)^n + \cdots$$

$$= 1 + \dfrac{3}{2}(x-1) + \sum_{n=0}^{\infty}(-1)^n \dfrac{(2n)!}{(n!)^2} \cdot \dfrac{3}{(n+1)(n+2)2^n}\left(\dfrac{x-1}{2}\right)^{n+2}, x \in [0,2]$$

4. 将下列函数展开成 $(x-3)$ 的幂级数：

(1) $f(x) = \dfrac{1}{x}$；   (2) $f(x) = \dfrac{1}{x^2}$．

解 (1) $f(x) = \dfrac{1}{x} = \dfrac{1}{3+(x-3)} = \dfrac{1}{3} \cdot \dfrac{1}{1 + \dfrac{x-3}{3}}$

$$= \dfrac{1}{3}\left[1 - \dfrac{x-3}{3} + \left(\dfrac{x-3}{3}\right)^2 - \left(\dfrac{x-3}{3}\right)^3 + \cdots + (-1)^n\left(\dfrac{x-3}{3}\right)^n + \cdots\right]$$

$$= \dfrac{1}{3}\sum_{n=0}^{\infty}(-1)^n \dfrac{(x-3)^n}{3^n}, x \in (0,6)$$

(2) 由(1)知，$\dfrac{1}{x} = \dfrac{1}{3} - \dfrac{x-3}{3^2} + \dfrac{(x-3)^2}{3^3} - \dfrac{(x-3)^3}{3^4} + \cdots + (-1)^n \dfrac{(x-3)^n}{3^{n+1}} + \cdots, x \in (0,6)$

$$f(x)=\frac{1}{x^2}=-\left(\frac{1}{x}\right)'=-\left[\frac{1}{3}-\frac{x-3}{3^2}+\frac{(x-3)^2}{3^3}-\frac{(x-3)^3}{3^4}+\cdots+(-1)^n\frac{(x-3)^n}{3^{n+1}}+\cdots\right]'$$

$$=-\left[-\frac{1}{3^2}+\frac{2(x-3)}{3^3}-\frac{3(x-3)^2}{3^4}+\cdots+(-1)^n\frac{n(x-3)^{n-1}}{3^{n+1}}+\cdots\right]$$

$$=\sum_{n=0}^{\infty}(-1)^n\frac{(n+1)(x-3)^n}{3^{n+2}},x\in(0,6)$$

6. 设 $f(x)=\sum_{n=0}^{\infty}\frac{x^n}{n!}$ $(-\infty<x<+\infty)$.

(1) 通过逐项求导的方法证明 $f(x)$ 满足微分方程 $f'(x)=f(x)(-\infty<x<+\infty)$，且 $f(0)=1$；

(2) 证明：$f(x)=\mathrm{e}^x$.

(注：此题提供了将函数 $f(x)=\mathrm{e}^x$ 展开成 x 的幂级数的另一种方法.)

证明 (1) $f(x)=1+x+\frac{x^2}{2!}+\frac{x^3}{3!}+\cdots+\frac{x^n}{n!}+\cdots$ $(-\infty<x<+\infty)$，则

$$f'(x)=\left(1+x+\frac{x^2}{2!}+\frac{x^3}{3!}+\cdots+\frac{x^n}{n!}+\cdots\right)'$$

$$=1+x+\frac{x^2}{2!}+\frac{x^3}{3!}+\cdots+\frac{x^n}{n!}+\cdots,(-\infty<x<+\infty)$$

所以 $f'(x)=f(x)$，且 $f(0)=1$.

(2) 解微分方程 $f'(x)=f(x)$. 其特征方程为 $r-1=0$，所以 $r=1$，方程的通解为 $f(x)=C\mathrm{e}^x$，C 为任意常数，又 $f(0)=1$，得 $C=1$. 故 $f(x)=\mathrm{e}^x$，即：

$$\mathrm{e}^x=1+x+\frac{x^2}{2!}+\frac{x^3}{3!}+\cdots+\frac{x^n}{n!}+\cdots\quad(-\infty<x<+\infty)$$

习题 12.5

1. 利用函数的幂级数展开式求下列各函数的近似值：

(2) $\sqrt{\mathrm{e}}$（误差不超过 0.001）；　　(4) $\cos 2°$（误差不超过 0.0001）.

解 (2) $\mathrm{e}^x=1+x+\frac{1}{2!}x^2+\cdots+\frac{1}{n!}x^n+\cdots(-\infty<x<+\infty)$，令 $x=\frac{1}{2}$，得：

$$\sqrt{\mathrm{e}}=1+\frac{1}{2}+\frac{1}{2!}\cdot\frac{1}{2^2}+\cdots+\frac{1}{n!}\cdot\frac{1}{2^n}+\cdots$$

$$|r_n|=\sum_{k=n+1}^{\infty}\frac{1}{k!}\left(\frac{1}{2}\right)^k<\frac{1}{2^{n+1}(n+1)!}\sum_{k=0}^{\infty}\left(\frac{1}{2}\right)^{2k}$$

$$=\frac{1}{2^{n+1}(n+1)!}\cdot\frac{1}{1-\left(\frac{1}{2}\right)^2}=\frac{1}{3\cdot2^{n-1}(n+1)!}$$

$|r_4|<\dfrac{1}{3\cdot2^3\cdot5!}\approx0.0003$，取 $n=4$，得 $\sqrt{\mathrm{e}}=\sum_{k=0}^{4}\dfrac{1}{2^k\cdot k!}\approx1.648$.

(4) $\cos x = 1 - \dfrac{x^2}{2!} + \dfrac{x^4}{4!} - \cdots + (-1)^n \dfrac{x^{2n}}{(2n)!} + \cdots \quad (-\infty < x < +\infty)$

$$\cos 2° = \cos \frac{\pi}{90} = 1 - \frac{1}{2!}\left(\frac{\pi}{90}\right)^2 + \frac{1}{4!}\left(\frac{\pi}{90}\right)^4 - \cdots + (-1)^n \frac{1}{(2n)!}\left(\frac{\pi}{90}\right)^{2n} + \cdots$$

$$\frac{1}{2!}\left(\frac{\pi}{90}\right)^2 \approx 0.000\,4, \frac{1}{4!}\left(\frac{\pi}{90}\right)^4 \approx 10^{-8}, \cos 2° \approx 1 - \frac{1}{2!}\left(\frac{\pi}{90}\right)^2 \approx 0.999\,4$$

2. 利用被积函数的幂级数展开式求下列定积分的近似值：

(2) $\displaystyle\int_0^{\frac{1}{2}} \dfrac{\arctan x}{x} \mathrm{d}x$（误差不超过 0.001）.

解 (2) $\displaystyle\int_0^x \frac{\arctan x}{x} \mathrm{d}x = \int_0^x \left[\frac{1}{x} \cdot \sum_{n=0}^{\infty} (-1)^n \frac{x^{2n+1}}{2n+1}\right] \mathrm{d}x$

$$= \sum_{n=0}^{\infty} (-1)^n \int_0^x \frac{x^{2n}}{2n+1} \mathrm{d}x = \sum_{n=0}^{\infty} (-1)^n \frac{x^{2n+1}}{(2n+1)^2}$$

$$\int_0^{\frac{1}{2}} \frac{\arctan x}{x} \mathrm{d}x = \sum_{n=0}^{\infty} (-1)^n \frac{1}{(2n+1)^2}\left(\frac{1}{2}\right)^{2n+1}$$

$$\frac{1}{9}\left(\frac{1}{2}\right)^3 \approx 0.013\,9, \frac{1}{25}\left(\frac{1}{2}\right)^5 \approx 0.001\,3, \frac{1}{49}\left(\frac{1}{2}\right)^7 \approx 0.000\,2$$

$$\int_0^{\frac{1}{2}} \frac{\arctan x}{x} \mathrm{d}x \approx \frac{1}{2} - 0.013\,9 + 0.001\,3 \approx 0.487$$

习题 12.6

1. 下列周期函数 $f(x)$ 的周期为 2π，试画出其傅里叶级数和函数的图形并将它展开成傅里叶级数：

(2) $f(x) = \mathrm{e}^{2x}\,(-\pi \leqslant x < \pi)$.

解 (2) 函数 $f(x) = \mathrm{e}^{2x}$ 在 $(2k-1)\pi < x < (2k+1)\pi, k \in \mathbf{Z}$ 内连续，所以当 $(2k-1)\pi < x < (2k+1)\pi, k \in \mathbf{Z}$ 时，$f(x)$ 的傅里叶级数收敛于 $f(x)$，$x = (2k-1)\pi, k \in \mathbf{Z}$ 为函数的间断点，当 $x = (2k-1)\pi, k \in \mathbf{Z}$ 时，$f(x)$ 的傅里叶级数收敛于 $\dfrac{1}{2}(\mathrm{e}^{2\pi} + \mathrm{e}^{-2\pi})$.

函数 $f(x)$ 傅里叶级数的图形如图 12.2 所示.

$$a_0 = \frac{1}{\pi}\int_{-\pi}^{\pi} f(x)\mathrm{d}x = \frac{1}{\pi}\int_{-\pi}^{\pi} \mathrm{e}^{2x}\mathrm{d}x = \frac{1}{2\pi}\left[\mathrm{e}^{2x}\right]_{-\pi}^{\pi} = \frac{1}{2\pi}(\mathrm{e}^{2\pi} - \mathrm{e}^{-2\pi})$$

$$a_n = \frac{1}{\pi}\int_{-\pi}^{\pi} f(x)\cos nx\,\mathrm{d}x = \frac{1}{\pi}\int_{-\pi}^{\pi} \mathrm{e}^{2x}\cos nx\,\mathrm{d}x = \frac{1}{2\pi}\int_{-\pi}^{\pi} \cos nx\,\mathrm{d}(\mathrm{e}^{2x})$$

$$= \frac{1}{2\pi}\left[\mathrm{e}^{2x} \cdot \cos nx\right]_{-\pi}^{\pi} - \frac{1}{2\pi}\int_{-\pi}^{\pi} \mathrm{e}^{2x}\mathrm{d}(\cos nx)$$

$$= \frac{1}{2\pi}\left[\mathrm{e}^{2\pi}\cos n\pi - \mathrm{e}^{-2\pi}\cos(-n\pi)\right] + \frac{n}{4\pi}\int_{-\pi}^{\pi} \sin nx\,\mathrm{d}(\mathrm{e}^{2x})$$

$$= \frac{(-1)^n}{2\pi}(e^{2\pi} - e^{-2\pi}) + \frac{n}{4\pi}[e^{2x}\sin nx]_{-\pi}^{\pi} - \frac{n^2}{4\pi}\int_{-\pi}^{\pi} e^{2x}\cos nx\,dx$$

$$= \frac{(-1)^n}{2\pi}(e^{2\pi} - e^{-2\pi}) - \frac{n^2}{4}a_n \Rightarrow a_n = \frac{(-1)^n 2(e^{2\pi} - e^{-2\pi})}{(n^2+4)\pi}, \quad (n=1,2,3,\cdots)$$

$$b_n = \frac{1}{\pi}\int_{-\pi}^{\pi} f(x)\sin nx\,dx = \frac{1}{\pi}\int_{-\pi}^{\pi} e^{2x}\sin nx\,dx = \frac{1}{2\pi}\int_{-\pi}^{\pi} \sin nx\,d(e^{2x})$$

$$= \frac{1}{2\pi}[e^{2x} \cdot \sin nx]_{-\pi}^{\pi} - \frac{1}{2\pi}\int_{-\pi}^{\pi} e^{2x}\,d(\sin nx) = -\frac{n}{2\pi}\int_{-\pi}^{\pi} e^{2x}\cos nx\,dx$$

$$= -\frac{n}{2}a_n = \frac{(-1)^{n+1}n(e^{2\pi} - e^{-2\pi})}{(n^2+4)\pi}, \quad (n=1,2,3,\cdots)$$

$f(x)$ 的傅里叶级数为：$f(x) = \dfrac{e^{2\pi} - e^{-2\pi}}{\pi}\left[\dfrac{1}{4} + \sum_{n=1}^{\infty} \dfrac{(-1)^n}{n^2+4}(2\cos nx - n\sin nx)\right]$，

$(x \neq (2n+1)\pi, n=0,\pm1,\pm2,\cdots)$.

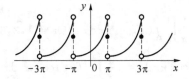

图 12.2

2. 将下列函数 $f(x)$ 展开成傅里叶级数：

(2) $f(x) = \begin{cases} e^x, & -\pi \leqslant x < 0 \\ 1, & 0 \leqslant x \leqslant \pi \end{cases}$.

解 (2) 将 $f(x)$ 延拓为 $(-\infty, \infty)$ 上以 2π 为周期的周期函数 $F(x)$，$F(x)$ 在区间 $((2k-1)\pi, (2k+1)\pi), k\in\mathbf{Z}$ 上连续，故在 $((2k-1)\pi, (2k+1)\pi)$ 上，其傅里叶级数收敛于 $F(x)$，当 $x = (2k-1)\pi, k\in\mathbf{Z}$ 时，傅里叶级数收敛于 $\dfrac{1}{2}(1+e^{-\pi})$.

$$a_0 = \frac{1}{\pi}\int_{-\pi}^{\pi} f(x)\,dx = \frac{1}{\pi}\left[\int_{-\pi}^{0} e^x\,dx + \int_{0}^{\pi} dx\right] = \frac{1}{\pi}(1 - e^{-\pi} + \pi)$$

$$a_n = \frac{1}{\pi}\int_{-\pi}^{\pi} f(x)\cos nx\,dx = \frac{1}{\pi}\left[\int_{-\pi}^{0} e^x\cos nx\,dx + \int_{0}^{\pi}\cos nx\,dx\right]$$

$$= \frac{1}{\pi}[e^x \cdot \cos nx]_{-\pi}^{0} + \frac{n}{\pi}\int_{-\pi}^{0} e^x\sin nx\,dx + \frac{1}{n\pi}[\sin nx]_{0}^{\pi}$$

$$= \frac{1}{\pi}[1 - (-1)^n e^{-\pi}] + \frac{n}{\pi}[e^x\sin nx]_{-\pi}^{0} - \frac{n^2}{\pi}\int_{-\pi}^{0} e^x\cos nx\,dx = \frac{1}{\pi}[1 - (-1)^n e^{-\pi}] - n^2 a_n$$

$$\Rightarrow a_n = \frac{1 - (-1)^n e^{-\pi}}{(n^2+1)\pi}, \quad (n=1,2,3,\cdots)$$

$$b_n = \frac{1}{\pi}\int_{-\pi}^{\pi} f(x)\sin nx\,dx = \frac{1}{\pi}\left(\int_{-\pi}^{0} e^x\sin nx\,dx + \int_{0}^{\pi}\sin nx\,dx\right)$$

$$= \frac{1}{\pi}\left[e^x \cdot \sin nx\right]_{-\pi}^{0} - \frac{n}{\pi}\int_{-\pi}^{0} e^x \cos nx\, dx + \frac{1}{n\pi}\left[-\cos nx\right]_{0}^{\pi}$$

$$= -\frac{n}{\pi}\int_{-\pi}^{0}\cos nx\, d(e^x) + \frac{1}{n\pi}\left[1-(-1)^n\right] = \frac{1}{n\pi}(1-(-1)^n) - na_n$$

$$\Rightarrow b_n = -\frac{\left[1-(-1)^n e^{-\pi}\right]n}{(n^2+1)\pi} + \frac{\left[1-(-1)^n\right]}{n\pi}, \quad (n=1,2,3,\cdots)$$

$f(x)$ 的傅里叶级数为

$$f(x) = \frac{1+\pi-e^{-\pi}}{2\pi} + \frac{1}{\pi}\sum_{n=1}^{\infty}\left\{\frac{1-(-1)^n e^{-\pi}}{n^2+1}\cos nx + \right.$$

$$\left.\left[\frac{-n+(-1)^n n e^{-\pi}}{n^2+1} + \frac{1}{n}(1-(-1)^n)\right]\sin nx\right\}, x\in(-\pi,\pi)$$

3. 设周期函数 $f(x)$ 的周期为 2π，证明：$f(x)$ 的傅里叶系数为

$$a_n = \frac{1}{\pi}\int_{0}^{2\pi} f(x)\cos nx\, dx \quad (n=0,1,2,3,\cdots)$$

$$b_n = \frac{1}{\pi}\int_{0}^{2\pi} f(x)\sin nx\, dx \quad (n=1,2,3,\cdots)$$

证明 $\quad a_n = \frac{1}{\pi}\int_{-\pi}^{\pi} f(x)\cos nx\, dx = \frac{1}{\pi}\int_{-\pi}^{0} f(x)\cos nx\, dx + \frac{1}{\pi}\int_{0}^{\pi} f(x)\cos nx\, dx$

$$= I_1 + I_2, (n=0,1,2,\cdots)$$

对于 I_1，作变量代换 $t=x+2\pi$，则

$$I_1 = \frac{1}{\pi}\int_{\pi}^{2\pi} f(t-2\pi)\cos n(t-2\pi)\, dt = \frac{1}{\pi}\int_{\pi}^{2\pi} f(t)\cos nt\, dt = \frac{1}{\pi}\int_{\pi}^{2\pi} f(x)\cos nx\, dx$$

$$a_n = I_1 + I_2 = \frac{1}{\pi}\int_{\pi}^{2\pi} f(x)\cos nx\, dx + \frac{1}{\pi}\int_{0}^{\pi} f(x)\cos nx\, dx$$

$$= \frac{1}{\pi}\int_{0}^{2\pi} f(x)\cos nx\, dx \quad (n=0,1,2,\cdots)$$

同理，$b_n = \frac{1}{\pi}\int_{-\pi}^{\pi} f(x)\sin nx\, dx = \frac{1}{\pi}\int_{-\pi}^{0} f(x)\sin nx\, dx + \frac{1}{\pi}\int_{0}^{\pi} f(x)\sin nx\, dx$

$$= \frac{1}{\pi}\int_{\pi}^{2\pi} f(x)\sin nx\, dx + \frac{1}{\pi}\int_{0}^{\pi} f(x)\sin nx\, dx$$

$$= \frac{1}{\pi}\int_{0}^{2\pi} f(x)\sin nx\, dx \quad (n=1,2,3,\cdots)$$

5. 设 $f(x)$ 是周期为 2π 的周期函数，它在 $[-\pi,\pi)$ 上的表达式为

$$f(x) = \begin{cases} -\dfrac{\pi}{2}, & -\pi\leqslant x<-\dfrac{\pi}{2} \\[2mm] x, & -\dfrac{\pi}{2}\leqslant x<\dfrac{\pi}{2} \\[2mm] \dfrac{\pi}{2}, & \dfrac{\pi}{2}\leqslant x<\pi \end{cases}$$

试将 $f(x)$ 展开成傅里叶级数.

解 $f(x)$ 为奇函数, $a_n=0$ $(n=0,1,2,\cdots)$

$$b_n = \frac{2}{\pi}\int_0^{\pi} f(x)\sin nx\,\mathrm{d}x = \frac{2}{\pi}\left(\int_0^{\frac{\pi}{2}} x\sin nx\,\mathrm{d}x + \int_{\frac{\pi}{2}}^{\pi}\frac{\pi}{2}\sin nx\,\mathrm{d}x\right)$$

$$= \frac{2}{\pi}\left[-\frac{x}{n}\cos nx + \frac{1}{n^2}\sin nx\right]_0^{\frac{\pi}{2}} + \left[-\frac{1}{n}\cos nx\right]_{\frac{\pi}{2}}^{\pi} = \frac{2}{n^2\pi}\sin\frac{n\pi}{2} + \frac{(-1)^{n+1}}{n}$$

$f(x)$ 的傅里叶级数为

$$f(x) = \frac{2}{\pi}\sum_{n=1}^{\infty}\left[\frac{1}{n^2}\sin\frac{n\pi}{2} + (-1)^{n+1}\frac{\pi}{2n}\right]\sin nx,\ (x\neq(2n+1)\pi,n=0,\pm1,\pm2,\cdots)$$

7. 将函数 $f(x)=2x(0\leqslant x\leqslant\pi)$ 分别展开成正弦级数和余弦级数.

解 （1）正弦级数

如图 12.3 所示，对 $f(x)$ 先作奇延拓到 $(-\pi,\pi)$，再周期延拓到 $(-\infty,\infty)$，则 $a_n=0,n=0,1,2,\cdots$，函数 $f(x)$ 在 $(-\pi,\pi)$ 连续，故在 $(-\pi,\pi)$ 上，$f(x)$ 的正弦级数收敛于 $f(x)$，当 $x=(2k-1)\pi,k\in\mathbf{Z}$ 时，$f(x)$ 的正弦级数收敛于 $\dfrac{f(0^+)+f(0^-)}{2}=0$.

$$b_n = \frac{2}{\pi}\int_0^{\pi} f(x)\sin nx\,\mathrm{d}x = \frac{2}{\pi}\int_0^{\pi} 2x\sin nx\,\mathrm{d}x$$

$$= \frac{4}{\pi}\left[\frac{1}{n^2}\sin nx - \frac{x}{n}\cos nx\right]_0^{\pi} = (-1)^{n+1}\frac{4}{n},\ (n=1,2,3,\cdots)$$

函数 $f(x)=2x$ 展开成正弦级数为：$2x = 4\sum_{n=1}^{\infty}\dfrac{(-1)^{n+1}}{n}\sin nx, x\in[0,\pi)$.

（2）余弦级数

如图 12.4 所示，对 $f(x)$ 先作偶延拓到 $(-\pi,\pi]$，再周期延拓到 $(-\infty,\infty)$，则 $b_n=0,n=1,2,3,\cdots$，函数 $f(x)$ 在 $[-\pi,\pi]$ 连续，故在 $[-\pi,\pi]$ 上，$f(x)$ 的余弦级数收敛于 $f(x)$.

$$a_0 = \frac{2}{\pi}\int_0^{\pi} f(x)\,\mathrm{d}x = \frac{2}{\pi}\int_0^{\pi} 2x\,\mathrm{d}x = \frac{2}{\pi}\left[x^2\right]_0^{\pi} = 2\pi$$

$$a_n = \frac{2}{\pi}\int_0^{\pi} f(x)\cos nx\,\mathrm{d}x = \frac{2}{\pi}\int_0^{\pi} 2x\cos nx\,\mathrm{d}x$$

$$= \frac{4}{\pi}\left[\frac{1}{n^2}\cos nx + \frac{x}{n}\sin nx\right]_0^{\pi} = \frac{4}{n^2\pi}\left[(-1)^n-1\right],\ (n=1,2,3,\cdots)$$

函数 $f(x)=2x$ 展开成余弦级数为：$2x = \pi - \dfrac{8}{\pi}\sum_{n=1}^{\infty}\dfrac{1}{(2n-1)^2}\cos(2n-1)x, x\in[0,\pi]$.

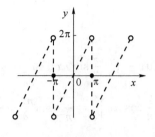

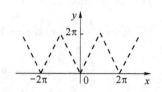

图 12.3   图 12.4

8. 将下列各周期函数展开成傅里叶级数(下面给出函数在一个周期内的表达式):

(2) $f(x) = \begin{cases} 2x+1, & -3 \leqslant x < 0 \\ 1, & 0 \leqslant x < 3 \end{cases}$.

解 (2) 函数 $f(x)$ 的间断点为 $x = 3(2k+1), k \in \mathbf{Z}$,则

$$a_0 = \frac{1}{3}\int_{-3}^{3} f(x)\mathrm{d}x = \frac{1}{3}\left[\int_{-3}^{0}(2x+1)\mathrm{d}x + \int_{0}^{3}\mathrm{d}x\right] = \frac{1}{3}[x^2+x]_{-3}^{0} + \frac{1}{3}[x]_0^3 = -1$$

$$a_n = \frac{1}{3}\int_{-3}^{3} f(x)\cos\frac{n\pi x}{3}\mathrm{d}x = \frac{1}{3}\left[\int_{-3}^{0}(2x+1)\cos\frac{n\pi x}{3}\mathrm{d}x + \int_{0}^{3}\cos\frac{n\pi x}{3}\mathrm{d}x\right]$$

$$= \frac{6}{n^2\pi^2}[1-(-1)^n], (n=1,2,3,\cdots)$$

$$b_n = \frac{1}{3}\int_{-3}^{3} f(x)\sin\frac{n\pi x}{3}\mathrm{d}x = \frac{1}{3}\left[\int_{-3}^{0}(2x+1)\sin\frac{n\pi x}{3}\mathrm{d}x + \int_{0}^{3}\sin\frac{n\pi x}{3}\mathrm{d}x\right]$$

$$= (-1)^{n+1}\frac{6}{n\pi}, (n=1,2,3,\cdots)$$

函数 $f(x)$ 展开成傅里叶级数为

$$f(x) = -\frac{1}{2} + \sum_{n=1}^{\infty}\left\{\frac{6}{n^2\pi^2}[1-(-1)^n]\cos\frac{n\pi x}{3} + (-1)^{n+1}\frac{6}{n\pi}\sin\frac{n\pi x}{3}\right\}, (x \neq 3(2k+1), k = 0, \pm 1, \pm 2, \cdots)$$

9. 将下列函数分别展开成正弦级数和余弦级数:

(1) $f(x) = \begin{cases} x, & 0 \leqslant x < 1 \\ 2-x, & 1 \leqslant x \leqslant 2 \end{cases}$.

解 (1) 正弦级数:将 $f(x)$ 奇延拓至 $(-2,2]$,再周期延拓至 $(-\infty,\infty)$,$f(x)$ 延拓后在 $(-\infty,\infty)$ 上连续. $a_n = 0, n = 0, 1, 2, \cdots$.

$$b_n = \int_{0}^{2} f(x)\sin\frac{n\pi x}{2}\mathrm{d}x = \int_{0}^{1} x\sin\frac{n\pi x}{2}\mathrm{d}x + \int_{1}^{2}(2-x)\sin\frac{n\pi x}{2}\mathrm{d}x$$

$$= \frac{8}{n^2\pi^2}\sin\frac{n\pi}{2} = \frac{(-1)^{n-1}\cdot 8}{(2n-1)^2\pi^2}, \quad (n=1,2,3,\cdots)$$

$f(x)$ 展开成正弦级数为:$f(x) = \frac{8}{\pi^2}\sum_{n=1}^{\infty}\frac{(-1)^{n-1}}{(2n-1)^2}\sin\frac{(2n-1)\pi x}{2}, x \in [0,2]$.

余弦级数:将 $f(x)$ 偶延拓至 $(-2,2]$,再周期延拓至 $(-\infty,\infty)$,$f(x)$ 延拓后在 $(-\infty,\infty)$ 上连续. $b_n=0,n=1,2,3,\cdots$.

$$a_0=\int_0^2 f(x)\mathrm{d}x=\int_0^1 x\mathrm{d}x+\int_1^2(2-x)\mathrm{d}x=1$$

$$a_n=\int_0^2 f(x)\cos\frac{n\pi x}{2}\mathrm{d}x=\int_0^1 x\cos\frac{n\pi x}{2}\mathrm{d}x+\int_1^2(2-x)\cos\frac{n\pi x}{2}\mathrm{d}x$$

$$=\frac{8}{n^2\pi^2}\cos\frac{n\pi}{2}-\frac{4}{n^2\pi^2}-(-1)^n\frac{4}{n^2\pi^2}$$

$$=-\frac{16}{(4n-2)^2\pi^2}=-\frac{4}{(2n-1)^2\pi^2},(n=1,2,3,\cdots)$$

$f(x)$ 展开成余弦级数为:$f(x)=\dfrac{1}{2}-\dfrac{4}{\pi^2}\sum_{n=1}^{\infty}\dfrac{1}{(2n-1)^2}\cos\dfrac{(4n-2)\pi x}{2},x\in[0,2]$.

综合练习题

一、单项选择题

1. 级数 $\sum\limits_{n=1}^{\infty}u_n$ 的部分和数列 $\{s_n\}$ 有界是该级数收敛的(B).

(A) 充分非必要条件;

(B) 必要非充分条件;

(C) 充分必要条件;

(D) 非充分非必要条件.

解 因为若级数 $\sum\limits_{n=1}^{\infty}u_n$ 收敛,由定义,极限 $\lim\limits_{n\to\infty}s_n$ 存在,所以数列 $\{s_n\}$ 有界,但反之不然,如:级数 $\sum\limits_{n=1}^{\infty}(-1)^{n+1}$,$s_{2k}=0,s_{2k-1}=1$,所以 $\{s_n\}$ 有界,但级数 $\sum\limits_{n=1}^{\infty}(-1)^{n+1}$ 发散.

2. 若级数 $\sum\limits_{n=1}^{\infty}u_n$ 发散,则(C).

(A) $\lim\limits_{n\to\infty}u_n\neq0$;

(B) $\lim\limits_{n\to\infty}s_n=\infty$;

(C) $\sum\limits_{n=1}^{\infty}u_n$ 任意加括号后得到的级数可能收敛;

(D) $\sum\limits_{n=1}^{\infty}u_n$ 任意加括号后得到的级数一定收敛.

解 若级数 $\sum\limits_{n=1}^{\infty}u_n$ 发散,则 $\sum\limits_{n=1}^{\infty}u_n$ 任意加括号后得到的级数可能收敛,也可能发散. 例如:级数 $1+1+1+1+\cdots$ 发散,加括号后级数 $(1+1)+(1+1)+\cdots$ 也发散,而级数 $1-1+1-1+\cdots$ 发散,加括号后级数 $(1-1)+(1-1)+\cdots$ 收敛.

3. 若级数 $\sum\limits_{n=1}^{\infty}u_n$ 收敛,则下列级数中发散的是 (D).

(A) $\sum\limits_{n=1}^{\infty}10u_n$;　　　(B) $\sum\limits_{n=1}^{\infty}u_{n+10}$;　　　(C) $10+\sum\limits_{n=1}^{\infty}u_n$;　　(D) $\sum\limits_{n=1}^{\infty}(10+u_n)$.

解 若级数 $\sum\limits_{n=1}^{\infty}u_n$ 收敛,则极限 $\lim\limits_{n\to\infty}s_n$ 存在,而级数 $\sum\limits_{n=1}^{\infty}(10+u_n)$ 的前 n 项的和 $\sigma_n=$

$(10+u_1)+(10+u_2)+\cdots+(10+u_n)=10n+s_n\to\infty(n\to\infty)$,所以级数 $\sum\limits_{n=1}^{\infty}(10+u_n)$ 发散.

4. 级数 $\sum\limits_{n=1}^{\infty}\dfrac{1}{q^n}$ 收敛的充分条件是(A).

(A) $|q|>1$;　　　(B) $|q|<1$;　　　(C) $|q|=1$;　　　(D) $q<1$.

解 级数 $\sum\limits_{n=1}^{\infty}\dfrac{1}{q^n}$ 是公比为 $\dfrac{1}{q}$ 的等比级数,若 $\left|\dfrac{1}{q}\right|<1$,即: $|q|>1$,级数 $\sum\limits_{n=1}^{\infty}\dfrac{1}{q^n}$ 收敛.

5. 下列级数中发散的是(D).

(A) $\sum\limits_{n=1}^{\infty}\left(1-\cos\dfrac{1}{n}\right)$;　　　　　　　　(B) $\sum\limits_{n=1}^{\infty}2^n\sin\dfrac{1}{3^n}$;

(C) $\sum\limits_{n=1}^{\infty}\dfrac{(n!)^2}{(2n)!}$;　　　　　　　　　(D) $\sum\limits_{n=1}^{\infty}\dfrac{\left(\dfrac{n+1}{n}\right)^{n^2}}{2^n}$.

解 对于A,因为 $\lim\limits_{n\to\infty}n^2\left(1-\cos\dfrac{1}{n}\right)=\lim\limits_{n\to\infty}n^2\cdot\dfrac{1}{2}\cdot\dfrac{1}{n^2}=\dfrac{1}{2}$,所以级数 $\sum\limits_{n=1}^{\infty}\left(1-\cos\dfrac{1}{n}\right)$ 收敛;

对于B,因为 $\lim\limits_{n\to\infty}\dfrac{2^n\sin\dfrac{1}{3^n}}{\left(\dfrac{2}{3}\right)^n}=1$,所以级数 $\sum\limits_{n=1}^{\infty}2^n\sin\dfrac{1}{3^n}$ 收敛;

对于C,因为 $\lim\limits_{n\to\infty}\dfrac{a_{n+1}}{a_n}=\lim\limits_{n\to\infty}\dfrac{[(n+1)!]^2}{(2n+2)!}\cdot\dfrac{(2n)!}{[(n)!]^2}=\dfrac{1}{4}$,所以级数 $\sum\limits_{n=1}^{\infty}\dfrac{(n!)^2}{(2n)!}$ 收敛;

对于D,因为 $\lim\limits_{n\to\infty}\sqrt[n]{a_n}=\lim\limits_{n\to\infty}\dfrac{1}{2}\cdot\left(\dfrac{n+1}{n}\right)^n=\dfrac{e}{2}>1=\dfrac{1}{4}$,所以级数 $\sum\limits_{n=1}^{\infty}\dfrac{\left(\dfrac{n+1}{n}\right)^{n^2}}{2^n}$ 发散.

6. 设 $0\leqslant u_n\leqslant\dfrac{1}{n}(n=1,2,\cdots)$,则下列级数中必定收敛的是(C).

(A) $\sum\limits_{n=1}^{\infty}u_n$;　　　(B) $\sum\limits_{n=1}^{\infty}\sqrt{u_n}$;　　　(C) $\sum\limits_{n=1}^{\infty}(-1)^nu_n^2$;　　(D) $\sum\limits_{n=1}^{\infty}(-1)^nu_n$.

解 因为 $0\leqslant u_n\leqslant\dfrac{1}{n}(n=1,2,\cdots)$,所以 $0\leqslant u_n^2\leqslant\dfrac{1}{n^2}(n=1,2,\cdots)$,而级数 $\sum\limits_{n=1}^{\infty}\dfrac{1}{n^2}$ 收敛,

由比较审敛法,级数 $\sum\limits_{n=1}^{\infty}u_n^2$ 收敛,故级数 $\sum\limits_{n=1}^{\infty}(-1)^nu_n^2$ 收敛.

7. 幂级数 $\sum\limits_{n=1}^{\infty} \dfrac{x^n}{n}$ 的收敛域为(B).

(A) $(-1,1)$；　　(B) $[-1,1)$；　　(C) $(-1,1]$；　　(D) $[-1,1]$.

解　对于级数 $\sum\limits_{n=1}^{\infty} \dfrac{x^n}{n}$，$\lim\limits_{n\to\infty}\left|\dfrac{a_{n+1}}{a_n}\right|=\lim\limits_{n\to\infty}\dfrac{n}{n+1}=1$，收敛半径 $R=1$，当 $x=-1$ 时，级数

为 $\sum\limits_{n=1}^{\infty}\dfrac{(-1)^n}{n}$，收敛；当 $x=1$ 时，级数为 $\sum\limits_{n=1}^{\infty}\dfrac{1}{n}$，发散，故级数 $\sum\limits_{n=1}^{\infty}\dfrac{x^n}{n}$ 的收敛域为 $[-1,1)$.

8. 设级数 $\sum\limits_{n=1}^{\infty}(-1)^{n-1}\dfrac{(x-a)^n}{n}$ 在 $x>0$ 时发散，而在 $x=0$ 处收敛，则常数 $a=$(A).

(A) -1；　　(B) -2；　　(C) 1；　　(D) 2.

解　对于级数 $\sum\limits_{n=1}^{\infty}(-1)^{n-1}\dfrac{(x-a)^n}{n}$，令 $x-a=t$，则级数为 $\sum\limits_{n=1}^{\infty}(-1)^{n-1}\dfrac{t^n}{n}$，因为

$\lim\limits_{n\to\infty}\left|\dfrac{a_{n+1}}{a_n}\right|=\lim\limits_{n\to\infty}\dfrac{n}{n+1}=1$，收敛半径 $R=1$，当 $t=-1$ 时，级数为 $\sum\limits_{n=1}^{\infty}\dfrac{(-1)^{2n-1}}{n}=-\sum\limits_{n=1}^{\infty}\dfrac{1}{n}$，

发散；当 $t=1$ 时，级数为 $\sum\limits_{n=1}^{\infty}\dfrac{(-1)^{n-1}}{n}$，收敛，故级数 $\sum\limits_{n=1}^{\infty}(-1)^{n-1}\dfrac{t^n}{n}$ 的收敛域为 $t\in(-1,$

$1]$，即级数 $\sum\limits_{n=1}^{\infty}(-1)^{n-1}\dfrac{(x-a)^n}{n}$ 的收敛域为 $x\in(a-1,a+1]$. 当 $x=a+1$ 时级数收敛，

当 $x>a+1$ 时级数发散，由题设，$a+1=0$，即：$a=-1$.

二、填空题

1. 已知级数 $\sum\limits_{n=1}^{\infty}u_n=a$，则级数 $\sum\limits_{n=1}^{\infty}(u_n-u_{n+1})$ 的部分和 $s_n=\underline{\quad u_1-u_{n+1}\quad}$，此级数

的和 $s=\underline{\quad u_1\quad}$.

解　级数 $\sum\limits_{n=1}^{\infty}(u_n-u_{n+1})$ 的部分和 $s_n=(u_1-u_2)+(u_2-u_3)+\cdots+(u_n-u_{n+1})=u_1-$

u_{n+1}，因为 $\sum\limits_{n=1}^{\infty}u_n=a$，即级数 $\sum\limits_{n=1}^{\infty}u_n$ 收敛，所以 $\lim\limits_{n\to\infty}u_n=0$，$s=\lim\limits_{n\to\infty}s_n=\lim\limits_{n\to\infty}(u_1-u_{n+1})=u_1$.

2. $\sum\limits_{n=1}^{\infty}u_n$ 收敛，则 $\lim\limits_{n\to\infty}(u_n^2-u_n+3)=\underline{\quad 3\quad}$.

解　级数 $\sum\limits_{n=1}^{\infty}u_n$ 收敛，所以 $\lim\limits_{n\to\infty}u_n=0$，$\lim\limits_{n\to\infty}(u_n^2-u_n+3)=\lim\limits_{n\to\infty}u_n^2-\lim\limits_{n\to\infty}u_n+3=3$.

3. 级数 $\sum\limits_{n=1}^{\infty}\left[\dfrac{1}{n(n+1)}-\dfrac{1}{3^n}\right]$ 的和为 $\underline{\quad \dfrac{1}{2}\quad}$.

解　级数 $\sum\limits_{n=1}^{\infty}\left[\dfrac{1}{n(n+1)}-\dfrac{1}{3^n}\right]$ 的部分和为

$$s_n=\left(\dfrac{1}{1\cdot 2}-\dfrac{1}{3}\right)+\left(\dfrac{1}{2\cdot 3}-\dfrac{1}{3^2}\right)+\cdots+\left(\dfrac{1}{n(n+1)}-\dfrac{1}{3^n}\right)$$

$$=\left(\frac{1}{1\cdot2}+\frac{1}{2\cdot3}+\cdots+\frac{1}{n(n+1)}\right)-\left(\frac{1}{3}+\frac{1}{3^2}+\cdots+\frac{1}{3^n}\right)$$

$$=\left(1-\frac{1}{2}+\frac{1}{2}-\frac{1}{3}+\cdots+\frac{1}{n}-\frac{1}{n+1}\right)-\frac{\frac{1}{3}\left(1-\frac{1}{3^{n+1}}\right)}{1-\frac{1}{3}}$$

$$=1-\frac{1}{n+1}-\frac{1}{2}\left(1-\frac{1}{3^{n+1}}\right)\rightarrow\frac{1}{2}(n\rightarrow\infty)$$

4. 若级数 $\sum\limits_{n=1}^{\infty}u_n$ 绝对收敛,则级数 $\sum\limits_{n=1}^{\infty}u_n$ 必定 <u>收敛</u>;若级数 $\sum\limits_{n=1}^{\infty}u_n$ 条件收敛,则级数 $\sum\limits_{n=1}^{\infty}|u_n|$ 必定 <u>发散</u>.

解 由级数绝对收敛和条件收敛的定义可知.

5. 级数 $\sum\limits_{n=1}^{\infty}a_nx^n$ 在 $x=-3$ 时收敛,则 $\sum\limits_{n=1}^{\infty}a_nx^n$ 在 $|x|<3$ 时 <u>收敛</u>.

解 由阿贝尔定理可知.

6. 幂级数 $\sum\limits_{n=1}^{\infty}\frac{x^n}{n^p}(0<p\leqslant1)$ 的收敛域为 <u>$[-1,1)$</u>.

解 $\lim\limits_{n\rightarrow\infty}\dfrac{\frac{1}{(n+1)^p}}{\frac{1}{n^p}}=\lim\limits_{n\rightarrow\infty}\left(\dfrac{n}{n+1}\right)^p=1$,收敛半径 $R=1$,当 $x=-1$ 时,级数为 $\sum\limits_{n=1}^{\infty}\frac{(-1)^n}{n^p}$,收敛;当 $x=1$ 时,级数为 $\sum\limits_{n=1}^{\infty}\frac{1}{n^p}$,因为 $0<p\leqslant1$,$\frac{1}{n^p}>\frac{1}{n}$,而级数 $\sum\limits_{n=1}^{\infty}\frac{1}{n}$ 发散,故级数 $\sum\limits_{n=1}^{\infty}\frac{1}{n^p}$ 发散,所以级数 $\sum\limits_{n=1}^{\infty}\frac{x^n}{n^p}$ 的收敛域为 $[-1,1)$.

7. 幂级数 $\sum\limits_{n=0}^{\infty}\frac{(-1)^nx^{3n-1}}{n\cdot8^n}$ 的收敛半径为 $R=$ <u>2</u>.

解 $\lim\limits_{n\rightarrow\infty}\left|\dfrac{u_{n+1}(x)}{u_n(x)}\right|=\lim\limits_{n\rightarrow\infty}\left|\dfrac{x^{3n+2}}{(n+1)\cdot8^{n+1}}\cdot\dfrac{n\cdot8^n}{x^{3n-1}}\right|=\lim\limits_{n\rightarrow\infty}\left|\dfrac{n}{n+1}\cdot\dfrac{x^3}{8}\right|=\left|\dfrac{x}{2}\right|^3<1\Rightarrow$
$-2<x<2$,所以级数 $\sum\limits_{n=0}^{\infty}\frac{(-1)^nx^{3n-1}}{n\cdot8^n}$ 的收敛半径为 2.

8. $\int_0^x\cos t^2\mathrm{d}t$ 的麦克劳林级数为 <u>$x+\sum\limits_{n=1}^{\infty}(-1)^n\dfrac{x^{4n+1}}{(4n+1)\cdot(2n)!},(-\infty<x<+\infty)$</u>.

解 因为 $\cos x=1-\frac{x^2}{2!}+\frac{x^4}{4!}-\cdots+(-1)^n\frac{x^{2n}}{(2n)!}+\cdots$ $(-\infty<x<+\infty)$,所以

$$\cos t^2=1-\frac{t^4}{2!}+\frac{t^8}{4!}-\cdots+(-1)^n\frac{t^{4n}}{(2n)!}+\cdots$$

$$\int_0^x \cos t^2 dt = x - \frac{t^5}{5 \cdot 2!} + \frac{t^9}{9 \cdot 4!} - \cdots + (-1)^n \frac{t^{4n+1}}{(4n+1) \cdot (2n)!} + \cdots$$

$$= x + \sum_{n=1}^{\infty} (-1)^n \frac{x^{4n+1}}{(4n+1) \cdot (2n)!}, (-\infty < x < +\infty)$$

9. 函数 $f(x) = \begin{cases} -1, & -\pi \leqslant x \leqslant 0 \\ 1+x^2, & 0 < x \leqslant \pi \end{cases}$，则 $f(x)$ 以 2π 为周期的傅里叶级数在点 $x = \pi$

处收敛于 $\dfrac{\pi^2}{2}$.

解 函数 $f(x)$ 在 $x = \pi$ 处不连续，由收敛定理，函数 $f(x)$ 在 $x = \pi$ 处收敛于

$$\frac{f(\pi+0)+f(\pi-0)}{2} = \frac{1}{2}[1+\pi^2-1] = \frac{\pi^2}{2}$$

10. 函数 $f(x) = \pi x + x^2 (-\pi < x < \pi)$ 的傅里叶级数展开式中的系数 $b_3 = \dfrac{2\pi}{3}$.

解 $b_3 = \dfrac{1}{\pi} \int_{-\pi}^{\pi} (\pi x + x^2) \sin 3x dx = \dfrac{2}{\pi} \int_0^{\pi} \pi x \sin 3x dx = \left[-\dfrac{2}{3}x\cos 3x + \dfrac{2}{9}\sin 3x \right]_0^{\pi}$

$= \dfrac{2}{3}\pi$.

三、计算题与证明题

1. 用定义证明级数 $\displaystyle\sum_{n=1}^{\infty} \frac{1}{n(n+1)(n+2)}$ 收敛并求其和 s.

解 $\dfrac{1}{n(n+1)(n+2)} = \dfrac{1}{2} \left[\dfrac{1}{n(n+1)} - \dfrac{1}{(n+1)(n+2)} \right]$

$$= \frac{1}{2}\left[\left(\frac{1}{n} - \frac{1}{n+1} \right) - \left(\frac{1}{n+1} - \frac{1}{n+2} \right) \right]$$

$$s_n = \sum_{k=1}^{n} \frac{1}{2} \left[\left(\frac{1}{k} - \frac{1}{k+1} \right) - \left(\frac{1}{k+1} - \frac{1}{k+2} \right) \right]$$

$$= \frac{1}{2}\left[\left(1 - \frac{1}{2} \right) - \left(\frac{1}{n+1} - \frac{1}{n+2} \right) \right]$$

$$= \frac{1}{2}\left[\frac{1}{2} - \frac{1}{(n+1)(n+2)} \right]$$

$$s = \lim_{n \to \infty} s_n = \lim_{n \to \infty} \frac{1}{2}\left[\frac{1}{2} - \frac{1}{(n+1)(n+2)} \right] = \frac{1}{4}$$

2. 判定下列级数的收敛性：

(1) $\displaystyle\sum_{n=1}^{\infty} \frac{1}{n\sqrt[n]{n}}$;　　　(2) $\displaystyle\sum_{n=1}^{\infty} \frac{(n!)^2}{2n^2}$;　　　(3) $\displaystyle\sum_{n=1}^{\infty} \frac{n\cos^2 \frac{n\pi}{3}}{2^n}$;

(4) $\displaystyle\sum_{n=2}^{\infty} \frac{1}{\ln^{10} n}$;　　　(5) $\displaystyle\sum_{n=1}^{\infty} \frac{n^2 \sin n}{3n^2-1}$;　　　(6) $\displaystyle\sum_{n=1}^{\infty} \int_0^{\frac{1}{n}} \frac{x}{1+x^2} dx$.

解 (1) 因为 $\lim\limits_{n\to\infty} n \cdot \dfrac{1}{n\sqrt[n]{n}} = \lim\limits_{n\to\infty}\dfrac{1}{\sqrt[n]{n}} = 1$，所以级数 $\sum\limits_{n=1}^{\infty}\dfrac{1}{n\sqrt[n]{n}}$ 发散.

(2) 因为 $\lim\limits_{n\to\infty}\dfrac{u_{n+1}}{u_n} = \lim\limits_{n\to\infty}\dfrac{[(n+1)!]^2}{2(n+1)^2} \cdot \dfrac{2n^2}{(n!)^2} = \lim\limits_{n\to\infty} n^2 = \infty$，所以级数 $\sum\limits_{n=1}^{\infty}\dfrac{(n!)^2}{2n^2}$ 发散.

(3) 易见 $\left|\dfrac{n\cos^2\frac{n\pi}{3}}{2^n}\right| \leqslant \dfrac{n}{2^n}$，考虑级数 $\sum\limits_{n=1}^{\infty}\dfrac{n}{2^n}$，因为 $\lim\limits_{n\to\infty}\dfrac{u_{n+1}}{u_n} = \lim\limits_{n\to\infty}\dfrac{n+1}{2^{n+1}} \cdot \dfrac{2^n}{n} = \lim\limits_{n\to\infty}\dfrac{n+1}{2n}$

$= \dfrac{1}{2} < 1$，所以级数 $\sum\limits_{n=1}^{\infty}\dfrac{n}{2^n}$ 收敛，故级数 $\sum\limits_{n=1}^{\infty}\dfrac{n\cos^2\frac{n\pi}{3}}{2^n}$ 收敛.

(4) $\lim\limits_{n\to\infty} n \cdot \dfrac{1}{\ln^{10} n} = \lim\limits_{n\to\infty}\dfrac{n}{\ln^{10} n}$，考虑 $\lim\limits_{x\to+\infty}\dfrac{x}{\ln^{10} x}$，由洛必达法则，$\lim\limits_{x\to+\infty}\dfrac{x}{\ln^{10} x} = $

$\lim\limits_{x\to+\infty}\dfrac{1}{10 \cdot \ln^9 x \cdot \frac{1}{x}} = \lim\limits_{x\to+\infty}\dfrac{x}{10 \cdot \ln^9 x} = \lim\limits_{x\to+\infty}\dfrac{x}{10 \cdot 9 \cdot \ln^8 x} = \cdots = \lim\limits_{x\to+\infty}\dfrac{x}{10!} = +\infty$，由极限审

敛法，级数 $\sum\limits_{n=2}^{\infty}\dfrac{1}{\ln^{10} n}$ 发散.

(5) 因为 $\dfrac{n^2\sin n}{3n^2-1} = \dfrac{\left(n^2-\frac{1}{3}\right)\sin n + \frac{1}{3}\sin n}{3n^2-1} = \dfrac{1}{3}\sin n + \dfrac{1}{3} \cdot \dfrac{\sin n}{3n^2-1}$，$\lim\limits_{n\to\infty}\dfrac{1}{3}\sin n \neq 0$，

所以级数 $\sum\limits_{n=1}^{\infty}\dfrac{1}{3}\sin n$ 发散，又 $\left|\dfrac{1}{3} \cdot \dfrac{\sin n}{3n^2-1}\right| \leqslant \dfrac{1}{3} \cdot \dfrac{1}{3n^2-1}$，而级数 $\sum\limits_{n=1}^{\infty}\dfrac{1}{3} \cdot \dfrac{1}{3n^2-1}$ 收敛，

所以级数 $\sum\limits_{n=1}^{\infty}\dfrac{1}{3} \cdot \dfrac{\sin n}{3n^2-1}$ 收敛，故原级数 $\sum\limits_{n=1}^{\infty}\dfrac{n^2\sin n}{3n^2-1}$ 发散.

(6) 因为 $\displaystyle\int_0^{\frac{1}{n}}\dfrac{x}{1+x^2}dx = \dfrac{1}{2}\left[\ln(1+x^2)\right]_0^{\frac{1}{n}} = \dfrac{1}{2}\ln\left(1+\dfrac{1}{n^2}\right)$，所以原级数为

$\sum\limits_{n=1}^{\infty}\dfrac{1}{2}\ln\left(1+\dfrac{1}{n^2}\right)$，又 $\lim\limits_{n\to\infty} n^2 \cdot \dfrac{1}{2}\ln\left(1+\dfrac{1}{n^2}\right) = \dfrac{1}{2}$，由极限审敛法，级数 $\sum\limits_{n=1}^{\infty}\displaystyle\int_0^{\frac{1}{n}}\dfrac{x}{1+x^2}dx$ 收敛.

3. 设正项级数 $\sum\limits_{n=1}^{\infty} u_n$ 和 $\sum\limits_{n=1}^{\infty} v_n$ 都收敛，证明级数 $\sum\limits_{n=1}^{\infty}(u_n+v_n)^2$ 也收敛.

证明 因为正项级数 $\sum\limits_{n=1}^{\infty} u_n$ 和 $\sum\limits_{n=1}^{\infty} v_n$ 都收敛，所以 $\lim\limits_{n\to\infty} u_n = 0$，$\lim\limits_{n\to\infty} v_n = 0$，$\lim\limits_{n\to\infty}\dfrac{u_n^2}{u_n} = \lim\limits_{n\to\infty} u_n$

$= 0$，$\lim\limits_{n\to\infty}\dfrac{v_n^2}{v_n} = \lim\limits_{n\to\infty} v_n = 0$，由比较审敛法的极限形式，级数 $\sum\limits_{n=1}^{\infty} u_n^2$ 和 $\sum\limits_{n=1}^{\infty} v_n^2$ 都收敛，而 $u_n v_n \leqslant$

$\dfrac{1}{2}(u_n^2+v_n^2)$，所以级数 $\sum\limits_{n=1}^{\infty} uv$ 收敛，从而 $\sum\limits_{n=1}^{\infty}(u_n+v_n)^2 = \sum\limits_{n=1}^{\infty}(u_n^2+2u_nv_n+v_n^2)$ 收敛.

4. 已知级数 $\sum\limits_{n=1}^{\infty} u_n^2$ 收敛，证明：$\sum\limits_{n=1}^{\infty}\dfrac{u_n}{n}$ 必绝对收敛.

证明 因为 $\left| \dfrac{u_n}{n} \right| = \left| \dfrac{1}{n} \cdot u_n \right| \leqslant \dfrac{1}{2}\left(\dfrac{1}{n^2} + u_n^2 \right)$，而级数 $\displaystyle\sum_{n=1}^{\infty} \dfrac{1}{n^2}$ 收敛，又已知级数 $\displaystyle\sum_{n=1}^{\infty} u_n^2$

收敛，所以级数 $\displaystyle\sum_{n=1}^{\infty} \dfrac{u_n}{n}$ 绝对收敛.

5. 设级数 $\displaystyle\sum_{n=1}^{\infty} u_n$ 收敛，且 $\displaystyle\lim_{n \to \infty} \dfrac{v_n}{u_n} = 1$. 问级数 $\displaystyle\sum_{n=1}^{\infty} v_n$ 是否也收敛？试说明理由.

解 不一定. 当 $\displaystyle\sum_{n=1}^{\infty} u_n$ 和 $\displaystyle\sum_{n=1}^{\infty} v_n$ 不是正项级数时，命题不一定正确. 如：$\displaystyle\sum_{n=1}^{\infty} u_n = \displaystyle\sum_{n=1}^{\infty} \dfrac{(-1)^n}{\sqrt{n}}$，$\displaystyle\sum_{n=1}^{\infty} v_n = \displaystyle\sum_{n=1}^{\infty} \left[\dfrac{(-1)^n}{\sqrt{n}} + \dfrac{1}{n} \right]$ 满足命题条件，但级数 $\displaystyle\sum_{n=1}^{\infty} u_n$ 收敛，而 $\displaystyle\sum_{n=1}^{\infty} v_n$ 发散.

6. 讨论下列级数的绝对收敛性和条件收敛性：

(1) $\displaystyle\sum_{n=1}^{\infty} (-1)^n \dfrac{1}{n^p}$；　　(2) $\displaystyle\sum_{n=1}^{\infty} (-1)^{n-1} \dfrac{\sin n}{\pi^n}$；　　(3) $\displaystyle\sum_{n=1}^{\infty} \dfrac{\cos n\pi}{\sqrt{n^3 + n}}$；

(4) $\displaystyle\sum_{n=1}^{\infty} \dfrac{(-1)^n}{\sqrt{n} - \ln n}$；　　(5) $\displaystyle\sum_{n=1}^{\infty} (-1)^n (\sqrt[n]{n} - 1)$；　　(6) $\displaystyle\sum_{n=1}^{\infty} (-1)^{n-1} \dfrac{e^n \cdot n!}{n^n}$.

解 (1) 当 $p > 1$ 时，级数 $\displaystyle\sum_{n=1}^{\infty} \dfrac{1}{n^p}$ 收敛，所以级数 $\displaystyle\sum_{n=1}^{\infty} (-1)^n \dfrac{1}{n^p}$ 绝对收敛；当 $0 < p \leqslant 1$

时，由莱布尼茨审敛法，级数 $\displaystyle\sum_{n=1}^{\infty} (-1)^n \dfrac{1}{n^p}$ 收敛，但级数 $\displaystyle\sum_{n=1}^{\infty} \dfrac{1}{n^p}$ 发散，所以级数 $\displaystyle\sum_{n=1}^{\infty} (-1)^n$

$\dfrac{1}{n^p}$ 条件收敛；当 $p \leqslant 0$ 时，因为 $\displaystyle\lim_{n \to \infty} \dfrac{1}{n^p} \neq 0$，所以级数发散.

(2) 因为 $\left| (-1)^{n-1} \dfrac{\sin n}{\pi^n} \right| \leqslant \dfrac{1}{\pi^n}$，而级数 $\displaystyle\sum_{n=1}^{\infty} \dfrac{1}{\pi^n}$ 是公比为 $\dfrac{1}{\pi}$ 的等比级数，收敛，故级数

$\displaystyle\sum_{n=1}^{\infty} (-1)^{n-1} \dfrac{\sin n}{\pi^n}$ 绝对收敛.

(3) 因为 $\left| \dfrac{\cos n\pi}{\sqrt{n^3 + n}} \right| \leqslant \dfrac{1}{\sqrt{n^3 + n}} < \dfrac{1}{n^{\frac{3}{2}}}$，级数 $\displaystyle\sum_{n=1}^{\infty} \dfrac{1}{n^{\frac{3}{2}}}$ 收敛，故级数 $\displaystyle\sum_{n=1}^{\infty} \dfrac{\cos n\pi}{\sqrt{n^3 + n}}$ 绝对

收敛.

(4) 因为 $\left| \dfrac{(-1)^n}{\sqrt{n} - \ln n} \right| = \dfrac{1}{\sqrt{n} - \ln n} > \dfrac{1}{\sqrt{n}}$，而级数 $\displaystyle\sum_{n=1}^{\infty} \dfrac{1}{\sqrt{n}}$ 发散，所以级数 $\displaystyle\sum_{n=1}^{\infty} \dfrac{1}{\sqrt{n} - \ln n}$ 发

散. 设 $f(x) = \dfrac{1}{\sqrt{x} - \ln x}$，$x \geqslant 1$，则 $f'(x) = \dfrac{2 - \sqrt{x}}{2x(\sqrt{x} - \ln x)^2}$，当 $x > 4$ 时，$f'(x) < 0$，$f(x)$ 单

调递减，又 $\displaystyle\lim_{n \to \infty} \dfrac{1}{\sqrt{n} - \ln n} = \lim_{n \to \infty} \dfrac{\frac{1}{\sqrt{n}}}{1 - \frac{\ln n}{\sqrt{n}}} = 0$ $\left(\text{因为} \displaystyle\lim_{n \to \infty} \dfrac{\ln n}{\sqrt{n}} = 0 \right)$，由莱布尼茨审敛法，级数

$\sum\limits_{n=1}^{\infty}\dfrac{(-1)^n}{\sqrt{n}-\ln n}$ 收敛,综上,级数 $\sum\limits_{n=1}^{\infty}\dfrac{(-1)^n}{\sqrt{n}-\ln n}$ 条件收敛.

(5) 因为 $\lim\limits_{n\to\infty}\sqrt[n]{n}=1$,所以 $\lim\limits_{n\to\infty}(\sqrt[n]{n}-1)=0$,令 $f(x)=\sqrt[x]{x}-1=\mathrm{e}^{\frac{1}{x}\ln x}-1,x\geqslant 1$,则 $f'(x)$ $=\sqrt[x]{x}\cdot\dfrac{1-x\ln x}{x^2}<0,x\geqslant 2$,所以当 $n\geqslant 2$ 时,$u_n=\sqrt[n]{n}-1$ 单调递减,由莱布尼茨审敛法,级数 $\sum\limits_{n=1}^{\infty}(-1)^n(\sqrt[n]{n}-1)$ 收敛. 现在考虑级数 $\sum\limits_{n=1}^{\infty}(\sqrt[n]{n}-1)$ 是否收敛,要计算 $\lim\limits_{n\to\infty}n(\sqrt[n]{n}-1)$,

由洛必达法则,$\lim\limits_{x\to+\infty}x(\sqrt[x]{x}-1)=\lim\limits_{x\to+\infty}\dfrac{x^{\frac{1}{x}}-1}{\dfrac{1}{x}}=\lim\limits_{x\to+\infty}\dfrac{\mathrm{e}^{\frac{1}{x}\ln x}-1}{\dfrac{1}{x}}=\lim\limits_{x\to+\infty}\dfrac{\dfrac{1}{x}\ln x}{\dfrac{1}{x}}=\lim\limits_{x\to+\infty}\ln x$

$=+\infty$,所以 $\lim\limits_{n\to\infty}n(\sqrt[n]{n}-1)=+\infty$,由极限审敛法,级数 $\sum\limits_{n=1}^{\infty}(\sqrt[n]{n}-1)$ 发散,故级数 $\sum\limits_{n=1}^{\infty}(-1)^n(\sqrt[n]{n}-1)$ 条件收敛.

(6) 由重要极限 $\lim\limits_{n\to\infty}\left(1+\dfrac{1}{n}\right)^n=\mathrm{e}$ 的推导过程知,数列 $\left\{\left(1+\dfrac{1}{n}\right)^n\right\}$ 单调递增,有上界,所以 $\left(\dfrac{2}{1}\right)^1<\mathrm{e},\left(\dfrac{3}{2}\right)^2<\mathrm{e},\left(\dfrac{4}{3}\right)^3<\mathrm{e},\cdots,\left(\dfrac{n+1}{n}\right)^n<\mathrm{e}$,将上述 n 个式子相乘,得:$\dfrac{(n+1)^n}{n!}$ $<\mathrm{e}^n$,所以 $n!\left(\dfrac{\mathrm{e}}{n}\right)^n>n!\left(\dfrac{\mathrm{e}}{n+1}\right)^n>1,\lim\limits_{n\to\infty}\dfrac{\mathrm{e}^n\cdot n!}{n^n}\neq 0$,不满足级数收敛的必要条件,故级数 $\sum\limits_{n=1}^{\infty}(-1)^{n-1}\dfrac{\mathrm{e}^n\cdot n!}{n^n}$ 发散.

7. 设 $u_{n+1}=\dfrac{1}{2}u_n(u_n^2-1),n=0,1,2,\cdots,u_0=\dfrac{1}{2}$,试证明级数 $\sum\limits_{n=0}^{\infty}u_n$ 绝对收敛.

证明 因为 $u_0=\dfrac{1}{2},u_1=\dfrac{1}{2}u_0(u_0^2-1)=\dfrac{1}{2}\cdot\dfrac{1}{2}\cdot\left(\dfrac{1}{2^2}-1\right)=-\dfrac{3}{4}\cdot\dfrac{1}{2^2}$,所以 $|u_1|<$ $\dfrac{1}{2^2}$,假设 $|u_n|<\dfrac{1}{2^{n+1}},n=0,1,2,\cdots$,则 $|u_n^2-1|<1$,则 $|u_{n+1}|=\dfrac{1}{2}|u_n(u_n^2-1)|<\dfrac{1}{2}\cdot\dfrac{1}{2^{n+1}}=$ $\dfrac{1}{2^{n+2}}$,由数学归纳法知,$|u_n|<\dfrac{1}{2^{n+1}},n=0,1,2,\cdots$ 成立,而级数 $\sum\limits_{n=1}^{\infty}\dfrac{1}{2^{n+1}}$ 收敛,所以级数 $\sum\limits_{n=0}^{\infty}u_n$ 绝对收敛.

8. 设数列 $\{na_n\}$ 收敛,级数 $\sum\limits_{n=1}^{\infty}n(a_n-a_{n+1})$ 也收敛,试证明级数 $\sum\limits_{n=1}^{\infty}a_n$ 收敛.

证明 设级数 $\sum\limits_{n=1}^{\infty}a_n$ 和 $\sum\limits_{n=1}^{\infty}n(a_n-a_{n+1})$ 的部分和分别为 s_n 和 σ_n,即 $s_n=a_1+a_2+\cdots$ $+a_n$,则

$\sigma_n=(a_1-a_2)+2(a_2-a_3)+3(a_3-a_4)+\cdots+n(a_n-a_{n+1})=a_1+a_2+\cdots+a_n-na_{n+1}$

$$=a_1+a_2+\cdots+a_{n+1}-(n+1)a_{n+1}=s_{n+1}-(n+1)a_{n+1}$$

所以 $s_n=\sigma_{n-1}+na_n$，因为级数 $\sum\limits_{n=1}^{\infty}n(a_n-a_{n+1})$ 收敛，数列 $\{na_n\}$ 收敛，所以极限 $\lim\limits_{n\to\infty}(\sigma_{n-1}+na_n)$ 存在，即 $\lim\limits_{n\to\infty}s_n$ 存在，故级数 $\sum\limits_{n=1}^{\infty}a_n$ 收敛.

9. 设 $u_1>-12,u_{n+1}=\sqrt{u_n+12}$，$n=1,2,\cdots$，讨论级数 $\sum\limits_{n=1}^{\infty}\dfrac{1}{u_n^n}$ 的敛散性.

解 $\lim\limits_{n\to\infty}\sqrt[n]{\dfrac{1}{u_n^n}}=\lim\limits_{n\to\infty}\dfrac{1}{u_n}$，$u_{n+1}-u_n=\sqrt{u_n+12}-u_n=\dfrac{u_n+12-u_n^2}{\sqrt{u_n+12}+u_n}=\dfrac{(3+u_n)(4-u_n)}{\sqrt{u_n+12}+u_n}$，$n=1,2,\cdots$，因为 $u_1>-12$，$u_2=\sqrt{u_1+12}>0$，$u_3=\sqrt{u_2+12}>\sqrt{12}>0,\cdots$，所以当 $n\geq 2$ 时，$u_n>0,3+u_n>0$，$\sqrt{u_n+12}+u_n>0$，有以下三种情况：

(1) 若 $u_1=4$，则 $u_2=\sqrt{u_1+12}=\sqrt{16}=4$，$u_3=\sqrt{u_2+12}=4,\cdots$，$u_{n+1}=\sqrt{u_n+12}=4$；

(2) 若 $-12<u_1<4$，则 $0<u_2=\sqrt{u_1+12}<\sqrt{16}=4$，且 $u_3-u_2>0$，即 $u_3>u_2$，由数学归纳法，$\{u_n\}$ 单调递增，且 $u_n<4$；

(3) 若 $u_1>4$，则 $u_2=\sqrt{u_1+12}>4$，且 $u_3-u_2<0$，即 $u_3<u_2$，由数学归纳法，$\{u_n\}$ 单调递减，且 $u_n>4$.

无论以上哪种情况，均有 $\lim\limits_{n\to\infty}u_n$ 存在，设为 a，则 $\lim\limits_{n\to\infty}u_{n+1}=\lim\limits_{n\to\infty}\sqrt{u_n+12}$，即 $a=\sqrt{a+12}$，$\Rightarrow a^2-a-12=0\Rightarrow a=4$ 或 $a=-3$(舍去)，即 $\lim\limits_{n\to\infty}u_n=4$，所以 $\lim\limits_{n\to\infty}\dfrac{1}{u_n}=\dfrac{1}{4}<1$，由根值法，级数 $\sum\limits_{n=1}^{\infty}\dfrac{1}{u_n^n}$ 收敛.

10. 求下列极限：

(1) $\lim\limits_{n\to\infty}\dfrac{1}{n}\sum\limits_{k=1}^{n}\dfrac{1}{3^k}\left(1+\dfrac{1}{k}\right)^{k^2}$；　　　　(2) $\lim\limits_{n\to\infty}\left[2^{\frac{1}{3}}\cdot 4^{\frac{1}{9}}\cdot 8^{\frac{1}{27}}\cdot\cdots\cdot(2^n)^{\frac{1}{3^n}}\right]$.

解 (1) 设 $u_n=\dfrac{1}{3^n}\left(1+\dfrac{1}{n}\right)^{n^2}$，考虑级数 $\sum\limits_{n=1}^{\infty}u_n=\sum\limits_{n=1}^{\infty}\dfrac{1}{3^n}\left(1+\dfrac{1}{n}\right)^{n^2}$，因为 $\lim\limits_{n\to\infty}\sqrt[n]{u_n}=\lim\limits_{n\to\infty}\sqrt[n]{\dfrac{1}{3^n}\left(1+\dfrac{1}{n}\right)^{n^2}}=\lim\limits_{n\to\infty}\dfrac{1}{3}\left(1+\dfrac{1}{n}\right)^{n}=\dfrac{e}{3}<1$，由根值法，级数 $\sum\limits_{n=1}^{\infty}\dfrac{1}{3^n}\left(1+\dfrac{1}{n}\right)^{n^2}$ 收敛，所以 $s_n=u_1+u_2+\cdots+u_n$ 有界，故 $\lim\limits_{n\to\infty}\dfrac{1}{n}\sum\limits_{k=1}^{n}\dfrac{1}{3^k}\left(1+\dfrac{1}{k}\right)^{k^2}=\lim\limits_{n\to\infty}\dfrac{u_1+u_2+\cdots+u_n}{n}=\lim\limits_{n\to\infty}\dfrac{s_n}{n}=0$.

(2) $\lim\limits_{n\to\infty}\left[2^{\frac{1}{3}}\cdot 4^{\frac{1}{9}}\cdot 8^{\frac{1}{27}}\cdot\cdots\cdot(2^n)^{\frac{1}{3^n}}\right]=\lim\limits_{n\to\infty}2^{\frac{1}{3}+\frac{2}{3^2}+\frac{3}{3^3}+\cdots+\frac{n}{3^n}}$，考察级数 $\sum\limits_{n=1}^{\infty}nx^{n-1}$，易知，级数的收敛域为 $(-1,1)$，设和函数为 $s(x)$，$x\in(-1,1)$，即：$s(x)=\sum\limits_{n=1}^{\infty}nx^{n-1}$，$x\in(-1,1)$，则

$$\int_0^x s(x)\,\mathrm{d}x = \int_0^x \sum_{n=1}^{\infty} nx^{n-1}\,\mathrm{d}x = \sum_{n=1}^{\infty}\int_0^x nx^{n-1}\,\mathrm{d}x = \sum_{n=1}^{\infty} x^n = \frac{x}{1-x},\ x\in(-1,1)$$

$$s(x) = \left(\frac{x}{1-x}\right)' = \frac{1}{(1-x)^2},\ s\left(\frac{1}{3}\right) = \frac{1}{\left(1-\dfrac{1}{3}\right)^2} = \frac{9}{4}$$

所以 $\lim\limits_{n\to\infty} 2^{\frac{1}{3}+\frac{2}{3^2}+\frac{3}{3^3}+\cdots+\frac{n}{3^n}} = 2^{\lim\limits_{n\to\infty}\left(\frac{1}{3}+\frac{2}{3^2}+\frac{3}{3^3}+\cdots+\frac{n}{3^n}\right)} = 2^{\frac{1}{3}s\left(\frac{1}{3}\right)} = 2^{\frac{3}{4}} = \sqrt[4]{8}$.

11. 求下列幂级数的收敛区间：

(1) $\sum\limits_{n=1}^{\infty}\dfrac{3^n+5^n}{2n}x^n$；　　　　(2) $\sum\limits_{n=1}^{\infty}\left(1+\dfrac{1}{n}\right)^{n^2}x^n$；　　(3) $\sum\limits_{n=1}^{\infty}n(x+2)^n$；

(4) $\sum\limits_{n=1}^{\infty}\dfrac{n}{2^n}x^{2n}$；　　　　　(5) $\sum\limits_{n=1}^{\infty}\dfrac{n-1}{n^2}(x+1)^n$；

(6) $\sum\limits_{n=1}^{\infty}(-1)^n\left(1+\dfrac{1}{2}+\dfrac{1}{3}+\cdots+\dfrac{1}{n}\right)x^n$.

解 (1) 因为

$$\lim_{n\to\infty}\left|\frac{a_{n+1}}{a_n}\right| = \lim_{n\to\infty}\left|\frac{3^{n+1}+5^{n+1}}{2(n+1)}\cdot\frac{2n}{3^n+5^n}\right| = \lim_{n\to\infty}\frac{n}{n+1}\cdot\frac{3^{n+1}+5^{n+1}}{3^n+5^n} = \lim_{n\to\infty}\frac{3\left(\frac{3}{5}\right)^n+5}{\left(\frac{3}{5}\right)^n+1} = 5$$

所以收敛半径为 $R=\dfrac{1}{5}$，收敛区间为 $\left(-\dfrac{1}{5},\dfrac{1}{5}\right)$.

(2) 因为 $\lim\limits_{n\to\infty}\left|\left(1+\dfrac{1}{n}\right)^{n^2}x^n\right|^{\frac{1}{n}} = \lim\limits_{n\to\infty}\left(1+\dfrac{1}{n}\right)^n|x| = \mathrm{e}|x|$，由根值法，$\mathrm{e}|x|<1$，得 $|x|<\dfrac{1}{\mathrm{e}}$，所以级数的收敛区间为 $\left(-\dfrac{1}{\mathrm{e}},\dfrac{1}{\mathrm{e}}\right)$.

(3) 因为 $\lim\limits_{n\to\infty}\left|\dfrac{a_{n+1}}{a_n}\right| = \lim\limits_{n\to\infty}\dfrac{n+1}{n} = 1$，所以收敛半径为 $R=1$，$x+2\in(-1,1)$，级数的收敛区间为 $(-3,-1)$.

(4) 因为 $\lim\limits_{n\to\infty}\left|\dfrac{u_{n+1}(x)}{u_n(x)}\right| = \lim\limits_{n\to\infty}\left|\dfrac{(n+1)x^{2(n+1)}}{2^{n+1}}\cdot\dfrac{2^n}{nx^{2n}}\right| = \lim\limits_{n\to\infty}\dfrac{n+1}{2n}x^2 = \dfrac{x^2}{2}<1 \Rightarrow -\sqrt{2}<x<\sqrt{2}$，级数的收敛区间为 $(-\sqrt{2},\sqrt{2})$.

(5) 因为 $\lim\limits_{n\to\infty}\left|\dfrac{a_{n+1}}{a_n}\right| = \lim\limits_{n\to\infty}\dfrac{n}{(n+1)^2}\cdot\dfrac{n^2}{n-1} = 1$，所以收敛半径为 $R=1$，$x+1\in(-1,1)$，级数的收敛区间为 $(-2,0)$.

(6) 因为 $\lim\limits_{n\to\infty}\left|\dfrac{a_{n+1}}{a_n}\right| = \lim\limits_{n\to\infty}\dfrac{1+\frac{1}{2}+\frac{1}{3}+\cdots+\frac{1}{n+1}}{1+\frac{1}{2}+\frac{1}{3}+\cdots+\frac{1}{n}} = \lim\limits_{n\to\infty}\left[1+\dfrac{1}{(n+1)\left(1+\frac{1}{2}+\frac{1}{3}+\cdots+\frac{1}{n}\right)}\right] = 1$，所以收敛半径为 $R=1$，级数的收敛区间为 $(-1,1)$.

12. 求下列幂级数的和函数：

(1) $\displaystyle\sum_{n=1}^{\infty} n(x-1)^n$；　　　　　　　(2) $\displaystyle\sum_{n=1}^{\infty} \frac{n(n+1)}{2^{n-1}} x^{n-1}$.

解 (1) 因为 $\displaystyle\lim_{n\to\infty}\left|\frac{a_{n+1}}{a_n}\right| = \lim_{n\to\infty}\frac{n+1}{n} = 1$，收敛半径为 $R=1$，当 $x-1=-1$，即 $x=0$ 时，级数为 $\displaystyle\sum_{n=1}^{\infty}(-1)^n n$，发散，当 $x-1=1$，即 $x=2$ 时，级数为 $\displaystyle\sum_{n=1}^{\infty}n$，发散，所以级数的收敛域为 $(0,2)$. 设和函数 $s(x) = \displaystyle\sum_{n=1}^{\infty}n(x-1)^n$，$x\in(0,2)$，$s(1)=0$，当 $x\neq 1$ 时，$\dfrac{s(x)}{x-1} = \displaystyle\sum_{n=1}^{\infty}n(x-1)^{n-1}$，两边求积分，得：

$$\int_0^x \frac{s(x)}{x-1}\mathrm{d}x = \int_0^x \sum_{n=1}^{\infty}n(x-1)^{n-1}\mathrm{d}x = \sum_{n=1}^{\infty}\int_0^x n(x-1)^{n-1}\mathrm{d}x$$

$$= \sum_{n=1}^{\infty}(x-1)^n = \frac{x-1}{1-(x-1)} = -1 - \frac{1}{x-2}, \quad x\in(0,2)$$

求导，得：$\dfrac{s(x)}{x-1} = \left(-1-\dfrac{1}{x-2}\right)' = \dfrac{1}{(x-2)^2}$，$x\in(0,2) \Rightarrow s(x) = \dfrac{x-1}{(x-2)^2}$，$x\in(0,2)$.

(2) 因为 $\displaystyle\lim_{n\to\infty}\left|\frac{a_{n+1}}{a_n}\right| = \lim_{n\to\infty}\frac{(n+1)(n+2)}{2^n}\cdot\frac{2^{n-1}}{n(n+1)} = \frac{1}{2}$，收敛半径为 $R=2$，当 $x=-2$ 时，级数为 $\displaystyle\sum_{n=1}^{\infty}(-1)^{n-1}n(n+1)$，发散，当 $x=2$ 时，级数为 $\displaystyle\sum_{n=1}^{\infty}n(n+1)$，发散，所以级数的收敛域为 $(-2,2)$. 设和函数 $s(x) = \displaystyle\sum_{n=1}^{\infty}\frac{n(n+1)}{2^{n-1}}x^{n-1}$，$x\in(-2,2)$，两边求积分，得

$$\int_0^x s(x)\mathrm{d}x = \int_0^x \sum_{n=1}^{\infty}\frac{n(n+1)}{2^{n-1}}x^{n-1}\mathrm{d}x = \sum_{n=1}^{\infty}\frac{n+1}{2^{n-1}}\int_0^x nx^{n-1}\mathrm{d}x = \sum_{n=1}^{\infty}\frac{n+1}{2^{n-1}}x^n$$

设 $f(x) = \displaystyle\sum_{n=1}^{\infty}\frac{n+1}{2^{n-1}}x^n$，则

$$\int_0^x f(x)\mathrm{d}x = \int_0^x \sum_{n=1}^{\infty}\frac{n+1}{2^{n-1}}x^n\mathrm{d}x = \sum_{n=1}^{\infty}\frac{1}{2^{n-1}}\int_0^x (n+1)x^n\mathrm{d}x = \sum_{n=1}^{\infty}\frac{1}{2^{n-1}}x^{n+1}$$

$$= 4\sum_{n=1}^{\infty}\left(\frac{x}{2}\right)^{n+1} = 4\cdot\frac{\left(\frac{x}{2}\right)^2}{1-\frac{x}{2}} = \frac{2x^2}{2-x} = -2x - 4 - \frac{8}{x-2}$$

两边求导，得

$$f(x) = \left(-2x-4-\frac{8}{x-2}\right)' = -2 + \frac{8}{(x-2)^2}$$

再两边求导，得和函数：

$$s(x) = \left[-2 + \frac{8}{(x-2)^2} \right]' = \frac{16}{(2-x)^3}, x \in (-2, 2)$$

13. 求下列级数的和:

(1) $\displaystyle\sum_{n=1}^{\infty} \frac{n^2}{n!}$;　　　　(2) $\displaystyle\sum_{n=0}^{\infty} (-1)^n \frac{n+1}{(2n+1)!}$.

解 (1) $\displaystyle\sum_{n=1}^{\infty} \frac{n^2}{n!} = \sum_{n=1}^{\infty} \frac{n}{(n-1)!} = \sum_{n=0}^{\infty} \frac{n+1}{n!} = \sum_{n=0}^{\infty} \frac{1}{(n-1)!} + \sum_{n=0}^{\infty} \frac{1}{n!} = 2 \sum_{n=0}^{\infty} \frac{1}{n!}$

因为 $\mathrm{e}^x = \displaystyle\sum_{n=0}^{\infty} \frac{x^n}{n!}$, 令 $x = 1$, 得 $\displaystyle\sum_{n=0}^{\infty} \frac{1}{n!} = \mathrm{e}$, 所以 $\displaystyle\sum_{n=1}^{\infty} \frac{n^2}{n!} = 2\sum_{n=0}^{\infty}\frac{1}{n!} = 2\mathrm{e}$.

(2) $\displaystyle\sum_{n=0}^{\infty} (-1)^n \frac{n+1}{(2n+1)!} = \sum_{n=0}^{\infty} (-1)^n \frac{(2n+1)+1}{2(2n+1)!}$

$$= \frac{1}{2} \left[\sum_{n=0}^{\infty} (-1)^n \frac{1}{(2n)!} + \sum_{n=0}^{\infty} (-1)^n \frac{1}{(2n+1)!} \right]$$

因为 $\sin x = \displaystyle\sum_{n=0}^{\infty} (-1)^n \frac{x^{2n+1}}{(2n+1)!}$, $\cos x = \displaystyle\sum_{n=0}^{\infty} (-1)^n \frac{x^{2n}}{(2n)!}$, $(-\infty < x < +\infty)$

令 $x = 1$, 得 $\sin 1 = \displaystyle\sum_{n=0}^{\infty} (-1)^n \frac{1}{(2n+1)!}$, $\cos 1 = \displaystyle\sum_{n=0}^{\infty} (-1)^n \frac{1}{(2n)!}$, 所以

$$\sum_{n=0}^{\infty} (-1)^n \frac{n+1}{(2n+1)!} = \frac{1}{2} (\sin 1 + \cos 1)$$

14. 求级数 $\displaystyle\sum_{n=2}^{\infty} \frac{1}{n^2-1} x^n (|x| < 1)$ 在收敛区间内的和函数, 并求 $\displaystyle\sum_{n=2}^{\infty} \frac{1}{(n^2-1) \cdot 2^n}$ 的和.

解 $\displaystyle\lim_{n \to \infty} \left| \frac{a_{n+1}}{a_n} \right| = \lim_{n \to \infty} \left| \frac{n^2-1}{(n+1)^2-1} \right| = \lim_{n \to \infty} \frac{n^2-1}{n^2+2n} = 1$, 收敛半径为 $R = 1$, 收敛区间为

$(-1, 1)$, 当 $x \in (-1, 1)$ 时, 设 $s(x) = \displaystyle\sum_{n=2}^{\infty} \frac{1}{n^2-1} x^n = \sum_{n=2}^{\infty} \frac{(n+1)-(n-1)}{2(n-1)(n+1)} x^n =$

$\dfrac{1}{2} \left(\displaystyle\sum_{n=2}^{\infty} \frac{x^n}{n-1} - \sum_{n=2}^{\infty} \frac{x^n}{n+1} \right) = \dfrac{1}{2} [s_1(x) - s_2(x)]$, $s(0) = 0$, 当 $x \neq 0$ 时, $s_1(x) =$

$\displaystyle\sum_{n=2}^{\infty} \frac{x^n}{n-1} = x \sum_{n=2}^{\infty} \frac{x^{n-1}}{n-1} = x \sum_{n=1}^{\infty} \frac{x^n}{n} \Rightarrow \frac{s_1(x)}{x} = \sum_{n=1}^{\infty} \frac{x^n}{n}$, 求导, 得

$$\left(\frac{s_1(x)}{x} \right)' = \left(\sum_{n=1}^{\infty} \frac{x^n}{n} \right)' = \sum_{n=1}^{\infty} \left(\frac{x^n}{n} \right)' = \sum_{n=1}^{\infty} x^{n-1} = \frac{1}{1-x}$$

两边积分, 得

$$\frac{s_1(x)}{x} = \int_0^x \frac{1}{1-x} \mathrm{d}x = -\ln|1-x| \Rightarrow s_1(x) = -x\ln|1-x|$$

$$s_2(x) = \sum_{n=2}^{\infty} \frac{x^n}{n+1}, \Rightarrow x s_2(x) = \sum_{n=2}^{\infty} \frac{x^{n+1}}{n+1}$$

求导,得

$$[xs_2(x)]' = \left(\sum_{n=2}^{\infty} \frac{x^{n+1}}{n+1}\right)' = \sum_{n=2}^{\infty}\left(\frac{x^{n+1}}{n+1}\right)'$$

$$= \sum_{n=2}^{\infty} x^n = \frac{x^2}{1-x} = -1 - x - \frac{1}{x-1}$$

两边积分,得

$$xs_2(x) = \int_0^x \left(-1 - x - \frac{1}{x-1}\right) dx$$

$$= -x - \frac{x^2}{2} - \ln|x-1| \Rightarrow s_2(x) = -1 - \frac{x}{2} - \frac{1}{x}\ln|x-1|$$

$$s(x) = \frac{1}{2}[s_1(x) - s_2(x)] = \frac{1}{2}\left(-x\ln|1-x| + 1 + \frac{x}{2} + \frac{1}{x}\ln|x-1|\right)$$

$$= \frac{2x + x^2 + 2\ln(1-x) - 2x^2\ln(1-x)}{4x}, x \in (-1,1)$$

令 $x = \frac{1}{2}$,得:$\sum_{n=2}^{\infty} \frac{1}{(n^2-1)\cdot 2^n} = \frac{5}{8} - \frac{3}{4}\ln 2$.

15. 将下列级数展开成 x 的幂级数:

(1) $f(x) = \frac{x}{x^2 - 3x + 2}$;　　　(2) $f(x) = \frac{x+1}{x-1}$;　　　(3) $f(x) = \ln\sqrt{1+x^2}$.

解　(1) 因为　$f(x) = \frac{x}{x^2-3x+2} = \frac{2(x-1)-(x-2)}{(x-1)(x-2)} = \frac{1}{1-x} - \frac{1}{1-\frac{x}{2}}$

而 $\frac{1}{1-x} = \sum_{n=0}^{\infty} x^n$, $x \in (-1,1)$, $\frac{1}{1-\frac{x}{2}} = \sum_{n=0}^{\infty}\left(\frac{x}{2}\right)^n = \sum_{n=0}^{\infty} \frac{x^n}{2^n}$, $\frac{x}{2} \in (-1,1)$, 即

$x \in (-2,2)$, 所以 $f(x) = \sum_{n=0}^{\infty} x^n - \sum_{n=0}^{\infty} \frac{x^n}{2^n} = \sum_{n=0}^{\infty} \frac{2^n-1}{2^n} x^n, x \in (-1,1)$.

(2) 因为 $f(x) = \frac{x+1}{x-1} = 1 - \frac{2}{1-x}$, 而 $\frac{1}{1-x} = \sum_{n=0}^{\infty} x^n$, $x \in (-1,1)$, 所以 $f(x) =$

$1 - 2\sum_{n=0}^{\infty} x^n, x \in (-1,1)$.

(3) 因为 $f(x) = \ln\sqrt{1+x^2} = \frac{1}{2}\ln(1+x^2)$, 而 $\ln(1+x) = \sum_{n=1}^{\infty} (-1)^{n-1}\frac{x^n}{n}$, $x \in (-1,1]$

所以

$$\ln(1+x^2) = \sum_{n=1}^{\infty} (-1)^{n-1}\frac{x^{2n}}{n}$$

$$f(x) = \ln\sqrt{1+x^2} = \frac{1}{2}\sum_{n=1}^{\infty} (-1)^{n-1}\frac{x^{2n}}{n} = \sum_{n=1}^{\infty} \frac{(-1)^{n-1}x^{2n}}{2n}, x \in [-1,1]$$

16. 利用幂级数求 $\lim\limits_{x \to 0} \dfrac{\sin x - \arctan x}{x^3}$.

解 $\sin x = x - \dfrac{x^3}{3!} + \dfrac{x^5}{5!} - \cdots + (-1)^{n-1}\dfrac{x^{2n-1}}{(2n-1)!} + \cdots \ (-\infty < x < +\infty)$

$\arctan x = x - \dfrac{x^3}{3} + \dfrac{x^5}{5} - \dfrac{x^7}{7} + \cdots + \dfrac{(-1)^{n-1}x^{2n-1}}{2n-1} + \cdots \ (-1 \leqslant x \leqslant 1)$

$\lim\limits_{x \to 0} \dfrac{\sin x - \arctan x}{x^3} = \lim\limits_{x \to 0} \dfrac{\left(x - \dfrac{x^3}{3!} + \dfrac{x^5}{5!} - \cdots\right) - \left(x - \dfrac{x^3}{3} + \dfrac{x^5}{5} - \cdots\right)}{x^3} = -\dfrac{1}{6} + \dfrac{1}{3} = \dfrac{1}{6}$

17. 利用欧拉公式将函数 $e^x \cos x$ 展开成 x 的幂级数.

解 由欧拉公式,$e^{(1+i)x} = e^x e^{ix} = e^x(\cos x + i\sin x)$,$e^x \cos x = \mathrm{Re}[e^{(1+i)x}]$,又 $e^z = \sum\limits_{n=0}^{\infty} \dfrac{z^n}{n!}$,$|z| < +\infty$,所以 $e^{(1+i)x} = \sum\limits_{n=0}^{\infty} \dfrac{(1+i)^n x^n}{n!} = \sum\limits_{n=0}^{\infty} \dfrac{(\sqrt{2})^n e^{n \cdot \frac{\pi}{4} i} x^n}{n!} = \sum\limits_{n=0}^{\infty} \dfrac{(\sqrt{2})^n x^n}{n!}\left(\cos\dfrac{n\pi}{4} + i\sin\dfrac{n\pi}{4}\right)$,故 $e^x \cos x = \sum\limits_{n=0}^{\infty} \dfrac{(\sqrt{2})^n \cos\dfrac{n\pi}{4}}{n!} x^n$.

18. 设函数 $f(x)$ 是以 2π 为周期的周期函数,且 $f(x) = \begin{cases} x, & -\pi \leqslant x < 0 \\ x+1, & 0 \leqslant x \leqslant \pi \end{cases}$,试将 $f(x)$ 展开成傅里叶级数(并画出傅里叶级数和函数 $s(x)$ 的图形).

解 函数 $f(x)$ 在 $x = k\pi$ 处不连续,由收敛定理知:

当 $x \neq k\pi$ 时,$f(x)$ 傅里叶级数收敛于 $f(x)$;

当 $x = k\pi$ 时,$f(x)$ 傅里叶级数收敛于 $\dfrac{f(k\pi - 0) + f(k\pi + 0)}{2} = \dfrac{1}{2}$.

$a_0 = \dfrac{1}{\pi}\int_{-\pi}^{\pi} f(x)\,\mathrm{d}x = \dfrac{1}{\pi}\int_{-\pi}^{0} x\,\mathrm{d}x + \dfrac{1}{\pi}\int_{0}^{\pi}(x+1)\,\mathrm{d}x = \dfrac{1}{2\pi}[x^2]_{-\pi}^{0} + \dfrac{1}{\pi}\left[\dfrac{x^2}{2} + x\right]_{0}^{\pi} = 1$

$a_n = \dfrac{1}{\pi}\int_{-\pi}^{\pi} f(x)\cos nx\,\mathrm{d}x = \dfrac{1}{\pi}\int_{-\pi}^{0} x\cos nx\,\mathrm{d}x + \dfrac{1}{\pi}\int_{0}^{\pi}(x+1)\cos nx\,\mathrm{d}x$

$= \dfrac{1}{\pi}\int_{-\pi}^{\pi} x\cos nx\,\mathrm{d}x + \dfrac{1}{\pi}\int_{0}^{\pi}\cos nx\,\mathrm{d}x = \dfrac{1}{\pi}\int_{0}^{\pi}\cos nx\,\mathrm{d}x = 0,(n = 1,2,3,\cdots)$

$b_n = \dfrac{1}{\pi}\int_{-\pi}^{\pi} f(x)\sin nx\,\mathrm{d}x = \dfrac{1}{\pi}\int_{-\pi}^{0} x\sin nx\,\mathrm{d}x + \dfrac{1}{\pi}\int_{0}^{\pi}(x+1)\sin nx\,\mathrm{d}x$

$= \dfrac{1}{\pi}\int_{-\pi}^{\pi} x\sin nx\,\mathrm{d}x + \dfrac{1}{\pi}\int_{0}^{\pi}\sin nx\,\mathrm{d}x = \dfrac{2}{\pi}\int_{0}^{\pi} x\sin nx\,\mathrm{d}x + \dfrac{1}{\pi}\int_{0}^{\pi}\sin nx\,\mathrm{d}x$

$= \dfrac{1}{\pi}\left[-\dfrac{2}{n}x\cos nx + \dfrac{2}{n^2}\sin nx - \dfrac{1}{n}\cos nx\right]_{0}^{\pi} = \dfrac{1}{n\pi}[1 - (-1)^n - (-1)^n 2\pi]$

$= \begin{cases} \dfrac{2(\pi+1)}{n\pi}, & n \text{ 为奇数} \\ -\dfrac{2}{n}, & n \text{ 为偶数} \end{cases}$

$f(x)$展开成傅里叶级数为

$$f(x) = \frac{1}{2} + \frac{2}{\pi}\left[(\pi+1)\sin x - \frac{\pi}{2}\sin 2x + \frac{1}{3}(\pi+1)\sin 3x - \frac{\pi}{4}\sin 4x + \cdots\right]$$

$$= \frac{1}{2} + \frac{2}{\pi}\sum_{n=1}^{\infty}\left[\frac{1-(-1)^n}{2n} - \frac{(-1)^n}{n}\pi\right]\sin nx, \quad x \in (-\pi, 0) \bigcup (0, \pi)$$

傅里叶级数和函数 $s(x)$ 的图形如图 12.5 所示.

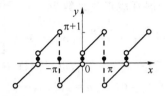

图 12.5

19. 将函数 $f(x) = x^2$ 在 $[-\pi, \pi]$ 上展成以 2π 为周期的傅里叶级数,并求 $\sum_{n=1}^{\infty}\frac{1}{(2n-1)^2}$ 的和.

解 如图 12.6 所示,将函数 $f(x) = x^2$ 延拓为 $(-\infty, \infty)$ 上以 2π 为周期的周期函数 $F(x)$,则 $F(x)$ 在 $(-\infty, \infty)$ 上连续,故 $F(x)$ 的傅里叶级数处处收敛于 $F(x)$. $F(x)$ 为偶函数,$b_n = 0 \ (n=1,2,3,\cdots)$.

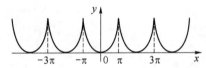

图 12.6

$$a_0 = \frac{2}{\pi}\int_0^\pi f(x)\mathrm{d}x = \frac{2}{\pi}\int_0^\pi x^2\mathrm{d}x = \frac{2}{3\pi}[x^3]_0^\pi = \frac{2}{3}\pi^2$$

$$a_n = \frac{2}{\pi}\int_0^\pi f(x)\cos nx\,\mathrm{d}x = \frac{2}{\pi}\int_0^\pi x^2\cos nx\,\mathrm{d}x$$

$$= \frac{2}{n\pi}\left[x^2 \cdot \sin nx + \frac{2}{n}x \cdot \cos nx - \frac{2}{n^2}\sin nx\right]_0^\pi = (-1)^n\frac{4}{n^2}, \quad (n=1,2,3,\cdots)$$

$f(x)$ 的傅里叶级数为:$f(x) = \frac{\pi^2}{3} + 4\sum_{n=1}^{\infty}\frac{(-1)^n}{n^2}\cos nx, x \in [-\pi, \pi]$.

令 $x=0$,得 $0 = \frac{\pi^2}{3} + 4\left(-1 + \frac{1}{2^2} - \frac{1}{3^2} + \frac{1}{4^2} - \cdots\right) \Rightarrow 1 - \frac{1}{2^2} + \frac{1}{3^2} - \frac{1}{4^2} + \cdots = \frac{\pi^2}{12}$

令 $x=\pi$,得 $\pi^2 = \frac{\pi^2}{3} + 4\left(1 + \frac{1}{2^2} + \frac{1}{3^2} + \frac{1}{4^2} + \cdots\right) \Rightarrow 1 + \frac{1}{2^2} + \frac{1}{3^2} + \frac{1}{4^2} + \cdots = \frac{\pi^2}{6}$

得:$\sum_{n=1}^{\infty}\frac{1}{(2n-1)^2} = \frac{1}{2}\left(\frac{\pi^2}{12} + \frac{\pi^2}{6}\right) = \frac{\pi^2}{8}$.

20. 将函数 $f(x)=\begin{cases}1,0\leqslant x\leqslant 2\\0,2<x\leqslant\pi\end{cases}$ 分别展开成正弦级数和余弦级数.

解 (1) 正弦级数：将 $f(x)$ 奇延拓到 $[-\pi,\pi]$，再周期延拓至 $(-\infty,+\infty)$.

$$a_n=0,\quad(n=0,1,2,\cdots)$$

$$b_n=\frac{2}{\pi}\int_0^\pi f(x)\sin nx\,\mathrm{d}x=\frac{2}{\pi}\int_0^2\sin nx\,\mathrm{d}x=\frac{2}{n\pi}(1-\cos 2n),(n=1,2,3,\cdots)$$

$f(x)$ 在 $x=2$ 处间断，$f(x)$ 展开成正弦级数为

$$f(x)=\frac{2}{\pi}\sum_{n=1}^\infty\frac{1-\cos 2n}{n}\sin nx,x\in(0,2)\bigcup(2,\pi)$$

(2) 余弦级数：将 $f(x)$ 偶延拓到 $[-\pi,\pi]$，再周期延拓至 $(-\infty,+\infty)$.

$$b_n=0,\quad(n=1,2,3,\cdots)$$

$$a_0=\frac{2}{\pi}\int_0^\pi f(x)\mathrm{d}x=\frac{2}{\pi}\int_0^2\mathrm{d}x=\frac{4}{\pi}$$

$$a_n=\frac{2}{\pi}\int_0^\pi f(x)\cos nx\,\mathrm{d}x=\frac{2}{\pi}\int_0^2\cos nx\,\mathrm{d}x=\frac{2}{n\pi}[\sin nx]_0^2=\frac{2}{n\pi}\sin 2n,(n=1,2,3,\cdots)$$

$f(x)$ 展开成余弦级数为：$f(x)=\frac{2}{\pi}+\frac{2}{\pi}\sum_{n=1}^\infty\frac{\sin 2n}{n}\cos nx,x\in[0,2)\bigcup(2,\pi]$.